新三导丛书

自动控制原理

（科学·第六版）

导教·导学·导考

（第2版）

主　编　刘慧英

编　者　史静平　石　静　袁冬莉
刘慧英　陈　澜　谢　蓉
贾秋玲

U0382026

西北工業大學出版社

【内容简介】 本书分为两部分，第一部分共 10 章，每章由 4 个知识模块组成：重点内容提要；知识结构图；考点及典型题选解；课后习题全解。第二部分考研试题及解答，共编入研究生入学考试真题 10 套及解答。通过本书的学习，帮助读者正确理解自动控制理论的相关概念、掌握解题方法和技巧、测试读者对所学内容的掌握程度，并有助于研究生入学考试的复习。

本书可作为普通高等学校自动化、信息技术、仪表与检测技术、机电一体化等工科专业本科生的学习参考书，也可作为自学与相关领域教师和科技人员的参考书。

图书在版编目（CIP）数据

自动控制原理导教·导学·导考/刘慧英主编. —2 版. —西安：西北工业大学出版社，2016.10

（新三导丛书）

ISBN 978-7-5612-5107-2

Ⅰ. ①自… Ⅱ. ①刘… Ⅲ. ①自动控制理论—高等学校—教学参考资料 Ⅳ. ①TP13

中国版本图书馆 CIP 数据核字(2016)第 246538 号

出版发行：西北工业大学出版社
通信地址：西安市友谊西路 127 号　　邮编：710072
电　　话：(029)88493844　88491757
网　　址：http://www.nwpup.com
印 刷 者：兴平市博闻印务有限公司
开　　本：787 mm×1 092 mm　　1/16
印　　张：23.875　插页 1
字　　数：738 千字
版　　次：2016 年 10 月第 2 版　　2016 年 10 月第 1 次印刷
定　　价：49.00 元

前 言

自动控制原理课程是工科高等院校一门重要的专业技术基础课程。为了适应教学需要、帮助本科生更好地掌握本课程的学习要领，同时也为了方便报考研究生的读者系统复习的需要，应西北工业大学出版社的约请，特编写本书，供学习自动控制理论课程的读者和教师参考。

全书分为两部分，第一部分系统、全面地总结了自动控制理论的主要内容，共10章。经典控制理论由1～8章组成，其中1～6章介绍以传递函数为基础的线性连续系统的分析和设计问题，给出了经典控制理论中的三种（时域法、根轨迹法和频域法）基本分析和设计方法；第7章线性离散系统的分析与校正，总结应用z变换理论，建立离散系统数学模型的方法，并应用脉冲传递函数的方法对离散系统的性能进行分析与设计；第8章非线性控制系统分析，介绍工程实际中常见的非线性特性，总结如何应用相平面法和描述函数法对非线性系统进行稳定性分析和参数的计算。第9章线性系统的状态空间分析与综合，总结应用状态空间描述法对系统进行运动分析，并对李雅普诺夫稳定性、可控性、可观测性、线性变换以及综合设计的方法作较为系统的总结。第10章动态系统的最优控制方法，总结最优控制的基本概念和原理，以及利用变分法和极小值原理求解最优控制的问题。每章由4个知识模块组成：重点内容提要，将各章的重要内容及公式总结排列出来，有助于读者系统、全面地复习所学内容；知识结构图，将各章的主要内容用知识脉络形式表示，使其具有形象、直观的特点；考点及典型题选解，帮助读者掌握各章的要点与考点内容，各章都选有一定量的典型例题，有利于读者学习和检验对本章节内容的掌握情况；课后习题全解，选择科学出版社出版的胡寿松主编的《自动控制原理》（第六版）教材课后习题及相应的解答。第二部分考研真题及解答，共编入2007－2016年以来10套西北工业大学研究生入学考试试题及参考答案。通过本部分的练习，有助于帮助读者测试对所学内容的理解和掌握程度。

参加本书编写的作者都是西北工业大学自动化学院的教师，他们多年来一直从事着控制理论课程的教学和科研工作，具有丰富的教学和实践经验。本书第1,3章由史静平编写；第2,5章由石静编写；第4章由袁冬莉编写；第7章由陈澜编写；第9章由谢蓉编写；第10章由贾秋玲编写；刘慧英负责第6,8章的编写和第二部分的整理及全书的统稿工作。此外，高晓彤、陈琳、黄鑫怡等参与了本书部分习题的解答和书稿的整理工作，为本书的出版付出了辛勤的劳动。

本书的出版是在西北工业大学出版社雷鹏老师的关心和支持下完成的，并受到了自动化学院教学办公室和课程督导组教师们的大力支持和帮助。在编写过程中，参考了有关文献资料，在此，谨向参考文献中所列具的图书作者和所选考研试题的命题人、本书第 1 版的作者以及关心并为本书出版做出贡献的所有同仁、老师表示深深的谢意！

由于水平所限，书中存在的错误及不妥之处，恳请广大读者给予批评指正。

编　者

2016 年 5 月

目　　录

第 1 章　自动控制的一般概念

1.1　重点内容提要

1.1.1　基本概念

1. 常用术语

(1) 自动控制　在没有人直接参与的情况下，利用控制装置，使被控对象的被控量自动按指定规律变化。

(2) 自动控制系统　能自动对被控对象的被控量（或工作状态）进行控制的系统。

(3) 被控对象　指工作状态需要给以控制的机械、装置或过程。

(4) 被控量　描述被控对象工作状态的物理量，也是系统的输出量。

(5) 给定量　也称输入量，表征被控量的希望运行规律。

(6) 扰动量　也称干扰量，是引起被控量偏离预定运行规律的量。

2. 控制系统的任务

减小或消除扰动量的影响，使被控对象的被控量始终按给定量确定的运行规律去变化。

3. 负反馈控制原理

将系统的输出信号引回输入端，与给定输入信号相比较，利用所得的偏差信号产生控制作用调节被控对象，达到减小偏差或消除偏差的目的。

负反馈控制原理是闭环控制（负反馈控制）系统的本质机理。

1.1.2　基本控制方式

开环控制　输出量对系统控制作用不产生影响的系统。

闭环控制　输出量对系统控制作用产生直接影响的系统。

复合控制　既有顺馈控制又有反馈联系的系统。

1.1.3　反馈控制系统的组成

自动控制系统
- 被控对象
- 控制装置
  - 给定元件（提供输入量）
  - 测量元件（测量被控量）
  - 比较元件（比较控制量与反馈量，给出偏差信号）
  - 放大元件（放大偏差信号）
  - 执行机构（对被控对象施加控制）
  - 校正元件（用以改善系统性能）

1.1.4　控制系统的分类

1. 按给定输入的形式

- 恒值控制系统
- 随动系统
- 程序控制系统

2. 按系统是否满足叠加原理

$\begin{cases}\text{线性系统}\\ \text{非线性系统}\end{cases}$

3. 按系统参数是否随时间变化

$\begin{cases}\text{定常系统}\\ \text{时变系统}\end{cases}$

4. 按信号传递是否连续

$\begin{cases}\text{连续系统}\\ \text{离散系统}\end{cases}$

1.1.5 对控制系统的基本要求

稳:基本要求。系统稳定是系统正常工作的必要条件。

准:稳态要求。要求系统稳态控制精度高,稳态误差要小。

快:动态要求。要求系统快速、平稳地完成过渡过程,超调量要小,调节时间要短。

1.2 知识结构图

自动控制的一般概念
- 常用术语,基本概念
- 基本控制方式
- 反馈控制系统的组成
- 控制系统分类
- 对控制系统的基本要求
- 由系统工作原理图画方框图

1.3 考点及典型题选解

本章所涉及的自动控制方面的基本概念,是以后课程学习的基础,有关内容在诸如问答、填空和选择类型的考题中常会涉及。在掌握基本概念的基础上,还应熟悉线性定常系统微分方程的特点,并通过练习,掌握由系统工作原理图画出方框图的方法。

1.3.1 典型题

1. 根据图 1.3.1 所示的电动机速度控制系统工作原理图:

(1) 将 a,b 与 c,d 用线连接成负反馈系统;

(2) 画出系统方框图。

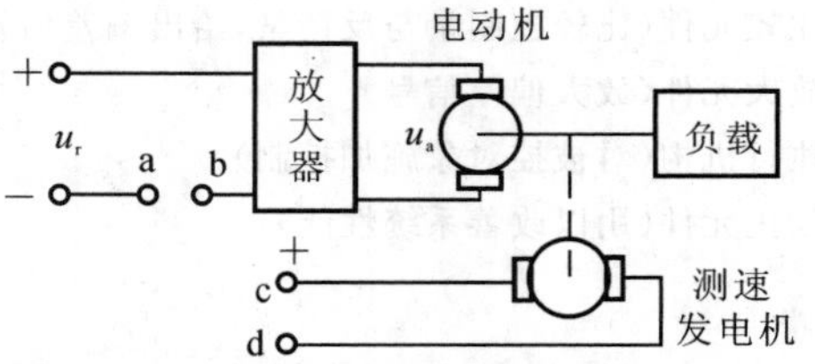

图 1.3.1 速度控制系统原理图

2. 图 1.3.2 是控制导弹发射架方位的电位器式随动系统原理图。图中电位器 P_1,P_2 并联后跨接到同一电源 E_0 的两端,其滑臂分别与输入轴和输出轴相连接,以组成方位角的给定装置和反馈装置。输入轴由手轮操纵;输出轴则由直流电动机经减速器后带动,电动机采用电枢控制方式工作。

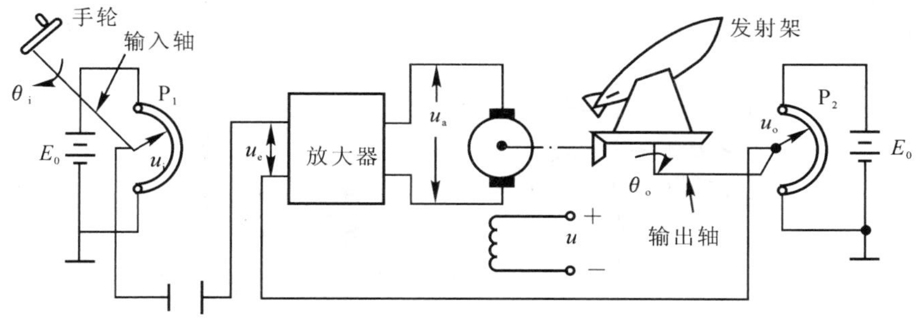

图 1.3.2　导弹发射架方位角控制系统原理图

试分析系统的工作原理，指出系统的被控对象、被控量和给定量，画出系统的方框图。

3. 工作台位置液压控制系统如图 1.3.3 所示。系统可以使工作台按照控制电位器给定的规律变化。要求：

（1）指出系统的被控对象、被控量和给定量，画出系统方框图。

（2）说明控制系统中控制装置各组成部分。

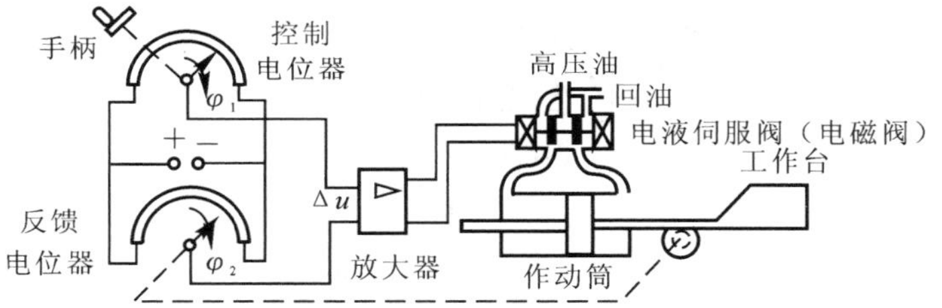

图 1.3.3　工作台液压伺服系统工作原理图

4. 摄像机角位置自动跟踪系统如图 1.3.4 所示。当光点显示器对准某个方向时，摄像机会自动跟踪并对准这个方向。试分析系统的工作原理，指出被控对象、被控量和给定量，画出系统方框图。

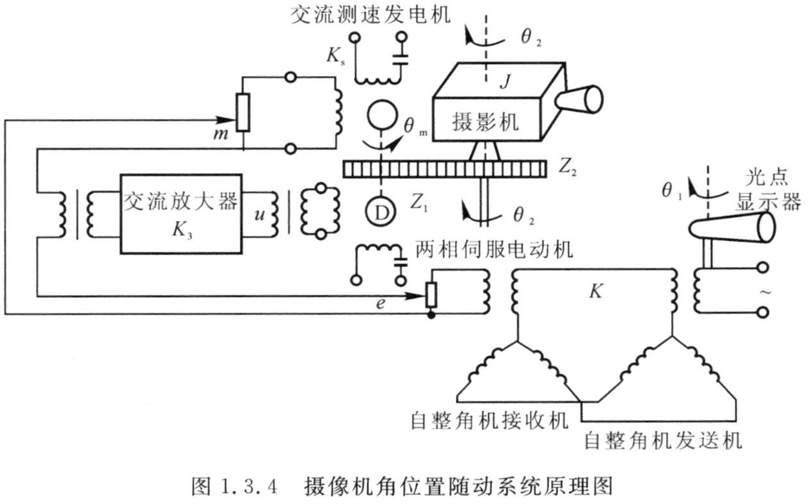

图 1.3.4　摄像机角位置随动系统原理图

5. 图 1.3.5(a)，(b) 所示均为调速系统。

(1) 分别画出图(a),图(b) 对应系统的方框图。给出图(a) 正确的反馈连线方式。

(2) 在恒值输入条件下,图(a),图(b) 中哪个是有差系统,哪个是无差系统,说明其道理。

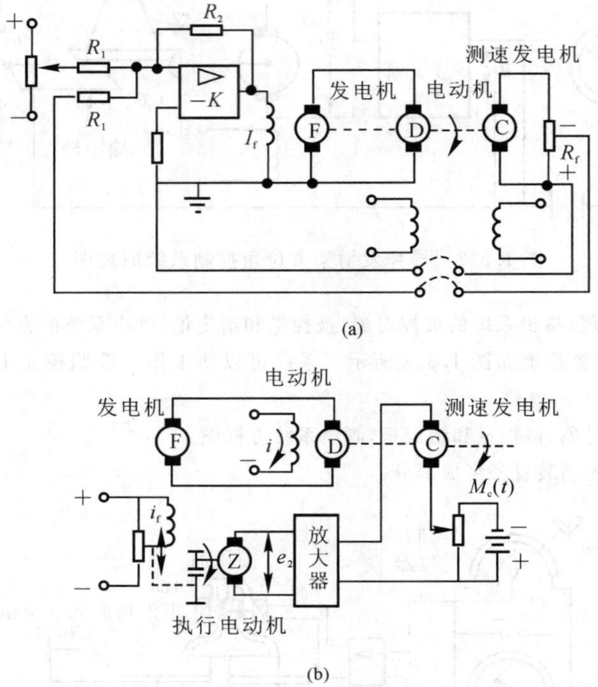

图 1.3.5　调速系统工作原理图

6. 试判别以下方程描述系统的类型(线性或非线性,定常或时变,动态或静态)。

(1) $\dot{c}(t)+\cos\omega t c(t)=r(t)$;

(2) $\dddot{c}(t)+\mathrm{e}^{-t}\ddot{c}(t)+2\dot{c}(t)c(t)=t\dot{r}(t)+r(t)$;

(3) $\ddot{c}(t)+2\dot{c}(t)+4c(t)=2\dot{r}(t)$;

(4) $\ddot{c}(t)+\dot{c}(t)+5c(t)+\int_0^t c(t)\mathrm{d}t=8r(t),\quad c(t)=0\quad(t\leqslant 0)$;

(5) $c(t)=r^2(t)$;

(6) $\ddot{c}(t)+4c(t)=\begin{cases}4r(t), & 0\leqslant t<1\\ r(t), & t\geqslant 1\end{cases}$。

1.3.2　典型题解析

1. (1) 负反馈连接方式为:a↔d,b↔c;

(2) 系统方框图如图解 1.3.1 所示。

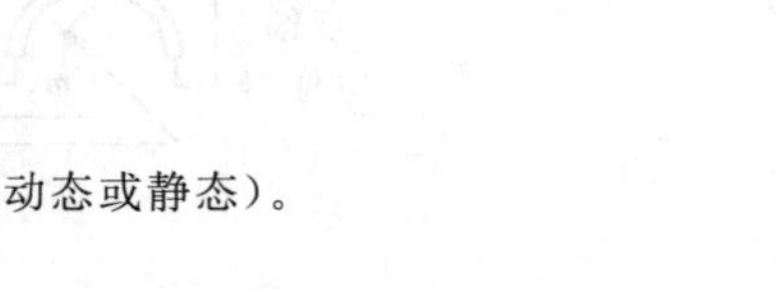

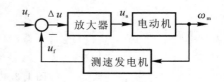

图解 1.3.1　速度控制系统方框图

2. 当导弹发射架的方位角与输入轴方位角一致时,系统处于相对静止状态。

当摇动手轮使电位器 P_1 的滑臂转过一个输入角 θ_i 的瞬间,由于输出轴的转角 $\theta_o\neq\theta_i$,于是出现一个误差角 $\theta_e=\theta_i-\theta_o$,该误差角通过电位器 P_1,P_2 转换成偏差电压 $u_e=u_i-u_o$,u_e 经放大后驱动电动机转动,在带动导弹发射架转动的同时,通过输出轴带动

电位器 P_2 的滑臂转过一定的角度 θ_o，直至 $\theta_o = \theta_i$ 时，$u_i = u_o$，偏差电压 $u_e = 0$，电动机停止转动。这时，导弹发射架停留在相应的方位角上。只要 $\theta_i \neq \theta_o$，偏差就会产生调节作用，控制的结果是消除偏差 θ_e，使输出量 θ_o 严格地跟随输入量 θ_i 而变化。

系统中，导弹发射架是被控对象，发射架方位角 θ_o 是被控量，通过手轮输入的角度 θ_i 是给定量。系统方框图如图解 1.3.2 所示。

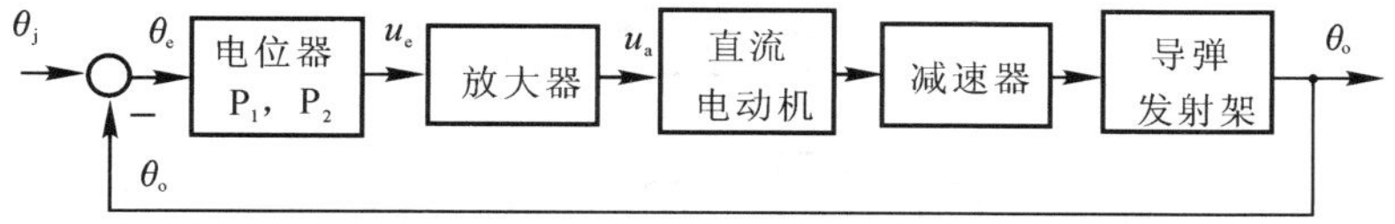

图解 1.3.2　导弹发射架方位控制系统框图

3. (1) 控制系统的功能是使工作台随控制电位器给定规律移动，因此被控对象是工作台，被控量是工作台的位移，给定量是控制电位器滑臂的转角(表征工作台的希望位置)。系统方框图如图解 1.3.3 所示。

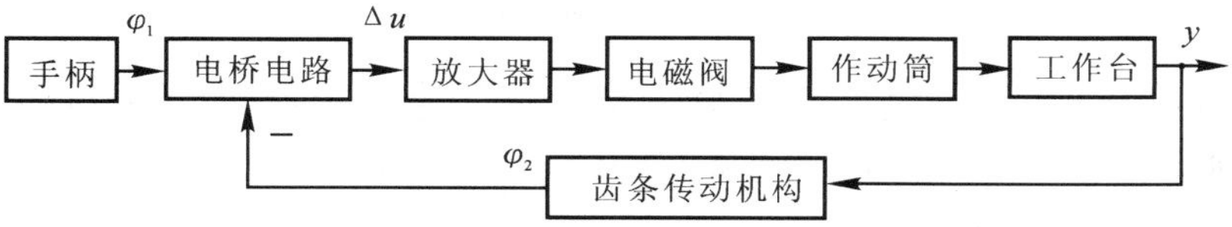

图解 1.3.3　工作台液压伺服系统方框图

(2) 控制装置各组成部分及其作用如下：

手柄是给定元件，给出表征工作台希望位置的转角信号 φ_1。齿条齿轮传动机构完成测量元件的功能。由控制电位器、反馈电位器组成的电桥电路完成 φ_1 和 φ_2(表征工作台实际位置) 的比较，给出偏差电压 Δu。放大器是放大元件。电磁阀、作动筒组成执行机构，推动工作台移动。

4. 控制系统的任务是使摄像机自动跟踪光点显示器指示的方向。

当摄像机方向角与光点显示器指示的方向一致时，$\theta_2 = \theta_1$，自整角机输出 $e = 0$，交流放大器输出电压 $u = 0$，电动机静止，摄像机保持原来的协调方向。当光点显示器转过一个角度，$\theta_2 \neq \theta_1$ 时，自整角机输出与失谐角 $\Delta\theta = \theta_1 - \theta_2$ 成比例的电压信号(其大小、极性反映了失谐角的幅值和方向)，经电位器后转变成 e，经放大器放大后驱动伺服电动机旋转，并通过减速器带动摄像机，跟踪光点显示器的指向，使偏差减小，直到摄像机与光点显示器指向重新达到一致时为止。测速发电机测量电动机转速，进行速度反馈，用以改善系统性能。

系统中，摄像机是被控对象，摄像机的方向角 θ_2 是被控量，给定量是光点显示器指示的方向角 θ_1。系统方框图如图解 1.3.4 所示。

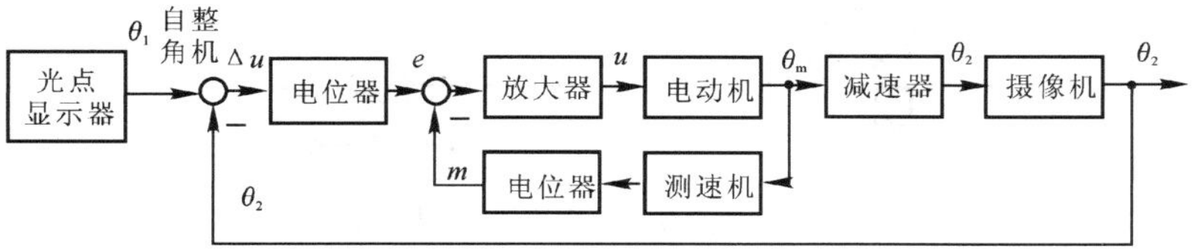

图解 1.3.4　摄像机角位置随动系统方框图

5. (1) 系统方框图如图解 1.3.5 所示。

图 1.3.5(a) 正确的反馈连接方式如图 1.3.5(a) 中虚线所示。

(2) 图 1.3.5(a) 中的系统是有差系统，图 1.3.5(b) 中的系统是无差系统。

图 1.3.5(a) 中，当给定恒值电压信号，系统运行达到稳态时，电动机转速的恒定是以发电机提供恒定电

压为条件的,对应发电机激磁绕组中电流一定是恒定值。这意味着放大器前端电压是非零的常值。因此,常值偏差电压存在是系统稳定工作的前提,故系统有差。

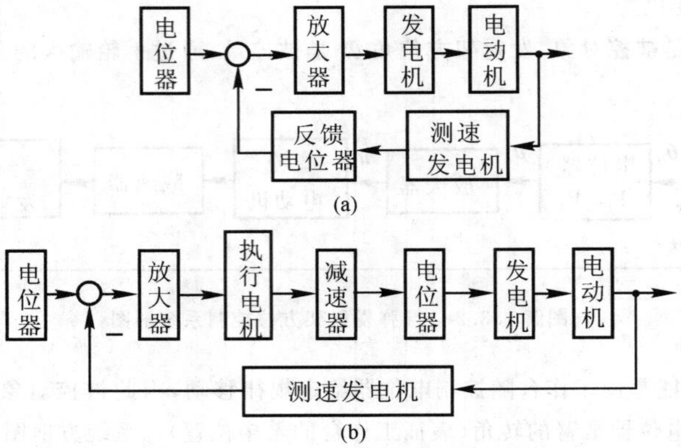

图解 1.3.5　系统方框图

图 1.3.5(b) 中,在给定系统恒定电压,电动机恒定转动时,对应发电机激磁绕组中的励磁电流恒定,这意味着执行电动机处于停转状态,放大器前端电压必然为 0,故系统无差。

6. (1) 线性时变动态系统;

(2) 非线性时变动态系统;

(3) 线性定常动态系统;

(4) 线性定常动态系统;

(5) 非线性定常静态系统;

(6) 线性时变动态系统。

1.4　课后习题全解

1.4.1　图 1.4.21① 是液位自动控制系统原理示意图。在任何情况下,希望液面高度 c 维持不变,试说明系统工作原理并画出系统方框图。

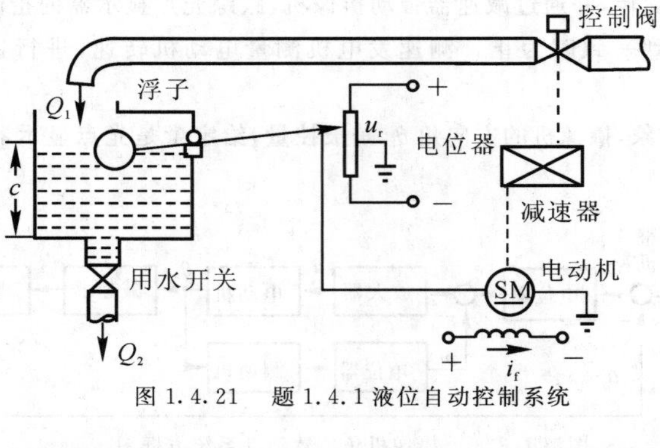

图 1.4.21　题 1.4.1 液位自动控制系统

解　系统的控制任务是保持液面高度不变。水箱是被控对象,水箱液位是被控量,电位器设定电压 u_r(表征液位的希望值 c^*)是给定量。

当电位器电刷位于中点位置(对应 u_r)时,电动机不动,控制阀门有一定的开度,使水箱中流入水量与流

① 本书课后习题全解中的"图号"与《自动控制原理》(科学出版社·第六版)相对应,以便于读者查阅。

出水量相等，从而液面保持在希望高度 c^* 上。一旦流出水量发生变化（相当于扰动），例如当流出水量减小时，液面升高，浮子位置也相应升高，通过杠杆作用使电位器电刷从中点位置下移，从而给电动机提供一定的控制电压，驱动电动机通过减速器减小阀门开度，使进入水箱的液体流量减少。这时，水箱液面下降，浮子位置相应下降，直到电位器电刷回到中点位置为止，系统重新处于平衡状态，液面恢复给定高度。反之，当流出水量在平衡状态基础上增大时，水箱液位下降，系统会自动增大阀门开度，加大流入水量，使液位升到给定高度 c^*。

系统方框图如图解 1.4.1 所示。

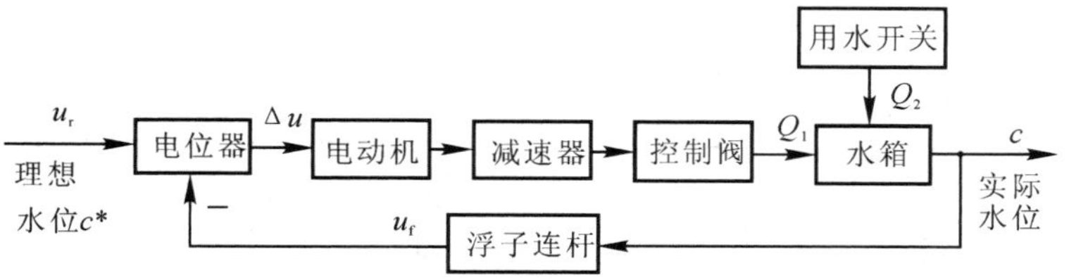

图解 1.4.1　液位自动控制系统方框图

1.4.2　图 1.4.22 是仓库大门自动控制系统原理示意图。试说明系统自动控制大门开闭的工作原理并画出系统方框图。

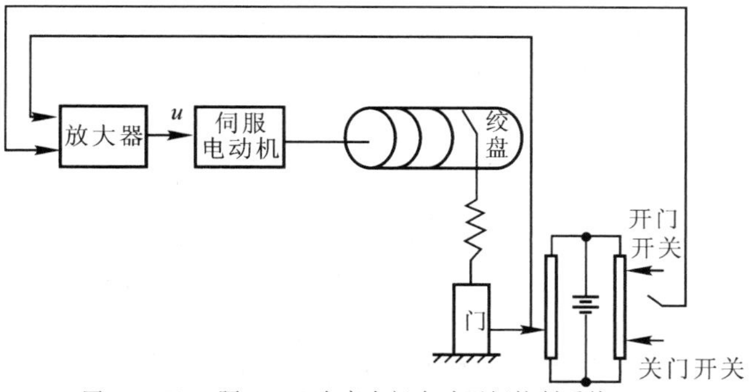

图 1.4.22　题 1.4.2 仓库大门自动开闭控制系统

解　当合上开门开关时，电桥会测量出开门位置与大门实际位置间对应的偏差电压，偏差电压经放大器放大后，驱动伺服电动机带动绞盘转动，将大门向上提起。与此同时，和大门连在一起的电刷也向上移动，直到桥式测量电路达到平衡，电动机停止转动，大门达到开启位置。反之，当合上关门开关时，电动机带动绞盘使大门关闭，从而可以实现大门远距离开闭自动控制。系统方框图如图解 1.4.2 所示。

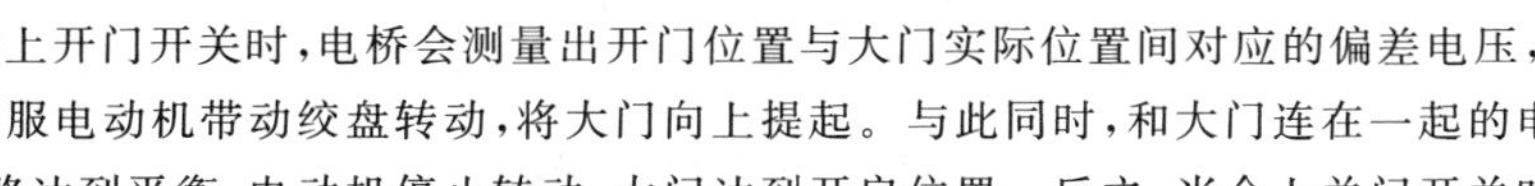

图解 1.4.2　仓库大门控制系统方框图

1.4.3　图 1.4.23(a) 和(b) 所示均为自动调压系统。设空载时，图(a) 与图(b) 发电机端电压均为 110 V。试问带上负载后，图(a) 与图(b) 中哪个系统能保持 110 V 电压不变？哪个系统的电压会稍低于 110 V？为什么？

解　带上负载后，由于负载的影响，图(a) 与图(b) 中的发电机端电压开始时都要下降，但图(a) 中所示系统的电压能恢复到 110 V，而图(b) 中的系统却不能。理由如下：

对图(a) 所示系统，当输出电压 u 低于给定电压时，其偏差电压经放大器 K，使电机 SM 转动，经减速器带动电刷减小发电机 G 的激磁回路电阻，使发电机的激磁电流 i_f 增大，提高发电机的端电压，从而使偏差电压减小，直至偏差电压为零时，电机才停止转动。因此，图(a) 系统能保持 110 V 电压不变。

对图(b) 所示系统，当输出电压 u 低于给定电压时，其偏差电压经放大器 K，直接使发电机激磁电流 i_f 增大，提高发电机的端电压，使发电机G的端电压回升，偏差电压减小，但是偏差电压始终不可能等于零，因为当偏差电压为零时，$i_f=0$，发电机就不能工作。偏差电压的存在是图(b) 所示系统正常工作的前提条件。即图(b) 所示中系统的输出电压会低于 110 V。

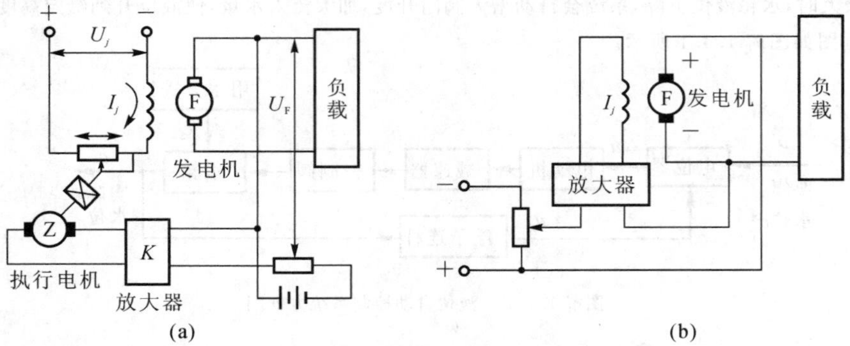

图 1.4.23　题 1.4.3 电压调节系统工作原理图

1.4.4　图 1.4.24 所示为水温控制系统示意图。冷水在热交换器中由通入的蒸汽加热，从而得到一定温度的热水。冷水流量变化用流量计测量。试绘制系统方框图，并说明为了保持热水温度为期望值，系统是如何工作的？系统的被控对象和控制装置各是什么？

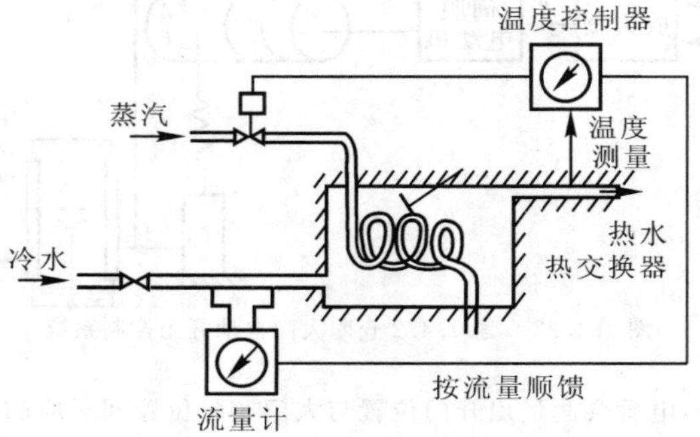

图 1.4.24　题 1.4.4 水温控制系统原理图

解　工作原理：温度传感器不断测量交换器出口处的实际水温，并在温度控制器中与给定温度相比较，若低于给定温度，其偏差值使蒸汽阀门开大，进入热交换器的蒸汽量加大，热水温度升高，直至偏差为零。如果由于某种原因，冷水流量加大，则流量值由流量计测得，通过温度控制器，开大阀门，使蒸汽量增加，提前进行控制，实现按冷水流量进行顺馈补偿，保证热交换器出口的水温不发生大的波动。

系统中，热交换器是被控对象，实际热水温度为被控量，给定量(希望温度) 在控制器中设定；冷水流量是干扰量。

系统方框图如图解 1.4.4 所示。这是一个按干扰补偿的复合控制系统。

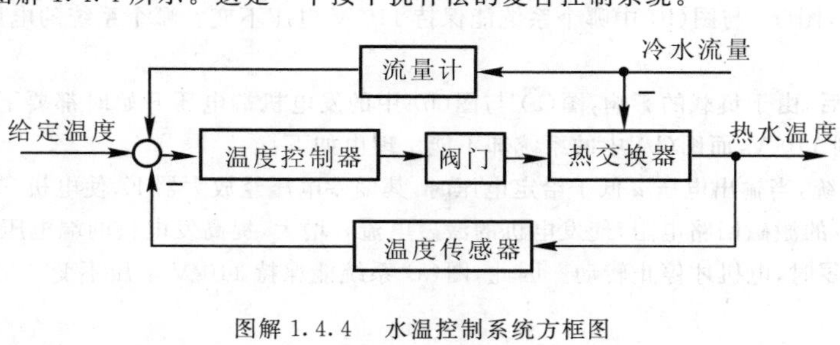

图解 1.4.4　水温控制系统方框图

1.4.5　图1.4.25所示是电炉温度控制系统原理示意图。试分析系统保持电炉温度恒定的工作过程,指出系统的被控对象、被控量以及各部件的作用,最后画出系统方框图。

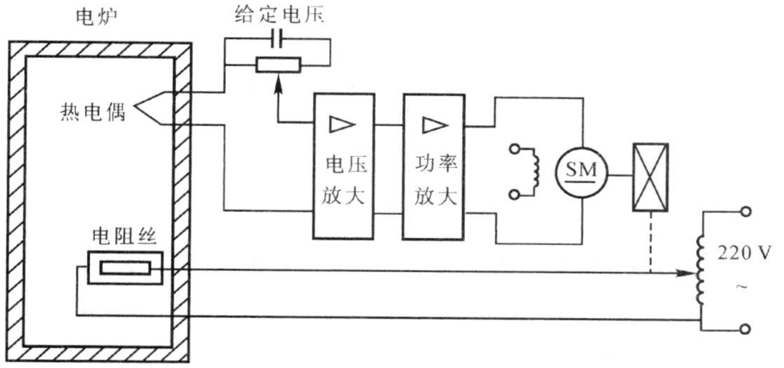

图1.4.25　题1.4.5电炉温度控制系统原理图

解　加热炉采用电加热的方式运行,电阻丝产生的热量与调压器电压二次方成正比,电压增高,炉温就上升。调压器电压由其滑动触点位置所控制,滑臂则由伺服电动机驱动。炉子的实际温度用热电偶测量,输出电压作为反馈电压与给定电压进行比较,得出的偏差电压经电压放大器、功率放大器放大后,驱动电动机调节调压器的电压。

在正常情况下,炉温等于期望值 T,热电偶的输出电压等于给定电压。此时偏差为零,电动机不动,调压器的滑动触点停留在某个合适的位置上。这时,炉子散失的热量正好等于从加热器获取的热量,形成稳定的热平衡状态,温度保持恒定。

当炉温由于某种原因突然下降(例如炉门打开造成热量流失)时,热电偶输出电压下降,与给定电压比较后出现正偏差,经电压放大器、功率放大器放大后,驱动电动机使调压器电压升高,炉温回升,直至温度值等于期望值为止。当炉温受扰动后高于希望温度时,调节的过程正好相反。最终达到稳定时,系统温度可以保持在要求的温度值上。

系统中,加热炉是被控对象,炉温是被控量,给定量是给定电位器设定的电压(表征炉温的希望值)。给定电位计是给定元件,电压放大器、功率放大器共同完成放大元件的功能,电动机、减速器和调压器组成执行机构,热电偶是测量元件。

系统方框图如图解1.4.5所示。

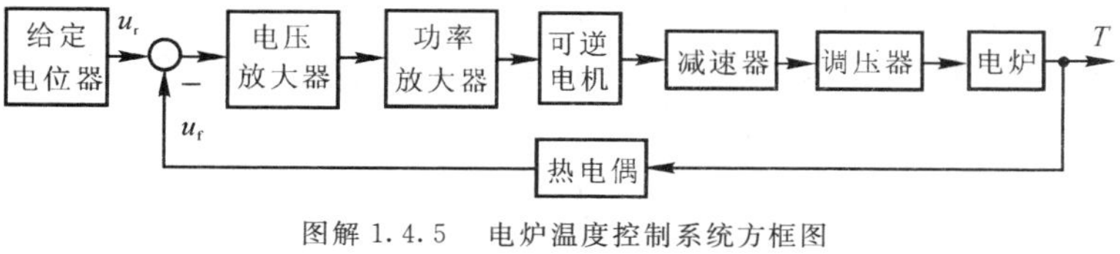

图解1.4.5　电炉温度控制系统方框图

1.4.6　图1.4.26所示是自整角机随动系统原理示意图。系统的功能是使接收自整角机TR的转子角位移 θ_o 与发送自整角机TX的转子角位移 θ_i 始终保持一致。试说明系统是如何工作的,并指出被控对象、被控量以及控制装置各部件的作用并画出系统方框图。

解　当负载(与接收自整角机TR的转子固联)的角位置 θ_o 与发送机TX转子的输入角位置 θ_i 一致时,系统处于相对静止状态,自整角机输出电压(即偏差电压)为0,放大器输出为0,电动机不动,系统保持在平衡状态。当 θ_i 改变时,θ_o 与 θ_i 失谐,自整角接收机输出与失谐角成比例的偏差电压,该偏差电压经整流放大器、功率放大器放大后驱动电动机转动,带动减速器改变负载的角位置 θ_o,使之跟随 θ_i 变化,直到与 θ_i 一致,系统达到新的平衡状态时为止。系统中采用测速发电机TG作为校正元件,构成内环反馈,用于改善系统动态特性。

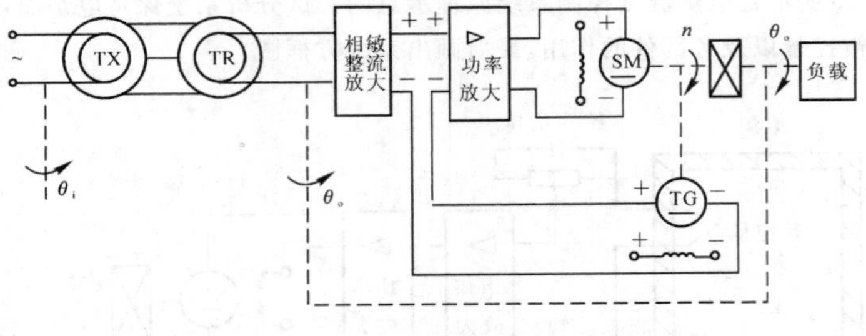

图 1.4.26　题 1.4.6 自整角机随动系统原理图

该系统为随动系统。被控对象是负载；被控量为负载角位置 θ_o；给定量是发送自整角机 TX 转子的角位置 θ_i。自整角机完成测量、比较元件的功能，整流放大器、功率放大器共同完成放大元件的功能，电动机 SM 和减速器组成执行机构，测速发电机 TG 是校正元件。

系统方框图如图解 1.4.6 所示。

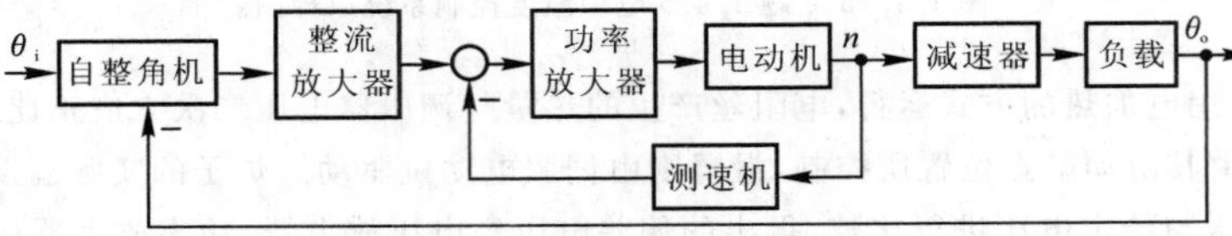

图解 1.4.6　题 1.4.6 自整角机随动系统方框图

1.4.7　在按扰动控制的开环控制系统中，为什么说一种补偿装置只能补偿一种与之相应的扰动因素？对于图 1.4.6 按扰动控制的速度控制系统，当电动机的激磁电压变化时，转速如何变化？该补偿装置能否补偿这个转速的变化？

解　一种补偿装置只能对它所能测量或感应到的扰动因素进行补偿。图 1.4.6 所示是按电机电枢电流进行补偿的速度控制系统，当电枢回路电压不变而电机激磁电压减小时，转速也会减小，但此时反馈电阻上的电流 i 不变，所以，图中补偿装置不能补偿由于激磁电压变化所造成的影响。

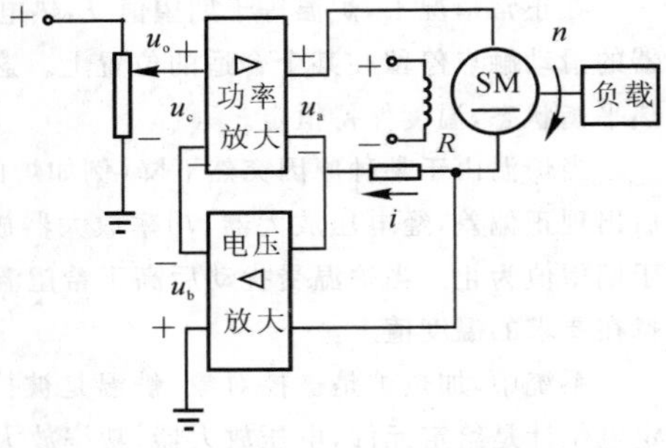

图 1.4.6　题 1.4.7 按扰动控制的速度控制系统

1.4.8　图 1.4.27 所示为谷物湿度控制系统示意图。在谷物磨粉的生产过程中，有一个出粉最多的湿度，因此磨粉之前要给谷物加水以得到给定的湿度。图中，谷物用传送装置按一定流量通过加水点，加水量由自动阀门控制。加水过程中，谷物流量、加水前谷物湿度以及水压都是对谷物湿度控制的扰动作用。为了提高控制精度，系统中采用了谷物湿度的顺馈控制，试画出系统方框图。

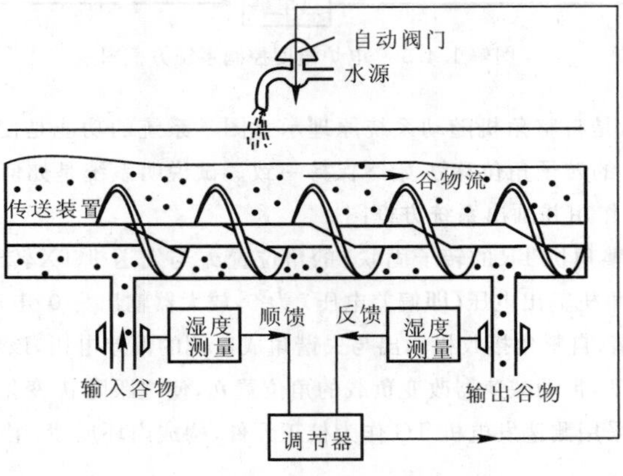

图 1.4.27　题 1.4.8 谷物湿度控制系统

解　系统中，传送装置是被控对象；输出谷物湿度是被控量；希望的谷物湿度是给定量。系统方框图如图解 1.4.8 所示。这是一个按干扰补偿的复合控制系统。

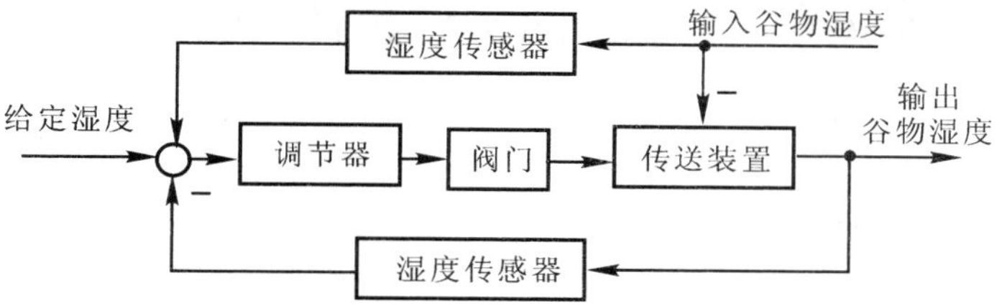

图解 1.4.8　谷物湿度控制系统方框图

1.4.9　图 1.4.28 所示为数字计算机控制的机床刀具进给系统。要求将工件的加工编制成程序预先存入数字计算机，加工时，步进电机按照计算机给出的信息工作，完成加工任务。试说明该系统的工作原理。

解　该系统是开环程序控制系统，被控对象为刀具，被控量为刀具位置，给定量是程序设定的刀具位置。计算机按编制的程序调节输出脉冲频率，通过脉冲分配与功率放大装置控制步进电机的转动，从而带动刀具按预定的轨迹进刀，完成加工任务。

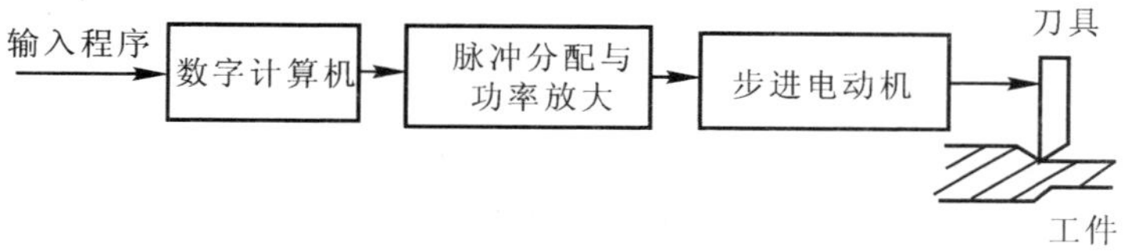

图 1.4.28　题 1.4.9 机床刀具进给系统

1.4.10　下列各式是描述系统的微分方程，其中 $c(t)$ 为输出量，$r(t)$ 为输入量，试判断哪些是线性定常或时变系统，哪些是非线性系统？

(1) $c(t) = 5 + r^2(t) + t\dfrac{\mathrm{d}^2 r(t)}{\mathrm{d}t^2}$；

(2) $\dfrac{\mathrm{d}^3 c(t)}{\mathrm{d}t^3} + 3\dfrac{\mathrm{d}^2 c(t)}{\mathrm{d}t^2} + 6\dfrac{\mathrm{d}c(t)}{\mathrm{d}t} + 8c(t) = r(t)$；

(3) $t\dfrac{\mathrm{d}c(t)}{\mathrm{d}t} + c(t) = r(t) + 3\dfrac{\mathrm{d}r(t)}{\mathrm{d}t}$；

(4) $c(t) = r(t)\cos\omega t + 5$；

(5) $c(t) = 3r(t) + 6\dfrac{\mathrm{d}r(t)}{\mathrm{d}t} + 5\displaystyle\int_{-\infty}^{t} r(\tau)\mathrm{d}\tau$；

(6) $c(t) = r^2(t)$；

(7) $c(t) = \begin{cases} 0, & t < 6 \\ r(t), & t \geqslant 6 \end{cases}$。

解　(1) 非线性时变动态系统；

(2) 线性定常动态系统；

(3) 线性时变动态系统；

(4) 非线性时变静态系统；

(5) 线性定常动态系统；

(6) 非线性定常静态系统；

(7) 线性时变静态系统。

第 2 章　控制系统的数学模型

2.1　重点内容提要

2.1.1　微分方程

微分方程是描述各种事物最基本的数学工具，是各种数学描述方法的共同基础。

1. 微分方程的一般形式

控制系统的微分方程是在时间域内描述动态系统性能的数学模型。线性定常系统或元件微分方程的一般形式为

$$a_n\frac{\mathrm{d}^n c(t)}{\mathrm{d}t^n}+a_{n-1}\frac{\mathrm{d}^{n-1}c(t)}{\mathrm{d}t^{n-1}}+\cdots+a_1\frac{\mathrm{d}c(t)}{\mathrm{d}t}+a_0c(t)=$$
$$b_m\frac{\mathrm{d}^m r(t)}{\mathrm{d}t^m}+b_{m-1}\frac{\mathrm{d}^{m-1}r(t)}{\mathrm{d}t^{m-1}}+\cdots+b_1\frac{\mathrm{d}r(t)}{\mathrm{d}t}+b_0r(t) \tag{2.1}$$

其中：$a_n\neq 0$，且 $n\geqslant 1$，$b_0\neq 0$，$m\geqslant 0$，通常 $n\geqslant m$。

式(2.1)左端是输出变量及其各阶导数对应的项，右端是输入变量及其各阶导数对应的项，各项的系数 $a_i(i=0,1,2,\cdots n)$ 和 $b_j(j=0,1,2,\cdots,m)$ 均为实数。

2. 建立微分方程的一般步骤

用解析法列写系统或元部件微分方程的一般步骤：

(1) 根据系统的具体工作情况，确定系统或元部件的输入、输出变量；

(2) 从输入端开始，按照信号的传递顺序，依据各变量所遵循的物理(或化学)定律，列写出各元部件的动态方程，一般为微分方程组；

(3) 消去中间变量，写出关于输入、输出变量的微分方程；

(4) 将微分方程标准化。即将与输入有关的各项放在等号的右侧，与输出有关的各项放在等号的左侧，并按降幂排列。最后将系数归化为具有一定物理意义的形式。

3. 非线性方程的线性化

严格来说，实际物理系统或元件都具有不同程度的非线性，因此输出变量与输入变量之间的函数关系应当用非线性动态方程描述。但非线性方程的性质一般比线性方程复杂得多，因此工程上常常在一定条件下将非线性方程近似转化为线性方程。这称为非线性方程的线性化。具体做法可参看参考文献[1]。

4. 线性微分方程求解

在给定输入变量形式及初始条件时，可以求得微分方程的解。线性微分方程的求解方法有经典法和拉氏变换法，也可以用计算机求解微分方程。

线性微分方程的解是一个特解与对应的齐次微分方程的解之和。其中齐次微分方程的解代表对象的自由运动，由微分方程的特征根决定。如果 n 阶微分方程的特征根是 $\lambda_1,\lambda_2,\cdots,\lambda_n$，且没有重根，则函数 $\mathrm{e}^{\lambda_1 t},\mathrm{e}^{\lambda_2 t},\cdots,\mathrm{e}^{\lambda_n t}$ 称为该微分方程所描述的运动的模态，也叫振型。模态只取决于齐次微分方程，与系统的输入变量无关。每一种模态代表一种类型的运动形态，齐次微分方程的解则是它们的线性组合，即

$$y(t)=c_1\mathrm{e}^{\lambda_1 t}+c_2\mathrm{e}^{\lambda_2 t}+\cdots+c_n\mathrm{e}^{\lambda_n t}$$

式中的系数是由初始条件决定的一组常数。特征根 $\lambda_1,\lambda_2,\cdots,\lambda_n$ 则称为各相应模态的极点。如果特征根中有重根，则模态会具有形如 $t\mathrm{e}^{\lambda t},t^2\mathrm{e}^{\lambda t},\cdots$ 的函数；如果特征根中有共轭复数，则共轭复模态可写成实函数模态

$e^{at}\sin bt$ 与 $e^{at}\cos bt$ 的形式，它们是一对共轭复模态的线性组合。

5. 线性系统的重要性质

线性系统满足叠加原理。它有两方面的含义：叠加性和齐次性。

2.1.2　传递函数

1. 定义

线性定常系统的传递函数是指在零初始条件下，系统输出量的拉氏变换与输入量的拉氏变换之比。所谓零初始条件是指，当 $t<0$ 时，系统的输入 $r(t)$，输出 $c(t)$ 以及它们的各阶导数均为零。

对微分方程式(2.1)的一般形式两端取拉氏变换，并根据定义可得系统的传递函数为

$$G(s)=\frac{C(s)}{R(s)}=\frac{b_m s^m+b_{m-1}s^{m-1}+\cdots+b_1 s+b_0}{a_n s^n+a_{n-1}s^{n-1}+\cdots+a_1 s+a_0}$$

2. 性质

(1) 传递函数是以复变量 s 为自变量的有理真分式。

(2) 传递函数只与系统本身的结构参数有关，与外作用的形式无关。

(3) 传递函数与系统的微分方程之间有相通性，两者之间可以互相转换。

(4) 传递函数是系统单位脉冲响应的拉氏变换。

(5) 传递函数与 s 平面上一定的零、极点图相对应。

3. 局限性

传递函数是对动态系统的外部描述。因此它只适用于描述线性定常的单输入、单输出系统，只直接反映系统在零状态下的动态特性。

4. 表示形式

可将传递函数表示成两种标准形式

(1) 零、极点形式(首 1 型)

$$G(s)=\frac{K^*\prod_{j=1}^{m}(s-z_j)}{\prod_{i=1}^{n}(s-p_i)}$$

式中　K^* —— 根轨迹增益；

z_j —— 系统的零点，$j=1,2,\cdots,m$；

p_i —— 系统的极点，$i=1,2,\cdots,n$。

(2)“典型环节”形式(尾 1 型)

$$G(s)=K\frac{\prod_{k=1}^{m_1}(\tau_k s+1)\prod_{l=1}^{m_2}(\tau_l^2 s^2+2\zeta\tau_l s+1)}{s^v\prod_{i=1}^{n_1}(T_i s+1)\prod_{j=1}^{n_2}(T_j^2 s^2+2\zeta T_j s+1)}$$

式中　每个因子都对应着物理上的一个环节，$m=m_1+2m_2$ 为系统的零点个数；$n=v+n_1+2n_2$ 为系统的极点个数；

K —— 放大(比例)环节，K 与 K^* 的关系为

$$K^*=K\frac{\prod_{k=1}^{m_1}\tau_k\prod_{l=1}^{m_2}\tau_l^2}{\prod_{i=1}^{n_1}T_i\prod_{j=1}^{n_2}T_j^2}$$

$\frac{1}{s}$ —— 积分环节；

$\dfrac{1}{Ts+1}$ —— 惯性(非周期)环节；

$\dfrac{1}{T^2s^2+2\zeta Ts+1}$ —— 振荡环节($0<\zeta<1$)；

$\tau s+1$ —— 一阶微分环节；

$\tau^2s^2+2\zeta\tau s+1$ —— 二阶微分环节($0<\zeta<1$)。

2.1.3 结构图

1. 组成

由信号线、环节方框、引出点和比较点等组成。基本定义如图 2.1.1 所示。

2. 特点

(1) 结构图具有概括性和抽象性，不一定表示某具体系统的物理结构；

(2) 用结构图可以较直观地研究系统特性，分析各环节对系统性能的影响；

(3) 同一系统的结构图形式不唯一，但其在输入、输出信号确定后，对应的系统传递函数是唯一的。

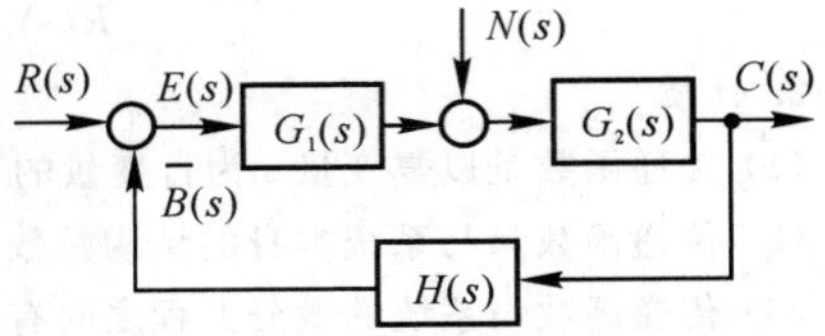

图 2.1.1 系统结构图

3. 绘制

(1) 根据微分方程绘制。其步骤是，首先建立系统各元部件的微分方程；再对各元部件的微分方程取拉氏变换，并画出其所对应的结构图；最后将各元部件的结构图按照信号传递顺序连接起来即为系统的结构图。

(2) 根据原理图绘制。其方法是，先将原理图画成方框图，再将方框图中的元部件名称换成相应的传递函数即得系统的结构图。需要说明的是应用这种方法绘制结构图的前提是，系统中各元部件的传递函数是已知的。

4. 等效变换

有关结构图等效变换的一般规则见表 2.1。

表 2.1 结构图简化(等效变换)规则

变换方式	原方框图	等效方框图	等效运算关系
串联	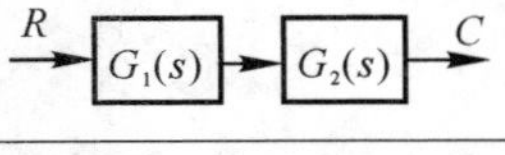	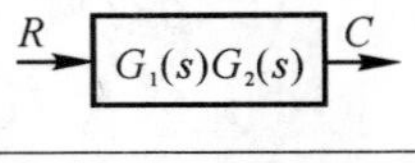	$C(s)=G_1(s)G_2(s)R(s)$
并联	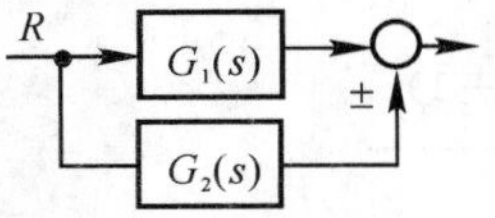	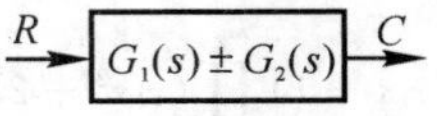	$C(s)=[G_1(s)\pm G_2(s)]R(s)$
反馈	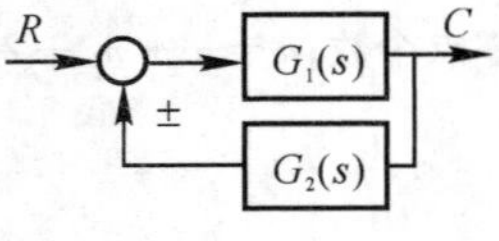	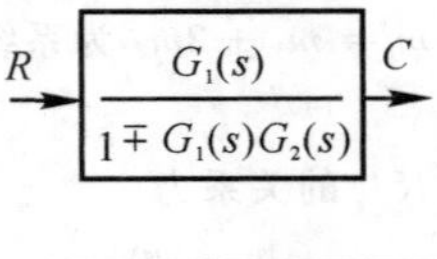	$C(s)=\dfrac{G_1(s)R(s)}{1\mp G_1(s)G_2(s)}$
比较点前移	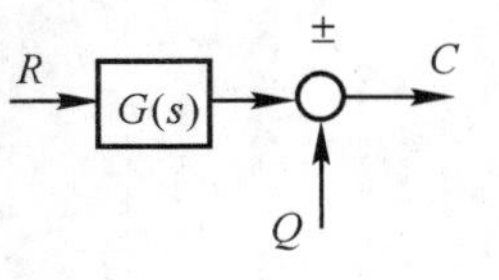	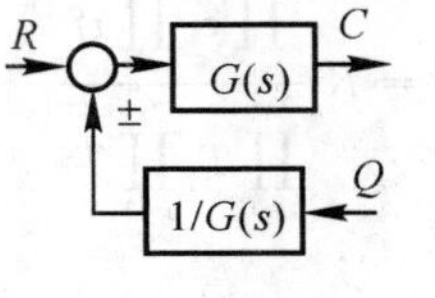	$C(s)=R(s)G(s)\pm Q(s)=\left[R(s)\pm\dfrac{Q(s)}{G(s)}\right]G(s)$

续 表

变换方式	原方框图	等效方框图	等效运算关系
比较点后移	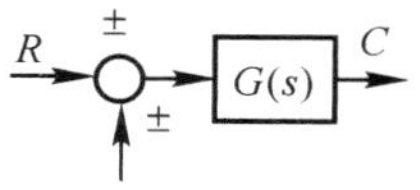	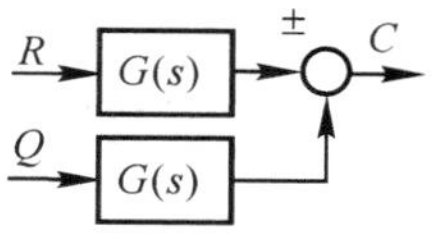	$G(s)=[R(s)\pm Q(s)]G(s)=$ $R(s)G(s)\pm Q(s)G(s)$
引出点前移	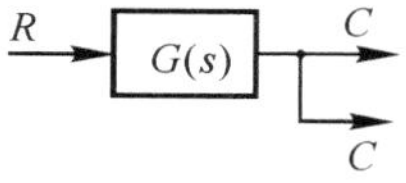	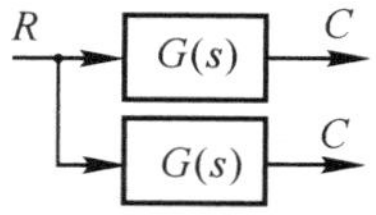	$C(s)=G(s)R(s)$
引出点后移	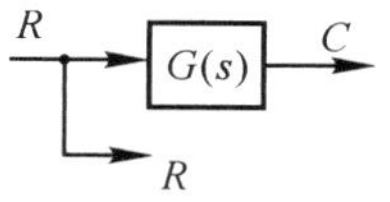	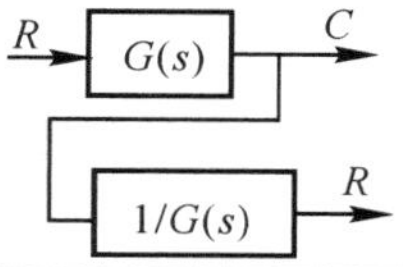	$R(s)=R(s)G(s)\dfrac{1}{G(s)}$ $C(s)=G(s)R(s)$
比较点与引出点之间的移动	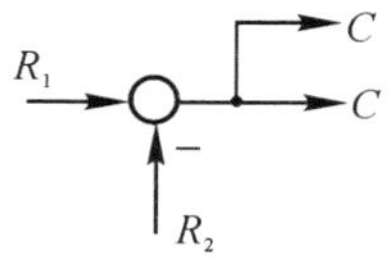	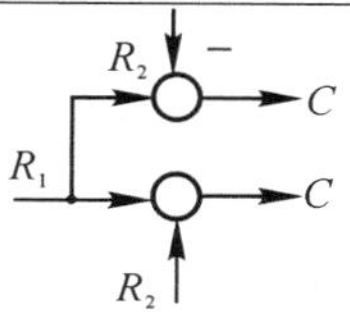	$C(s)=R_1(s)-R_2(s)$

2.1.4　信号流图

信号流图是一种表达线性代数方程组结构的图形。它与结构图本质上没有什么区别，只是形式上不同。信号流图中的有关术语：源节点、阱节点、混合节点、前向通路、回路和不接触回路。

2.1.5　梅森增益公式

应用梅森增益公式可以不经任何结构变换，直接求取系统从输入到输出的传递函数。此方法不仅适用于信号流图，同样适用于系统的结构图。

即
$$\Phi(s)=\frac{\sum_{k=1}^{m}P_k\Delta_k}{\Delta}$$

式中　m—— 前向通路总数；

Δ—— 特征式，$\Delta=1-\sum L_i+\sum L_iL_j-\sum L_iL_jL_k+\cdots$；

P_k—— 从输入端到输出端第 k 条前向通路的传递函数；

Δ_k—— 在 Δ 中，将与第 k 条前向通路相接触的回路所在项除去后所余下的部分，称对应第 k 条前向通路的余子式。

Δ(特征式) 中：

$\sum L_i$—— 所有不同回路的传递函数之和；

$\sum L_iL_j$—— 所有两两互不接触回路的传递函数乘积之和；

$\sum L_iL_jL_k$—— 所有三个互不接触回路的传递函数乘积之和。

2.1.6　控制系统的传递函数

在图 2.1.1 中：

(1) 系统的开环传递函数

$$G_K(s)=\frac{B(s)}{E(s)}=G_1(s)G_2(s)H(s)$$

(2) 输入信号作用下系统的闭环传递函数

$$\Phi(s)=\frac{C(s)}{R(s)}=\frac{G_1(s)G_2(s)}{1+G_1(s)G_2(s)H(s)}$$

(3) 输入信号作用下系统的误差传递函数

$$\Phi_e(s)=\frac{E(s)}{R(s)}=\frac{1}{1+G_1(s)G_2(s)H(s)}$$

(4) 干扰信号作用下系统的闭环传递函数

$$\Phi_n(s)=\frac{C(s)}{N(s)}=\frac{G_2(s)}{1+G_1(s)G_2(s)H(s)}$$

(5) 干扰信号作用下系统的误差传递函数

$$\Phi_{en}(s)=\frac{E(s)}{N(s)}=\frac{-G_2(s)H(s)}{1+G_1(s)G_2(s)H(s)}$$

2.2 知识结构图

- 数学模型
  - 微分方程
    - 微分方程的建立及标准化
    - 非线性微分方程的线性化
    - 线性系统微分方程的解及性质
  - 传递函数
    - 定义
    - 性质
    - 局限性及表示形式
  - 结构图
    - 绘制
      - 由微分方程绘制
      - 由原理图绘制
    - 等效变换规则
      - 串联、并联、反馈
      - 引出点、比较点移动规则
  - 信号流图
    - 绘制
      - 由微分方程绘制
      - 由结构图绘制
    - 有关术语
      - 源节点
      - 阱节点
      - 混合节点
      - 通路及回路
  - 相关知识
    - 求复杂系统的传递函数
      - 结构图等效变换
      - 梅森增益公式
    - 控制系统的传递函数
      - 开环传递函数 $G(s)$
      - 输入作用的闭环传递函数 $\Phi(s)$，$\Phi_e(s)$
      - 干扰作用的闭环传递函数 $\Phi_n(s)$，$\Phi_{en}(s)$

2.3 考点及典型题选解

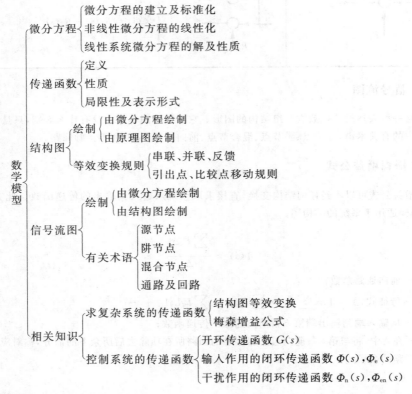

本章主要考点有建立控制系统的微分方程；传递函数的概念；结构图等效变换及求复杂系统的传递函数。

2.3.1 典型题

1. 试建立如图 2.3.1 所示各系统的微分方程。图中电压 u_r 和外力 $F(t)$ 为输入量，电压 u_c 和位移 $y(t)$ 为输出量。

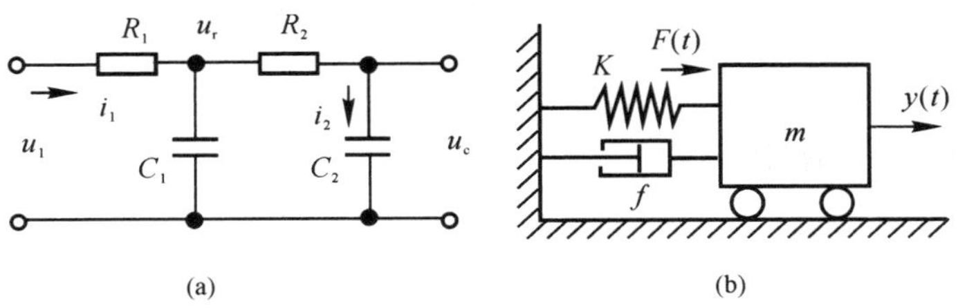

图 2.3.1　系统原理图

2. 一机械系统如图 2.3.2(a) 所示。$F(t)$ 为外作用力，$y_1(t)$ 和 $y_2(t)$ 分别为质量 m_1 和 m_2 的输出位移。试求以 $F(t)$ 为输入量，$y_1(t)$ 和 $y_2(t)$ 分别为输出量的微分方程表达式。

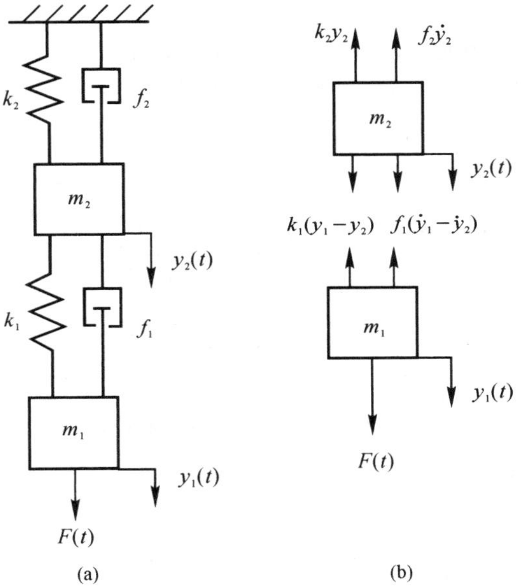

图 2.3.2　机械系统示意图及受力分析

3. 若某系统在阶跃输入作用 $r(t)=1(t)$ 时，系统在零初始条件下的输出响应为

$$c(t)=1-2e^{-2t}+e^{-t}$$

试求系统的传递函数和脉冲响应。

4. 试求图 2.3.3 所示各信号 $x(t)$ 的像函数 $X(s)$。

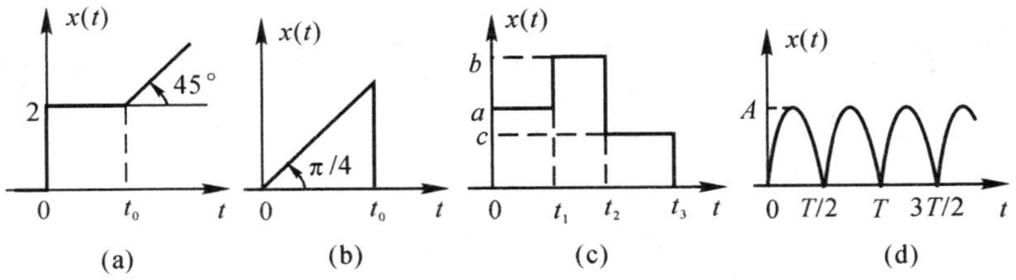

图 2.3.3　信号图

5. 已知某控制系统由以下方程式组成，试绘制出该系统的结构图并求出其传递函数 $Y(s)/R(s)$。

$$X_1(s)=G_1(s)R(s)-G_1(s)[G_7(s)-G_8(s)]Y(s)$$
$$X_2(s)=G_2(s)[X_1(s)-G_6(s)X_3(s)]$$
$$X_3(s)=[X_2(s)-G_5(s)Y(s)]G_3(s)$$
$$Y(s)=G_4(s)X_3(s)$$

6. 求下列各拉普拉斯变换式的原函数。

(1) $X(s)=\dfrac{e^{-s}}{s-1}$；

(2) $X(s)=\dfrac{2}{s^2+9}$；

(3) $X(s)=\dfrac{1}{s(s+2)^3(s+3)}$；

(4) $X(s)=\dfrac{s+1}{s(s^2+2s+2)}$。

7. 图 2.3.4 所示为一直流位置随动系统的原理框图，图中 θ_i 为输入角度，θ_o 为输出角度；SM 为伺服电动机，T_L 为负载转距，TG 为测速发动机，TV 为电压传感器，TA 为电流传感器；α，β 和 γ 分别为转速反馈系数、电流反馈系数和电压反馈系数；K_1，K_ω，K_i，K_V 和 K_s 分别是前置放大器、速度放大器、电流放大器、电压放大器和功率放大器的放大系数，减速器速比为 1：λ。

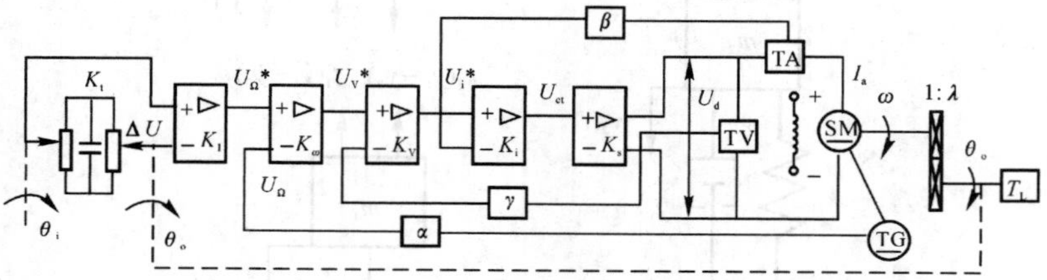

图 2.3.4　位置随动系统原理框图

(1) 试列写各部件的传递函数；

(2) 求出系统的闭环传递函数 $G(s)=\Theta_o(s)/\Theta_i(s)$。

8. 已知控制系统的结构图如图 2.3.5 所示。试利用结构图化简和梅森增益公式求系统的传递函数。

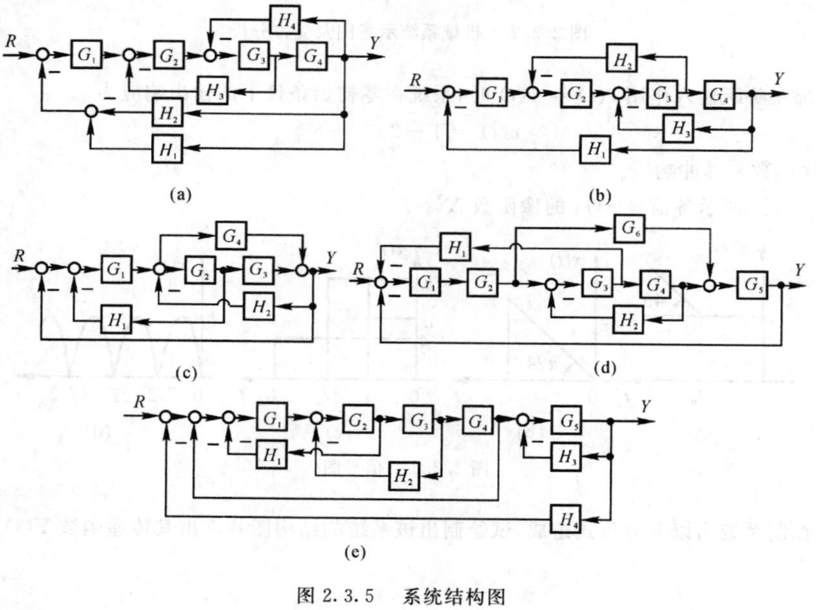

图 2.3.5　系统结构图

9. 绘制图 2.3.6 所示信号流图对应的系统结构图，求传递函数$\dfrac{X_5(s)}{X_1(s)}$。

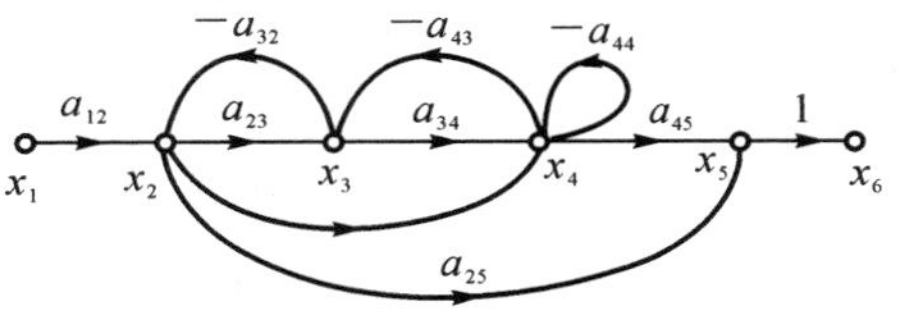

图 2.3.6　系统信号流图

10. 已知系统结构图如图 2.3.7 所示，初始条件为：$c(0)=-1, \dot{c}(0)=0$。试计算当 $r(t)=1(t), n(t)=\delta(t)$ 时系统的总输出 $c(t)$ 和总偏差 $e(t)$。

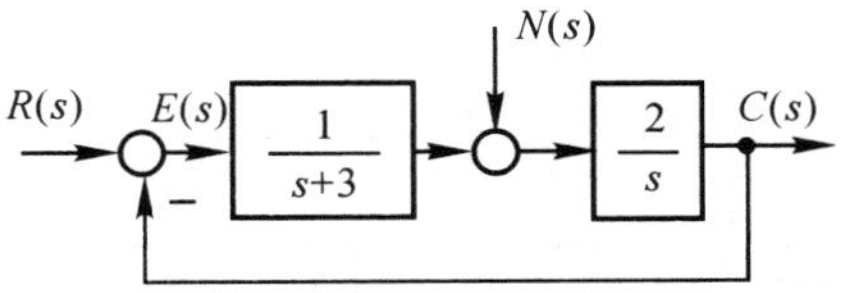

图 2.3.7　系统结构图

11. 已知系统结构图如图 2.3.8 所示，图中 $N(s)$ 为干扰量，$R(s)$ 为输入量。

(1) 求传递函数$\dfrac{C(s)}{R(s)}$和$\dfrac{C(s)}{N(s)}$；

(2) 若要消除干扰对系统输出的影响$\left(\text{即}\dfrac{C(s)}{N(s)}=0\right)$，试确定 $G_0(s)$ 的表达式。

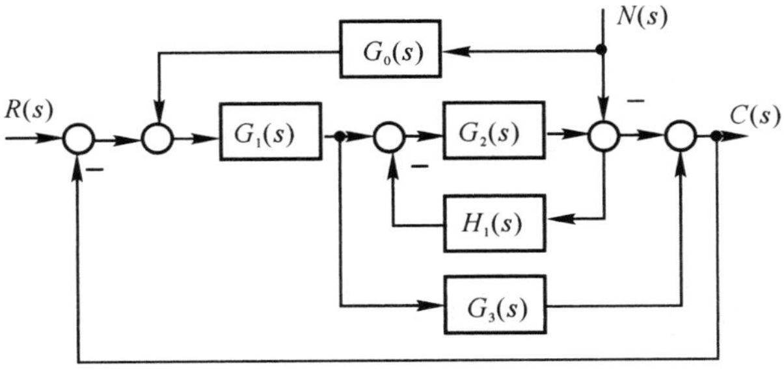

图 2.3.8　系统结构图

2.3.2　典型题解析

1. (a) $R_1C_1R_2C_2\dfrac{\mathrm{d}^2u_c}{\mathrm{d}t^2}+(R_1C_1+R_2C_2+R_1C_2)\dfrac{\mathrm{d}u_c}{\mathrm{d}t}+u_c=u_r$；

(b) $\dfrac{m}{K}\dfrac{\mathrm{d}^2y(t)}{\mathrm{d}t^2}+\dfrac{f}{K}\dfrac{\mathrm{d}y(t)}{\mathrm{d}t}+y(t)=\dfrac{F(t)}{K}$。

2. 质量 m_1 和 m_2 的受力情况如图 2.3.2(b) 所示，由牛顿定律可写出

$$m_1\frac{\mathrm{d}^2y_1}{\mathrm{d}t^2}+f_1\frac{\mathrm{d}y_1}{\mathrm{d}t}+k_1y_1=f_1\frac{\mathrm{d}y_2}{\mathrm{d}t}+k_1y_2+F(t)$$

$$m_2\frac{\mathrm{d}^2y_2}{\mathrm{d}t^2}+(f_1+f_2)\frac{\mathrm{d}y_2}{\mathrm{d}t}+(k_1+k_2)y_2=f_1\frac{\mathrm{d}y_1}{\mathrm{d}t}+k_1y_1$$

3. $\dfrac{C(s)}{R(s)}=\dfrac{3s+2}{(s+1)(s+2)}$，　$k(t)=4\mathrm{e}^{-2t}-\mathrm{e}^{-t}$

4. 图 2.3.3(a) $X(s)=\dfrac{2}{s}+\dfrac{1}{s^2}e^{-t_0 s}$；

图 2.3.3(b) $X(s)=\dfrac{1}{s^2}-\dfrac{1}{s^2}(1-t_0 s)e^{-t_0 s}$；

图 2.3.3(c) $X(s)=\dfrac{1}{s}[a+(b-a)e^{-t_1 s}+(c-b)e^{-t_2 s}-ce^{-t_3 s}]$；

图 2.3.3(d) $X(s)=\dfrac{A\times\dfrac{2\pi}{T}}{s^2+\left(\dfrac{2\pi}{T}\right)^2}(1+e^{-\frac{T}{2}s})\dfrac{1}{1-e^{-\frac{T}{2}s}}=\dfrac{A\times\dfrac{2\pi}{T}}{s^2+\left(\dfrac{2\pi}{T}\right)^2}\coth\left(\dfrac{T}{4}s\right)$。

5. $$\frac{Y(s)}{R(s)}=\frac{G_1G_2G_3G_4}{1+G_2G_3G_6+G_3G_4G_5+G_1G_2G_3G_4G_7-G_1G_2G_3G_4G_8}$$

画出系统的结构图如图解 2.3.5 所示。

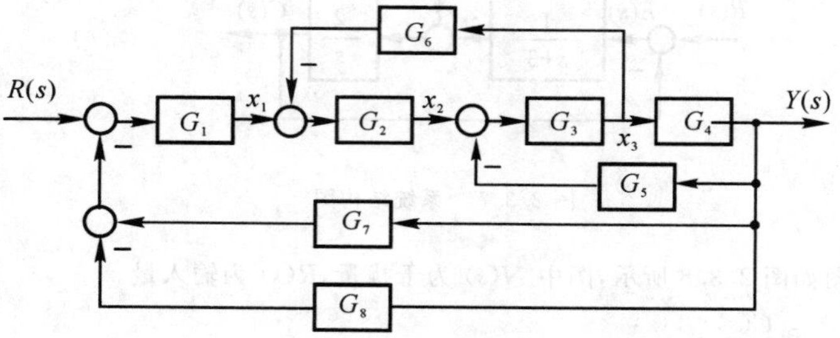

图解 2.3.5　系统结构图

6. (1)$x(t)=e^{t-1}$；

(2)$x(t)=\dfrac{2}{3}\sin 3t$；

(3)$x(t)=\dfrac{-t^2}{4}e^{-2t}+\dfrac{t}{4}e^{-2t}-\dfrac{3}{8}e^{-2t}+\dfrac{1}{3}e^{-3t}+\dfrac{1}{24}$；

(4)$x(t)=\dfrac{1}{2}+\dfrac{1}{2}e^{-t}(\sin t-\cos t)$。

7. (1) ① 同位仪检测装置：$\dfrac{\Delta U(s)}{\Delta\Theta(s)}=K_t$，$\Delta\Theta(s)=\Theta_i(s)-\Theta_o(s)$

② 前置放大器：$\dfrac{U_\Omega^*(s)}{\Delta U(s)}=K_1$

③ 速度放大器：$\dfrac{U_V^*(s)}{U_\Omega^*(s)-U_\Omega(s)}=K_\omega$

④ 电压放大器：$\dfrac{U_i^*(s)}{U_V^*(s)-U_V(s)}=K_V$

⑤ 电流放大器：$\dfrac{U_{ct}(s)}{U_i^*(s)-U_i(s)}=K_i$

⑥ 功率放大器：$\dfrac{U_{do}(s)}{U_{ct}(s)}=K_s$

⑦ 直流伺服电动机：$\dfrac{\omega(s)}{I_a(s)}=\dfrac{R}{C_eT_ms}$，$T_m=\dfrac{JR}{C_eC_m}$

⑧ 减速机构：$\dfrac{\theta_o(s)}{\omega(s)}=\dfrac{1}{\lambda s}$

⑨ 各检测单元：

速度检测单元：$U_\Omega(s)/\Omega(s)=\alpha$

电压检测单元：$U_V(s)/U_d(s) = \gamma$

电流检测单元：$U_i(s)/I_a(s) = \beta$

(2)
$$G(s) = \frac{\Theta_o(s)}{\Theta_i(s)} = \frac{K_t K_1 K_\omega K_v K_i K_s R R_a (T_{la}s + 1)}{\Delta}$$

其中 $\Delta = C_e T_m R R_a \lambda s^2 (T_l s + 1)(T_{la} s + 1) + C_e R^2 \lambda s (T_l s + 1) +$
$K_i K_s \beta C_e T_m R_a \lambda s^2 (T_{la} s + 1) +$
$K_v K_i K_s \gamma C_e T_m R_a^2 \lambda s^2 (T_{la} s + 1)^2 + K_v K_i K_s \gamma C_e R R_a \lambda s (T_{la} s + 1) +$
$K_\omega K_v K_i K_s \alpha R R_a \lambda s (T_{la} s + 1) + K_t K_1 K_\omega K_v K_i K_s R R_a (T_{la} s + 1)$

8. (a) $G = \dfrac{G_1 G_2 G_3 G_4}{1 + G_2 G_3 H_3 + G_3 G_4 H_4 + G_1 G_2 G_3 G_4 H_1 - G_1 G_2 G_3 G_4 H_2}$

(b) $G = \dfrac{G_1 G_2 G_3 G_4}{1 + G_1 G_2 G_3 G_4 H_1 + G_2 G_3 H_2 + G_3 G_4 H_3}$

(c) $G = \dfrac{G_1 (G_2 G_3 + G_4)}{1 + G_1 G_2 H_1 + G_2 G_3 H_2 + G_1 G_2 G_3 + G_4 H_2 + G_1 G_4}$

(d) $G = \dfrac{G_1 G_2 G_3 G_4 G_5 + G_1 G_2 G_5 G_6 + G_1 G_2 G_3 G_4 G_5 G_6 H_2}{\Delta}$，其中

$\Delta = 1 + G_1 G_2 G_3 H_1 + G_3 G_4 H_2 + G_1 G_2 G_3 G_4 G_5 + G_1 G_2 G_5 G_6 + G_1 G_2 G_3 G_4 G_5 G_6 H_2$

(e) $G = \dfrac{G_1 G_2 G_3 G_4 G_5}{\Delta}$，其中

$\Delta = 1 + G_1 G_2 H_1 + G_2 G_3 H_2 + G_1 G_2 G_3 G_4 + G_1 G_2 G_3 G_4 G_5 H_4 + G_5 H_3 +$
$G_1 G_2 G_5 H_1 H_3 + G_2 G_3 G_5 H_2 H_3 + G_1 G_2 G_3 G_4 G_5 H_3$

9. 图略：$\dfrac{X_5(s)}{X_1(s)} = \dfrac{a_{12}a_{23}a_{34}a_{45} + a_{12}a_{24}a_{45} + a_{12}a_{25}(1 - a_{34}a_{43} + a_{44})}{1 + a_{23}a_{32} + a_{44} - a_{34}a_{43} + a_{24}a_{43}a_{32} + a_{23}a_{32}a_{44}}$

10. $C(t) = 1 - 5e^{-t} + 4e^{-2t}$

$e(t) = 5e^{-t} - 4e^{-2t}$

11. (1) $\dfrac{C(s)}{R(s)} = \dfrac{G_1 G_2 + G_1 G_3 (1 + G_2 H_2)}{1 + G_2 H_1 + G_1 G_2 + G_1 G_3 + G_1 G_2 G_3 H_1}$

$\dfrac{C(s)}{N(s)} = \dfrac{G_0 (G_1 G_2 + G_1 G_3 + G_1 G_2 G_3 H_1) - 1 - G_2 H_1}{1 + G_2 H_1 + G_1 G_2 + G_1 G_3 + G_1 G_2 G_3 H_1}$

(2) $G_0 = \dfrac{1 + G_2 H_1}{G_1 G_2 + G_1 G_3 + G_1 G_2 G_3 H_1}$

2.4 课后习题全解

2.4.1 在图 1.4.21 所示的液位自动控制系统中，设容器横截面积为 F，希望液位为 c_0。若液位高度变化率与液体流量差 $\theta_1 - \theta_2$ 成正比，试列写以液位为输出量的微分方程式。

解 设液位为 c 时，容器中液体的体积为 V，则有

$$V = cF$$

当 $\theta_1 = \theta_2$ 时，液位为 c_0；当 $\theta_1 \neq \theta_2$ 时，液位的高度 c 将发生变化，其变化率与液量差 $\theta_1 - \theta_2$ 成正比时，依题意有

$$F\frac{dc}{dt} = \frac{dV}{dt} = \theta_1 - \theta_2$$

所以
$$\frac{dc}{dt} = \frac{1}{F}(\theta_1 - \theta_2)$$

2.4.2 设机械系统如图 2.4.48 所示，其中 x_i 是输入位移，x_o 是输出位移。试分别列写各系统的微分方程式。

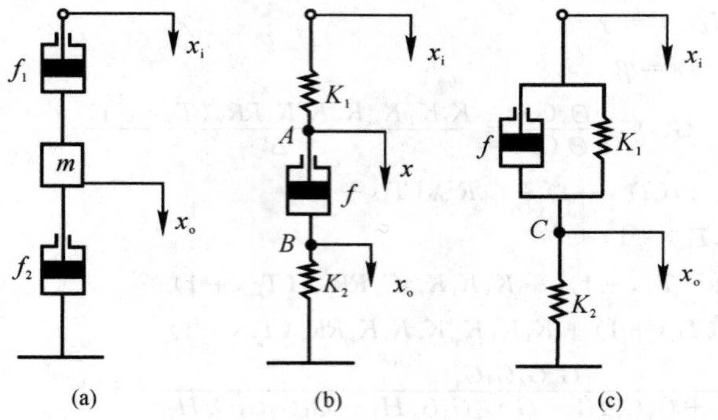

图 2.4.48 题 2.4.2 机械系统

解 (a) 取隔离体进行受力分析，如图解 2.4.2(a) 所示。根据牛顿定律，在不考虑重力时，可得

$$f_1\left(\frac{dx_i}{dt}-\frac{dx_o}{dt}\right)-f_2\frac{dx_o}{dt}=m\frac{d^2x_o}{dt^2}$$

整理得

$$m\frac{d^2x_o}{dt^2}+(f_1+f_2)\frac{dx_o}{dt}=f_1\frac{dx_i}{dt}$$

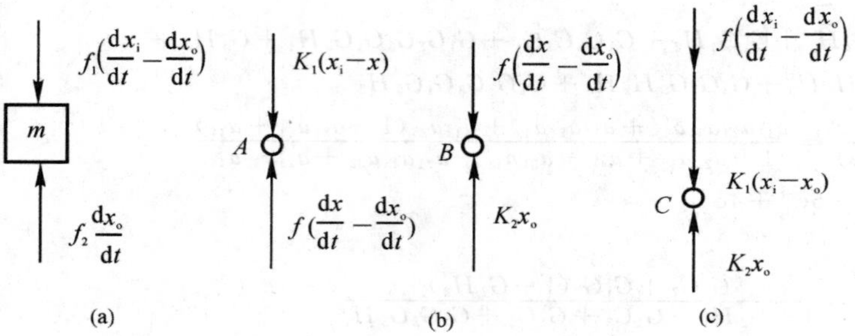

图解 2.4.2

(b) 在图 2.4.48(b) 中取 A,B 两点为辅助点，并假设 A 点位移为 x，则 A,B 两点受力如图解 2.4.2(b) 所示，可得

$$K_1(x_i-x)=f\left(\frac{dx}{dt}-\frac{dx_o}{dt}\right)$$

$$K_2x_o=f\left(\frac{dx}{dt}-\frac{dx_o}{dt}\right)$$

消去中间变量 x，整理得

$$f(K_1+K_2)\frac{dx_o}{dt}+K_1K_2x_o=K_1f\frac{dx_i}{dt}$$

(c) 在图 2.4.48(c) 中取 C 点为辅助点，其受力如图解 2.4.2(c) 所示，则有

$$K_1(x_i-x_o)+f\left(\frac{dx_i}{dt}-\frac{dx_o}{dt}\right)=K_2x_o$$

整理得

$$f\frac{dx_o}{dt}+(K_1+K_2)x_o=f\frac{dx_i}{dt}+K_1x_i$$

2.4.3 试证明图 2.4.49(a) 所示的电网络与(b) 所示的机械系统有相同的数学模型。

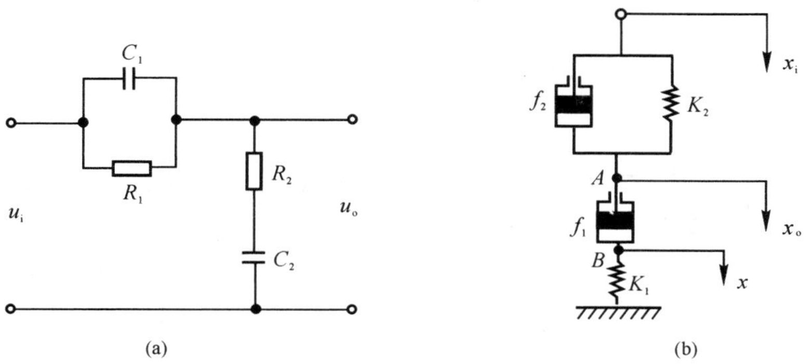

图 2.4.49　题 2.4.3 电网络与机械系统

解　(a) 根据复数阻抗可得

$$\frac{u_o}{u_i}=\frac{R_2+\dfrac{1}{C_2 s}}{R_2+\dfrac{1}{C_2 s}+\dfrac{R_1\dfrac{1}{C_1 s}}{R_1+\dfrac{1}{C_1 s}}}=\frac{R_1R_2C_1C_2s^2+(R_1C_1+R_2C_2)s+1}{R_1R_2C_1C_2s^2+(R_1C_1+R_2C_2+R_1C_2)s+1}$$

即　$$R_1R_2C_1C_2\frac{d^2u_o}{dt^2}+(R_1C_1+R_2C_2+R_1C_2)\frac{du_o}{dt}+u_o=R_1R_2C_1C_2\frac{d^2u_i}{dt^2}+(R_1C_1+R_2C_2)\frac{du_i}{dt}+u_i$$

(b) 在图 2.4.49(b) 中，取 A,B 两点进行受力分析，如图解 2.4.3 所示，可得

$$f_1\left(\frac{dx_i}{dt}-\frac{dx_o}{dt}\right)+K_1(x_i-x_o)=f_2\left(\frac{dx_o}{dt}-\frac{dx}{dt}\right)$$

$$f_2\left(\frac{dx_o}{dt}-\frac{dx_i}{dt}\right)=K_2x$$

整理得

$$\frac{f_1f_2}{K_1K_2}\frac{d^2x_o}{dt^2}+\left(\frac{f_2}{K_2}+\frac{f_1}{K_2}+\frac{f_1}{K_1}\right)\frac{dx_o}{dt}+x_o=\frac{f_1f_2}{K_1K_2}\frac{d^2x_i}{dt^2}+\left(\frac{f_1}{K_1}+\frac{f_2}{K_2}\right)\frac{dx_i}{dt}+x_i$$

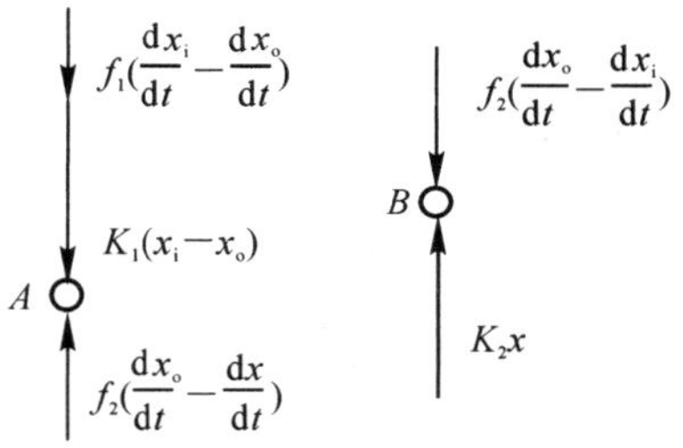

图解　2.4.3

经比较可以看出，电网络(a) 和机械系统(b) 两者参数的相似关系为

$$K_1\sim\frac{1}{C_1},\quad f_1\sim R_1,\quad K_2\sim\frac{1}{C_2},\quad f_2\sim R_2$$

2.4.4　试分别列写图 2.4.50 所示各无源网络的微分方程式。

解　(a)　$$\frac{u_o}{u_i}=\frac{R_2}{R_2+\dfrac{R_1\cdot 1/(Cs)}{R_1+1/(Cs)}}=\frac{R_1R_2Cs+R_2}{R_1R_2Cs+R_1+R_2}$$

故　$$R_1R_2C\frac{du_o}{dt}+(R_1+R_2)u_o=R_1R_2C\frac{du_i}{dt}+R_2u_i$$

(b) 由图 2.4.49(b) 可得

$$i_1\frac{1}{C_1 s}=-i_1R+i_2R$$

$$u_i=i_2R+(i_1+i_2)\frac{1}{C_2 s}$$

$$u_o=i_1R+(i_1+i_2)\frac{1}{C_2 s}$$

联立并消去中间变量，整理得

$$\frac{u_o}{u_i}=\frac{R^2C_1C_2s^2+2RC_1s+1}{R^2C_1C_2s^2+(C_2+2C_1)Rs+1}$$

即 $$R^2C_1C_2\frac{d^2u_o}{dt^2}+(C_2+2C_1)R\frac{du_o}{dt}+u_o=R^2C_1C_2\frac{d^2u_i}{dt^2}+2RC_1\frac{du_i}{dt}+u_i$$

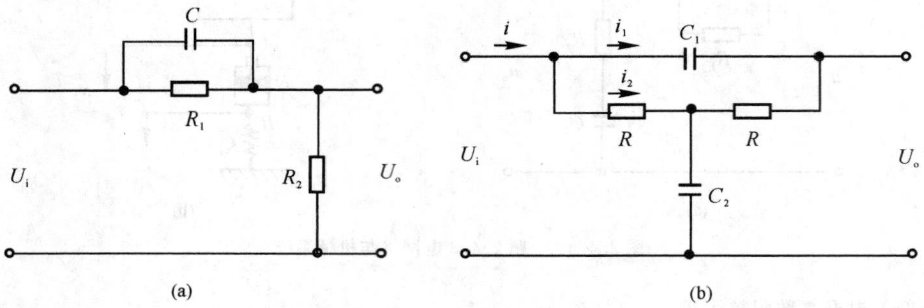

图 2.4.50　题 2.4.4 无源网络

2.4.5　设初始条件均为零，试用拉氏变换法求解下列微分方程式，并概略绘制 $x(t)$ 曲线，指出各方程式的模态：

(1) $2\dot{x}(t)+x(t)=t$；

(2) $\ddot{x}(t)+\dot{x}(t)+x(t)=\delta(t)$；

(3) $\ddot{x}(t)+2\dot{x}(t)+x(t)=1(t)$。

解　(1) 拉氏变换得

$$x(s)=\frac{1}{s^2(2s+1)}=\frac{1}{s^2}-\frac{2}{s}+\frac{2}{s+0.5}$$

拉氏反变换得

$$x(t)=t-2+2e^{-0.5t}$$

$x(t)$ 的曲线如图解 2.4.5(a) 所示。系统特征根为 $\lambda=-0.5$，该方程所描述的运动模态为 $e^{-0.5t}$。

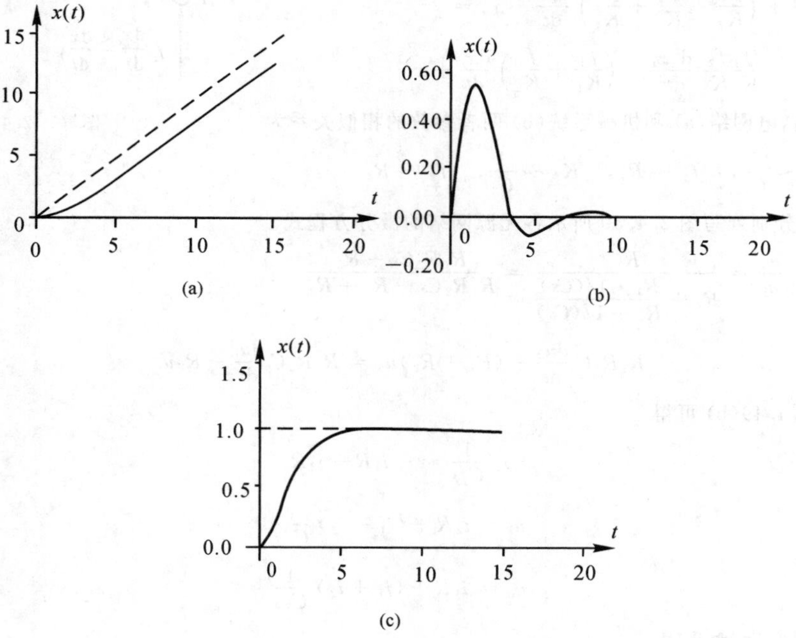

图解　2.4.5

（2）拉氏变换得

$$x(s)=\frac{1}{s^2+s+1}=\frac{2}{\sqrt{3}}\frac{\sqrt{3}/2}{(s+1/2)^2+(\sqrt{3}/2)^2}$$

拉氏反变换得

$$x(t)=\frac{2}{\sqrt{3}}e^{-0.5t}\sin\frac{\sqrt{3}}{2}t$$

$x(t)$ 曲线如图解 2.4.5(b) 所示。

系统特征根为　$$\lambda_{1,2}=-\frac{1}{2}\pm j\frac{\sqrt{3}}{2}$$

该方程所描述的运动模态为 $e^{-0.5t}\sin\frac{\sqrt{3}}{2}t$。

（3）拉氏变换得

$$x(s)=\frac{1}{s(s^2+2s+1)}=\frac{1}{s(s+1)^2}=\frac{1}{s}-\frac{1}{(s+1)^2}-\frac{1}{s+1}$$

拉氏反变换得

$$x(t)=1-te^{-t}-e^{-t}$$

$x(t)$ 曲线如图解 2.4.5(c) 所示。

系统特征根为　$$\lambda_{1,2}=-1$$

该方程所描述的运动模态为 te^{-t}，e^{-t}。

2.4.6　在液压系统管道中，设通过阀门的流量 Q 满足如下流量方程：

$$Q=K\sqrt{P}$$

式中，K 为比例常数；P 为阀门前后的压差。若流量 Q 与压差 P 在其平衡点（Q_0，P_0）附近作微小变化，试导出线性化流量方程。

解　将 Q 在平衡点处泰勒展开

$$Q=Q_0+\frac{1}{1!}\dot{Q}\Big|_{Q=Q_0}(P-P_0)+\frac{1}{2!}\dot{Q}\Big|_{Q=Q_0}(P-P_0)^2+\cdots$$

取一次项近似

$$Q\approx Q_0+\frac{1}{1!}\dot{Q}\Big|_{Q=Q_0}(P-P_0)=Q_0+\frac{K}{2\sqrt{P_0}}(P-P_0)$$

线性流量方程为

$$\Delta Q=\frac{K}{2\sqrt{P_0}}\Delta P$$

2.4.7　设弹簧特性由下式描述：

$$F=12.65y^{1.1}$$

其中，F 是弹簧力；y 是变形位移。若弹簧在变形位移 0.25 附近作微小变化，试推导 ΔF 的线性化方程。

解　依题意在 $y=0.25$ 附近将 F 展开为泰勒级数并取一次项近似，则有

$$F\approx F_0+\frac{1}{1!}\dot{F}\Big|_{y=0.25}(y-0.25)$$

即　$$\Delta F=F-F_0=\frac{1}{1!}\dot{F}\Big|_{y=0.25}(y-0.25)=12.65\times1.1\times0.25^{0.1}(y-0.25)=$$

$$12.11(y-0.25)=12.11\Delta y$$

2.4.8　设晶闸管三相桥式全控整流电路的输入量为控制角 α，输出量为空载整流电压 e_d，它们之间的关系为

$$e_d=E_{d_0}\cos\alpha$$

式中，E_{d_0} 是整流电压的理想空载值，试推导其线性化方程式。

解 将 e_d 在 α_0 附近展开为泰勒级数并取一次项近似，则有

$$e_d \approx e_d(\alpha_0) + \frac{1}{1!}\dot{e}_d\Big|_{\alpha=\alpha_0}(\alpha-\alpha_0) = E_{d_0}\cos\alpha - E_{d_0}\sin\alpha_0(\alpha-\alpha_0)$$

即
$$\Delta e_d = -E_{d_0}\sin\alpha_0(\alpha-\alpha_0)$$

2.4.9 若某系统在阶跃输入 $r(t)=1(t)$ 时，零初始条件下的输出响应 $c(t)=1-e^{-2t}+e^{-t}$，试求系统的传递函数和脉冲响应。

解 (1) 系统的传递函数 $\left(R(s)=\frac{1}{s}\right)$

$$C(s)=\frac{1}{s}-\frac{1}{s+2}+\frac{1}{s+1}=\frac{s^2+4s+2}{s(s+1)(s+2)}$$

$$G(s)=\frac{C(s)}{R(s)}=\frac{s^2+4s+2}{(s+1)(s+2)}$$

(2) 系统的脉冲响应

$$k(t)=\mathscr{L}^{-1}[G(s)]=\mathscr{L}^{-1}\left[1-\frac{1}{s+1}+\frac{2}{s+2}\right]=\delta(t)-e^{-t}+2e^{-2t}$$

2.4.10 设系统传递函数为

$$\frac{C(s)}{R(s)}=\frac{2}{s^2+3s+2}$$

且初始条件 $c(0)=-1,\dot{c}(0)=0$。试求阶跃输入 $r(t)=1(t)$ 时，系统的输出响应 $c(t)$。

解 传递函数所对应的微分方程为

$$\frac{d^2c(t)}{dt^2}+3\frac{dc(t)}{dt}+2c(t)=2r(t)$$

在已知初始条件和输入条件下对上式进行拉氏变换得

$$s^2C(s)-sc(0)-\dot{c}(0)+3sC(s)-3c(0)+2C(s)=\frac{2}{s}$$

$$C(s)=\frac{-s^2-3s+2}{s(s^2+3s+2)}$$

则 $$c(t)=\mathscr{L}^{-1}[C(s)]=\mathscr{L}^{-1}\left[\frac{-s^2-3s+2}{s(s^2+3s+2)}\right]=\mathscr{L}^{-1}\left[\frac{1}{s}-\frac{4}{s+1}+\frac{2}{s+2}\right]$$

所以 $$c(t)=1-4e^{-t}+2e^{-2t}$$

2.4.11 在图 2.4.51 中，已知 $G(s)$ 和 $H(s)$ 两方框相对应的微分方程分别是

$$6\frac{dc(t)}{dt}+10c(t)=20e(t)$$

$$20\frac{db(t)}{dt}+5b(t)=10c(t)$$

且初始条件均为零，试求传递函数 $C(s)/R(s)$ 及 $E(s)/R(s)$。

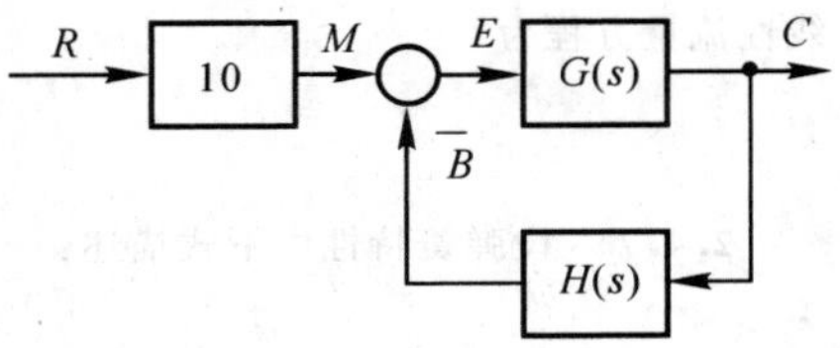

图 2.4.51 题 2.4.11 系统结构图

解 由 $$6\frac{dc(t)}{dt}+10c(t)=20e(t)$$

可得 $$G(s)=\frac{C(s)}{E(s)}=\frac{20}{6s+10}=\frac{10}{3s+5}$$

又由 $$20\frac{db(t)}{dt}+5b(t)=10c(t)$$

得 $$H(s)=\frac{B(s)}{C(s)}=\frac{10}{20s+5}=\frac{2}{4s+1}$$

则有 $$\frac{C(s)}{R(s)}=\frac{10G(s)}{1+G(s)H(s)}=\frac{100(4s+1)}{12s^2+23s+25}$$

$$\frac{E(s)}{R(s)}=\frac{10}{1+G(s)H(s)}=\frac{10(12s^2+23s+5)}{12s^2+23s+25}$$

2.4.12　求图 2.4.52 所示有源网络的传递函数 $U_o(s)/U_i(s)$。

解　(a) 根据运算放大器的特点，可写出

$$I=\frac{U_i}{\dfrac{R_0/(C_0s)}{R_0+1/(C_0s)}}=\frac{0-U_o}{R_1}$$

$$\frac{U_o(s)}{U_i(s)}=-\frac{R_1}{R_0}(1+R_0C_0s)$$

(b) 与(a) 同理可得

$$\frac{U_o(s)}{U_i(s)}=-\frac{R_0C_0R_1C_1s^2+(R_0C_0+R_1C_1)s+1}{R_0C_1s}$$

(c) 同理可得

$$\frac{U_o(s)}{U_i(s)}=-\frac{R_1}{R_0}\,\frac{R_2C_2s+1}{(R_1+R_2)C_2s+1}$$

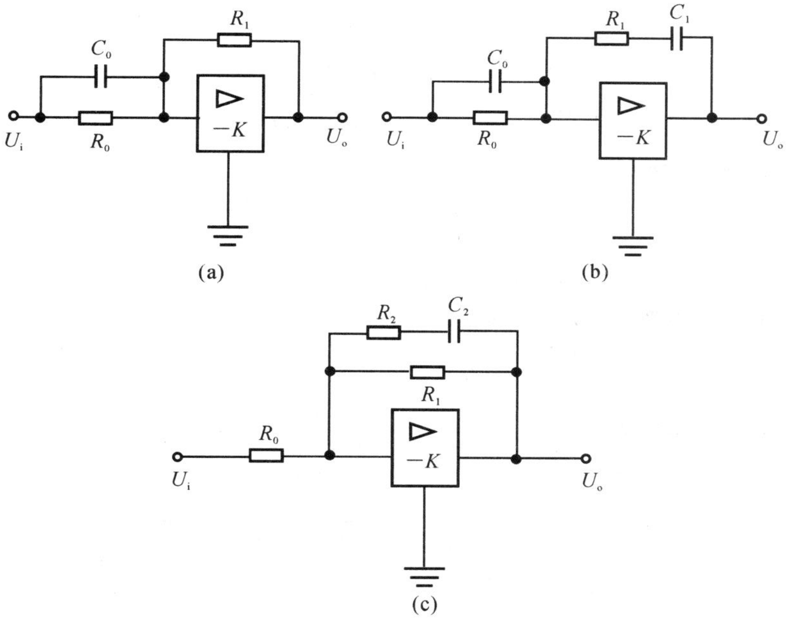

图 2.4.52　题 2.4.12 有源网络

2.4.13　由运算放大器组成的控制系统模拟电路如图 2.4.53 所示，试求闭环传递函数 $U_o(s)/U_i(s)$。

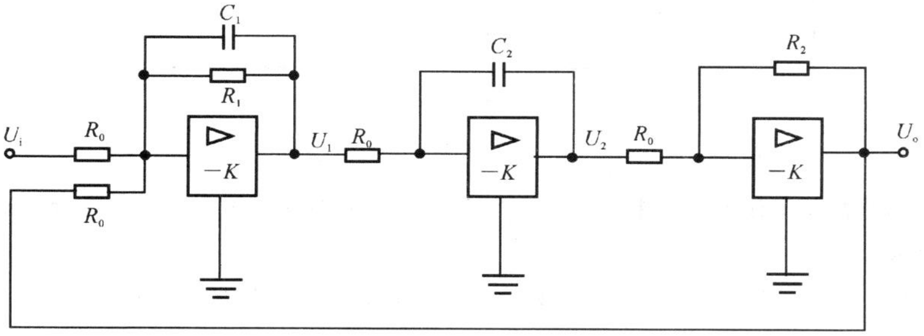

图 2.4.53　题 2.4.13 控制系统模拟电路

解 由图 2.4.53 可得

$$U_1=\frac{R_1\frac{1}{C_1 s}}{R_1+\frac{1}{C_1 s}}\left(-\frac{U_i}{R_0}-\frac{U_o}{R_0}\right)$$

$$\frac{U_o}{U_2}=-\frac{R_2}{R_0}\longrightarrow U_2=-\frac{R_0}{R_2}U_o$$

$$\frac{U_2}{U_1}=-\frac{1}{R_0C_2 s}\longrightarrow U_1=-R_0C_2 sU_2$$

联立上式消去中间变量 U_1 和 U_2，整理可得

$$\frac{U_o}{U_i}=\frac{-R_1R_2}{R_0^3(R_1C_1s+1)C_2s+R_1R_2}$$

2.4.14 试参照例 2-2(见参考文献[1]21 页)给出的电枢控制直流电动机的三组微分方程式，画出直流电动机的结构图，并由结构图等效变换求出电动机的传递函数 $\Omega_m(s)/U_a(s)$ 和 $\Omega_m(s)/M_c(s)$。

解 由例 2-2 可知电枢控制直流电动机的三组微分方程为

$$U_a(t)=L_a\frac{di_a(t)}{dt}+R_ai_a(t)+C_e\Omega_m(t)$$

$$M_m(t)=C_ei_a(t)$$

$$J_m\frac{d\Omega_m(t)}{dt}+f_m\Omega_m(t)=M_m(t)-M_c(t)$$

对上式分别进行拉氏变换可得

$$U_a(s)-C_e\Omega_m(s)=(L_as+R_a)I_a(s)$$

$$M_m(s)=C_mI_a(s)$$

$$(J_ms+f_m)\Omega_m(s)=M_m(s)-M_c(s)$$

画出直流电动机的结构图如图解 2.4.14 所示。

由此可得

$$\frac{\Omega_m(s)}{U_a(s)}=\frac{\frac{C_m}{(L_as+R_a)(J_ms+f_m)}}{1+\frac{C_mC_e}{(L_as+R_a)(J_ms+f_m)}}=\frac{C_m/(R_af_m+C_mC_e)}{\frac{L_aJ_m}{R_af_m+C_mC_e}s^2+\frac{L_af_m+J_mR_a}{R_af_m+C_mC_e}s+1}$$

$$\frac{\Omega_m(s)}{M_c(s)}=\frac{-\frac{1}{J_ms+f_m}}{1+\frac{C_mC_e}{(L_as+R_a)(J_ms+f_m)}}=\frac{\frac{L_a}{R_af_m+C_mC_e}s+\frac{R_a}{R_af_m+C_mC_e}}{\frac{L_aJ_m}{R_af_m+C_mC_e}s^2+\frac{L_af_m+f_mR_a}{R_af_m+C_mC_e}s+1}$$

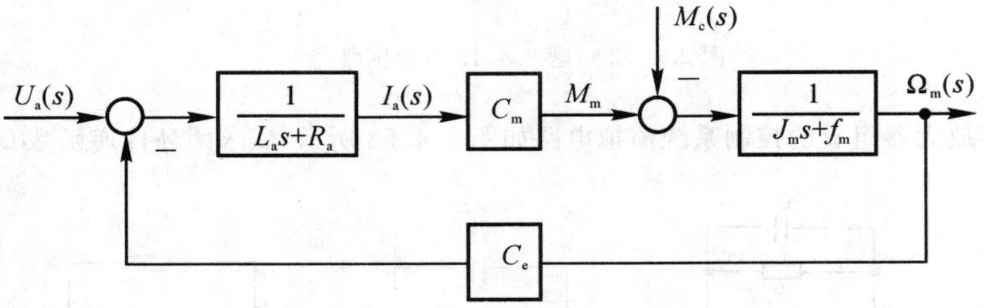

图解 2.4.14

2.4.15 某位置随动系统原理方框图如图 2.4.54 所示。已知电位器最大工作角度 $\theta_{max}=330°$，功率放大级放大系数为 K_3，要求：

(1) 分别求出电位器传递系数 K_0，第一级和第二级放大器的比例系数 K_1 和 K_2；

(2) 画出系统结构图；

(3) 简化结构图,求系统传递函数 $\Theta_o(s)/\Theta_i(s)$。

解　(1)

$$K_0 = \frac{E}{\theta_m} = \frac{30}{330° \times \frac{\pi}{180°}} = \frac{180°}{11\pi}\ \text{V/rad}$$

$$K_1 = \frac{+30 \times 10^3}{10 \times 10^3} = +3$$

$$K_2 = \frac{+20 \times 10^3}{10 \times 10^3} = +2$$

(2) 假设电动机时间常数为 T_m,忽略电枢电感的影响,可得直流电动机的传递函数为

$$\frac{\Omega(s)}{U_a(s)} = \frac{K_m}{T_m s + 1}$$

式中,K_m 为电动机的传递系数,单位为$(\text{rad} \cdot \text{s}^{-1})/\text{V}$。

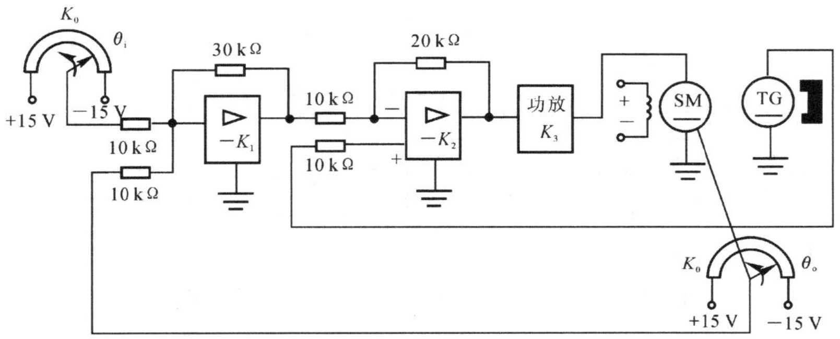

图 2.4.54　题 2.4.15 位置随动系统原理图

又设测速发电机的斜率为 $K_t(\text{V}/(\text{rad} \cdot \text{s}^{-1}))$,则其传递函数为

$$\frac{U_t(s)}{\Omega(s)} = K_t$$

由此可画出系统的结构图如图解 2.4.15 所示。

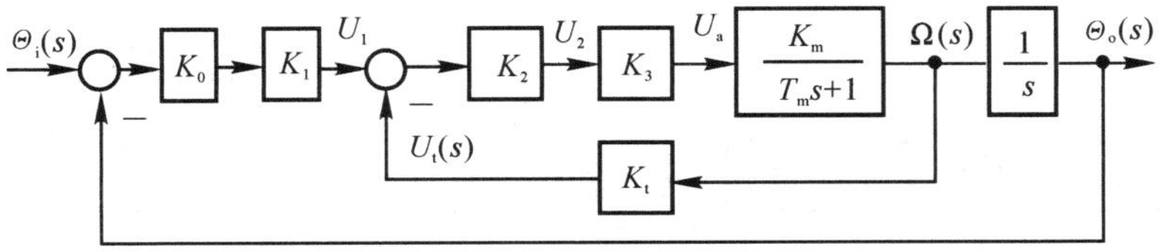

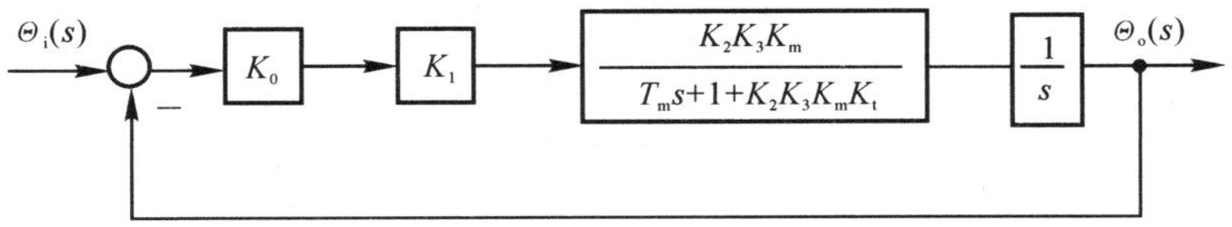

图解　2.4.15

(3) 系统的传递函数为

$$\frac{\Theta_o(s)}{\Theta_i(s)} = \frac{1}{\frac{T_m}{K_0K_1K_2K_3K_m}s^2 + \frac{1+K_2K_3K_mK_t}{K_0K_1K_2K_3K_m}s + 1}$$

2.4.16　设直流电动机双闭环调速系统的原理线路如图 2.4.55 所示,要求:

(1) 分别求速度调节器和电流调节器的传递函数;

(2) 画出系统结构图(设可控硅电路传递函数为 $K_3/(\tau_3 s+1)$;电流互感器和测速发电机的传递系数分别为 K_4 和 K_5;直流电动机的结构图用题 2.4.14 的结果);

(3) 简化结构图,求系统传递函数 $\Omega(s)/U_i(s)$。

解 (1) 速度调节器的传递函数为

$$G_1(s) = -\frac{R_1+\dfrac{1}{C_1 s}}{R} = -\left(\frac{R_1}{R}+\frac{1}{RC_1 s}\right)$$

电流调节器的传递函数为

$$G_2(s) = -\frac{R_2+\dfrac{1}{C_2 s}}{R} = -\left(\frac{R_2}{R}+\frac{1}{RC_2 s}\right)$$

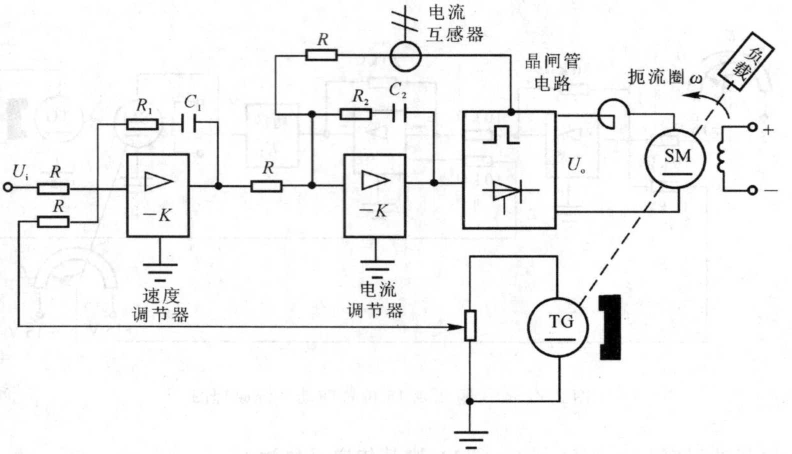

图 2.4.55 题 2.4.16 直流电动机调速系统原理图

(2) 画系统结构图。由于直流电动机的结构图用题 2.4.14 的结果,同时引入了电流反馈,故在电动机中必须把电枢电流 I_a 显露出来,于是直流电动机调速系统的结构如图解 2.4.16(a) 所示。

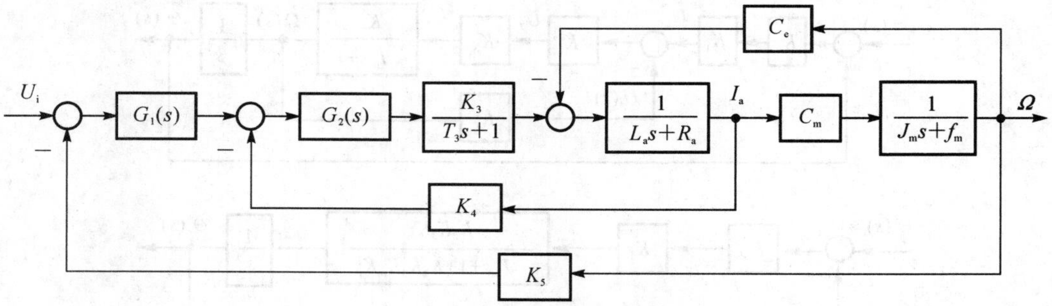

图解 2.4.16(a) 直流电动机调速系统结构图

(3) 求系统传递函数。为了推导方便,设

$$G_3(s) = \frac{K_3}{T_3 s+1},\quad G_4(s) = \frac{1}{L_a s+R_a},\quad G_5(s) = \frac{1}{J_m s+f_m}$$

则简化结构图如图解 2.4.16(b) 所示。

经过反馈连接等效,可得图解 2.4.16(c) 所示简化结构图。

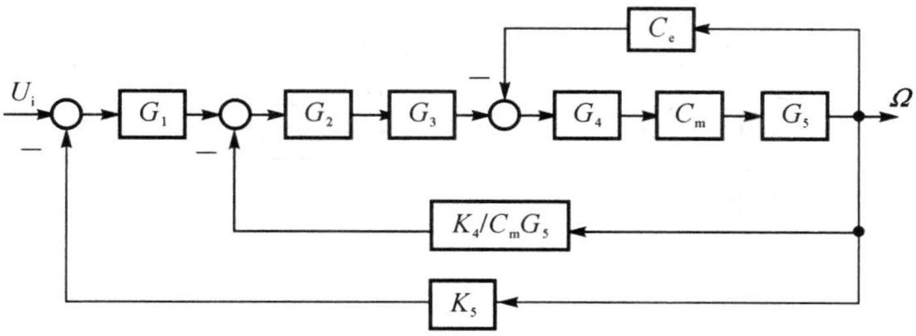

图解 2.4.16(b)　电机调速系统结构图简化

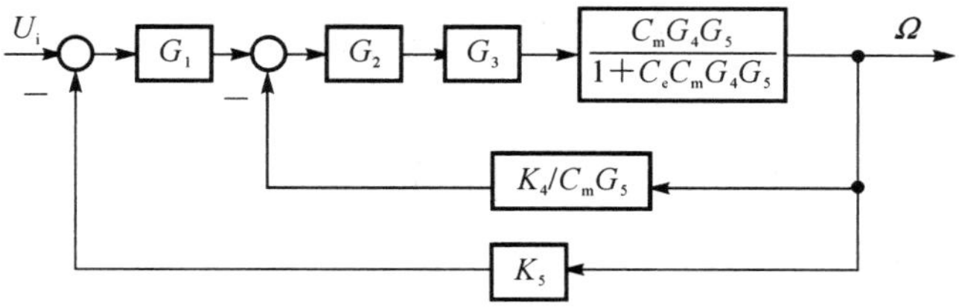

图解 2.4.16(c)　电机调速系统结构图简化

由简化的结构图可得系统的传递函数

$$\frac{\Omega(s)}{U_i(s)}=\frac{G_mG_1G_2G_3G_4G_5}{1+K_4G_2G_3G_4+C_eC_mG_4G_5+C_mK_5G_1G_2G_3G_4G_5}$$

其中

$$G_1(s)=-\left(\frac{R_1}{R}+\frac{1}{RC_1s}\right),\quad G_2(s)=-\left(\frac{R_2}{R}+\frac{1}{RC_2s}\right)$$

$$G_3(s)=\frac{K_3}{T_3s+1},\quad G_4(s)=\frac{1}{L_as+R_a},\quad G_5(s)=\frac{1}{J_ms+f_m}$$

可用信号流图解 2.4.16(d) 及梅森增益进行验证。

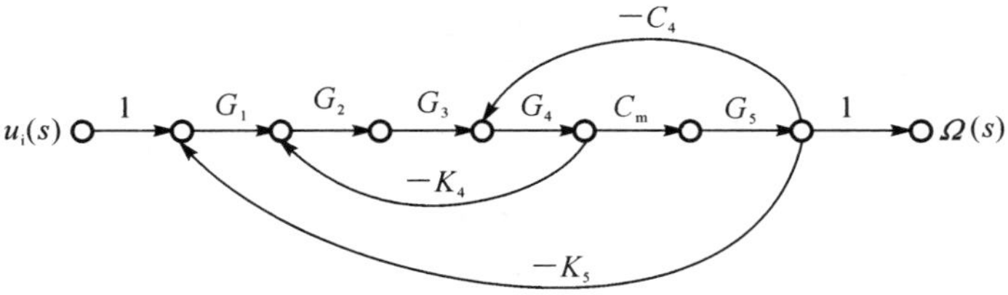

图解 2.4.16(d)　电机调速系统信号流图

由图解 2.4.16(d) 可知，本系统有一条前向通道，三个单独回路，无互不接触回路，即

$$L_1=-K_4G_2G_3G_4,\quad L_2=-C_eC_mG_4G_5,\quad L_3=-C_mK_5G_1G_2G_3G_4G_5$$

$$\Delta=1-(L_1+L_2+L_3)=1+K_{4\,2}G_3G_4+C_eC_mG_4G_5+C_mK_5G_1G_2G_3G_4G_5$$

$$p_1=C_mG_1G_2G_3G_4G_5,\quad \Delta_1=1$$

由梅森增益公式可得系统的传递函数为

$$\frac{\Omega(s)}{U_i(s)}=\frac{\sum p_i\Delta_i}{\Delta}=\frac{C_mG_1G_2G_3G_4G_5}{1+K_4C_2G_3G_4+C_eC_mG_4G_5+C_mK_5G_1G_2G_3G_4G_5}$$

2.4.17　已知控制系统结构图如图 2.4.56 所示。试通过结构图等效变换求系统传递函数 $C(s)/R(s)$。

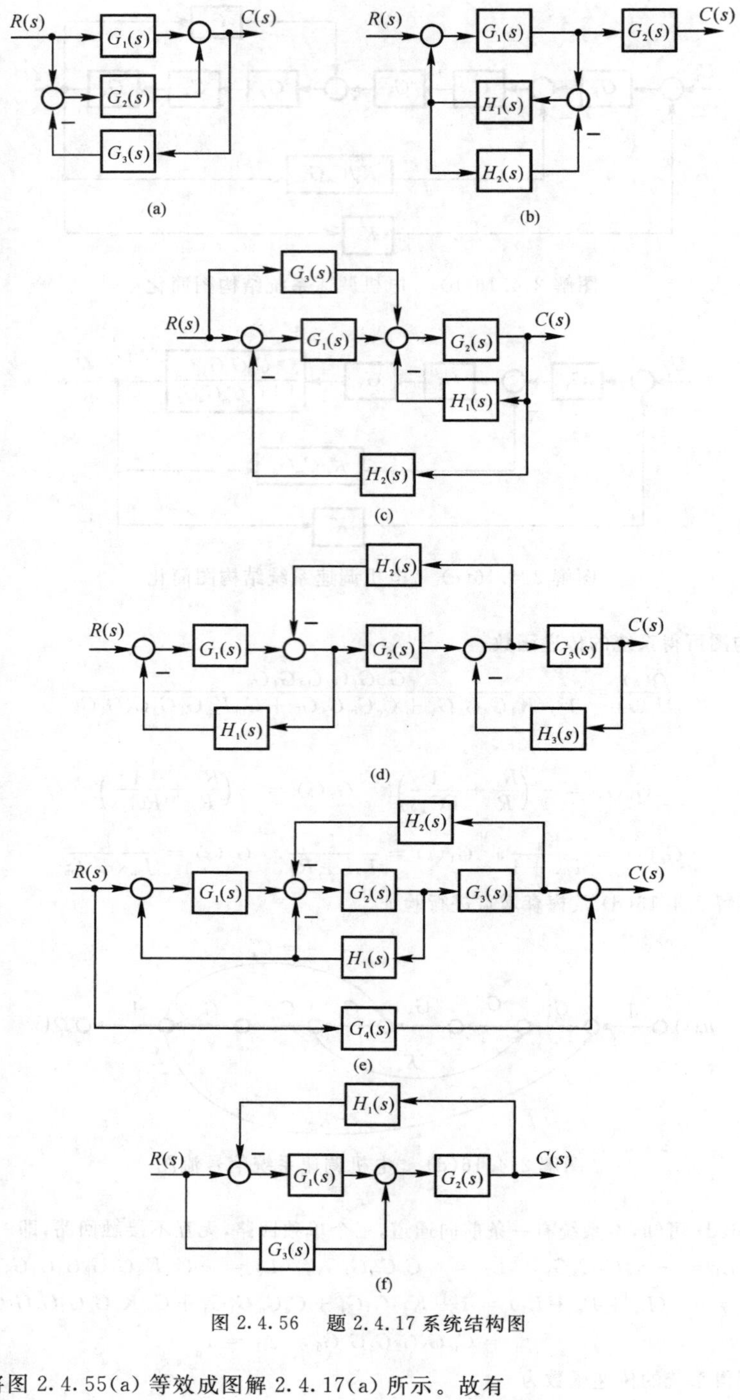

图 2.4.56　题 2.4.17 系统结构图

解　(a) 可将图 2.4.55(a) 等效成图解 2.4.17(a) 所示。故有

$$\frac{C(s)}{R(s)} = \frac{G_1 + G_2}{1 + G_2 G_3}$$

(b) 同(a)，等效结构图如图解 2.4.17(b) 所示。故有

$$\frac{C(s)}{R(s)} = \frac{G_1 G_2 (1 + H_1 H_2)}{1 + H_1 H_2 - H_1 G_1}$$

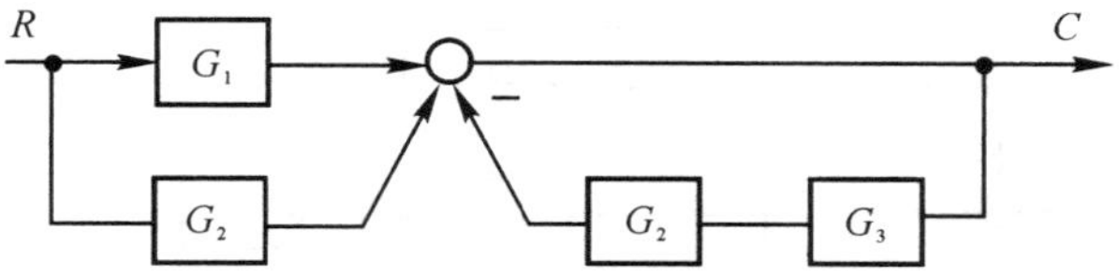

图解　2.4.17(a)

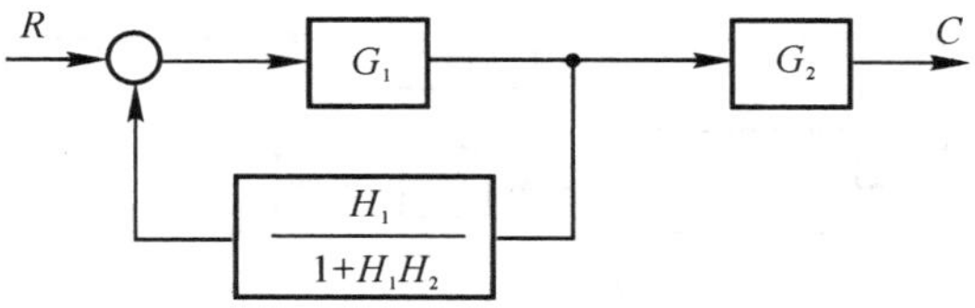

图解　2.4.17(b)

(c) 同理等效变换过程如图解 2.4.17(c) 所示。故有

$$\frac{C(s)}{R(s)}=\frac{G_2(G_1+G_3)}{1+G_2(H_1+G_1H_2)}$$

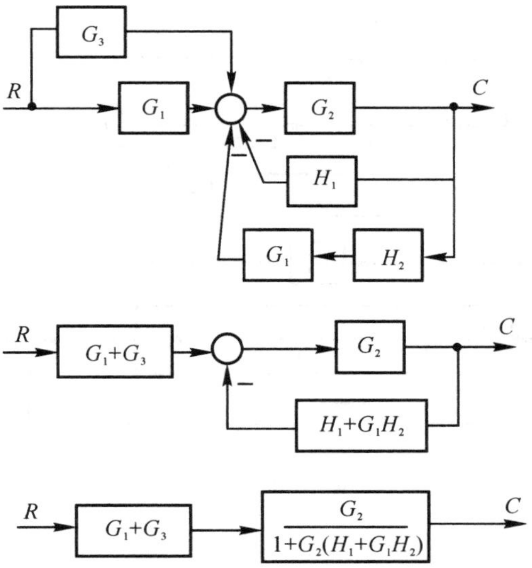

图解　2.4.17(c)

(d) 等效变换过程如图解 2.4.17(d) 所示。故有

$$\frac{C(s)}{R(s)}=\frac{\dfrac{G_1G_2G_3}{(1+G_1H_1)(1+G_3H_3)}}{1+\dfrac{G_1G_2G_3}{(1+G_1H_1)(1+G_3H_3)}\dfrac{H_2}{G_1G_3}}=\frac{G_1G_2G_3}{1+G_1H_1+G_2H_2+G_3H_3+G_1H_1G_3H_3}$$

(e) 同理，等效变换过程如图解 2.4.17(e) 所示。故有

$$\frac{C(s)}{R(s)}=G_4+\frac{G_1G_2G_3}{1+G_2G_3H_2+G_2H_1-G_1G_2H_1}$$

(f) 等效变换如图解 2.4.17(f) 所示。故有

$$\frac{C(s)}{R(s)}=\frac{G_2(G_1+G_3)}{1+G_1G_2H_1}$$

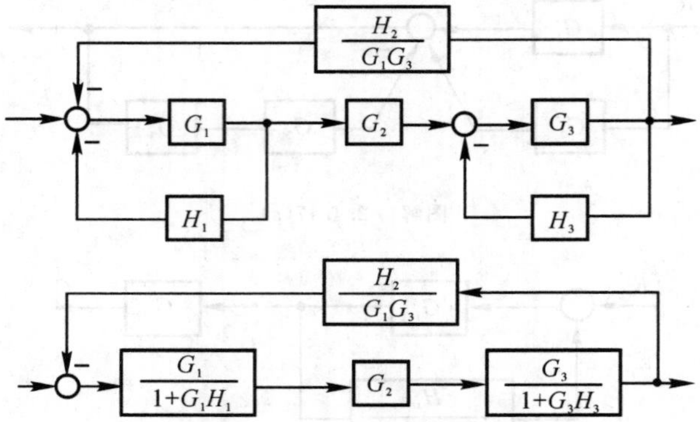

图解　2.4.17(d)

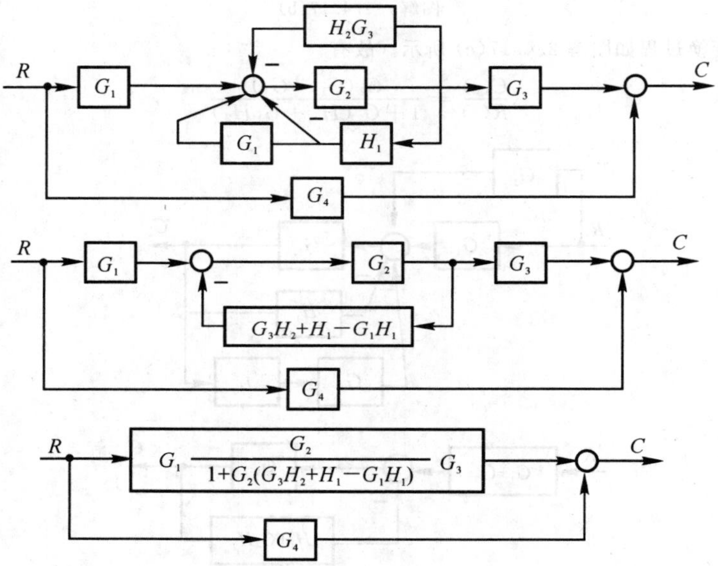

图解　2.4.17(e)

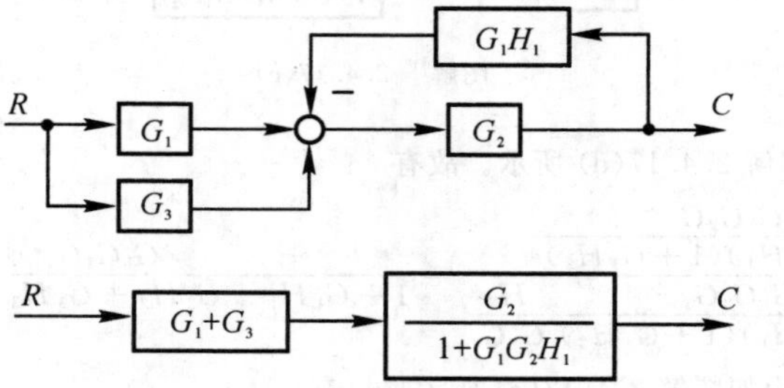

图解　2.4.17(f)

2.4.18　试简化图 2.4.57 所示的系统结构图，并求传递函数 $C(s)/R(s)$ 和 $C(s)/N(s)$。

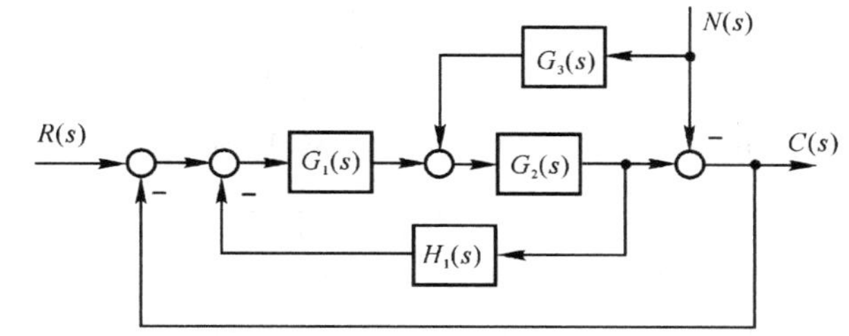

(a)

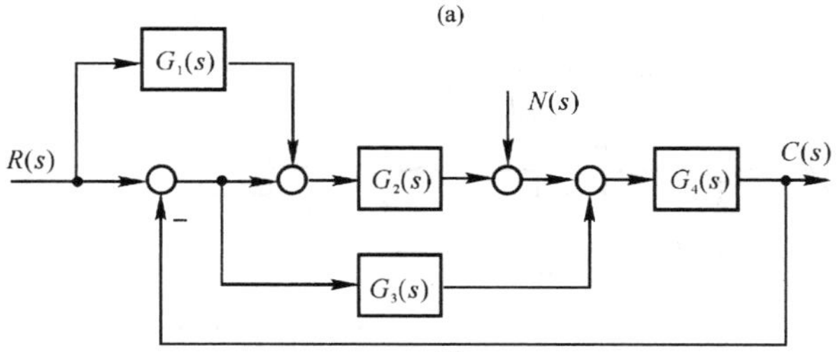

(b)

图 2.4.57　题 2.4.18 系统结构图

解　(a) 令 $N(s)=0$，求 $C(s)/R(s)$。简化结构如图解 2.4.18(a1) 所示。

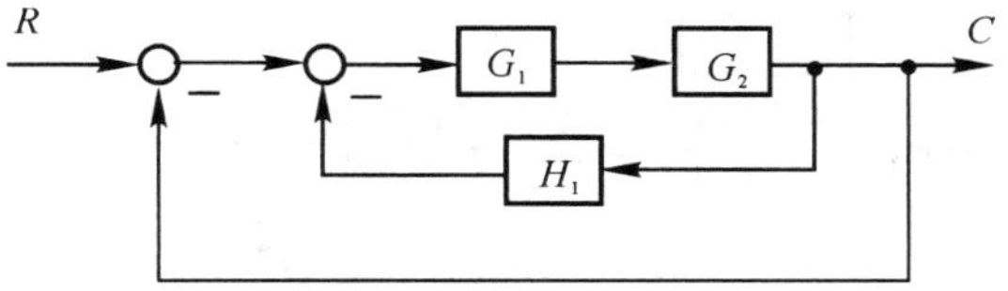

图解　2.4.18(a1)

故有
$$\frac{G(s)}{R(s)}=\frac{G_1G_2}{1+(1+H_1)G_1G_2}$$

令 $R(s)=0$，求 $C(s)/N(s)$。其结构简化过程如图解 2.4.18(a2) 所示。

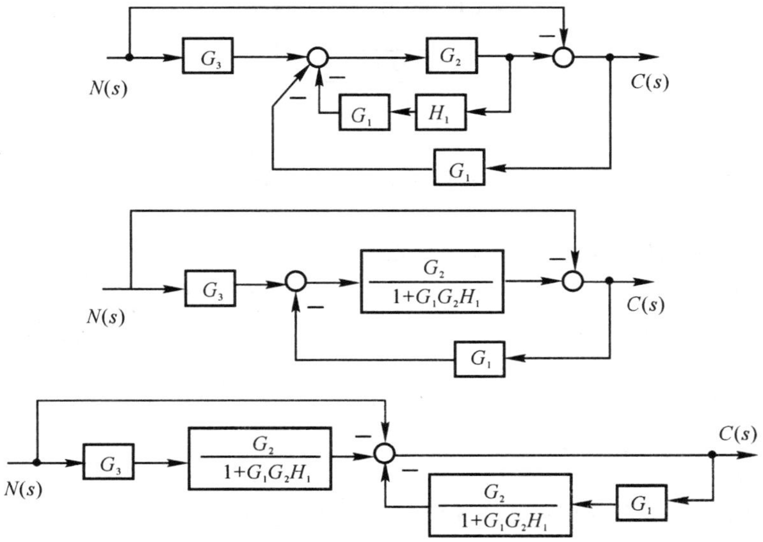

图解　2.4.18(a2)

故有 $$\frac{C(s)}{N(s)}=\left(-1+\frac{G_2G_3}{1+G_1G_2H_1}\right)\left(\frac{1}{1+\dfrac{G_1G_2}{1+G_1G_2H_1}}\right)=\frac{-1+G_2G_3-G_1G_2H_1}{1+G_1G_2H_1+G_1G_2}$$

(b) 令 $N(s)=0$,求 $C(s)/R(s)$。简化结构如图解 2.4.18(b1) 所示。故有

$$\frac{C(s)}{R(s)}=\frac{G_4(G_1G_2+G_2+G_3)}{1+G_2G_4+G_3G_4}$$

令 $R(s)=0$,求 $C(s)/N(s)$。简化结构如图解 2.4.18(b2) 所示。故有

$$\frac{C(s)}{N(s)}=\frac{G_4}{1+G_4(G_2+G_3)}=\frac{G_4}{1+G_2G_4+G_3G_4}$$

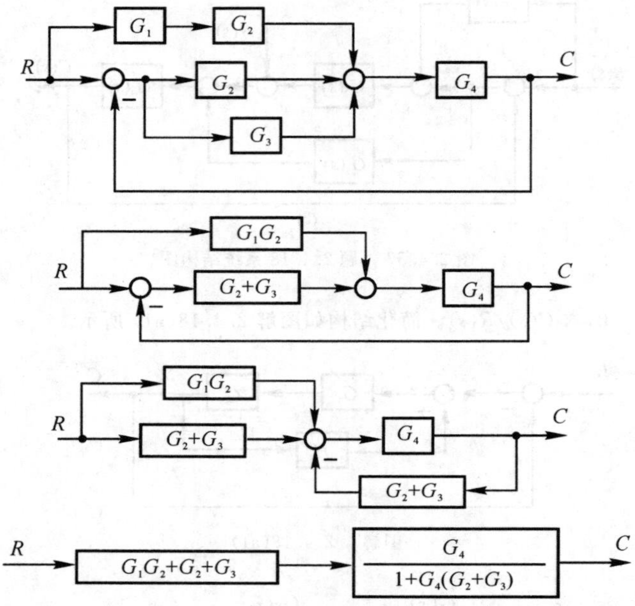

图解 2.4.18(b1)

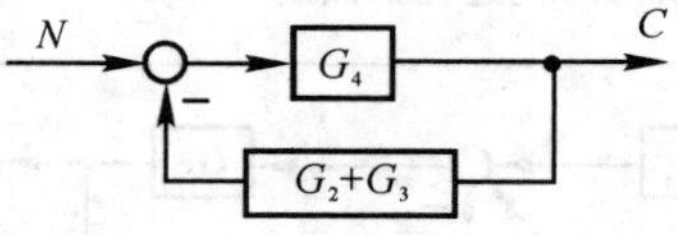

图解 2.4.18(b2)

2.4.19 试绘制图 2.4.56 中各系统结构图对应的信号流图,并用梅森增益公式求各系统的传递函数 $C(s)/R(s)$。

解 (a) 信号流图如图解 2.4.19(a) 所示。此系统有两条前向通路,一个回路:

$$\Delta=1+G_2G_3$$

$$P_1=G_1,\quad \Delta_1=1$$

$$P_2=G_2,\quad \Delta_2=1$$

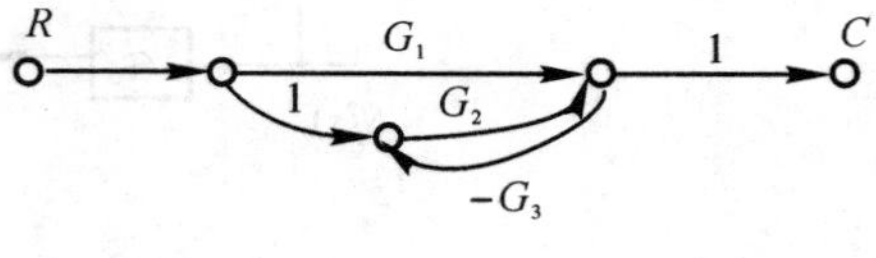

图解 2.4.19(a)

故有 $$\frac{C(s)}{R(s)}=\frac{\sum P_i\Delta_i}{\Delta}=\frac{G_1+G_2}{1+G_2G_3}$$

(b) 信号流图如图解 2.4.19(b) 所示。此系统有一条前向通路,两个回路:

$$\Delta=1-G_1H_1+H_1H_2$$

$$P_1 = G_1G_2,\quad \Delta_1 = 1 + H_1H_2$$

故有
$$\frac{C(s)}{R(s)} = \frac{G_1G_2(1+H_1H_2)}{1-G_1H_1+H_1H_2}$$

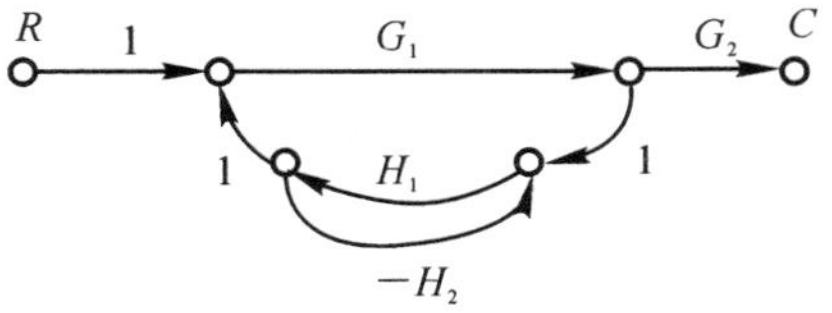

图解　2.4.19(b)

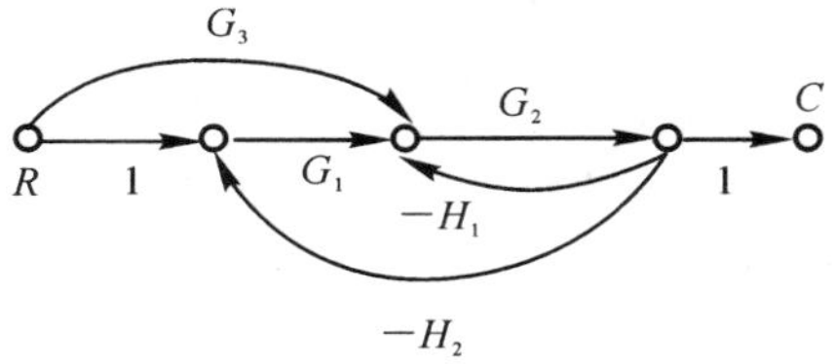

图解　2.4.19(c)

(c) 信号流图如图解 2.4.19(c) 所示。此系统有两条前向通路，两个回路：

$$\Delta = 1 + G_2H_1 + G_1G_2H_2$$

$$P_1 = G_1G_2,\quad \Delta_1 = 1$$

$$P_2 = G_3G_2,\quad \Delta_2 = 1$$

故有
$$\frac{C(s)}{R(s)} = \frac{G_1G_2 + G_2G_3}{1+G_2H_1+G_1G_2H_2}$$

(d) 信号流图如图解 2.4.19(d) 所示。

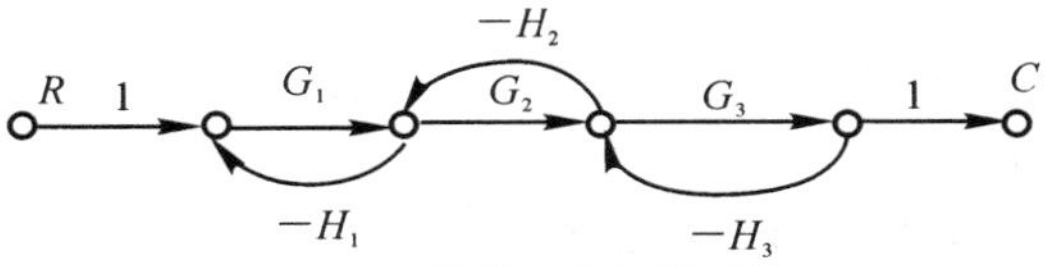

图解　2.4.19(d)

从信号流图可见，系统有一条前向通路，三个回路(其中有一对两两不接触)

$$\Delta = 1 + G_1H_1 + G_2H_2 + G_3H_3 + G_1H_1G_3H_3$$

$$P_1 = G_1G_2G_3,\quad \Delta_1 = 1$$

故有
$$\frac{C(s)}{R(s)} = \frac{G_1G_2G_3}{1+G_1H_1+G_2H_2+G_3H_3+G_1G_3H_1H_3}$$

(e) 信号流图如图解 2.4.19(e) 所示。

从信号流图可见，系统有两条前向通路，三个回路。

$$\Delta = 1 - G_1G_2H_1 + G_2H_1 + G_2G_3H_2$$

$$P_1 = G_1G_2G_3,\quad \Delta_1 = 1$$

$$P_2 = G_4,\quad \Delta_2 = \Delta$$

故有
$$\frac{C(s)}{R(s)} = \frac{P_1\Delta_1 + P_2\Delta_2}{\Delta} = \frac{G_1G_2G_3}{1-G_1G_2H_1+G_2H_1+G_2G_3H_2} + G_4$$

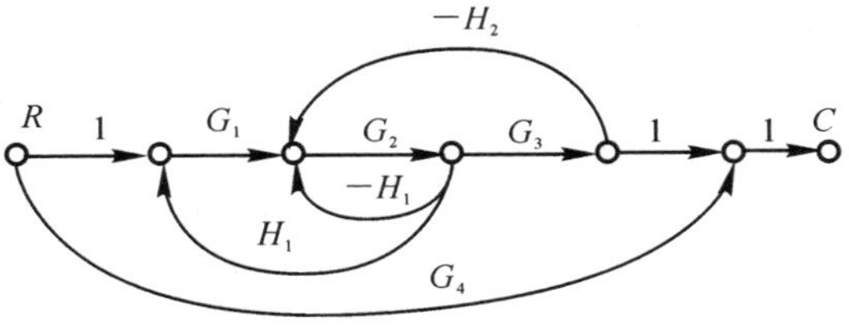

图解　2.4.19(e)

(f) 信号流图如图 2.4.19(f) 所示。

从信号流程图可见，有两条前向通路，一个回路

$$\Delta = 1 + G_1 G_2 H_1$$

$$P_1 = G_1 G_2,\quad \Delta_1 = 1$$

$$P_2 = G_3 G_2,\quad \Delta_2 = 1$$

故有
$$\frac{C(s)}{R(s)} = \frac{P_1\Delta_1 + P_2\Delta_2}{\Delta} = \frac{G_1G_2 + G_2G_3}{1 + G_1G_2H_1}$$

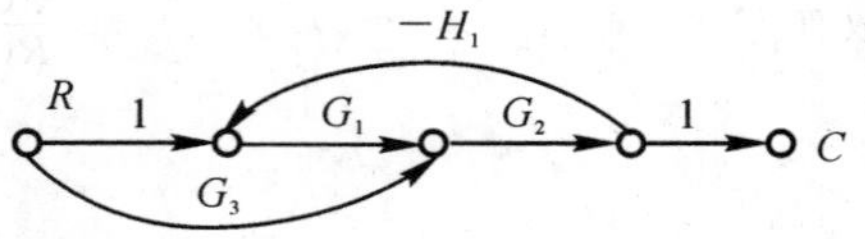

图解 2.4.19(f)

2.4.20 画出图 2.4.57 中各系统结构图对应的信号流图，并用梅森增益公式求传递函数 $C(s)/R(s)$ 和 $C(s)/N(s)$。

解 (a) 信号流图如图解 2.4.20(a) 所示。

当 R 作用时，由信号流图可见，存在一条前向通路，两个回路

$$\Delta = 1 + G_1G_2H_1 + G_1G_2$$

$$P = G_1G_2,\quad \Delta_1 = 1$$

故有
$$\frac{C(s)}{R(s)} = \frac{G_1G_2}{1 + G_1G_2 + G_1G_2H_1}$$

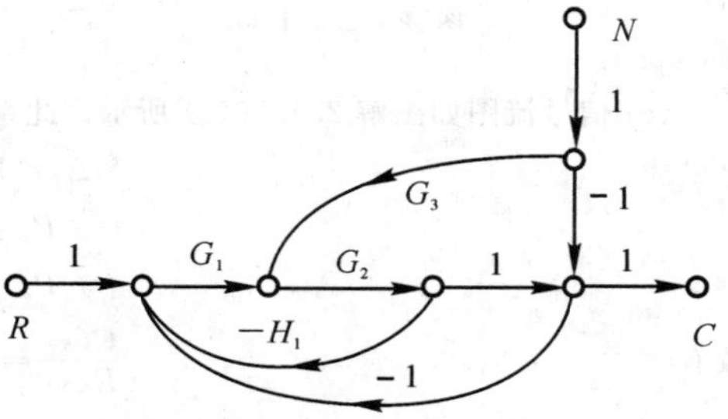

图解 2.4.20(a)

当 N 作用时，由信号流程图可见，存在两条前向通路，两个回路

$$P_1 = -1,\quad \Delta_1 = 1 + G_1G_2H_1$$

$$P_2 = G_3G_2,\quad \Delta_2 = 1$$

故有
$$\frac{C(s)}{N(s)} = \frac{-(1 + G_1G_2H_1) + G_2G_3}{1 + G_1G_2 + G_1G_2H_1}$$

(b) 信号流图如图解 2.4.20(b) 所示。

当 R 作用时，由信号流程图可见，存在三条前向通路，两个回路

$$\Delta = 1 + G_2G_4 + G_3G_4$$

$$P_1 = G_2G_4,\quad \Delta_1 = 1$$

$$P_2 = G_1G_2G_4,\quad \Delta_2 = 1$$

$$P_3 = G_3G_4,\quad \Delta_3 = 1$$

$$\frac{C(s)}{R(s)} = \frac{G_2G_4 + G_1G_2G_4 + G_3G_4}{1 + G_2G_4 + G_3G_4}$$

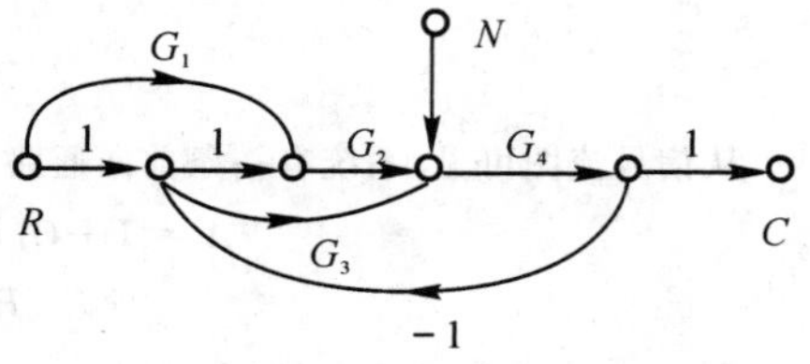

图解 2.4.20(b)

当 N 作用时，由信号流图可见，存在一条前向通路，两个回路

$$P_1 = G_4,\quad \Delta_1 = 1$$

$$\frac{C(s)}{N(s)} = \frac{G_4}{1 + G_2G_4 + G_3G_4}$$

2.4.21 试绘制图 2.4.58 中系统结构图对应的信号流图，并用梅森增益公式求传递函数 $C(s)/R(s)$ 和 $E(s)/R(s)$。

解 (a) 信号流图如图解 2.4.21(a) 所示。

当 R 对 C 作用时，由信号流图可见，存在两条前向通路，三个回路(其中一组两两不相接触)

$$\Delta = 1 + G_1H_1 + G_3H_2 + G_1G_2G_3H_1H_2 + G_1H_1G_3H_2$$

$$P_1 = G_1G_2G_3,\quad \Delta_1 = 1$$

$$P_2 = G_3G_4,\quad \Delta_2 = 1 + G_1H_1$$

故有
$$\frac{C(s)}{R(s)} = \frac{G_1G_2G_3 + G_3G_4(1 + G_1H_1)}{1 + G_1H_1 + G_3H_2 + G_1G_2G_3H_1H_2 + G_1H_1G_3H_2}$$

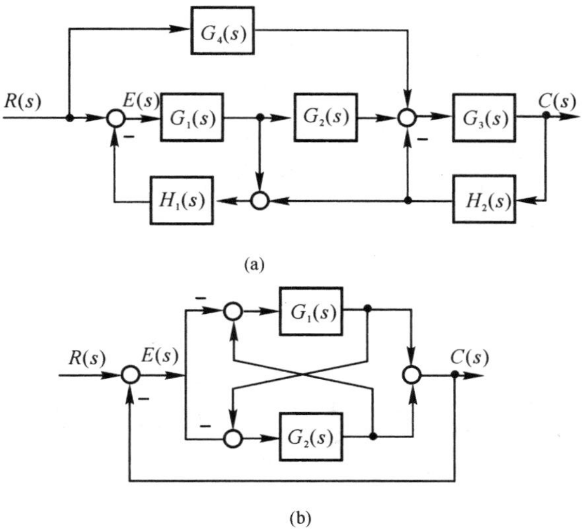

图 2.4.58　题 2.4.21 系统结构图

当 R 对 E 作用时，由信号流图要可见，存在两条前向通路，三个回路

$$P_1 = 1,\quad \Delta_1 = 1 + G_3 H_2$$

$$P_2 = G_4 G_3 H_2(-H_1),\quad \Delta_2 = 1$$

故有
$$\frac{E(s)}{R(s)} = \frac{1 + G_3 H_2 - G_3 G_4 H_1 H_2}{1 + G_1 H_1 + G_3 H_2 + G_1 G_2 G_3 H_1 H_2 + G_1 G_3 H_1 H_2}$$

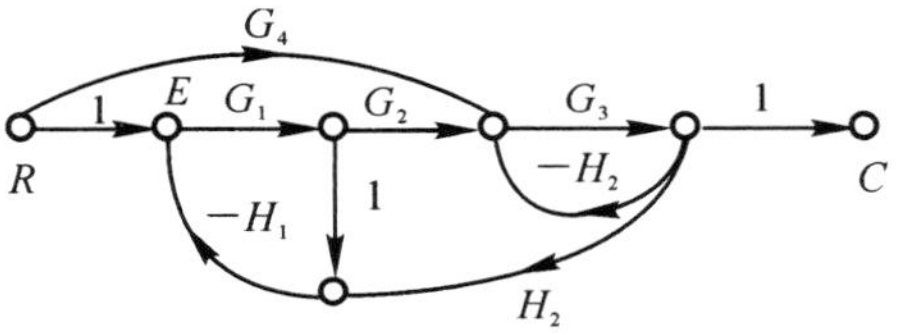

图解 2.4.21(a)

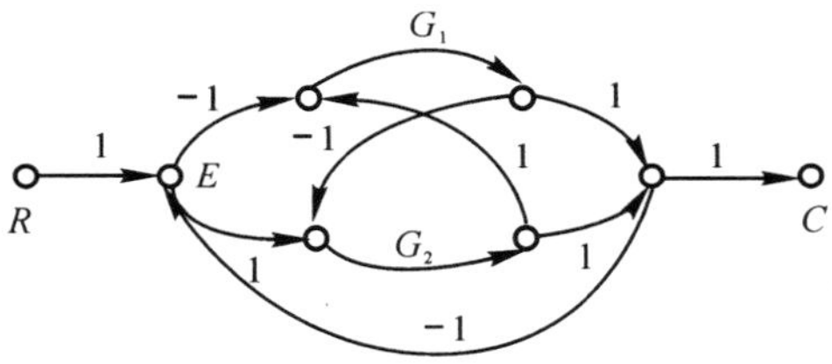

图解　2.4.21(b)

(b) 信号流图如图解 2.4.21(b) 所示。

R 对 C 有四条前向通路，五个回路

$$\Delta = 1 - G_1 + G_2 + G_1 G_2 + G_2 G_1 + G_1 G_2 = 1 - G_1 + G_2 + 3G_1 G_2$$

$$P_1 = -G_1,\quad \Delta_1 = 1$$

$$P_2 = G_2,\quad \Delta_2 = 1$$

$$P_3 = (-G_1)(-G_2),\quad \Delta_3 = 1$$

$$P_4 = G_2 G_1,\quad \Delta_4 = 1$$

故有
$$\frac{C(s)}{R(s)} = \frac{-G_1 + G_2 + 2G_1 G_2}{1 - G_1 + G_2 + 3G_1 G_2}$$

R 对 E 有一条前向通路，五个回路

$$P_1 = 1 + G_1 G_2,\quad \Delta_1 = 1$$

故有
$$\frac{E(s)}{R(s)} = \frac{1 + G_1 G_2}{1 - G_1 + G_2 + 3G_1 G_2}$$

2.4.22　试用梅森增益公式求图 2.4.59 中各系统信号流图的传递函数 $C(s)/R(s)$。

解 (a) 存在两条前向通路，三个回路

$$\Delta = 1 + G_3H_1 + G_2G_3H_2 + G_3G_4H_3$$

$$P_1 = G_1G_2G_3G_4G_5, \quad \Delta_1 = 1$$

$$P_2 = G_6, \quad \Delta_2 = \Delta$$

故有 $$\frac{C(s)}{R(s)} = \frac{P_1\Delta_1 + P_2\Delta_2}{\Delta} = G_6 + \frac{G_1G_2G_3G_4G_5}{1 + G_3H_1 + G_2G_3H_2 + G_3G_4H_3}$$

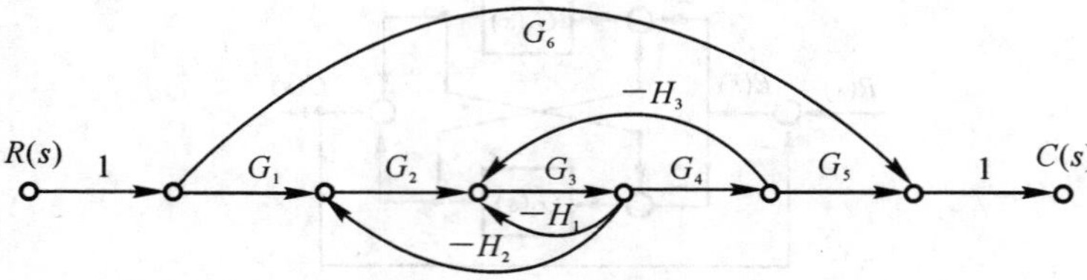

(a)

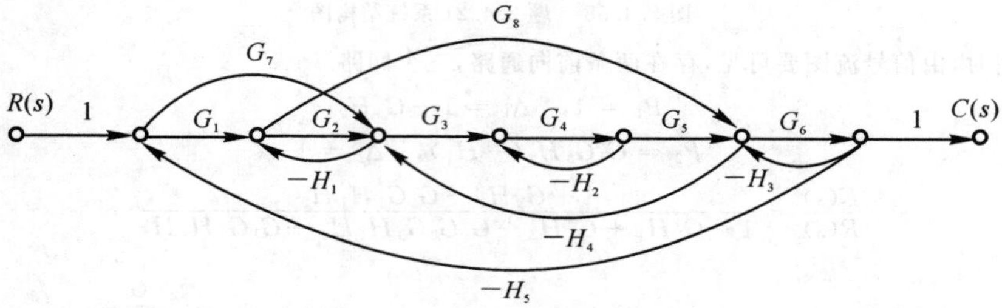

(b)

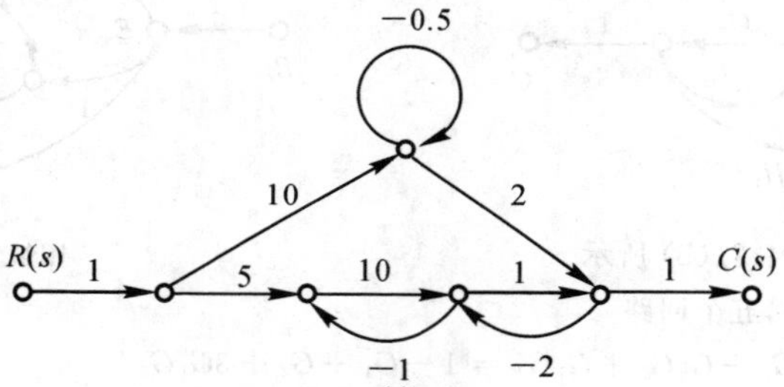

(c)

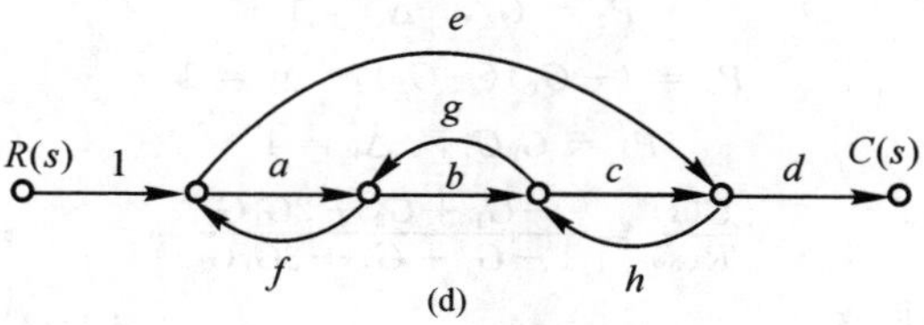

(d)

图 2.4.59 题 2.4.22 系统信号流图

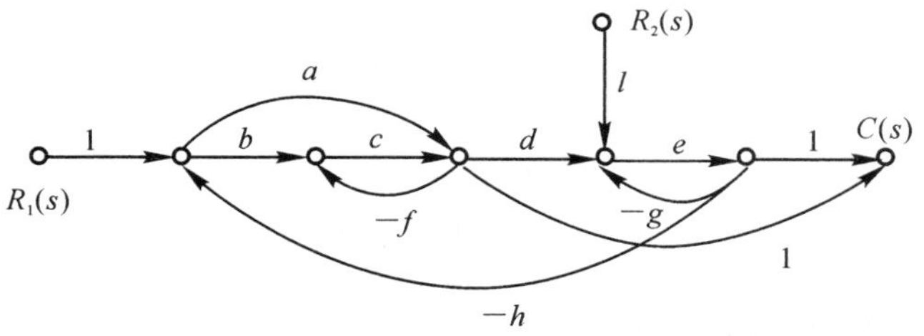

(e)

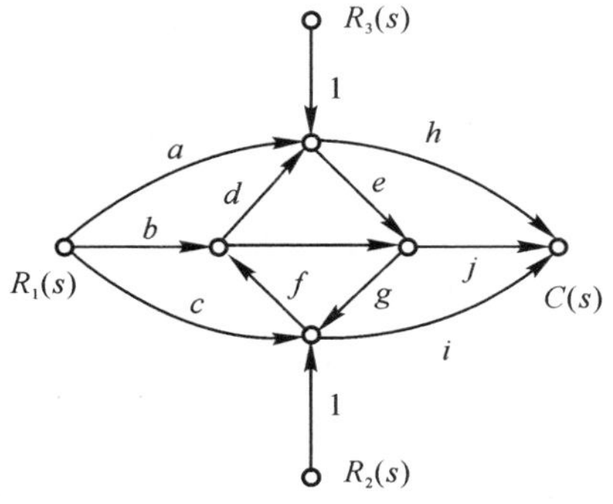

(f)

续图 2.4.59　题 2.4.22 系统信号流图

(b) 存在四条前向通路，九个回路（六组两两不相交，一组三个不相交）

$$\Delta = 1 + G_2H_1 + G_4H_2 + G_6H_3 + G_3G_4G_5H_4 + G_1G_2G_3G_4G_5G_6H_5 + G_3G_4G_5G_6G_7H_5 + G_1G_6G_8H_5 - G_6G_7G_8H_1H_5 - G_8H_1H_5 + G_2G_6H_1H_3 + G_4H_2(G_2H_1 + G_6H_3 + G_1G_6G_8H_5 - G_6G_7G_8H_1H_5 - G_8H_1H_4 + G_2G_6H_1H_3)$$

$$P_1 = G_1G_2G_3G_4G_5G_6,\quad \Delta_1 = 1$$

$$P_2 = G_7G_3G_4G_5G_6,\quad \Delta_2 = 1$$

$$P_3 = G_1G_8G_6,\quad \Delta_3 = 1 + G_4H_2$$

$$P_4 = -G_7H_1G_8G_6,\quad \Delta_4 = 1 + G_4H_2$$

故有

$$\frac{C(s)}{R(s)} = \frac{G_3G_4G_5G_6(G_1G_2 + G_7) + G_8G_6(G_1 - G_7H_1)(1 + G_4H_2)}{\Delta}$$

(c) 存在两条前向通路，三个回路（两对不相交回路）

$$\Delta = 1 + 10 + 2 + 0.5 + 0.5 \times 10 + 0.5 \times 2 = 19.5$$

$$P_1 = 5 \times 10 = 50,\quad \Delta_1 = 1 + 0.5 = 1.5$$

$$P_2 = 10 \times 2 = 20,\quad \Delta_2 = 1 + 10 = 11$$

故有

$$\frac{C(s)}{R(s)} = \frac{P_1\Delta_1 + P_2\Delta_2}{\Delta} = \frac{75 + 220}{19.5} = 15.128$$

(d) 存在两条前向通路，四个回路（一对不相交）

$$\Delta = 1 - af - bg - ch - ehgf + afch$$

$$P_1 = abcd,\quad \Delta_1 = 1$$

$$P_2 = ed,\quad \Delta_2 = 1 - bg$$

故有

$$\frac{C(s)}{R(s)} = \frac{abcd + ed(1 - bg)}{1 - af - bg - ch - ehgf + afch}$$

(e) 仅考虑输入 $R_1(s)$ 作用时，系统存在四条前向通道，四个单独回路，一对互不接触回路，即

$$L_1=-cf,L_2=-eg,L_3=-adeh,L_4=-bcdeh;L_1 \text{ 与 } L_2 \text{ 不接触},L_1L_2=cfeg$$

$$\Delta=1-(L_1+L_2+L_3+L_4)+L_1L_2=1+cf+eg+adeh+bcdeh+cefg$$

$$P_1=bcde,\quad \Delta_1=1$$

$$P_2=ade,\quad \Delta_2=1$$

$$P_3=bc,\quad L_2 \text{ 与 } p_3 \text{ 不接触},\quad \Delta_3=1+eg$$

$$P_4=a,\quad L_2 \text{ 与 } p_4 \text{ 不接触},\quad \Delta_4=1+eg$$

由梅森增益公式可得此时系统的传递函数为

$$\frac{C(s)}{R_2(s)}=\frac{\sum p_i\Delta_i}{\Delta}=\frac{bcde+ade+(a+bc)(1+eg)}{1+cf+eg+adeh+bcdeh+cefg}$$

仅考虑输入 $R_2(s)$ 作用时,系统存在三条前向通道,四个单独回路,一对互不接触回路,即

$$L_1=-cf,\ L_2=-eg,\ L_3=-adeh,\ L_4=-bcdeh;\quad L_1 \text{ 与 } L_2 \text{ 不接触},L_1L_2=cfeg$$

$$\Delta=1-(L_1+L_2+L_3+L_4)+L_1L_2=1+cf+eg+adeh+bcdeh+cfeg$$

$$P_1=el,\quad L_1 \text{ 与 } P_1 \text{ 不接触},\quad \Delta_1=1+cf$$

$$P_2=-aehl,\quad \Delta_2=1$$

$$P_3=-bcelh,\quad \Delta_3=1$$

由梅森增益公式可得此时系统的传递函数为

$$\frac{C(s)}{R_2(s)}=\frac{\sum p_i\Delta_i}{\Delta}=\frac{el(1+cf-ah-bch)}{1+cf+eg+adeh+bcdeh+cefg}$$

(f) 仅考虑输入 $R_1(s)$ 作用时,系统存在 9 条前向通道,一个单独回路,即

$$L_1=defg,\quad \Delta=1-L_1=1-defg$$

$$p_1=ah,\quad p_2=aej,\quad p_3=aegi,\quad p_4=bdh,\quad p_5=bdej$$

$$p_6=bdegi,\quad p_7=ci,\quad p_8=cdfh,\quad p_9=cdefj$$

$$\Delta_i=1\quad (i=1,\cdots,9)$$

由梅森增益公式可得此时系统的传递函数为

$$\frac{C(s)}{R_1(s)}=\frac{\sum p_i}{\Delta_i}=\frac{ah+aej+aegi+bdh+bdej+bdegi+ci+cdfh+cdefj}{1-defg}$$

仅考虑输入 $R_2(s)$ 作用时,系统存在三条前向通道,一个单独回路,即

$$L_1=defg,\quad \Delta=1-L_1=1-defg$$

$$p_1=i,\quad p_2=dfh,\quad p_3=defj$$

$$\Delta_i=1\quad (i=1,2,3)$$

由梅森增益公式可得此时系统的传递函数为

$$\frac{C(s)}{R_2(s)}=\frac{\sum p_i\Delta_i}{\Delta}=\frac{i+dfh+defj}{1-defg}$$

仅考虑输入 $R_3(s)$ 作用时,系统存在三条前向通道,一个单独回路,即

$$L_1=defg,\quad \Delta=1-L_1=1-defg$$

$$p_1=h,\quad p_2=ej,\quad p_3=egi$$

$$\Delta_i=1\quad (i=1,2,3)$$

由梅森增益公式可得此时系统的传递函数为

$$\frac{C(s)}{R_3(s)}=\frac{\sum p_i\Delta_i}{\Delta}=\frac{h+ej+egi}{1-defg}$$

2.4.23 图 2.4.60 所示为双摆系统,双摆悬挂在无摩擦的旋轴上,并且用弹簧把它们的中点连在一起。假定摆的质量为 M,摆杆长度为 l,摆杆质量不计;弹簧置于摆杆的 $l/2$ 处,其弹性系数为 k;摆的角位移很小,

$\sin\theta,\cos\theta$ 均可进行线性近似处理；当 $\theta_1=\theta_2$ 时，位于杆中间的弹簧无变形，且外力输入 $f(t)$ 只作用于左侧的杆。若令 $a=g/l+k/4M,b=k/4M$，要求：

(1) 列写双摆系统的运动方程；

(2) 确定传递函数 $\Theta_1(s)/F(s)$；

(3) 画出双摆系统的结构图和信号流图。

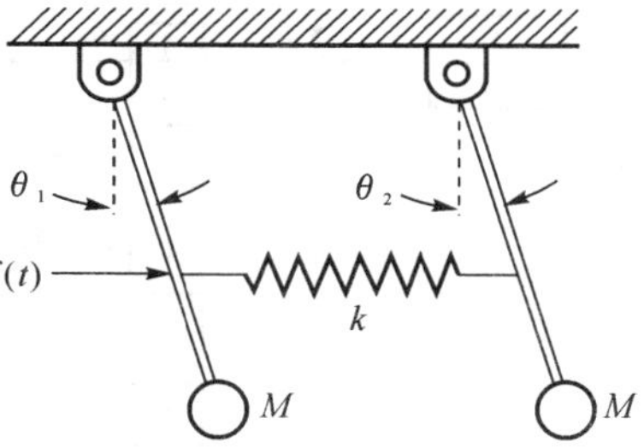

图 2.4.60　题 2.4.23 双摆系统

解　(1) 运动方程。弹簧所受到的压力为

$$F=k\frac{l}{2}(\sin\theta_1-\sin\theta_2)$$

左边摆杆的受力方程为

$$f(t)=\frac{l}{2}\cos\theta_1-F\frac{l}{2}\cos\theta_1-Mgl\sin\theta_1=Ml^2\frac{\mathrm{d}^2\theta_1}{\mathrm{d}t^2}$$

即
$$\frac{\mathrm{d}^2\theta_1}{\mathrm{d}t^2}=\frac{f(t)\cos\theta_1}{2Ml}-\frac{F\cos\theta_1}{2Ml}-\frac{g\sin\theta_1}{l}$$

右边摆杆的受力方程为

$$F\frac{l}{2}\cos\theta_2-Mgl\sin\theta_2=Ml^2\frac{\mathrm{d}^2\theta_2}{\mathrm{d}t^2}$$

即
$$\frac{\mathrm{d}^2\theta_2}{\mathrm{d}t^2}=\frac{F\cos\theta_2}{2Ml}-\frac{g\sin\theta_2}{l}$$

因 θ_1 与 θ_2 很小，故近似有

$$\sin\theta_1=\theta_1,\quad \cos\theta_1=1$$

$$\sin\theta_2=\theta_2,\quad \cos\theta_2=1$$

将 $F=k\frac{1}{2}(\sin\theta_1-\sin\theta_2)$ 代入左右摆杆的受力方程，并对受力方程作线性化处理，得到两个方程

$$\ddot{\theta}_1=\frac{1}{2Ml}f(t)-\left(\frac{g}{l}+\frac{k}{4M}\right)\theta_1+\frac{k}{4M}\theta_2$$

$$\ddot{\theta}_2=\frac{k}{4M}\theta_1-\left(\frac{g}{l}+\frac{k}{4M}\right)\theta_2$$

将 $a=g/l+k/4M,b=k/4M$ 代入以上两个方程，并令 $\omega_1=\dot{\theta}_1,\omega_2=\dot{\theta}_2$，得到双摆系统的运动方程

$$\frac{\mathrm{d}\omega_1}{\mathrm{d}t}=\ddot{\theta}_1=-a\theta_1(t)+b\theta_2(t)+\frac{1}{2Ml}f(t)$$

$$\frac{\mathrm{d}\omega_2}{\mathrm{d}t}=\ddot{\theta}_2=b\theta_1(t)-a\theta_2(t)$$

(2) 传递函数。设全部初始条件为零，对系统运动方程进行拉氏变换，有

$$s^2\Theta_1(s)=-a\Theta_1(s)+b\Theta_2(s)+\frac{1}{2Ml}F(s)$$

$$s^2\Theta_2(s)=b\Theta_1(s)-a\Theta_2(s)$$

显然
$$\Theta_2(s)=\frac{b}{s^2+a}\Theta_1(s)$$

故
$$\left(s^2+a-\frac{b}{s^2+a}\right)\Theta_1(s)=\frac{1}{2Ml}F(s)$$

求出
$$\frac{\Theta_1(s)}{F(s)}=\frac{1}{2Ml}\cdot\frac{s^2+a}{(s^2+a)^2-b^2}$$

(3) 结构图与信号流图。依据信号的传递关系，画出系统结构图和信号流图如图解 2.4.23(1) 及图解 2.4.23(2) 所示。

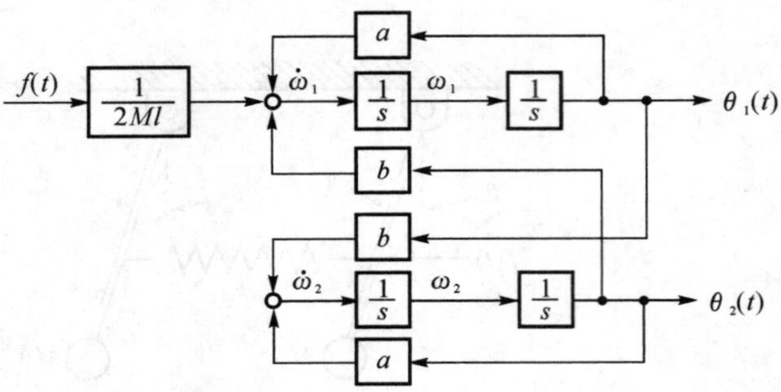

图解 2.4.23(1)　双摆系统结构图

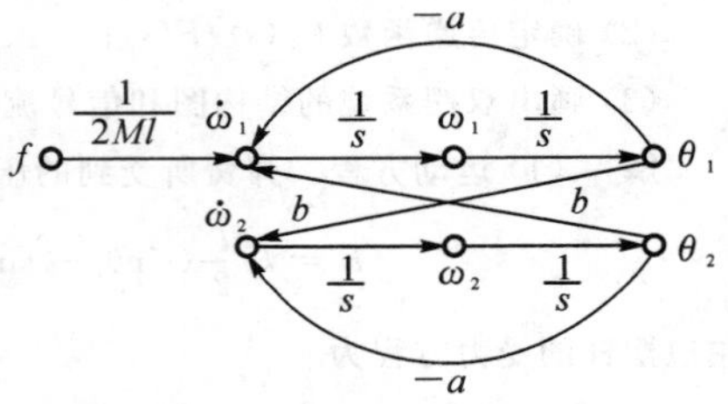

图解 2.4.23(2)　双摆系统信号流图

信号流图与传递函数:为了便于观察,将信号流图改画为图解 2.4.23(3) 所示。

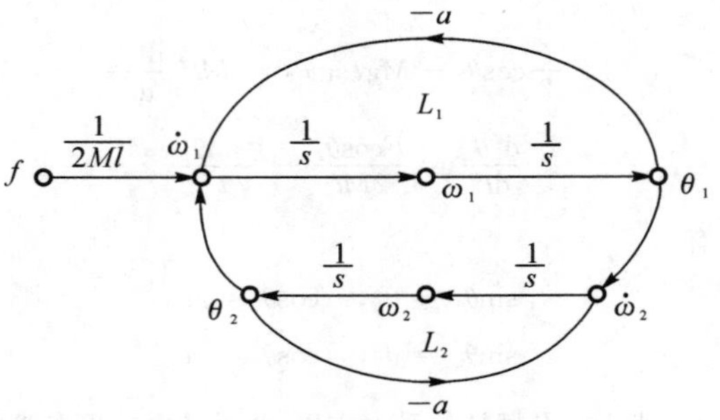

图解 2.4.23(3)　双摆系统信号流图

$$L_1 = -\frac{a}{s^2},\quad L_2 = \frac{b^2}{s^4},\quad L_3 = -\frac{a}{s^2}$$

$$\Delta = 1-(L_1+L_2+L_3)+L_1L_3,\quad p_1 = \frac{1}{2Mls^2},\quad \Delta_1 = 1-L_3$$

应用梅森增益公式,即求得

$$\frac{\Theta_1(s)}{F(s)} = \frac{p_1\Delta_1}{\Delta} = \frac{p_1(1-L_3)}{1-(L_1+L_2+L_3)+L_1L_3} = \frac{1}{2Ml}\,\frac{s^2+a}{(s^2+a)^2-b^2}$$

2.4.24　城市生态系统的多回路模型可能包括下列变量:城市人口数量(变量节点 P)、现代化程度(变量节点 M)、流入城市人数(变量节点 C)、卫生设施(变量节点 S)、疾病数量(变量节点 D)、单位面积的细菌数(变量节点 B)、单位面积的垃圾数(变量节点 G) 等。假定各变量节点间遵循下列因果关系:

(1)$P\to G\to B\to D\to P$;

(2)$P\to M\to C\to P$;

(3)$P\to M\to S\to D\to P$;

(4)$P\to M\to S\to B\to D\to P$。

各变量节点间支路增益的符号确定。例如,改变卫生设施后,将减少单位面积的细菌数,因此 S 到 B 传输的支路增益应该为负。试确定各支路增益的正负,用恰当的符号,如 a,b,c,d,e,f,g,h,k,m 等表示支路增益,画出这些因果关系的信号流图,并回答在所给出的四个回路中,哪个是正反馈回路,哪个是负反馈回路?

解　信号流图如图解 2.4.24 所示。由图可见,在给出的四个回路中,第一个回路为负反馈回路,其余为正反馈回路。

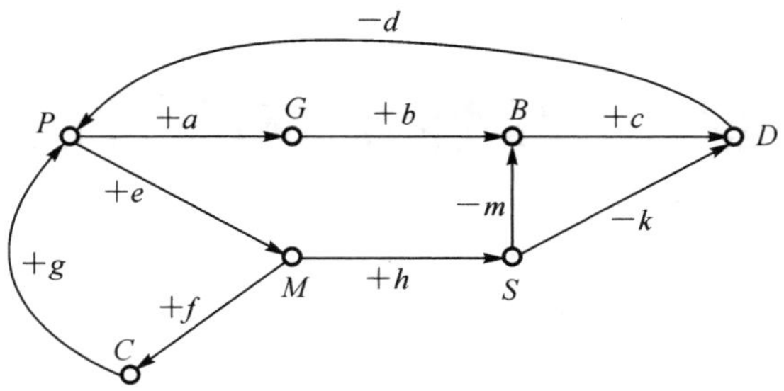

图解 2.4.24　生态系统的信号流图

第 3 章　线性系统的时域分析法

3.1 重点内容提要

3.1.1 稳定性

1. 定义

若系统受扰动偏离了平衡状态，在扰动消除后系统能够恢复到原来的平衡状态，则称系统稳定，反之称系统不稳定。

2. 系统稳定的充要条件

系统闭环特征方程的所有根都具有负的实部，或所有闭环特征根均位于左半 s 平面。

3. 代数稳定判据

(1) 必要条件：闭环特征多项式各项系数均大于零。

(2) 赫尔维茨判据：由系统特征方程各项系数所构成的各阶赫尔维茨行列式全部为正，则系统稳定。

(3) 劳斯判据：由系统特征方程各项系数列出劳斯表，如果劳斯表中第一列元素严格为正，则系统稳定；如果表中第一列元素出现小于零的数，则系统不稳定；第一列各元素符号改变的次数，就是特征方程正实部根的个数。

4. 与稳定性相关的问题

系统的稳定性只与系统自身结构参数有关，而与初始条件、外作用的幅值无关；系统的稳定性只取决于系统的特征根(极点)，而与系统零点无关。

5. 结构不稳定

并非由于系统参数设置不当，而是由于系统结构原因导致的不稳定，称为结构不稳定。

3.1.2 稳态误差计算

1. 误差的两种定义及其相互关系[参见图 3.1.1(a) 及其等效变换图 3.1.1(b)]

(1) 从系统输入端定义的误差 $E(s)$ 是系统输入 $R(s)$ 与反馈信号之差；

(2) 从系统输出端定义的误差 $E'(s)$ 是 $R'(s)$ 信号与实际值 $C(s)$ 之差；

(3) 两种误差之间的关系：$E'(s) = E(s)/H(s)$。

$E(s)$ 在实际系统中一般是可量测的，具有一定的物理意义；而 $E'(s)$ 一般只有数学意义。对于单位反馈系统来说，上述两种定义是等价的。

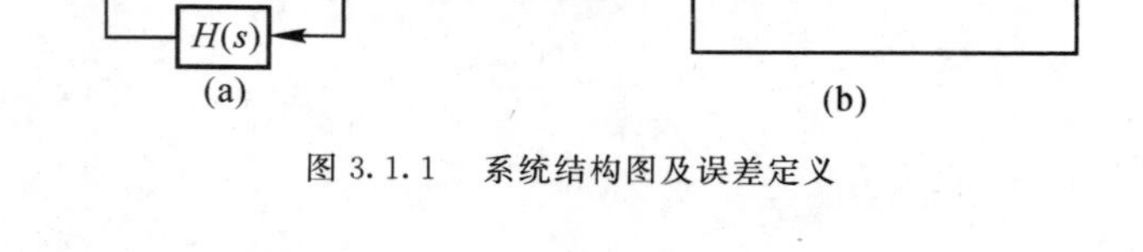

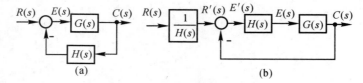

图 3.1.1　系统结构图及误差定义

2. 稳态误差

稳态误差是系统的稳态指标，是对系统稳态控制精度的度量。

稳态误差有两种含义：

(1) 静态误差 e_{ss}：误差响应达到稳态时的值；

(2) 动态误差 $e_s(t)$：误差 $e(t)$ 中的稳态分量。

3. 计算稳态误差的方法

(1) 一般方法：

- 判定系统的稳定性(对于稳定系统求 e_{ss} 才有意义)；
- 按误差定义求出系统误差传递函数 $\Phi_e(s)$ 或 $\Phi_{en}(s)$；
- 利用终值定理计算稳态误差：$e_{ss}=\lim\limits_{s\to 0}[\Phi_e(s)R(s)+\Phi_{en}(s)N(s)]$。

(2) 静态误差系数法：

- 判定系统稳定性；
- 确定系统开环增益 K 及型别 ν，求静态误差系数；
- 利用静态误差系数法对应的静态误差公式表计算 e_{ss} 值。

注：静态误差系数法的适用条件：系统必须稳定；误差是按输入端定义的；输入信号不能有其他的前馈通道；系统是非最小相角的；只能用于计算控制输入时的静态误差。

4. 与稳态误差相关问题

(1) 稳态误差不仅与系统自身的结构参数有关，而且与外作用的大小、形式、作用点有关。

(2) 系统的位置误差、速度误差和加速度误差分别是在位置信号(阶跃)、速度信号(斜坡)和加速度信号作用下系统响应达到稳态时，反馈量对输入量之间的误差，是位置意义上的误差。

(3) 要反映稳态误差随时间变化的规律，可用动态误差系数法。

(4) 在主反馈口到干扰作用点之间的前向通路上增大放大倍数、设置积分环节可以同时减小输入 $r(t)$ 和干扰 $n(t)$ 作用下的稳态误差。

3.1.3　系统动态性能指标计算

(1) 一阶系统特征参数(时间常数 T)与动态指标之间的关系

$$t_s=3T$$

(2) 欠阻尼二阶系统复极点位置的表示方法及其关系如图 3.1.2 所示。

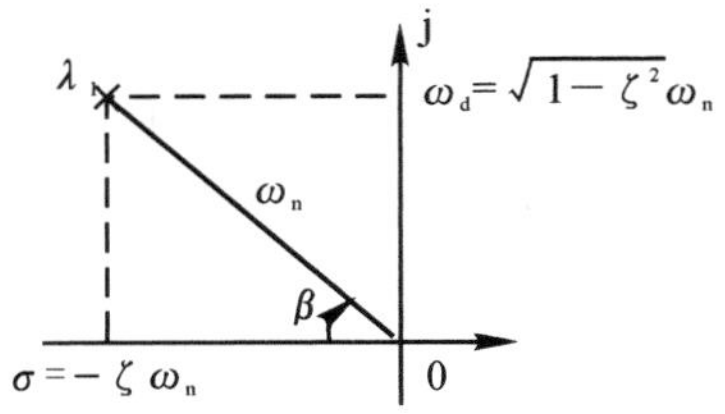

图 3.1.2　欠阻尼二阶系统极点表示

(3) 欠阻尼二阶系统特征参数(ζ,ω_n)与动态指标($t_p,\sigma\%,t_s$)间的关系

$$t_p=\frac{\pi}{\omega_n\sqrt{1-\zeta^2}}$$

$$\sigma\%=e^{-\zeta\pi/\sqrt{1-\zeta^2}}\times 100\%$$

$$t_s=\frac{3.5}{\zeta\omega_n}$$

(4) 典型二阶系统动态性能随极点位置变化的规律。

(5) 附加开环零、极点对系统性能的影响。

(6) 附加闭环零、极点对系统性能的影响。

(7) 主导极点的概念,高阶系统动态指标估算的零点极点法。

3.2 知识结构图

- 时域分析法
  - 稳(基本要求)
    - 稳定性的定义: $\lim\limits_{t\to\infty} k(t) = 0$
    - 稳定的充要条件:$\lambda_i (i = 1,2,\cdots,n)$ 全部位于左半 s 平面。
    - 稳定判据
      - 必要条件: $a_i > 0(i = 0,1,2,\cdots,n)$
      - 赫尔维茨判据
      - 劳斯判据
  - 准(稳态要求)
    - $e(t)$,e_{ss} 的定义
    - 计算 e_{ss} 的一般方法: $e_{ss} = \lim\limits_{s\to 0} s[\Phi_e(s)R(s)]$
    - 静态误差系数法
    - 动态误差系数法
  - 快(动态要求)
    - 一阶系统 $t_s = 3T$
    - 二阶系统
      - $\zeta \geqslant 1$ 按过阻尼情形相应计算
      - $0 \leqslant \zeta < 0$
        - $t_p = \dfrac{\pi}{\omega_n\sqrt{1-\zeta^2}}$
        - $\sigma\% = e^{-\zeta\pi/\sqrt{1-\zeta^2}}$
        - $t_s = \dfrac{3.5}{\zeta\omega_n}$ $(\Delta = 5\%)$
      - $\lambda_{1,2}$ 位置与动态性能间的关系
      - 附加闭环零极点对系统动态性能的影响
    - 高阶系统
      - 主导极点
      - 估算高阶系统动态性能的零点极点法

3.3 考点及典型题选解

系统的稳定性分析,稳态误差计算和动态性能指标计算是系统分析的基本任务,也是本课程的必考内容。通常的考点有:用劳斯判据判定系统的稳定性或确定使系统稳定的参数范围;利用静态误差系数法或一般方法求系统的稳态误差;计算一、二阶系统(特别是典型欠阻尼二阶系统)的动态性能指标;给定系统的性能指标或典型响应特性,反过来确定系统参数。

3.3.1 典型题

1. 一阶系统结构图如图 3.3.1 所示。要求调节时间 $t_s \leqslant 0.1$ s,试确定反馈系数 K_t 的值。

2. 给定典型二阶系统的设计指标:超调量 $\sigma\% \leqslant 5\%$,调节时间 $t_s < 3$ s,峰值时间 $t_p < 1$ s,试确定系统极点配置的区域,以获得预期的响应特性。

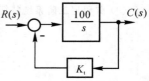

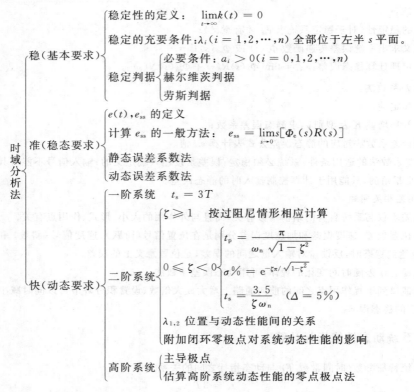

图 3.3.1 系统结构图

3. 电子心率起搏器心率控制系统结构图如图 3.3.2 所示,其中模仿心脏的传递函数相当于一纯积分环节,要求:

(1) 若 $\zeta = 0.5$ 对应最佳响应,问起搏器增益 K 应取多大?

(2) 若期望心速为 60 次 /min,并突然接通起搏器,问 1 s 后实际心速为多少?瞬时最大心速多大?

4. 机器人控制系统结构图如图 3.3.3 所示。试确定参数 K_1,K_2 值,使系统阶跃响应的峰值时间 $t_p =$

0.5 s，超调量 $\sigma\% = 2\%$。

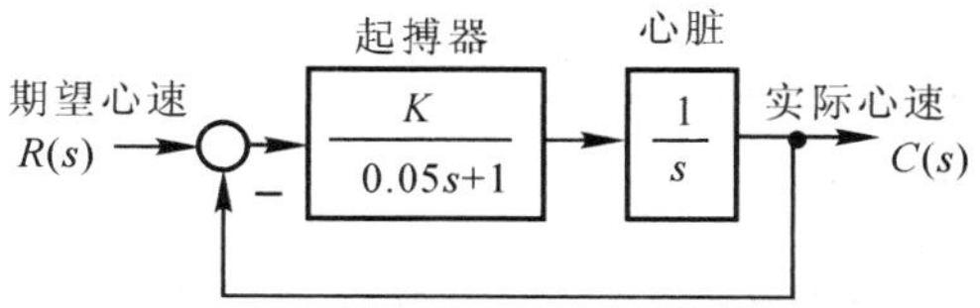

图 3.3.2　电子心率起搏器系统

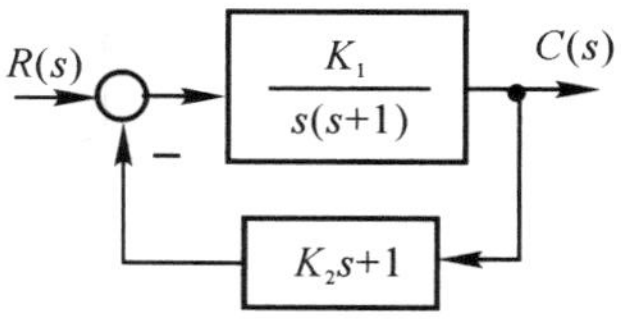

图 3.3.3　机器人位置控制系统

5. 图 3.3.4 是某垂直起降飞机的高度控制系统结构图。

(1) 当 $K = 1$ 时，判断系统是否稳定；

(2) 试确定使系统稳定的 K 值范围。

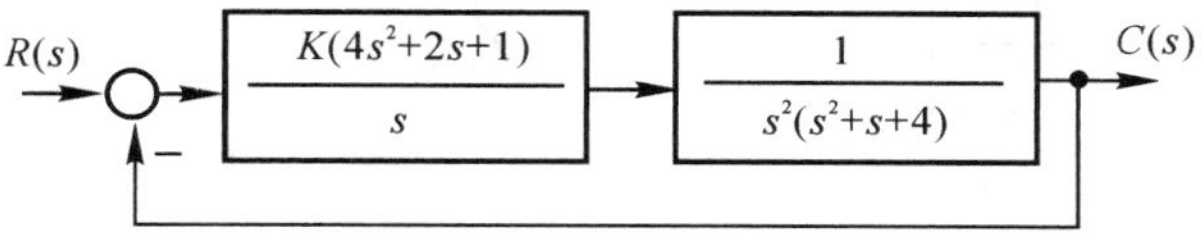

图 3.3.4　控制系统结构图

6. 单位反馈系统的开环传递函数为

$$G(s) = \frac{K(s+1)}{s(Ts+1)(2s+1)}$$

试确定使系统稳定的 T 和 K 的取值范围，并以 T 和 K 为坐标画出稳定域图。

7. 系统结构图如图 3.3.5 所示。已知 $r(t) = n_1(t) = n_2(t) = 1(t)$，试分别计算 $r(t)$，$n_1(t)$ 和 $n_2(t)$ 作用时的稳态误差，并说明积分环节设置位置对减小输入和干扰作用下的稳态误差的影响。

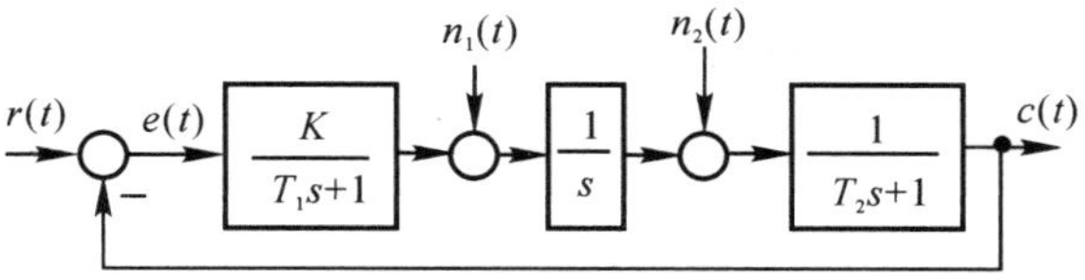

图 3.3.5　系统结构图

8. 控制系统结构图如图 3.3.6 所示。其中 $K_1, K_2 > 0, \beta \geqslant 0$。试分析：

(1) β 值大小对系统稳定性的影响；

(2) β 值大小对动态性能($\sigma\%, t_s$)的影响；

(3) β 值大小对 $r(t) = at$ 作用下稳态误差的影响。

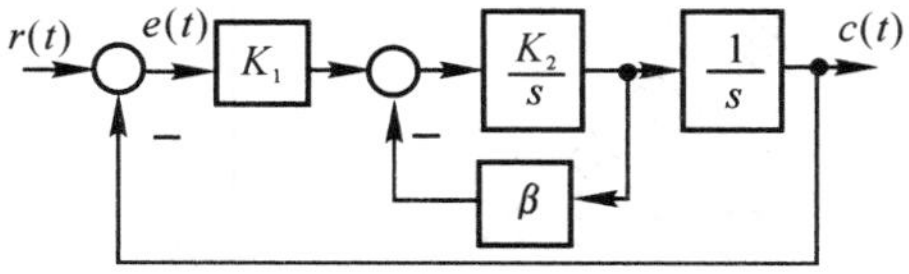

图 3.3.6　系统结构图

9. 已知系统结构图如图 3.3.7 所示，要求系统在 $r(t) = t^2$ 作用时，稳态误差 $e_{ss} < 0.5$，试确定满足要求的开环增益 K_0 的范围。

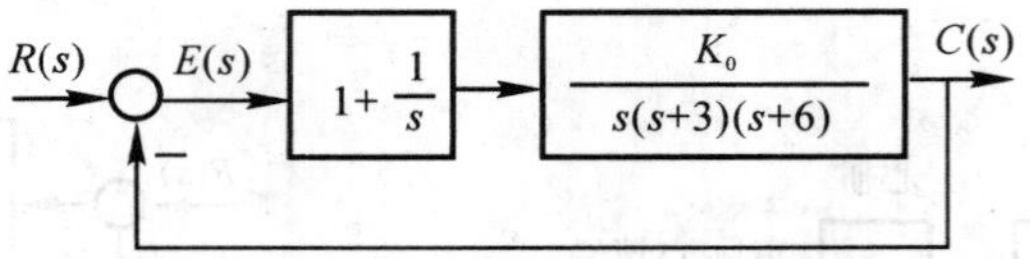

图 3.3.7　系统结构图

10. 已知控制系统结构图如图 3.3.8(a) 所示，其单位阶跃响应如图 3.3.8(b) 所示，系统的稳态位置误差 $e_{ss}=0$。试确定 K，ν 和 T 的值。

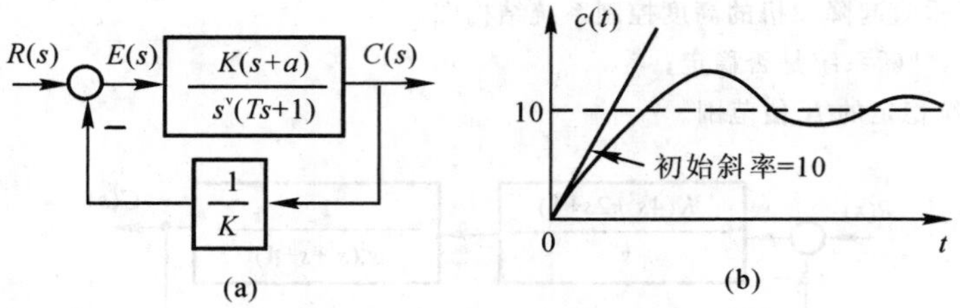

图 3.3.8　系统结构图

3.3.2　典型题解析

1. 由结构图写出闭环系统传递函数

$$\Phi(s)=\frac{C(s)}{R(s)}=\frac{\frac{100}{s}}{1+\frac{100}{s}K_t}=\frac{100}{s+100K_t}=\frac{\frac{1}{K_t}}{\frac{s}{100K_t}+1}$$

所以闭环增益 $K_{\Phi}=\frac{1}{K_t}$，时间常数 $T=\frac{1}{100K_t}$。

依题意，令 $t_s=3T=\frac{3}{100K_t}\leqslant 0.1$，得 $K_t\geqslant 0.3$。

2. 依题

$\sigma\%\leqslant 5\%$，　　　　$\Rightarrow \zeta\geqslant 0.708(\beta\leqslant 45°)$

$t_s=\frac{3.5}{\zeta\omega_n}<3$，　　　　$\Rightarrow \zeta\omega_n>1.17$

$t_p=\frac{\pi}{\sqrt{1-\zeta^2}\omega_n}<1$，　　　　$\Rightarrow \sqrt{1-\zeta^2}\omega_n>3.14$

综合以上条件可画出满足要求的特征根区域如图解 3.3.2 所示。

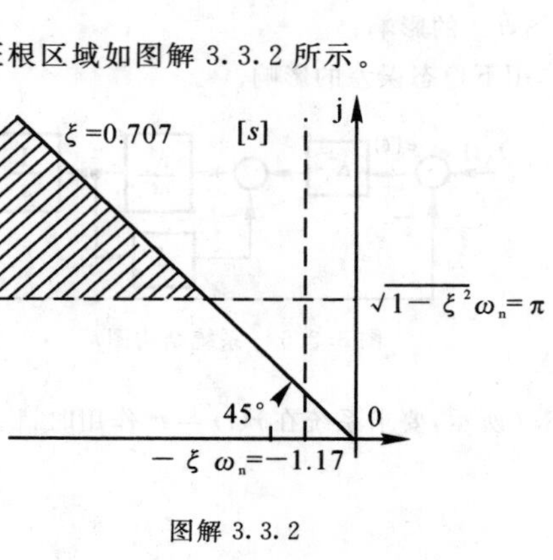

图解 3.3.2

3. 依题,系统传递函数为

$$\Phi(s)=\frac{\dfrac{K}{0.05}}{s^2+\dfrac{1}{0.05}s+\dfrac{K}{0.05}}=\frac{\omega_n^2}{s^2+2\zeta\omega_n s+\omega_n^2}\quad\begin{cases}\omega_n=\sqrt{\dfrac{K}{0.05}}\\ \zeta=\dfrac{1}{0.05\times 2\omega_n}\end{cases}$$

令 $\zeta=0.5$,可解出 $\begin{cases}K=20\\ \omega_n=20\end{cases}$。

将 $t=1$ s 代入二阶系统阶跃响应公式

$$h(t)=1-\frac{e^{-\zeta\omega_n t}}{\sqrt{1-\zeta^2}}\sin(\sqrt{1-\zeta^2}\,\omega_n t+\beta)$$

可得

$$h(1)=1.000\,024(\text{次}/\text{s})=60.001\,45(\text{次}/\text{min})$$

$\zeta=0.5$ 时,系统超调量 $\sigma\%=16.3\%$,最大心速为

$$h(t_p)=1+0.163=1.163(\text{次}/\text{s})=69.78(\text{次}/\text{min})$$

4. 依题,系统传递函数为

$$\Phi(s)=\frac{\dfrac{K_1}{s(s+1)}}{1+\dfrac{K_1(K_2s+1)}{s(s+1)}}=\frac{K_1}{s^2+(1+K_1K_2)s+K_2}=\frac{K_\Phi\omega_n^2}{s^2+2\zeta\omega_n s+\omega_n^2}$$

由

$$\begin{cases}\sigma\%=e^{-\pi\zeta/\sqrt{1-\zeta^2}}=0.02\\ t_p=\dfrac{\pi}{\sqrt{1-\zeta^2}\,\omega_n}=0.5\end{cases}$$

联立求解得

$$\begin{cases}\zeta=0.78\\ \omega_n=10\end{cases}$$

比较 $\Phi(s)$ 分母系数得

$$\begin{cases}K_2=\omega_n^2=100\\ K_1=\dfrac{2\zeta\omega_n-1}{K_2}=0.146\end{cases}$$

5. 由结构图,系统开环传递函数为

$$G(s)=\frac{K(4s^2+2s+1)}{s^3(s^2+s+4)}\quad\begin{cases}\text{开环增益 }K_k=K/4\\ \text{系统型别 }\nu=3\end{cases}$$

(1) $K=1$ 时:$D(s)=s^5+s^4+4s^3+4s^2+2s+1=0$

劳斯表:

s^5	1	4	2
s^4	1	4	1
s^3	ε	1	
s^2	$\dfrac{4\varepsilon-1}{\varepsilon}$	1	
s	$-\infty$		
s^0	1		

$K=1$ 时系统不稳定,有 2 个正根。

(2) $D(s)=s^5+s^4+4s^3+4Ks^2+2Ks+K=0$

劳斯表:

s^5	1	4	$2K$	
s^4	1	$4K$	K	
s^3	$4(1-K)$	K		$\Rightarrow K<1$
s^2	$\dfrac{(15-16K)K}{4(1-K)}$	K		$\Rightarrow K>16/15=1.067$
s	$\dfrac{-32K^2+47K-16}{4(1-K)}$			$\Rightarrow 0.536<K<0.933$
s^0	K			$\Rightarrow K>0$

所以使系统稳定的 K 值范围是： $0.536 < K < 0.933$。

6. 特征方程为： $D(s) = 2Ts^3 + (2+T)s^2 + (1+K)s + K = 0$

列劳斯表

$$\begin{array}{llll} s^3 & 2T & 1+K & \Rightarrow T>0 \\ s^2 & 2+T & K & \Rightarrow T>-2 \\ s & 1+K-\dfrac{2TK}{2+T} & & \Rightarrow T<2+\dfrac{4}{K-1} \\ s^0 & K & & \Rightarrow K>0 \end{array}$$

综合所得条件，当 $K>1$ 时，使系统稳定的参数取值范围如图解 3.3.6 中阴影部分所示。

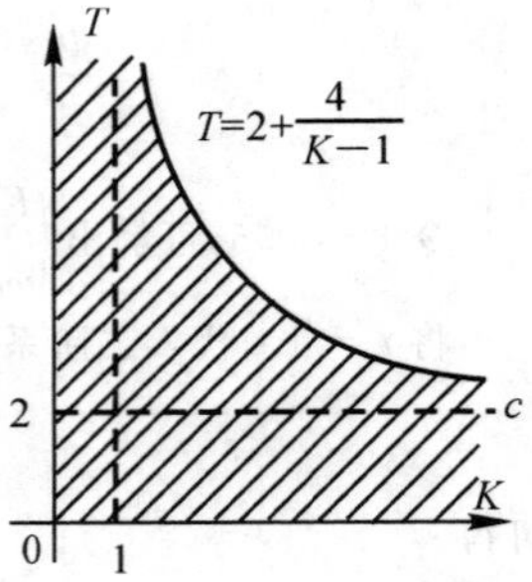

图解 3.3.6 稳定参数范围

7. $G(s) = \dfrac{K}{s(T_1s+1)(T_2s+1)}$ $\begin{cases} K \\ v=1 \end{cases}$

$r(t)=1(t)$ 时，$e_{ssr}=0$；

$$\Phi_{en_1}(s) = \frac{E(s)}{N_1(s)} = \frac{-\dfrac{1}{s(T_2s+1)}}{1+\dfrac{K}{s(T_1s+1)(T_2s+1)}} = \frac{-(T_1s+1)}{s(T_1s+1)(T_2s+1)+K}$$

$n_1(t)=1(t)$ 时，

$$e_{ssn_1} = \lim_{s\to0} s\Phi_{en_1}(s)N_1(s) = \lim_{s\to0} s\Phi_{en_1}(s)\frac{1}{s} = -\frac{1}{K}$$

$$\Phi_{en_2}(s) = \frac{E(s)}{N_2(s)} = \frac{-\dfrac{1}{(T_2s+1)}}{1+\dfrac{K}{s(T_1s+1)(T_2s+1)}} = \frac{-s(T_1s+1)}{s(T_1s+1)(T_2s+1)+K}$$

$n_2(t)=1(t)$ 时，

$$e_{ssn_2} = \lim_{s\to0} s\Phi_{en_1}(s)N_2(s) = \lim_{s\to0} s\Phi_{en_2}(s)\frac{1}{s} = 0$$

可见，在反馈比较点到干扰作用点之间的前向通道中设置积分环节，可以同时减小或消除由输入和干扰引起的稳态误差。

8. 系统开环传递函数为 $G(s) = \dfrac{K_1K_2}{s(s+\beta K_2)}$ $\begin{cases} \text{开环增益} & K=K_1/\beta \\ \text{系统型别} & \nu=1 \end{cases}$

$$\Phi(s) = \frac{K_1K_2}{s^2+\beta K_2 s+K_1K_2}$$

$$\omega_n = \sqrt{K_1K_2},\quad \zeta = \frac{\beta K_2}{2\sqrt{K_1K_2}} = \frac{\beta}{2}\sqrt{\frac{K_2}{K_1}}$$

$$D(s) = s^2+\beta K_2 s+K_1K_2$$

(1) 由 $D(s)$ 表达式可见，当 $\beta=0$ 时，系统结构不稳定；当 $\beta>0$ 时，系统总是稳定的。

(2) 由 $\zeta = \dfrac{\beta}{2}\sqrt{\dfrac{K_2}{K_1}}$ 可见，$\beta\uparrow \begin{cases} \beta\uparrow \to \sigma\%\downarrow \\ t_s = \dfrac{3.5}{\zeta\omega_n} = \dfrac{7}{\beta K_2}\downarrow \end{cases}$

(3) $\beta\uparrow \to e_{ss} = \dfrac{a}{K} = \dfrac{a\beta}{K_2}\uparrow$

9. 系统开环传递函数

$$G(s) = \frac{K_0(s+1)}{s^2(s+3)(s+6)} \quad \begin{cases} \text{开环增益} & K=K_0/18 \\ \text{系统型别} & \nu=2 \end{cases}$$

由特征方程 $D(s) = s^4+9s^3+18s^2+K_0s+K_0 = 0$ 列劳斯表：

s^4	1	18　K_0	
s^3	9	K_0	
s^2	$\dfrac{162-K_0}{9}$	K_0	$\to K_0<162$
s^1	$\dfrac{(162-K_0)K_0-81K_0}{9}$	0	$\to K_0<81$
s^0	K_0		$\to K_0>0$

使系统稳定的开环增益 K 的范围为：$0<K=\dfrac{K_0}{18}<4.5$。

利用静态误差系数法，当 $r(t)=t^2$ 时，令 $e_{ss}=\dfrac{A}{K}=\dfrac{2}{K}<0.5$，解出 $K>4$。

综合可得满足要求的 K 值范围为 $4<K<4.5$。

10. $G(s)=\dfrac{s+a}{s^{\nu}(Ts+1)}$　$\begin{cases}K_{\nu}=a\\ \nu\text{ 待定}\end{cases}$

由 $r(t)=1(t)$ 时，$e_{ss}=0$，可以判定，$\nu\geqslant 1$

$$\Phi(s)=\frac{\dfrac{K(s+a)}{s^{\nu}(Ts+1)}}{1+\dfrac{s+a}{s^{\nu}(Ts+1)}}=\frac{K(s+a)}{s^{\nu}(Ts+1)+s+a}$$

$$D(s)=Ts^{\nu+1}+s^{\nu}+s+a$$

系统单位阶跃响应收敛，系统稳定，因此必有：$\nu\leqslant 2$。

根据单位阶跃响应曲线，有

$$h(\infty)=\lim_{s\to 0}s\Phi(s)R(s)=\lim_{s\to 0}s\,\frac{1}{s}\,\frac{K(s+a)}{s^{\nu}(Ts+1)+s+a}=K=10$$

$$h'(0)=k(0)=\lim_{s\to\infty}s\Phi(s)=\lim_{s\to\infty}\frac{sK(s+a)}{s^{\nu}(Ts+1)+s+a}=$$

$$\lim_{s\to\infty}\frac{Ks^2+aKs}{Ts^{\nu+1}+s^{\nu}+s+a}=10$$

当 $T\neq 0$ 时，有

$$k(0)=\lim_{s\to\infty}\frac{Ks^2}{Ts^{\nu+1}}=10$$

可得
$$\begin{cases}K=10\\ \nu=1\\ T=1\end{cases}$$

当 $T=0$ 时，有

$$k(0)=\lim_{s\to\infty}\frac{Ks^2}{s^{\nu}}=10$$

可得
$$\begin{cases}K=10\\ \nu=2\\ T=0\end{cases}$$

3.4　课后习题全解

3.4.1　设某高阶系统可用下列一阶微分方程近似描述

$$T\dot{c}(t)+c(t)=\tau\dot{r}(t)+r(t)$$

式中，$1>(T-\tau)>0$。试证系统的动态性能指标为

$$t_r=2.2T$$

$$t_s = \left(3 + \ln\frac{T-\tau}{T}\right)T(\Delta = 5\%)$$

证明 首先要明确动态性能指标的概念，然后根据概念来进行证明。

动态性能指标：描述稳定的系统在单位阶跃函数作用下，动态过程随时间 t 的变化状况的指标。

根据系统的微分方程可以得到其传递函数

$$\frac{C(s)}{R(s)} = \frac{\tau s + 1}{Ts + 1}$$

在单位阶跃输入作用下，有 $R(s) = \frac{1}{s}$，于是

$$C(s) = \frac{\tau s + 1}{Ts + 1}\frac{1}{s} = \frac{1}{s} - \frac{T-\tau}{Ts+1}$$

则

$$c(t) = h(t) = 1 - \frac{T-\tau}{T}e^{-t/T}$$

t_r 表示上升时间，指响应曲线从终值 10% 上升到终值 90% 所需的时间，令其中

当 $h(t) = 0.1 = 1 - \frac{T-\tau}{T}e^{-t_1/T}$； $t_1 = T\left[\ln\left(\frac{T-\tau}{T}\right) - \ln 0.9\right]$

当 $h(t) = 0.9 = 1 - \frac{T-\tau}{T}e^{-t_2/T}$； $t_2 = T\left[\ln\left(\frac{T-\tau}{T}\right) - \ln 0.1\right]$

则

$$t_r = t_2 - t_1 = T\ln\frac{0.9}{0.1} = 2.2T$$

t_s 表示调节时间，指响应到达并保持在终值 ±5% 或 ±2% 内所需要的最短时间，当 $t = t_s(\Delta = 0.05)$ 时，须有

$$c(t_s) = 0.95 = 1 - \frac{T-\tau}{T}e^{-t_s/T}$$

解得

$$t_s = T\left[\ln\frac{T-\tau}{T} - \ln 0.05\right] = T\left[\ln\frac{T-\tau}{T} + \ln 20\right] = T\left[3 + \ln\frac{T-\tau}{T}\right]$$

显然当 $\Delta = 0.02$ 时，可得

$$t_s = \left(4 + \ln\frac{T-\tau}{T}\right)T$$

3.4.2 设系统的微分方程式如下：

(1) $0.2\dot{c}(t) = 2r(t)$；

(2) $0.04\ddot{c}(t) + 0.24\dot{c}(t) + c(t) = r(t)$。

试求系统的单位脉冲响应 $k(t)$ 和单位阶跃响应 $h(t)$。已知全部初始条件为零。

解 此类问题的解决方法主要是先利用拉氏变换将微分方程转换为系统的传递函数，然后根据拉氏变换求得系统的各类响应。

(1) $0.2\dot{c}(t) = 2r(t)$ 系统

由于初始条件为零，对微分方程两边进行拉氏变换可得

$$0.2sC(s) = 2R(s)$$

则系统的传递函数为

$$\Phi(s) = \frac{C(s)}{R(s)} = \frac{2}{0.2s} = \frac{10}{s}$$

当输入为单位脉冲信号时，$R(s) = 1$，系统的单位脉冲响应为

$$k(t) = \mathscr{L}^{-1}[\Phi(s)] = \mathscr{L}^{-1}\left[\frac{10}{s}\right] = 10 \quad (t \geqslant 0)$$

当输入为单位阶跃信号时，$R(s) = \frac{1}{s}$，系统的单位阶跃响应为

$$h(t) = \mathscr{L}^{-1}\left[\Phi(s)\cdot\frac{1}{s}\right] = \mathscr{L}^{-1}\left[\frac{10}{s^2}\right] = 10t \quad (t \geqslant 0)$$

(2)$0.04\ddot{c}(t)+0.24\dot{c}(t)+c(t)=r(t)$ 系统

由于初始条件为零，对微分方程两边进行拉氏变换可得

$$0.04s^2C(s)+0.24sC(s)+C(s)=R(s)$$

则系统的传递函数为

$$\Phi(s)=\frac{C(s)}{R(s)}=\frac{1}{0.04s^2+0.24s+1}=\frac{25}{s^2+6s+25}$$

由 $\Phi(s)=\dfrac{\omega_n^2}{s^2+2\zeta\omega_n s+\omega_n^2}$ 的形式可以确定

$$\omega_n^2=25,\quad 2\zeta\omega_n=6$$

则
$$\omega_n=5,\zeta=0.6,\omega_d=\omega_n\sqrt{1-\zeta^2}=4,\beta=\arctan\left(\frac{\sqrt{1-\zeta^2}}{\zeta}\right)=53.2°$$

当输入为单位脉冲信号时，$R(s)=1$，系统的单位脉冲响应为

$$k(t)=\frac{\omega_n}{\sqrt{1-\zeta^2}}e^{-\zeta\omega_n t}\sin\omega_d t=6.25e^{-3t}\sin 4t\quad(t\geqslant 0)$$

当输入为单位阶跃信号时，$R(s)=\dfrac{1}{s}$，系统的单位阶跃响应为

$$h(t)=1-\frac{1}{\sqrt{1-\zeta^2}}e^{-\zeta\omega_n t}\sin(\omega_d t+\beta)=1-1.25e^{-3t}\sin(4t+53.2°)\quad(t\geqslant 0)$$

3.4.3　已知各系统的脉冲响应，试求系统闭环传递函数 $\Phi(s)$。

(1) $k(t)=0.0125e^{-1.25t}$；

(2) $k(t)=5t+10\sin(4t+45°)$；

(3) $k(t)=0.1(1-e^{-t/3})$。

解　由于输入是单位脉冲信号，$R(s)=1$，因此系统的脉冲响应的拉氏变换对应系统的闭环传递函数。

(1)
$$\Phi(s)=\mathscr{L}[k(t)]=\frac{0.0125}{s+1.25}=\frac{0.01}{0.8s+1}$$

(2)$\Phi(s)=\mathscr{L}[k(t)]=\mathscr{L}\left[5t+5\sqrt{2}(\sin 4t+\cos 4t)\right]=\dfrac{5}{s^2}+5\sqrt{2}\left(\dfrac{4}{s^2+16}+\dfrac{s}{s^2+16}\right)=$

$$\frac{5}{s^2}+\frac{20\sqrt{2}+5\sqrt{2}s}{s^2+16}=\frac{7.07(s^3+4.71s^2+11.32)}{s^2(s^2+16)}$$

(3)$\Phi(s)=\mathscr{L}[k(t)]=\mathscr{L}[0.1(1-e^{-t/3})]=0.1\left[\dfrac{1}{s}-\dfrac{3}{3s+1}\right]=\dfrac{0.1}{s(3s+1)}$

3.4.4　已知二阶系统的单位阶跃响应为

$$h(t)=10-12.5e^{-1.2t}\sin(1.6t+53.1°)$$

试求系统的超调量 $\sigma\%$、峰值时间 t_p 和调节时间 t_s。

解　此类问题的主要解决方法是将二阶系统的单位阶跃响应的表达式与标准的表达式相比较，解得系统的自然频率和阻尼比，然后运用这些参数计算动态性能指标。

依题意

$k(t)=h'(t)=15e^{-1.2t}\sin(1.6t+53.1°)-20e^{-1.2t}\cos(1.6t+53.1°)=25e^{-1.2t}\sin 1.6t$

$$\Phi(s)=\mathscr{L}[k(t)]=\frac{40}{s^2+2.4s+4}\qquad\begin{cases}\omega_n=2\\ \zeta=0.6\end{cases}$$

$$t_p=1.96$$

$$\sigma\%=e^{-\zeta\pi/\sqrt{1-\zeta^2}}\times 100\%=9.5\%$$

$$t_s=\frac{3.5}{\zeta\omega_n}=2.9$$

3.4.5　设单位反馈系统的开环传递函数为

$$G(s)=\frac{0.4s+1}{s(s+0.6)}$$

试求系统在单位阶跃输入下的动态性能。

解 由开环传递函数可得单位反馈系统的闭环传递函数

$$\Phi(s)=\frac{G(s)}{1+G(s)}=\frac{0.4s+1}{s^2+s+1}=\frac{0.4(s+2.5)}{s^2+s+1}$$

从 $\Phi(s)$ 的形式可以看出，该系统是带零点的二阶系统，其标准形式为

$$\Phi(s)=\frac{\omega_n^2}{z}\frac{s+z}{s^2+2\zeta_d\omega_n s+\omega_n^2}$$

由

$$\frac{0.4s+1}{s^2+s+1}=\frac{\omega_n^2}{z}\frac{s+z}{s^2+2\zeta_d\omega_n s+\omega_n^2}$$

可得 $z=2.5,\omega_n=1,\zeta_d=0.5$。由于

$$r=\frac{\sqrt{z^2-2\zeta_d\omega_n z+\omega_n}}{z\sqrt{1-\zeta_d^2}}=1.007$$

$$\psi=-\pi+\arctan\left[\frac{\omega_n\sqrt{1-\zeta_d^2}}{z-\zeta_d\omega_n}\right]+\arctan\left[\frac{\sqrt{1-\zeta_d^2}}{\zeta_d}\right]=$$

$$-\pi+\arctan\left[\frac{\sqrt{0.75}}{2.5-0.5}\right]+\arctan\left[\frac{\sqrt{0.75}}{0.5}\right]=-1.686$$

$$\beta_d=\arctan\left[\frac{\sqrt{1-\zeta_d^2}}{\zeta_d}\right]=\arctan\left[\frac{\sqrt{0.75}}{0.5}\right]=1.047$$

算得该系统的动态性能指标为

峰值时间 $$t_p=\frac{\beta_d-\psi}{\omega_n\sqrt{1-\zeta_d^2}}=3.156\ \text{s}$$

超调量 $$\sigma\%=r\sqrt{1-\zeta_d^2}\,e^{-\zeta_d\omega_n t_p}\times 100\%=18.0\%$$

调节时间 $$t_s=\frac{4+0.5\ln(z^2-2\zeta_d\omega_n z+\omega_n^2)-\ln z-0.5\ln(1-\zeta_d^2)}{\zeta_d\omega_n}=$$

$$\frac{4+\ln r}{\zeta_d\omega_n}=8.01s\quad(\Delta=0.02)$$

3.4.6 已知控制系统的单位阶跃响应为

$$h(t)=1+0.2e^{-60t}-1.2e^{-10t}$$

试确定系统的阻尼比 ζ 和自然频率 ω_n。

解

$$k(t)=\dot{h}(t)=-12e^{-60t}+12e^{-10t}=12(e^{-10t}-e^{-60t})$$

$$\Phi(s)=12\left[\frac{1}{s+10}-\frac{1}{s+60}\right]=\frac{600}{s^2+70s+600}$$

$$\omega_n=\sqrt{600}=24.5,\quad \zeta=\frac{70}{2\times\sqrt{600}}=1.429$$

3.4.7 设图 3.4.59 是简化的飞行控制系统结构图，试选择参数 K_1 和 K_t，使系统的 $\omega_n=6,\zeta=1$。

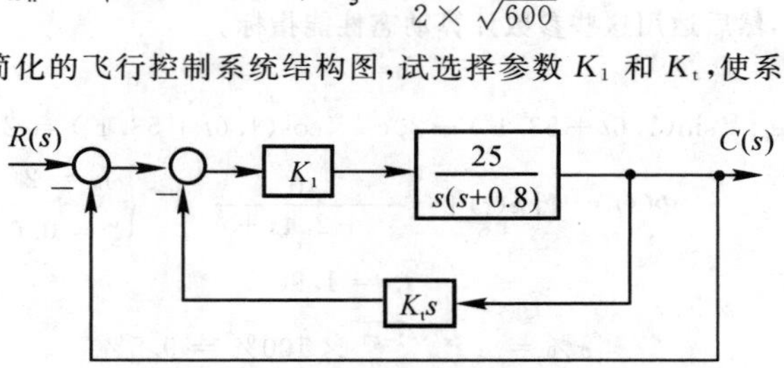

图 3.4.59 题 3.4.7 飞行控制系统

解　由梅森公式：

$$\Phi(s)=\frac{25K_1}{s^2+(0.8+25K_1K_t)s+25K_1}=\frac{\omega_n^2}{s^2+2\zeta\omega_n s+\omega_n^2}$$

比较得

$$\begin{cases}25K_1=\omega_n^2=6^2=36\\0.8+25K_1K_t=2\zeta\omega_n=12\end{cases}$$

联立解出

$$\begin{cases}K_1=1.44\\K_t=0.31\end{cases}$$

3.4.8　试分别求出图 3.4.60 所示各系统的自然频率和阻尼比，并列表比较其动态性能。

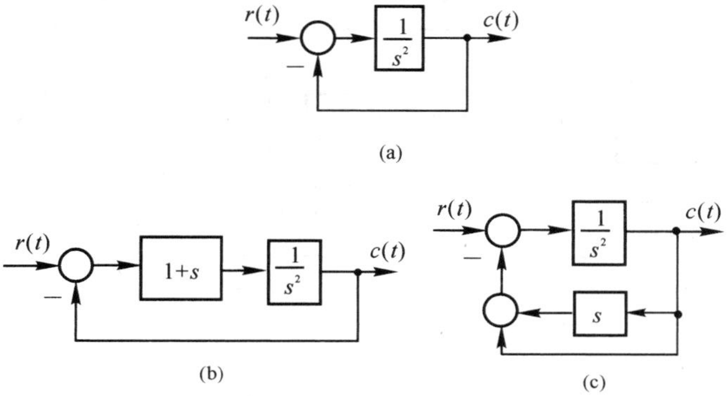

图 3.4.60　题 3.4.8 控制系统

解　(a) $\Phi_1(s)=\dfrac{1}{s^2+1}$，$\begin{cases}\omega_n=1\\\zeta=0\end{cases}$

该系统为等幅振荡的无阻尼系统

$$\begin{cases}\sigma\%=e^{-\zeta\pi/\sqrt{1-\zeta^2}}=100\%\\t_s=\infty\end{cases}$$

(b) 系统的闭环传递函数为

$$\Phi_2(s)=\frac{s+1}{s^2+s+1}$$

从 $\Phi_2(s)$ 的形式可以看出，该系统是带零点的二阶系统，其标准形式为

$$\Phi(s)=\frac{\omega_n^2}{z}\frac{s+z}{s^2+2\zeta_d\omega_n s+\omega_n^2}$$

可得 $z=1,\omega_n=1,\zeta_d=0.5$。由于

$$r=\frac{\sqrt{z^2-2\zeta_d\omega_n z+\omega_n^2}}{z\sqrt{1-\zeta_d^2}}=1.155$$

$$\psi=-\pi+\arctan\left(\frac{\omega_n\sqrt{1-\zeta_d^2}}{z-\zeta_d\omega_n}\right)+\arctan\left(\frac{\sqrt{1-\zeta_d^2}}{\zeta_d}\right)=-60^\circ$$

$$\beta_d=\arctan\left(\frac{\sqrt{1-\zeta_d^2}}{\zeta_d}\right)=60^\circ$$

算得该系统的动态性能指标为

峰值时间 $$t_p=\frac{\beta_d-\psi}{\omega_n\sqrt{1-\zeta_d^2}}=2.418\text{ s}$$

超调量 $$\sigma\%=r\sqrt{1-\zeta_d^2}\,e^{-\zeta_d\omega_n t_p}\times100\%=29.9\%$$

调节时间 $$t_s=\frac{4+\ln r}{\zeta_d\omega_n}=8.3s\quad(\Delta=2\%)$$

(c)c 系统的闭环传递函数为

$$\Phi_3(s)=\frac{\frac{1}{s^2}}{1+\frac{s+1}{s^2}}=\frac{1}{s^2+s+1},\quad \begin{cases}\omega_n=1\\ \zeta=0.5\end{cases}$$

$$\begin{cases}\sigma\%=e^{-\zeta\pi/\sqrt{1-\zeta^2}}\times 100\%=16.3\%\\ t_s=\dfrac{4.4}{\zeta\omega_n}=8.8\ \text{s}\quad(\Delta=2\%)\end{cases}$$

动态性能见表解 3.4.8。

表解 3.4.8

	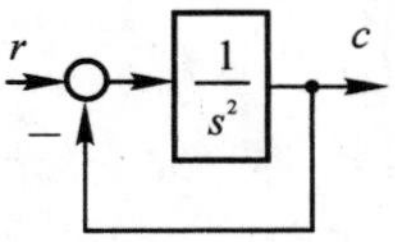 (a)	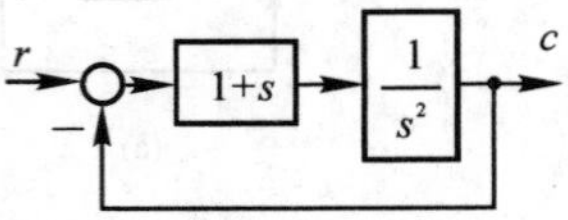 (b)	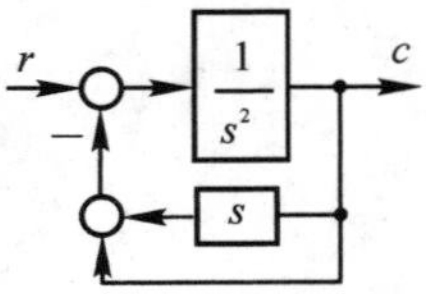 (c)
$\Phi(s)$	$\Phi_1(s)=\dfrac{1}{s^2+1}$	$\Phi_2(s)=\dfrac{s+1}{s^2+s+1}$	$\Phi_3(s)=\dfrac{1}{s^2+s+1}$
ω_n	1	1	1
ζ	0	0.5	0.5
$\sigma\%$	100%	31.5%	16.3%
t_s	—	8.3s	8.8s

3.4.9 设控制系统如图 3.4.61 所示。要求：

(1) 取 $\tau_1=0,\tau_2=0.1$，计算测速反馈校正系统的超调量、调节时间和速度误差；

(2) 取 $\tau_1=0.1,\tau_2=0$，计算比例微分校正系统的超调量、调节时间和速度误差。

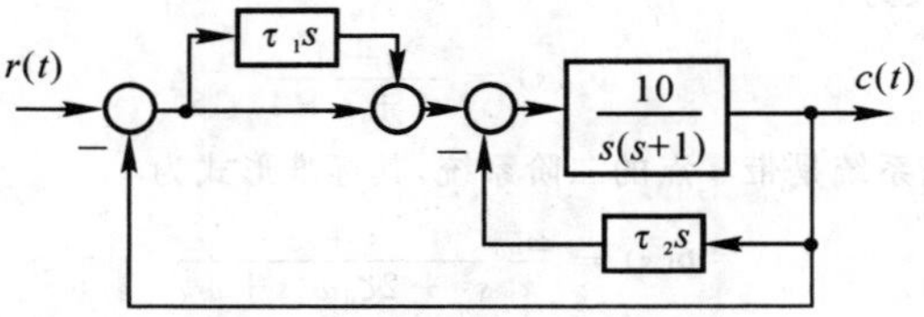

图 3.4.61 题 3.4.9 控制系统

解 (1) 取 $\tau_1=0,\tau_2=0.1$ 时，系统开环传递函数为

$$G_1(s)=\frac{10}{s(s+1)+10\times 0.1s}=\frac{10}{s(s+2)},\quad\begin{cases}K_1=5\\ v=1\end{cases}$$

闭环传函为
$$\Phi_1(s)=\frac{10}{s^2+2s+10}$$

$$\begin{cases}\omega_n=\sqrt{10}=3.16\\ \zeta=\dfrac{1}{3.16}=0.316\end{cases},\quad \begin{cases}\sigma\%=e^{-\zeta\pi/\sqrt{1-\zeta^2}}=35.09\%\\ t_s=\dfrac{3.5}{\zeta\omega_n}=3.5\ \text{s}(\Delta=5\%),\quad t_s=\dfrac{4.4}{\zeta\omega_n}=4.4\ \text{s}(\Delta=2\%)\end{cases}$$

依静态误差系数法：
$$e_{ss}\xlongequal{r(t)=t}\frac{1}{K_v}=\frac{1}{K_1}=\frac{1}{5}=0.2$$

(2) 取 $\tau_1=0.1,\tau_2=0$ 时，系统开环传递函数为

$$G_2(s)=\frac{10(0.1s+1)}{s(s+1)},\quad \begin{cases}K_2=10\\ v=1\end{cases}$$

依静态误差系数法
$$e_{ss}\xlongequal{r(t)=t}\frac{1}{K_v}=\frac{1}{K_2}=0.1$$

闭环传函为
$$\Phi_2(s)=\frac{10(0.1s+1)}{s(s+1)+10(0.1s+1)}=\frac{s+10}{s^2+2s+10}$$

可得
$$z=10,\quad \omega_n=\sqrt{10}=3.16,\quad \zeta_d=0.316$$

由于

$$r=\frac{\sqrt{z^2-2\zeta_d\omega_n z+\omega_n^2}}{z\sqrt{1-\zeta_d^2}}=1$$

$$\psi=-\pi+\arctan\left[\frac{\omega_n\sqrt{1-\zeta_d^2}}{z-\zeta_d\omega_n}\right]+\arctan\left[\frac{\sqrt{1-\zeta_d^2}}{\zeta_d}\right]=-1.572\ \text{rad}$$

$$\beta_d=\arctan\left[\frac{\sqrt{1-\zeta_d^2}}{\zeta_d}\right]=1.249\ \text{rad}$$

算得该系统的动态性能指标为

峰值时间
$$t_p=\frac{\beta_d-\psi}{\omega_n\sqrt{1-\zeta_d^2}}=0.941\ \text{s}$$

超调量
$$\sigma\%=r\sqrt{1-\zeta_d^2}\,e^{-\zeta_d\omega_n t_p}\times100\%=37\%$$

调节时间
$$t_s=\frac{4+\ln r}{\zeta_d\omega_n}=4\ \text{s}\quad(\Delta=2\%),\qquad t_s=\frac{3+\ln r}{\zeta_d\omega_n}=3\ \text{s}\quad(\Delta=5\%)$$

3.4.10 图 3.4.62 所示控制系统有(a)和(b)两种不同的结构方案，其中 $T>0$ 不可变。要求：

(1) 在这两种方案中，应如何调整 K_1，K_2 和 K_3，才能使系统获得较好的动态性能？

(2) 比较说明两种结构方案的特点。

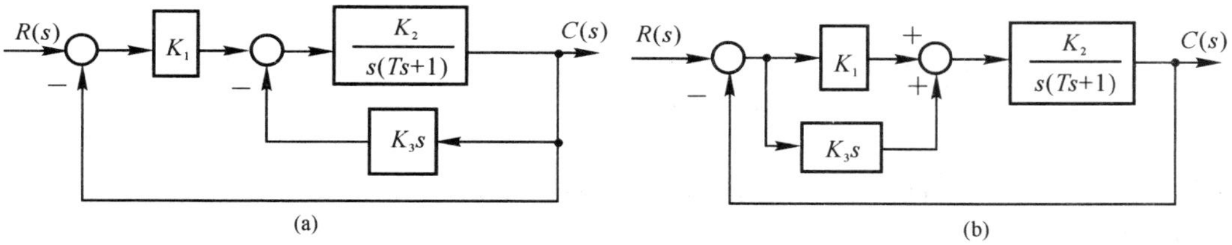

图 3.4.62 题 3.4.10 控制系统结构图

解 (1) 依结构图 3.4.62(a)

$$\Phi_a(s)=\frac{\dfrac{K_1K_2}{s(Ts+1)}}{1+\dfrac{K_2K_3}{Ts+1}+\dfrac{K_1K_2}{s(Ts+1)}}=\frac{K_1K_2/T}{s^2+\dfrac{1+K_2K_3}{T}s+\dfrac{K_1K_2}{T}}$$

$$\omega_n=\sqrt{\frac{K_1K_2}{T}},\quad \zeta=\frac{T}{2\sqrt{\dfrac{K_1K_2}{T}}}=\frac{1}{2\sqrt{T}}\,\frac{1+K_2K_3}{\sqrt{K_1K_2}}$$

可见：① 应先调整 K_1，K_2 尽量大些，使 ω_n 增加，有利于减小 t_s，t_p 和 $\sigma\%$；

② 调整 K_3，使 ζ 近似满足 $\zeta=0.707$。

依结构图 3.4.62(b)

$$\Phi_b(s)=\frac{K_2(K_1+K_3s)}{s(Ts+1)+K_2(K_1+K_3s)}=\frac{\dfrac{K_2K_3}{T}s+\dfrac{K_1K_2}{T}}{s^2+\dfrac{1+K_2K_3}{T}s+\dfrac{K_1K_2}{T}}$$

系统(b)与系统(a)具有相同的特征式，ω_n，ζ 表达式相同，故系统(a)的调参规律适合于系统(b)。

(2) 比较说明两种结构方案的特点：

① 系统(a)采用测速反馈，未引入闭环零点。

系统(b)采用比例加微分，引入了闭环零点 $z=-\dfrac{K_1}{K_3}$，其作用是使系统响应的 $\sigma\%$ 较大，t_p 提前：增加 $|z|=\dfrac{K_1}{K_3}$ 可使闭环零点远离 s 平面虚轴而使其作用降低。

② 两系统开环增益不同。

$$G_a(s)=K_1\frac{\dfrac{K_2}{s(Ts+1)}}{1+\dfrac{K_2K_3}{Ts+1}}=\frac{K_1K_2}{s(Ts+1+K_2K_3)}$$

$$K_a=\frac{K_1K_2}{1+K_2K_3}$$

$$G_b(s)=\frac{K_2(K_1+K_3s)}{s(Ts+1)}$$

$$K_b=K_1K_2$$

(a)，(b)同为Ⅰ型系统，当 $r=t$ 时，系统(b)的稳态误差 e_{ssb} 较小。

3.4.11 已知系统特征方程为

$$3s^4+10s^3+5s^2+s+2=0$$

试用劳斯判据和赫尔维茨判据确定系统的稳定性。

解 (1) 用劳斯判据

s^4	3	5	2
s^3	10	1	
s^2	$\dfrac{10\times5-3\times1}{10}=4.7$	2	
s^1	$\dfrac{4.7\times1-10\times2}{4.7}=-3.26$		
s^0	2		

表中第一列元素变号两次，右半 s 平面有两个闭环极点，系统不稳定。

(2) 用赫尔维茨判据

系统行列式
$$\Delta_4=\begin{vmatrix}10&1&0&0\\3&5&2&0\\0&10&1&0\\0&3&5&2\end{vmatrix}$$

因为系数 $a_i>0$，用李-戚判据

$$\Delta_1=10>0,\quad \Delta_3=\begin{vmatrix}10&1&0\\3&5&2\\0&10&1\end{vmatrix}=-153<0$$

故系统不稳定。

3.4.12 已知系统特征方程如下，试求系统在 s 右半平面的根数及虚根值。

(1) $D(s)=s^5+3s^4+12s^3+24s^2+32s+48=0$；

(2) $D(s)=s^6+4s^5-4s^4+4s^3-7s^2-8s+10=0$；

(3) $D(s)=s^5+3s^4+12s^3+20s^2+35s+25=0$。

解 (1) $D(s)=s^5+3s^4+12s^3+24s^2+32s+48=0$

劳斯判据：

s^5	1	12	32	
s^4	3	24	48	
s^3	$\frac{3\times 12-24}{3}=4$	$\frac{32\times 3-48}{3}=16$	0	
s^2	$\frac{4\times 24-3\times 16}{4}=12$	48		
s	$\frac{12\times 16-4\times 48}{12}=0$	0		辅助方程 $12s^2+48=0$
s	24			辅助方程求导：$24s=0$
s^0	48			

系统没有正根，对辅助方程求解，得到系统一对虚根 $s_{1,2}=\pm j2$。

(2) $D(s)=s^6+4s^5-4s^4+4s^3-7s^2-8s+10=0$

劳斯判据：

s^6	1	-4	-7	10	
s^5	4	4	-8		
s^4	$\frac{-16-4}{4}=-5$	$\frac{-28+8}{4}=-5$	10		$-5s^4-5s^2+10=0$
s^3	-20	-10	0		求导：$-20s^3-10s=0$
s^2	$\frac{100-50}{-20}=-2.5$	10			
s	$\frac{25+200}{-2.5}=-90$	0			
s^0	10				

由辅助方程 $$s^4+s^2-2=(s^2-1)(s^2+20)$$

和余因式： $$D(s)/(s^4+s^2-2)=s^2+4s-5=(s-1)(s+5)$$

求根得　$s_{1,2}=\pm 1$，　$s_{3,4}=\pm j\sqrt{2}$，　$s_5=1$，　$s_6=-5$

系统有2个正根，一对虚根。

(3) $D(s)=s^5+3s^4+12s^3+20s^2+35s+25=0$

劳斯判据：

s^5	1	12	35	
s^4	3	20	25	
s^3	$\frac{36-20}{3}=\frac{16}{3}$	$\frac{105-25}{3}=\frac{80}{2}$	0	
s^2	$\frac{\frac{320}{3}-\frac{240}{3}}{16/3}=5$	25		辅助方程 $5s^2+25=0$
s	10	0		辅助方程求导 $10s=0$
s^0	25			

由辅助方程 $5(s^2+5)=0$，解出一对虚根 $s_{1,2}=\pm j\sqrt{5}$；系统在右半 s 平面无极点。

3.4.13　已知单位反馈系统的开环传递函数

$$G(s)=\frac{K(0.5s+1)}{s(s+1)(0.5s^2+s+1)}$$

试确定系统稳定时的 K 值范围。

解　依题意可写出系统特征方程

$$D(s)=s^4+3s^3+4s^2+(2+K)s+2K=0$$

列劳斯表

$$\begin{array}{llll}
s^4 & 1 & 4 & 2K \\
s^3 & 3 & 2+K & \\
s^2 & \dfrac{10-K}{3} & 2K & \Rightarrow K<10 \quad ① \\
s & \dfrac{\dfrac{(10-K)(2+K)}{3}-6K}{\dfrac{10-K}{3}} & & \Rightarrow -10.74<K<1.705 \quad ② \\
s^0 & 2K & & \Rightarrow K>0 \quad ③
\end{array}$$

综合式 ①,式 ② 和式 ③,可得 K 稳定范围为 $0<K<1.705$。

3.4.14 已知系统结构图如图 3.4.63 所示。试用劳斯稳定判据确定能使系统稳定的反馈参数 τ 的取值范围。

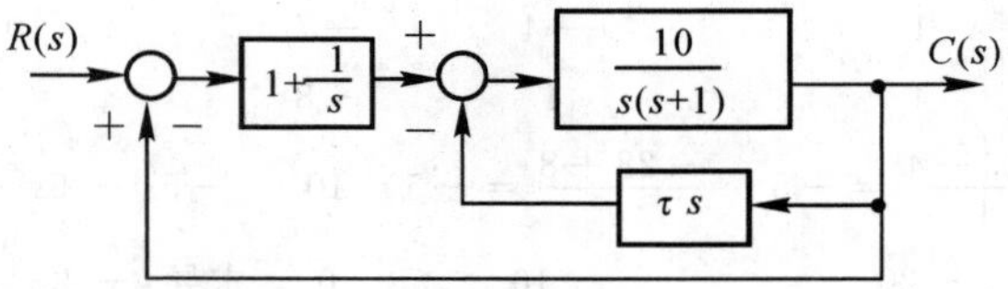

图 3.4.63 题 3.4.14 控制系统

解 依结构图写出系统传递函数

$$\frac{C(s)}{R(s)}=\frac{\left(1+\frac{1}{s}\right)\left(\frac{10}{s(s+1)}\right)}{1+\frac{10\tau s}{s(s+1)}+\left(1+\frac{1}{s}\right)\frac{10}{s(s+1)}}=\frac{10(s+1)}{s^3+(1+10\tau)s^2+10s+10}$$

$$D(s)=s^3+(1+10\tau)s^2+10s+10$$

列劳斯表

$$\begin{array}{llll}
s^3 & 1 & 10 & \\
s^2 & 1+10\tau & 10 & \Rightarrow \tau>-\dfrac{1}{10} \\
s & \dfrac{10(1+10\tau)-10}{1+10\tau} & & \Rightarrow \tau>0 \\
s^0 & 10 & &
\end{array}$$

使系统稳定的 τ 的范围为 $\tau>0$。

3.4.15 已知单位反馈系统的开环传递函数

(1) $G(s)=\dfrac{100}{(0.1s+1)(s+5)}$;

(2) $G(s)=\dfrac{50}{(0.1s+1)(s+5)}$;

(3) $G(s)=\dfrac{10(2s+1)}{s^2(s^2+6s+100)}$。

试求输入分别为 $r(t)=2t$ 和 $r(t)=2+2t+t^2$ 时,系统的稳态误差。

解 (1)$G(s)=\dfrac{100}{(0.1s+1)(s+5)}$

① 判定稳定性。依题意写出系统特征方程

$$D(s)=(s+10)(s+5)+1\,000=s^2+15s+1\,050=0$$

列劳斯表：

s^2　1　1 050

s^2　15

s^0　1 050

系统稳定。

② 用静态误差系数法。依题：开环增益 $K=20$，系统型别 $\nu=0$。

$r_1(t)=2$ 时，　$e_{ss1}=\dfrac{2}{1+K_p}=\dfrac{2}{1+20}=\dfrac{2}{21}$

$r_2(t)=2t$ 时，　$e_{ss2}=\dfrac{2}{K_v}=\dfrac{2}{0}=\infty$

$r_3(t)=t_2=2\dfrac{t^2}{2}$ 时，　$e_{ss3}=\dfrac{2}{K_a}=\dfrac{2}{0}=\infty$

故

$$e_{ss}\xlongequal{r=2t}\infty,\quad e_{ss}\xlongequal{r=2+2t+t^2}\frac{2}{21}+\infty+\infty=\infty$$

(2) $G(s)=\dfrac{50}{s(0.1s+1)(s+5)}$

① 判定稳定性：依题意写出系统特征方程

$$D(s)=s(s+10)(s+5)+500=s^3+15s^2+50s+500=0$$

列劳斯表：

s^3　1　50

s^2　15　500

s^1　16.7

s^0　500

系统稳定。

② 用静态误差系数法。依题：开环增益 $K=10$，系统型别 $\nu=1$。

$r_1(t)=2$ 时，　$e_{ss1}=\dfrac{2}{1+K_p}=\dfrac{2}{1+\infty}=0$

$r_2(t)=2t$ 时，　$e_{ss2}=\dfrac{2}{K_v}=\dfrac{2}{10}=0.2$

$r_3(t)=t^2=2\dfrac{t^2}{2}$ 时，　$e_{ss3}=\dfrac{2}{K_a}=\dfrac{2}{0}=\infty$

故

$$e_{ss}\xlongequal{r=2t}0.2,\quad e_{ss}\xlongequal{r=2+2t+t^2}0+0.2+\infty=\infty$$

(3) $G(s)=\dfrac{10(2s+1)}{s^2(s^2+6s+100)}$

① 判定稳定性。依题意写出系统特征方程

$$D(s)=s^2(s^2+6s+100)+10(2s+1)=s^4+6s^3+100s^2+20s+10=0$$

列劳斯表：

s^4　1　100　10

s^3　6　20

s^2　96.7　10

s^1　562/29

s^0　10

系统稳定。

② 用静态误差系数法。依题：开环增益 $K=0.1$，系统型别 $\nu=2$。

$r_1(t)=2$ 时， $e_{ss1}=\dfrac{2}{1+K_p}=\dfrac{2}{1+\infty}=0$

$r_2(t)=2t$ 时， $e_{ss2}=\dfrac{2}{K_v}=\dfrac{2}{\infty}=0$

$r_3(t)=t^2=2\times\dfrac{t^2}{2}$ 时， $e_{ss3}=\dfrac{2}{K_a}=\dfrac{2}{0.1}=20$

故
$$e_{ss}\xlongequal{r=2t}0,\quad e_{ss}\xlongequal{r=2+2t+t^2}0+0+20=20$$

3.4.16 已知单位反馈系统的开环传递函数

(1) $G(s)=\dfrac{50}{(0.1s+1)(2s+1)}$；

(2) $G(s)=\dfrac{K}{s(s^2+4s+200)}$；

(3) $G(s)=\dfrac{10(2s+1)(4s+1)}{s^2(s^2+2s+10)}$。

试求位置误差系数 K_p，速度误差系数 K_v，加速度误差系数 K_a。

解 列表计算见表解 3.4.16。

表解 3.4.16

	$K_p \lim\limits_{s\to 0}G(s)$	$K_v=\lim\limits_{s\to 0}sG(s)$	$K_a=\lim\limits_{s\to 0}s^2G(s)$
$G(s)=\dfrac{50}{(0.1s+1)(2s+1)}$	50	∞	∞
$G(s)=\dfrac{K}{s(s^2+4s+200)}$	0	$\dfrac{K}{200}$	∞
$G(s)=\dfrac{10(2s+1)(4s+1)}{s^2(s^2+2s+10)}$	0	0	1

3.4.17 设单位反馈系统的开环传递函数为 $G(s)=\dfrac{1}{Ts}$。试用动态误差系数法求出当输入信号分别为 $r(t)=t^2/2$ 和 $r(t)=\sin 2t$ 时，系统的稳态误差。

解 依题意有

$$\Phi(s)=\frac{Ts}{Ts+1}=0+Ts-T^2s^2+T^3s^3-T^4s^4+\cdots$$

得出动态误差系数：

$$C_0=0,\quad C_1=T,\quad C_2=-T^2,\quad C_3=T^3,\quad C_4=-T^4,\cdots$$
$$E_s(s)=(0+Ts-T^2s^2+T^3s^3-T^4s^4+\cdots)R(s)$$

$r(t)=\dfrac{t^2}{2}$ 时，$\dot{r}=t$， $\ddot{r}=1$， $\dddot{r}=0$，因此

$$e_{ss}(t)=T\dot{r}(t)-T^2\ddot{r}(t)+T^3\dddot{r}(t)-\cdots=Tt-T^2$$

$r(t)=\sin 2t$ 时，

$$\dot{r}=2\cos 2t,\quad \ddot{r}=-2^2\sin 2t,\quad \dddot{r}=-2^3\cos 2t,\quad \ddddot{r}=2^4\sin 2t,\cdots$$

$$\begin{aligned}e_{ss}(t)&=(C_0-C_2\times 2^2+C_4\times 2^4-\cdots)\sin 2t+(C_1\times 2-C_3\times 2^3+C_5\times 2^5-\cdots)\cos 2t=\\&[0+(2T)^2-(2T)^4+\cdots]\sin 2t+[2T-(2T)^3+(2T)^5-\cdots]\cos 2t=\\&2T\sqrt{1+(2T)^2}[1-(2T)^2+(2T)^4-\cdots]\left[\frac{2T}{\sqrt{1+(2T)^2}}\sin 2t+\frac{1}{\sqrt{1+(2T)^2}}\cos 2t\right]=\\&\frac{2T}{\sqrt{1+(2T)^2}}\sin\left(2t+\arctan\frac{1}{2T}\right)\end{aligned}$$

3.4.18　设控制系统如图 3.4.64 所示。其中

$$G(s) = K_p + \frac{K}{s},\quad F(s) = \frac{1}{Js}$$

输入 $r(t)$ 以及扰动 $n_1(t)$ 和 $n_2(t)$ 均为单位阶跃函数。试求：

(1) 在 $r(t)$ 作用下系统的稳态误差；

(2) 在 $n_1(t)$ 作用下系统的稳态误差；

(3) 在 $n_1(t)$ 和 $n_2(t)$ 同时作用下系统的稳态误差。

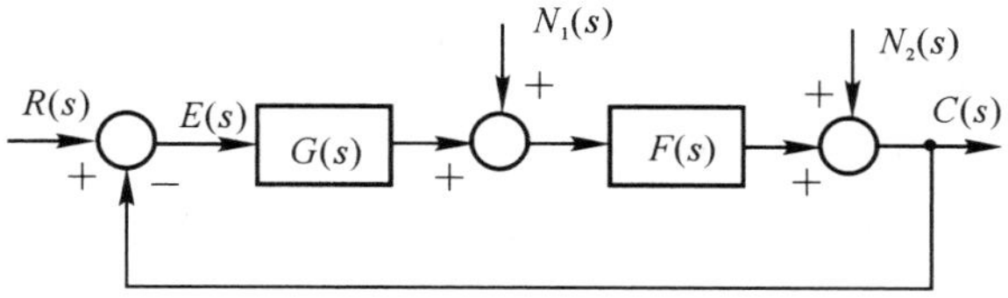

图 3.4.64　题 3.4.18 控制系统

解　(1) $r(t) = 1(t)$ 作用时，系统开环传递函数

$$G_0(s) = G(s)F(s) = \frac{K_p s + K}{Js^2} = \frac{\frac{K}{J}\left(\frac{K_p}{K}s + 1\right)}{s^2}$$

开环增益 $K_0 = \frac{K}{J}$，型别 $v = 2$，

静态位置误差系数　　$K_{op} = \lim_{s\to 0} G_0(s) = \infty$

设参数选取使系统稳定，则

$$e_{ssr} \xlongequal{r=1(t)} \frac{1}{1+K_{op}} = \frac{1}{1+\infty} = 0$$

(2) $n_1(t) = 1(t)$ 作用时，依结构图

$$\Phi_{en1}(s) = \frac{E(s)}{N_1(s)} = \frac{-F(s)}{1+G(s)F(s)} = \frac{-s}{Js^2 + K_p s + K}$$

$$E_{n1}(s) = \Phi_{en1}(s)N_1(s) = \frac{-1}{Js^2 + K_p s + K}$$

$$e_{ssn1} = \lim_{s\to 0} E_{n1}(s) = 0$$

(3) $n_2(t) = 1(t)$ 作用时，依结构图：

$$\Phi_{en2}(s) = \frac{-1}{1+G(s)F(s)} = \frac{-Js^2}{Js^2 + K_p s + K}$$

$$E_{n2}(s) = \Phi_{en2}(s)N_2(s) = \frac{-Js}{Js^2 + K_p s + K}$$

$$e_{ssn2} = \lim_{s\to 0} E_{n2}(s) = 0$$

依叠加原理：　　$e_{ss(n1+n2)} = e_{ssn1} + e_{ssn2} = 0$

3.4.19　设闭环传递函数的一般形式为

$$\Phi(s) = \frac{G(s)}{1+G(s)H(s)} = \frac{b_m s^m + b_{m-1}s^{m-1} + \cdots + b_1 s + b_0}{s^n + a_{n-1}s^{n-1} + \cdots a_1 s + a_0}$$

误差定义取 $e(t) = r(t) - c(t)$。试证：

(1) 系统在阶跃信号输入下，稳态误差为零的充分条件是

$$b_0 = a_0,\quad b_i = 0 \quad (i = 1,2,\cdots,m);$$

(2) 系统在斜坡信号输入下，稳态误差为零的充分条件是

$$b_0 = a_0,\quad b_1 = a_1,\quad b_i = 0 \quad (i = 2,3,\cdots m)$$

解 设 $m < n$

$$\Phi_e(s) = \frac{E(s)}{R(s)} = \frac{R(s) - C(s)}{R(s)} = 1 - \frac{C(s)}{R(s)} =$$

$$\frac{(a_0 - b_0) + (a_1 - b_1)s + \cdots + (a_m - b_m)s^m + a_{m+1}s^{m+1} + \cdots + a_{n-1}s^{n-1} + s^n}{s^n + a_{n-1}s^{n-1} + \cdots + a_1 s + a_0}$$

(1) $b_0 = a_0, b_i = 0(i = 1,2,\cdots,m)$ 时

$$\Phi_e(s) = \frac{a_1 s + a_2 s^2 + \cdots + a_{n-1}s^{n-1} + s^n}{s^n + a_{n-1}s^{n-1} + \cdots + a_1 s + a_0}$$

$$e_{ss1} = \lim_{s\to 0} s\Phi_e(s)\frac{1}{s} = \lim_{s\to 0}\frac{s(a_1 + a_2 s + \cdots + a_{n-1}s^{n-2} + s^{n-1})}{s^n + a_{n-1}s^{n-1} + \cdots a_1 s + a_0} = 0$$

(2) $b_0 = a_0, b_1 = a_1, b_i = 0(i = 2,3,\cdots,m)$ 时

$$\Phi_e(s) = \frac{a_2 s^2 + a_3 s^3 + \cdots + a_{n-1}s^{n-1} + s^n}{s^n + a_{n-1}s^{n-1} + \cdots + a_1 s + a_0}$$

$$e_{ss2} = \lim_{s\to 0} s\Phi_e(s)\frac{1}{s^2} = \lim_{s\to 0}\frac{s(a_2 + a_3 s + \cdots + a_{n-1}s^{n-3} + s^{n-2})}{s^n + a_{n-1}s^{n-1} + \cdots a_1 s + a_0} = 0$$

3.4.20 设随动系统的微分方程为

$$T_1\frac{d^2c(t)}{dt^2} + \frac{dc(t)}{dt} = K_2 u(t)$$

$$u(t) = K_1[r(t) - b(t)]$$

$$T_2\frac{db(t)}{dt} + b(t) = c(t)$$

其中,T_1,T_2 和 K_2 为正常数。若要求 $r(t) = 1 + t$ 时,$c(t)$ 对 $r(t)$ 的稳态误差不大于正常数 ε_0,试问 K_1 应满足什么条件?已知全部初始条件为零。

解 对方程组进行拉氏变换

$$(T_1 s^2 + s)C(s) = K_2 U(s)$$

$$U(s) = K_1[R(s) - B(s)]$$

$$(T_2 s + 1)B(s) = C(s)$$

画出系统结构图如图解 3.4.20 所示。

依题意,系统误差定义为 $E(s) = R(s) - C(s)$。

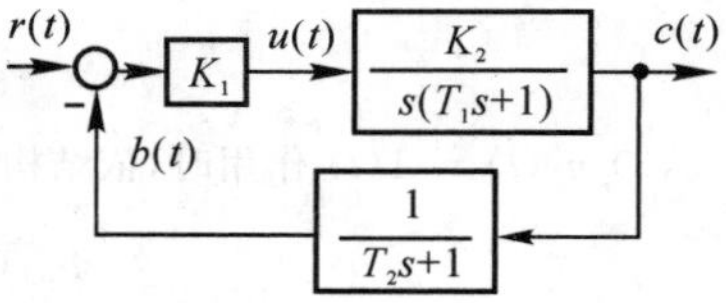

图解 3.4.20 系统结构图

$$\Phi_e(s) = 1 - \Phi(s) = 1 - \frac{K_1K_2T_2 s + K_1K_2}{T_1T_2 s^3 + (T_1 + T_2)s^2 + s + K_1K_2}$$

闭环特征方程为:$D(s) = T_1T_2s^3 + (T_1 + T_2)s^2 + s + K_1K_2$

列劳斯表:

s^3	T_1T_2	1
s^2	$(T_1 + T_2)$	K_1K_2
s^1	$\dfrac{(T_1 + T_2) - T_1T_2K_1K_2}{(T_1 + T_2)}$	
s^0	K_1K_2	

显然,在 T_1,T_2 和 K_2 为正常数的条件下,使闭环稳定的充要条件为

$$0 < K_1 < \frac{(T_1 + T_2)}{K_2T_1T_2}$$

又 $$e_{ss} = \lim_{s\to 0} sE(s) = \lim_{s\to 0} s\Phi_e(s)R(s) = \lim_{s\to 0} s\left[1 - \frac{K_1K_2(T_2s + 1)}{s(T_1s + 1)(T_2s + 1) + K_1K_2}\right]\left(\frac{1}{s} + \frac{1}{s^2}\right) =$$

$$\frac{1 - K_1K_2T_2}{K_1K_2}$$

令 $e_{ss} = \dfrac{1 - K_1K_2T_2}{K_1K_2} \leqslant \varepsilon$,解出 $K_1 \geqslant \dfrac{1}{K_2(T_2 + \varepsilon)}$。

故 $K_1 \geqslant \dfrac{1}{K_2(T_2+\varepsilon)}$ 时，满足条件。

3.4.21　机器人应用反馈原理来控制每个关节的方向。由于负载的改变以及机械臂伸展位置的变化，负载对机器人会产生不同的影响。例如，机械爪抓持负载后，就可能使机器人产生偏差。已知机器人关节指向控制系统如图3.4.65所示，其中负载扰动力矩为 $1/s$。要求：

(1) 当 $R(s)=0$ 时，确定 $N(s)=\dfrac{1}{s}$ 对 $C(s)$ 的影响，指出减少此种影响的方法；

(2) 当 $N(s)=0, R(s)=\dfrac{1}{s}$ 时，计算系统在输出端定义的稳态误差，指出减少此种稳态误差的方法。

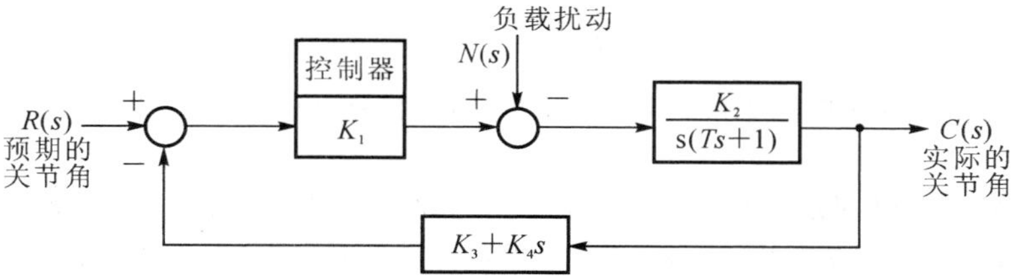

图3.4.65　题3.4.21机器人关节指向控制系统

解　本题研究系统参数选择与系统稳态误差的关系。由于只有在系统稳定的前提下，系统稳态误差的计算才有意义，因此首先需要进行稳定性分析，以确定系统参数选取的容许范围。

稳定性分析。令

$$G_1(s)=K_1,\quad G2(s)=\frac{K_2}{s(Ts+1)}$$

$$H(s)=K_3+K_4s$$

则闭环传递函数

$$\Phi(s)=\frac{G_1(s)G_2(s)}{1+G_1(s)G_2(s)H(s)}=\frac{K_1K_2}{Ts^2+(1+K_1K_2K_4)s+K_1K_2K_3}$$

闭环特征方程

$$D(s)=Ts^2+(1+K_1K_2K_4)s+K_1K_2K_3=0$$

显然，只要参数 K_1, K_2, K_3, K_4 以及 T 均为正数，闭环系统一定渐近稳定。

(1) 计算 $R(s)=0, N(s)=\dfrac{1}{s}$ 时，系统的稳态误差 $e_{\text{ssn}}(\infty)$。在 $N(s)=\dfrac{1}{s}$ 作用下，闭环系统的输出

$$C_n(s)=-\frac{G_2(s)}{1+G_1(s)G_2(s)H(s)}N(s)=-\frac{K_2}{s[s(Ts+1)+K_1K_2(K_3+K_4s)]}$$

在系统输出端的误差信号

$$E_n(s)=-C_n(s)$$

于是，扰动作用下的稳态误差

$$e_{\text{ssn}}(\infty)=\lim_{s\to0}sE_n(s)=\lim_{s\to0}\frac{K_2}{s(Ts+1)+K_1K_2(K_3+K_4s)}=\frac{1}{K_1K_3}$$

显然，增大前置放大器增益 K_1 和关节角位移反馈系数 K_3，可以减小阶跃负载扰动对输出关节角位移的影响。

(2) 计算 $N(s)=0, R(s)=\dfrac{1}{s}$ 时，系统的稳态误差 $e_{\text{ssr}}(\infty)$。在预期关节角输入作用下，系统的实际关节角输出

$$C(s)=-\frac{G_1(s)G_2(s)}{1+G_1(s)G_2(s)H(s)}R(s)=\frac{K_1K_2}{s(Ts+1)+K_1K_2(K_3+K_4s)}R(s)$$

位于系统输入端的误差信号

$$E_r(s) = R(s) - H(s)C(s) = \left[1 - \frac{K_1K_2(K_3 + K_4s)}{s(Ts+1) + K_1K_2(K_3 + K_4s)}\right]R(s)$$

根据拉氏变换的终值定理

$$e_{ssr}(\infty) = \lim_{s\to 0} sE_r(s) = 0$$

表明在无负载扰动时，预期阶跃关节角输入不会在系统输入端产生稳态误差。

位于系统输出端的误差信号

$$E_r(s) = R(s) - \Phi(s)R(s) = [1 - \Phi(s)]R(s)$$

当 $R(s) = \frac{1}{s}$ 时，稳态误差

$$e_{ssr}(\infty) = \lim_{s\to 0} sE_r(s) = 1 - \Phi(0) = 1 - \frac{1}{K_3}$$

计算表明，在无负载扰动情况下，预期阶跃关节角输入会在系统输出端产生稳态误差。若取反馈系统，则可使 $e_{ssr}(\infty) = 0$。

3.4.22 在造纸厂的卷纸过程中，卷开轴和卷进轴之间的纸张张力采用图 3.4.66 所示的卷纸张力控制系统进行控制，以保持张力 F 基本恒定。随着纸卷厚度的变化，纸上的张力 F 会发生变化，因此必须调整电机的转速 $\omega_0(t)$。如果不对卷进电机的转速 $\omega_0(t)$ 进行控制，则当纸张不断地从卷开轴向卷进轴运动时，线速度 $v_0(t)$ 就会下降，从而纸张承受的张力 F 会相应减小。

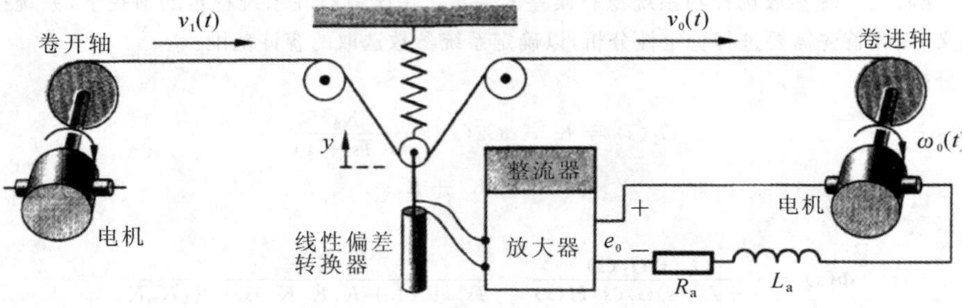

图 3.4.66 题 3.4.22 卷纸张力控制系统

在张力控制系统中，采用三个滑轮和一个弹簧组成的张力测量器，用来测量纸上的张力。记弹簧力为 K_1y，其中 y 是弹簧偏离平衡位置的距离，则张力可以表示为 $2F = K_1y$，其中 F 为张力增量的垂直分量。此外，假设线性偏差转换器、整流器和放大器合在一起后，可以表示为 $e_0 = -K_2y$；电机的传递系数为 K_m，时间常数为 T_m，卷进轴的线速度在数值上是电机角速度的 2 倍，即 $v_0(t) = 2\omega_0(t)$。于是，电机运动方程为

$$E_0(s) = \frac{1}{K_m}[T_m s\Omega_0(s) + \Omega_0(s)] + K_3\Delta F(s)$$

式中，K_3 为张力扰动系数，ΔF 为张力扰动增量。要求在所给的条件下完成：

(1) 绘出张力控制系统结构图，其中应包含张力扰动 $\Delta F(s)$ 和卷开轴速度扰动 $\Delta V_1(s)$

(2) 当输入为单位阶跃扰动 $\Delta V_1(s) = \frac{1}{s}$ 时，确定张力的稳态误差。

解 本题为复杂工程系统建模及扰动作用下稳态误差的计算问题。在计算稳态误差过程中，注意保持系统的稳定性及稳态误差存在性的判别。

(1) 绘制张力控制系统结构图。根据题意给定的条件，绘出系统结构图，如图解 3.4.22 所示。

(2) 计算 ΔV_1 作用下的稳态误差。由系统结构图可见，系统为二阶系统，因此只要系统中的各参数为正值，张力控制系统始终是稳定的。

由系统结构图还可见，在扰动 ΔV_1 作用点之前的前向通路中，没有纯积分环节，且在反馈通路中没有纯微分环节，因此系统在 $\Delta V_1(s) = \frac{1}{s}$ 作用下，必然会产生张力的稳态误差。

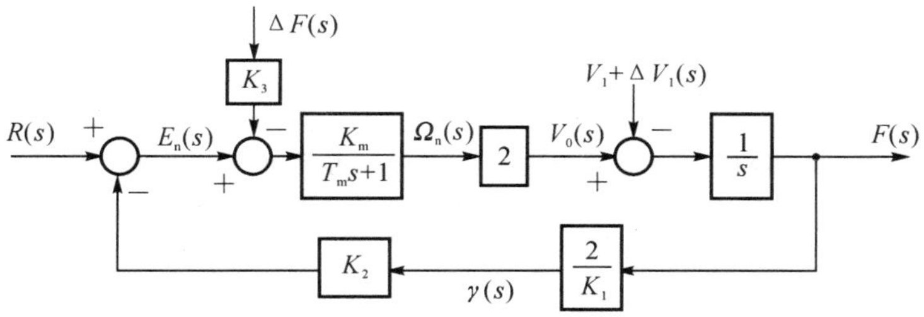

图解 3.4.22　张力控制系统结构图

令 $R(s)=0,\Delta F(s)=0$，则在 $\Delta V_1(s)$ 作用下，系统的输出为

$$F(s)=\frac{-\dfrac{1}{s}}{1+\dfrac{4K_mK_2}{K_1s(T_ms+1)}}\Delta V_1(s)=-\frac{1}{s+\dfrac{4K_mK_2}{K_1(T_ms+1)}}\Delta V_1(s)$$

因为误差信号

$$E_n(s)=-F(s)=\frac{1}{s+\dfrac{4K_mK_2}{K_1(T_ms+1)}}\Delta V_1(s)$$

$$\Delta V_1(s)=\frac{1}{s}$$

所以张力稳态误差

$$e_{ssn}(\infty)=\lim_{s\to 0}sE_n(s)=\frac{K_1}{4K_mK_2}$$

显然，减小 K_1 或增大 K_2，可以减小卷开轴速度扰动产生的张力稳态误差。

3.4.23　现代船舶航向控制系统如图 3.4.67 所示。$N(s)$ 表示持续不断的风力扰动，已知 $N(s)=\dfrac{1}{s}$，增益 $K_1=5$ 或 $K_1=30$。要求在下面所给的条件下，确定风力对船舶航向的稳态影响：

(1) 假定方向舵的输入 $R(s)=0$，系统没有任何其他扰动，或其他调整措施；

(2) 证明操纵方向舵能使航向偏离重新归零。

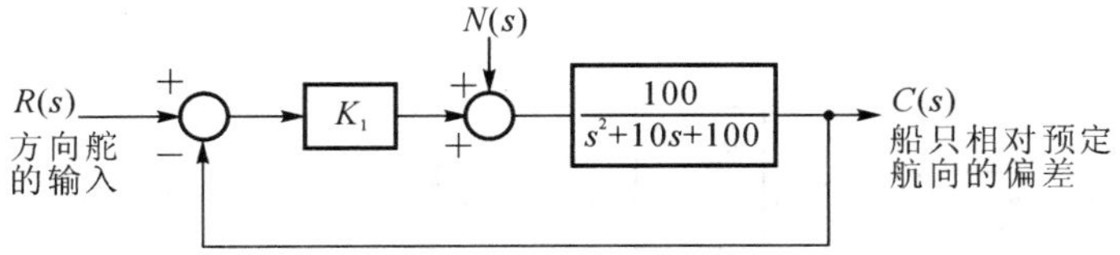

图 3.4.67　题 3.4.23 船舶航向控制系统

解　本题为 0 型系统，也是二阶系统，因此增益 K_1 的大小对系统稳定性没有影响，但会影响扰动作用下航向偏差的大小。如果操纵方向舵 $R(s)$ 抵消风力扰动 $N(s)$ 的作用，航向偏差自然可以重新归零。

(1) 风力对船舶航向稳态偏差的影响。令 $R(s)=0, G_1(s)=\dfrac{100}{s^2+10s+100}$，在 $N(s)=\dfrac{1}{s}$ 作用下，闭环航向偏离输出

$$C_n(s)=\frac{G_1(s)}{1+K_1G_1(s)}N(s)=\frac{100}{s^2+10s+100(1+K_1)}N(s)$$

稳态输出

$$c_{ssn}(\infty)=\lim_{s\to 0}sC_n(s)=\lim_{s\to 0}\frac{100}{s^2+10s+100(1+K_1)}=\frac{1}{1+K_1}$$

当 $K_1=5$ 时，有 $$c_{ssn}(\infty)=\frac{1}{6}\ \text{rad}=9.55^\circ$$

当 $K_1=30$ 时，有 $$c_{ssn}(\infty)=\frac{1}{31}\ \text{rad}=1.85^\circ$$

(2) 选择 $R(s)$ 使航向偏离归零。在方向舵输入 $R(s)$ 及风力扰动 $N(s)$ 同时作用下，系统航向偏离输出

$$C(s)=\frac{K_1G_1(s)R(s)+G_1(s)N(s)}{1+K_1G_1(s)}=\frac{[K_1R(s)+N(s)]G_1(s)}{1+K_1G_1(s)}$$

若选 $R(s)=-\dfrac{N(s)}{K_1}=-\dfrac{1}{K_1s}$，可得航向偏离 $C(s)=0$。

3.4.24 设机器人常用的手爪如图 3.4.68(a) 所示，它由直流电机驱动，以改变两个手爪间的夹角 θ。手爪控制系统模型如图 3.4.68(b) 所示，相应的控制系统结构如图 3.4.68(c) 所示。图中 $K_m=30$，$R_f=1\ \Omega$，$K_f=K_i=1$，$J=0.1$，$f=1$。要求：

(1) 当功率放大器增益 $K_a=20$，输入 $\theta_d(t)$ 为单位阶跃信号时，确定系统的单位阶跃响应 $\theta(t)$；

(2) 当 $\theta_d(t)=0$，$n(t)=1(t)$ 时，确定负载对系统的影响；

(3) 当 $n(t)=0$，$\theta_d(t)=t$，$t>0$ 时，确定系统的稳态误差 $e_{ss}(\infty)$。

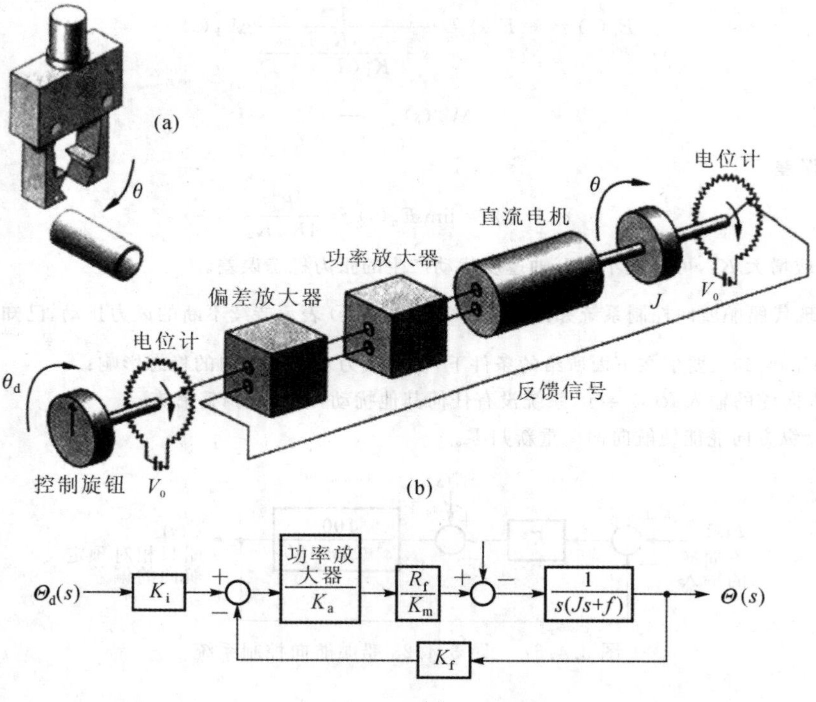

图 3.4.68 题 3.4.24 机器人手爪控制系统

解 本题属系统时域分析法的综合应用。确定系统的单位阶跃响应，需要确定系统的 ζ 和 ω_n。因此需要先求闭环系统传递函数，算出 ζ 和 ω_n 的具体数值；而确定负载对系统的影响，是指扰动负载在输出端是否会产生稳态误差，从结构图 3.4.68(c) 可见，阶跃扰动对系统输出是有影响的。

(1) 单位阶跃响应 $\theta(t)$。闭环传递函数

$$\Phi(s)=\frac{\Theta(s)}{\Theta_d(s)}=K_i\frac{\dfrac{K_aK_m}{R_f}\dfrac{1}{s(Js+f)}}{1+\dfrac{K_aK_mK_f}{R_f}\dfrac{1}{s(Js+f)}}=\frac{K_iK_aK_m/R_f}{s(Js+f)+K_aK_mK_f/R_f}=\frac{600}{0.1s^2+s+600}$$

将上式与 $\Phi(s)$ 的标准形式

$$\Phi(s) = \frac{\omega_n^2}{s^2 + 2\zeta\omega_n s + \omega_n^2}$$

相比较，可得

$$\omega_n = \sqrt{6000} = 77.46, \quad \zeta = \frac{10}{2\omega_n} = 0.064\,5$$

可得二阶系统的单位阶跃响应

$$\theta(t) = 1 - \frac{1}{\sqrt{1-\zeta^2}} e^{-\zeta\omega_n t} \sin\left(\omega_n \sqrt{1-\zeta^2}\, t + \arctan\frac{\sqrt{1-\zeta^2}}{\zeta}\right) = 1 - 1.002\,1 e^{-5t} \sin(77.3t + 86.3°)$$

于是，可以估算出机器人手爪控制系统的动态性能为

$$\sigma\% = e^{\frac{-\zeta\pi}{\sqrt{1-\zeta^2}}} \times 100\% = 81.6\%$$

$$\beta = \arccos\zeta = 86.3° = 1.506 \text{ rad}$$

$$t_r = \frac{\pi - \beta}{\omega_n \sqrt{1-\zeta^2}} = 0.02 \text{ s}$$

$$t_s = \begin{cases} \dfrac{3.5}{\zeta\omega_n} = 0.7 \text{ s} & (\Delta = 5\%) \\ \dfrac{4.4}{\zeta\omega_n} = 0.88 \text{ s} & (\Delta = 2\%) \end{cases}$$

(2) 负载对系统的影响。令 $\Theta_d(s) = 0, N(s) = \frac{1}{s}$，则

$$\Theta(s) = -\frac{1}{0.1s^2 + s + 600} N(s)$$

$$E_n(s) = -\Theta(s) = \frac{1}{0.1s^2 + s + 600} N(s)$$

$$e_{ssn}(\infty) = \lim_{s\to 0} sE_n(s) = \frac{1}{600}$$

表明扰动输入幅值在输出端被削弱 600 倍。

(3) 单位斜坡输入时稳态误差。已知 $\Theta_d(s) = \frac{1}{s^2}$，故有

$$e_{ss}(\infty) = \lim_{s\to 0} sE(s) = \lim_{s\to 0} s[1 - \Phi(s)]\Theta_d(s) = \lim_{s\to 0} s\left(\frac{0.1s^2 + s}{0.1s^2 + s + 600}\right)\frac{1}{s^2} = \frac{1}{600}$$

3.4.25　1984 年 2 月 7 日，美国宇航员利用手持喷气推进装置，完成了人类历史上的首次太空行走，如图 3.4.69(a) 所示。宇航员机动控制系统结构图如图 3.4.69(b) 所示，其中喷气控制器可用增益 K_2 表示，K_3 为速度反馈增益。若将宇航员以及他手臂上的装置一并考虑，系统总的转动惯量 $J = 25 \text{ N} \cdot \text{m} \cdot \text{s}^2/\text{rad}$。要求：

(1) 当输入为单位斜坡：$r(t) = t\ (\text{m} \cdot \text{s}^{-1})$ 时，确定速度反馈增益 K_3 的取值，使系统稳态误差 $e_{ss}(\infty) \leqslant 0.01$ m。

(2) 采用(1) 中求得的 K_3，确定 K_1K_2 的取值，使系统超调量 $\sigma\% \leqslant 10\%$。

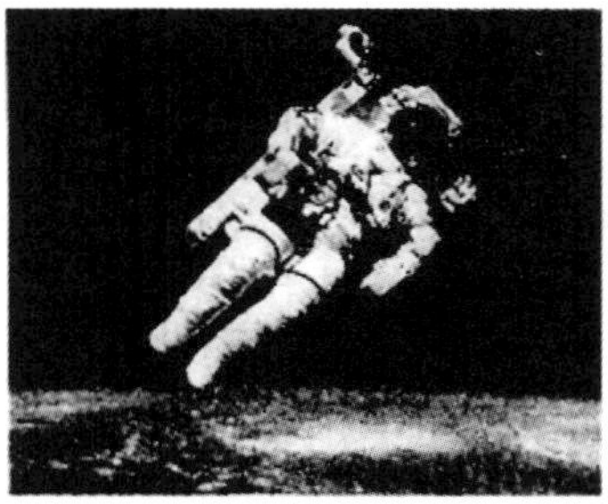

(a)

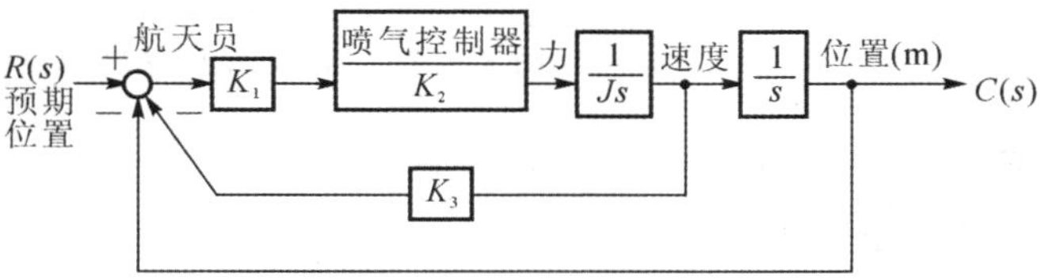

(b)

图 3.4.69　题 3.4.25 宇航员机动控制系统

解 本题研究系统参数选择与系统稳态误差和动态性能之间的关系。

(1) 确定 K_3 值。由图 3.4.69(b) 可知,内回路传递函数

$$G_0(s)=\frac{K_1K_2/Js}{1+K_1K_2K_3/Js}=\frac{K_1K_2}{Js+K_1K_2K_3}$$

闭环传递函数

$$\Phi(s)=\frac{G_0(s)/s}{1+G_0(s)/s}=\frac{K_1K_2}{Js^2+K_1K_2K_3s+K_1K_2}$$

误差传递函数

$$\Phi_e(s)=1-\Phi(s)=\frac{s(Js+K_1K_2K_3)}{Js^2+K_1K_2K_3s+K_1K_2}$$

稳态误差

$$e_{ss}(\infty)=\lim_{s\to 0}sE(s)=\lim_{s\to 0}s\Phi_e(s)R(s)$$

因 $R(s)=\dfrac{1}{s^2}$,故

$$e_{ss}(\infty)=\lim_{s\to 0}\frac{s^2(Js+K_1K_2K_3)}{Js^2+K_1K_2K_3s+K_1K_2}\frac{1}{s^2}=K_3$$

由于要求 $e_{ss}(\infty)\leqslant 0.01$,所以应有 $K_3\leqslant 0.01$,取 $K_3=0.01$。

(2) 确定 K_1,K_2 的取值。对于 $\sigma\%\leqslant 10\%$,应有 $\zeta\geqslant 0.6$。取 $\zeta=0.6,K_3=0.01$。令

$$\Phi(s)=\frac{\dfrac{K_1K_2}{J}}{s^2+\dfrac{K_1K_2K_3}{J}s+\dfrac{K_1K_2}{J}}=\frac{\omega_n^2}{s^2+2\zeta\omega_ns+\omega_n^2}$$

由
$$\omega_n^2=\frac{K_1K_2}{J},\quad 2\zeta\omega_n=\frac{K_1K_2K_3}{J}$$

代入 $J=25,\zeta=0.6,K_3=0.01$,可得

$$K_1K_2(K_1K_2-36\times 10^4)=0$$

显然 $K_1K_2\neq 0$,必有

$$K_1K_2=36\times 10^4,\quad \omega_n=120$$

3.4.26 在喷气式战斗机的自动驾驶仪中,配置有横滚控制系统,其结构图如图 3.4.70 所示。要求:

(1) 确定闭环传递函数 $\Theta_c(s)/\Theta_d(s)$;

(2) 当 K_1 分别等于 0.7,3.0 和 6.0 时,确定闭环系统的特征根;

(3) 在(2) 所给的条件下,应用主导极点概念,确定各二阶近似系统,估计原有系统的超调量和峰值时间;

(4) 绘出原有系统的实际单位阶跃响应曲线,并与(3) 中的近似结果进行比较。

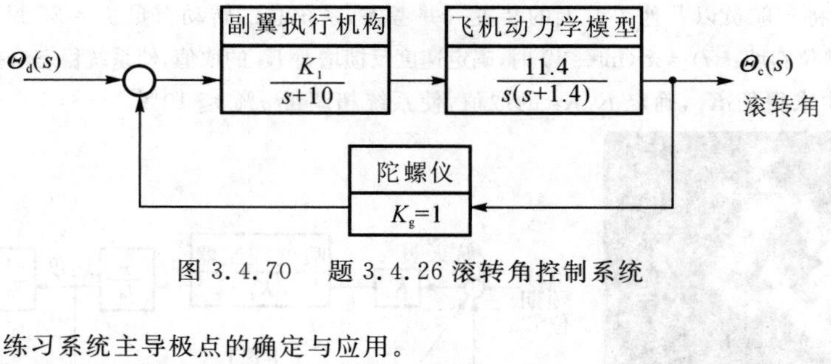

图 3.4.70　题 3.4.26 滚转角控制系统

解 本题主要练习系统主导极点的确定与应用。

(1) 闭环传递函数。

$$\frac{\Theta_c(s)}{\Theta_d(s)}=\frac{11.4K_1}{s(s+1.4)(s+10)+11.4K_1}=\frac{11.4K_1}{s^3+11.4s^2+14s+11.4K_1}$$

(2) 闭环特征根。特征方程

$$D(s) = s^3 + 11.4s^2 + 14s + 11.4K_1 = 0$$

将 0.7,3.0 和 6.0 的 K_1。分别代人特征方程,并应用 MATLAB 软件包中的求根程序,可以得到相应的特征根。

①$K_1 = 0.7$,有 $D(s) = s^3 + 11.4s^2 + 14s + 7.98 = 0$,求得

$$s_{1,2} = -0.65 \pm j0.60, \quad s_3 = -10.09$$

②$K_1 = 3.0$,有 $D(s) = s^3 + 11.4s^2 + 14s + 34.2 = 0$,求得

$$s_{1,2} = -0.52 \pm j1.74, \quad s_3 = -10.36$$

③$K_1 = 6.0$,有 $D(s) = s^3 + 11.4s^2 + 14s + 68.4 = 0$,求得

$$s_{1,2} = -0.36 \pm j2.50, \quad s_3 = -10.69$$

(3) 二阶近似系统及其动态性能。

① 当 $K_1 = 0.7$,有 $D(s) = (s + 0.65)^2 + 0.6^2 = s^2 + 1.3s + 0.783 = 0$,令

$$D(s) = s^2 + 2\zeta\omega_n s + \omega_n^2 = 0$$

有

$$\omega_n = \sqrt{0.783} = 0.885, \quad \zeta = \frac{1.3}{2\omega_n} = 0.734$$

估算出

$$\sigma\% = e^{\frac{-\zeta\pi}{\sqrt{1-\zeta^2}}} \times 100\% = 3.4\%, \quad t_p = \frac{\pi}{\omega_n \sqrt{1-\zeta^2}} = 5.23 \text{ s}$$

② 当 $K_1 = 3.0$,有 $D(s) = (s + 0.52)^2 + 1.74^2 = s^2 + 1.04s + 3.3 = 0$,可得

$$\omega_n = 1.817, \quad \zeta = 0.286$$

从而

$$\sigma\% = 39.2\%, \quad t_p = 1.80 \text{ s}$$

③ 当 $K_1 = 3.0$,有 $D(s) = s^2 + 0.72s + 6.38 = 0$,可得

$$\omega_n = 2.526, \quad \zeta = 0.143$$

从而

$$\sigma\% = 63.5\%, \quad t_p = 1.26 \text{ s}$$

(4) 单位阶跃响应曲线.应用 MATLAB 软件,可以方便地获取各阶跃响应曲线,如图解 3.4.26(a) ~ (c) 所示。图中,实线为实际系统响应,虚线为近似系统响应。由图可见,两者十分接近。

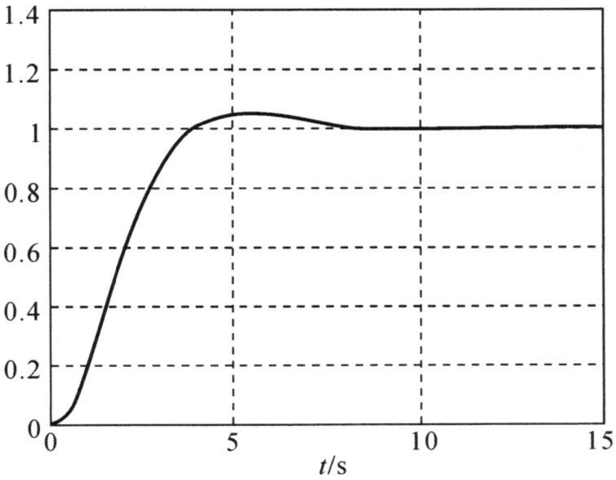

(a)

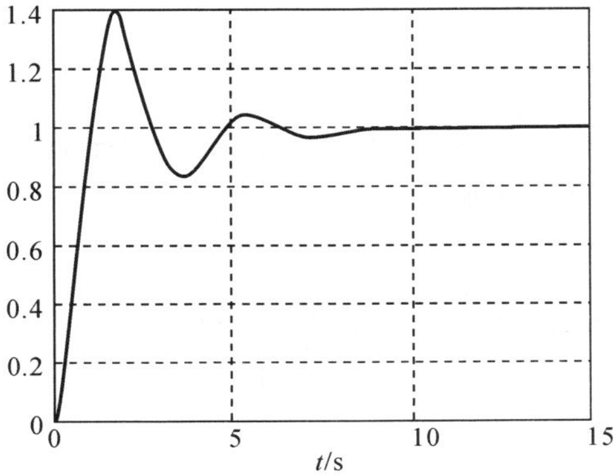

(b)

图解　3.4.26

(a) 横滚系统阶跃响应曲线($K_1 = 0.7$,MATLAB);　(b) 横滚系统阶跃响应曲线($K_1 = 3$,MATLAB)

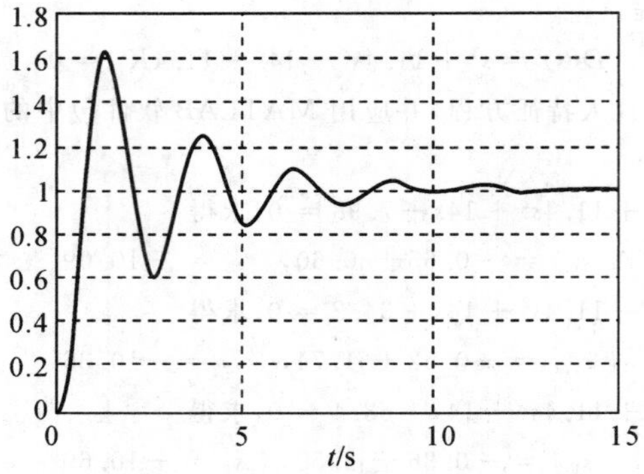

(c)

续图解 3.4.26

(c) 横滚系统阶跃响应曲线($K_1=6$,MATLAB)

3.4.27 打磨机器人能够按照预先设定的路径(输入指令)对加工后的工件进行打磨抛光。在实践中,机器人自身的偏差、机械加工误差以及工具的磨损等,都会导致打磨加工误差。若利用力反馈修正机器人的运动路径,可以消除这些误差,提高抛光精度。但是,这又可能使接触稳定性问题变得难以解决。例如,在引入腕力传感器构成力反馈的同时,就带来了新的稳定性问题。

打磨机器人的结构图如图 3.4.71 所示。若可调增益 K_1 及 K_2 均大于零,试确定能保证系统稳定性的 K_1 和 K_2 的取值范围。

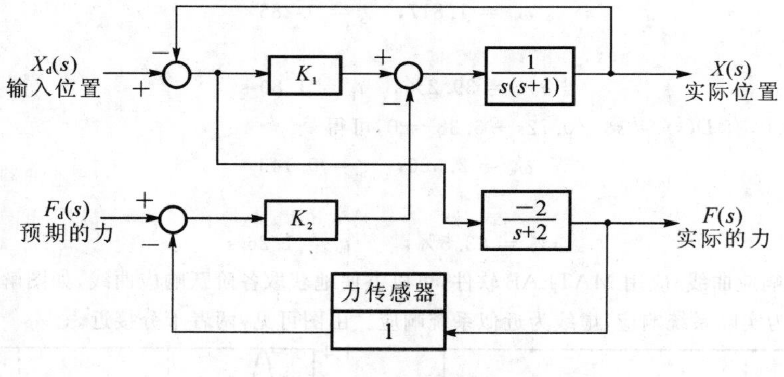

图 3.4.71 题 3.4.27 打磨机器人

解 本题研究多回路交叉系统参数与稳定性的关系。显然,利用流图法确定系统的特征方程,将可以降低问题的研究难度。

令
$$G_1(s)=\frac{1}{s(s+1)},\quad G_2(s)=\frac{-2}{s+2}$$

根据流图特征式,闭环特征方程为

$$D(s)=1+K_1G_1(s)+G_2(s)K_2G_1(s)=1+\frac{1}{s(s+1)}-\frac{2K_2}{s(s+1)(s+2)}$$

或者

$$s^3+3s^2+(2+K_1)s+2(K_1-K_2)=0$$

列出劳斯表如下：

s^3　　1　　$(2+K_1)$

s^2　　3　　$2(K_1-K_2)$

s^1　　$\dfrac{6+K_1+2K_2}{3}$

s^0　　$2(K_1-K_2)$

由劳斯稳定判据知，使系统稳定的 K_1 和 K_2 的取值范围为

$$0 < K_2 < K_1$$

3.4.28　一种新型电动轮椅装有一种非常实用的速度控制系统，使颈部以下有残障的人士也能自行驾驶这种电动轮椅。该系统在头盔上以 90° 间隔安装了四个速度传感器，用来指示前、后、左、右四个方向。头盔传感系统的综合输出与头部运动的幅度成正比。图 3.4.72 为该控制系统的结构图，其中时间常数 $T_1=0.5\ \text{s}$，$T_3=1\ \text{s}$，$T_4=0.25\ \text{s}$。要求：

(1) 确定使系统稳定的 K 的取值($K=K_1K_2K_3$)；

(2) 确定增益 K 的取值，使系统单位阶跃响应的调节时间等于 4 s($\Delta=2\%$)，并计算此时系统的特征根。

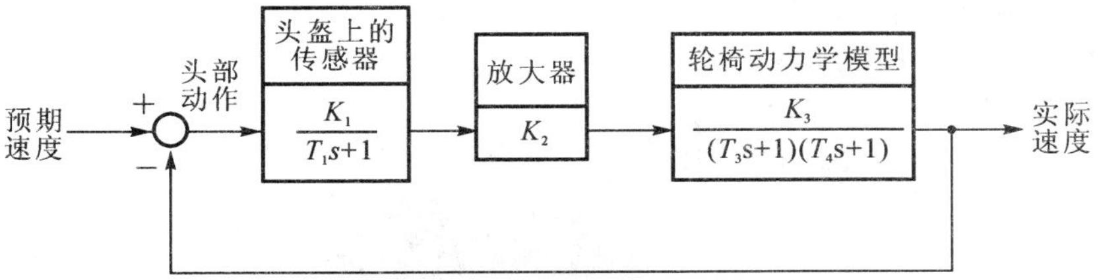

图 3.4.72　题 3.4.28 轮椅控制系统

解　本题主要研究根据系统稳定性及动态品质要求，选择系统参数的方法。

(1) 使系统稳定的 K 值范围。由系统结构图可得，系统开环传递函数

$$G(s)=\frac{K_1K_2K_3}{(0.5s+1)(s+1)(0.25s+1)}=\frac{8K}{s^3+7s^2+14s+8}$$

闭环环传递函数

$$\Phi(s)=\frac{8K}{s^3+7s^2+14s+8(1+K)}$$

闭环特征方程

$$D(s)=s^3+7s^2+14s+8(1+K)=0$$

列出劳斯表：

s^3　　1　　14

s^2　　3　　$8(1+K)$

s^1　　$\dfrac{90-8K}{7}$

s^0　　$8(1+K)$

由劳斯判据知，使闭环系统稳定的 K 范围为

$$-1 < K < 11.25$$

(2) 确定使 $t_s=4\ \text{s}$ 时的 K 值及特征根。由于

$$t_s=\frac{4.4}{\zeta\omega_n}=4\ \text{s}\quad(\Delta=2\%)$$

可得知 $\zeta\omega_n=1.1$，故希望特征方程为

$$(s+b)(s^2+2\zeta\omega_ns+\omega_n^2)=(s+b)(s^2+2.2s+\omega_n^2)=s^3+(2.2+b)s^2+(\omega_n^2+2.2b)+b\omega_n^2=0$$

而实际闭环系统特征方程为

$$D(s) = s^3 + 7s^2 + 14s + 8(1 + K) = 0$$

比较希望特征方程与实际特征方程可得

$$2.2 + b = 7$$
$$\omega_n^2 + 2.2b = 14$$
$$b\omega_n^2 = 8(1 + K)$$

解得

$$b = 4.8,\quad \omega_n = 1.85,\quad K = 1.05$$

此时,闭环特征方程为

$$(s + 4.8)(s^2 + 2.2s + 3.42) = 0$$

因而,系统的特征根为

$$s_{1,2} = -1.1 \pm j1.49,\quad s_3 = -4.8$$

3.4.29 设垂直起飞飞机如图 3.4.73(a) 所示,起飞时飞机的四个发动机将同时工作。垂直起飞时飞机的高度控制系统如图 3.4.73(b) 所示。要求:

(1) 当 $K_1 = 1$ 时,判断系统是否稳定;

(2) 确定使系统稳定的 K_1 的取值范围。

(a)

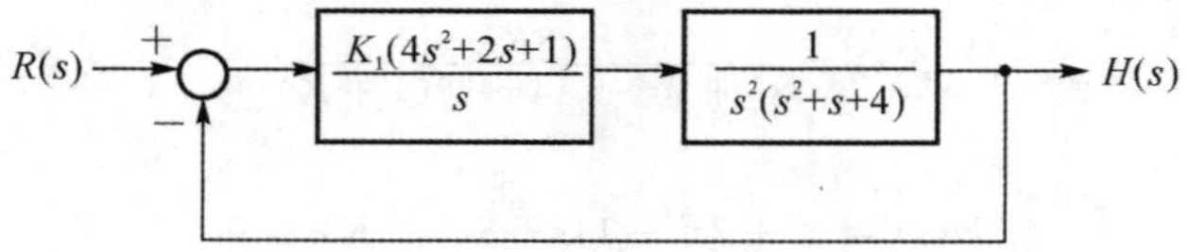

(b)

图 3.4.73 题 3.4.29 垂直起飞高度控制系统

(a) 垂直起飞飞机; (b) 控制系统结构图

解 本题主要研究系统参数与系统稳定性的关系。

系统开环传递函数

$$G(s) = \frac{K_1(4s^2 + 2s + 1)}{s^3(s^2 + s + 4)}$$

闭环特征方程

$$D(s) = s^5 + s^4 + 4s^3 + 4K_1 s^2 + 2K_1 s + K_1 = 0$$

列劳斯表如下：

s^5	1	4	$2K_1$
s^4	1	$4K_1$	K_1
s^3	$4(1-K_1)$	K_1	
s^2	$\dfrac{K_1(15-16K_1)}{4(1-K_1)}$	K_1	
s^1	$\dfrac{-32K_1^2+47K_1-16}{(15-16K_1)}$		
s^0	K_1		

由劳斯稳定判据，系统稳定的充要条件为

$$0 < K_1 < 1$$

$$K_1 < 0.937\,5$$

$$(K_1 - 0.932\,7)(K_1 - 0.536\,2) < 0$$

联立上述三个不等式，求得使系统稳定的 K_1 值范围为

$$0.536\,2 < K_1 < 0.932\,7$$

显然，当取 $K_1 = 1$ 时，闭环系统是不稳定的。

3.4.30　火星自主漫游车的导向控制系统如图 3.4.74 所示。该系统在漫游车的前后部都装有一个导向轮，其反馈通道传递函数为 $H(s) = 1 + K_t s$，要求：

(1) 确定使系统稳定的 K_t 值范围；

(2) 当 $s_3 = -5$ 为该系统的一个闭环特征根时，试计算 K_t 的取值，并计算另外两个闭环特征根；

(3) 应用上一步求出 K_t 值，确定系统的单位阶跃响应。

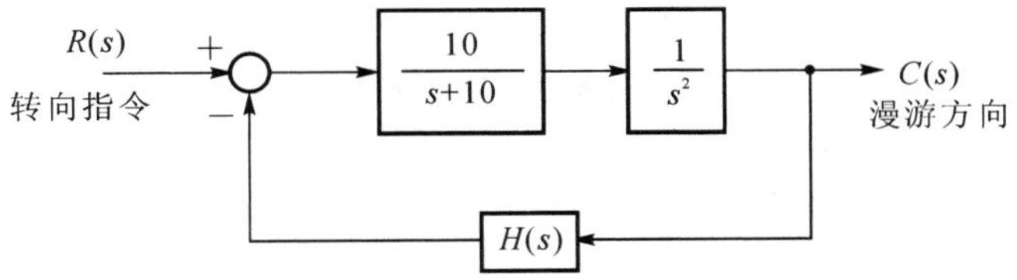

图 3.4.74　题 3.4.30 火星漫游车导向控制系统

解　本题研究通过对系统稳定性和闭环特征根的要求，设计系统的速度反馈系数。一旦把握了闭环根的分布，也就规范了系统的动态性能。

(1) 确定使系统稳定的 K_t 值范围。令

$$G(s) = \frac{10}{s^2(s+10)}$$

则闭环传递函数

$$\Phi(s) = \frac{G(s)}{1+G(s)H(s)} = \frac{10}{s^3 + 10s^2 + 10K_t s + 10}$$

闭环特征方程

$$D(s) = s^3 + 10s^2 + 10K_t s + 10$$

列劳斯表如下：

s^3	1	$10K_t$
s^2	10	10
s^1	$10K_t - 1$	
s^0	10	

由劳斯判据知，使闭环系统稳定的 K_t 范围为

$$K_t > 0.1$$

(2) 当 $s_3 = -5$ 时 K_t 的取值。设希望特征方程为

$$(s+5)(s^2+a_n s+b) = s^3+(a+5)s^2+(b+5a)s+5b = 0$$

将上式与实际闭环特征方程相比，有

$$a+5 = 10$$
$$b+5a = 10K_t$$
$$5b = 10$$

解出

$$a = 5,\quad b = 2,\quad K_t = 2.7$$

令

$$s^2+a_n s+b = s^2+5s+2 = 0$$

求得另外两个闭环特征根为

$$s_1 = -0.439,\quad s_1 = -4.562$$

(3) 确定系统的单位阶跃响应。当取 $K_t = 2.7$ 时，闭环极点全部为负实极点，同时系统没有闭环有限零点，因此系统的单位阶跃响应必然为非周期形态。

因为

$$\Phi(s) = \frac{10}{(s+0.439)(s+4.562)(s+5)}$$

所以

$$C(s) = \Phi(s)R(s) = \frac{10}{s(s+0.439)(s+4.562)(s+5)}$$

对上式进行因式分解，可得

$$C(s) = \frac{1}{s} - \frac{1.213}{s+0.439} + \frac{1.213}{s+4.562} - \frac{1}{s+5}$$

对上式取拉氏反变换，有单位阶跃响应

$$c(t) = 1-1.213e^{-0.439t}+1.213e^{-4.526t}-e^{-5t}$$

3.4.31 在小于 300 km 的旅行线路上，乘坐磁悬浮列车快捷而方便。一种采用电磁力驱动的磁悬浮列车的构造如图 3.4.75(a) 所示，其运行速度可达 480 km/h，载客量为 400 人。但是，磁悬浮列车的正常运行需要在车体与轨道之间保持 0.635 cm 的气隙，这是一个困难的问题。间隙控制系统结构图如图 3.4.75(b) 所示。若控制器取为

$$G(s) = \frac{K_a(s+2)}{s+12}$$

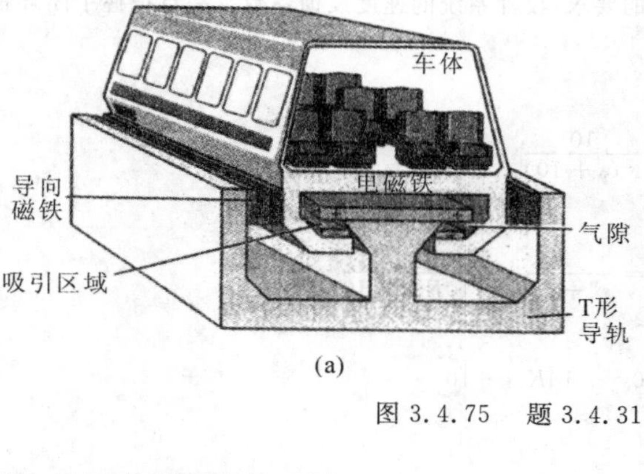

(a)

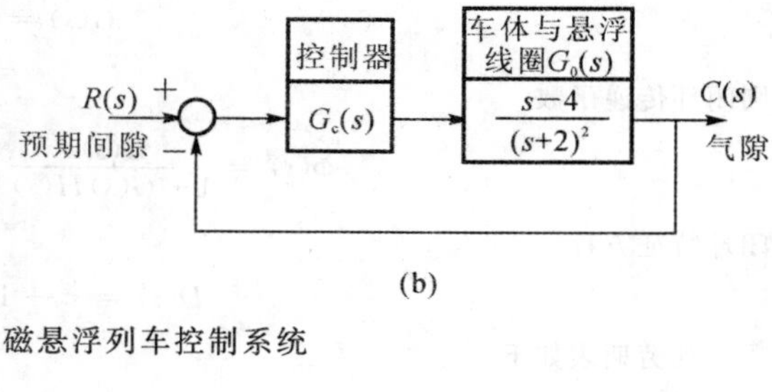

(b)

图 3.4.75 题 3.4.31 磁悬浮列车控制系统

其中 K_a 为控制器增益。要求：

(1) 确定使系统稳定的 K_a 值范围；

(2) 讨论可否确定 K_a 的合适取值，使系统对单位阶跃输入的稳态跟踪误差为零；

(3) 取控制器增益 $K_a = 2$，确定系统的单位阶跃响应。

解　本题研究的系统分析与设计问题，有三个明显的特点：一是系统具有非最小相位零点；二是在系统稳定的范围内，系统都是过阻尼系统；三是控制与输入具有反向关系。

(1) 确定使系统稳定的 K_a 值范围。系统开环传递函数

$$G_c(s)G_0(s) = \frac{K_a(s+2)(s-4)}{(s+12)(s+2)^2} = \frac{K_a(s-4)}{(s+12)(s+2)}$$

表明系统是 0 型系统，静态位置系数

$$K_p = -\frac{K_a}{6}$$

闭环系统特征方程

$$D(s) = (s+12)(s+2) + K_a(s-4) = s^2 + (14+K_a)s + (24-4K_a)$$

因此，使系统稳定的 K_a 值范围

$$0 < K_a < 6$$

(2) 计算稳态误差。

$$e_{ss}(\infty) = \frac{1}{1+K_p} = \frac{6}{6-K_a}$$

显然，当 $0 < K_a < 6$ 时，$e_{ss}(\infty) \neq 0$。

(3) 确定系统单位阶跃响应。令闭环特征多项式

$$s^2 + (14+K_a)s + (24-4K_a) = s^2 + 2\zeta\omega_n s + \omega_n^2$$

可得

$$\omega_n = \sqrt{24-4K_a}, \quad \zeta = \frac{14+K_a}{2\sqrt{24-4K_a}}$$

在不同的 K_a 值下，有表解 3.4.31 结果。表明系统始终为过阻尼二阶系统。

表解　3.4.31

K_a	0.1	1	2	3	4	5	5.9
ω_n	4.858	4.472	4.0	3.464	2.828	2.0	0.632
ζ	1.451	1.667	2.0	2.454	3.182	4.75	15.744
$e_{ss}(\infty)$	1.017	1.2	1.5	2.0	3.0	6.0	60.0

当取 $K_a = 2$ 时，闭环传递函数

$$\Phi(s) = \frac{2(s-4)}{s^2+16s+16} = \frac{2s-8}{(s+1.072)(s+14.928)}$$

系统在单位阶跃作用下的输出

$$C(s) = \frac{2s-8}{s(s+1.072)(s+14.928)} = \frac{-0.5}{s} + \frac{0.683}{s+1.072} - \frac{0.183}{s+14.928}$$

故系统的单位阶跃响应为

$$c(t) = -0.5 + 0.683e^{-1.072t} - 0.183e^{-14.928t}$$

第4章　线性系统的根轨迹法

4.1　重点内容提要

根轨迹是指当开环系统某一参数(如开环增益 K 或根轨迹增益 K^*)从零到无穷变化时,闭环特征根在 s 平面上移动的轨迹。根轨迹的实质是寻求闭环特征方程 $D(s)=1+G(s)H(s)=0$ 的根。方法是根据已知开环系统的零、极点分布,依照一些简单规则,用作图的方法求出闭环极点的分布。根轨迹法是在初步设计时常采用的一种简便实用的方法。

4.1.1　绘制根轨迹的基本条件

根轨迹方程为

$$G(s)H(s)=-1$$

即

$$G(s)H(s)=\frac{K^*\prod_{j=1}^{m}(s-z_j)}{\prod_{i=1}^{n}(s-p_i)}=-1$$

其幅值条件为

$$|G(s)H(s)|=\frac{K^*\prod_{j=1}^{m}|s-z_j|}{\prod_{i=1}^{n}|s-p_i|}=1$$

相角条件为

$$\angle G(s)H(s)=\sum_{j=1}^{m}\angle(s-z_j)-\sum_{i=1}^{n}\angle(s-p_i)=\sum_{i=1}^{m}\varphi_i-\sum_{j=1}^{n}\theta_j=(2k+1)\pi$$

$$k=0,\pm1,\pm2,\cdots$$

式中,$\sum\varphi_i$,$\sum\theta_j$ 分别为开环零、极点。

s 平面上的某个点,只要满足相角条件,则该点必在根轨迹上。至于该点所对应的 K^* 值,可由幅值条件得出。这意味着:在 s 平面上满足相角条件的点,必定在同时满足幅值条件。因此,相角条件是确定根轨迹 s 平面上一点是否在根轨迹上的充分必要条件。

4.1.2　绘制根轨迹的基本法则

1. 常规根轨迹

法则一　根轨迹的分支数、对称性和连续性:根轨迹的分支数与开环零点数 m、开环极点数 n 中的大者相等,根轨迹连续并且对称于实轴。

法则二　根轨迹的起点和终点:根轨迹起始于开环极点,终止于开环零点;如果开环零点个数 m 少于开环极点个数 n,则有 $(n-m)$ 条根轨迹终止于无穷远处。

法则三　根轨迹的渐近线:当系统开环极点个数 n 大于开环零点个数 m 时,有 $n-m$ 条根轨迹分支沿着与实轴夹角为 φ_a、交点为 σ_a 的一组渐近线趋向于无穷远处,且有

$$\begin{cases} \varphi_a = \dfrac{(2k+1)\pi}{n-m} \\ \sigma_a = \dfrac{\sum_{j=1}^{n} p_j - \sum_{i=1}^{m} z_i}{n-m} \end{cases} \quad k = 0, \pm 1, \pm 2, \cdots, n-m-1$$

法则四 实轴上的根轨迹：实轴上的某一区域，若其右边开环实数零、极点个数之和为奇数，则该区域必是根轨迹。

法则五 根轨迹的分离点 d：两条或两条以上根轨迹分支在 s 平面上相遇又分离的点，称为根轨迹的分离点。

试探法
$$\sum_{j=1}^{n} \frac{1}{d-p_j} = \sum_{i=1}^{m} \frac{1}{d-z_i}$$

重根法
$$N'(s)M(s) - N(s)M'(s) = 0$$

说明：由上式计算出的分离点 d 应检验，舍去不在根轨迹上的值；当无开环零点时，应取 $\sum_{i=1}^{m} \dfrac{1}{d-z_i} = 0$。

法则六 根轨迹的起始角和终止角：根轨迹离开开环复数极点处的切线与正实轴的夹角，称为起始角，以 θ_{p_i} 表示；根轨迹进入开环复数零点处的切线与正实轴的夹角，称为终止角，以 φ_{z_i} 表示。起始角、终止角可由下式求得也可直接利用相角条件求出。

$$\theta_{p_i} = 180^\circ + \left(\sum_{j=1}^{m} \varphi_{z_j p_i} - \sum_{\substack{j=1 \\ (j \neq i)}}^{n} \theta_{p_j p_i}\right)$$

$$\varphi_{z_j} = 180^\circ - \left(\sum_{\substack{j=1 \\ (j \neq i)}}^{m} \varphi_{z_j z_i} - \sum_{j=1}^{n} \theta_{p_j z_i}\right)$$

法则七 根轨迹与虚轴的交点：若根轨迹与虚轴相交，则交点上的 K^* 值和 ω 值可用劳斯稳定判据确定，也可令 $s = j\omega$，然后分别令方程的实部和虚部均为零求得。

法则八 根之和：当系统开环传递函数 $G(s)H(s)$ 的分子、分母阶次差 $(n-m)$ 大于等于2时，系统闭环极点之和等于系统开环极点之和。

$$\sum_{i=1}^{n} \lambda_i = \sum_{i=1}^{n} p_i \quad n-m \geqslant 2$$

式中，$\lambda_1, \lambda_2, \cdots, \lambda_n$ 为系统的闭环极点（特征根）；$p_1, p_2, \cdots, p_n$ 为系统的开环极点。

2. 参数根轨迹

系统中除根轨迹增益 K^* 以外，其他参数变化时所对应的根轨迹。

参数根轨迹的绘制利用等效开环传递函数的概念，应用常规根轨迹的八条法则进行绘制。

注意：等效开环传递函数中的“等效”，意指与原系统具有相同的闭环极点；等效传递函数中的零点不一定是原系统的零点。当确定系统闭环零点时，必须由原系统开环传递函数确定。

3. 0° 根轨迹

即满足方程
$$1 - G(s)H(s) = 0$$
或
$$G(s)H(s) = 1$$
的根轨迹。

绘制 0° 根轨迹时只需将常规根轨迹法则中与相角条件有关的 3 条法则加以修改即可。

1）实轴上根轨迹区段右侧的零、极点数之和为偶数；

2）渐近线与实轴的夹角为

$$\varphi_a = \frac{2k\pi}{n-m}$$

3）根轨迹的起始角与终止角

$$\theta_{p_i} = \sum_{j=1}^{m} \varphi_{z_j p_i} - \sum_{\substack{j=1 \\ (j \neq i)}}^{n} \theta_{p_j p_i}$$

$$\varphi_{z_j} = -\sum_{\substack{j=1\\(j\neq i)}}^{m}\varphi_{z_j z_i} + \sum_{j=1}^{n}\theta_{p_j z_i}$$

4.1.3 根轨迹与系统性能的关系

1. 稳定性

闭环系统稳定的充要条件是闭环极点必须位于 s 平面虚轴的左侧。

2. 稳态性能

由开环传递函数和根轨迹可以分别求出系统的型别 v 和开环增益 K，用静态误差系数法可以计算系统的稳态误差。

3. 动态性能

闭环极点分布与动态性能的关系可参见表 4.1。

表 4.1 二阶系统动态性能随极点位置的变化趋势

极点移动轨迹		极点坐标		系统参数		动态性能	
		$\zeta\omega_n$	$\omega_n\sqrt{1-\zeta^2}$	ζ	ω_n	$\sigma\%$	t_s
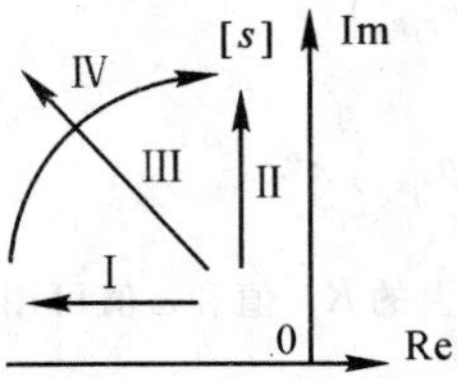	Ⅰ	↑	—	↑	↑	↓	↓
	Ⅱ	—	↑	↓	↑	↑	—
	Ⅲ	↑	↑	—	↑	—	↓
	Ⅳ	↓	↑	↑	—	↑	↑

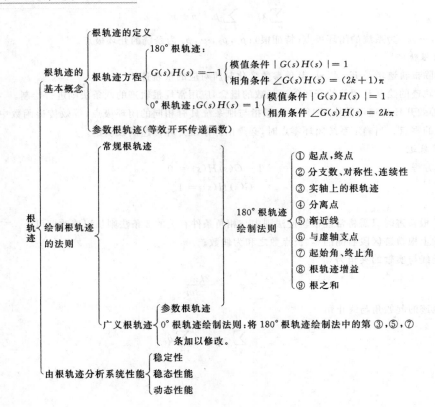

4.2 知识结构图

- 根轨迹
  - 根轨迹的基本概念
    - 根轨迹的定义
    - 根轨迹方程
      - 180° 根轨迹：
        - $G(s)H(s)=-1$
          - 模值条件 $|G(s)H(s)|=1$
          - 相角条件 $\angle G(s)H(s)=(2k+1)\pi$
      - 0° 根轨迹：$G(s)H(s)=1$
        - 模值条件 $|G(s)H(s)|=1$
        - 相角条件 $\angle G(s)H(s)=2k\pi$
    - 参数根轨迹（等效开环传递函数）
  - 绘制根轨迹的法则
    - 常规根轨迹
      - 180° 根轨迹绘制法则
        - ① 起点，终点
        - ② 分支数、对称性、连续性
        - ③ 实轴上的根轨迹
        - ④ 分离点
        - ⑤ 渐近线
        - ⑥ 与虚轴支点
        - ⑦ 起始角、终止角
        - ⑧ 根轨迹增益
        - ⑨ 根之和
    - 广义根轨迹
      - 参数根轨迹
      - 0° 根轨迹绘制法则：将 180° 根轨迹绘制法中的第 ③，⑤，⑦ 条加以修改。
  - 由根轨迹分析系统性能
    - 稳定性
    - 稳态性能
    - 动态性能

4.3 考点及典型题选解

本章主要考点有：绘制根轨迹（包括求分离点、临界阻尼对应的 K^* 值；与虚轴交点及临界稳定的根轨迹增益）；

利用根轨迹法确定系统稳定的 K^*（或 K）值范围；确定某一 K^* 值对应的闭环极点。

4.3.1 典型题

1. 已知反馈系统的开环传递函数 $G(s)H(s)=\dfrac{K^*}{s(s+1)(s+2)}$，试绘制系统的根轨迹图，详细列写根轨迹的计算过程，其中包括零点、极点，渐近线及与实轴交点，根轨迹分离点及与虚轴交点、渐近线与实轴夹角。求出根轨迹与虚轴相交时的 K^* 及相应的开环增益 K。

2. 已知负反馈系统的闭环特征方程

$$K_1+(s+14)(s^2+2s+2)=0$$

(1) 绘制系统根轨迹图（$0<K_1<\infty$）；

(2) 确定使复数闭环主导极点的阻尼系数 $\zeta=0.5$ 的 K_1 值。

3. 已知某单位反馈系统的开环传递函数为 $G(s)=\dfrac{K^*}{s^2(s+1)}$，试绘制系统的根轨迹图，说明其稳定性。如果在负实轴上增加一个零点 $-a(0\leqslant a\leqslant 1)$，对系统的稳定性有何影响，试仍以根轨迹图来说明。

4. 由图 4.3.1 所示结构图，试绘制以 a 为可变参数根轨迹的大致图形，并由根轨迹图回答下述问题：

(1) 确定系统临界稳定时的 a 值及使系统稳定的 a 值范围。

(2) 确定系统阶跃响应无超调时 a 的取值范围。

(3) 确定系统阶跃响应有超调时 a 的取值范围。

(4) 系统出现等幅振荡时的振荡频率。

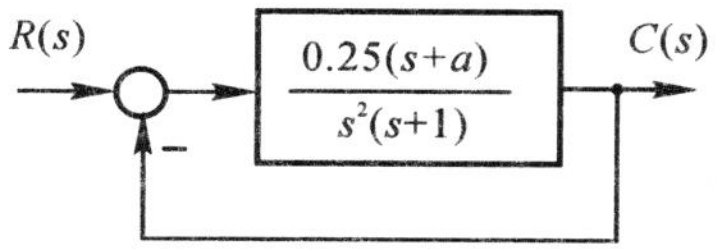

图 4.3.1　结构图

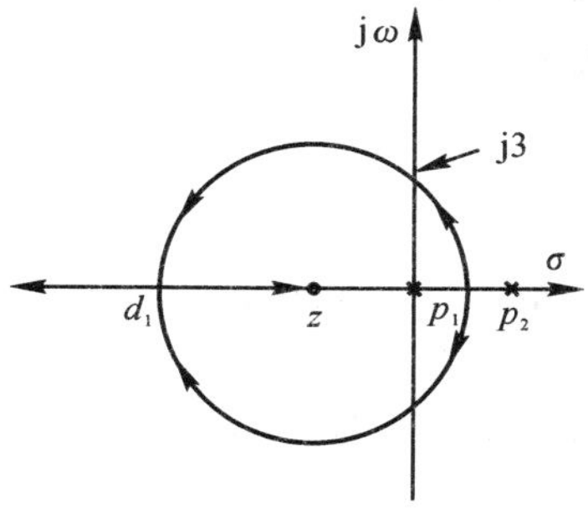

图 4.3.2　根轨迹图

5. 已知单位负反馈系统的闭环根轨迹图如图 4.3.2 所示。

(1) 确定使系统稳定的根轨迹增益 K^* 的范围；

(2) 写出系统临界阻尼时的闭环传递函数。

6. 设控制系统中前向通道和反馈通道传递函数分别为

$$G(s)=\frac{K_r(s^2+6s+10)}{s^2+2s+10},\quad H(s)=1$$

试证明该系统根轨迹位于一个圆的圆弧上，并指出该圆的半径和圆心坐标。

7. 某单位负反馈系统的开环传递函数为 $G(s)=\dfrac{4K(1-s)}{s[(K+1)s+4]}$。

(1) 概略绘制系统的根轨迹（$0<K<\infty$）；

(2) 求系统阶跃响应中含分量 $e^{-at}\cos(\omega t+\beta)$ 时的 K 值范围(其中,$a>0,\omega>0$);

(3) 求出系统有一个闭环极点为 -2 时的闭环传递函数。

8. 某反馈控制系统,前向通路传递函数为 $G(s)=\dfrac{K^*(s+4)}{s(s+2)(s+3)}$,反馈通路传递函数为 $H(s)=\dfrac{s+2}{s+4}$。试绘制根轨迹;$\zeta=0.5$ 时,计算开环增益 K 值及对应的闭环传递函数。

9. 某单位反馈系统开环传递函数为

$$G(s)=\frac{-K^*(s+2)}{(s+3)(s^2+2s+2)}$$

试绘制根轨迹,并确定使系统稳定的开环增益 K 值范围。

10. 已知某单位反馈系统的开环传递函数为

$$G(s)H(s)=\frac{K^*(s+1)(s+3)}{s^3}$$

试绘出当 $-\infty<K^*<+\infty$ 时系统的根轨迹。

4.3.2 典型题解析

1. ① 根轨迹起于开环极点 $0,-1,-2$,终于开环零点(为三个无限零点)。

② 渐近线与实轴交点和夹角为

$$\begin{cases}\sigma_a=-1\\ \varphi_a=180°,\pm 60°\end{cases}$$

③ 分离点 $d=-0.423$

④ 与虚轴交点

$$\omega_c=\pm\sqrt{2},\quad K_c^*=6,\quad K_c=3$$

2. (1) ① 分支数 $n=3$

② 实轴上根轨迹为 $(-\infty,-14]$

③ 渐近线

$$\begin{cases}\sigma_a=-\dfrac{16}{3}\\ \varphi_a=180°,\pm 60°\end{cases}$$

④ 出射角 $\theta_{p_1}=86°,\theta_{p_2}=-86°$

(2) $K_1=21.7$

3. (1) 实轴上根轨迹 $(-\infty,-1]$

渐近线
$$\begin{cases}\sigma_a=-\dfrac{1}{3}\\ \varphi_a=\pm 60°,180°\end{cases}$$

系统不稳定。

(2) 根轨迹由 3 条变 2 条,且向左半 s 平面移,闭环极点全部在左半 s 平面,$K^*>0$ 时系统稳定。

4. (1) 等效开环传递函数 $G^*=\dfrac{0.25a}{s(s^2+s+0.25)}$

$\omega_c=0.5,\ a_c=1$;稳定的 a 值范围:$0<a<1$;

(2) 系统阶跃响应无超调 a 值范围:$0<a<\dfrac{1}{54}$;

(3) 系统阶跃响应有超调 a 值范围:$\dfrac{1}{54}<a<1$;

(4) 等幅振荡频率 $\omega_c=0.5$ rad/s

5. (1) $K^* > 2.25$

(2) $\Phi(s) = \dfrac{20.25(s+4)}{(s+9)^2}$

6. $\sigma^2 + \omega^2 = (\sqrt{10})^2$，圆心(0,0)，半径 $\sqrt{10}$。

7. (1) 等效开环传递函数 $G^*(s) = \dfrac{K(s-2)^2}{s(s+4)}$

分离点　　$d = -1,\quad K_d = \dfrac{1}{3}$

与虚轴交点为　　$K = 1,\quad \omega = \pm\sqrt{2}$

实轴上根轨迹为(−4,0]，圆点在实轴 0.5 处，半径为 1.5 的圆弧。

(2) $\dfrac{1}{3} < K < 1$

(3) $\varphi(s) = \dfrac{\frac{1}{4}(s-2)^2}{(s+2)\left(s+\frac{1}{2}\right)}$

8. (1) 实轴上根轨迹[−3,0]

分离点　　$d = -\dfrac{3}{2}$

注意：由于开环传递函数中出现零、极点对消现象，该根轨迹不能完全反映闭环特征根。

(2) $\Phi(s) = \dfrac{9(s+4)}{(s^2+3s+9)(s+2)}$

9. (1) 应绘制 0° 根轨迹

实轴上根轨迹(−x，−3]，[−2,∞)。

渐近线　　$\begin{cases} \sigma_a = -1 \\ \varphi_a = 0°, 180° \end{cases}$

分离点　　$d = -0.8$

起始角　　$\theta_{p_1} = -71.6°,\quad \theta_{p_2} = 71.6°$

(2) $0 < K < 1$

10. (1) 当 $0 \leqslant K^* < +\infty$ 时，应该画 180° 根轨迹。

实轴上的根轨迹(−∞，−3] [−1，0]；

分离点：$d = -6.65$；

与虚轴的交点：　　$\begin{cases} \omega = \pm\sqrt{3} \\ K^* = \dfrac{3}{4} \end{cases}$

出射角：$\pi, \pm\dfrac{\pi}{3}$

(2) 当 $-\infty < K^* \leqslant 0$ 应该画 0° 根轨迹。

实轴上的根轨迹[−3，−1] [0，∞)；

分离点 $d = -1.35$；

出射角：$0, \pm\dfrac{2\pi}{3}$

4.4 课后习题全解

4.4.1 设单位负反馈控制系统的开环传递函数为

$$G(s)=\frac{K(3s+1)}{s(2s+1)}$$

试用解析法绘出开环增益 K 从零变到无穷时的闭环根轨迹图。

解 由题意可知，该系统的闭环传递函数为

$$\Phi(s)=\frac{G(s)}{1+G(s)}=\frac{K(3s+1)}{s(2s+1)+K(3s+1)}$$

显然，系统的闭环特征方程为

$$D(s)=s(2s+1)+K(3s+1)=2s^2+(1+3K)s+K=0$$

解上述闭环特征方程可得

$$s_1=-\frac{1}{4}\left[3K+1+\sqrt{(3K+1)^2-8K}\right],\quad s_2=-\frac{1}{4}\left[3K+1-\sqrt{(3K+1)^2-8K}\right]$$

故系统的根轨迹有两条。

采用逐个描点的方法来绘制系统的闭环根轨迹图：

当 $K=0$ 时，$s_1=-\frac{1}{2}$；随着 K 的增大，s_1 单调减小；当 $K=\infty$ 时，$s_1=-\infty$。

当 $K=0$ 时，$s_2=0$；随着 K 的增大，s_2 也是单调减小；当 $K=\infty$ 时，

$$s_2=-\frac{1}{4}\lim_{K\to\infty}\left[3K+1-\sqrt{(3K+1)^2-8K}\right]=-\frac{1}{4}\lim_{K\to\infty}\frac{1-\frac{\sqrt{(3K+1)^2-8K}}{3K+1}}{\frac{1}{3K+1}}=$$

$$-\frac{1}{4}\lim_{K\to\infty}\frac{\left[1-\frac{\sqrt{(3K+1)^2-8K}}{3K+1}\right]\cdot\left[1+\frac{\sqrt{(3K+1)^2-8K}}{3K+1}\right]}{\frac{1}{3K+1}\cdot\left[1+\frac{\sqrt{(3K+1)^2-8K}}{3K+1}\right]}=$$

$$-\frac{1}{4}\lim_{K\to\infty}\frac{8K}{3K+1+\sqrt{(3K+1)^2-8K}}=$$

$$-\frac{1}{4}\lim_{K\to\infty}\frac{8}{3+\frac{1}{K}+\sqrt{9-\frac{2}{K}+\frac{1}{K^2}}}=-\frac{1}{4}\times\frac{8}{6}=-\frac{1}{3}$$

由此可得，系统的闭环根轨迹图如图解 4.4.1 所示。

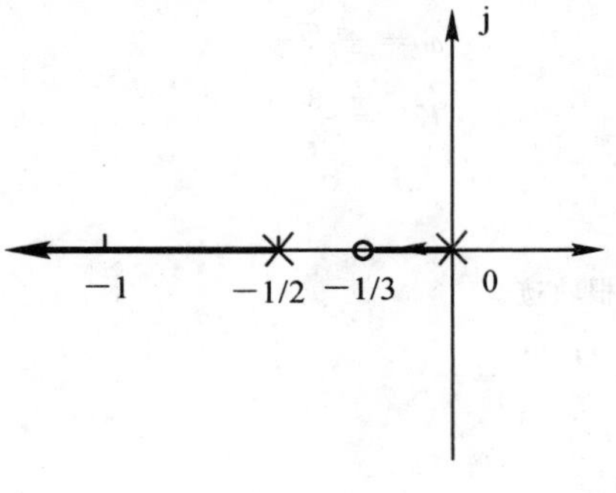

图解 4.4.1 $1+\frac{K(3s+1)}{s(2s+1)}=0$ 根轨迹图

4.4.2　已知开环零、极点分布如图 4.4.38 所示，试概略绘出相应的闭环根轨迹图。

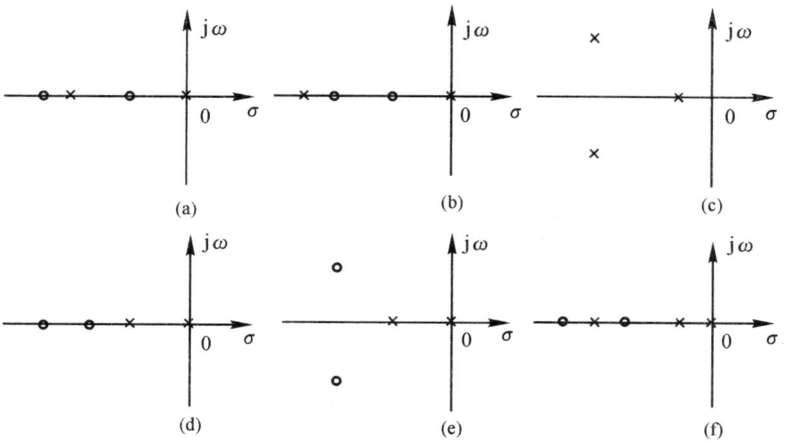

图 4.4.38　题 4.4.2 开环零、极点分布图

解　本题考查根据根轨迹绘制法则，结合开环零、极点的分布，绘制系统的概略根轨迹图的技巧。所有的闭环概略根轨迹如图解 4.4.2 所示。

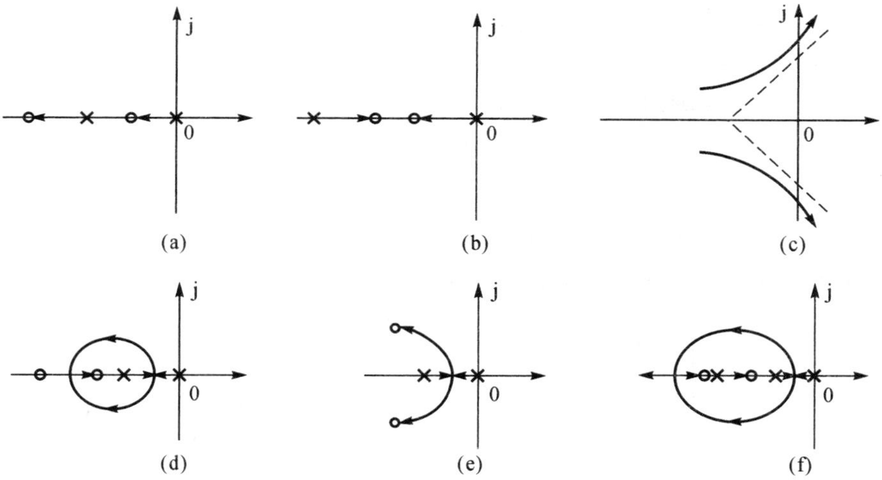

图解 4.4.2　闭环概略根轨迹图

4.4.3　设单位反馈控制系统开环传递函数如下，试概略绘出相应的闭环根轨迹图（要求确定分离点坐标 d）：

(1) $G(s)=\dfrac{K}{s(0.2s+1)(0.5s+1)}$；

(2) $G(s)=\dfrac{K(s+1)}{s(2s+1)}$；

(3) $G(s)=\dfrac{K^{*}(s+5)}{s(s+2)(s+3)}$。

解　本题考查根据根轨迹绘制法则，绘制系统的概略根轨迹图的技巧。

(1) 系统的开环传递函数可变换为

$$G(s)=\frac{K}{s(0.2s+1)(0.5s+1)}=\frac{10K}{s(s+5)(s+2)}$$

令 $K^* = 10K$，即 K^* 为根轨迹增益。

① 根轨迹的分支和起点与终点。由于 $n=3, m=0, n-m=3$，故根轨迹有三条分支，其起点分别为 $p_1 = 0, p_2 = -2, p_3 = -5$，其终点都为无穷远处。

② 实轴上根轨迹。实轴上的根轨迹分布区为 $[0,-2]$，$[-5,-\infty)$。

③ 根轨迹的渐近线。

$$\sigma_a = \frac{0-2-5}{3} = -\frac{7}{3}, \quad \varphi_a = \pm\frac{\pi}{3}, \pi$$

④ 根轨迹的分离点。根轨迹的分离点坐标满足

$$\frac{1}{d} + \frac{1}{d+2} + \frac{1}{d+5} = 0$$

解得 $d_1 = -0.88, \quad d_2 = -3.79$（舍去）

求得分离点的坐标为 $d = -0.88$。

根据以上几点，可以画出概略根轨迹如图解 4.4.3(1) 所示。

(2) 系统的开环传递函数可变换为

$$G(s) = \frac{K(s+1)}{s(2s+1)} = \frac{0.5K(s+1)}{s(s+0.5)}$$

令 $K^* = 0.5K$，即 K^* 为根轨迹增益。

① 根轨迹的分支和起点与终点。由于 $n=2, m=1, n-m=1$，故根轨迹有两条分支，其起点分别为 $p_1 = 0, p_2 = -0.5$，其终点分别为 $z_1 = -1$ 和无穷远处。

② 实轴上根轨迹。实轴上的根轨迹分布区为 $[0. -0.5]$，$[-1,-\infty)$。

③ 根轨迹的分离点。根轨迹的分离点坐标满足

$$\frac{1}{d} + \frac{1}{d+0.5} = \frac{1}{d+1}$$

解得 $d_1 = -0.293, \quad d_2 = -1.707$

故分离点的坐标为 $d_1 = -0.293, d_2 = -1.707$。

根据以上几点，可以画出概略根轨迹如图解 4.4.3(2) 所示。

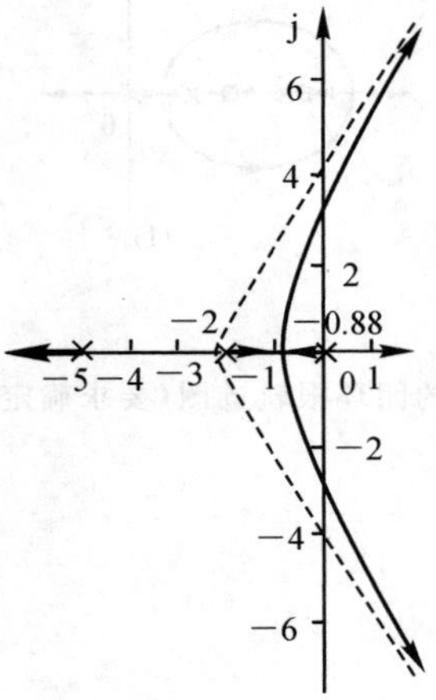

图解 4.4 3(1) $1 + \dfrac{K}{s(0.2s+1)(0.5s+1)} = 0$ 概略根轨迹图

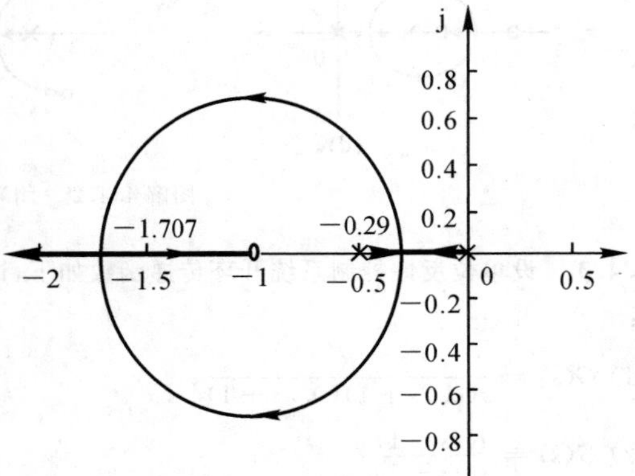

图解 4.4.3(2) $1 + \dfrac{K(s+1)}{s(2s+1)} = 0$ 概略根轨迹图

(3) 系统的开环传递函数

$$G(s)=\frac{K^*(s+5)}{s(s+2)(s+3)}$$

① 根轨迹的分支和起点与终点。由于$n=3,m=1,n-m=2$，故根轨迹有三条分支，其起点分别为$p_1=0,p_2=-2,p_3=-3$，其终点分别为$z=-5$和无穷远处。

② 实轴上根轨迹。实轴上的根轨迹分布区为$[0,-2]$，$[-3,-5]$。

③ 根轨迹的渐近线。

$$\sigma_a=\frac{-2-3+5}{3}=0,\quad \varphi_a=\pm\frac{\pi}{2}$$

④ 根轨迹的分离点。根轨迹的分离点坐标满足

$$\frac{1}{d}+\frac{1}{d+2}+\frac{1}{d+3}=\frac{1}{d+5}$$

通过试凑可得　　$d\approx-0.89$

根据以上几点，可以画出概略根轨迹如图解 4.4.3(3) 所示。

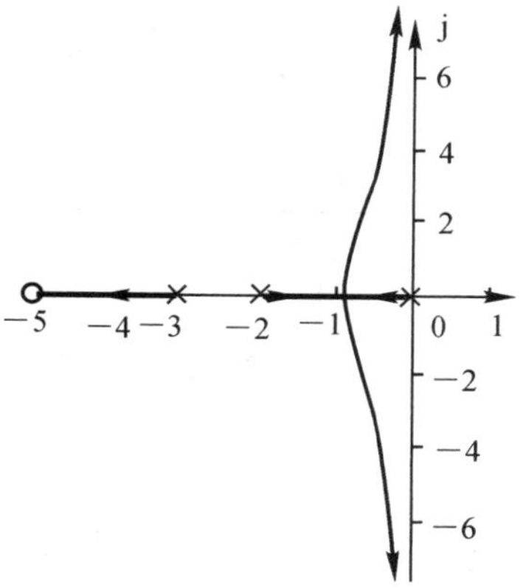

图解 4.4.3(3)　$1+\dfrac{K^*(s+5)}{s(s+2)(s+3)}=0$ 概略根轨迹图

4.4.4　已知据单位反馈控制系统开环传递函数如下，试概略画出相应的闭环根轨迹图(要求算出起始角θ_{p_i})：

(1) $G(s)=\dfrac{K^*(s+2)}{(s+1+j2)(s+1-j2)}$；

(2) $G(s)=\dfrac{K^*(s+20)}{s(s+10+j10)(s+10-j10)}$。

解　本题可根据轨迹绘制法则求出起始角，并绘制系统的概略根轨迹图。

(1)
$$G(s)=\frac{K^*(s+2)}{(s+1+j2)(s+1-j2)}$$

① 根轨迹的分支和起点与终点。由于$n=2,m=1,n-m=1$，故根轨迹有两条分支，其起点分别为$p_1=-1-j2,p_2=-1+j2$，其终点分别为$z_1=-2$和无穷远处。

② 实轴上根轨迹。实轴上的根轨迹分布区为$[-2,-\infty)$。

③ 根轨迹的分离点。根轨迹的分离点坐标满足

$$\frac{1}{d+1+j2}+\frac{1}{d+1-j2}=\frac{1}{d+2}$$

即
$$d^2+4d-1=0$$

解得
$$d_1=-4.236\quad d_2=0.236(\text{舍去})$$

故分离点的坐标为
$$d=-4.236$$

④ 根轨迹的起始角。

$$\theta_{p_1}=180°+\varphi_{z_1p_1}-\theta_{p_2p_1}=180°+\arctan2-90°=180°+63.43°-90°=153.43°$$

$$\theta_{p_2}=-153.43°$$

根据以上几点，可以画出概略根轨迹如图解 4.4.4(1) 所示。

(2)
$$G(s)=\frac{K^*(s+20)}{s(s+10+j10)(s+10-j10)}$$

① 根轨迹的分支和起点与终点。由于$n=3,m=1,n-m=2$，故根轨迹有三条分支，其起点分别为$p_1=-10-j10,p_2=-10+j10,p_3=0$，其终点分别为$z_1=-20$和无穷处。

② 实轴上的根轨迹。实轴上的根轨迹分布区为$[0,-20]$。

③ 根轨迹的渐近线。

$$\sigma_a=\frac{-10-j10-10+j10+20}{3-1}=0,\quad \varphi_a=\pm\frac{\pi}{2}$$

④ 根轨迹的起始角。

$$\theta_{p_1} = 180° + \varphi_{z_1 p_1} - \theta_{p_2 p_1} - \theta_{p_3 p_1} = 180° - \arctan 1 + \arctan 1 = 180°$$

$$\theta_{p_2} = 180° + \varphi_{z_1 p_2} - \theta_{p_1 p_2} - \theta_{p_3 p_2} = 180° + 45° - 135° - 90° = 0$$

根据以上几点，可以测出概略根轨迹如图解 4.4.4(2) 所示。

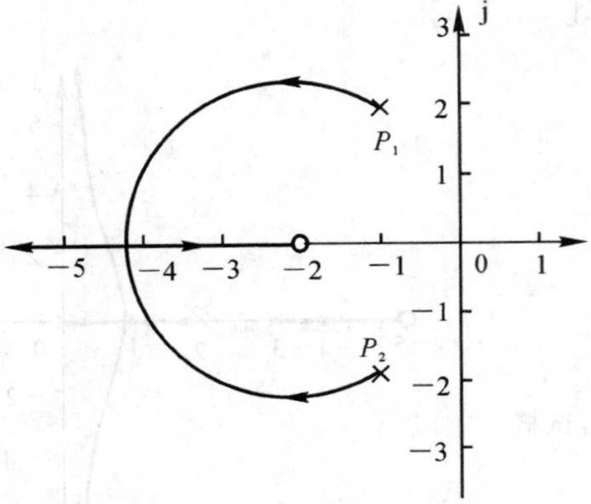

图解 4.4.4(1) $1 + \dfrac{K^*(s+2)}{(s+1+\text{j}2)(s+1-\text{j}2)} = 0$

概略根轨迹图

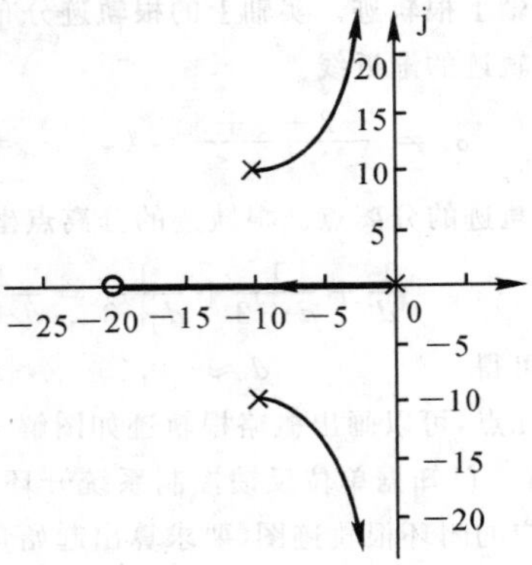

图解 4.4.4(2) $1 + \dfrac{K^*(s+20)}{s(s+10+\text{j}10)(s+10-\text{j}10)} = 0$

概略根轨迹图

4.4.5 设单位反馈控制系统的开环传递函数如下，要求：

(1) 确定 $G(s) = \dfrac{K^*}{s(s+1)(s+10)}$ 产生纯虚根的开环增益；

(2) 确定 $G(s) = \dfrac{K^*(s+z)}{s^2(s+10)(s+20)}$ 产生纯虚根为 $\pm\text{j}1$ 的 z 值和 K^* 值；

(3) 概略绘出 $G(s) = \dfrac{K^*}{s(s+1)(s+3.5)(s+3+\text{j}2)(s+3-\text{j}2)}$ 的闭环根轨迹图(要求确定根轨迹的分离点、起始角和与虚轴的交点)。

解 本题考查闭环根轨迹图的绘制，以及求解闭环根轨迹与虚轴的交点。

(1) $G(s) = \dfrac{K^*}{s(s+1)(s+10)}$

由系统的开环传递函数可知系统的闭环特征方程为

$$D(s) = s(s+1)(s+10) + K^* = s^3 + 11s^2 + 10s + K^* = 0$$

令 $s = \text{j}\omega$，将其代入上式得

$$(\text{j}\omega)^3 + 11(\text{j}\omega)^2 + 10(\text{j}\omega) + K^* = (-11\omega^2 + K^*) + \text{j}\omega(-\omega^2 + 10) = 0$$

即

$$\begin{cases} -11\omega^2 + K^* = 0 \\ -\omega^2 + 10 = 0 \end{cases}$$

解得

$$\omega = \pm\sqrt{10} = \pm 3.162, \quad K^* = 110$$

故产生纯虚根的开环增益 $K = \dfrac{K^*}{10} = 11$。

(2) $G(s) = \dfrac{K^*(s+z)}{s^2(s+10)(s+20)}$

由系统的开环传递函数可知系统的闭环特征方程为

$$D(s) = s^2(s+10)(s+20) + K^*(s+z) = s^4 + 30s^3 + 200s^2 + K^* s + K^* z = 0$$

将 $s = \text{j}1$ 代入上式，可得

$$(\text{j}1)^4 + 30(\text{j}1)^3 + 200(\text{j}1)^2 + K^*(\text{j}1) + K^* z = 0$$

即

$$\begin{cases}1-200+K^* z=0\\ -30+K^*=0\end{cases}$$

解得

$$z=6.63,\quad K^*=30$$

故产生纯虚根为 $\pm$j1 的 z 值和 K^* 值分别为 $z=6.63$ 和 $K^*=30$。

(3) $G(s)=\dfrac{K^*}{s(s+1)(s+3.5)(s+3+\mathrm{j}2)(s+3-\mathrm{j}2)}$

① 根轨迹的分支和起点与终点。由于 $n=5,m=0,n-m=5$,故根轨迹有五条分支,其起点分别为 $p_1=0,p_2=-1,p_3=-3.5,p_4=-3-\mathrm{j}2,p_5=-3+\mathrm{j}2$,其终点分别都是无穷远处。

② 实轴上的根轨迹。实轴上的根轨迹分布区为[0,−1],[−3.5,−∞]。

③ 根轨迹的渐近线。

$$\sigma_a=\frac{-1-3.5-3-\mathrm{j}2-3+\mathrm{j}2}{5-0}=-2.1,\quad \varphi_a=\pm\frac{\pi}{5},\pm\frac{3\pi}{5},\pi$$

④ 根轨迹的分离点。根轨迹的分离点坐标满足

$$\frac{1}{d}+\frac{1}{d+1}+\frac{1}{d+3.5}+\frac{1}{d+3+\mathrm{j}2}+\frac{1}{d+3-\mathrm{j}2}=0$$

通过试凑法可得 $d\approx 0.4$。

⑤ 根轨迹与虚轴的交点。由系统的开环传递函数可知系统的闭环特征方程

$$D(s)=s(s+1)(s+3.5)(s+3+\mathrm{j}2)(s+3-\mathrm{j}2)+K^*=$$
$$s^5+10.5s^4+43.5s^3+79.5s^2+45.5s+K^*=0$$

令 $s=\mathrm{j}\omega$,将其代入上式,可得

$$(\mathrm{j}\omega)^5+10.5(\mathrm{j}\omega)^4+43.5(\mathrm{j}\omega)^3+79.5(\mathrm{j}\omega)^2+45.5(\mathrm{j}\omega)+K^*=0$$

即

$$\begin{cases}10.5\omega^4-79.5\omega^2+K^*=0\\ \omega^5-43.5\omega^3+45.5\omega=0\end{cases}$$

由于 $\omega\neq 0$,故可解得 $\omega=\pm 1.034$ 或 $\omega=\pm 6.51$。其中,$\omega=\pm 6.51$ 属于伪解,故舍去。因此,$K^*=73.04$。

⑥ 根轨迹的起始角。

$$\theta_{p_5}=540^\circ-\theta_{p_1p_5}-\theta_{p_2p_5}-\theta_{p_3p_5}-\theta_{p_4p_5}=540^\circ-(90^\circ+\arctan 1.5)-$$
$$135^\circ-\arctan 4-90^\circ=92.73^\circ$$

$$\theta_{p_4}=-92.73^\circ$$

根据以上几点可以画出闭环概略概轨迹如图解 4.4.5 所示。

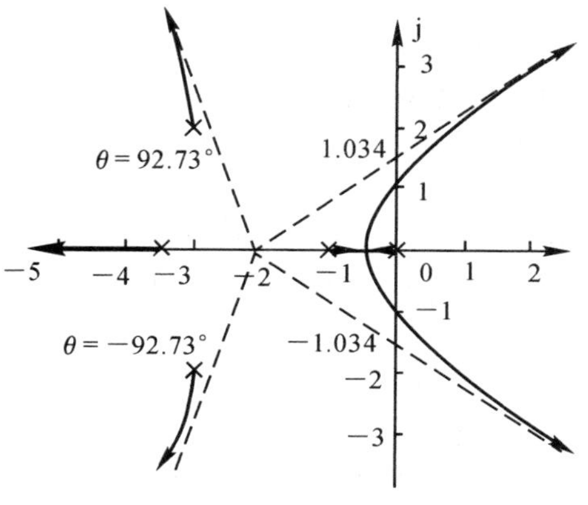

图解 4.4.5　$1+\dfrac{K^*}{s(s+1)(s+3.5)(s+3+\mathrm{j}2)(s+3-\mathrm{j}2)}=0$ 概略根轨迹图

4.4.6　设单位反馈系统的开环传递函数为

$$G(s)=\frac{K^*(s+2)}{s(s+1)}$$

试从数学上证明:复数根轨迹部分是以(-2,j0)为圆心,以$\sqrt{2}$为半径的一个圆。

证明 由系统的开环传递函数可知,该系统的闭环特征方程为

$$D(s)=s(s+1)+K^*(2+2)=s^2+(1+K^*)s+2K^*=0$$

解得

$$s_{1,2}=-\frac{1}{2}(K^*+1)\pm\frac{j}{2}\sqrt{8K^*-(K^*+1)^2}$$

令

$$x=-\frac{1}{2}(K^*+1),\quad y=\frac{1}{2}\sqrt{8K^*-(K^*+1)^2}$$

则由$x=-\frac{1}{2}(K^*+1)$可得$K^*=-2x-1$,将其代入y的表达式,有

$$(x+2)^2+y^2=2$$

证得复数根轨迹部分是以(-2,j0)为圆心、以$\sqrt{2}$为半径的一个圆。

4.4.7 已知开环传递函数为

$$G(s)H(s)=\frac{K^*}{s(s+4)(s^2+4s+20)}$$

试概略画出闭环系统根轨迹图。

解 本题可应用根轨迹绘制法则,绘制对称系统的概略根轨迹图,特别注意复平面上的分离点。

$$G(s)H(s)=\frac{K^*}{s(s+4)(s^2+4s+20)}=\frac{K^*}{s(s+4)(s+2+j4)(s+2-j4)}$$

① 根轨迹的分支和起点与终点。由于$n=4,m=0,n-m=4$,故根轨迹有四条分支,其起点分别为$p_1=0,p_2=-4,p_3=-2+j4,p_4=-2-j4$,其终点都为无穷远处。

② 实轴上的根轨迹。实轴上的根轨迹分布区间[0,-4]。

③ 根轨迹的渐近线。

$$\sigma_a=\frac{-4-2-j4-2+j4}{4-0}=-2,\quad \varphi_a=\pm\frac{\pi}{4},\pm\frac{3\pi}{4}$$

④ 根轨迹的分离点。根轨迹的分离点坐标满足

$$\frac{1}{d}+\frac{1}{d+4}+\frac{1}{d+2-j4}+\frac{1}{d+2+j4}=0$$

即

$$d^3+6d^2+18d+20=0$$

解得

$$d_1=-2,\quad d_{2,3}=-2\pm j\sqrt{6}=-2\pm j2.45$$

⑤ 根轨迹与虚轴的交点。系统的闭环特征方程式为

$$D(s)=s(s+4)(s^2+4s+20)+K^*=s^4+8s^3+36s^2+80s+K^*=0$$

令$s=j\omega$,并代入上式可得

$$(j\omega)^4+8(j\omega)^3+36(j\omega)^2+80(j\omega)+K^*=(\omega^4-36\omega^3+K^*)+j\omega(80-8\omega^2)=0$$

即

$$\begin{cases}\omega^4-36\omega^2+K^*=0\\80-8\omega^2=0\end{cases}$$

解得

$$\omega=\pm\sqrt{10}=\pm3.16,\quad K^*=260$$

故根轨迹与虚轴的交点坐标为$\omega\pm3.16,K^*=260$。

根据以上分析,画出系统的闭环概略根轨迹如图解4.4.7所示。

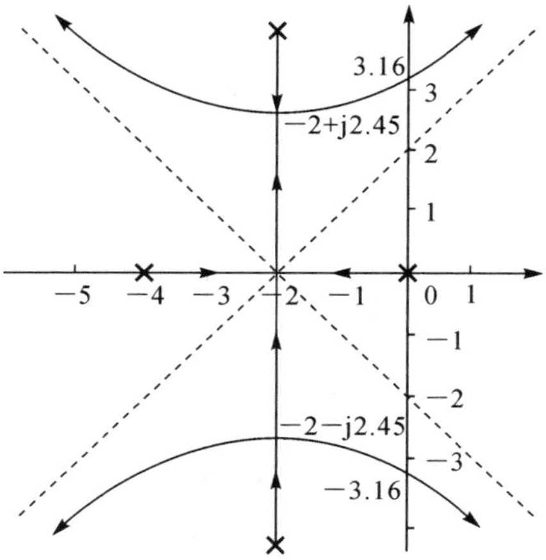

图解 4.4.7　$1+\dfrac{K^*}{s(s+4)(s^2+4s+20)}=0$ 概略根轨迹图

4.4.8　已知开环传递函数为

$$G(s)=\frac{K^*(s+2)}{(s^2+4s+9)^2}$$

试概略绘制其闭环系统根轨迹图。

解　本题可应用根轨迹绘制法则，绘制开环系统具有复重极点时的闭环系统的概略根轨迹图。

$$G(s)=\frac{K^*(s+2)}{(s^2+4s+9)^2}=\frac{K^*(s+2)}{(s+2+\mathrm{j}\sqrt{5})^2(s+2-\mathrm{j}\sqrt{5})^2}$$

① 根轨迹的分支和起点与终点。由于 $n=4, m=1, n-m=3$，故根轨迹有四条分支，其起点分别为 $p_{1,2}=-2+\mathrm{j}\sqrt{5}, p_{3,4}=-2-\mathrm{j}\sqrt{5}$，其中一条根轨迹的终点为 $z_1=-2$，其余都为无穷远处。

② 实轴上的根轨迹。实轴上的根轨迹分布为$[-2,-\infty)$。

③ 根轨迹的渐近线。

$$\sigma_a=\frac{2\times(-2+\mathrm{j}\sqrt{5})+2\times(-2-\mathrm{j}\sqrt{5})+2}{4-1}=-2,\quad \varphi_a=\pm\frac{\pi}{3},\pi$$

④ 根轨迹的分离点。根轨迹的分离点坐标满足

$$\frac{2}{d+2-\mathrm{j}\sqrt{5}}+\frac{2}{d+2+\mathrm{j}\sqrt{5}}=\frac{1}{d+2}$$

即
$$3d^2+12d+7=0$$

解得
$$d_1=-3.29,\quad d_2=-0.71(\text{舍去})$$

故分离点的坐标为 $d=-3.29$。

⑤ 根轨迹与虚轴的交点。系统的闭环特征方程式为

$$D(s)=(s^2+4s+9)^2+K^*(s+2)=s^4+8s^3+34s^2+(72+K^*)s+(2K^*+81)=0$$

令 $s=\mathrm{j}\omega$，将其代入上式可得

$$(\mathrm{j}\omega)^4+8(\mathrm{j}\omega)^3+34(\mathrm{j}\omega)^2+(72+K^*)(\mathrm{j}\omega)+2(K^*+81)=$$
$$(\omega^4-34\omega^3+2K^*+81)+\mathrm{j}\omega(-8\omega^2+72+K^*)=0$$

即
$$\begin{cases}\omega^4-34\omega^2+2K^*+81=0\\ -8\omega^+72+K^*=0\end{cases}$$

解得
$$\omega=\pm4.58,\quad K^*=96$$

根据以上分析，画出系统的闭环概略根轨迹如图解 4.4.8 所示。

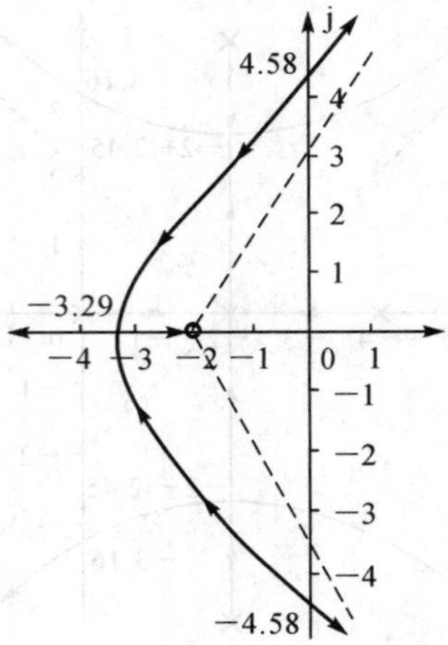

图解 4.4.8 $1+\frac{K^*(s+2)}{(s^2+4s+9)^2}=0$ 概略根轨迹图

4.4.9 一单位反馈系统，其开环传递函数为

$$G(s)=\frac{6.9(s^2+6s+25)}{s(s^2+8s+25)}$$

试用根轨迹法计算闭环系统根的位置。

解 本题开环系统具有复数零、极点。在系统概略根轨迹图上，利用根轨迹的模值条件极易确定实轴上的一个闭环极点值，再采用综合除法可方便获得另两个闭环极点值，从而完成本题要求的计算工作。为了检验计算精度，可用 MATLAB 仿真加以验证。

$$G(s)=\frac{K^*(s^2+6s+25)}{s(s^2+8s+25)}=\frac{K^*(s+3-\mathrm{j}4)(s+3+\mathrm{j}4)}{s(s+4-\mathrm{j}3)(s+4+\mathrm{j}3)}\quad (K^*=6.9)$$

① 根轨迹的分支和起点与终点。由于 $n=3, m=2, n-m=1$，故根轨迹有三条分支，其起点分别为 $p_1=0, p_2=-4+\mathrm{j}3, p_3=-4-\mathrm{j}3$，其终点分别是 $z_1=-3+\mathrm{j}4, z_2=-3-\mathrm{j}4$ 和无穷远处。

② 实轴上的根轨迹。实轴上的根轨迹分布区为$[0,+\infty)$。

③ 根轨迹的起始角与终止角。

$$\theta_{p_2}=180^\circ+180^\circ+(-90^\circ-45^\circ)+\left(90^\circ+\arctan\frac{1}{7}\right)-\left(90^\circ+\arctan\frac{4}{3}\right)-90^\circ=$$

$$-45^\circ+\arctan\frac{1}{7}-\arctan\frac{4}{3}=-90^\circ$$

$$\theta_{p_3}\approx 90^\circ$$

$$\varphi_{z_1}=180^\circ-\varphi_{z_2z_1}+\theta_{p_1z_1}+\theta_{p_2z_1}+\theta_{p_3z_1}=$$

$$-135^\circ+\arctan\frac{3}{4}+\arctan 7=-16.26^\circ$$

$$\varphi_{z_2}=16.26^\circ$$

可得闭环系统概略根轨迹如图解 4.4.9 所示。

在负实轴上任取 s_1，由模值条件

$$K^*=\frac{\prod_{i=1}^{3}|s_1-p_i|}{\prod_{j=1}^{2}|s_1-z_j|}$$

可得使 $K^*=6.9$ 的 $s_1=-10$。

系统的闭环特征方程为

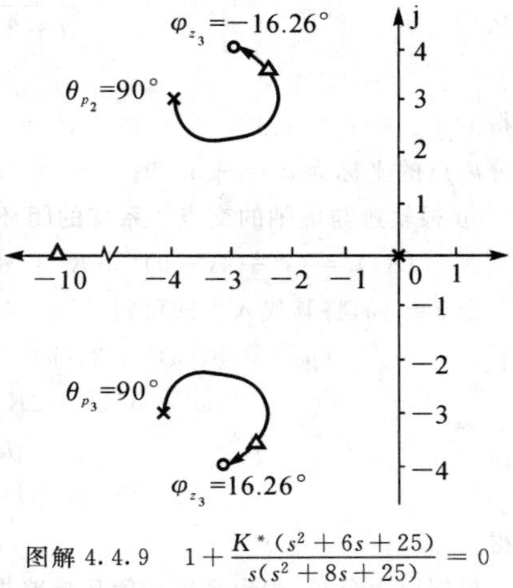

图解 4.4.9 $1+\frac{K^*(s^2+6s+25)}{s(s^2+8s+25)}=0$ 概略根轨迹图

$$D(s)=s(s^2+8s+25)+6.9(s^2+6s+25)=s^3+14.9s^2+66.4s+172.5=0$$

因已求出 $s_1=-10$ 为特征方程式的一个根，故可得

$$D(s)\approx(s+10)(s^2+4.9s+17.4)=0$$

解得

$$s_{2,3}=-2.45\pm j3.38$$

4.4.10　设反馈控制系统中

$$G(s)=\frac{K^*}{s^2(s+2)(s+5)},\quad H(s)=1$$

要求：

(1) 概略绘出系统根轨迹图，并判断闭环系统的稳定性；

(2) 如果改变反馈通路传递函数，使 $H(s)=1+2s$，试判断 $H(s)$ 改变后的系统稳定性，研究由于 $H(s)$ 改变所产生的效应。

解　本题应用根轨迹法研究改善结构不稳定系统的稳定性的方法。应用MATLAB软件，还可研究安置开环零点的最佳位置。

(1) 当 $H(s)=1$ 时，系统的开环传递函数

$$G(s)=\frac{K^*}{s^2(s+2)(s+5)}$$

显然，本系统属结构不稳定系统。

① 根轨迹的分支和起点与终点。由于 $n=4, m=0, n-m=4$，故根轨迹有四条分支，其起点分别为 $p_{1,2}=0, p_3=-2, p_4=-5$，其终点都为无穷远处。

② 实轴上的根轨迹。实轴上的根轨迹分布区为 $[-2,-5]$。

③ 根轨迹的渐近线。

$$\sigma_a=\frac{-5-2}{4-0}=-1.75,\quad \varphi_a=\pm\frac{\pi}{4},\pm\frac{3\pi}{4}$$

④ 根轨迹的分离点。根轨迹的分离点坐标满足

$$\frac{2}{d}+\frac{1}{d+2}+\frac{1}{d+5}=0$$

即

$$4d^2+21d+20=0$$

解得　$d_1=-4,\quad d_2=-1.25$（舍去）

故分离点的坐标为 $d=-4$。

根据以上分析，画出系统的闭环概略根轨迹如图解4.4.10(1)所示。

由系统的闭环根轨迹可知，当 K^* 从零变到无穷大时，系统始终有特征根在 s 右半平面，所以系统恒不稳定。

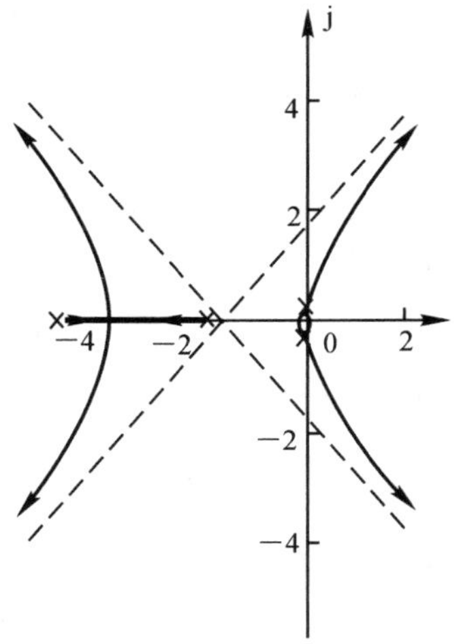

图解 4.4.10(1)　$1+\dfrac{K^*}{s^2(s+2)(s+5)}=0$ 概略根轨迹图

(2) 当 $H(s)=1+2s$ 时，系统的开环传递函数

$$G(s)H(s)=\frac{K_1^*(s+0.5)}{s^2(s+2)(s+5)}$$

其中 $K_1^*=2K$，为根轨迹增益。

① 根轨迹的分支和起点与终点。由于 $n=4, m=1, n-m=3$，故根轨迹有四条分支，起点分别为 $p_{1,2}=0, p_3=-2, p_4=-5$，其中一条根轨迹的终点 $z_1=-0.5$，其余为无穷远处。

② 实轴上的根轨迹。实轴上的根轨迹分支有 $[-5,-\infty)$，$[-0.5,-2]$。

③ 根轨迹的渐近线。

$$\sigma_a = \frac{0.5-5-2}{4-1} = -2.17, \quad \varphi_a = \pm\frac{\pi}{3}, \pi$$

④ 根轨迹与虚轴的交点。系统的闭环特征方程式为

$$D(s) = s^2(s+2)(s+5) + K_1^*(s+0.5) = s^4 + 7s^3 + 10s^2 + K_1^* s + 0.5K_1^* = 0$$

即

$$s^4 + 7s^3 + 10s^2 + 2K^* s + K^* = 0$$

令 $s = j\omega$，将其代入上式可得

$$(j\omega)^4 + 7(j\omega)^3 + 10(j\omega)^2 + 2K^*(j\omega) + K^* = 0$$

即

$$\begin{cases} \omega^4 - 10\omega^2 + K^* = 0 \\ -7\omega^3 + 2K^*\omega = 0 \end{cases}$$

因 $\omega \neq 0$，故可解得

$$K^* = 22.75, \quad \omega = \pm 2.55$$

根据以上分析，画出系统的闭环概略根轨迹如图解 4.4.10(2) 所示。

由系统的闭环根轨迹可知，当 $0 < K^* < 22.75$ 时，闭环系统稳定。因此，由于 $H(s)$ 从 1 改变为 $1+2s$ 使系统增加了一个负实零点，迫使系统根轨迹向 s 左半平面弯曲，从而改善了系统的稳定性。

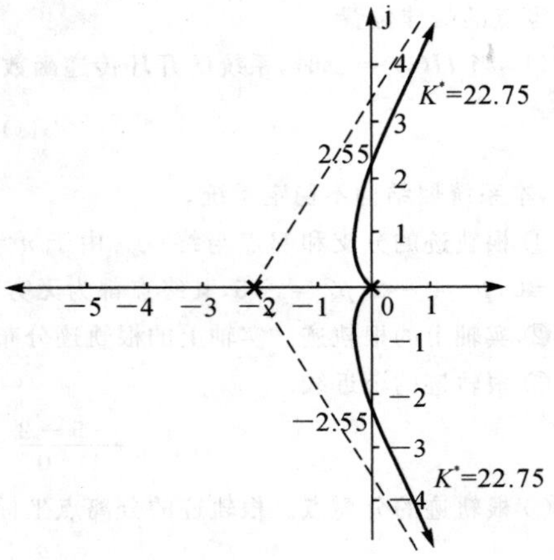

图解 4.4.10(2) $1 + \frac{2K^*(s+0.5)}{s^2(s+2)(s+5)} = 0$

概略根轨迹图

4.4.11 试绘出下列多项式方程的根轨迹：

(1) $s^3 + 2s^2 + 3s + Ks + 2K = 0$；

(2) $s^3 + 3s^2 + (K+2)s + 10K = 0$。

解 本题研究参数根轨迹的绘制方法。

(1) $$s^3 + 2s^2 + 3s + Ks + 2K = 0$$

由题可得

$$D(s) = s^3 + 2s^2 + 3s + K(s+2) = 0$$

上式可等价表示为

$$1 + G(s) = 0$$

其中等效开环传递函数

$$G(s) = \frac{K(s+2)}{s^3 + 2s^2 + 3s} = \frac{K(s+2)}{s(s+1+j\sqrt{2})(s+1-j\sqrt{2})}$$

① 根轨迹的分支和起点与终点。由于 $n=3, m=1, n-m=2$，故根轨迹有三条分支，其起点分别为 $p_1 = -1-j\sqrt{2}, p_2 = -1+j\sqrt{2}, p_3 = 0$，其终点分别为 $z_1 = -2$ 和无穷远处。

② 实轴上的根轨迹。实轴上的根轨迹分布区为 $[0, -2]$。

③ 根轨迹的渐近线。

$$\sigma_a = \frac{-1-j\sqrt{2}-1+j\sqrt{2}+2}{3-1} = 0, \quad \varphi_a = \pm\frac{\pi}{2}$$

④ 根轨迹的起始角。

$$\theta_{p_1} = 180° + \varphi_{z_1 p_1} - \theta_{p_2 p_1} - \theta_{p_3 p_1} = 180° + \arctan\sqrt{2} - 90° - (180° - \arctan\sqrt{2}) = 19.47°$$

$$\theta_{p_2} = -19.47°$$

根据以上几点，可以画出概略根轨迹如图解 4.4.11(1) 所示。

(2) $$s^3 + 3s^2 + (K+2)s + 10K = 0$$

由题可得

$$D(s) = s^3 + 2s^2 + 2s + K(s+10) = 0$$

上式可等价表示为

$$1 + G(s) = 0$$

其中等效开环传递函数

$$G(s)=\frac{K(s+10)}{s^3+2s^2+2s}=\frac{K(s+10)}{s(s+1)(s+2)}$$

① 根轨迹的分支和起点与终点。由于 $n=3, m=1$，$n-m=2$，故根轨迹有三条分支，其起点分别为 $p_1=0$，$p_2=-1$，$p_3=-2$，其终点分别为 $z_1=-10$ 和无穷远处。

② 实轴上的根轨迹。实轴上的根轨迹分布区为 $[0,-1]$，$[-2,-10]$。

③ 根轨迹的渐近线。

$$\sigma_a=\frac{-1-2+10}{3-1}=3.5,\quad \varphi_a=\pm\frac{\pi}{2}$$

④ 根轨迹的分离点。根轨迹的分离点坐标满足

$$\frac{1}{d}+\frac{1}{d+1}+\frac{1}{d+2}=\frac{1}{d+10}$$

可得

$$d^3+16.5d^2+30d+10=0$$

由试凑法可得

$$d\approx -0.433$$

⑤ 根轨迹与与虚轴的交点。系统的闭环特征方程式为

$$D(s)=s^3+3s^2+2s+K(s+10)=0$$

令 $s=\mathrm{j}\omega$，并将其代入上式可得

$$(\mathrm{j}\omega)^3+3(\mathrm{j}\omega)^2+2(\mathrm{j}\omega)+K[(\mathrm{j}\omega)+10]=0$$

即

$$\begin{cases}-3\omega^2+10K=0\\ -\omega^2+2\omega+K\omega=0\end{cases}$$

因 $\omega\neq 0$，故可解得交点处坐标

$$\omega=\pm 1.69,\quad K=\frac{6}{7}=0.86$$

则根轨迹与虚轴的交点坐标为 $\pm\mathrm{j}1.69$。

根据以上分析，画出系统的闭环概略根轨迹如图解 4.4.11(2) 所示。

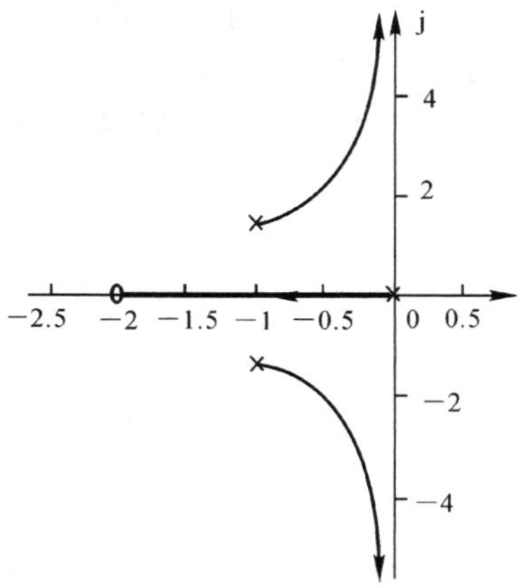

图解 4.4.11(1)　$s^3+2s^2+3s+Ks+2K=0$ 概略根轨迹图

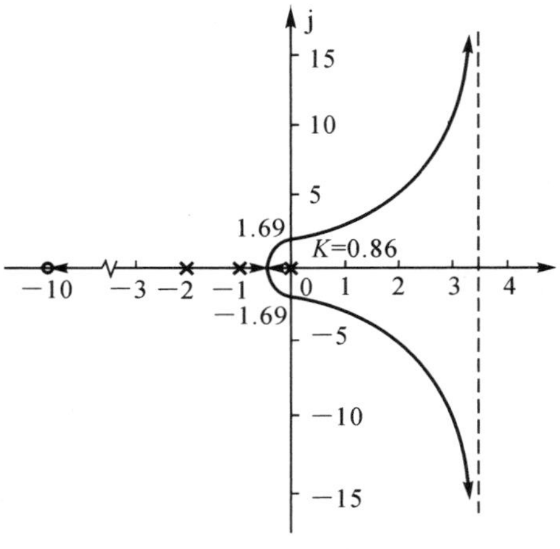

图解 4.4.11(2)　$s^3+3s^2+(K+2)s+10K=0$ 概略根轨迹图

4.4.12　设系统开环传递函数如下，试画出 b 从零变到无穷时的根轨迹图：

(1) $G(s)=\dfrac{20}{(s+4)(s+b)}$；

(2) $G(s)=\dfrac{30(s+b)}{s(s+10)}$。

解　本题考查参数要轨迹的绘制。

(1)　$G(s)=\dfrac{20}{(s+4)(s+b)}$

系统的闭环特征多项式为

$$D(s)=(s+4)(s+b)+20=s^2+4s+20+b(s+4)=0$$

上式可等价表示为

$$1+G_1(s)=0$$

其中等效开环传递函数

$$G(s)=\frac{b(s+4)}{s^2+4s+20}=\frac{b(s+4)}{(s+2+\mathrm{j}4)(s+2-\mathrm{j}4)}$$

① 根轨迹的分支和起点与终点。由于 $n=2, m=1, n-m=1$，故根轨迹有两条分支，其起点分别为 $p_1=$

$-2-j4$，$p_2=-2+j4$，其终点分别为 $z_1=-4$ 和无穷远处。

② 实轴上的根轨迹。实轴上的根轨迹分布区为$[-4,-\infty)$。

③ 根轨迹的分离点。根轨迹的分离点坐标满足

$$\frac{1}{d+2+j4}+\frac{1}{d+2-j4}=\frac{1}{d+4}$$

应有 $d^2+8d-4=0$，解得

$$d_1=-8.47,\quad d_2=0.47(\text{舍去})$$

④ 根轨迹的起始角。

$$\theta_{p_1}=180^\circ+\varphi_{z_1p_1}-\theta_{p_2p_1}=180^\circ+\arctan2-90^\circ=153.43^\circ$$

$$\theta_{p_2}=-153.43^\circ$$

根据以上几点，可以画出概略参数根轨迹如图解 4.4.12(1) 所示。

实际上，可以类似题 4.4.6 的证明，本题根轨迹是以$(-4,j0)$为圆心，以 $\sqrt{2^2+4^2}=\sqrt{20}=4.47$ 为半径的圆的一部分。而分离点 $d=-8.47$ 处的 b 值可由模值条件求出：

$$b=\frac{\prod_{i=1}^{2}|d-p_i|}{|d-z|}=\frac{6.47^2+4^2}{4.47}=12.94$$

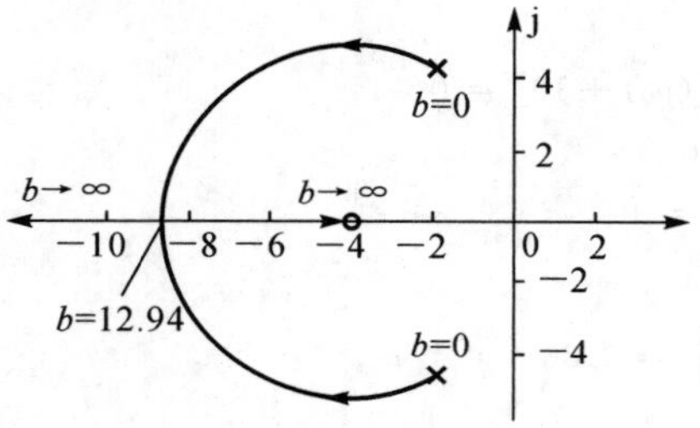

图解 4.4.12(1) $1+\dfrac{b(s+4)}{(s+2+j4)(s+2-j4)}=0$

概略参数根轨迹图

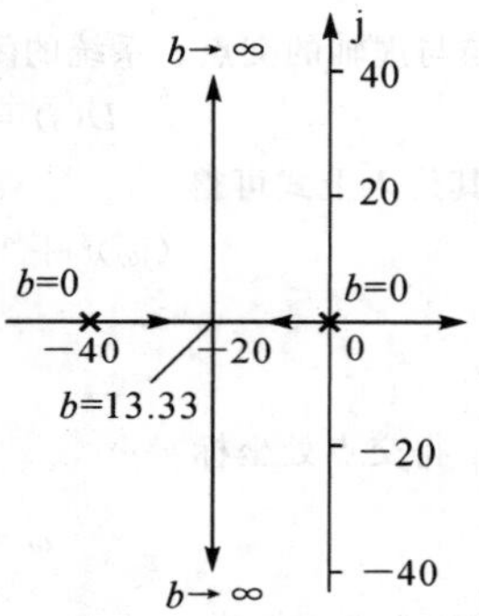

图解 4.4.12(2) $1+\dfrac{30b}{s(s+40)}=0$

概略参数根轨迹图

(2)
$$G(s)=\frac{30(s+b)}{s(s+10)}$$

由题可得

$$D(s)=s(s+10)+30(s+b)=s^2+40s+30b=0$$

上式可等价表示为

$$1+G_2(s)=0$$

其中等效开环传递函数

$$G_2(s)=\frac{30b}{s^2+40s}=\frac{30b}{s(s+40)}$$

① 根轨迹的分支和起点与终点。由于 $n=2$，$m=0$，$n-m=2$，故根轨迹有两条分支，其起点分别为 $p_1=0$，$p_2=-40$，其终点都为无穷远处。

② 实轴上的根轨迹。实轴上的根轨迹分布区为$[0,-40]$。

③ 根轨迹的分离点。根轨迹的分离点坐标满足

$$\frac{1}{d}+\frac{1}{d+40}=0$$

即 $2d+40=0$，解得

$$d=-20$$

根据以上分析，画出系统的闭环概略参数根轨迹如图解 4.4.12(2) 所示。

分离点 $d=-20$ 处的 b 值，可由模值条件求出为

$$30b=\prod_{i=1}^{2}|d-p_i|=400$$

$$b=13.33$$

4.4.13　设控制系统的结构图如图 4.4.39 所示，试概略绘制其根轨迹图。

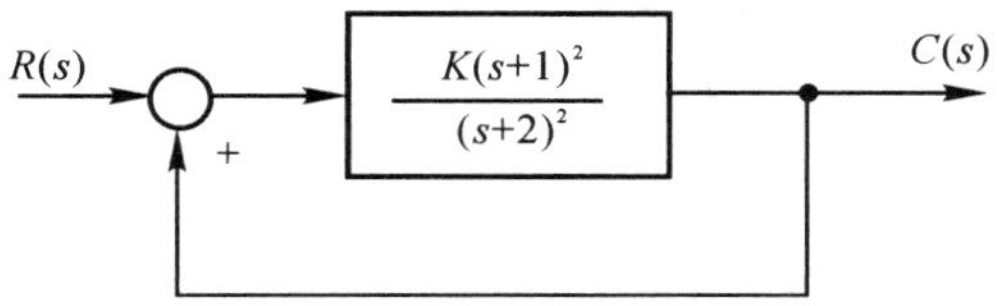

图 4.4.39　题 4.4.13 控制系统

解　本题考查零度根轨迹的绘制。由图 4.4.39 可知，该系统是一个正反馈控制系统，其根轨迹为零度根轨迹。

该系统的开环传递函数为

$$G(s)=\frac{K^*(s+1)^2}{(s+2)^2}$$

根据绘制零度根轨迹图的法则可得：

① 根轨迹的分支和起点与终点。由于 $n=2, m=3, n-m=0$，故根轨迹有两条分支，其起点分别为 $p_1=-2, p_2=-2$，其终点分别为 $z_1=-1, z_2=-1$。

② 实轴上的根轨迹。实轴上的根轨迹分布区为全部实轴。

根据以上分析，可以绘制该系统的概略零度根轨迹如图解 4.4.13 所示。

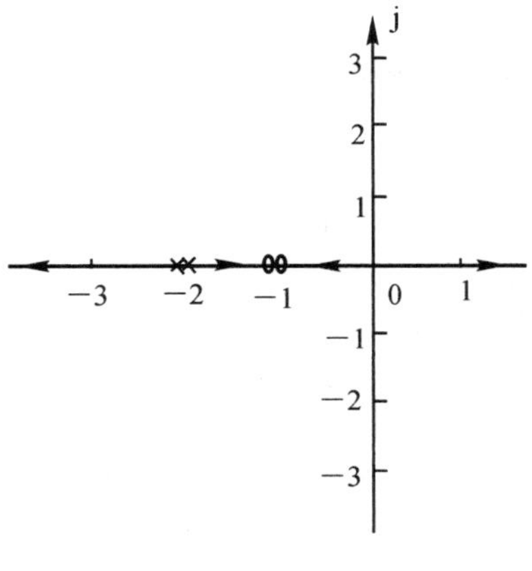

图解 4.4.13　$1+\dfrac{K^*(s+1)^2}{(s+2)^2}=0$ 概略零度根轨迹图

4.4.14　设单位反馈控制系统的开环传递函数为

$$G(s)=\frac{K^*(1-s)}{s(s+2)}$$

试绘制其根轨迹图，并求出使系统产生重实根和纯虚根的 K^* 值。

解　本题考查零度根轨迹的绘制。

系统的开环传递函数为

$$G(s)=\frac{K^*(1-s)}{s(s+2)}$$

由系统的开环传递函数可知，该系统的根轨迹为零度根轨迹。

根据绘制零度根轨迹图的法则可得：

① 根轨迹的分支和起点与终点。由于 $n=2,m=1,n-m=1$，故根轨迹有两条分支，其起点分别为 $p_1=0,p_2=-2$，其终点分别为 $z_1=1$ 和无穷远处。

② 实轴上的根轨迹。实轴上的根轨迹分布区为 $[-2,0],[1,\infty)$。

③ 根轨迹的分离点。根轨迹的分离点坐标满足

$$\frac{1}{d}+\frac{1}{d+2}=\frac{1}{d-1}$$

即 $d^2-2d-2=0$，解得

$$d_1=1-\sqrt{3}=-0.732,\quad d_2=1+\sqrt{3}=2.732$$

根据幅值条件可得分离点处的根轨迹增益为

$$K_1^*=\left|\frac{d_1(d_1+2)}{1-d_1}\right|=\frac{0.732\times(2-0.732)}{1.732}=0.536$$

$$K_2^*=\left|\frac{d_2(d_2+2)}{1-d_2}\right|=\frac{2.732\times(2+2.732)}{1.732}=7.464$$

④ 根轨迹与虚轴的交点。系统的闭环特征方程式为

$$D(s)=s^2+2s-K^*s+K^*=0$$

令 $s=\mathrm{j}\omega$，代入上式可得

$$(\mathrm{j}\omega)^2+2(\mathrm{j}\omega)-K^*(\mathrm{j}\omega)+K^*=0$$

即

$$\begin{cases}-\omega^2+K^*=0\\2\omega-K^*\omega=0\end{cases}$$

因 $\omega\neq0$，故可解得

$$\omega=\pm\sqrt{2},\quad K^*=2$$

根据以上分析，可以绘制该系统的概略零度根轨迹如图解 4.4.14 所示。

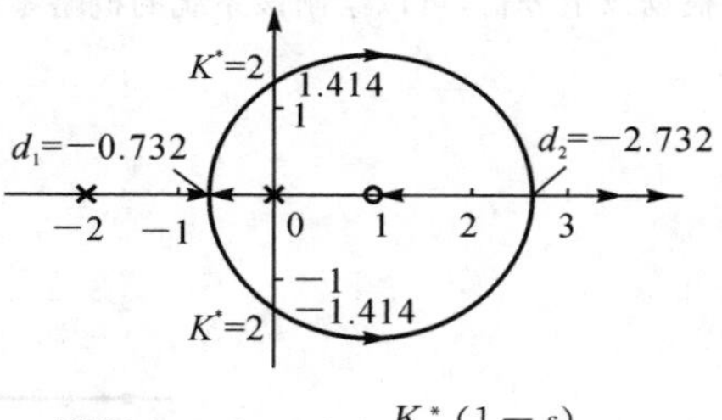

图解 4.4.14 $1+\dfrac{K^*(1-s)}{s(s+2)}=0$ 概略零度根轨迹图

实际上，系统根轨迹的复数部分是以零点 $z=1$ 为圆心、以零点到分离点 d_1 或 d_2 的距离 1.732 为半径的圆。

由于系统产生的重实根对应于根轨迹上的分离点，而系统产生的纯虚根对应于根轨迹与虚轴的交点。因此，使系统产生重实根的 K^* 值为 0.536 和 7.464，使系统产生纯虚根的 K^* 值为 2。

4.4.15 设控制系统如图 4.4.40 所示，试概略绘出 $K_t=0,0<K_t<1,K_t>1$ 时的根轨迹和单位阶跃响应曲线。若取 $K_t=0.5$，试求出 $K=10$ 时的闭环零、极点，并估算系统的动态性能。

解 本题研究闭环根轨迹的绘制及综合应用。

由图 4.4.40 所示的结构图可知，系统的开环传递函数为

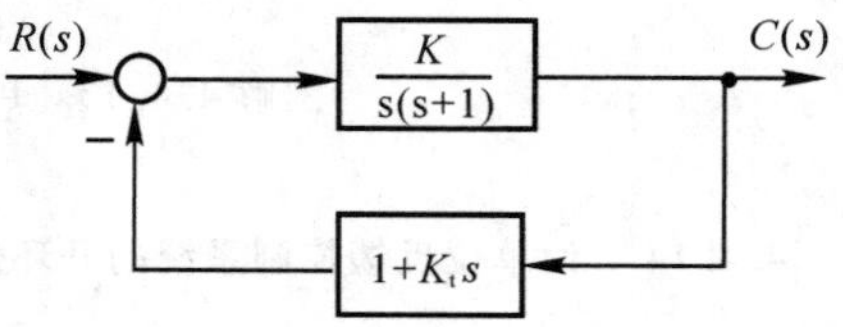

图 4.4.40 题 4.4.15 控制系统

$$G(s)H(s)=\frac{K(1+K_ts)}{s(s+1)}=\frac{KK_t\left(s+\frac{1}{K_t}\right)}{s(s+1)}$$

(1) 当 $K_t=0$ 时系统的根轨迹。开环传递函数为

$$G(s)H(s)=\frac{K}{s(s+1)}$$

① 根轨迹的分支和起点与终点。由于 $n=2, m=0, n-m=2$，故根轨迹有两条分支，其起点分别为 $p_1=0, p_2=-1$，其终点都为无穷远处。

② 实轴上的根轨迹。实轴上的根轨迹分布区为$[-1,0]$。

③ 根轨迹的分离点。根轨迹的分离点坐标满足

$$\frac{1}{d}+\frac{1}{d+1}=0$$

解得

$$d=-0.5$$

由以上分析绘制系统的概略根轨迹如图解 4.4.15(1) 所示。

(2) 当 $0<K_t<1$ 时系统的根轨迹。开环传递函数为

$$G(s)H(s)=\frac{K(1+K_ts)}{s(s+1)}=\frac{KK_t\left(s+\frac{1}{K_t}\right)}{s+(s+1)}\quad(0<K_t<1)$$

① 根轨迹的分支和起点与终点。由于 $n=2, m=1, n-m=1$，故根轨迹有两条分支，其起点分别为 $p_1=0, p_2=-1$，其终点分别为 $z=-\frac{1}{K_t}$ 和无穷远处。

由于 $0<K_t<1$，故负实零点 $z=-\frac{1}{K_t}$ 必位于开环极点 0 和 -1 之左。

② 实轴上的根轨迹。实轴上的根轨迹分布区为$\left(-\infty,-\frac{1}{K_t}\right]$，$[-1,0]$。

③ 根轨迹的分离点。根轨迹的分离点坐标满足

$$\frac{1}{d}+\frac{1}{d+1}=\frac{1}{d+\frac{1}{K_t}}$$

故有 $d^2+\frac{2}{K_t}d+\frac{1}{K_t}=0$，解得

$$d_{1,2}=\frac{-1\pm\sqrt{1-K_t}}{K_t}$$

由以上分布绘制系统的概略根轨迹如图解 4.4.15(2) 所示。在 $0<K_t<1$ 时，根轨迹的复数部分为一圆。

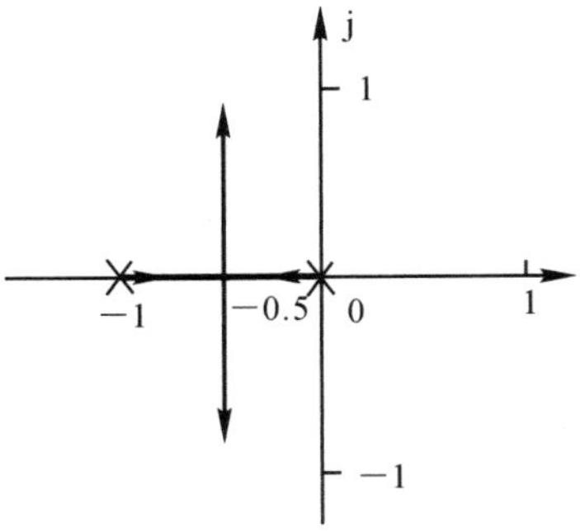

图解 4.4.15(1)　$1+\frac{K}{s(+1)}=0$

概略根轨迹图($K_t=0$)

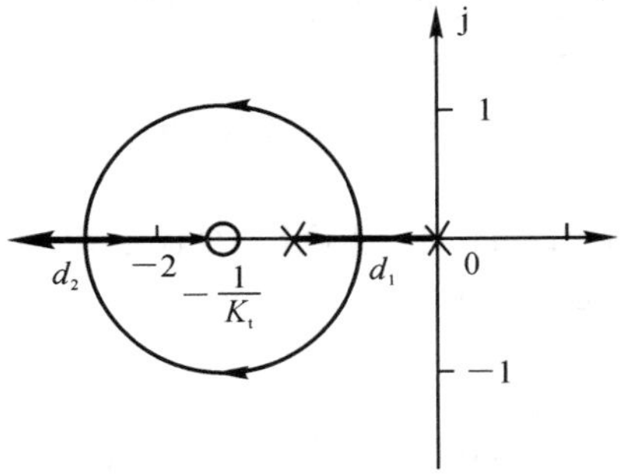

图解 4.4.15(2)　$1+\frac{K(1+K_ts)}{s(s+1)}=0$

概略根轨迹图($0<K_t<1$)

(3) 当 $K_t>1$ 时系统的开环传递函数为

$$G(s)H(s)=\frac{K(1+K_ts)}{s(s+1)}=\frac{KK_t\left(s+\frac{1}{K_t}\right)}{s(s+1)}\quad(K_t>1)$$

① 根轨迹的分支和起点与终点。由于 $n=2, m=1, n-m=1$，故根轨迹有两条分支，其起点分别为 $p_1=$

$0, p_2 = -1$，其终点分别为 $z = -\dfrac{1}{K_t}$ 和无穷远处。

由于 $K_t > 1$，故负实零点 $z = -\dfrac{1}{K_t}$ 必位于开环极点 0 和 -1 之间。

② 实轴上的根轨迹。实轴上的根轨迹分布区为 $[-1, -\infty), [0, -\dfrac{1}{K_t}]$。

由以上分布绘制系统的概略根轨迹如图解 4.4.15(3) 所示。

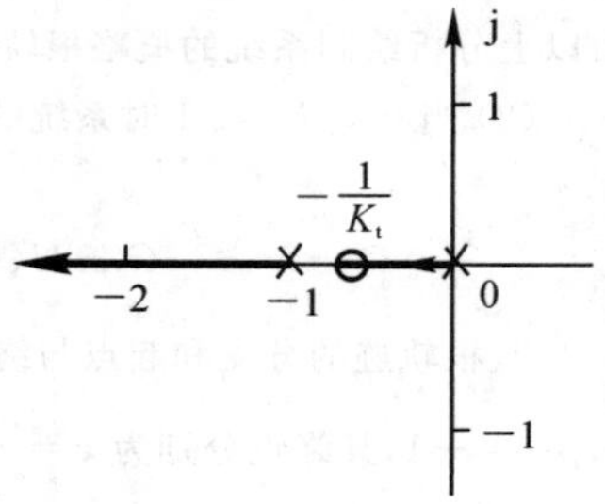

图解 4.4.15(3) $1 + \dfrac{K(1 + K_t s)}{s(s+1)} = 0$ 概略根轨迹图($K_t > 1$)

(4) 当 $K_t = 0.5, K = 10$ 时闭环系统零、极点及动态性能。系统的开环传递函数

$$G(s)H(s) = \frac{10(1 + 0.5s)}{s(s+1)} = \frac{5(s+2)}{s(s+1)}$$

闭环传递函数

$$\Phi(s) = \frac{G(s)}{1 + G(s)H(s)} = \frac{10}{s(s+1) + 5(s+2)}$$

则系统的闭环特性方程为

$$D(s) = s(s+1) + 5(s+2) = s^2 + 6s + 10 = 0$$

此时，系统的闭环极点为 $\lambda_{1,2} = -3 \pm \mathrm{j}1$，无闭环零点。

由系统的闭环极点可知 $\zeta\omega_n = 3, \omega_n\sqrt{1-\zeta^2} = 1$，可得

$$\omega_n = \sqrt{10} = 3.16, \quad \zeta = 0.95, \quad \omega_d = 1$$

所以，系统的动态性能指标如下：

调节时间 $t_s = \dfrac{3.5}{\zeta\omega_n} = \dfrac{3.5}{3} = 1.17\ \mathrm{s}(\Delta = 0.05)$，$t_s = \dfrac{4.4}{\zeta\omega_n} = 1.47\ \mathrm{s}(\Delta = 0.02)$

超调量 $\sigma\% = \mathrm{e}^{-\pi\zeta\sqrt{1-\zeta^2}} \times 100\% = 0$

4.4.16 设单位反馈系统的开环传递函数为

$$G(s) = \frac{K^*(s+1)}{s^2(s+2)(s+4)}$$

试分别画出正反馈和负反馈系统的根轨迹图，并指出它们的稳定情况有何不同。

解 本题研究常规根轨迹和零度根轨迹的绘制与分析

(1) 负反馈系统的根轨迹。

① 根轨迹的分支和起点与终点。由于 $n = 4, m = 1, n - m = 3$，故根轨迹有四条分支，其起点分别为 $p_{1,2} = 0, p_3 = -2, p_4 = -4$，其终点分别为 $z_1 = -1$ 和无穷远处。

② 实轴上的根轨迹。实轴上的根轨迹分布区为 $[-4, -\infty), [-2, -1]$。

③ 根轨迹的渐近线。

$$\sigma_a = \frac{-2-4+1}{4-1} = -1.67, \quad \varphi_a = \pm\frac{\pi}{3}, \pi$$

④ 根轨迹与虚轴交点。系统的闭环特征方程式为

$$D(s) = s^2(s+2)(s+4) + K^*(s+1) = s^4 + 6s^3 + 8s^2 + K^*s + K^* = 0$$

令 $s = \mathrm{j}\omega$，代入上式可得

$$(\mathrm{j}\omega)^4 + 6(\mathrm{j}\omega)^3 + 8(\mathrm{j}\omega)^2 + K^*(\mathrm{j}\omega) + K^* = 0$$

即

$$\begin{cases} \omega^4 - 8\omega^2 + K^* = 0 \\ -6\omega^3 + K^*\omega = 0 \end{cases}$$

因 $\omega \neq 0$，故可解得

$$\omega = \pm\sqrt{2}, \quad K^* = 12$$

根据以上分析，画出系统的闭环概略常规根轨迹如图解 4.4.16(1) 所示。

由根轨迹图可知，当 $0 < K^* < 12$ 时，系统稳定。

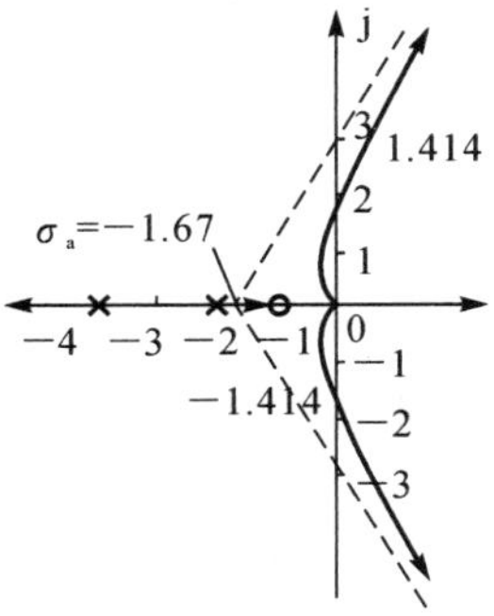

图解 4.4.16(1) $1+\dfrac{K^*(s+1)}{s^2(s+2)(s+4)}=0$

概略常规根轨迹图

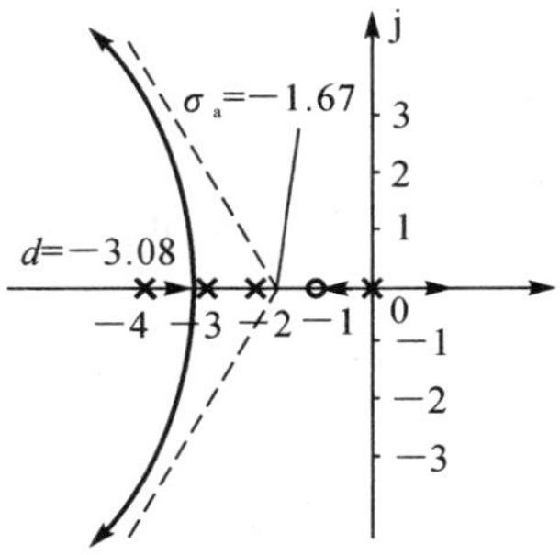

图解 4.4.16(2) $1+\dfrac{K^*(s+1)}{s^2(s+2)(s+4)}=0$

概略零度根轨迹图

(2) 正反馈系统的根轨迹。

① 根轨变的分支和起点与终点。由于 $n=4, m=1, n-m=3$，故根轨迹有四条分支，其起点分别为 $p_{1,2}=0, p_3=-2, p_4=-4$，其终点分别为 $z_1=-1$ 和无穷远处。

② 实轴上的根轨迹。实轴上的根轨迹分布区为 $[-4,-2]$，$[-1,\infty)$。

③ 根轨迹的渐近线。

$$\sigma_a=\frac{-2-4+1}{4-1}=-1.67,\quad \varphi_a=\pm\frac{2}{3}\pi,0$$

④ 根轨迹的分离点。根轨迹的分离点坐标满足

$$\frac{2}{d}+\frac{1}{d+2}+\frac{1}{d+4}=\frac{1}{d+1}$$

由试凑法可得 $d=-3.082$。

根据以上分析，画出系统的闭环概略零度根轨迹如图解 4.4.16(2) 所示。

4.4.17 设控制系统如图 4.4.41 所示，其中 $G_c(s)$ 为改善系统性能而加入的校正装置。若 $G_c(s)$ 可从 $K_t s$，$K_a s^2$ 和 $\dfrac{K_a s^2}{s+20}$ 三种传递函数中任选一种，你选择哪一种？为什么？

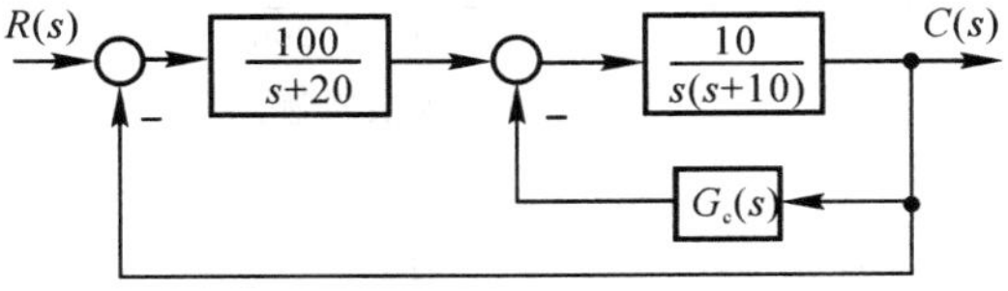

图 4.4.41 题 4.4.17 控制系统

解 本题考查参数根轨迹的绘制，并通过根轨迹研究系统性能。

由系统的结构图可知，系统的开环传递函数为

$$G(s)=\frac{100}{s+20}\frac{\dfrac{10}{s(s+10)}}{1+\dfrac{10G_c(s)}{s(s+10)}}=\frac{1\,000}{(s+20)[s^2+10s+10G_c(s)]}$$

则系统的闭环特征方程为

$$D(s)=(s+20)[s^2+10s+10G_c(s)]+1\,000=s^3+30s^2+200s+1\,000+10G_c(s)(s+20)=0$$

系统的等效开环传递函数为

$$G_1(s)=\frac{10G_c(s)(s+20)}{s^3+30s^2+200s+1\,000}=0$$

(1) 当 $G_c(s)=K_t s$ 时

$$G_1(s) = \frac{10K_t s(s+20)}{(s+23.25)(s+3.375+j5.63)(s+3.375-j5.63)}$$

根据绘制常规根轨迹的法则，可得此时的概略参数根轨迹如图解 4.4.17(1) 所示，其中分离点方程

$$d^4 + 40d^3 + 400d^2 - 2\,000d - 20\,041.5 = 0$$

可用试探法求得

$$d = -6.3$$

在分离点处，根轨迹增益可用模值条件求出为

$$K_t = 0.79$$

在这种情况下，可以在 $0 < K_t < 0.79$ 范围内，通过改变 K_t 的值使系统的主导极点具有 $\zeta = 0.707$ 的最佳阻尼比。

(2) 当 $G_c(s) = K_a s^2$ 时

$$G_1(s) = \frac{10K_a s^2(s+20)}{(s+23.25)(s+3.375+j5.63)(s+3.375-j5.63)}$$

根据绘制常规根轨迹的法则，可得到此时的概略参数根轨迹如图解 4.4.17(2) 所示。

这种情况下，由于 K_a 的值越大，系统闭环极点越靠近虚轴，从而使稳定性越差，所以不能通过改变 K_a 的值来使系统的性能达到最佳。

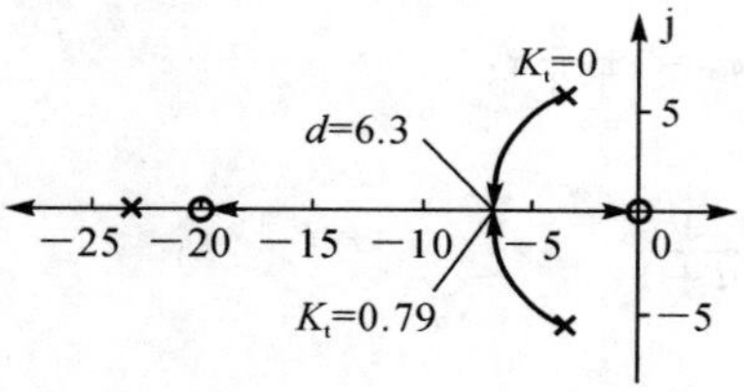

图解 4.4.17(1) $1 + \frac{10K_t s(s+20)}{s^3 + 30s^2 + 200s + 1\,000} = 0$ 概略参数根轨迹图

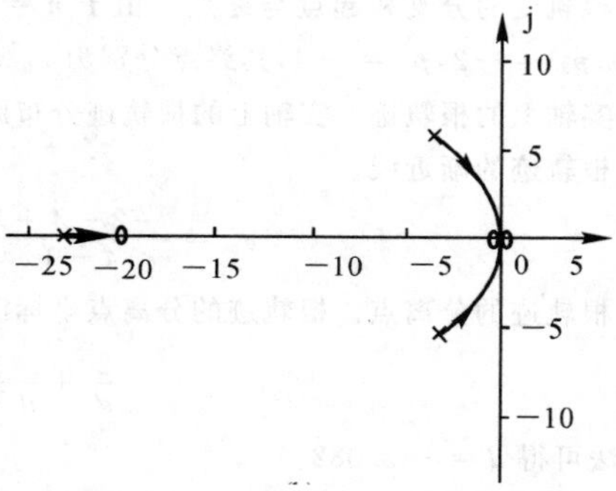

图解 4.4.17(2) $1 + \frac{10K_a s^2(s+20)}{s^3 + 30s^2 + 200s + 1\,000} = 0$ 概略参数根轨迹图

(3) 当 $G_c(s) = \frac{K_a s^2}{s+20}$ 时

$$G_1(s) = \frac{10K_a s^2}{(s+23.25)(s+3.375+j5.63)(s+3.375-j5.63)}$$

根据绘制常规根轨迹的法则，可得到此时的概略参数根轨迹如图解 4.4.17(3) 所示。

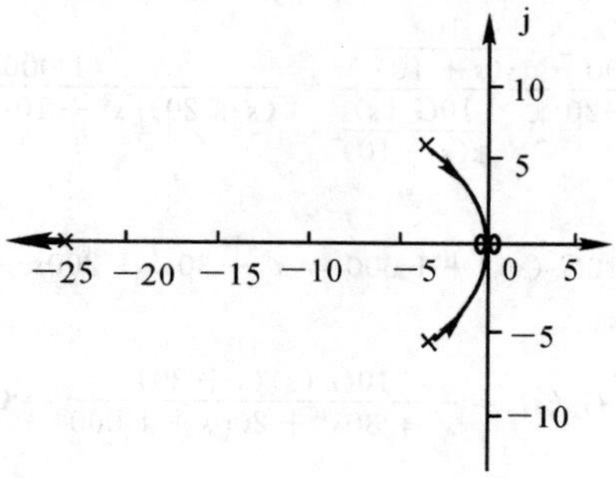

图解 4.4.17(3) $1 + \frac{10K_a s^2}{s^3 + 30s^2 + 200s + 1\,000} = 0$ 概略参数根轨迹图

这种情况下，也不能通过改变 K_a 的值来使系统的性能达到最佳。

通过以上分析，最终选择第一种情况，即 $G_c(s) = K_t s$。

4.4.18　设系统如图 4.4.42 所示。试作闭环系统根轨迹，并分析 K 值变化对系统在阶跃扰动作用下响应 $c(t)$ 的影响。

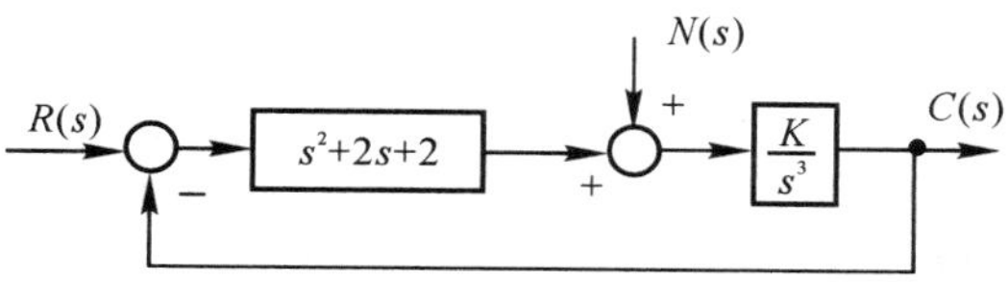

图 4.4.42　题 4.4.18 控制系统

解　由题意可知

$$n(t) = 1(t),\quad N(s) = \frac{1}{s}$$

在扰动作用下，系统的闭环传递函数为

$$\Phi_n(s) = \frac{K}{s^3 + K(s^2 + 2s + 2)}$$

系统的闭环特征方程为

$$D(s) = s^3 + K(s^2 + 2s + 2) = 0$$

系统的等效开环传递函数为

$$G_1(s) = \frac{K(s^2 + 2s + 2)}{s^3} = \frac{K(s + 1 + \mathrm{j}1)(s + 1 - \mathrm{j}1)}{s^3}$$

根据绘制根轨迹的法则可得：

① 根轨迹的分支和起点与终点。由于 $n = 3, m = 2, n - m = 1$，故根轨迹有三条分支，其起点分别为 $p_{1,2,3} = 0$。其终点分别为 $z_{1,2} = -1 \pm \mathrm{j}$ 和无穷远处。

② 实轴上的根轨迹。实轴上的根轨迹分布区为$[0, -\infty)$。

③ 根轨迹与虚轴的交点。系统的闭环特征方程式为

$$D(s) = s^3 + K(s^2 + 2s + 2) = 0$$

令 $s = \mathrm{j}\omega$，代入上式可得

$$(\mathrm{j}\omega)^3 + K[(\mathrm{j}\omega)^2 + 2(\mathrm{j}\omega) + 2] = 0$$

即

$$\begin{cases} -\omega^3 + 2K\omega = 0 \\ -K\omega^2 + 2K = 0 \end{cases}$$

因 $\omega \neq 0$，故可解得交点坐标为

$$\omega = \pm\sqrt{2} = \pm 1.414,\quad K = 1$$

根据以上分析，画出系统的闭环概略参数根轨迹如图解 4.4.18 所示。

由系统的根轨迹可知：当 $0 < K < 1$ 时，系统不稳定，$c_n(t)$ 发散；而当 $K > 1$ 时，系统稳定，$c_n(t)$ 收敛；当 K 值在 $K > 1$ 基础上继续增大时，系统的稳定性变好，$c_n(t)$ 收敛加快；当 $K \to \infty$ 时，系统的阻尼比趋近于 0.707，响应 $c_n(t)$ 的振荡性减弱，系统的调节时间减小，快速性得到收善。

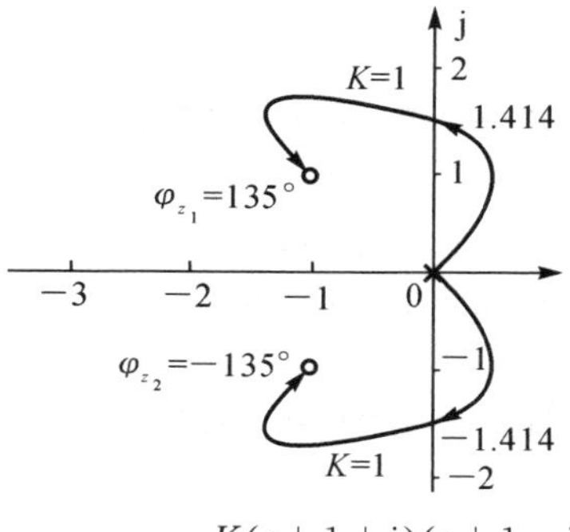

图解 4.4.18　$1 + \dfrac{K(s + 1 + \mathrm{j})(s + 1 - \mathrm{j})}{s^3} = 0$ 概略参数根轨迹图

4.4.19　图 4.4.43 为激光操作控制系统，可用于外科技术时在人体内钻孔。手术要求激光操作系统必须有高度精确的位置和速度响应，因此直流电机的参数选为，激磁时

间常数 $T_1 = 0.1$ s，电机和载荷组合的机电时间常数 $T_2 = 0.2$ s。要求调整放大器增益 K_a，使系统在斜坡输入 $r(t) = At(A = 1\ \text{mm/s})$ 时，系统稳态误差 $e_{ss}(\infty) \leqslant 0.1$ mm。

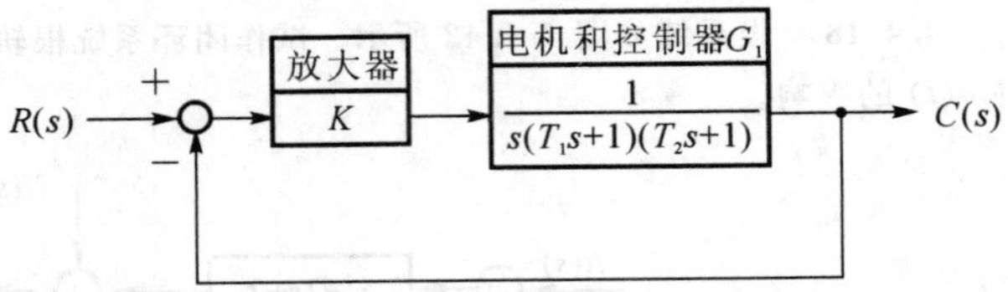

图 4.4.43　题 4.4.18 激光操作控制系统

解　本题从兼顾稳定性、稳态误差和动态性能的综合要求出发，应用根轨迹法来设计合适的系统参数。

系统开环传递函数

$$KG_1(s) = \frac{K}{s(T_1 s + 1)(T_2 s + 1)}$$

显然，系统为 Ⅰ 型系统，静态速度误差系数

$$K_v = K$$

闭环传递函数

$$\Phi(s) = \frac{K}{s(T_1 s + 1)(T_2 s + 1) + K} = \frac{50K}{s^3 + 15s^2 + 50s + 50K}$$

K 的选取，应首先保证闭环系统稳定。列劳斯表：

s^3	1	50
s^2	15	$50K$
s^1	$\frac{750 - 50K}{15}$	0
s^0	$50K$	

可知，为确保系统稳定，应有 $0 < K < 15$。

根据系统在斜坡作用下的稳态误差要求，当 $r(t) = At(A = 1\ \text{mm/s})$，$R(s) = \frac{A}{s^2}$ 时，稳态误差

$$e_{ss}(\infty) = \frac{A}{K_v} = \frac{1}{K} \leqslant 0.1$$

故应取 $K \geqslant 0$。

现取 $K = 10$，可同时满足系统稳定性及稳态误差要求。为了考查此时系统的动态性能，令 K 从 0 到 ∞，作系统概略根轨迹如图解 4.4.19 所示。

渐近线：$$\sigma_a = \frac{-5 - 10}{3} = -5,\quad \varphi_a = \pm 60°, -180°$$

分离点：$$\frac{1}{d} + \frac{1}{d + 5} + \frac{1}{d + 10} = 0,\quad d = -2.11$$

为了分析 $K = 10$ 时系统的动态性能，可利用模值条件确定相应的闭环极点。当 $K = 10$ 时，系统的根轨迹增益

$$K^* = \frac{K}{T_1 T_2} = 500$$

根据模值条件，可以首先确定负实轴上 $[-10, -\infty)$ 区间内的闭环极点 s_3。因为

$$|s_3| \cdot |s_3 - 5| \cdot |s_3 - 10| = 500$$

求得 $s_3 = -13.98$；再用 $s + 13.98$ 去除闭环特征多项式 $s^3 + 15s^2 + 50s + 500$，得 $s^2 + 1.02s + 35.74$；令商多项式为零，求得闭环主导极点

$$s_{1,2} = -0.51 \pm \text{j}5.96$$

很明显，激光操作系统的动态性能主要取决于主导极点。由主导极点的数值可知

$$\sigma = \zeta\omega_n = 0.51,\quad \omega_d = \omega_n\sqrt{1 - \zeta^2} = 5.96$$

因而

$$\beta = \arctan\frac{\omega_d}{\sigma} = 85.1°,\quad \zeta = \cos\beta = 0.085$$

于是，在单位阶跃输入指令下，激光操作系统的动态性能为

$$\sigma\% = 100e^{\pi\zeta\sqrt{1-\zeta^2}}\% = 76.4\%, \quad t_s = \frac{4.4}{\sigma} = 8.63\ \text{s} \quad (\Delta = 2\%)$$

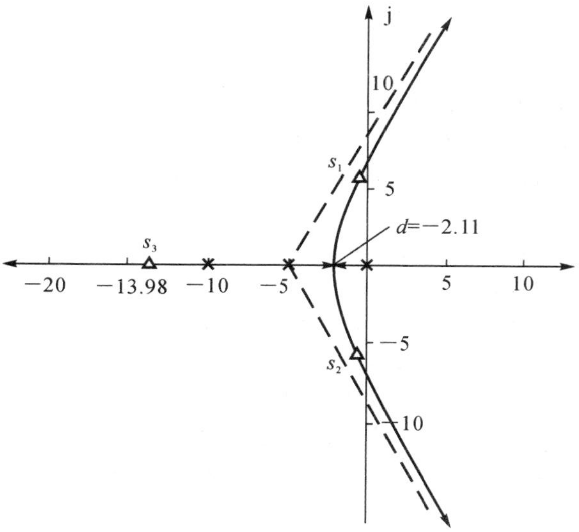

图解 4.4.19　激光控制系统的概略根轨迹图

4.4.20　图 4.4.44 所示为空间站示意图。为了有利于生产能量和进行通信，必须保持空间站对太阳和地球的合适指向。空间站的方位控制系统可由带有执行机构和控制器的单位反馈控系统来表征，其开环传递函数为

$$G(s) = \frac{K^*(s+20)}{s(s^2+4s+144)}$$

试画出 K^* 值增大时的系统概略根轨迹图，并求出使系统产生振荡的 K^* 的取值范围。

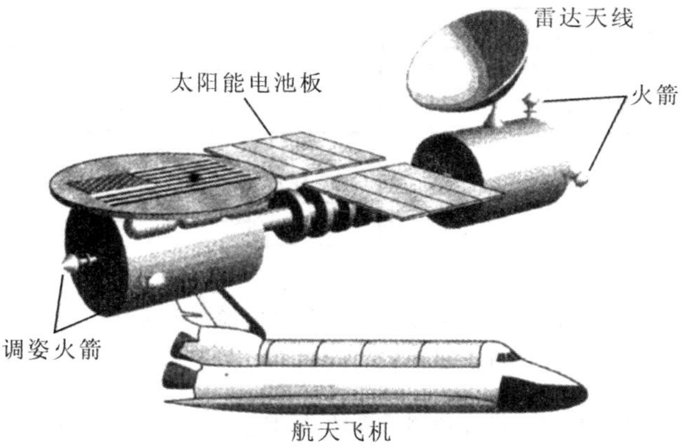

图 4.4.44　题 4.4.20 空间站

解　由开环传递函数

$$G(s) = \frac{K^*(s+20)}{s(s+12)^2}$$

令 K^* 从 $0 \to \infty$，可画出系统概略根轨迹如图解 4.4.20 所示。图中

渐近线：　　$\sigma_a = -2, \quad \varphi_a = \pm 90^\circ$

分离点：
$$\frac{1}{d}+\frac{2}{d+12}=\frac{1}{d+20},\quad d=-4.75$$

应用模值条件，可得分离点处的根轨迹增益

$$K_d^*=\frac{\prod_{i=1}^{3}|d-p_i|}{|d-z|}=\frac{4.75\times 7.25^2}{15.25}=16.37$$

因而，当 $K^*>16.37$ 时，系统输出将产生振荡。

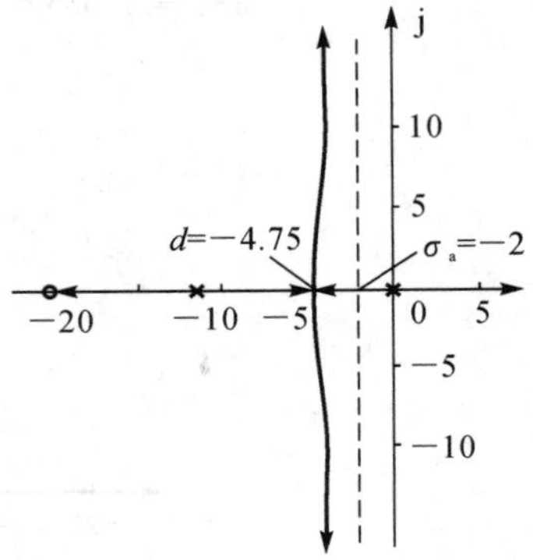

图解 4.4.20 空间站方位控制系统概略根轨迹图

4.4.21 一种由耐热性好、质量轻的材料制成的未来超声速客机如图 4.4.45(a) 所示。该机可容纳 300 名乘客，并配备先进的计算机控制系统，以三倍声速在高空飞行。为该型飞机设计的一种自动飞行控制系统如图 4.4.45(b) 所示，系统主导极点的理想阻尼比 $\zeta_0=0.707$。飞机的特征参数为 $\omega_n=2.5$，$\zeta=0.3$，$\tau=0.1$。增益因子 K_1 的可调范围较大：当飞机飞行状态从中等重量巡航变为轻质量降落时，K_1 可以从 0.02 变至 0.2。要求：

(1) 画出增益 K_1K_2 变化时，系统的概略根轨迹图。

(2) 当飞机以中等质量巡航时，确定 K_2 的取值，使系统阻尼 $\zeta_0=0.707$。

(3) 若 K_2 由(2) 中给出，K_1 为轻质量降落时的增益，试确定系统的阻尼比 ζ_0。

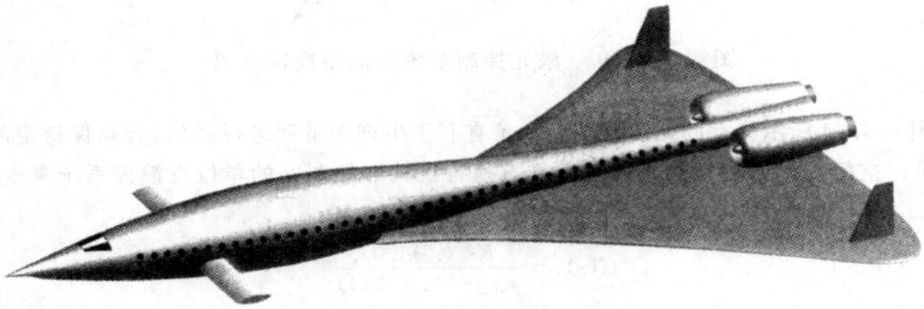

(a)

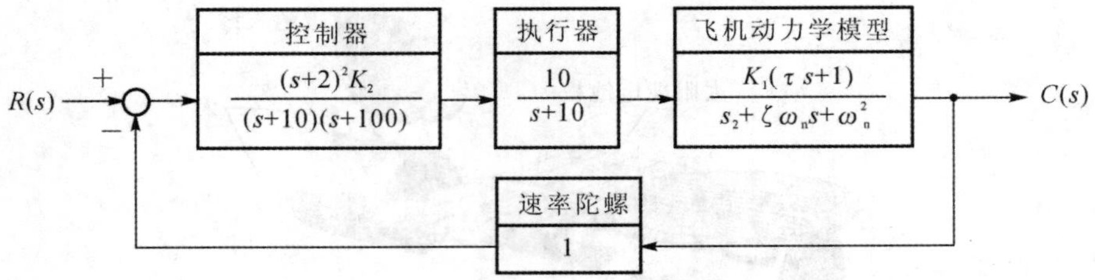

(b)

图 4.4.45 题 4.4.21 飞机纵向控制系统结构图

(a) 未来的超声速喷气式客机； (b) 控制系统

解 本题综合运用根轨迹技术来设计控制器参数，同时引入了变质量系统的初步概念。

(1) 概略根轨迹图。开环传递函数

$$G(s)=\frac{10K_1K_2(\tau s+1)(s+2)^2}{(s+10)^2(s+100)(s^2+2\zeta\omega_n s+\omega_n^2)}$$

代入 $\tau=0.1$，$\omega_n=2.5$，$\zeta=0.3$，有

$$G(s)=\frac{K_1K_2(s+2)^2}{(s+10)(s+100)(s+0.75\pm j2.38)}$$

令 $K^*=K_1K_2$ 从 $0\to\infty$，可以绘出系统概略根轨迹如图解 4.4.21 所示。

渐近线：
$$\sigma_a=\frac{-1.5-10-100+4}{4-2}=-53.73,\quad \varphi_a=\pm 90^\circ$$

分离点：由

$$\frac{1}{d+0.75+j2.38}+\frac{1}{d+0.75-j2.38}+\frac{1}{d+10}+\frac{1}{d+100}=\frac{2}{d+2}$$

解出
$$d=-54$$

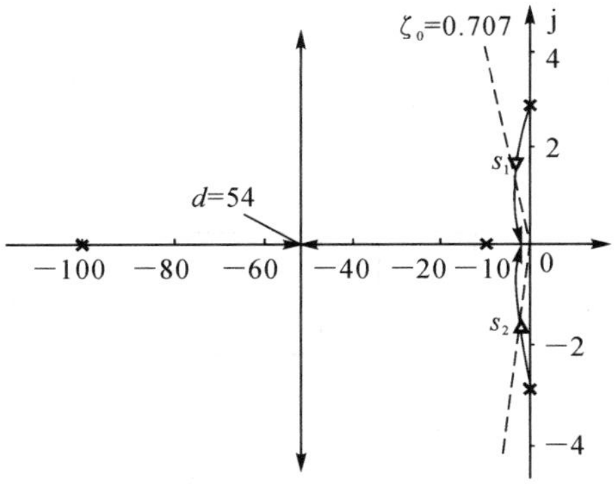

图解 4.4.21　$1+\dfrac{K_1K_2(s+2)^2}{(s+10)(s+100)(s^2+1.5s+6.25)}=0$ 概略根轨迹图

(2) 当 $K_1=0.02$，中质量巡航时，确定使 $\zeta_0=0.707$ 的值 K_2 值。在根轨迹图上，作 $\zeta_0=0.707$ 阻尼比线，与复根轨迹部分的交点为主导极点

$$s_{1,2}=-1.63\pm j1.63$$

利用模值条件，可以算出 s_1 处的根轨迹增益

$$K^*=K_1K_2=1\ 430$$

于是求得

$$K_2=\frac{K^*}{K_1}=71\ 500$$

(3) 当 $K_1=0.2$，$K_2=71\ 500$，轻质量降落时，确定闭环系统组尼比 ζ_0。因为 $K^*=K_1K_2=14\ 300$，故可确定出闭环极点为

$$s_{1,2}=-1.96\pm j0.617,\quad s_{3,4}=-53.8\pm j110$$

由于复极点 $s_{1,2}$ 的位置十分接近重零点 $z=-2$，其作用相互削弱，形成近似偶极子，故 $s_{3,4}$ 变为系统主导极点。因为 $\beta=\arctan\dfrac{110}{53.8}=63.9^\circ$，所以系统阻尼比 $\zeta_0=\cos\beta=0.439$。

4.4.22　在带钢热轧过程中，用于保持恒定张力的控制系统称为"环轮"，其典型结构如图 4.4.46 所示。环轮有一个 0.6～0.9 m 长的臂，其末端有一卷轴，通过电机可将环轮升起，以便挤压带钢。带钢通过环轮的典型速度为 10.16 m/s。假设环轮位移变化与带钢张力的变化成正比，且设滤波器时间常数 T 可略去不计。要求：

(1) 概略绘出 $0<K_a<\infty$ 时系统的根轨迹图。

(2) 确定增益 K_a 的取值，使系统闭环极点的阻尼 $\zeta\geqslant 0.707$。

解　本题主要研究根轨迹的绘制及系统参数选择。

(1) 绘系统根轨迹图。电机与轧辊内回路的传递函数为

$$G_1(s)=\frac{0.25}{s(s+1)+0.25}=\frac{0.25}{(s+0.5)^2}$$

令 $T=0$，系统开环传递函数为

$$G(s)=\frac{0.5K_a(s+0.5)}{s(s+0.5)^2(s+1)^2}=\frac{K^*}{s(s+0.5)(s+1)^2}$$

式中，$K^*=0.5K_a$。概略绘制根轨迹图的特征数据如下：

渐近线：交点与交角

$$\sigma_a=\frac{-2.5}{4}=-0.625,\quad \varphi_a=\pm 45^\circ,\pm 135^\circ$$

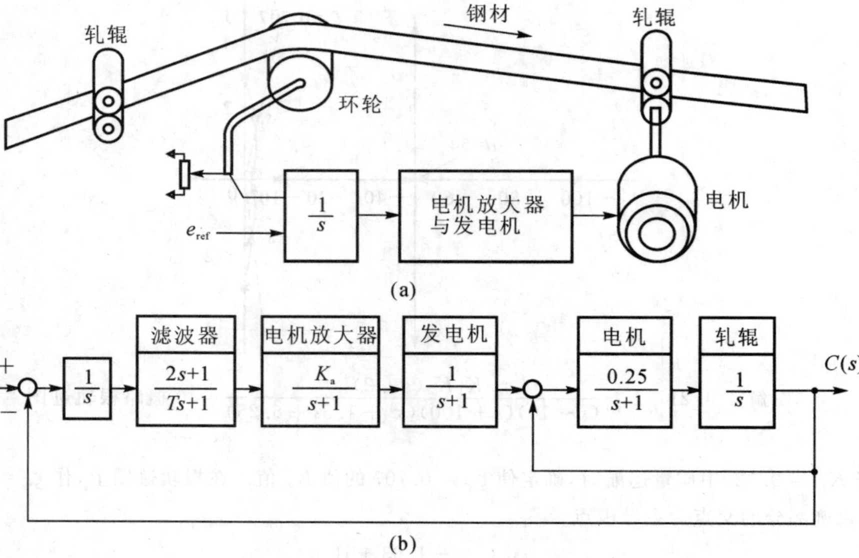

图 4.4.46 题 4.4.22 轧钢机控制系统

分离点：由

$$\frac{1}{d}+\frac{1}{d+0.5}+\frac{2}{d+1}=0$$

解出

$$d=-0.18$$

根轨迹与虚轴交点：闭环特征方程

$$s(s+0.5)(s+1)^2+K^*=s^4+2.5s^3+2s^2+0.5s+K^*=0$$

列劳斯表：

s^4	1	2	K^*
s^3	2.5	0.5	
s^2	1.8	K^*	
s^1	$\frac{0.9-2.5K^*}{1.8}$		
s^0	K^*		

令 $0.9-2.5K^*=0$，得 $K^*=0.36$。令

$$1.8s^3+K^*=0$$

代入 $s=j\omega$ 及 $K^*=0.36$，解出 $\omega=0.447$。交点处 $K_a=2K^*=0.72$。

系统概略根轨迹图如图解 4.4.22 所示。

(2) 确定使系统 $\zeta\geqslant 0.707$ 的 K_a。在根轨迹图上，作 $\zeta=0.707$ 阻尼比线，得系统主导极点

$$s_{1,2}=-0.155\pm j0.155$$

利用模值条件，得 s_1 处的 $K^*=0.061\,2$；在分离点 d 处，$K^*=0.038\,7$。由于 $K_a=2K^*$，故取 $0.077\,4<K_a\leqslant 0.122\,4$，可使 $0.707\leqslant\zeta<1$；取 $K_a\leqslant 0.077\,4$，可使 $\zeta\geqslant 1$。

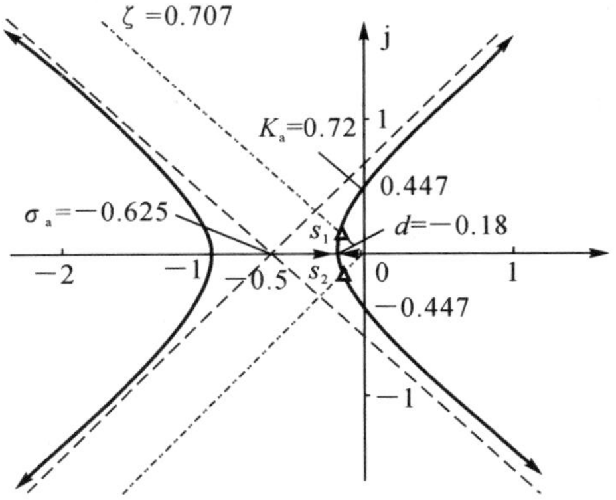

图解 4.4.22　$1+\frac{0.5K_a}{s(s+1)^2(s+0.5)}=0$ 概略根轨迹图

4.4.23　图 4.4.47(a) 是 V－22 鱼鹰型倾斜旋翼飞机示意图。V－22 既是一种普通飞机，又是一种直升机。当飞机起飞和着陆时，其发动机位置可以如图示那样，使 V－22 像直升机那样垂直起降；而在起飞后，它又可以将发动机旋转 90°，切换到水平位置，像普通飞机一样飞行，在直升机模式下，飞机的高度控制系统如图 4.4.47(b) 所示。

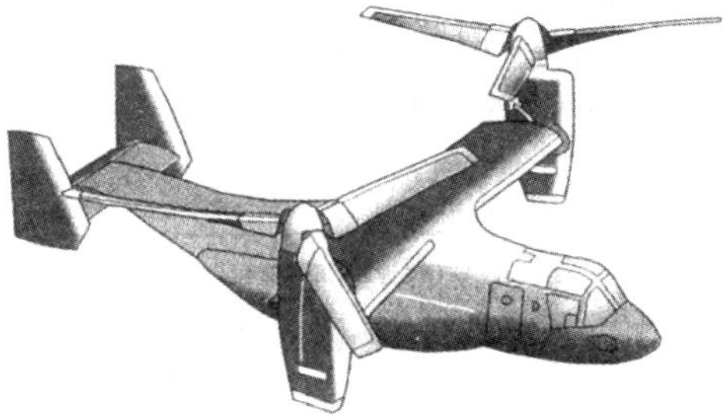

(a)

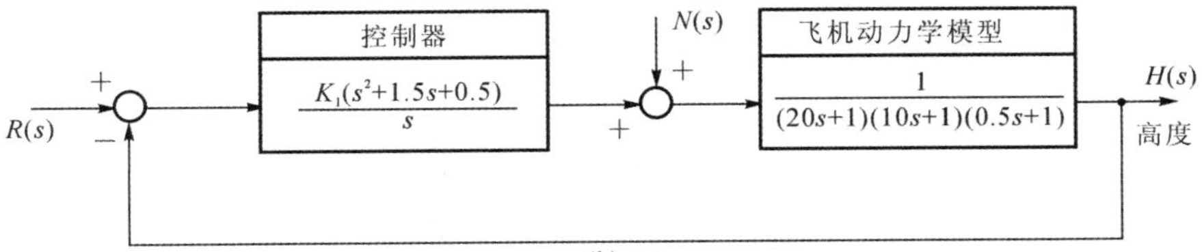

(b)

图 4.4.47　题 4.4.23V－22 旋翼机的高度控制系统

(a)V－22 鱼鹰型倾斜旋翼(飞机)；(b) 控制系统

(1) 概略绘出当控制器增益 K_1 变化时的系统根轨迹图，确定使系统稳定的 K_1 值范围；

(2) 当 $K_1=280$ 时，求系统对单位阶跃输入 $r(t)=1(t)$ 的实际输出 $h(t)$，并确定系统的超调量和调节时间($\Delta=2\%$)；

(3) 当 $K_1=280, r(t)=0$ 时，求系统对单位阶跃扰动 $N(s)=1/s$ 的输出 $h\ (t)$；

(4) 若在 $R(s)$ 和第一个比较点之间增加一个前置滤波器

$$G_p(s)=\frac{0.5}{s^2+1.5s+0.5}$$

试重做问题(2)。

解 本题属于应用根轨迹法设计系统参数的综合性问题，其中包括引入前置滤波器，以抵消闭环零点的不利影响，改善系统性能。

(1) 绘制系统的根轨迹图。由图 4.4.47(b) 知，系统开环传递函数

$$G(s)=\frac{K_1(s^2+1.5s+0.5)}{s(20s+1)(10s+1)(0.5s+1)}=\frac{K^*(s+0.5)(s+1)}{s(s+0.05)(s+0.1)(s+2)}$$

式中

$$K^*=0.01K_1$$

渐近线：交点与交角

$$\sigma_a=-0.325,\quad \varphi_a=\pm 90^\circ$$

分离点：

$$\frac{1}{d}+\frac{1}{d+0.05}+\frac{1}{d+0.1}+\frac{1}{d+2}=\frac{1}{d+0.5}+\frac{1}{d+1}$$

根轨迹与虚轴交点：闭环特征方程为

$$s(s+0.05)(s+0.1)(s+2)+K^*(s+0.5)(s+1)=0$$

整理得

$$s^4+2.15s^3+(0.305+K^*)s^2+(0.01+1.5K^*)s+0.5K^*=0$$

列劳斯表：

s^4	1	$0.305+K^*$	$0.5K^*$
s^3	2.15	$0.01+1.5K^*$	
s^2	$0.3+0.302K^*$	$0.5K^*$	
s^1	$\dfrac{0.003-0.622K^*+0.453(K^*)^2}{0.3+0.302K^*}$		
s^0	$0.5K^*$		

令 $0.453(K^*)^2-0.622K^*+0.003=0$，解得

$$K_1^*=0.005,\quad K_2^*=1.368$$

令 $(0.3+0.302K^*)s^2+0.5K^*=0$，代入 $s=\mathrm{j}\omega$、K_1^* 及 K_2^*，解得

$$\omega_1=0.09,\quad \omega_2=0.977$$

绘出系统概略根轨迹图，如图解 4.4.23(1) 所示。

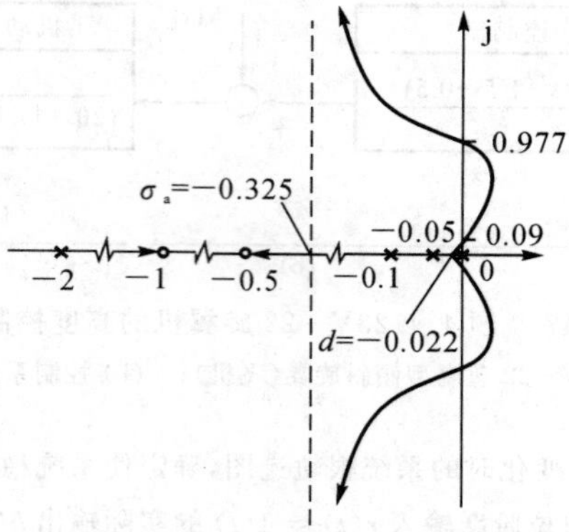

图解 4.4.23(1) $1+K_1\dfrac{s^2+1.5s+0.5}{s(20s+1)(10s+1)(0.5s+1)}=0$ 概略根轨迹图

由于 $K_1=100K^*$，因此使系统稳定的 K_1 值范围为 $0<K_1<0.5$ 以及 $K_1>136.8$。

(2) 当 $K_1=280$ 时，确定系统单位阶跃输入响应。应用 MATLAB 软件，得到单位阶跃输入时系统的输出响应曲线，如图解 4.4.23(2)(a) 中虚线所示。由图可得

$$\sigma\%=92.1\%,\quad t=43.9\ \mathrm{s}\quad (\Delta=2\%)$$

显然，系统动态性能不佳。

(3) 当 $K_1 = 280$ 时，确定系统单位阶跃扰动响应。应用 MATLAB 软件，得到单位阶跃扰动输入下系统的输出响应曲线，如图解 4.4.23(2)(b) 所示。由图可见，扰动响应是振荡的，但最大振幅约为 0.003，故可略去不计。

(4) 有前置滤波器时，系统的单位阶跃输入响应($K_1 = 280$)。无前置滤波器时，闭环传递函数

$$\Phi_1(s) = \frac{2.8(s+0.5)(s+1)}{s^4 + 2.15s^3 + 3.105s^2 + 4.21s + 1.4}$$

有前置滤波器 $G_p(s) = \dfrac{0.5}{s^2 + 1.5s + 0.5}$ 时，闭环传递函数

$$\Phi_2(s) = G_p(s)\Phi_1(s) = \frac{1.4}{s^4 + 2.15s^3 + 3.105s^2 + 4.21s + 1.4}$$

可见，$\Phi_1(s)$ 与 $\Phi_2(s)$ 有相同的极点，但 $\Phi_1(s)$ 有 -0.5 和 -1 两个闭环零点，虽可加快响应速度，但却极大增加了振荡幅度，使超调量过大；而 $\Phi_2(s)$ 的闭环零点被前置滤波器完全对消，因而最终改善了系统动态性能。

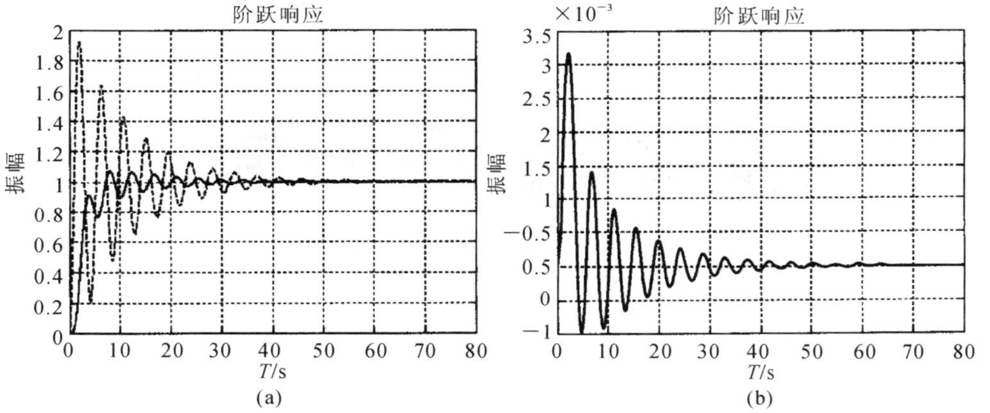

图解 4.4.23(2)　V-22 旋翼机的高度时间响应(MATLAB)

$\sigma\% = 7.08\%$，　$t_s = 25.8$ s　($\Delta = 2\%$)

(a) 单位阶跃输入响应；(b) 单位阶跃扰动响应

4.4.24　在未来的智能汽车-高速公路系统中汇集了各种电子设备，可以提供事故、堵塞、路径规划、路边服务和交通控制等实时信息。图 4.4.48(a) 所示为自动化高速公路系统，图 4.4.48(b) 所示的是保持车辆间距的位置控制系统。要求选择放大器增益 K_a 和速度反馈系数 K_t 的取值，使系统响应单位斜坡输入 $R(s) = 1/s^2$ 的稳态误差小于 0.5，单位阶跃响应的超调量小于 10%，调节时间小于 2s($\Delta = 5\%$)。

解　本题应用等效根轨迹技术及 MATLAB 设计软件包，确定多个系统参数的取值。设计过程中，需要综合运用劳斯稳定判据、稳态误差计算法、主导极点法以及动态性能估算法等知识。

(1) 稳定性要求。由图 4.4.48(b) 知，速度反馈内回路传递函数

$$G_1(s) = \frac{K_a}{(s+3)(s+7) + K_t K_a}$$

开环传递函数

$$G(s) = \frac{K_a}{s(s^2 + 10s + 21 + K_t K_a)} = \frac{\dfrac{K_a}{21 + K_t K_a}}{s\left(\dfrac{s^2}{21 + K_t K_a} + \dfrac{10s}{21 + K_t K_a} + 1\right)}$$

式中，速度误差系数

$$K_v = \frac{K_a}{21 + K_t K_a}$$

闭环传递函数

$$\Phi(s)=\frac{K_a}{s(s^2+10s+21+K_tK_a)+K_a}=\frac{K_a}{s^3+10s^2+(21+K_tK_a)s+K_a}$$

首先，K_t 和 K_a 的选取应保证闭环系统具有稳定性。列劳斯表如下：

s^3	1	$21+K_tK_a$
s^2	10	K_a
s^1	$\frac{10(21+K_tK_a)-K_a}{10}$	
s^0	K_a	

由劳斯稳定判据知：使闭环系统稳定的充分必要条件是

$$K_a>0,\quad \frac{10(21+K_tK_a)-K_a}{10}>0$$

也即

$$K_a>0,\quad K_t>0.1-\frac{21}{K_a}$$

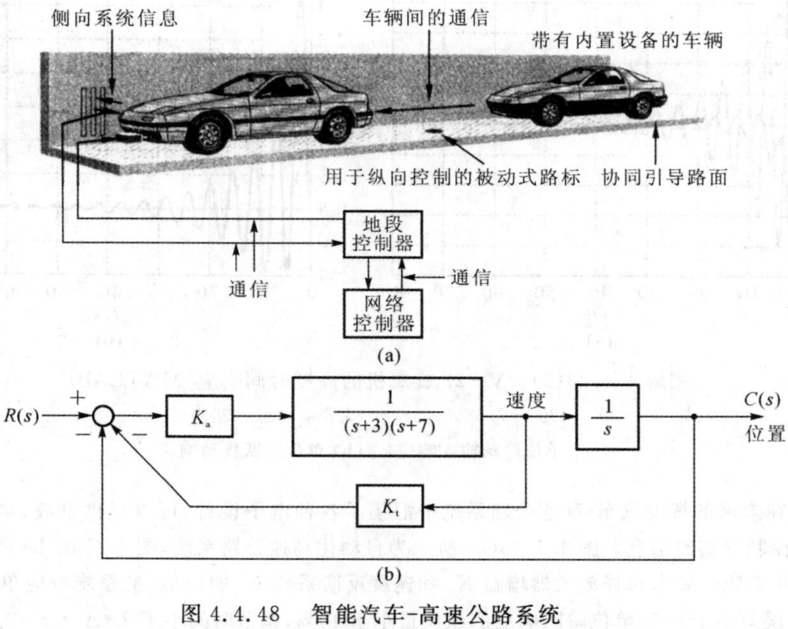

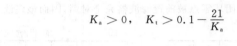

图 4.4.48　智能汽车-高速公路系统

(a) 自动化高速公路系统；(b) 车辆间距控制系统

(2) 稳态误差要求。根据系统在单位斜坡输入的稳态误差要求

$$e_{ss}(\infty)=\frac{1}{K_v}=\frac{21+K_tK_a}{K_a}<0.5$$

导出

$$K_a(0.5-K_t)>21$$

由于要求 $K_a>0$，故应有 $(0.5-K_t)>0$，因此要求

$$K_t<0.5-\frac{21}{K_a}$$

从系统稳态性能（稳定性与稳态误差）考虑，K_t 和 K_a 的选取应满足

$$K_a>0,\quad 0.5-\frac{21}{K_a}>K_t>0.1-\frac{21}{K_a}$$

由于 $K_t>0$，故应有 $K_a>42$。于是，K_t 和 K_a 选取时应满足的条件可进一步表示为

$$K_a > 42,\quad 0 < K_t < 0.5 - \frac{21}{K_a}$$

显然，取 $K_t = 0.25$，$K_a > \dfrac{21}{0.5 - K_t} = 84$ 是一组允许值。K_a 的最终确定，可根据对系统动态性能要求去选取。

(3) 动态性能要求。对于二阶系统，若取阻尼比 $\zeta = 0.6$，则 $\sigma\% = 9.5\% < 10\%$，因为要求

$$t_s = \frac{3.5}{\sigma} < 2 \quad (\Delta = 5\%)$$

故应保证 $\sigma > 1.75$。

在 s 平面上，作了 $\zeta = 0.6$ 和 $\sigma > 1.75$ 扇形区，令 $K_t = 0.25$，K_a 从 $0 \to \infty$，作系统根轨迹。在根轨迹图上，K_a 的最终确定应使闭环极点位于扇形区域内。闭环特征方程

$$D(s) = (s^3 + 10s^2 + 21s) + 0.25K_a(s+4) = 0$$

等效根轨迹方程

$$1 + K^* \frac{s+4}{s(s+3)(s+7)} = 0$$

式中，$K^* = 0.25K_a$。根轨迹参数：

渐近线：$\sigma_a = -3,\quad \varphi_a = \pm 90°$

分离点：由

$$\frac{1}{d} + \frac{1}{d+3} + \frac{1}{d+7} = \frac{1}{d+4}$$

解出 $d = -1.78$

系统等效系统概略根轨迹如图解 4.4.24 所示。

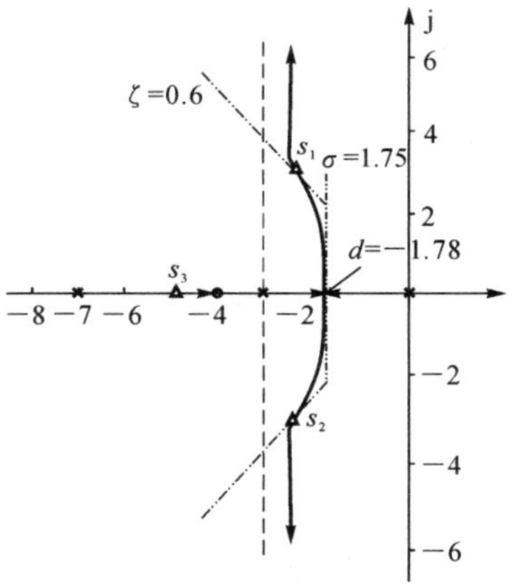

图解 4.4.24 $1 + 0.25K_a \dfrac{s+4}{s(s+3)(s+7)} = 0$ 概略根轨迹图

图中，复数根轨迹分支与 $\zeta = 0.6$ 阻尼比线的交点为

$$s_{1,2} = -2.5 \pm j3.33$$

s_1 点处的根轨迹增益 $K^* = 21.5$，相应的

$$K_a = \frac{K^*}{0.25} = 86,\quad K_v = \frac{K_a}{21 + K_t K_a} = 2.024$$

根据模值条件 $K^* = 21.5$，可以确定第三个闭环极点 $s_3 = -4.92$。此时系统的近似性能

$$\sigma\% = 9.5\% < 10\%$$

$$t_s = \frac{3.5}{2.5} = 1.4\ \text{s} < 2.0\ \text{s} \quad (\Delta = 5\%),\quad e_{ss}(\infty) = \frac{1}{K_v} = \frac{1}{2.024} = 0.494 < 0.5$$

满足全部设计指标要求。

第 5 章　线性系统的频域分析法

5.1　重点内容提要

5.1.1　频率特性

频率特性是指线性系统或环节，在正弦信号作用下，其稳态输出与输入的幅值比、相角差对频率的关系。输出振幅与输入信号的振幅之比 $A(\omega)$ 称为幅频特性，输出相位与输入信号的相位之差 $\varphi(\omega)$ 称为相频特性。

频率特性与传递函数的关系是

$$G(\mathrm{j}\omega) = G(s)\Big|_{s=\mathrm{j}\omega}$$

5.1.2　频率特性的几何表示

1. 幅相频率特性曲线

幅相频率特性曲线又称奈奎斯特(Nyquist)曲线或极坐标图。它是以 ω 为参变量，以复平面上的矢量表示 $G(\mathrm{j}\omega)$ 的一种方法。

2. 对数频率特性曲线

对数频率特性曲线又称伯德(Bode)图。用对数幅频特性和对数相频特性表示频率特性。横坐标为 ω，按常用对数 $\lg\omega$ 分度。对数幅频特性的纵坐标为 $L(\omega) = 20\lg A(\omega)$，单位为分贝(dB)；而对数相频特性的纵坐标表示 $\varphi(\omega)$，单位为度(°)。

3. 对数幅相频率特性曲线

对数幅相频率特性曲线又称尼柯尔斯(Nichols)曲线。该方法是以 ω 为参变量，$\varphi(\omega)$ 为横坐标，$L(\omega)$ 为纵坐标，把 $\varphi(\omega)$ 和 $L(\omega)$ 表示在一张图上。

5.1.3　频率特性的绘制

1. 典型环节的频率特性

表 5.1.1 给出了各典型环节的频率特性及图形表示。

2. 开环系统频率特性的绘制

系统的开环传递函数 $G_K(s)$ 可看做是由各典型环节 $G_1(s), G_2(s), \cdots, G_l(s)$ 串联组成，即

$$G_K(s) = G(s)H(s) = G_1(s)G_2(s)\cdots G_l(s)$$

若将 $s = \mathrm{j}\omega$ 代入，则得系统的开环频率特性为

$$G_K(\mathrm{j}\omega) = G_1(\mathrm{j}\omega)G_2(\mathrm{j}\omega)\cdots G_l(\mathrm{j}\omega) = \prod_{i=1}^{l} |G_i(\mathrm{j}\omega)| \mathrm{e}^{\mathrm{j}\sum_{i=1}^{l}\varphi_i(\omega)}$$

由此可得开环系统的幅频特性和相频特性分别为

$$A(\omega) = |G_K(\mathrm{j}\omega)| = \prod_{i=1}^{l} |G_i(\mathrm{j}\omega)|$$

$$\varphi(\omega) = \sum_{i=1}^{l}\varphi_i(\omega)$$

表 5.1.1　典型环节频率特性

典型环节	幅相频率特性 $G(j\omega)$	幅频特性 $A(\omega)$	相位频率特性 $\varphi(\omega)$	幅相频率特性曲线	对数幅频特性 $L(\omega)=20\lg A(\omega)$	相位频率特性 $\varphi(\omega)$	对数幅频 $20\lg A(\omega)$ 特性曲线，相频 $\varphi(\omega)$ 特性曲线
比例环节 K	Ke^{j0}	K	$0°$	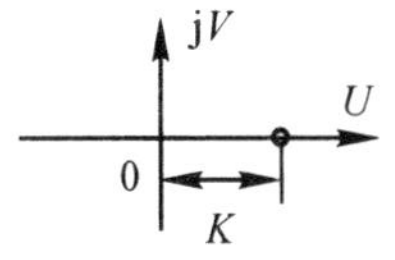	$20\lg K$	$0°$	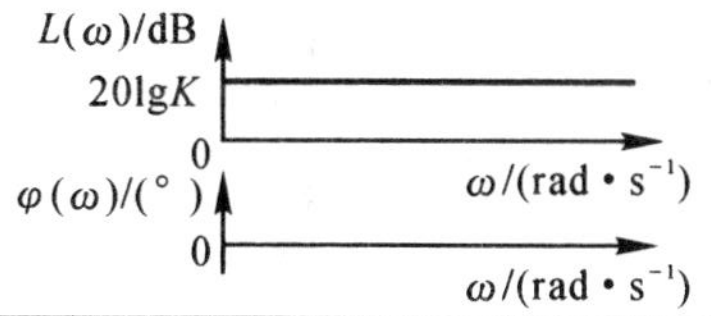
积分环节 $\frac{1}{s}$	$\frac{1}{j\omega}=\frac{1}{\omega}e^{j(-\frac{\pi}{2})}$	$\frac{1}{\omega}$	$-90°$	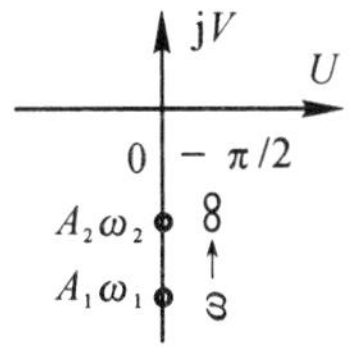	$-20\lg\omega$	$-90°$	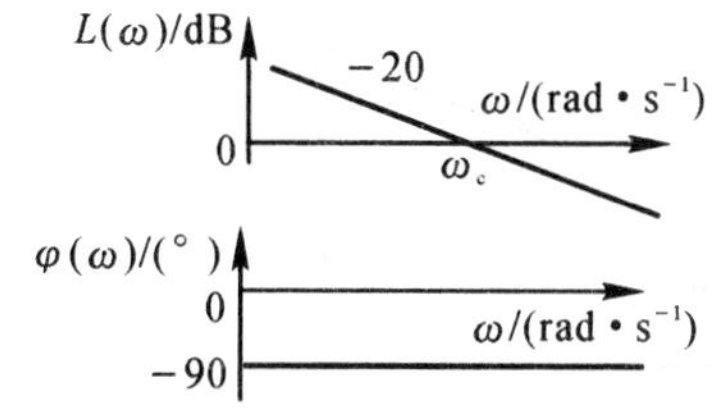
微分环节 s	$j\omega=\omega e^{j\frac{\pi}{2}}$	ω	$+90°$	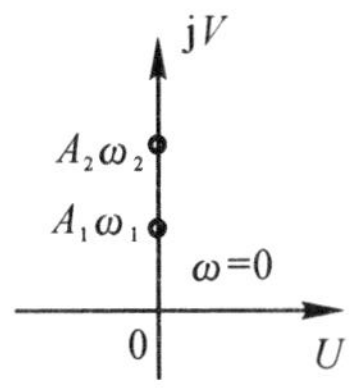	$20\lg\omega$	$+90°$	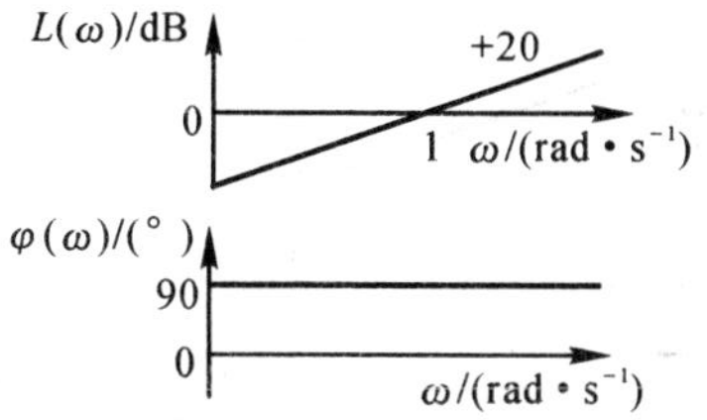
惯性环节 $\frac{1}{Ts+1}$	$\frac{1}{Tj\omega+1}=\frac{1}{\sqrt{T^2\omega^2+1}}e^{j[-\arctan(T\omega)]}$	$\frac{1}{\sqrt{T^2\omega^2+1}}$	$-\arctan(T\omega)$	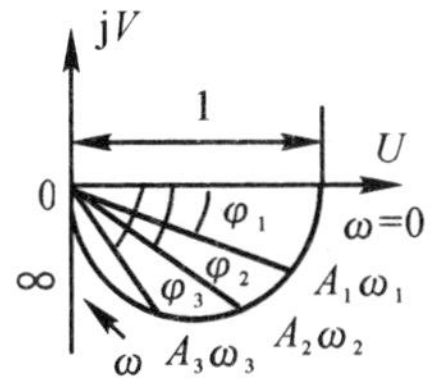	$-20\lg\sqrt{T^2\omega^2+1}$	$-\arctan(T\omega)$	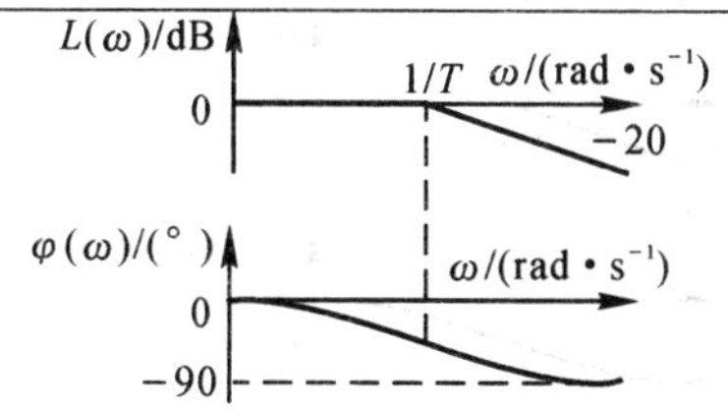
一阶微分环节 $Ts+1$	$j\omega T+1$	$\sqrt{(\omega T)^2+1}$	$\arctan(\omega T)$	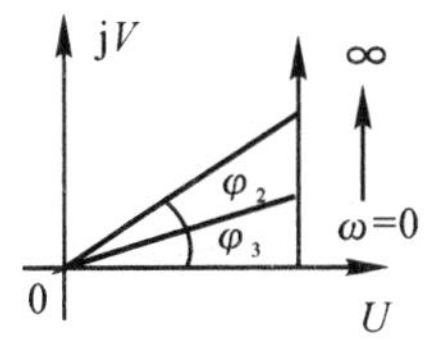	$20\lg\sqrt{(\omega T)^2+1}$	$\arctan(\omega T)$	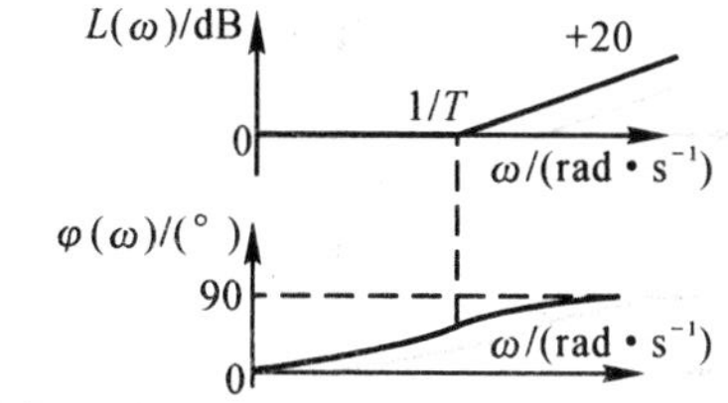
振荡环节 $\frac{\omega_n^2}{s^2+2\zeta\omega_n s+\omega_n^2}$	$\frac{\omega_n^2}{(j\omega)^2+2\zeta\omega_n(j\omega)+\omega_n^2}$	$\frac{1}{\sqrt{\left[1-\left(\frac{\omega}{\omega_n}\right)^2\right]^2+\left(2\zeta\frac{\omega}{\omega_n}\right)^2}}$	$-\arctan\frac{2\zeta\frac{\omega}{\omega_n}}{1-\left(\frac{\omega}{\omega_n}\right)^2}$	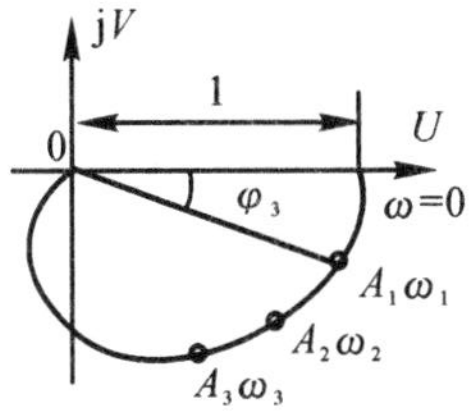	$20\lg\frac{1}{\sqrt{\left[1-\left(\frac{\omega}{\omega_n}\right)^2\right]^2+\left(2\zeta\frac{\omega}{\omega_n}\right)^2}}$	$-\arctan\frac{2\zeta\frac{\omega}{\omega_n}}{1-\left(\frac{\omega}{\omega_n}\right)^2}$	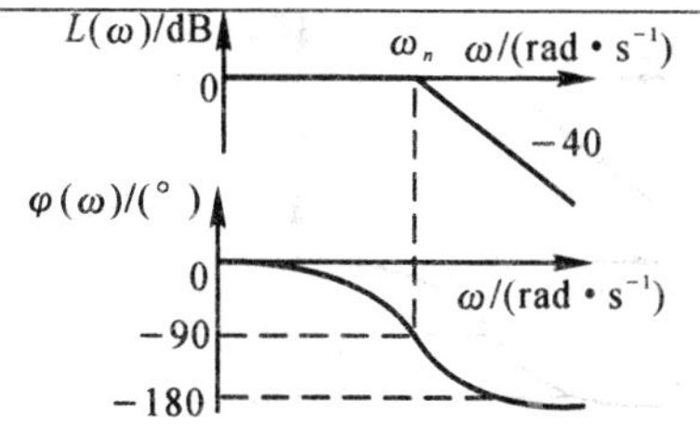
二阶微分环节 $\frac{s^2+2\zeta\omega_n s+\omega_n^2}{\omega_n^2}$	$\frac{(j\omega)^2+2\zeta\omega_n(j\omega)+\omega_n^2}{\omega_n^2}$	$\sqrt{\left[1-\left(\frac{\omega}{\omega_n}\right)^2\right]^2+\left(2\zeta\frac{\omega}{\omega_n}\right)^2}$	$\arctan\frac{2\zeta\frac{\omega}{\omega_n}}{1-\left(\frac{\omega}{\omega_n}\right)^2}$	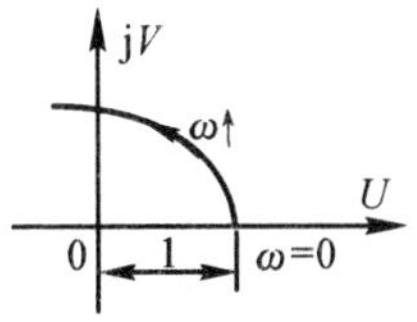	$20\lg\sqrt{\left[1-\left(\frac{\omega}{\omega_n}\right)^2\right]^2+\left(2\zeta\frac{\omega}{\omega_n}\right)^2}$	$\arctan\frac{2\zeta\frac{\omega}{\omega_n}}{1-\left(\frac{\omega}{\omega_n}\right)^2}$	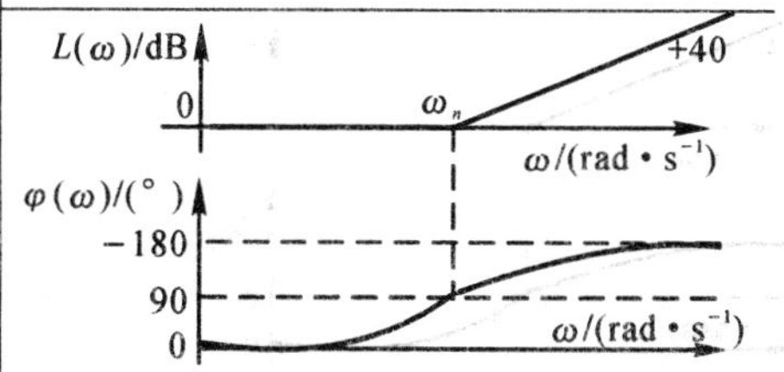
延滞环节 $e^{-\tau s}$	$e^{-j\omega\tau}$ 或 $\cos\omega\tau-j\sin\omega\tau$	1	$-\omega\tau$	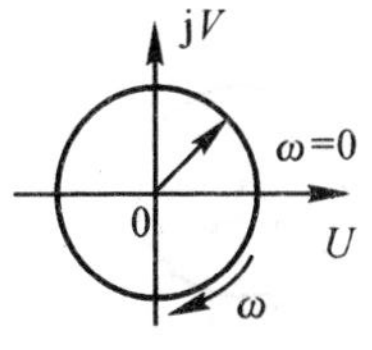	0	$-\omega\tau$	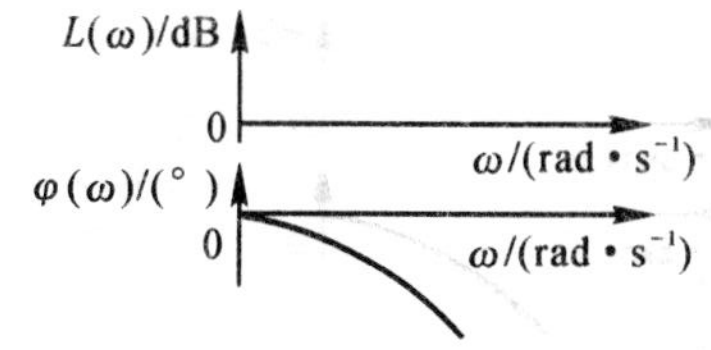

上式表明开环系统的幅频特性等于各典型环节幅频特性之积；开环系统的相频特性等于各典型环节相频特性之和。

(1) 绘制开环系统幅相特性曲线(Nyquist 图)。方法：当 ω 从 $0 \to \infty$ 变化时，可由幅频和相频特性公式分别计算出各点所对应的 $|G_K(j\omega)|$ 和 $\varphi(\omega)$。在复数平面逐点描绘，可以画出开环系统的幅相特性曲线。但是这种方法计算麻烦，一般不太用，实际中常采用概略绘图的方法。

概略绘图法：即由某些特殊点的幅相特性(如：$\omega = 0$ 起点，$\omega = \infty$ 终点，$\omega = \dfrac{1}{T}$ 转折频率及过负实轴的点)来绘制开环系统的幅相特性曲线。

可以分两种情况来讨论(设 $n > m$)。

1) 0 型系统(即 $v = 0$) 幅相特性曲线的绘制：

起点($\omega = 0$)：在实轴上(K,j0) 点，$\varphi(0) = 0$；

终点($\omega = \infty$)：终止于原点，是沿 $\varphi(\infty) = (m-n)\dfrac{\pi}{2}$ 方向趋于原点(m,n 分别为开环系统的零、极点数)。

说明：当 ω 从 $0 \to \infty$ 变化过程中，若 $m = 0$，则曲线平滑；若$m \neq 0$，则曲线可能呈现凹凸状。

2) 非 0 型系统(即 $v \neq 0$) 幅相特性曲线的绘制：

起点($\omega = 0^+$)：起于无穷远处，其幅值 $|G_K(j0^+)| = \infty$，相位 $\varphi(0^+) = v\left(-\dfrac{\pi}{2}\right)$；

终点($\omega = \infty$)：终止于原点，即沿 $\varphi(\infty) = (m-n) \times \dfrac{\pi}{2}$ 方向趋于原点。

说明：同 0 型系统的说明。

(2) 开环系统对数频率特性曲线(Bode 图) 绘制。由幅、相频率特性公式可得开环系统对数幅频和对数相频特性分别为

$$L(\omega) = 20\lg|G_K(j\omega)| = \sum_{i=1}^{l} 20\lg|G_i(j\omega)|$$

$$\varphi(\omega) = \sum_{i=1}^{l} \varphi_i(\omega)$$

因此，只要知道各典型环节的对数频率特性，就很容易用叠加的办法求出开环系统的对数频率特性。(在此介绍 Bode 图的近似作图方法，即以折线代替曲线。)

画 Bode 图步骤：

1) 首先将开环传递函数 $G_K(s)$ 写成尾 1 标准形式(典型环节)，然后求出各环节的转折频率，从小到大依次标在 ω 轴上；

2) 画起始段(这是画 Bode 图的关键一步)。起始段是第一个转折频率之前的频率特性曲线，它取决于系统的型别 ν 和开环增益 K。在 $\omega = 1$，高度为 $20\lg K$ 的点处，作斜率等于 $v(-20)$ dB/dec 的直线(若 $v = 0$，作高度为 $20\lg K$ 的水平线)，该直线和零分贝线的交点频率等于 $K^{\frac{1}{v}}$；

3) 从第一个转折频率开始沿 ω 轴向右，每经过一个转折频率，对数幅频曲线 $L(\omega)$ 的斜率变更一次。若为惯性环节，斜率变更－20 dB/dec，为振荡环节时，斜率变更－40 dB/dec…… 以此类推；

4) 如果振荡环节的阻尼比 ζ 不在 0.38～0.71 范围内时，需对 $L(\omega)$ 进行修正；若两个惯性环节的转折频率离得很近，则也应修正 $L(\omega)$。

对数相频特性曲线 $\varphi(\omega)$ 的绘制，只要将各典型环节的 $\varphi_i(\omega)$ 相频特性叠加即可获得。

开环系统 Bode 图与开环传递函数是一一对应的，两者可以相互确定。

5.1.4　稳定判据与稳定裕度

1. 奈奎斯特稳定判据

该判据利用系统的开环幅相特性曲线判断闭环系统的稳定性。其内容为：闭环系统稳定的充要条件是

$$Z = P - 2N = 0$$

式中　Z—— 闭环系统在右半 s 平面的极点数；

P—— 开环系统在右半 s 平面的极点数；

N—— 当 ω 从 0 到 ∞ 变化时开环幅相特性曲线围绕 $(-1,\mathrm{j}0)$ 点转过的圈数(以逆时针方向为正)。

说明：当开环系统含有积分环节时，上式不变，只需将幅相特性曲线相应频率，从 $\omega=0$ 到 $\omega=0^+$ 顺时针补充半径为 ∞，角度为 $v\times\frac{\pi}{2}$ 的大圆弧。

2. 对数稳定判据

对数稳定判据是基于开环对数频率特性曲线判断闭环系统稳定性的一种方法，与奈奎斯特判据本质上是一样的。在确定 N 时，对数稳定判据采用下面公式

$$N = N^+ - N^-$$

式中　N^+ —— 正穿越次数。在 $L(\omega)>0$ dB 的频段范围内，随 ω 增加，$\varphi(\omega)$ 按增大的方向(自下而上)穿越 $-180°$ 线为一次正穿越，用 $N^+=1$ 表示；离开或终止于 $-180°$ 的正穿越为半次正穿越，用 $N^+=\frac{1}{2}$ 表示。

N^- —— 负穿越次数。在 $L(\omega)>0$ dB 的频段范围内，随 ω 增加，$\varphi(\omega)$ 按减小的方向(自上而下)穿越 $-180°$ 线为一次负穿越，用 $N^-=1$ 表示；离开或终止于 $-180°$ 的负穿越为半次负穿越，用 $N^-=\frac{1}{2}$ 表示。

3. 稳定裕度

稳定裕度表征一个闭环系统的稳定程度，包括相角裕度 γ 和幅值裕度 h，分别定义为

相角裕度
$$\gamma = 180° + \varphi(\omega_c)$$

式中，ω_c 为截止频率，是 $L(\omega)$ 与 0 dB 线相交处的频率，也是幅相曲线 $G(\mathrm{j}\omega)$ 与单位圆交点处的频率。

幅值裕度
$$h = \frac{1}{|G_k(\mathrm{j}\omega_g)|}$$

或
$$h_{dB} = 20\lg h = -20\lg|G_K(\mathrm{j}\omega_g)|$$

式中，ω_g 为相角交界频率，是 $\varphi(\omega)$ 与 $-180°$ 线交点处的频率。

图 5.1.1 给出了稳定裕度的图形表示。

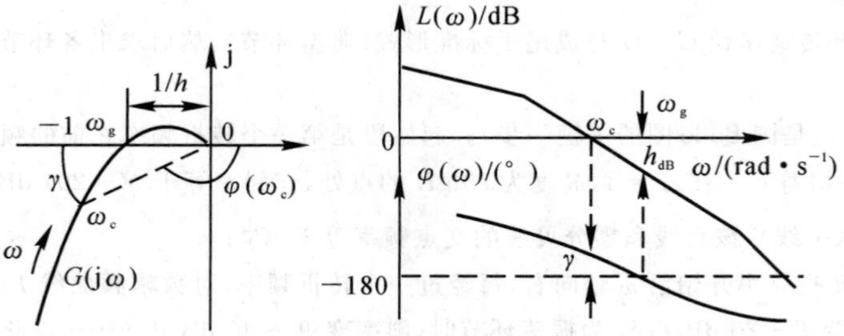

图 5.1.1　稳定裕度的图形表示

5.1.5　频域性能指标与时域动态性能指标的关系

1. 典型二阶系统频域指标与时域指标的关系

ζ 与 γ 或 M_r 的关系

$$\gamma = \arctan\frac{\zeta}{\sqrt{\sqrt{4\zeta^4+1}-2\zeta^2}}$$

$$M_r = \frac{1}{2\zeta\sqrt{1-\zeta^2}}$$

ω_n 与 ω_c 或 ω_b 的关系

$$\omega_c = \omega_n\sqrt{\sqrt{1-4\zeta^4}-2\zeta^2}$$

$$\omega_b = \omega_n\sqrt{(1-2\zeta^2)+\sqrt{2-4\zeta^2+4\zeta^4}}$$

另外，ω_n 也可以从开环对数幅频曲线 -40 dB/dec(或其延长线）与零分贝线交点的频率获得，即 $\omega_n = \sqrt{\frac{K}{T}}$。

2. 高阶系统频域指标与时域指标之间的近似关系

$$\sigma = 0.16 + 0.4\left(\frac{1}{\sin\gamma}-1\right), \quad 35° \leqslant \gamma \leqslant 90°$$

$$t_s = \frac{\pi}{\omega_c}\left[2+1.5\left(\frac{1}{\sin\gamma}-1\right)+2.5\left(\frac{1}{\sin\gamma}-1\right)^2\right]$$

3. 闭环频域指标与时域指标的关系

(1) 闭环频域指标：

1) 谐振峰值 M_r，是闭环幅频特性的最大值。峰值大，意味着阻尼比小，平稳性差。对应 M_r 的频率 ω_r 为谐振频率。

2) 带宽频率 ω_b，是指闭环幅频特性 $M(\omega)$ 的数值衰减到 $0.707M_0$ 时所对应的频率。ω_b 高，表示系统的快速性好。

3) 零频值 M_0，是指频率等于零时的闭环幅值，即 $M_0 = 20\lg|\Phi(\mathrm{j}0)|$。

(2) 闭环频域指标与时域指标的关系：

$$\sigma\% = \left\{41\ln\left[\frac{M_r M(\frac{\omega_0}{4})}{M_0^2}\,\frac{\omega_b}{\omega_{0.5}}\right]+17\right\}\%$$

$$t_s = \left(13.6\frac{M_r\omega_b}{M_0\omega_{0.5}}-2.51\right)\frac{1}{\omega_{0.5}} \quad (\mathrm{s})$$

式中，$\omega_{0.5}$ 为 $M(\omega)$ 衰减至 $0.5M_0$ 处的角频率。

说明　闭环频域指标可从尼柯尔斯曲线求得，也可以从闭环频率特性曲线得到。

5.1.6　三频段与系统性能的关系

三频段是指开环系统对数幅频特性曲线的低、中、高频区段，如图 5.1.2 所示①。

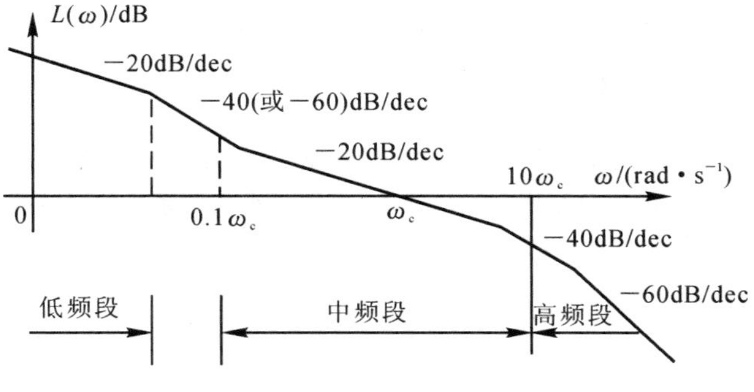

图 5.1.2　三频段

① 图中 $L(\omega)$ 各线段斜率的单位为(dB/dec)，在以后出现的 Bode 图中均不标出。

(1) 低频段与系统稳态性能的关系。低频段通常是指开环对数幅频曲线在第一个转折频率之前的频段。这一段的特性由系统型别 v 和开环增益 K 决定（v 和 K 的求解见开环系统对数频率特性曲线画Bode图步骤2)。因此，在给定输入后，根据 $L(\omega)$ 低频段的形状，就可用静态误差系数法求得系统的稳态误差 e_{ss}。

(2) 中频段与系统动态性能及稳定性的关系。中频段是指开环对数幅频曲线在截止频率 ω_c 附近的区段。这段特性主要反映了闭环系统动态性能的信息。

希望 $L(\omega)$ 在中频段的斜率为 -20 dB/dec，并且占据较宽的频带，此时系统将具有较大的相角裕度 γ，动态过程的 $\sigma\%$ 小。ω_c 愈大，系统的调节时间 t_s 愈短，快速性愈好。

(3) 高频段与系统的抗干扰能力。高频段是指开环对数幅频曲线在中频段以后的区段。由于这一段的 $L_K(\omega) \ll 0$，即

$$|G_K(j\omega)| \ll 1$$

故对单位反馈系统，有

$$|\Phi(j\omega)| = \frac{|G_K(j\omega)|}{|1+G_K(j\omega)|} \approx |G_K(j\omega)|$$

闭环幅频近似等于开环幅频，因此系统开环对数幅频特性在高频段的幅值，直接反映了系统对输入端高频干扰信号的抑制能力。因此，高频段的分贝值愈低，系统的抗高频干扰能力愈强。

说明　三个频段的划分界限并没有严格的规定，三频段理论也没有给出具体的设计指标，但是三频段的概念为直接运用开环频率特性判别、估算系统的性能和设计控制系统指出了原则和方向。

5.2 知识结构图

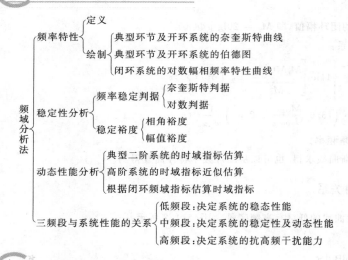

- 频域分析法
  - 频率特性
    - 定义
    - 绘制
      - 典型环节及开环系统的奈奎斯特曲线
      - 典型环节及开环系统的伯德图
      - 闭环系统的对数幅相频率特性曲线
  - 稳定性分析
    - 频率稳定判据
      - 奈奎斯特判据
      - 对数判据
    - 稳定裕度
      - 相角裕度
      - 幅值裕度
  - 动态性能分析
    - 典型二阶系统的时域指标估算
    - 高阶系统的时域指标近似估算
    - 根据闭环频域指标估算时域指标
  - 三频段与系统性能的关系
    - 低频段：决定系统的稳态性能
    - 中频段：决定系统的稳定性及动态性能
    - 高频段：决定系统的抗高频干扰能力

5.3 考点及典型题选解

本章考点：应用频率特性计算系统的稳态响应；绘制开环系统的奈奎斯特曲线和伯德图，并由此判断闭环系统的稳定性；计算系统的相角裕度和幅值裕度；根据最小相位系统的对数幅频特性曲线，确定系统的传递函数；根据系统的频域指标估算时域动态性能。

5.3.1 典型题

1. 某Ⅰ型单位反馈的典型欠阻尼二阶系统，输入正弦信号 $r(t) = \sin\omega t$，当调整频率 $\omega = 7.07$ rad/s时，系统稳态输出幅值达到最大值1.154 7。

(1) 求系统的动态指标($\sigma\%$，t_s)；

(2) 求系统的截止频率和相角裕度；

(3) 计算系统的速度稳态误差。

2. 已知最小相位系统的对数幅频特性如图 5.3.1 所示，试写出对应的传递函数并概略绘制幅相特性曲线。

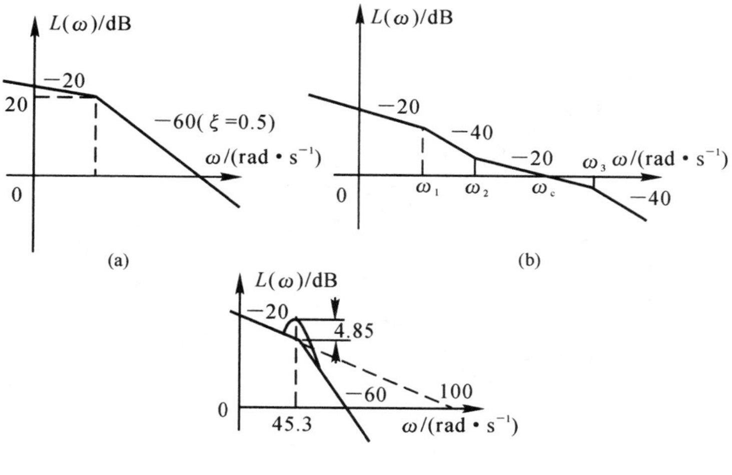

图 5.3.1　对数幅频特性

3. 已知 $G(s)=\dfrac{K(T_3s+1)}{s^2(T_1s+1)(T_2s+1)}$，试用奈奎斯特判据判断闭环系统的稳定性。

4. 某单位反馈系统有一个开环极点位于复平面 s 的右半部，其余的开环零、极点均位于复平面的左半部。当系统的开环放大系数取 $K=1$ 时，其开环奈奎斯特曲线 $G(\mathrm{j}\omega)$ 如图 5.3.2 所示。

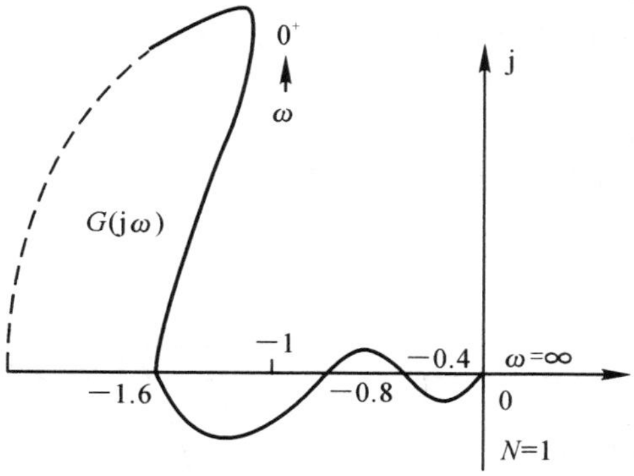

图 5.3.2　奈奎斯特曲线

(1) 判断闭环系统的稳定性；

(2) 试确定使闭环系统稳定时，开环放大系数 K 的取值范围($K>0$)。

5. 已知开环系统传递函数

$$G(s)=\frac{K}{s(0.1s+1)(0.2s+1)(s+1)}$$

试求：(1) $K=1$ 时，系统的幅值裕度和相角裕度；

(2) 闭环临界稳定时的开环增益；

(3) 在(1)的K值下，如果开环传递函数中增加一个延迟时间$\tau = 0.6$ min的延迟环节，问系统是否稳定；若使系统稳定，延迟时间应不大于多少？

6. 已知系统的开环对数频率特性如图 5.3.3 所示。

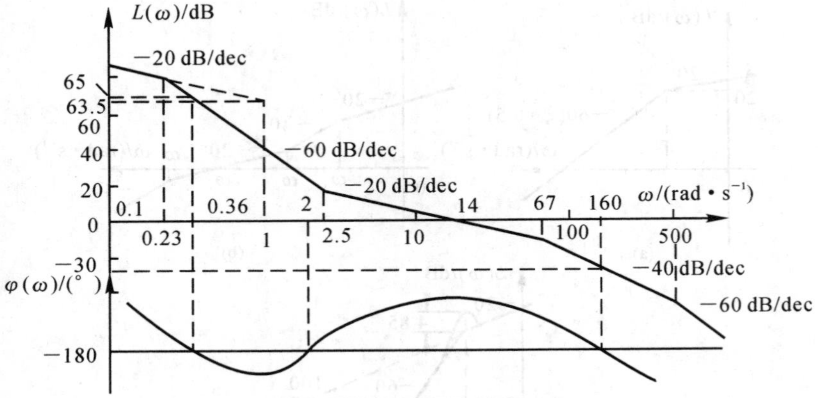

图 5.3.3　开环对数频率特性

(1) 写出系统开环传递函数$G(s)$表示式；

(2) 试分析系统的稳定性，并确定系统的相角裕度γ和幅值裕度h；

(3) 当开环增益$K = 0 \to \infty$变化时，系统稳定性有何变化；

(4) 大致画出系统的闭环根轨迹。

7. 单位反馈系统的闭环渐近对数幅频特性如图 5.3.4 所示，要求系统具有 30°的相角裕量，试计算开环增益应增大多少倍？

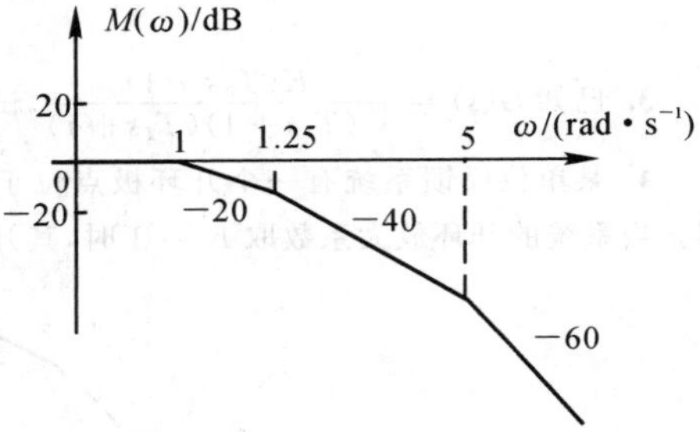

图 5.3.4　对数幅频特性

8. 已知某单位反馈系统结构图如图 5.3.5(a) 所示，其单位阶跃响应曲线如图 5.3.5(b) 所示，试确定开环增益K和时间常数T_1，T_2。

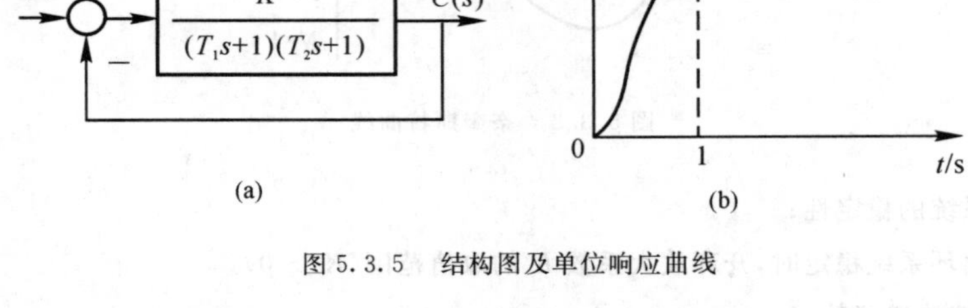

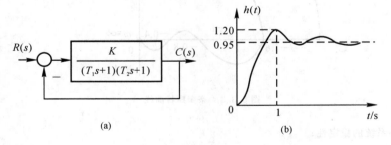

图 5.3.5　结构图及单位响应曲线

9. 已知某单位负反馈的最小相位系统，有开环极点 −40 和 −10，且当开环增益$K = 25$时系统开环幅相频率特性$G(j\omega)$曲线如图 5.3.6 所示。

(1) 试写出开环传递函数$G(s)$的表达式；

(2) 做出其对数幅频特性渐近线$L(\omega)$，求系统开环截止角频率ω_c；

(3) 能否调整开环增益 K 值,使系统在给定输入信号 $r(t)=1+t$ 作用下稳态误差 $e_{ss}\leqslant 0.01$?

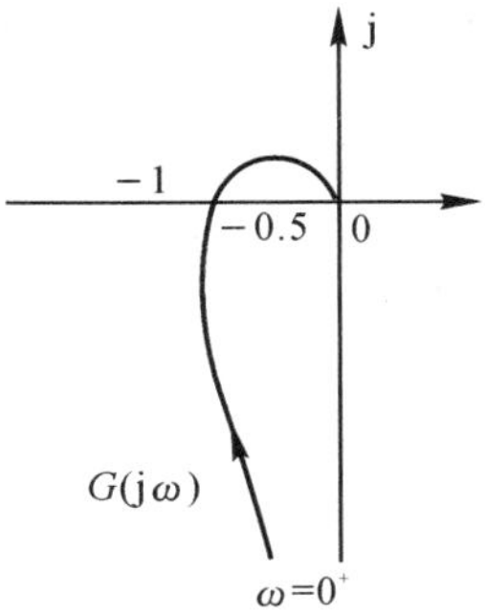

图 5.3.6　开环幅相曲线

10. 设单位反馈系统的开环频率特性为

$$G(\mathrm{j}\omega)=\frac{1}{\mathrm{j}\omega(\mathrm{j}\omega+1)(0.5\mathrm{j}\omega+1)}$$

(1) 绘制开环对数频率特性曲线,求系统的 ω_c,γ,并由此估算 $\sigma\%$,t_s。

(2) 试用尼柯尔斯曲线求系统的 M_r,ω_r,ω_b,估算 $\sigma\%$,t_s。

(3) 绘制系统的闭环对数频率特性曲线。

5.3.2　典型题解析

1. 由 $\begin{cases}\omega_r=\omega_n\sqrt{1-2\zeta^2}=0.707\\ M_r=\dfrac{1}{2\zeta\sqrt{1-\zeta^2}}=1.1547\end{cases}$　解得 $\begin{cases}\zeta=0.5\\ \omega_n=10\end{cases}$

(1) $\sigma\%=16.3\%$,　$t_s=0.7\ \mathrm{s}$

(2) $G(s)=\dfrac{\omega_n^2}{s(s+2\zeta\omega_n)}=\dfrac{100}{s(s+10)}=\dfrac{10}{s\left(\frac{1}{10}s+1\right)}\rightarrow\omega_c=10\ \mathrm{rad/s}$

$\gamma=45^\circ$

(3) $e_{ss}=\dfrac{1}{K}=0.1$

2. (a) $G(s)=\dfrac{K}{s(T^2s^2+2\zeta Ts+1)}=\dfrac{10}{s(s^2+s+1)}$

(b) $G(s)=\dfrac{K\left(\frac{s}{\omega_2}+1\right)}{s\left(\frac{s}{\omega_1}+1\right)\left(\frac{s}{\omega_3}+1\right)}$,式中 $K=\dfrac{\omega_2\omega_c}{\omega_1}$

(c) $G(s)=\dfrac{K}{s(T^2s^2+2\zeta Ts+1)}$,式中 $\begin{cases}K=100\\ \left.\begin{array}{l}20\lg M_r=4.85\ \mathrm{dB}\\ \omega_r=45.3\ \mathrm{rad/s}\end{array}\right\}\rightarrow\begin{cases}\zeta=0.3\\ T=\dfrac{1}{50}\end{cases}\end{cases}$

3. $G(\mathrm{j}\omega)=K\dfrac{T_1T_2\omega^4-\omega^2-(T_1+T_2)T\omega^4+\mathrm{j}[(T_1+T_2)\omega^3+(T_1T_2\omega^2-1)T_3\omega^3}{(T_1T_2\omega^2-1)^2\omega^4+(T_1+T_2)^2\omega^6}=U(\omega)+\mathrm{j}V(\omega)$

奈奎斯特曲线如图解 5.3.3 所示。

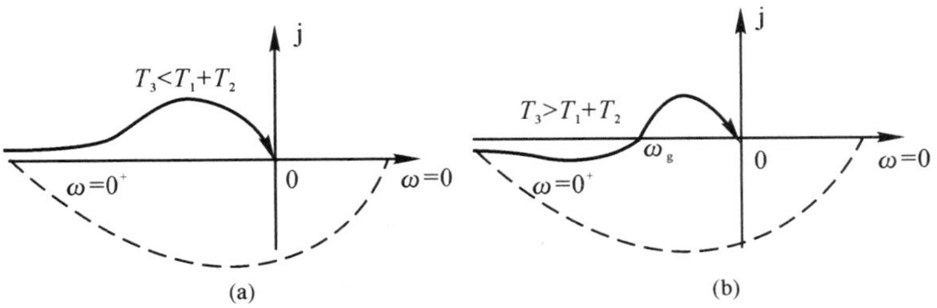

图解　5.3.3

由图解 5.3.3 可知,只有当 $T_3>T_1+T_2$,且 $|G(\mathrm{j}\omega_g)|=|U(\omega_g)|<1$ 时闭环系统稳定。

4. (1) 因为 $P=1,N=N^+-N^-=1-\dfrac{1}{2}=\dfrac{1}{2}$,故 $Z=P-2N=0$,即闭环系统稳定。

(2) $0.625<K<1.25$ 和 $2.5<K<\infty$ 时闭环系统稳定

5. (1) 因 $\varphi(\omega_g)=-180^\circ \rightarrow \omega_g=1.77\ \text{rad/s}$，故

$$h_{dB}=-20\lg|G(j\omega_g)|\approx 10\ \text{dB}$$

又有 $K=1$ 时，$\omega_c=1\ \text{rad/s}$，所以

$$\gamma=180^\circ+\varphi(\omega_c)=28^\circ$$

(2) 因

$$20\lg K=10\ \text{dB}$$

得到

$$K=3.2$$

(3) 因为

$$-57.3^\circ\times 1\times\tau=28^\circ$$

所以

$$\tau\approx 0.5\ \text{min}$$

6. (1) $G(s)=\dfrac{1\,500\left(\dfrac{s}{2.5}+1\right)^2}{s\left(\dfrac{s}{0.23}+1\right)^2\left(\dfrac{s}{67}+1\right)\left(\dfrac{s}{500}+1\right)}$

(2) 闭环稳定，$\gamma=58.23^\circ$，$h_{dB}=30\ \text{dB}$

(3) $0<K<0.843\,5$ 和 $150<K<47\,434$ 稳定

$0.843\,5<K<150$ 和 $47\,434<K<\infty$ 不稳定

(4) 略

7. 由图 5.3.4 可得系统的闭环传递函数为

$$\Phi(s)=\frac{1}{(s+1)\left(\dfrac{s}{1.25}+1\right)\left(\dfrac{s}{5}+1\right)}$$

则系统的开环传递函数为

$$G(s)=\frac{\Phi(s)}{1-\Phi(s)}=\frac{0.5}{s\left(\dfrac{s}{2.825}+1\right)\left(\dfrac{s}{4.423}+1\right)}$$

又因

$$\gamma=180^\circ+\varphi(\omega_c)=30^\circ$$

所以

$$\omega_c=2.015<2.825$$

故有

$$\frac{0.5K}{\omega_c}=1$$

即

$$K=4.03$$

8. 由图 5.3.5(b) 可知

由

$$e_{ss}=r(t)-h(\infty)=1-0.95=0.05=\frac{1}{1+K}$$

得到

$$K=19$$

由

$$\sigma\%=\frac{1.2-0.95}{0.95}\times 100\%=26.3\%$$

得到

$$\zeta=0.391$$

由

$$t_p=1$$

得到

$$\omega_n=3.413\,3$$

由图 5.3.5(a) 可知

$$G(s)=\frac{K}{(T_1s+1)(T_2s+1)}$$

则

$$\Phi(s)=\frac{G(s)}{1+G(s)}=\frac{\dfrac{K}{T_1T_2}}{s^2+\dfrac{T_1+T_2}{T_1T_2}s+\dfrac{1+K}{T_1T_2}}$$

因

$$\begin{cases}\dfrac{1+K}{T_1T_2}=\omega_n^2\\[2mm]\dfrac{T_1+T_2}{T_1T_2}=2\zeta\omega_n\end{cases}$$

故解得

$$\begin{cases} K = 19 \\ T_1 = 4.17 \\ T_2 = 0.4116 \end{cases}$$

9. (1)

$$G(s) = \frac{25}{s\left(\frac{s}{40}+1\right)\left(\frac{s}{10}+1\right)}$$

(2)

$$\omega_c = 15.8$$

则

$$\gamma = 180^\circ + \varphi(\omega_c) = 10.7^\circ$$

$$h = \frac{1}{|G(j\omega_g)|} = \frac{1}{0.5} = 2$$

(3) 当 $K \geqslant 100$ 时可实现所提要求。

10. (1) 绘制开环对数频率特性曲线如图解 5.3.10(a) 所示。令 $|G(j\omega)| = 1$，可解(或由图读) 出 $\omega_c = 0.751$，$\gamma = 180^\circ + \varphi(\omega_c) = 33^\circ$，可得

$$\begin{cases} \sigma\% \approx 50\% \\ t_s \approx \dfrac{15}{\omega_c} = \dfrac{15}{0.751} = 20 \end{cases}$$

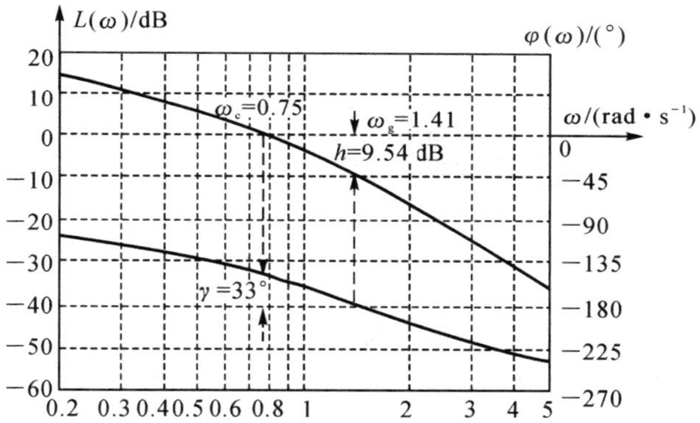

图解 5.3.10(a)　开环对数频率特性

(2) 在开环对数频率特性曲线上取点标在尼柯尔斯图上，如图解 5.3.10(b) 所示。读出相应的闭环频率特征参数。与 $G(j\omega)$ 相切的等 M 线读数为 5，因此有

$$\begin{cases} M_r = 5\ \text{dB} = 1.78 \\ \omega_r = 0.824 \end{cases}$$

$G(j\omega)$ 在 $\omega = 1.26$ 处与 -3 dB 等 M 线相交，因此有

$$\omega_b = 1.26$$

$$\sigma\% = [0.16 + 0.4(1.78 - 1)] \times 100\% = 47.2\%$$

$$t_s = \frac{1.6\pi}{1.26}[2 + 1.5(1.78 - 1) + 2.5(1.78 - 1)^2] = 18.7$$

$$\omega_b = 1.6\omega_c = 1.6 \times 0.751 = 1.2$$

$$M_r \approx \frac{1}{\sin\gamma} = \frac{1}{\sin 33^\circ} = 1.836$$

估算结果与实际值 $\omega_b = 1.26$，$M_r = 1.78$ 是比较接近的。

(3) 将对数幅相曲线上各点对应的闭环 M 值、α 值描在半对数坐标纸上，可以得到相应的闭环对数频率特性曲线，如图解 5.3.10(c) 所示。

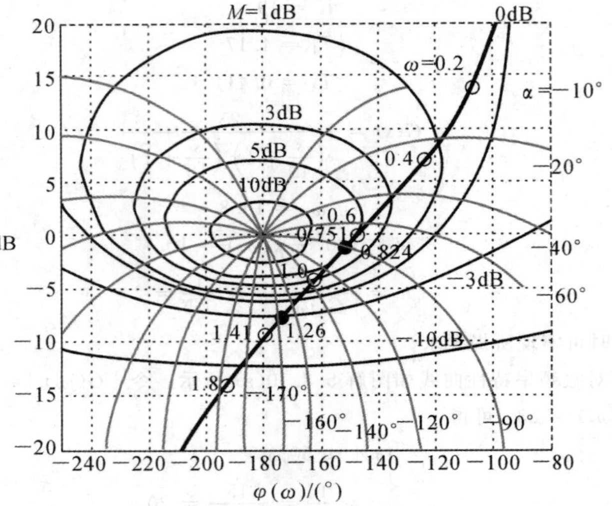

图解 5.3.10(b)　对数幅相特性曲线

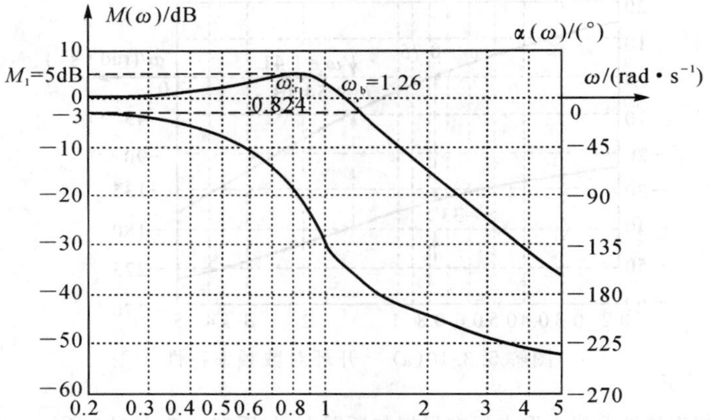

图解 5.3.10(c)　闭环对数频率特性曲线

5.4 课后习题全解

5.4.1 设系统闭环稳定，闭环传递函数为 $\Phi(s)$，试根据频率特性的定义证明，输入为余弦函数 $r(t)=A\cos(\omega t+\varphi)$ 时，系统稳态输出为

$$c_{ss}(t)=A\mid\Phi(j\omega)\mid\cos[\omega t+\varphi+\angle\Phi(j\omega)]$$

证明　　$$r(t)=A\cos(\omega t+\varphi)=A(\cos\omega t\cos\varphi-\sin\omega t\sin\varphi)$$

取拉氏变换可得

$$R(s)=A\left(\frac{s\cos\varphi}{s^2+\omega^2}-\frac{\omega\sin\varphi}{s^2+\omega^2}\right)=A\frac{s\cos\varphi-\omega\sin\varphi}{s^2+\omega^2}$$

因为闭环稳定，假设 $\Phi(s)$ 的闭环极点均具有互异的负实根，所以可将 $\Phi(s)$ 写成如下形式：

$$\Phi(s)=\frac{M(s)}{(s+s_1)(s+s_2)\cdots(s+s_n)}$$

又有　$$c(s)=\Phi(s)R(s)=\frac{M(s)}{(s+s_1)(s+s_2)\cdots(s+s_n)}A\frac{s\cos\varphi-\omega\sin\varphi}{s^2+\omega^2}=\sum_{i=1}^{n}\frac{D_i}{s+s_i}+\frac{B_1}{s+j\omega}+\frac{B_2}{s-j\omega}$$

式中 $B_1, B_2, D_i (i = 1, \cdots, n)$ 为待定系数。
对上式取拉氏反变换得

$$c(t) = \sum_{i=1}^{n} D_i e^{-s_i t} + B_1 e^{-j\omega t} + B_2 e^{j\omega t}$$

当 $t \to \infty$ 时，系统的稳态输出为

$$c_{ss}(t) = \lim_{t\to\infty} c(t) = B_1 e^{-j\omega t} + B_2 e^{j\omega t}$$

求待定系数 B_1 和 B_2：

$$B_1 = \lim_{s\to -j\omega} A\Phi(s)\frac{s\cos\varphi - \omega\sin\varphi}{s - j\omega} = A\Phi(-j\omega)\left(\frac{\cos\varphi}{2} + \frac{\sin\varphi}{2j}\right) =$$
$$A \mid \Phi(j\omega) \mid e^{-j\angle\Phi(j\omega)}\left(\frac{\cos\varphi}{2} + \frac{\sin\varphi}{2j}\right)$$

同理得

$$B_2 = A \mid \Phi(j\omega) \mid e^{j\angle\Phi(j\omega)}\left(\frac{\cos\varphi}{2} - \frac{\sin\varphi}{2j}\right)$$

将 B_1, B_2 代入 $c_{ss}(t)$ 中，则有

$$c_{ss}(t) = A \mid \Phi(j\omega) \mid \left(\frac{\cos\varphi}{2}e^{-j[\omega t+\angle\Phi(j\omega)]} + \frac{\sin\varphi}{2j}e^{-j[\omega t+\angle\Phi(j\omega)]} + \frac{\cos\varphi}{2}e^{j[\omega t+\angle\Phi(j\omega)]} - \frac{\sin\varphi}{2j}e^{j[\omega t+\angle\Phi(j\omega)]}\right) =$$
$$A \mid \Phi(j\omega) \mid \{\cos\varphi\cos[\omega t + \angle\Phi(j\omega)] - \sin\varphi\sin[\omega t + \angle\Phi(j\omega)]\} =$$
$$A \mid \Phi(j\omega) \mid \cos[\omega t + \varphi + \angle\Phi(j\omega)]$$

5.4.2　若系统单位阶跃响应

$$h(t) = 1 - 1.8e^{-4t} + 0.8e^{-9t}$$

试确定系统的频率特性。

解　系统的脉冲响应为

$$k(t) = \frac{dh(t)}{dt} = 4 \times 1.8e^{-4t} - 9 \times 0.8e^{-9t} = 7.2e^{-4t} - 7.8e^{-9t}$$

可得系统的传递函数为

$$\Phi(s) = \mathscr{L}^{-1}[k(t)] = \frac{7.2}{s+4} - \frac{7.8}{s+9} = \frac{36}{(s+4)(s+9)}$$

则系统的频率特性为

$$\Phi(j\omega) = \frac{36}{(j\omega+4)(j\omega+9)}$$

5.4.3　设系统结构图如图 5.4.62 所示，试确定输入信号

$$r(t) = \sin(t + 30°) - \cos(2t - 45°)$$

作用下，系统的稳态误差 $e_{ss}(t)$。

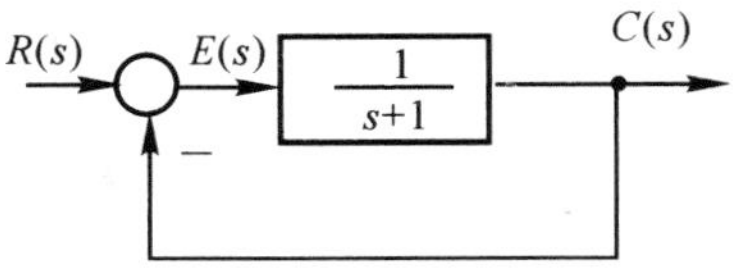

图 5.4.62　题 5.4.3 控制系统结构图

解　系统的误差传递函数为

$$\Phi_e(s) = \frac{E(s)}{R(s)} = \frac{s+1}{s+2}$$

则　$$\Phi_e(j\omega) = \frac{j\omega+1}{j\omega+2} = \frac{j\omega+1}{j\omega+2}\,\frac{2-j\omega}{2-j\omega} = \frac{2+\omega^2}{4+\omega^2} + j\,\frac{\omega}{4+\omega^2}$$

$$\mid \Phi_e(j\omega) \mid = \sqrt{\frac{1+\omega^2}{4+\omega^2}},\quad \varphi_e = \arctan\frac{\omega}{2+\omega^2}$$

当 $\omega = 1$ 时，

$$\mid \Phi_e(j1) \mid = \sqrt{\frac{2}{5}} = 0.63$$

$$\varphi_{e1} = \arctan\frac{1}{3} = 18.4°$$

当 $\omega = 2$ 时，
$$|\Phi_e(j2)| = \sqrt{\frac{5}{8}} = 0.79$$
$$\varphi_{e2} = \arctan\frac{2}{6} = \arctan\frac{1}{3} = 18.4°$$
所以有
$$e_{ss}(t) = |\Phi_e(j1)|\sin(t + 30° + \varphi_{e1}) - |\Phi_e(j2)|\cos(2t - 45° + \varphi_{e2}) = 0.63\sin(t + 48.4°) - 0.79\cos(2t - 26.6°)$$

5.4.4 典型二阶系统的开环传递函数
$$G(s) = \frac{\omega_n^2}{s(s + 2\zeta\omega_n)}$$
当取 $r(t) = 2\sin t$ 时，系统的稳态输出
$$c_{ss}(t) = 2\sin(t - 45°)$$
试确定系统参数 ω_n, ζ。

解 由题可知典型二阶系统的闭环传递函数为
$$\Phi(s) = \frac{G(s)}{1 + G(s)} = \frac{\omega_n^2}{s^2 + 2\zeta\omega_n s + \omega_n^2}$$
又知
$$\begin{cases} \dfrac{1}{\sqrt{\left[1 - \left(\dfrac{\omega}{\omega_n}\right)^2\right]^2 + \left(2\zeta\dfrac{\omega}{\omega_n}\right)^2}} = |\Phi(j\omega)| = 1 \\ \arctan\dfrac{2\zeta\dfrac{\omega}{\omega_n}}{1 - \left(\dfrac{\omega}{\omega_n}\right)^2} = \angle\Phi(j\omega) = -45° \end{cases}$$
将 $\omega = 1$ 代入并联立以上两式可解得
$$\zeta = 0.65, \quad \omega_n = 1.85$$

5.4.5 已知系统开环传递函数
$$G(s)H(s) = \frac{K(\tau s + 1)}{s^2(Ts + 1)}, \quad K, \tau, T > 0$$
试分析并绘制 $\tau > T$ 和 $T > \tau$ 情况下的概略开环幅相曲线。

解 系统的开环频率特性为
$$GH(j\omega) = \frac{K(\tau j\omega + 1)}{(j\omega)^2(Tj\omega + 1)} = \frac{-K(1 + \tau T\omega^2) + jK\omega(T - \tau)}{\omega^2(1 + T^2\omega^2)}$$
为讨论方便起见，在此仅画出 $\omega = 0 \to +\infty$ 的开环幅相曲线。如不特别说明以后各题都是如此。

因 $v = 2$，故 $\omega = 0 \to 0^+$ 的部分为半径为无穷大的圆弧，如图解 5.4.5 中虚线所示。

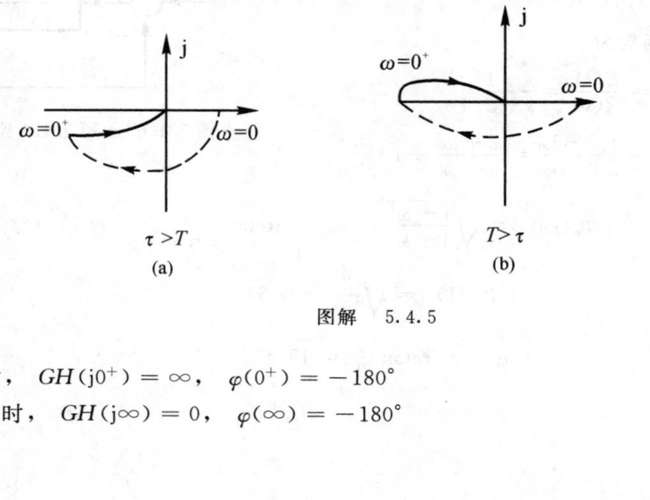

图解 5.4.5

当 $\omega = 0^+$ 时， $GH(j0^+) = \infty$， $\varphi(0^+) = -180°$

当 $\omega = +\infty$ 时， $GH(j\infty) = 0$， $\varphi(\infty) = -180°$

显然，当 $\tau > T$ 时，$GH(\mathrm{j}\omega)$ 的实部和虚部始终为负，则开环幅相曲线不穿越负实轴，其曲线如图解 5.4.5(a) 所示；同理可绘出 $T > \tau$ 时系统的开环幅相曲线如图解 5.4.5(b) 所示。

5.4.6　已知系统开环传递函数

$$G(s)H(s) = \frac{1}{s^v(s+1)(s+2)}$$

试分别绘制 $v = 1,2,3,4$ 时系统的概略开环幅相曲线。

解　根据概略绘图的原则，可将 $v = 1,2,3,4$ 时开环幅相曲线的起点和终点位置列表见表解 5.4.6；同时考虑 $\omega = 0 \to 0^+$ 时应补充半径为无穷大，相角为 $v \times (-90°)$ 的大圆弧。因此可绘出题目所要求的开环幅相曲线如图解 5.4.6 所示。

表解　5.4.6

v	$GH(\mathrm{j}0^+)$	$\varphi(0^+)$	$GH(\mathrm{j}(+\infty))$	$\varphi(+\infty)$
1	∞	$-90°$	0	$-270°$
2	∞	$-180°$	0	$-360°$
3	∞	$-270°$	0	$-420°$
4	∞	$-360°$	0	$-540°$

5.4.7　已知系统开环传递函数

$$G(s) = \frac{K(-T_2 s+1)}{s(T_1 s+1)};\quad K,T_1,T_2 > 0$$

当取 $\omega = 1$ 时，$\angle G(\mathrm{j}\omega) = -180°$，$|G(\mathrm{j}\omega)| = 0.5$。当输入为单位速度信号时，系统的稳态误差为 0.1，试写出系统开环频率特性表达式 $G(\mathrm{j}\omega)$。

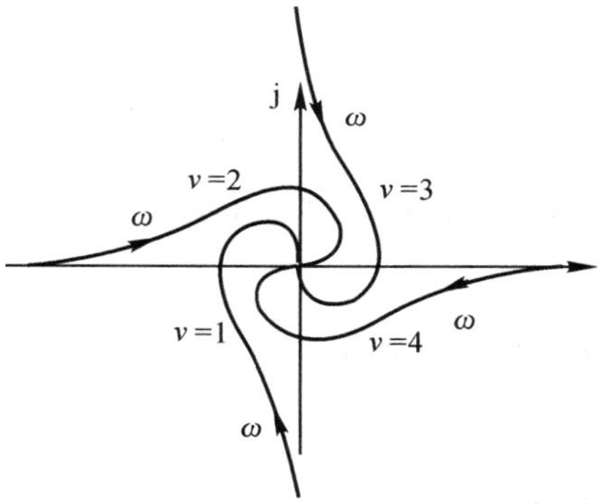

图解　5.4.6

$v = 1,2,3,4$ 时系统开环概略幅相曲线

解　当输入为单位速度信号时

$$e_{ss} = \frac{1}{K} = 0.1$$

所以　$K = 10$

则　$G(s) = \left.\dfrac{10(-T_2 s+1)}{s(T_1 s+1)}\right|_{s=\mathrm{j}1} = \dfrac{10(1-\mathrm{j}T_2)}{\mathrm{j}(\mathrm{j}T_1+1)} = \dfrac{-10(T_1+T_2)}{1+T_1^2} + \mathrm{j}\,\dfrac{10(T_1T_2-1)}{1+T_1^2}$

由题意可知

$$|G(\mathrm{j}\omega)| = \sqrt{\left[\frac{-\omega(T_1+T_2)}{1+T_1^2}\right]^2 + \left[\frac{10(T_1T_2-1)}{1+T_1^2}\right]^2} = 10\sqrt{\frac{1+T_2^2}{1+T_1^2}} = 0.5$$

$$\angle G(\mathrm{j}\omega) = \arctan\frac{\dfrac{10(T_1T_2-1)}{1+T_1^2}}{\dfrac{-10(T_1+T_2)}{1+T_1^2}} = \arctan\frac{T_1T_2-1}{-(T_1+T_2)} = -180°$$

联立以上两式，可解得　$T_1 = 20,\quad T_2 = \dfrac{1}{20}$

所以有

$$G(s) = \left.\frac{10(-T_2 s+1)}{s(T_1 s+1)}\right|_{s=\mathrm{j}\omega} = \frac{10(1-\mathrm{j}\omega T_2)}{\mathrm{j}\omega(\mathrm{j}\omega T_1+1)} = \frac{10\left(1-\mathrm{j}\,\dfrac{\omega}{20}\right)}{\mathrm{j}\omega(\mathrm{j}20\omega+1)}$$

5.4.8　已知系统开环传递函数

$$G(s)H(s) = \frac{10}{s(2s+1)(s^2+0.5s+1)}$$

试分别计算 $\omega = 0.5$ 和 $\omega = 2$ 时，开环频率特性的幅值 $A(\omega)$ 和相位 $\varphi(\omega)$。

解 本题根据幅频特性和相频特性定义来进行计算，以进一步加深对频率特性定义的理解，注意振荡环节的相角计算象限。

系统的开环频率特性

$$G(j\omega)=\frac{10}{j\omega(1+j2\omega)(1-\omega^2+j0.5\omega)}=A(\omega)e^{j\varphi(\omega)}$$

其中

$$A(\omega)=\frac{10}{\omega\sqrt{(1+4\omega^2)[(1-\omega^2)^2+0.25\omega^2]}}$$

$$\varphi(\omega)=\begin{cases}-90^\circ-\arctan 2\omega-\arctan\dfrac{0.5\omega}{1-\omega^2}, & 0<\omega\leqslant 1\\ -90^\circ-\arctan 2\omega-180^\circ+\arctan\dfrac{0.5\omega}{\omega^2-1}, & \omega>1\end{cases}$$

当 $\omega=0.5$ 时

$$A(\omega)=\frac{10}{\omega\sqrt{(1+4\omega^2)[(1-\omega^2)^2+0.25\omega^2]}}\Bigg|_{\omega=0.5}=17.89$$

$$\varphi(\omega)=-90^\circ-\arctan 2\omega-\arctan\frac{0.5\omega}{1-\omega^2}\Bigg|_{\omega=0.5}=-153.43^\circ$$

当 $\omega=2$ 时

$$A(\omega)=\frac{10}{\omega\sqrt{(1+4\omega^2)[(1-\omega^2)^2+0.25\omega^2]}}\Bigg|_{\omega=2}=0.38$$

$$\varphi(\omega)=-90^\circ-\arctan 2\omega-180^\circ+\arctan\frac{0.5\omega}{\omega^2-1}\Bigg|_{\omega=2}=-327.53^\circ$$

5.4.9 已知系统开环传递函数

$$G(s)H(s)=\frac{10}{s(s+1)(s^2/4+1)}$$

试绘制系统概略开环幅相曲线。

解 当 $\omega=0^+$ 时， $|GH(j\omega)|=\infty$， $\varphi(\omega)=-90^\circ$；

当 $\omega=+\infty$ 时， $|GH(j\omega)|=0$， $\varphi(\omega)=-360^\circ$；

当 ω 从 $0\to0^+$ 时需在幅相曲线上补充半径为无穷大，相角等于 90° 的大圆弧。

又考虑到当 $\omega=2$ 时，$|GH(j\omega)|=\infty$，$\varphi(\omega)$ 不定，因此可概略绘出系统的开环幅相曲线如图解 5.4.9 所示。

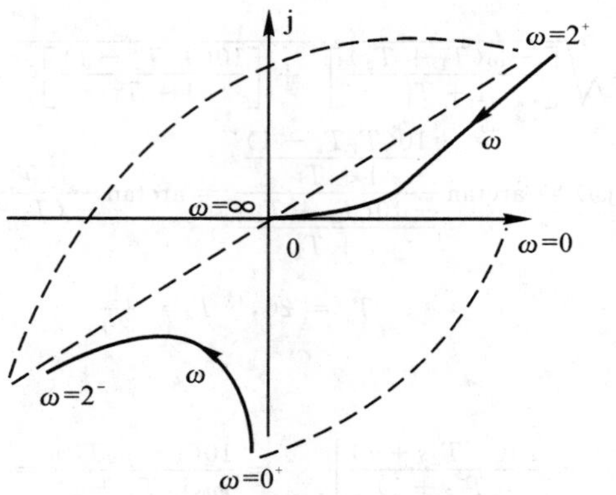

图解 5.4.9

5.4.10 已知系统开环传递函数

$$G(s)H(s)=\frac{(s+1)}{s\left(\frac{s}{2}+1\right)\left(\frac{s^2}{9}+\frac{s}{3}+1\right)}$$

要求选择频率点，列表计算 $A(\omega)$，$L(\omega)$ 和 $\varphi(\omega)$，并据此在对数坐标纸上绘制系统开环对数频率特性曲线。

解　本题主要考查根据系统的开环传递函数计算系统开环幅相频率特性、对数幅频特性和相频特性，进而绘制出系统开环对数频率特性曲线。在计算相频特性时，应注意象限问题。

系统的开环频率特性

$$G(j\omega)=\frac{1+j\omega}{j\omega(1+j0.5\omega)\left[\left(1-\frac{\omega^2}{9}\right)+j\,\frac{\omega}{3}\right]}=A(\omega)e^{j\varphi(\omega)}$$

其中

$$A(\omega)=\frac{\sqrt{1+\omega^2}}{\omega\sqrt{\left(1+\frac{\omega^2}{4}\right)\left[\left(1-\frac{\omega^2}{9}\right)^2+\frac{\omega^2}{9}\right]}}$$

$$\varphi(\omega)=\begin{cases}\arctan\omega-90^\circ-\arctan\dfrac{\omega}{2}-\arctan\dfrac{\frac{\omega}{3}}{1-\frac{\omega^2}{9}}, & 0<\omega\leqslant 3\\[2ex] \arctan\omega-90^\circ-\arctan\dfrac{\omega}{2}-180^\circ+\arctan\dfrac{\frac{\omega}{3}}{\frac{\omega^2}{9}-1}, & \omega>3\end{cases}$$

$$L(\omega)=20\lg A(\omega)=10\lg(1+\omega^2)-20\lg\omega-10\lg\left(1+\frac{\omega^2}{4}\right)-10\lg\left[\left(1-\frac{\omega^2}{9}\right)^2+\frac{\omega^2}{9}\right]$$

令 ω 为不同值，将计算结果列入表解 5.4.10：

表解　5.4.10

$\omega/(\mathrm{rad\cdot s^{-1}})$	0.1	1	3	5	10	20
$A(\omega)$	10.04	1.33	0.59	0.16	0.019	0.0023
$L(\omega)$/dB	20.03	2.48	−4.58	−15.92	−34.42	−52.77
$\varphi(\omega)/(^\circ)$	−89	−92.1	−164.7	−216.4	−246.2	−258.4

由上表可绘制出系统开环对数频率特性曲线，如图解 5.4.10 所示。

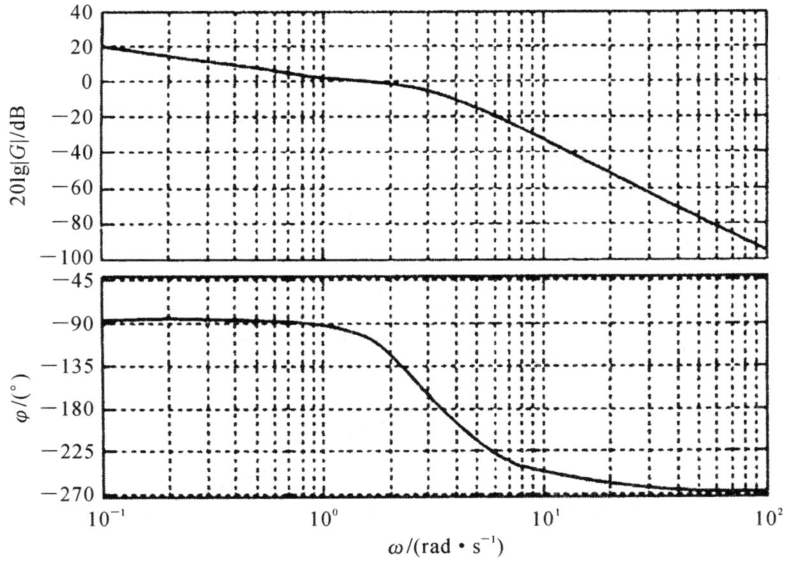

图解 5.4.10　$G(j\omega)=\frac{1+j\omega}{j\omega(1+j0.5\omega)}\left[\left(1-\frac{\omega^2}{9}\right)+j\,\frac{\omega}{3}\right]$ 的对数频率特性(MATLAB)

5.4.11 绘制下列传递函数的对数幅频渐近特性曲线：

(1) $G(s)=\dfrac{2}{(2s+1)(8s+1)}$；

(2) $G(s)=\dfrac{200}{s^2(s+1)(10s+1)}$；

(3) $G(s)=\dfrac{8\left(\dfrac{s}{0.1}+1\right)}{s(s^2+s+1)\left(\dfrac{s}{2}+1\right)}$；

(4) $G(s)=\dfrac{10\left(\dfrac{s^2}{400}+\dfrac{s}{10}+1\right)}{s(s+1)\left(\dfrac{s}{0.1}+1\right)}$。

解 (1) $G(s)=\dfrac{2}{(2s+1)(8s+1)}$

对数幅频、相频渐近特性曲线如图解 5.4.11(1) 所示。

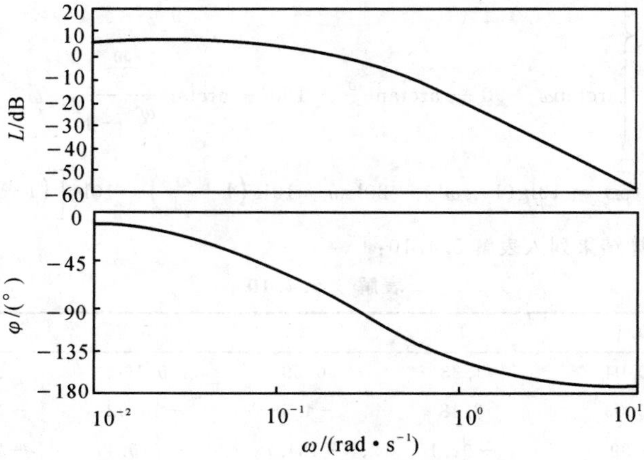

图解 5.4.11(1)

(2) $G(s)=\dfrac{200}{s^2(s+1)(10s+1)}$

曲线如图解 5.4.11(2) 所示。

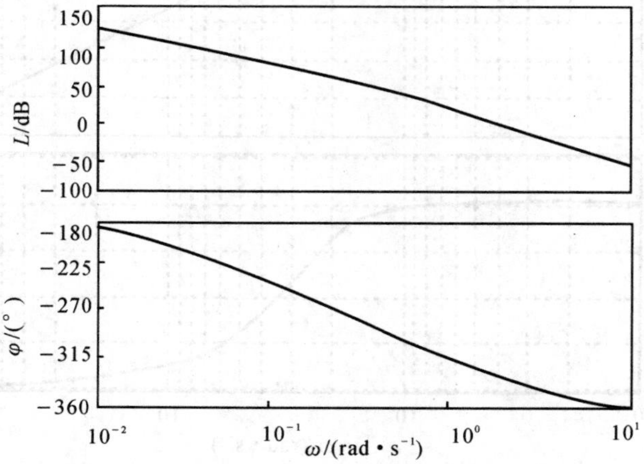

图解 5.4.11(2)

(3) $G(s)=\dfrac{8\left(\dfrac{s}{0.1}+1\right)}{s(s^2+s+1)\left(\dfrac{s}{2}+1\right)}$

曲线如图解 5.4.11(3) 所示。

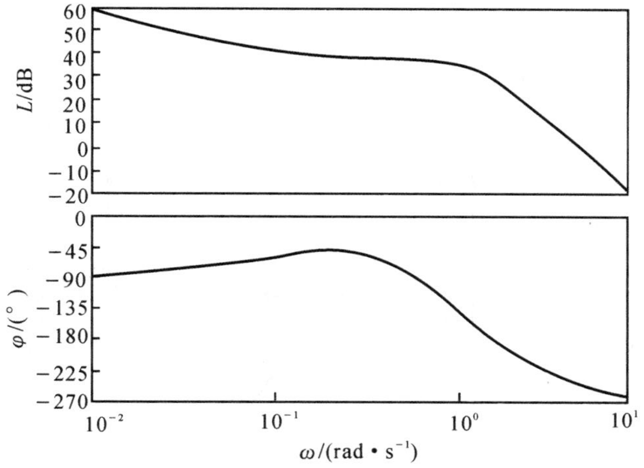

图解　5.4.11(3)

(4) $G(s)=\dfrac{10\left(\dfrac{s^2}{400}+\dfrac{s}{10}+1\right)}{s(s+1)\left(\dfrac{s}{0.1}+1\right)}$

曲线如图解 5.4.11(4) 所示。

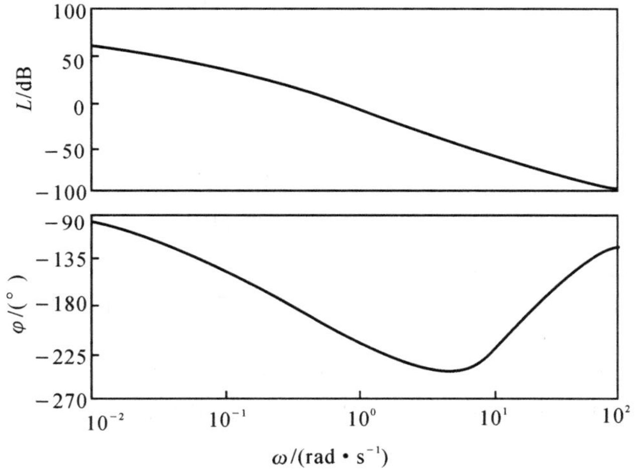

图解　5.4.11(4)

5.4.12　已知最小相位系统的对数幅频渐近特性曲线如图 5.4.63 所示，试确定系统的开环传递函数。

解　(1) 图 5.4.63(a) 所示系统。

① 确定系统积分环节或微分环节的个数。因为对数幅频渐近特性曲线的低频渐近线的斜率为0 dB/dec，故 $\nu=0$。

② 确定系统传递函数结构形式。

$\omega=\omega_1$ 处，斜率变化 -20 dB/dec，对应惯性环节；

$\omega=\omega_2$ 处，斜率变化 $+20$ dB/dec，对应一阶微分环节；

$\omega=100$ 处，斜率变化 -20 dB/dec，对应惯性环节。

因此，系统应具有的传递函数为

$$G(s)=\frac{K\left(\frac{s}{\omega_2}+1\right)}{\left(\frac{s}{\omega_1}+1\right)\left(\frac{s}{100}+1\right)}$$

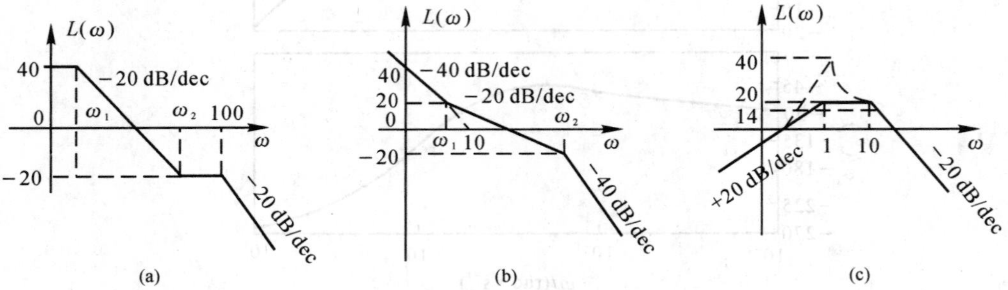

图 5.4.63 系统开环对数幅频渐近特性

③ 由给定条件确定传递函数参数。由于低频渐近线通过点$(1,20\lg K)$，故

$$20\lg K=40\ \text{dB}$$

解得 $K=100$，于是系统的传递函数为

$$G(s)=\frac{100\left(1+\frac{s}{\omega_2}\right)}{\left(1+\frac{s}{\omega_1}\right)\left(1+\frac{s}{100}\right)}$$

再由

$$40=20\lg\frac{1}{\omega},\quad 解得\quad \omega_1=0.01$$

$$20=20\lg\frac{\omega_2}{1},\quad 解得\quad \omega_2=10$$

于是，系统的传递函数为

$$G(s)=\frac{100\left(1+\frac{s}{10}\right)}{\left(1+\frac{s}{0.01}\right)\left(1+\frac{s}{100}\right)}$$

(2) 图 5.4.63(b) 所示系统。

① 确定系统积分环节或微分环节的个数。因为对数幅频渐近特性曲线的低频渐近线的斜率为 -40 dB/dec，故有 $\nu=2$。

② 确定系统传递函数结构形式。

$\omega=\omega_1$ 处，斜率变化 $+20$ dB/dec，对应一阶微分环节；$\omega=\omega_2$ 处，斜率变化 -20 dB/dec，对应惯性环节。因此，系统应具有的传递函数为

$$G(s)=\frac{K\left(1+\frac{s}{\omega_1}\right)}{s^2\left(1+\frac{s}{\omega_2}\right)}$$

③ 由给定条件确定传递函数参数。由于低频渐近线的延长线通过点$(\omega_0,L_a(\omega_0))=(10,0)$及 $\nu=2$，故 $K=\omega_0^{\nu}=100$。再由 $20=40\lg\frac{10}{\omega_1}$，解得 $\omega_1=\sqrt{10}=3.16$；由 $20=20\lg\frac{\omega_c}{\omega_1}$，解得 $\omega_c=10\sqrt{10}=31.6$；由

$20 = 20\lg \frac{\omega_2}{\omega_c}$，解得 $\omega_2 = 100\sqrt{10} = 316$，于是，系统的传递函数为

$$G(s) = \frac{100\left(1+\frac{s}{3.16}\right)}{s^2\left(1+\frac{s}{316}\right)}$$

(3) 图 5.4.63(c) 所示系统。

① 确定系统积分环节或微分环节的个数。

因为对数幅频渐近线曲线的低频渐近线的斜率为 40 dB/dec，故有 $\nu = 2$。

② 确定系统传递函数结构形式。

$\omega = 1$ 处，斜率变化 -40 dB/dec，对应振荡环节；

$\omega = 10$ 处，斜率变化 -20 dB/dec，对应惯性环节。

因此，系统应具有的传递函数为

$$G(s) = \frac{Ks^2}{(s^2+2\zeta s+1)\left(1+\frac{s}{10}\right)}$$

③ 由给定条件确定传递函数参数。由于低频渐近线通过点(1，20lg$K$)，故由

$$20\lg K = 20$$

解得

$$K = 10$$

再由
$$20\lg M_r = 20\lg \frac{1}{2\zeta\sqrt{1-\zeta^2}} = 40 - 20 = 20$$

解得
$$\zeta = 0.05 \quad (\text{其中 } \zeta = 0.998\ 7 \text{ 不符合题意，故舍去})$$

于是，系统的传递函数为

$$G(s) = \frac{10s^2}{(s^2+0.1s+1)\left(1+\frac{s}{10}\right)}$$

5.4.13　试用奈氏判据分别判断题 5.4.5，5.4.6 系统的闭环稳定性。

解　(1) 题 5.4.5 中的系统。分别以 $\tau > T$ 和 $T > \tau$ 两种情况来讨论系统闭环稳定性。

当 $\tau > T$ 时，其开环幅相曲线如图解 5.4.13(1) 所示。因为 $\nu = 2$，从开环幅相曲线上 $\omega = 0^+$ 的对应点起逆时针补作 180° 且半径为无穷大的虚圆弧。

由于 $G(s)$ 在 s 右半平面的极点数 $P = 0$，且由开环幅相曲线知 $N_- = 0$，$N_+ = 0$，故

$$N = N_+ - N_- = 0$$

由奈氏判据，算得 s 右半平面的闭环极点数为 $Z = P - 2N = 0$，所以系统闭环稳定。

当 $\tau < T$ 时，其开环幅相曲线如图解 5.4.13(2) 所示。因为 $\nu = 2$，从开环幅相曲线上 $\omega = 0^+$ 的对应点起逆时针补作 180° 且半径为无穷大的虚圆弧。

由于 $G(s)$ 在 s 右半平面的极点数 $P = 0$，且由开环幅相曲线知 $N_- = 1$，$N_+ = 0$，故

$$N = N_+ - N_- = -1$$

由奈氏判据，算得 s 右半平面的闭环极点数为 $Z = P - 2N = 2$，所以系统闭环不稳定。

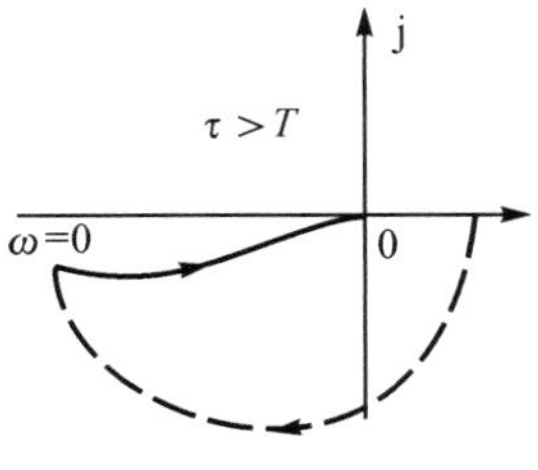

图解 5.4.13(1)　题 5.4.5 中 $\tau > T$ 概略幅相曲线

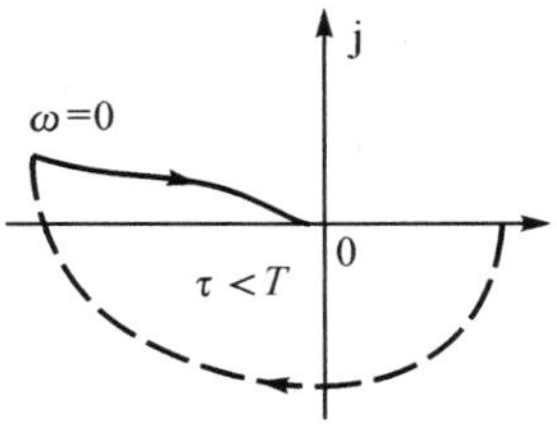

图解 5.4.13(2)　题 5.4.5 中 $\tau < T$ 概略幅相曲线

(2) 对于题 5.4.6 中的系统。其开环幅相曲线如图解 5.4.13(3) 所示。

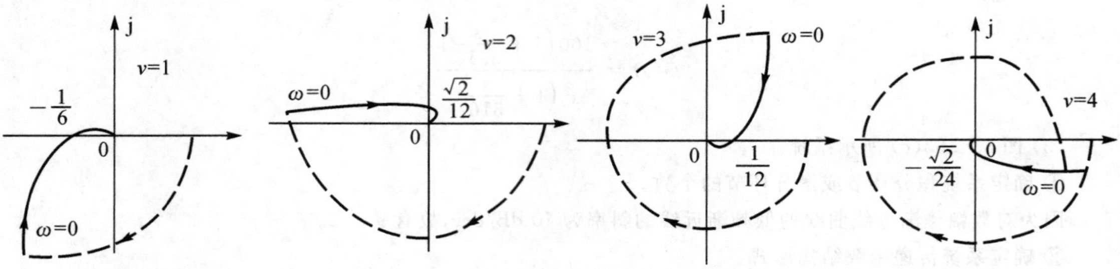

图解 5.4.13(3)　题 5.4.6 中开环概略幅相曲线

① 当 $\nu=1$，从开环幅相曲线上 $\omega=0^{+}$ 的对应点起逆时针补作 90° 且半径为无穷大的虚圆弧。由于 $G(s)$ 在 s 右半平面的极点 $P=0$，且由开环幅相曲线知 $N_{-}=0, N_{+}=0$，故

$$N=N_{+}-N_{-}=0$$

由奈氏判据，算得 s 右半平面的闭环极点数为 $Z=P-2N=0$，所以系统闭环稳定。

② 当 $\nu=2$，从开环幅相曲线上 $\omega=0^{+}$ 的对应点起逆时针补作 180° 且半径为无穷大的虚圆弧。由于 $G(s)$ 在 s 右半平面的极点数 $P=0$，且由开环幅相曲线知 $N_{-}=1, N_{+}=0$，故

$$N=N_{+}-N_{-}=-1$$

由奈氏判据，算得 s 右半平面的闭环极点数为 $Z=P-2N=2$，所以系统闭环不稳定。

③ 当 $\nu=3$，从开环幅相曲线上 $\omega=0^{+}$ 的对应点起逆时针补作 270° 且半径为无穷大的虚圆弧。由于 $G(s)$ 在 s 右半平面的极点数 $P=0$，且由开环幅相曲线知 $N_{-}=1, N_{+}=0$，故

$$N=N_{+}-N_{-}=1$$

由奈氏判据，算得 s 右半平面的闭环极点数为 $Z=P-2N=2$，所以系统闭环不稳定。

④ 当 $\nu=4$，从开环幅相曲线上 $\omega=0^{+}$ 的对应点起逆时针补作 360° 且半径为无穷大的虚圆弧。由于 $G(s)$ 在 s 右半平面的极点数 $P=0$，且由开环幅相曲线知 $N_{-}=1, N_{+}=0$，故

$$N=N_{+}-N_{-}=-1$$

由奈氏判据，算得 s 右半平面的闭环极点数为 $Z=P-2N=2$，所以系统闭环不稳定。

5.4.14　已知下列系统开环传递函数(参数 $K, T, T_i>0; i=1,2,\cdots,6$)：

(1) $G(s)=\dfrac{K}{(T_1s+1)(T_2s+1)(T_3s+1)}$；

(2) $G(s)=\dfrac{K}{s(T_1s+1)(T_2s+1)}$；

(3) $G(s)=\dfrac{K}{s^2(Ts+1)}$；

(4) $G(s)=\dfrac{K(T_1s+1)}{s^2(T_2s+1)}$；

(5) $G(s)=\dfrac{K}{s^3}$；

(6) $G(s)=\dfrac{K(T_1s+1)(T_2s+1)}{s^3}$；

(7) $G(s)=\dfrac{K(T_5s+1)(T_6s+1)}{s(T_1s+1)(T_2s+1)(T_3s+1)(T_4s+1)}$；

(8) $G(s)=\dfrac{K}{Ts-1}$；

(9) $G(s) = \dfrac{-K}{-Ts+1}$;

(10) $G(s) = \dfrac{K}{s(Ts-1)}$。

其系统开环幅相曲线分别如图 5.4.64(a) ～ (j) 所示,试根据奈氏判据判定各系统的闭环稳定性,若系统闭环不稳定,确定其 s 右半平面的闭环极点数。

解　(1) 因 $P=0, N=-1$,故 $Z=P-2N=2$,闭环不稳,有 2 个 s 右半平面闭环极点。

(2) 因 $P=0, N=0$,故 $Z=0$,闭环稳定。

(3) 因 $P=0, N=-1$,故 $Z=P-2N=2$,闭环不稳,有 2 个 s 右半平面极点。

(4) 因 $P=0, N=0$,故 $Z=0$,闭环稳定。

(5) 因 $P=0, N=-1$,故 $Z=P-2N=2$,闭环不稳,有 2 个右极点。

(6) 因 $P=0, N=0$,故 $Z=0$,闭环稳定。

(7) 因 $P=0, N=0$,故 $Z=0$,闭环稳定。

(8) 因 $P=1, N=\dfrac{1}{2}$,故 $Z=P-2N=0$,闭环稳定。

(9) 因 $P=1, N=0$,故 $Z=P-2N=1$,闭环不稳,有 1 个右极点。

(10) 因 $P=1, N=-\dfrac{1}{2}$,故 $Z=P-2N=2$,闭环不稳,有 2 个正实部闭环极点。

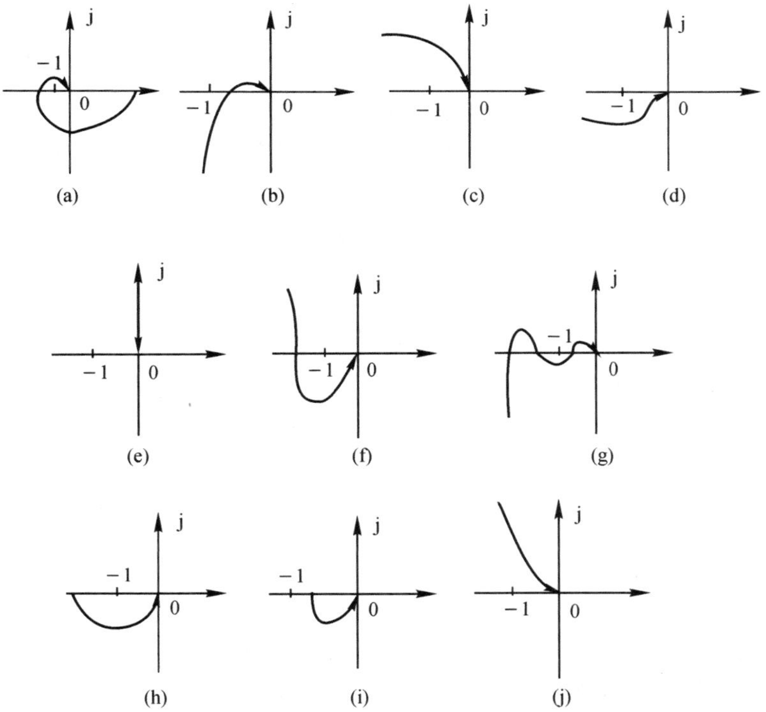

图 5.4.64　题 5.4.14 系统开环幅相曲线

5.4.15　根据奈氏判据确定题 5.4.9 系统的闭环稳定性。

解　因　$P=0,\quad N=-1$

故 $Z=P-2N=2$,闭环不稳定。

5.4.16 已知系统开环传递函数

$$G(s)=\frac{K}{s(Ts+1)(s+1)},\quad K,T>0$$

试根据奈氏判据，确定其闭环稳定条件：

(1) $T=2$ 时，K 值的范围；

(2) $K=10$ 时，T 值的范围；

(3) K,T 值的范围。

解 系统的开环幅相曲线如题5.4.14中(2)所示。若系统闭环稳定，则幅相曲线不能包围$(-1,\mathrm{j}0)$点。由

$$G(s)=\frac{K}{s(Ts+1)(s+1)}$$

可得

$$G(\mathrm{j}\omega)=\frac{-K\omega^2(T+1)+\mathrm{j}K(T\omega^3-\omega)}{(T+1)^2\omega^4+(T\omega^3-\omega)^2}$$

(1) $T=2$ 时

$$G(\mathrm{j}\omega)=\frac{-3K\omega^2+\mathrm{j}K(2\omega^3-\omega)}{9\omega^4+(2\omega^3-\omega)^2}=U+\mathrm{j}V$$

令

$$V=0$$

得

$$\omega=\frac{1}{\sqrt{2}}$$

若使闭环稳定，则

$$U>-1$$

可解得

$$0<K<1.5$$

(2) $K=10$ 时

$$G(\mathrm{j}\omega)=\frac{-10\omega^2(T+1)+10\mathrm{j}(T\omega^3-\omega)}{(T+1)^2\omega^4+(T\omega^3-\omega)^2}=U+\mathrm{j}V$$

令

$$V=0$$

得

$$\omega=\frac{1}{\sqrt{T}}$$

闭环稳定，则

$$U>-1$$

解得

$$0<T<\frac{1}{9}$$

(3) 系统稳定的 K,T 范围：

由

$$G(\mathrm{j}\omega)=\frac{-K\omega^2(T+1)+K\mathrm{j}(T\omega^3-\omega)}{(T+1)^2\omega^4+(T\omega^3-\omega)^2}=U+\mathrm{j}V$$

令

$$V=0$$

得

$$\omega=\frac{1}{\sqrt{T}}$$

若闭环稳定，则

$$U>-1$$

可解得

$$0<K<\frac{T+1}{T},\quad 0<T<\frac{1}{K-1}$$

5.4.17 试用对数稳定判据判定题5.4.10系统的闭环稳定性。

解 因 $P=0$，由对数相频曲线可知 $N=0$。故 $Z=P-2N=0$，故闭环系统稳定。

5.4.18 已知两系统开环对数相频特性曲线如图5.4.65所示，试分别确定系统的稳定性。鉴于改变系统开环增益可使系统截止频率变化，试确定系统闭环稳定时，截止频率 ω_c 的范围。

解 由图可知两系统的相频特性 $\varphi(\omega_c)$ 均在 $-90°\sim-180°$ 之间，因此根据式 $\gamma(\omega_c)=180°+\varphi(\omega_c)$，可知 $\gamma(\omega_c)>0$。因此两系统均稳定。

当改变开环增益 K（$K\uparrow\rightarrow\omega_c\uparrow\rightarrow\varphi(\omega_c)\downarrow\rightarrow\gamma\downarrow\rightarrow$ 使系统稳定性变差，反之 $K\downarrow$ 使稳定性增加）时，将

使闭环稳定性发生变化，当 ω_c 增加到使 $\varphi(\omega_c)=-180°$，即 $\gamma(\omega_c)=180°+\varphi(\omega_c)=0$ 时，系统则处于临界稳定。因此截止频率 ω_c 的范围是在 $\gamma(\omega_c)\geqslant 0$ 的区间内。

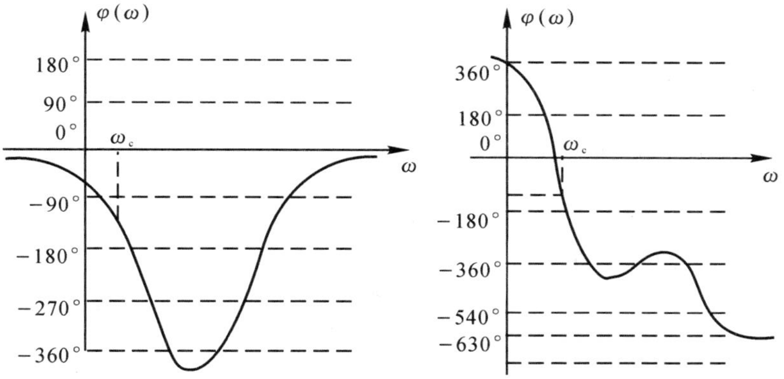

图 5.4.65　题 5.4.18 开环对数相频特性曲线

5.4.19　若单位反馈系统的开环传递函数

$$G(s)=\frac{Ke^{-0.8s}}{s+1}$$

试确定使系统稳定的 K 值范围。

解　因

$$G(j\omega)=\frac{Ke^{-j0.8\omega}}{j\omega+1}$$

故有

$$\begin{cases}|G(j\omega)|=\dfrac{K}{\sqrt{\omega^2+1}}\\ \varphi(\omega)=-\arctan\omega-0.8\omega\end{cases}$$

系统临界稳定时

$$|G(j\omega)|=1,\quad \varphi(\omega)=-\pi$$

解得

$$\omega=\tan(\pi-0.8\omega)=-\tan 0.8\omega$$

即

$$\omega=2.45$$

代入

$$|G(j\omega)|=\left.\frac{K}{\sqrt{1+\omega^2}}\right|_{\omega=2.45}=1$$

得

$$K=\sqrt{1+2.45^2}=2.65$$

所以 $0<K<2.65$ 系统稳定。

5.4.20　设单位反馈系统的开环传递函数

$$G(s)=\frac{5s^2e^{-\tau s}}{(s+1)^4}$$

试确定闭环系统稳定时，延迟时间 τ 的范围。

解　因为

$$G(j\omega)=\frac{-5\omega^2e^{-j\tau\omega}}{(j\omega+1)^4}$$

令

$$\begin{cases}|G(j\omega)|=\dfrac{5\omega^2}{(1+\omega^2)^2}=1\\ \varphi(\omega)=180°-\tau\omega\times\dfrac{180°}{\pi}-4\arctan\omega=180°\end{cases}$$

可得

$$1+\omega^2=\sqrt{5}\,\omega$$

即

$$\omega_1=0.618,\quad \omega_2=1.618$$

由开环幅频特性检验可舍去 ω_1。则由

$$\gamma(\omega_2)=180^\circ+\varphi(\omega_2)=180^\circ+180^\circ-\tau\omega_2\times\frac{180^\circ}{\pi}-4\arctan\omega_2>0$$

解得

$$\tau<\frac{360^\circ-\arctan 1.618}{57.3^\circ\times 1.618}=1.3685$$

所以闭环系统稳定的 τ 的范围是

$$0<\tau<1.3685$$

5.4.21 设单位反馈控制系统的开环传递函数

$$G(s)=\frac{as+1}{s^2}$$

试确定相角裕度为 45° 时参数 a 的值。

解 因

$$G(\mathrm{j}\omega)=\frac{\mathrm{j}a\omega+1}{-\omega^2}$$

由题意有

$$\gamma(\omega_c)=180^\circ+\varphi(\omega_c)=180^\circ-180^\circ+\arctan a\omega_c=45^\circ$$

故

$$a\omega_c=1$$

代入

$$|G(\mathrm{j}\omega_c)|=1$$

可解得

$$\omega_c=1.19$$

则可求得

$$a=\frac{1}{\omega_c}=\frac{1}{1.19}=0.84$$

5.4.22 对于典型二阶系统，已知参数 $\omega_n=3,\zeta=0.7$，试确定截止频率 ω_c 和相角裕度 γ。

解 根据式(5-85)(见参考文献[1]，212页)有

$$\omega_c=\omega_n(\sqrt{4\zeta^4+1}-2\zeta^2)^{\frac{1}{2}}=3\times(\sqrt{4\times0.7^4+1}-2\times0.7^2)^{\frac{1}{2}}=1.944$$

再根据式(5-86)(见参考文献[1]，212页)有

$$\gamma=\arctan\frac{2\zeta\omega_n}{\omega_c}=\arctan\frac{2\times0.7\times3}{1.944}=65.16^\circ$$

5.4.23 对于典型二阶系统，已知 $\sigma\%=15\%,t_s=3\ \mathrm{s}$，试计算相角裕度 γ。

解 本题可根据 $\sigma\%$ 求得 ζ，再求出 γ。

因为

$$\sigma\%=\mathrm{e}^{-\frac{\pi\zeta}{\sqrt{1-\zeta^2}}}\times100\%$$

当 $\sigma\%=15\%$ 时，可解得 $\zeta=0.517$。

根据式(5-120)可得

$$\gamma=\arctan\left[2\zeta(\sqrt{4\zeta^4+1}-2\zeta^2)^{-\frac{1}{2}}\right]=\arctan\left[2\times0.517(\sqrt{4\times0.517^4+1}-2\times0.517^2)^{-\frac{1}{2}}\right]=53.16^\circ$$

5.4.24 根据图解5.4.11(1)～(4)所绘对数幅频渐近特性曲线，近似确定截止频率 ω_c，并由此确定相角裕度 γ 的近似值。

解 (1) 因

$$\omega_c=0.25$$

故

$$\gamma=180^\circ-\arctan 2\omega_c-\arctan 8\omega_c=180^\circ-26.57^\circ-63.43^\circ=90^\circ$$

(2) 因

$$\omega_c=2.1$$

故

$$\gamma=180^\circ-180^\circ-\arctan\omega_c-\arctan 10\omega_c=-64.54^\circ-87.27^\circ=-151.81^\circ$$

(3) 因

$$\omega_c=5.4$$

故

$$\gamma=180^\circ-90^\circ+\arctan\frac{\omega_c}{0.1}-180^\circ+\arctan\frac{\omega_c}{\omega_c^2-1}-\arctan\frac{\omega_c}{2}=$$

$$90^\circ+88.94^\circ-169.14^\circ-69.68^\circ=-59.88^\circ$$

(4) 因

$$\omega_c=1$$

故　$$\gamma = 180° - 90° - \arctan\frac{\omega_c}{0.1} - \arctan\omega_c + \arctan\frac{2\zeta\frac{\omega_c}{\omega_n}}{\left(\frac{\omega_c}{\omega_n}\right)^2 - 1} =$$

$$90° - 84.29° - 45° + 5.72° = -33.57°$$

5.4.25　航船的自动导航系统是反馈控制理论的典型应用。与人工驾驶相比，自动导航系统产生的偏差小。在航船以小偏差匀速航行时，可以导出航各控制系统的数学模型。以大型油船为例，油船航向控制系统的开环传递函数为

$$G(s) = \frac{E(s)}{\Delta(s)} = \frac{0.164(s+0.2)(-s+0.32)}{s^2(s+0.25)(s-0.009)}$$

其中，$E(s)$为油船偏航角的拉低变换；$\Delta(s)$是舵机偏转角的拉氏变换。试验证图 5.4.66 所示的油船航向控制系统的开环对数频率特性的形状是否准确。

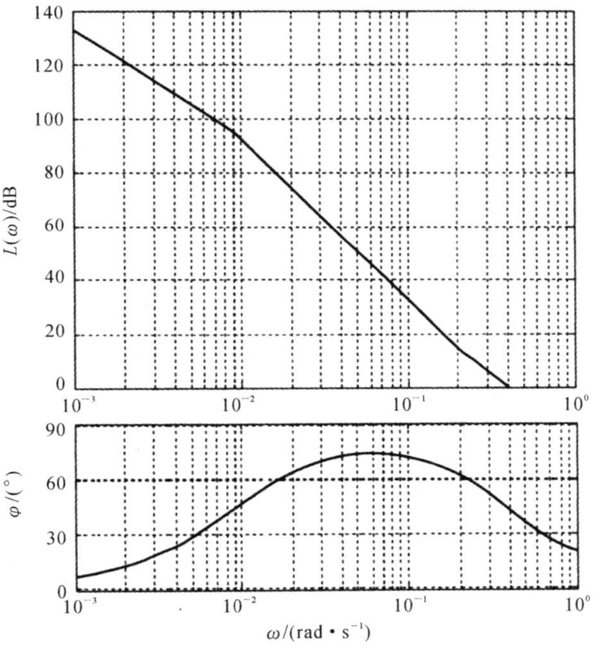

图 5.4.66　题 5.4.25 油船航向控制系统的开环对数频率特性

解　本题主要练习开环系统对数频率特性曲线的计算与绘制。该沿船航向控制系统由非最小相应比例环节、积分环节、最小相位与非最小相位一阶微分环节、最小相位与非最小相位惯性环节等六种典型环节构成。

将开环传递函数化为典型环节构成的形式，可得

$$G(s) = \frac{0.164(s+0.2)(-s+0.32)}{s^2(s+0.25)(s-0.009)} = \frac{-4.66(5s+1)(-3.125s+1)}{s^2(4s+1)(-111.1s+1)}$$

令 $K = 4.66$，并将 $G(s)$ 分解的典型环节见表解 5.4.25(1)。

表解　5.4.25(1)

环　节	对数幅频 /dB	对数相频
$-K$	$L_1(\omega) = 20\lg K = 13.37$ dB	$\varphi_1(\omega) = -180°$
$\frac{1}{s^2}$	$L_2(\omega) = -40\lg\omega$	$\varphi_2(\omega) = -180°$
$5s+1$	$L_3(\omega) = 10\lg(1+25\omega^2)$	$\varphi_3(\omega) = \arctan 5\omega$

续表

环　节	对数幅频 /dB	对数相频
$\dfrac{1}{4s+1}$	$L_4(\omega)=-10\lg(1+16\omega^2)$	$\varphi_4(\omega)=-\arctan 4\omega$
$-3.125s+1$	$L_5(\omega)=10\lg(1+9.77\omega^2)$	$\varphi_5(\omega)=-\arctan 3.125\omega$
$\dfrac{1}{-111.1s+1}$	$L_6(\omega)=-10\lg(1+12\,343.1\omega^2)$	$\varphi_5(\omega)=\arctan 111.1\omega$

令 ω 为不同值，可以分别算得 $L_i(\omega)$ 与 $\varphi_i(\omega)(i=1,2,3,4,5,6)$，且由 $L(\omega)=\sum_{i=1}^{6}L_i(\omega)$，$\varphi(\omega)=\sum_{i=1}^{6}\varphi_i(\omega)$，得到开环对数幅频特性和对数相频特性，见表解 5.4.25(2)。

表解　5.4.25(2)

$\omega/(\mathrm{rad}\cdot\mathrm{s}^{-1})$	0.004	0.01	0.02	0.07	0.1	0.2	0.4
L_1	13.37	13.37	13.37	13.37	13.37	13.37	13.37
L_2	95.92	80.00	67.96	46.20	40.00	27.96	15.92
L_3	1.7×10^{-3}	0.01	0.04	0.50	0.97	3.01	6.99
L_4	-1×10^{-3}	-0.007	-0.03	-0.33	-0.64	-2.15	-5.51
L_5	0.7×10^{-3}	0.004	0.02	0.20	0.40	1.43	4.09
L_6	-0.78	-3.49	-7.74	-17.89	-20.95	-26.94	-32.96
$L(\omega)$/dB	108.5	89.9	73.6	42.1	33.2	16.7	1.9
φ_1	$-180°$	$-180°$	$-180°$	$-180°$	$-180°$	$-180°$	$-180°$
φ_2	$-180°$	$-180°$	$-180°$	$-180°$	$-180°$	$-180°$	$-180°$
φ_3	$1.15°$	$2.86°$	$5.71°$	$19.29°$	$26.57°$	$45.00°$	$63.43°$
φ_4	$-0.92°$	$-2.29°$	$-4.57°$	$-15.64°$	$-21.80°$	$-38.66°$	$-58.00°$
φ_5	$-0.72°$	$-1.79°$	$-3.58°$	$-12.34°$	$-17.35°$	$-32.00°$	$-51.34°$
φ_6	$23.96°$	$48.00°$	$65.77°$	$82.67°$	$84.85°$	$87.42°$	$88.71°$
$\varphi(\omega)$	$-336.5°$	$-313.2°$	$-296.7°$	$-286.0°$	$-287.7°$	$-298.2°$	$-317.2°$

根据算出的 $L(\omega)$ 和 $\varphi(\omega)$，对比图 5.4.66 所示对数频率特性可知，该特性曲线的形状除极低频个别点外，基本正确。

5.4.26　航天飞机曾成功地完成了检修卫星和哈勃太空望远镜的任务。图 5.4.67(a) 是卫星修理示意图，宇航员的脚固定在机械手臂的工作台上，以便他能用双手来完成阻止卫星转动和点火启动卫星等操作。机械臂控制系统的框图如图 5.4.67(b) 所示，其中

$$G_1(s)=K=10,\quad H(s)=1$$

若已知闭环传递函数为

$$\Phi(s)=\frac{C(s)}{R(s)}=\frac{10}{s^2+5s+10}$$

要求：(1) 确定系统对单位阶跃扰动的响应表达式 $c_n(t)$ 及 $c_n(\infty)$ 的值；

(2) 计算闭环系统的带宽频率 ω_b。

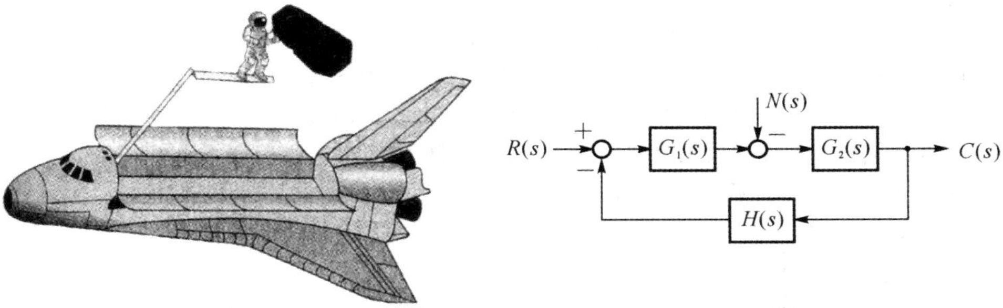

(a)　　　　(b)

图 5.4.67　题 5.4.26 航天飞机机械臂控制系统

解　本题联合应用系统的时域及频域分析方法，分别确定系统的扰动时间响应及系统带宽。

(1) 扰动时间响应。设开环传递函数

$$G(s)=G_1(s)G_2(s)$$

则有
$$G(s)=\frac{\Phi(s)}{1-\Phi(s)}=\frac{10}{s(s+5)}$$

所以
$$G_2(s)=\frac{1}{s(s+5)}$$

在单位阶跃扰动 $N(s)$ 作用下，闭环传递函数

$$\Phi_n(s)=-\frac{G_2(s)}{1+G(s)}=-\frac{1}{s^2+5s+10}$$

则单位阶跃扰动产生的输出

$$C_n(s)=\Phi_n(s)N(s)=-\frac{1}{s(s^2+5s+10)}$$

其中，$N(s)=\dfrac{1}{s}$。对上式进行因式分解，有

$$C_n(s)=-\frac{0.1}{s}+\frac{0.1(s+5)}{(s+2.5)^2+1.94^2}$$

进行拉氏反变换，得单位阶跃扰动输出

$$c_n(t)=-0.1+0.164\mathrm{e}^{-2.5t}\sin(1.94t+37.8^\circ)$$

令 $t\to\infty$，得单位阶跃扰动作用下输出的稳态值

$$c_n(\infty)=-0.1$$

表明系统对扰动作用的影响可削弱 10 倍。

(2) 闭环带宽频率。令

$$\Phi(s)=\frac{10}{s^2+5s+10}=\frac{\omega_n^2}{s^2+2\zeta\omega_n s+\omega_n^2}$$

可得
$$\omega_n=3.162,\quad \zeta=0.79$$

表明系统具有较大阻尼。由教材中式(6-3)，带宽频率

$$\omega_b=\omega_n\sqrt{1-2\zeta^2+\sqrt{2-4\zeta^2+4\zeta^4}}=2.8\ \mathrm{rad/s}$$

5.4.27　试验中的旋翼飞机装有一个可以旋转的机翼，如图 5.4.68 所示。当飞机速度较低时，机翼将处在正常位置；而当飞机速度较高时，机翼将旋转到一个其他的合适位置，以便改善飞机的超音速飞行品质。假定飞机控制系统的 $H(s)=1$，且

$$G(s)=\frac{4(0.5s+1)}{s(2s+1)\left[\left(\frac{s}{8}\right)^2+\frac{s}{20}+1\right]}$$

要求：(1) 绘制开环系统的对数频率特性曲线；

(2) 确定幅值增益为 0 dB 时对应的频率 ω_c 和相角为 $-180°$ 时对应的频率 ω_x。

解 本题主要练习频率响应法中的基本技能，并巩固有关基本概念。

(1) 开环 Bode 图。由给出的 $G(s)$ 的知，开环系统由五种典型环节组成。开环增益 $K=4$，$20\lg K = 12$ dB。

开环系统各组成环节特性列表见表解 5.4.27，以便绘制 Bode 图。据表解 5.4.27，可以方便绘制开环 Bode 图。图解5.4.27 是已修正后的开环准确 Bode 图。

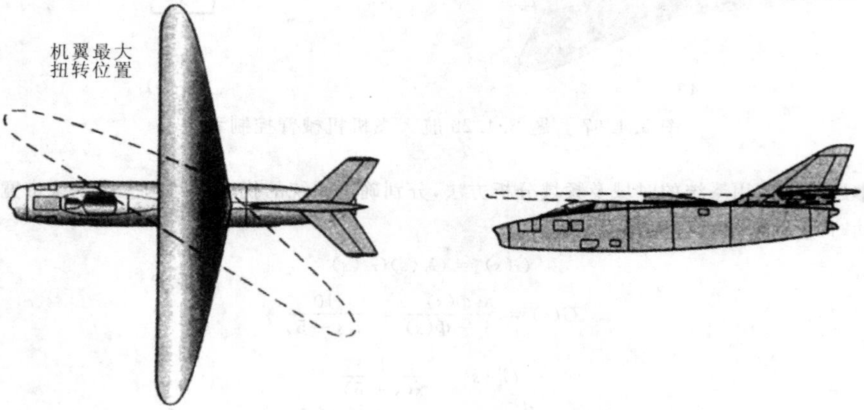

图 5.4.68 题 5.4.27 旋转翼飞机

表解 5.4.27

典型环节	交接频率	斜率变化	相角变化
K		0	0°
$\frac{1}{s}$		-20 dB/dec	$-90°$
$\frac{1}{2s+1}$	$\omega_1 = 0.5$	$-20 \sim -40$ dB/dec	$\varphi_1(\omega) = 0° \sim -90°$
$0.5s+1$	$\omega_2 = 2$	$-40 \sim -20$ dB/dec	$\varphi_2(\omega) = 0° \sim 90°$
$\frac{1}{\left(\frac{s}{8}\right)^2 + 2\times 0.2\left(\frac{s}{8}\right)+1}$	$\omega_3 = 8$ ($\zeta = 0.2$)	$-20 \sim -60$ dB/dec	$\varphi_3(\omega) = 0° \sim -180°$

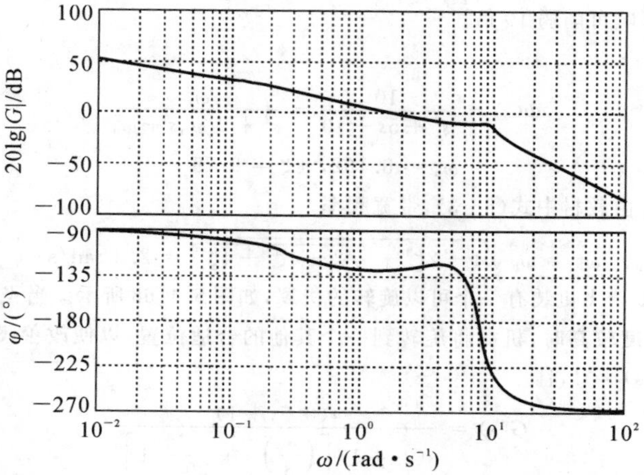

图解 5.4.27 $G(s) = \dfrac{4(0.5s+1)}{s(2s+1)(s^2/64+s/20+1)}$ 的对数频率特性曲线(MATLAB)

(2) 截止频率与穿越频率：由已绘出的开环准确 Bode 图解 5.4.27 可得：截止频率 $\omega_c = 1.6$ rad/s 穿越频率 $\omega_x = 7.7$ rad/s。

5.4.28　在空间机器人与地面测控站之间，存在着较大的通信时延。因此，对火星一类的远距离行星进行星际探索时，要求空间机器人有较高的自主性。空间机器人的自主性要求将影响整个系统的各个方面，包括任务规则、感知系统和机械结构等。只有当每个机器人都配备了完善的感知系统，能可靠地构建并维持环境模型时，星际探索系统才能具备所需要的自主性。美国卡耐尔基-梅隆大学机器人研究所开发研制了一套用于星际探索的系统，其目标机器人是一个六足步行机器人，如图 5.4.69(a) 所示。该机器人单足控制系统结构图如图 5.4.69(b) 所示。

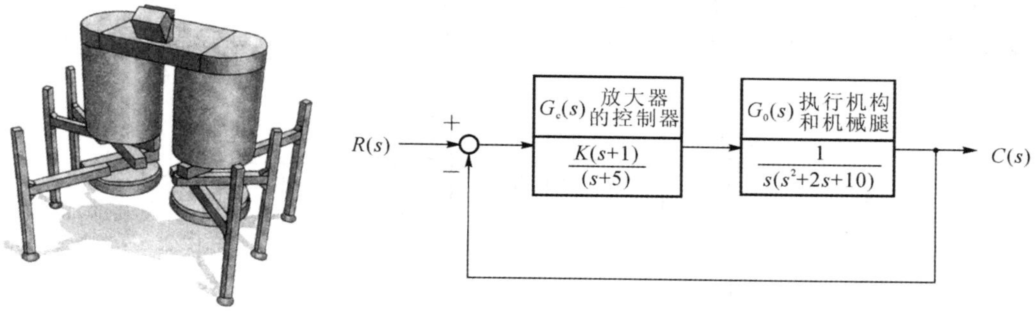

(a)　　(b)

图 5.4.69　步行机器人

要求：(1) 绘制 $K = 20$ 时，闭环系统的对数频率特性；

(2) 分别确定 $K = 20$ 和 $K = 40$ 时，闭环系统的谐振峰值 M_r、谐振频率 ω_r 和带宽频率 ω_b。

解　本题展示在频域中进行空间机器人控制系统参数的设计过程。确定不同增益取值时的系统的频域特征参数，为进一步设计控制系统参数提供必备的技术数据。

(1) $K = 20$ 时的闭环系统 Bode 图。开环传递函数

$$G_c(s)G_0(s) = \frac{20(s+1)}{s(s+5)(s^2+2s+10)}$$

闭环传递函数

$$\Phi(s) = \frac{20(s+1)}{s(s+5)(s^2+2s+10)+20(s+1)} = \frac{20(s+1)}{s^4+7s^3+20s^2+70s+20}$$

应用 MATLAB 软件包，可得闭环系统对数频率特性如图解 5.4.28(1) 所示。

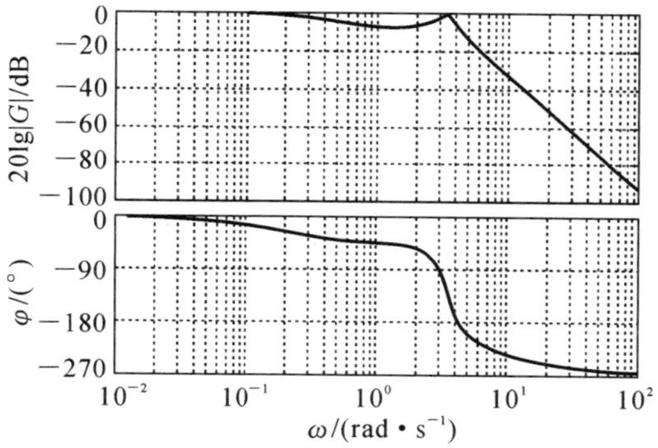

图解 5.4.28(1)　单足机器人控制系统闭环 Bode 图 ($K = 20$. MATLAB)

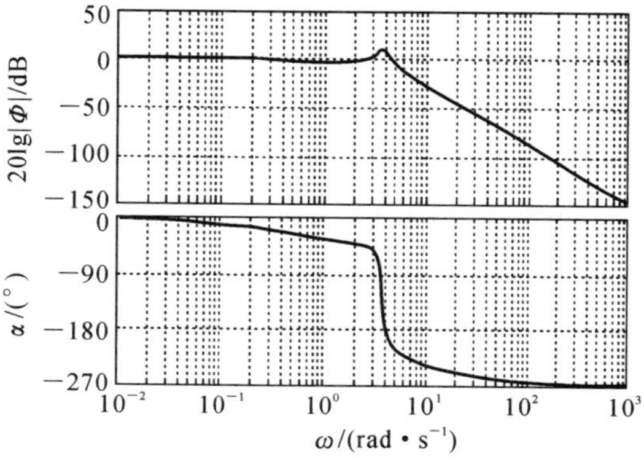

图解 5.4.28(2)　单足机器人控制系统闭环 Bode 图 ($K = 40$. MATLAB)

(2) 确定谐振峰值 M_r、谐振频率 ω_r 和带宽频率 ω_b。令 $K=20$,由图解 5.4.28(1) 可得:谐振峰值 $M_r=0$;谐振频率 ω_r 不存在;在 $20\lg|\Phi(j\omega)|=-3$ dB 处,查出带宽频率 $\omega_b=3.62$ rad/s。

令 $K=40$,因为

$$20\lg 40-20\lg 20=6\ \text{dB}$$

故可将图解 5.4.28(1) 中 $20\lg|\Phi(j\omega)|$ 向上平移 6 dB(其 Bode 图如图解 5.4.28(2) 所示),可得

$$M_r(\text{dB})=9.4\ \text{dB},\quad M_r=2.95$$

$$\omega_r=3.7\ \text{rad/s},\quad \omega_b=4.7\ \text{rad/s}$$

5.4.29 在脑外科、眼外科等手术中,患者肌肉的无意识运动可能会导致灾难性的后果。为了保证合适的手术条件,可以采用控制系统实施自动麻醉,以保证稳定的用药量,使患者肌肉放松。图 5.4.70 所示为麻醉控制系统模型,试确定控制器增益 K 和时间常数 τ,使系统谐振峰值 $M_r\leqslant 1.5$,并确定相应的闭环带宽频率 ω_b。

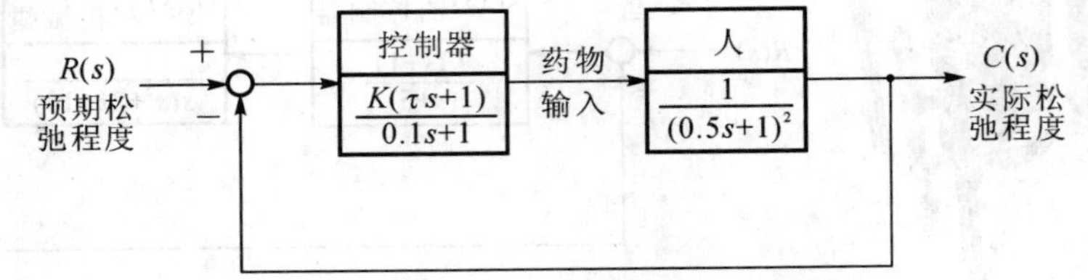

图 5.4.70　题 5.4.29 麻醉控制系统

解　本题研究根据频域指标,在频域中设计控制器参数的方法,并涉及工程系统设计中利用零、极点相消来简化系统复杂度的措施。

选 $\tau=0.5$,可使系统简化为二阶系统,其开环传递函数

$$G_c(s)G_0(s)=\frac{K}{(0.1s+1)(0.5s+1)}$$

闭环特征方程

$$D(s)=(0.1s+1)(0.5s+1)+K=0$$

上式可整理为

$$D(s)=s^2+12s+20(1+K)=s^2+2\zeta\omega_n s+\omega_n^2=0$$

因此有

$$\zeta\omega_n=6,\quad K=\frac{\omega_n^2}{20}-1$$

取 $M_r=1.5$,由教材中式(6-1),有

$$M_r=\frac{1}{2\zeta\sqrt{1-\zeta^2}},\quad \zeta\leqslant 0.707$$

解出 $\zeta=0.36$,于是

$$\omega_n=\frac{6}{\zeta}=16.67,\quad K=\frac{277.78}{20}-1=12.89$$

由教材中式(6-3)算出带宽频率

$$\omega_b=\omega_n\sqrt{1-2\zeta^2+\sqrt{2-4\zeta^2+4\zeta^4}}=23.49\ \text{rad/s}$$

第6章　线性系统的校正方法

6.1　重点内容提要

校正就是在系统中加入一些其参数可以根据需要而改变的机构或装置，使系统整体特性发生变化，从而满足给定的各项性能指标。

6.1.1　校正方式

按照校正装置在系统中的连接方式，控制系统校正方式可分为串联校正、反馈校正和复合校正等。

以 $G_c(s)$ 表示校正装置的传递函数，$G(s)$ 表示被控对象的传递函数，可得以下几种校正连接。

串联校正如图 6.1.1 所示，$G_c(s)$ 可以设计成超前、滞后和滞后-超前等环节，其特点及作用见表 6.1.1。

反馈校正如图 6.1.2 所示。

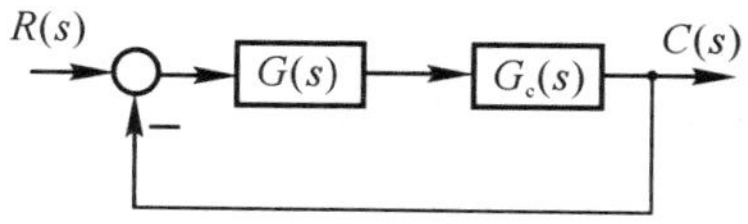

图 6.1.1　串联校正

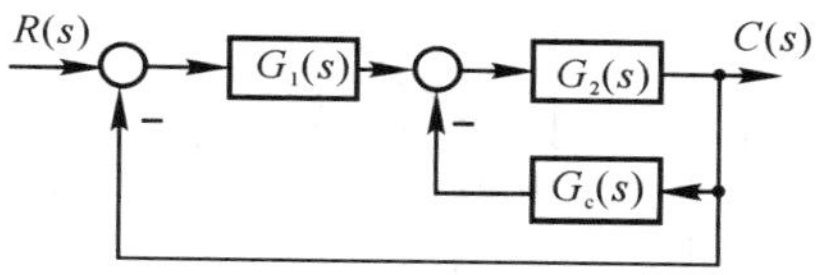

图 6.1.2　反馈校正

反馈校正可以削弱系统非线性特性的影响，提高响应速度，降低对参数变化的敏感性以及抑制噪声的影响。

复合校正可分为按输入补偿和按干扰补偿两种方式，分别如图 6.1.3 和图 6.1.4 所示。

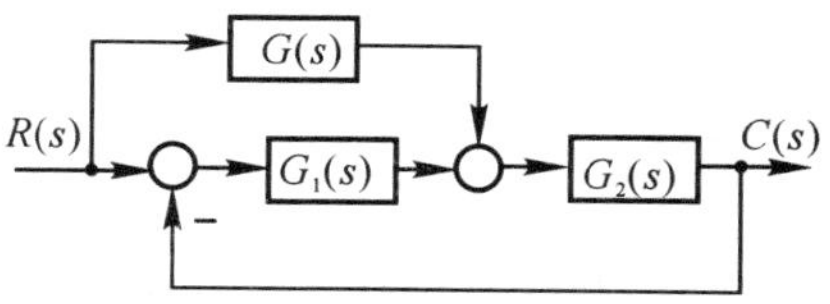

图 6.1.3　按输入补偿的校正

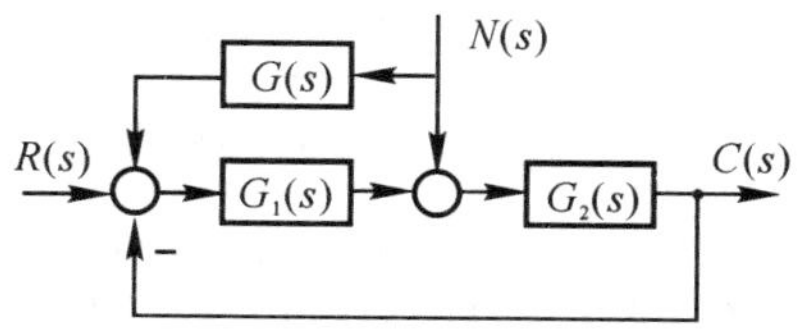

图 6.1.4　按干扰补偿的校正

前置校正可以改善系统的动态性能，提高系统稳态精度，从而较好地解决稳定与精度的矛盾。

按干扰补偿的目的是为了提高系统的准确度。通过直接或间接测量出干扰信号，并经过适当变换，使干扰对系统的影响得到全部或部分的补偿。

6.1.2　常用校正装置及特性

表 6.1.1 列出了常用的三种串联校正装置及特性。

表 6.1.1　三种校正装置及特性

	超前校正装置	滞后校正装置	滞后-超前校正装置
网络	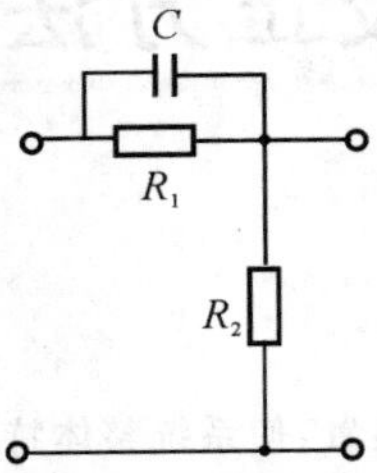	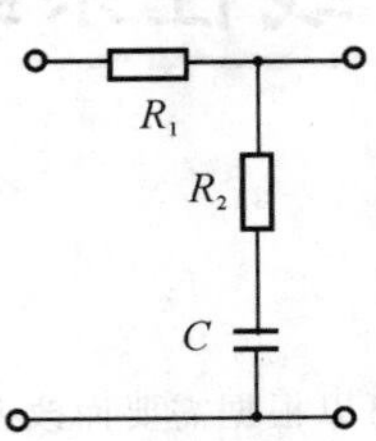	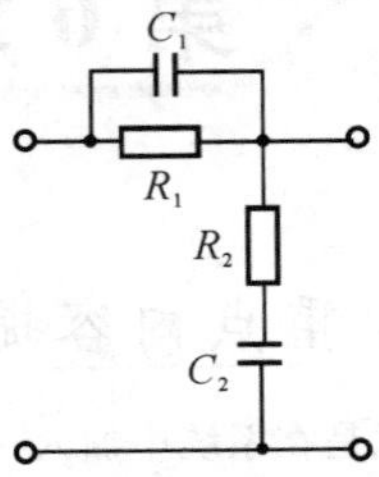
传递函数	$G(s)=\frac{1}{a}\frac{aTs+1}{Ts+1}$ $a=\frac{R_1+R_2}{R_2}>1$ $T=\frac{R_1R_2}{R_1+R_2}C$	$G(s)=\frac{bTs+1}{Ts+1}$ $b=\frac{R_2}{R_1+R_2}<1$ $T=(R_1+R_2)C$	$G(s)=\frac{T_as+1}{aT_as+1}\frac{T_bs+1}{bT_bs+1}$ $ab=1$ $\omega_a=1/T_a$ $\omega_b=1/T_b$
对数频率特性	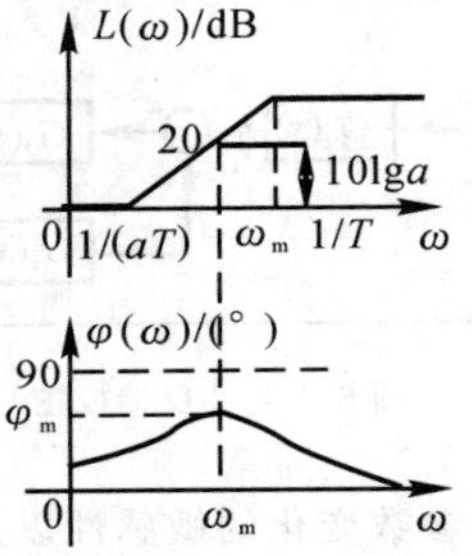	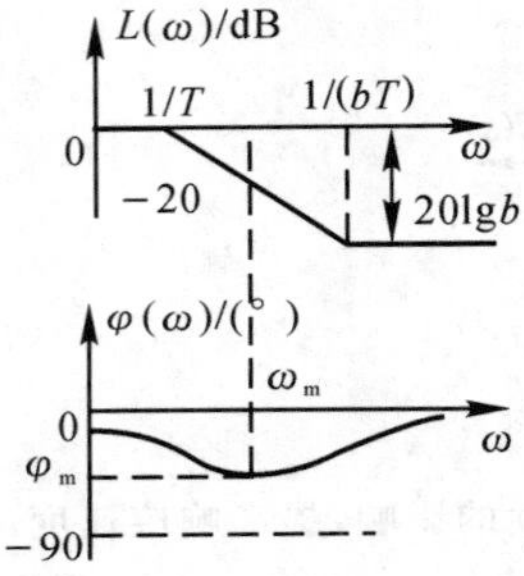	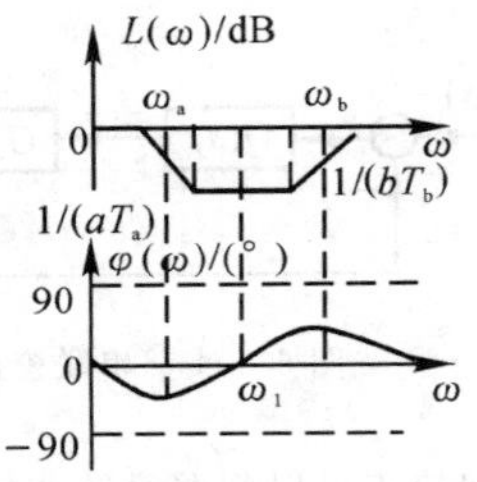
主要参数	$\omega_m=\frac{1}{\sqrt{a}T}$ $\varphi_m=\arcsin\frac{a-1}{a+1}$	$\varphi=\arctan(bT\omega)-\arctan(T\omega)$	零相角频率 $\omega_a=\frac{1}{\sqrt{T_aT_b}}$
特点及作用	1. 特点:具有正相移和正幅值斜率 2. 作用:正相移和正幅值斜率改善了中频段的斜率,增大了稳定裕量,从而提高了快速性,改善了平稳性 3. 缺点:抗干扰能力下降,改善稳态精度作用不大 4. 适用于稳态精度已满足要求但动态性能较差的系统	1. 特点:具有负相移和负幅值斜率 2. 作用:幅值的压缩使得有可能调大开环增益,从而提高稳定精度,也能提高系统的稳定裕量 3. 缺点:使频带变窄,降低了快速性 4. 适用于稳态精度要求较高或平稳要求严格的系统	首先要将滞后效应设置在低频段,超前特性设置在中频段,以确保滞后校正和超前校正优势的充分发挥,从而全面提高系统的动态性能和稳态精度

6.1.3　串联校正装置的设计步骤

串联校正装置的设计方法和步骤并没有一成不变的格式,往往需要经过反复才能得到满意的方案,其解又不是唯一的。为了较快地掌握初步设计系统的能力,表 6.1.2 总结了常用的三种串联校正装置的设计步骤,供参考。

表 6.1.2　串联校正装置的设计步骤

设计步骤 校正方式	频　　率　　法
超前校正	(1) 根据稳态误差要求,确定开环增益 K 值 (2) 利用已知 K 值,绘制校正前的对数频率特性,并确定幅值、相角裕度 (3) 确定需要增加的相位超前角 $\varphi_m=\gamma$(指标要求的)$-\gamma(\omega_c')$(校正前的)$+\varepsilon$(修正量) (4) 确定超前网络最大超前角 $\varphi_m=\arcsin\frac{a-1}{1+a}$ 对应的 a 值和对应的角频率 $\omega_m=\frac{1}{\sqrt{a}T}$,并选 ω_m 为校正后的截止频率 $\omega_c''=\omega_m$ (5) 据 $\omega=\frac{1}{T}$ 和 $\omega=\frac{1}{aT}$ 确定超前网络的转折频率 (6) 验算并将原开环增益增加 a 倍,以补偿超前网络产生的幅值衰减
滞后校正	(1) 根据给定的稳态误差要求,确定开环增益 K (2) 利用 K 值画出未校正系统的开环对数频率特性,算出校正前系统的幅值裕度和相角裕度 (3) 给定不同的截止频率,算出对应的相角裕度,直到使 γ 满足要求。使 γ 满足要求时的 ω_c'' 值,即为校正后的截止频率 (4) 根据对数幅频曲线在新的截止频率 ω_c'' 上需衰减到0 dB,即衰减量为 $-20\lg b$,确定 b 值,再由 $\omega_2=\frac{1}{bT}$ 确定滞后网络的第二个转折频率,通常 ω_2 为 ω_c'' 的 $0.1\sim0.25$ 倍频程 (5) 由 $\omega_1=\frac{1}{T}=b\omega_2$,确定滞后网络的第一个转折频率 (6) 验算
滞后-超前校正	(1) 根据稳态误差要求,确定开环增益 K (2) 画出校正前系统的开环对数频率特性,求出相角裕度,并与要求值进行比较 (3) 确定校正后系统的截止频率 ω_c'',一般选校正前相角为 $-180°$ 时所对应的角频率为 ω_c'' (4) 确定滞后-超前校正装置超前部分的传递函数。首先由式 $-20\lg a+20\lg\lvert G(j\omega_c'')\rvert+20\lg T_b\omega_c''=0$ 确定 a,再由 $\omega_b=\frac{1}{T_b}=\frac{\omega_c''}{\sqrt{a}}$ 和 $\frac{a}{T_b}$ 分别求出超前网络的两个转折频率,则超前部分的传递函数为 $G_{c1}(s)=\frac{T_b s+1}{(T_b/a)s+1}$ (5) 确定滞后-超前校正装置滞后部分的传递函数,取 $\omega_a=\frac{1}{T_a}=(0.1\sim0.25)\omega_c''$ 和式 $\frac{1}{aT_a}$ 分别求出迟后网络的两个转折频率,则滞后部分的传递函数为 $G_{c2}(s)=\frac{T_a s+1}{aT_a s+1}$ (6) 确定滞后-超前校正装置的传递函数 $G_c(s)=\frac{(T_a s+1)(T_b s+1)}{(aT_a s+1)(\frac{T_b}{a}s+1)}=G_{c1}(s)G_{c2}(s)$ (7) 验算

6.1.4　控制系统的性能指标

性能指标是用以设计控制系统的标准,因此要能反映系统实际性能的特点,又要便于测量和检验。所以,对于不同类型的系统、不同的研究和应用领域,采用不同的性能指标。这些性能指标尽管提法不同,但都体现了对系统静态特性和动态特性的要求。它大体上可以归纳为两类:时域指标和频域指标。

(1) 时域指标,包括静态和动态指标。

静态指标：指的是静态误差 e_{ss}（指系统在跟踪典型输入时的静态误差）、无静差度 ν（由开环系统的类型确定）以及静态误差系数（包括静态位置误差系数 K_p，静态速度误差系数 K_v 和静态加速度误差系数 K_a）。

动态指标：主要指的是过渡过程时间 t_s 和超调量 $\sigma\%$。

(2) 频域指标，包括开环和闭环频域指标。

开环频域指标：指的是截止静率 ω_c、相角裕度 γ 以及幅值裕度 h。比较常用的是 ω_c 和 γ。

闭环频域指标：主要指闭环谐振峰值 M_r、谐振频率 ω_r 和带宽频率 ω_b。

(3) 时域指标与频域指标的关系（参见 5.1.5 节）。

6.1.5 三频段理论在系统校正中的应用

关于三频段的概念以及与系统性能的关系，在第 5 章重点内容提要 5.1.6 中已经作了详细的分析和讨论，现不再重述。利用三频段的思想，可以用“期望特性”校正方法对系统进行校正，步骤如下：

(1) 检查原系统所能达到的性能指标；

(2) 做原系统的开环对数渐近幅频特性；

(3) 根据精度要求确定开环增益；

(4) 根据系统的指标要求和三频段的概念画出期望对数幅频曲线；

(5) 确定串联校正装置的传递函数

$$20\lg|G_c| = 20\lg|G_{期望}| - 20\lg|G_0|$$

6.2 知识结构图

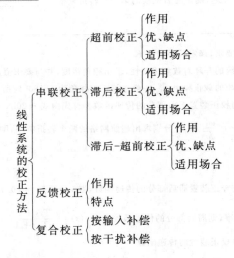

- 线性系统的校正方法
  - 串联校正
    - 超前校正
      - 作用
      - 优、缺点
      - 适用场合
    - 滞后校正
      - 作用
      - 优、缺点
      - 适用场合
    - 滞后-超前校正
      - 作用
      - 优、缺点
      - 适用场合
  - 反馈校正
    - 作用
    - 特点
  - 复合校正
    - 按输入补偿
    - 按干扰补偿

6.3 考点及典型题选解

本章考点：已知系统校正前及校正后开环对数幅频特性，求校正装置传递函数；按给定指标设计串联校正装置；已知原系统开环传递函数，从给出的几种串联校正网络中选择一种网络，使校正后系统性能最好。

6.3.1 典型题

1. 已知两系统的开环对数幅频特性如图 6.3.1 所示，试问在系统(a)中加入何种的串联环节可以达到系统(b)。

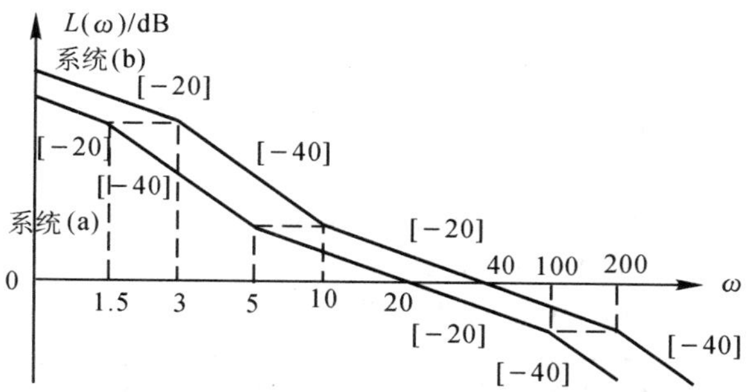

图 6.3.1　开环系统对数幅频特性

2. 如图 6.3.2 所示，最小相位系统开环对数幅频渐近特性为 $L'(\omega)$，串联校正装置对数幅频渐近特性为 $L_c(\omega)$。

(1) 求未校正系统开环传递函数 $G_0(s)$ 及串联校正装置 $G_c(s)$；

(2) 在图中画出校正后系统的开环对数幅频渐近特性 $L''(\omega)$，并求出校正后系统的相位裕度 γ''；

(3) 简要说明这种校正装置的特点。

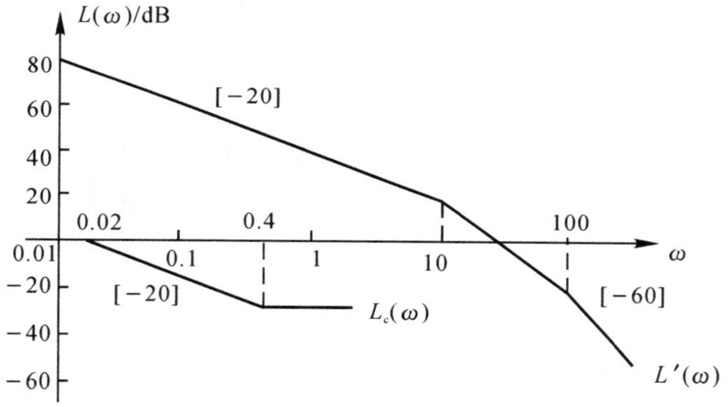

图 6.3.2　开环系统对数幅频特性

3. 单位负反馈系统开环传递函数为

$$G_0(s) = \frac{500K}{s(s+5)}$$

采用超前校正，使校正后系统速度误差系数 $K_v = 100/\mathrm{s}$，相位裕度 $\gamma \geqslant 45°$。

4. 单位负反馈最小相位系统开环相频特性表达式为

$$\varphi(\omega) = -90° - \arctan\frac{\omega}{2} - \arctan\omega$$

(1) 求相角裕度为 30° 时系统的开环传递函数；

(2) 在不改变截止频率 ω_c 的前提下，试选取参数 K_c 与 T，使系统在加入串联校正环节

$$C_c(s) = \frac{K_c(Ts+1)}{s+1}$$

后，系统的相角裕度提高到 60°。

5. 已知单位负反馈控制系统的开环传递函数为

$$G_0(s) = \frac{400}{s^2(0.01s+1)}$$

试从以下三种串联校正网络中选择一种网络，使校正后系统的稳定程度最好(画出伯德图，说明选择理由)。

(1) $G_{c1}(s) = \dfrac{s+1}{10s+1}$；

(2) $G_{c2}(s) = \dfrac{0.1s+1}{0.002s+1}$；

(3) $G_{c3}(s) = \dfrac{(0.5s+1)^2}{(10s+1)(0.04s+1)}$。

6. 系统如图 6.3.3 所示。

(1) 要使系统闭环极点在 $-5 \pm j5$ 处，求相应的 K_1, K_2 值；

(2) 设计 $G_1(s)$ 使系统在 $r(t)$ 单独作用下无稳态误差；

(3) 设计 $G_2(s)$ 使系统在 $n(t)$ 单独作用下无稳态误差。

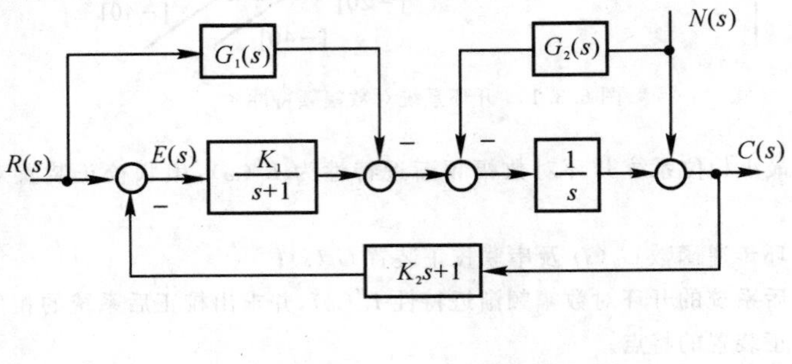

图 6.3.3 系统结构图

7. 图 6.3.4 所示是一采用 PD 串联校正的控制系统。

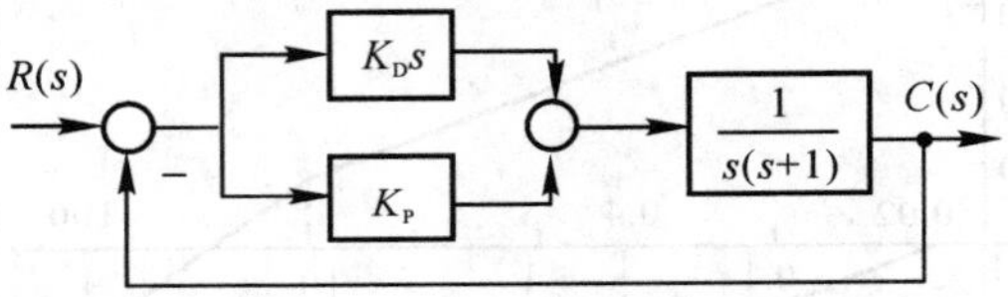

图 6.3.4 系统结构图

(1) 当 $K_P = 10, K_D = 1$ 时，求相角裕度；

(2) 若要求该系统截止频率 $\omega_c = 5$，相位裕度 $\gamma = 50°$，求 K_P 和 K_D 的值。

8. 设单位反馈系统的开环传递函数

$$G(s) = \frac{K}{s(s+1)(0.25s+1)}$$

要求校正后系统的静态速度误差系数 $K_v \geqslant 5$ rad/s，截止频率 $\omega_c \geqslant 2$ rad/s，相角裕度 $\gamma \geqslant 45°$，试设计串联校正装置。

6.3.2 典型题解析

1. 写出校正前后的开环传递函数 $G(s)$ 和 $G'(s)$，则串联环节传递函数 $G_c(s)$ 为

$$G_c(s) = \frac{G'(s)}{G(s)} = \frac{2\left(\frac{s}{1.5}+1\right)\left(\frac{s}{10}+1\right)\left(\frac{s}{100}+1\right)}{\left(\frac{s}{3}+1\right)\left(\frac{s}{5}+1\right)\left(\frac{s}{200}+1\right)}$$

2. (1) $G_0(s) = \dfrac{K}{s\left(\frac{s}{10}+1\right)\left(\frac{s}{100}+1\right)}$；$\quad G_c(s) = \dfrac{\frac{s}{0.4}+1}{\frac{s}{0.02}+1}$

(2) 画出校正后系统的开环对数幅频渐近特性曲线如图解 6.3.2 中曲线 $L'(w)$ 所示。

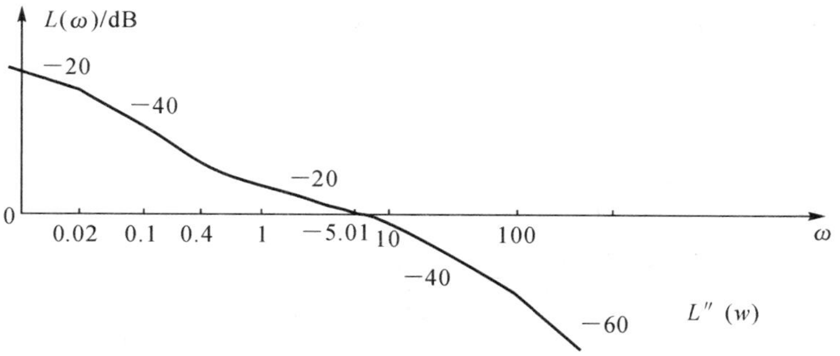

图解　6.3.2

$$G_0(s) = \frac{K}{s(0.1s+1)(0.01s+1)}$$

由图可得
$$K = 100$$

$$G_c(s) = \frac{\frac{s}{0.4}+1}{\frac{s}{0.02}+1}$$

$$G(s) = G_0(s)G_c(s) = \frac{100(2.5s+1)}{s(50s+1)(0.1s+1)(0.01s+1)}$$

因为
$$20\lg|A_{\omega_c}| = (\lg 0.4 - \lg 0.02)\cdot(-20) = -26$$

所以
$$\omega_c = 5.01$$

$$\gamma'' = 180° + \arctan\frac{2.5\omega_c}{1} - \arctan\frac{50\omega_c}{1} - \arctan\frac{0.1\omega_c}{2} - \arctan\frac{0.01\omega_c}{1} - 90 = 56.22°$$

(3) 采用串联滞后校正，利用原系统 $L'(\omega)$ 的 −20 dB/dec 做校正后系统的中频段，使相位裕度增加，动态性能之平稳性变好；截止频率降低，快速性变差；抗干扰能力增强。

3. 根据速度误差系数要求得出 $K=1$；未校正系统截止频率 $\omega_c = 22.4$；未校正系统相位裕度 $\gamma_0 = 12.5°$。校正装置提供最大超前角

$$\varphi_m = 45° - 12.5° + 5° = 37.5°$$

由此可求出校正装置传递函数

$$G_c(s) = \frac{\frac{s}{15.82}+1}{\frac{s}{63.2}+1}$$

4. (1) $G_0(s) = \dfrac{0.8}{s\left(\frac{s}{2}+1\right)(s+1)}$；

(2) $T = 3.19, K_c = 0.467$。

5. ① 采用滞后校正时，校正装置的传递函数为 $G_{ca}(s) = \dfrac{s+1}{10s+1}$，校正后系统开环传递函数为 $G_{ca}G(s) = \dfrac{400(s+1)}{s^2(0.01s+1)(10s+1)}$，画出对数幅频特性曲线如图解 6.3.5 中曲线 L_a 所示：

截止频率
$$\omega_{ca} = \sqrt{4\times 10} = 6.32$$

相角裕度
$$\gamma_a = 180° + \varphi_a(\omega_{ca}) = -11.7° \quad (系统不稳定)$$

② 采用超前校正时，校正装置的传递函数为 $G_{cb} = \dfrac{0.1s+1}{0.01s+1}$，校正后系统开环传递函数为 $G_{cb}(s)G(s) =$

$\dfrac{400(0.1s+1)}{s^2(0.01s+1)^2}$，画出对数幅频特性曲线如图解 6.3.5 中曲线 L_b 所示。

截止频率 $\omega_c = 38.461\ 4$

相角裕度 $\gamma_b = 49.989\ 6$

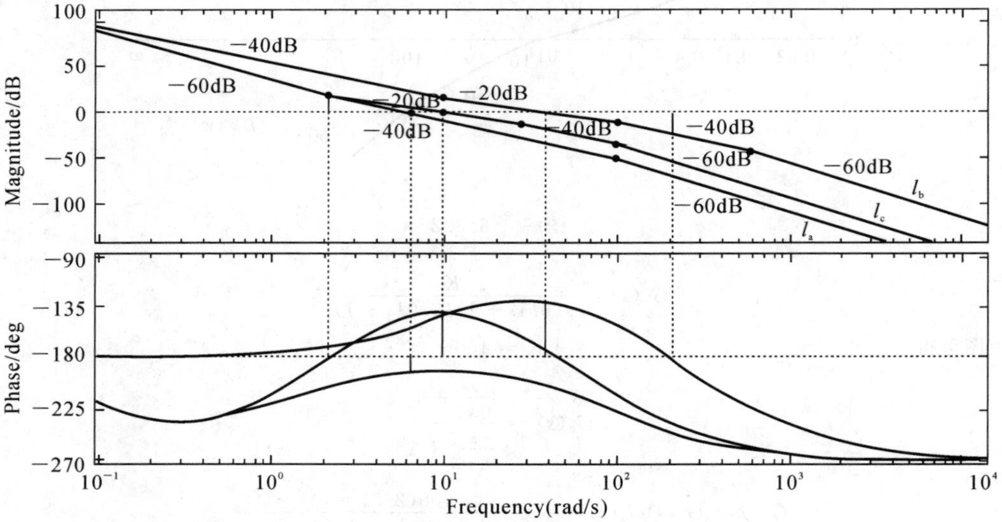

图解 6.3.5

③ 采用滞后-超前校正时，校正装置的传递函数为 $G_{cc}(s) = \dfrac{(0.5s+1)^2}{(10s+1)(0.04s+1)}$ 校正后系统开环传递函数为

$$G_{cc}(s)G(s) = \frac{400(0.5s+1)^2}{s^2(0.01s+1)(10s+1)(0.04s+1)}$$

画出对数幅频特性曲线如图解 6.3.5 中曲线 L_c 所示。

截止频率 $\omega_c = 9.678\ 0$

相角裕度 $\gamma_c = 40.549\ 6$

可见，采用迟后校正时系统不稳定；采用超前校正时稳定程度最好，但响应速度比滞后-超前校正差一些。由此可见，第三种校正网络最好。

6. (1) 令

$$G_1(s) = 0,\quad G_2(s) = 0$$

$$\Phi(s) = \frac{C(s)}{R(s)} = \frac{K_1}{s^2 + (HK_1K_2)s + K_1}$$

$$D(s) = (s+5+j5)(s+5-j5) = s^2 + (HK_1K_2)s + K_1$$

$$K_1 = 50,\quad K_2 = 0.18$$

$$C(s) = \frac{-\dfrac{G_1}{s} + \dfrac{K_1}{s(s+1)}}{1 + \dfrac{K_1(K_2s+1)}{s(s+1)}}R(s) = \frac{-G_1(s+1) + K_1}{s^2 + (1+K_1K_2)s + K_1}R(s)$$

使系统无稳态误差，则有

$$\frac{-G_1(s+1) + K_1}{s^2 + (1+K_1K_2)s + K_2} = 1$$

(2) 令 $G_2(s) = 0$，则

$$G_1(s) = -\frac{s^2 + (1+K_1K_2)s}{s+1}$$

(3) 令 $G_1(s) = 0$，在干扰下无误差，根据对干扰作用的双通道原理，有

$$1-\frac{G_2(s)}{s}=0$$

则有
$$G_2(s)=s$$

7. (1) $G(s)=\dfrac{K_P+K_Ds}{s(s+1)}=\dfrac{10(1+0.1s)}{s(s+1)}=\dfrac{10\left(\frac{s}{10}+1\right)}{s(s+1)}$

求得
$$\omega_c=3.16,\quad \gamma=33.15°$$

(2) $K_P=25,\quad K_D=4$

8. 解　绘出校正前系统的对数幅频特性曲线如图解 6.3.8 所示。可以看出，在 $\omega=2$ 以后，系统相角下降很快，难以用超前校正补偿；滞后校正也不能奏效，故采用滞后-超前校正方式。根据题目要求，取

$$\omega'_c=2,\quad K=K_v=5$$

原系统相角裕度
$$\gamma=180°+\angle G(j\omega'_c)=180°-\arctan 2-\arctan\frac{2}{4}-90°=0°$$

最大超前角
$$\varphi_m=\gamma''-\gamma+5°=45°-0°+5°=50°$$

$$a=\frac{1+\sin\varphi_m}{1-\sin\varphi_m}\approx 8,\quad 10\lg a=9\ \text{dB}$$

过 $\omega'_c=2$ 作 $\overline{BC}$，使 $\overline{BA}=\overline{AC}$；过 C 作 20dB/dec 线并且左右延伸各 3 倍频程，定出 D,G，进而确定 E,F 点。各点对应的频率为

$$\omega^*=\frac{\omega_c^2}{2}=\frac{\sqrt{5}^2}{2}=2.5$$

$$\omega_E=0.1\omega'_c=0.1\times 2=0.2$$

$$\omega_F=\omega_E\frac{\omega_D}{\omega^*}=0.2\times\frac{0.67}{2.5}=0.053\,6$$

$$\omega_G=\omega'_c\times 3=6$$

有
$$G_c(s)=\frac{\left(\frac{s}{0.2}+1\right)\left(\frac{s}{0.67}+1\right)}{\left(\frac{s}{0.053\,6}+1\right)\left(\frac{s}{6}+1\right)}$$

$$G_c(s)G(s)=\frac{5\left(\frac{s}{0.2}+1\right)\left(\frac{s}{0.67}+1\right)}{s(s+1)\left(\frac{s}{4}+1\right)\left(\frac{s}{0.053\,6}+1\right)\left(\frac{s}{6}+1\right)}$$

验算　$\gamma=180°+G_c(j\omega'_c)G(j\omega'_c)=\arctan\dfrac{2}{0.2}+\arctan\dfrac{2}{0.67}-\arctan\dfrac{2}{0.053\,6}-\arctan\dfrac{2}{6}=$

$48.87°>45°$

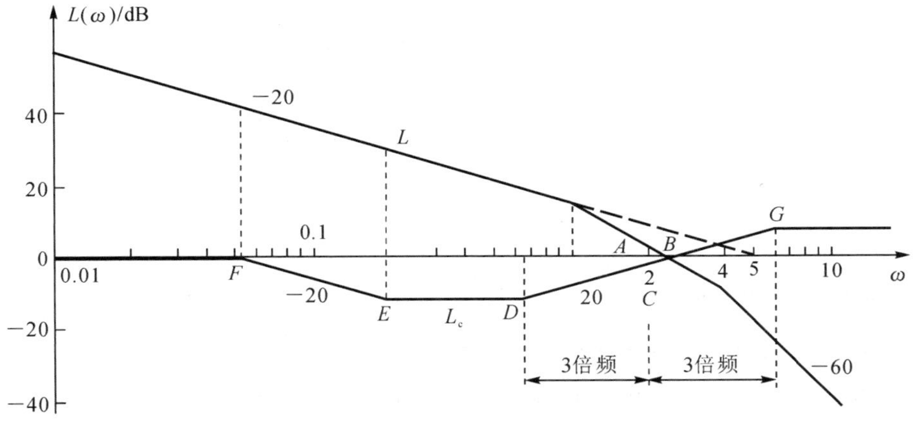

图解　6.3.8

6.4 课后习题全解

6.4.1 设有单位反馈的火炮指挥仪伺服系统，其开环传递函数为

$$G(s)=\frac{K}{s(0.2s+1)(0.5s+1)}$$

若要求系统最大输出速度为12°/s，输出位置的容许误差小于2°，试求：

(1) 确定满足上述指标的最小 K 值，计算该 K 值下系统的相角裕度和幅值裕度；

(2) 在前向通路中串接超前校正网络

$$G_c(s)=\frac{0.4s+1}{0.08s+1}$$

计算校正后系统的相角裕度和幅值裕度，说明超前校正对系统动态性能的影响。

解 (1) 确定满足 $C_{\max}=2\ \mathrm{r/min}=\dfrac{2\times 360^\circ}{60}=12^\circ/\mathrm{s}$ 和 $e_{ss}\leqslant 2^\circ$ 的 K,γ,h：

$$K=K_V=\frac{C_{\max}}{e_{ss}}\geqslant 6\ \mathrm{s}^{-1}$$

取

$$K=6$$

$$G(s)=\frac{6}{s(0.2s+1)(0.5s+1)}$$

作开环对数幅频特性曲线如图解6.4.1所示。

由图可知

$$\omega_c=2.92$$

$$\gamma=\angle G(\mathrm{j}3.46)=90^\circ-\arctan 0.2\omega_c-\arctan 0.5\omega_c=4.12^\circ$$

由 $\angle G(\mathrm{j}\omega_g)=-180^\circ$ 解得 $\omega_g=3.16$。

$$h=\frac{1}{|G(\mathrm{j}\omega_g)|}=1.16=1.33\ \mathrm{dB}$$

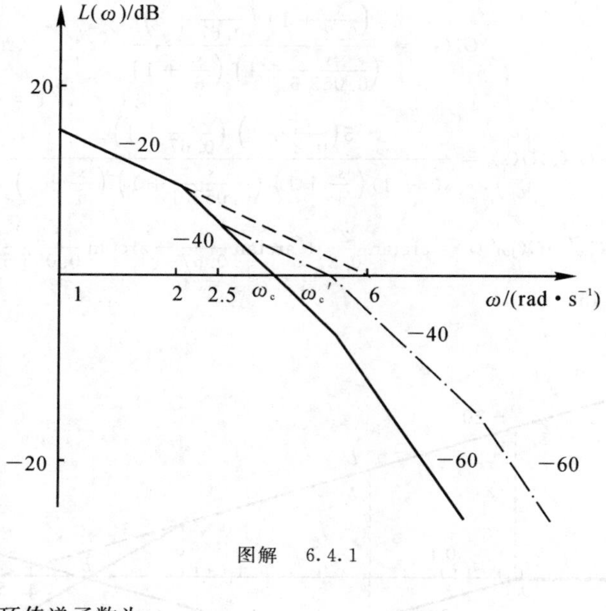

图解 6.4.1

(2) 加超前校正后开环传递函数为

$$G'(s)=G_c(s)G(s)=\frac{6(0.4s+1)}{s(0.08s+1)(0.2s+1)(0.5s+1)}$$

作出校正后开环对数幅频特性曲线，如图解6.4.1中点划线所示，从图中可得

$$\omega_c = \sqrt{2.5\omega_c'}$$

故

$$\omega_c' = 3.85$$

$$\gamma' = 90° + \arctan 0.4\omega_c' - \arctan 0.08\omega_c' - \arctan 0.2\omega_c' - \arctan 0.5\omega_c' = 29.74°$$

由 $\angle G(j\omega'_g) = -180°$ 算出，$\omega'_g = 7.38$。

$$h' = -20\lg |G(j\omega'_g)| = 9.9\ \text{dB}$$

说明超前校正可以增加相角裕度，从而减小超调量，提高系统稳定性，增大截止频率，从而缩短调节时间，提高系统快速性。

6.4.2 设单位反馈系统的开环传递函数为

$$G_0(s) = \frac{K}{s(s+1)}$$

试设计一串联超前校正装置，使系统满足如下指标：

(1) 相角裕度 $\gamma \geqslant 45°$；

(2) 在单位斜坡输入下的稳态误差 $e_{ss}(\infty) < \frac{1}{15}$ rad；

(3) 截止频率 $\omega_c \geqslant 7.5$ rad/s。

解 本题主要考查对串联超前校正方法的掌握。

首先，确定开环增益 K_v 由于 $G_0(s)$ 为 Ⅰ 型系统，$K_v = K$，而技术指标要求在单位斜坡输入下的稳态误差 $e_{ss}(\infty) < \frac{1}{15}$ rad，即

$$e_{ss}(\infty) = \frac{1}{K_v} < \frac{1}{15}$$

故取 $K = 20$，则待校正系统的传递函数为

$$G(s) = \frac{20}{s(s+1)}$$

绘制出待校正系统的对数幅频渐近特性曲线，如图解 6.4.2 中 $L'(\omega)$ 所示。由图解 6.4.2 得待校正系统的截止频率 $\omega'_c = 4.47$ rad/s，算出待校正系统的相角裕度为

$$\gamma' = 180° - 90° - \arctan\omega'_c = 12.61°$$

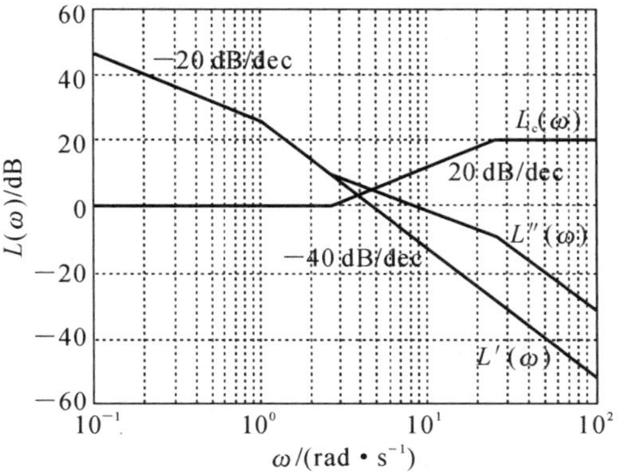

图解 6.4.2 待校正系统开环对数幅频渐近特性

由于截止频率和相角裕度均低于指标要求，故采用超前样正是合适的。

试选取 $\omega_m = \omega''_c = 8$ rad/s，由图解 6.4.2 得 $L(\omega''_c) = -10.11$ dB，于是由

$$-L(\omega''_c) = 10\lg a, \quad T = -\frac{1}{\omega''_c\sqrt{a}}$$

算得 $a = 10.26$，$T = 0.039$。因此，超前网络传递函数为

$$10.26G_c(s) = \frac{1+0.4s}{1+0.039s}$$

为了补偿无源超前网络产生的增益衰减，放大器的增益应提高 10.26 倍，否则不能保证稳态误差要求。

已校正系统的开环传递函数为

$$G_c(s)G(s) = \frac{20(1+0.4s)}{s(s+1)(1+0.039s)}$$

其对数幅频渐近特性曲线如图解 6.4.2 中 $L''(\omega)$ 所示。显然，已校正系统 $\omega''_c = 8$ rad/s，算出已校正系统的相角裕度为

$$\gamma = 180° + \varphi(\omega''_c) = 90° + \arctan 0.4\omega''_c - \arctan\omega''_c - \arctan 0.039\omega''_c = 62.44° > 45°$$

此时，全部性能指标均已满足。

6.4.3 已知一单位反馈最小相位控制系统，其固定不变部分传递函数 $G_0(s)$ 和串联校正装置 $G_c(s)$ 分别如图 6.4.47(a)(b) 和(c) 所示。要求：

(1) 写出校正前、后各系统的开环传递函数；

(2) 分析各 $G_c(s)$ 对系统的作用，并比较其优、缺点。

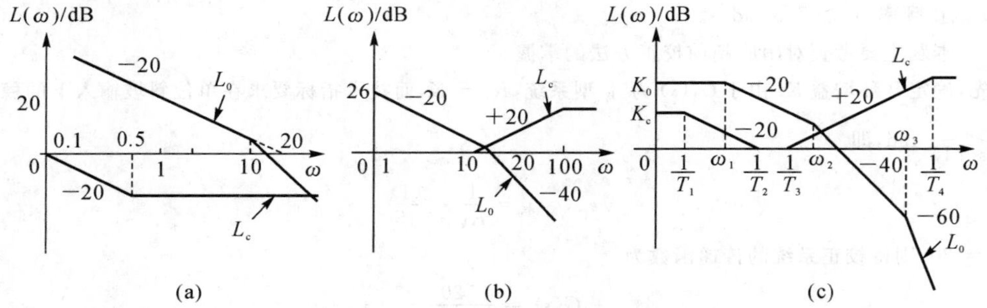

图 6.4.47 题 6.4.3 串联校正系统

解 本题主要考查根据系统的开环幅频特性曲线求取传递函数的方法，以及分析不同校正方案对系统性能的影响。

(1) 校正前后系统的开环传递函数。由图 6.4.47 可知，各系统的固定不变部分、校正网络和校正后的传递函数如下：

图 6.4.47(a)
$$G_0(s) = \frac{20}{s(0.1s+1)}, \quad G_c(s) = \frac{2s+1}{10s+1}$$

$$G(s) = G_0(s)G_c(s) = \frac{20(2s+1)}{s(0.1s+1)(10s+1)}$$

图 6.4.47(b)
$$G_0(s) = \frac{20}{s(0.1s+1)}, \quad G_c(s) = \frac{0.1s+1}{0.01s+1}$$

$$G(s) = G_0(s)G_c(s) = \frac{20}{s(0.01s+1)}$$

图 6.4.47(c)
$$G_0(s) = \frac{10^{\frac{K_0}{20}}}{(s/\omega_1+1)(s/\omega_2+1)(s/\omega_3+1)}, \quad G_c(s) = \frac{10^{\frac{K_c}{20}}(T_2s+1)(T_3s+1)}{(T_1s+1)(T_4s+1)}$$

$$G(s) = G_0(s)G_c(s) = \frac{10^{\frac{K_0+K_c}{20}}(T_2s+1)(T_3s+1)}{(s/\omega_1+1)(s/\omega_2+1)(s/\omega_3+1)(T_1s+1)(T_4s+1)}$$

(2) 校正方案分析。对于图 6.4.47(a)，采用滞后校正。利用高频衰减特性来减小 ω_c，提高 γ，从而减小 $\sigma\%$；还可以抑制高频噪声，但不利于系统的快速性。

对于图 6.4.47(b)，采用超前校正。利用相角超前特性来提高 ω_c 与 γ，从而减少 $\sigma\%$；还可以提高系统的快速性，改善系统的动态性能；但抗高频干扰能力较弱。

对于图 6.4.47(c)，采用滞后-超前校正，兼有滞后校正和超前校正的优点。利用超前部分的相角超前特性提高系统的 γ，同时利用滞后部分的幅值衰减特性改善系统的稳态性能。

6.4.4　设单位反馈系统的开环传递函数为

$$G_0(s)=\frac{40}{s(0.2s+1)(0.0625s+1)}$$

(1) 若要求校正后系统的相角裕度为 30°，幅值裕度为 10 ～ 12 dB，试设计串联超前校正装置；

(2) 若要求校正后系统的相角裕度为 50°，幅值裕度大于 15 dB，试设计串联滞后校正装置。

解　本题主要考查对串联超前校正和滞后校正方法的掌握。

待校正系统性能：绘制出待校正系统的对数幅频渐近特性曲线，如图解 6.4.4(1) 中 $L'(\omega)$ 所示。由图解 6.4.4(1) 得待校正系统的 $\omega'_c=14.4$ rad/s，算出待校正系统的相角裕度为

$$\gamma=180°-90°-\arctan 0.2\omega'_c-\arctan 0.0625\omega'_c=-21.99°$$

(1) 超前校正。串联超前校正装置要提供的最大的超前相角 $\varphi_m=30°-\gamma=51.99°$。由于超前校正要求 $\omega'_c>14.14$ rad/s，而当截止频率大于 16 rad/s 时相角下降很快，一级串联超胶校正无法满足要求；故可采用两级串联超前校正，为了使校正后系统的传递函数简单，先采用第一级超前网络 $G_{c1}(s)=\dfrac{0.0625s+1}{0.005s+1}$。

第一级校正后系统传递函数为

$$G_1(s)=\frac{40}{s(0.2s+1)(0.005s+1)}$$

绘制出第一级校正后系统的对数幅频渐近特性曲线，如图解 6.4.4(1) 中 $L''_1(\omega)$ 所示。由图解 6.4.4(1) 得第一级校正后系统的 $\omega''_{c1}=14.14$ rad/s，算出一级校正后系统的相角裕度为

$$\gamma''_1=180°-90°-\arctan 0.2\omega''_{c1}-\arctan 0.005\omega''_{c1}=15.43°$$

对于第二级校正装置，设第二级校正装置提供的最大的超前相角 $\varphi_{m2}(\omega)=30°-15.43°+9.07°=23.64°$(其中 9.07° 为校正装置引入后使截止频率右移而导致相角裕度减小的补偿量)。

由 $a=\dfrac{1+\sin\varphi_m}{1-\sin\varphi_m}$，解得 $a=2.33$，再由图解 6.4.4(1) 可查得当 $\omega''=16.90$ rad/s 时，$L''_1(\omega''_c)=-10\lg a$，而 $T=\dfrac{1}{\omega''_c\sqrt{a}}=0.039$ s，故第二级超前网络 $G_{c2}(s)=\dfrac{0.091s+1}{0.039s+1}$。

二级校正后系统传递函数为

$$G(s)=\frac{40(0.091s+1)}{s(0.2s+1)(0.005s+1)(0.039s+1)}$$

绘制出二级校正后系统的对数幅频渐近特性曲线，如图解 6.4.4(1) 中 $L''(\omega)$ 所示。得二级校正后系统的 $\omega''_c=16.90$ rad/s，算出二极校正后系统的相角裕度为

$$\gamma''=90°+\arctan 0.091\omega''_c-\arctan 0.2\omega''_c-\arctan 0.005\omega''_c-\arctan 0.039\omega''_c=35.23°$$

再由 $\angle G(\mathrm{j}\omega''_x)=-180°$，即

$$\arctan 0.091\omega''_x-90°-\arctan 0.2\omega''_x-\arctan 0.005\omega''_x-\arctan 0.039\omega''_x=-180°$$

用试探法，求得校正后系统的相角频率 $\omega''_x=57.9$ rad/s，故增益裕度为

$$h''(\mathrm{dB})=-20\lg|G(\mathrm{j}\omega''_x)|=19.2\ \mathrm{dB}$$

由上述设计可知性能均满足要求，设计合理。

(2) 滞后校正。

① 由要求的 γ'' 选择 ω''_x。选取 $\varphi(\omega''_x)=-6°$，而 $\gamma''=50°$，于是 $\gamma'(\omega''_c)=\gamma''\varphi(\omega''_c)=56°$，由 $\gamma'=90°-\arctan 0.2\omega''_c-\arctan 0.0625\omega''_c$，解得 $\omega''_c=2.38$ rad/s。

② 确定滞后网络参数 b 和 T。当 $\omega''_c=2.38$ rad/s 时，由图解 6.4.4(2) 可以测得 $L'(\omega''_c)=24.51$ dB；再由 $20\lg b=-L'(\omega''_c)$，解得 $b=0.06$。令 $\dfrac{1}{bT}=0.1\omega''_c$，求得 $T=70.03$ s。于是串联滞后校正网络对数幅频渐近特性曲线如图解 6.4.4(2) 中 $L_c(\omega)$ 所示，其传递函数为

$$G(s) = \frac{40(1+4.20s)}{s(0.2s+1)(0.0625s+1)(1+70.03s)}$$

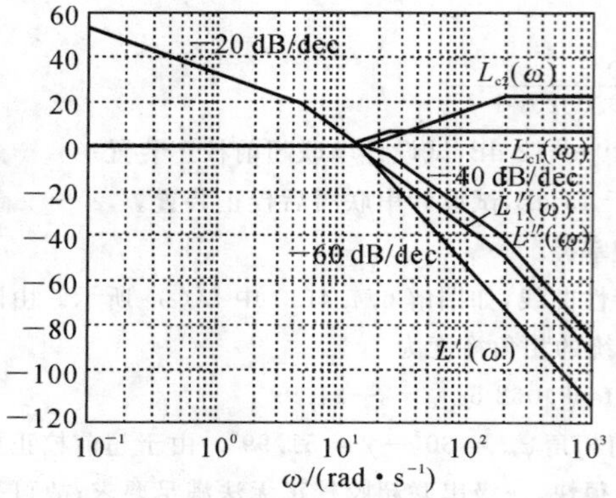

图解 6.4.4(1)　超前校正开环对数幅频渐近特性 (MATLAB)

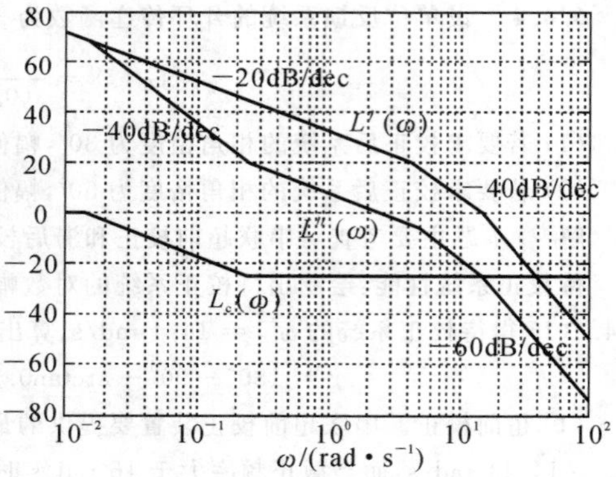

图解 6.4.4(2)　滞后校正开环对数幅频渐近特性 (MATLAB)

③ 验算性能指标。

$$\gamma'' = 90° + \arctan 4.2\omega''_c - \arctan 0.2\omega''_c - \arctan 0.0625\omega''_c - \arctan 70.03\omega''_c = 50.7°$$

再由 $\angle G(j\omega''_x) = -180°$，即

$$-90° + \arctan 4.2\omega''_x - \arctan 0.2\omega''_x - \arctan 0.0625\omega''_x - \arctan 70.03\omega''_x = -180°$$

用试探法，可求得校正后系统的穿越频率 $\omega''_x = 8.68$ rad/s，故增益裕度为

$$h''(\text{dB}) = -20\lg|G(j\omega''_x)| = 18.3 \text{ dB} > 15 \text{ dB}$$

6.4.5　设单位反馈系统的开环传递函数为

$$G(s) = \frac{8}{s(2s+1)}$$

若采用滞后-超前校正装置

$$G_c(s) = \frac{(10s+1)(2s+1)}{(100s+1)(0.2s+1)}$$

对系统进行串联校正，试绘制系统校正前后的对数幅频渐近特性，并计算系统校正前后的相角裕度。

解　校正前：

$$G(s) = \frac{8}{s(2s+1)} = \frac{8}{s\left(\frac{s}{0.5}+1\right)}$$

$$\omega_c = \sqrt{0.5 \times 8} = 2$$

$$\gamma = 180° + \angle G(j\omega_c) = 180° - 90° - \arctan\frac{2}{0.5} = 14°$$

做出校正前对数幅频特性如图解 6.4.5 中实线 $L(\omega)$ 所示。

校正后：

$$G_c(s) = \frac{(10s+1)(2s+1)}{(100s+1)(0.2s+1)} = \frac{\left(\frac{s}{0.1}+1\right)\left(\frac{s}{0.5}+1\right)}{\left(\frac{s}{0.01}+1\right)\left(\frac{s}{5}+1\right)}$$

$$G'(s) = G_c(s)G(s) = \frac{8\left(\frac{s}{0.1}+1\right)}{s\left(\frac{s}{0.01}+1\right)\left(\frac{s}{5}+1\right)}$$

做出校正后对数幅频特性，如图解 6.4.5 中点划线 $L'(\omega)$ 所示。由图 $\omega'_c = 0.8$，有

$$\gamma' = 180° + \arctan\frac{0.8}{0.1} - 90° - \arctan\frac{0.8}{0.01} - \arctan\frac{0.8}{5} =$$

$$180° + 82.87° - 90° - 89.28° - 9.09° = 74.5°$$

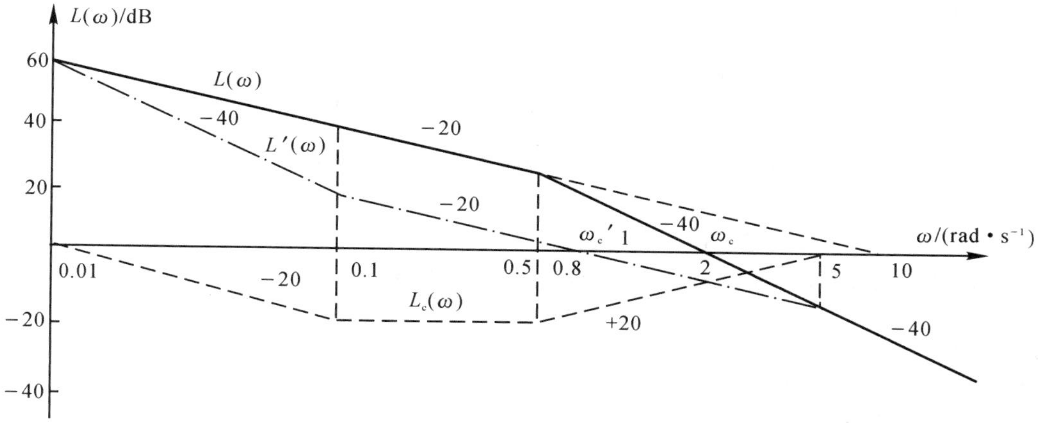

图解　6.4.5

6.4.6　设单位反馈系统的开环传递函数

$$G(s) = \frac{K}{s(s+1)(0.25s+1)}$$

(1) 若要求校正后系统的静态速度误差系数 $K_v \geqslant 5\ s^{-1}$，相角裕度 $\gamma \geqslant 45°$，试设计串联校正装置；

(2) 若除上述指标要求外，还要求系统校正后截止频率 $\omega_c \geqslant 2$ rad/s，试设计串联校正装置。

解　(1)

$$K_v = \lim_{s\to 0} sG(s) = K \geqslant 5$$

取

$$K = 5$$

$$G(s) = \frac{5}{s(s+1)\left(\frac{s}{4}+1\right)}$$

做出校正前系统开环对数幅频特性，如图解 6.4.6(1) 中实线 $L(\omega)$ 所示。

$$\omega_c = \sqrt{5} = 2.236$$

$$\gamma = 180° - 90° - \arctan 2.236 - \arctan\frac{2.236}{4} = -5.12°$$

采用串联迟后校正，试探 ω_c'，使

$$\gamma' = 45° + 6° = 51°$$

取

$$\omega_1 = 0.8,\quad \gamma(\omega_1) = 180° + \angle G(j\omega_1) = 40.03°$$

$$\omega_2 = 0.5,\quad \gamma(\omega_2) = 180° + \angle G(j\omega_2) = 56.3°$$

$$\omega_3 = 0.6,\quad \gamma(\omega_3) = 180° + \angle G(j\omega_3) = 50.57°$$

取 $\omega_c' = 0.6$，对应 A 点，过 A 做垂直线，取 $BA = AC$，过 C 作平行于 0 dB 线至 D，$\omega_D = 0.1\omega_c' = 0.06$，过 D 作 -20 dB/dec 线与 0 dB 线交于 E。

$$\frac{5}{\omega_c'} = \frac{\omega_D}{\omega_E}$$

$$\omega_E = \frac{\omega_D}{5}\omega_c' = \frac{0.06}{5} \times 0.6 = 0.0072$$

校正装置传递函数如下，其对数幅频特性如图解 6.4.6(1) 中虚线所示。

$$G_c(s)=\frac{\frac{s}{0.06}+1}{\frac{s}{0.0072}+1}$$

校正后系统开环传递函数为

$$G'(s)=G_c(s)G(s)=\frac{5\left(\frac{s}{0.06}+1\right)}{s\left(\frac{s}{0.0072}+1\right)(s+1)\left(\frac{s}{4}+1\right)}$$

$$\gamma'(0.6)=180°+\angle G_c(j\omega_c')G(j\omega_c')=180°+\arctan\frac{0.6}{0.06}-90°-\arctan\frac{0.6}{0.0072}-$$

$$\arctan 0.6-\arctan\frac{0.6}{4}=45.56°>45°$$

做出校正后系统开环对数幅频特性，如图解 6.4.6(1) 中点划线所示。

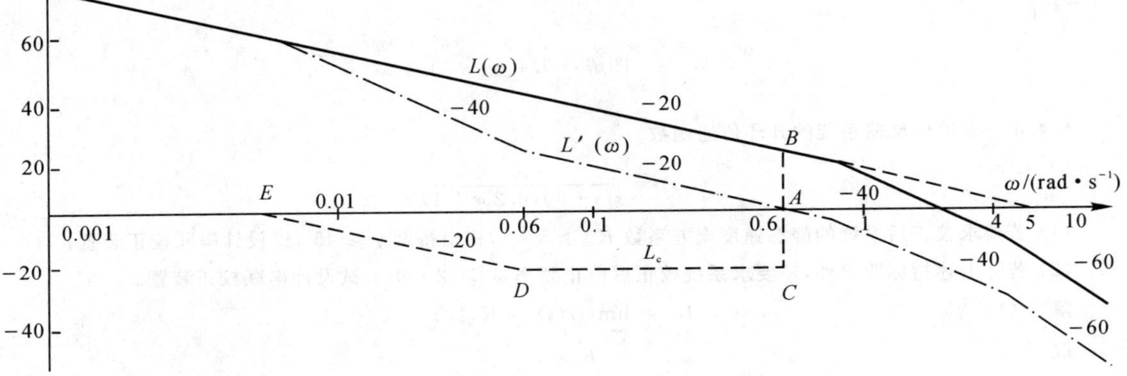

图解 6.4.6(1)

(2) 在 $\omega=2$ 以后，系统相角损失很快，难以用超前校正补偿，迟后校正也不能奏效，故采用迟后-超前校正。依题要求，取

$$\omega_c'=2,\quad K=5$$

原系统相角裕度

$$\gamma=180°+\angle G(j\omega_c')=180°-90°-\arctan 2-\arctan\frac{2}{4}=0°$$

$$\varphi_m=\gamma^*-\gamma+6°=45°-0°+6°=51°$$

由计算公式 $\sin\varphi_m=\frac{a-1}{a+1}$，得

$$a\approx 8,\quad 10\lg a\approx 9\ \text{dB}$$

过 $\omega_c'=2$(图解 6.4.6(2) 中的 A 点)，做垂直线，取 $BA=AC$，过 C 点做 +20 dB/dec 直线，取 $\omega_D=\frac{\omega_c'}{\sqrt{a}}=0.71$，$\omega_E=\sqrt{a}\omega_c'=5.7$，过 D 做平行于 0 dB 线至 F 点，取 $\omega_F=0.1\omega_c'=0.2$，过 F 作 −20 dB/dec 直线与 0 dB 线交于 G 点。

$$\omega_c=\sqrt{5},\quad \omega_c'=2$$

$$40\lg\frac{\omega_c}{\omega_c'}=20\lg\frac{\omega_P}{\omega_c'}$$

$$\omega_P = \frac{\omega_c^{\ 2}}{\omega_c'} = \frac{5}{2} = 2.5$$

$$\frac{\omega_P}{\omega_D} = \frac{\omega_F}{\omega_G}$$

$$\omega_G = \frac{\omega_F}{\omega_P}\omega_D = \frac{0.2}{2.5} \times 0.71 = 0.057$$

校正装置传递函数

$$G_c(s) = \frac{\left(\frac{s}{0.2}+1\right)\left(\frac{s}{0.71}+1\right)}{\left(\frac{s}{0.057}+1\right)\left(\frac{s}{5.7}+1\right)}$$

校正后系统开环传递函数

$$G'(s) = G_c(s)G(s) = \frac{5\left(\frac{s}{0.2}+1\right)\left(\frac{s}{0.71}+1\right)}{s\left(\frac{s}{0.057}+1\right)(s+1)\left(\frac{s}{4}+1\right)\left(\frac{s}{5.7}+1\right)}$$

做出校正后系统开环对数幅频特性，如图解 6.4.6(2) 中点划线 $L'(\omega)$ 所示。

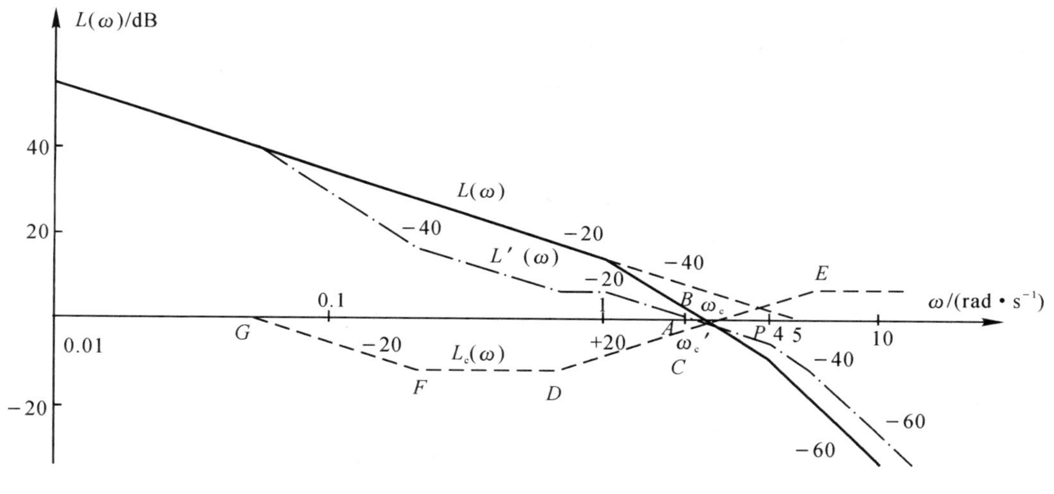

图解　6.4.6(2)

验算：

$$\gamma' = 180° + \angle G_c(j\omega_c')G(j\omega_c') = 180° + \arctan\frac{2}{0.2} + \arctan\frac{2}{0.71} - 90° - \arctan\frac{2}{0.057} -$$

$$\arctan 2 - \arctan\frac{2}{4} - \arctan\frac{2}{5.7} =$$

$$180° + 84.29° + 70.46° - 90° - 88.37° - 64.43° - 26.57° - 19.65° = 46.73° > 45°$$

满足要求。

6.4.7　图 6.4.48 所示为三种推荐稳定系统的串联校正网络特性，它们均由最小相位环节组成。若控制系统为单位反馈系统，其开环传递函数为

$$G(s) = \frac{400}{s^2(0.01s+1)}$$

试问：

(1) 这些校正网络特性中，哪一种可使已校正系统的稳定程度最好？

(2) 为了将 12 Hz 的正弦噪声削弱 10 倍左右，你确定采用哪种校正网络特性？

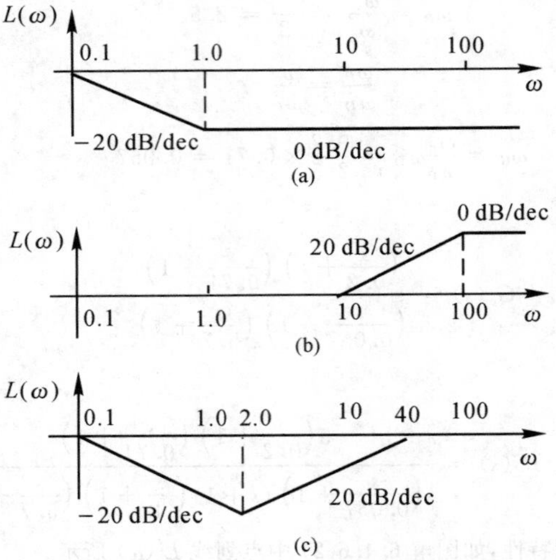

图 6.4.48　题 6.4.7 推荐的校正网络特性

解　(1) 校正网络的传递函数分别是：

(a) $G_c(s)=\dfrac{s+1}{\dfrac{s}{0.1}+1}$　　滞后网络

(b) $G_c(s)=\dfrac{\dfrac{s}{10}+1}{\dfrac{s}{100}+1}$　　超前网络

(c) $G_c(s)=\dfrac{\left(\dfrac{s}{2}+1\right)^2}{\left(\dfrac{s}{0.1}+1\right)\left(\dfrac{s}{40}+1\right)}$　　滞后-超前网络

滞后校正时：

$$G'(s)=G_c(s)G(s)=\frac{400(s+1)}{s^2(0.01s+1)(10s+1)}$$

截止频率：$\omega_{ca}=\sqrt{40}=6.32$

相位裕度：$\gamma_a=180°+\angle G_c(j\omega_{ca})G(j\omega_{ca})=180°+\arctan 6.32-180°-\arctan(0.01\times 6.32)-\arctan(10\times 6.32)=-11.7°$

做出滞后校正后系统开环对数幅频特性，如图解 6.4.7 中 L_a 所示。

超前校正时：

$$G'(s)=G_c(s)G(s)=\frac{400(0.1s+1)}{s^2(0.01s+1)^2}$$

截止频率：$\omega_{cb}=40$

相位裕度：$\gamma_b=180°+\arctan(0.1\times 40)-180°-2\arctan(0.01\times 40)=32.36°$

做出超前校正后系统的开环对数幅频特性，如图解 6.4.7 中 L_b 所示。

滞后-超前校正：

$$G'(s)=G_c(s)G(s)=\frac{400(0.5s+1)^2}{s^2(0.01s+1)(10s+1)(0.025s+1)}$$

截止频率：$\omega_{cc}=10$

相位裕度：$\gamma_c=180°+2\arctan(0.5\times 10)-180°-\arctan(0.01\times 10)-\arctan(10\times 10)-$

$$\arctan(0.025 \times 10) = 48.21°$$

由伯德图可见，用滞后校正时系统不稳定；用滞后-超前校正时稳定程度最好，但响应速度比超前校正慢。

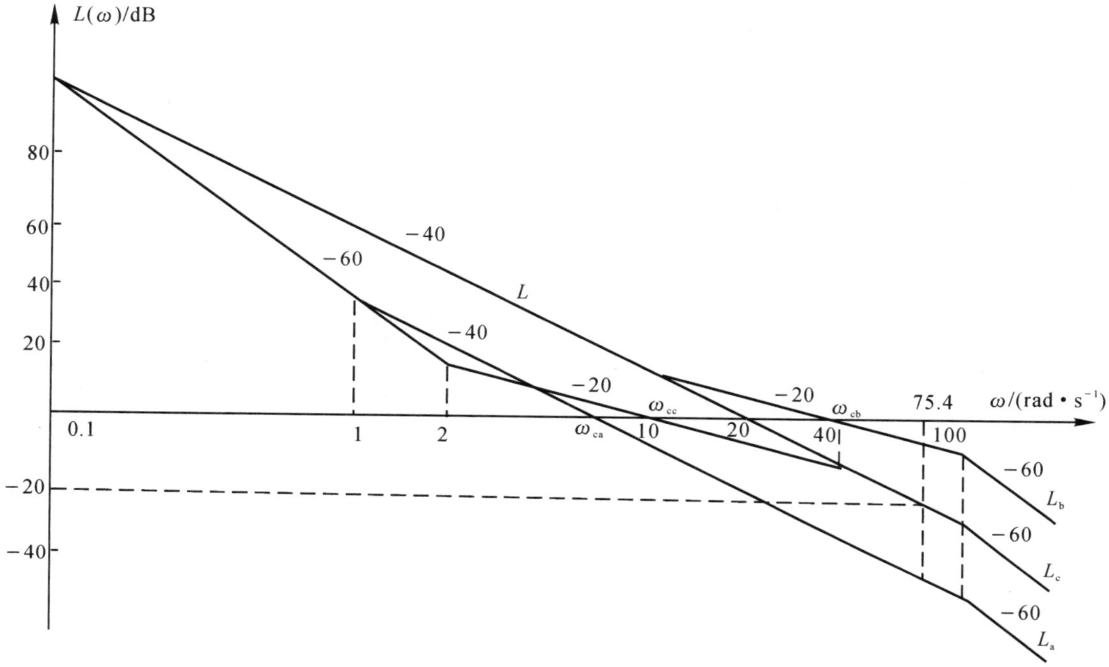

图解　6.4.7

(2) $f = 12\ \text{Hz}$，　$\omega = 2\pi f = 75.4\ \text{rad/s}$

对于单位反馈系统，高频段的闭环幅频特性与开环幅频特性基本一致，要想使 12 Hz 正弦噪声削弱 10 倍左右，即在 $\omega = 75.4$ 时幅频特性衰减 10 倍，即下降 $20\lg 10 = 20$ dB。从 Bode 图上看出，只有 L_c 在 $\omega = 75.4$ 时幅值下降 20 dB 左右，可见采用滞后-超前校正可以达到目的。

6.4.9　设单位反馈系统的开环传递函数

$$G(s) = \frac{K}{s(0.1s+1)(0.01s+1)}$$

试设计串联校正装置，使系统期望特性满足下列指标：

(1) 静态速度误差系数 $K_v \geqslant 250\ \text{s}^{-1}$；

(2) 截止频率 $\omega_c \geqslant 30$ rad/s；

(3) 相角裕度 $\gamma(\omega_c) \geqslant 45°$。

解

$$G(s) = \frac{K}{s\left(\frac{s}{10}+1\right)\left(\frac{s}{100}+1\right)}$$

$$K_v = \lim_{s\to 0} sG(s) = K \geqslant 250$$

取

$$K = 250$$

$$G(s) = \frac{250}{s\left(\frac{s}{10}+1\right)\left(\frac{s}{100}+1\right)}$$

做出原系统开环对数幅频特性，如图解 6.4.8 中实线 $L(\omega)$ 所示。

$$\omega_c = \sqrt{10 \times 250} = 50$$

$$\gamma = 180° + \angle G(j\omega_c) = 180° - 90° - \arctan\frac{50}{10} - \arctan\frac{50}{100} = -15.26°$$

若采用超前校正，需补偿超前角

$$\varphi_m = \gamma^* - \gamma + 10° = 45° + 15.26° + 10° = 70.26°$$

显然一级超前网络不能达到要求。

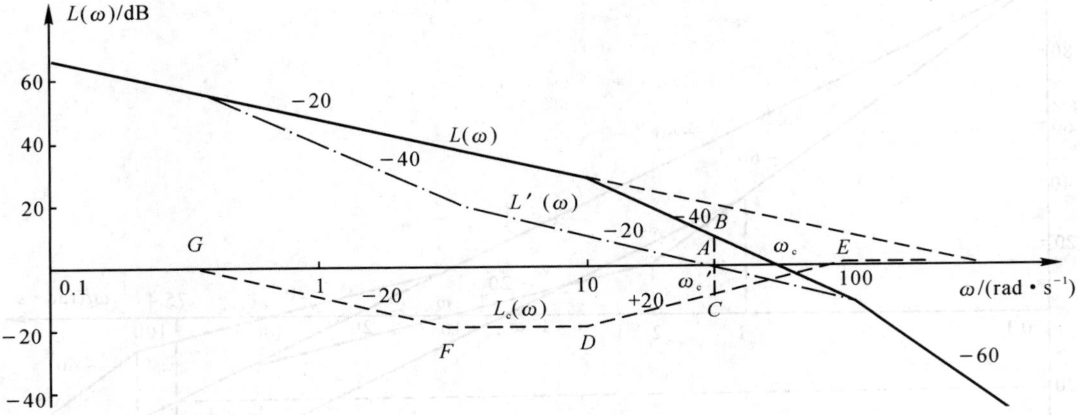

图解 6.4.8

又 $\gamma(30) = 1.7°$，故采用滞后校正也不行。因此选择滞后-超前校正，取校正后截止频率为 $\omega_c' = 30$，对应 A 点

$$\varphi_m = \gamma^* - \gamma(30) + 6° = 45° - 1.7° + 6° = 49.3°$$

用公式 $\sin\varphi_m = \frac{a-1}{a+1}$，得

$$a \approx 8,\quad 10\lg a \approx 9\ \text{dB}$$

过 A 点作垂直线，取 $BA = AC$，过 C 点作 $+20$ dB/dec 直线，取 $\omega_D = \frac{\omega_c'}{\sqrt{a}} = 10$，$\omega_E = \sqrt{a}\omega_c' \approx 90$，过 D 点作平行于 0 dB 线至 F，取 $\omega_F = 0.1\omega_c' = 3$，过 F 点作 -20 dB/dec 直线，与 0 dB 线交于 G 点。

设 CD 与 0 dB 线交点频率为 ω_0

$$\omega_0 = \frac{\omega_c^2}{\omega_c'} = \frac{50^2}{30} = 83.3$$

$$\omega_G = \omega_F\frac{\omega_D}{\omega_0} = 3 \times \frac{10}{83.3} = 0.36$$

校正装置传递函数如下，校正装置对数幅频特性如图解 6.4.8 中虚线 $L_c(\omega)$ 所示。

$$G_c(s) = \frac{\left(\frac{s}{3}+1\right)\left(\frac{s}{10}+1\right)}{\left(\frac{s}{0.36}+1\right)\left(\frac{s}{90}+1\right)}$$

校正后系统开环传递函数如下，对数幅频特性如图解 6.4.8 中点划线 $L'(\omega)$ 所示

$$G'(s) = \frac{250\left(\frac{s}{3}+1\right)}{s\left(\frac{s}{0.36}+1\right)\left(\frac{s}{90}+1\right)\left(\frac{s}{100}+1\right)}$$

验算：

$$\gamma' = 180° + \angle G(j\omega_c')G_c(j\omega_c') =$$

$$180° + \arctan\frac{30}{3} - 90° - \arctan\frac{30}{0.36} - \arctan\frac{30}{90} - \arctan\frac{30}{100} = 49.85° > 45°$$

满足要求。

6.4.9 设复合校正控制系统如图 6.4.49 所示。若要求闭环回路过阻尼,且系统在斜坡输入作用下的稳态误差为零,试确定 K 值及前馈补偿装置 $G_r(s)$。

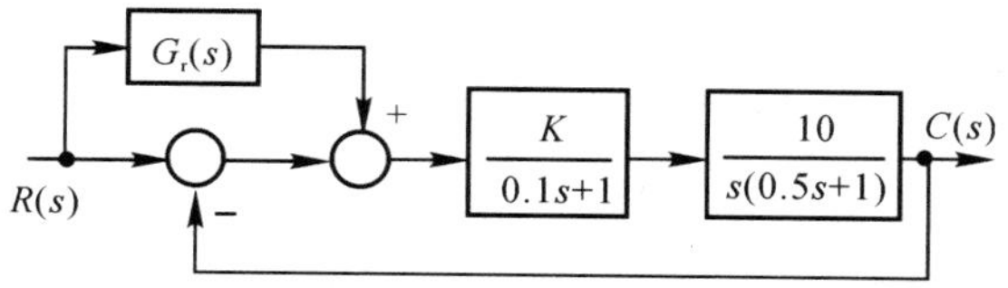

图 6.4.49　题 6.4.9 复合控制系统

解
$$\Phi_e(s)=\frac{1-G_r(s)\dfrac{K}{0.1s+1}\dfrac{10}{s(0.5s+1)}}{1+\dfrac{K}{0.1s+1}\dfrac{10}{s(0.5s+1)}}=\frac{s(0.1s+1)(0.5s+1)-10KG_r(s)}{s(0.1s+1)(0.5s+1)+10K}$$

斜坡输入时,$r(t)=t,R(s)=\dfrac{1}{s^2}$

$$e_{ss}=\lim_{s\to 0}s\Phi_e(s)\frac{1}{s^2}=\lim_{s\to 0}\frac{(0.1s+1)(0.5s+1)-\dfrac{10K}{s}G_r(s)}{s(0.1s+1)(0.5s+1)+10K}=0$$

得
$$G_r(s)=\frac{s}{10K}$$

系统开环传递函数

$$G(s)=\frac{10K}{s(0.1s+1)(0.5s+1)}=\frac{200K}{s(s+2)(s+10)}$$

$$D(s)=s^3+12s^2+20s+200K=0$$

求根轨迹分离点

$$\frac{1}{s}+\frac{1}{s+2}+\frac{1}{s+10}=0$$

$$3s^2+24s+20=0$$

求出分离点
$$s_d=-0.945$$

对应有
$$K_d=\frac{|s_d||s_d+2||s_d+10|}{200}=0.045$$

当 $0<K<0.045$ 时,系统为过阻尼

$$G_r(s)=\tau s$$

$$\tau=\frac{1}{10K}>2.215$$

6.4.10 设复合校正控制系统如图 6.4.50 所示,其中 $N(s)$ 为可量测扰动。K_1,K_2 和 T 均为正常数。若要求系统输出 $C(s)$ 完全不受 $N(s)$ 的影响,且跟踪阶跃指令的误差为零,试确定前馈补偿装置 $G_{c1}(s)$ 和串联校正装置 $G_{c2}(s)$。

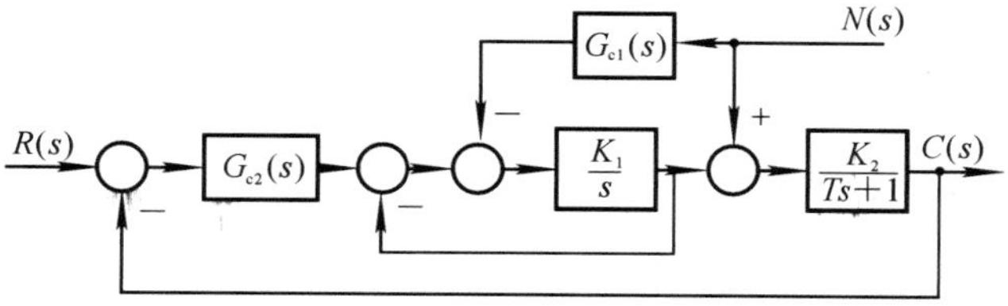

图 6.4.50　题 6.4.10 复合控制系统

解 (1) 求 $G_{c1}(s)$

$$\Phi_N(s)=\frac{C(s)}{N(s)}=\frac{\frac{K_2}{Ts+1}\left(1+\frac{K_1}{s}\right)-G_{c1}(s)\frac{K_1K_2}{s(Ts+1)}}{1+\frac{K_1}{s}+\frac{K_1K_2G_{c2}(s)}{s(Ts+1)}}=\frac{K_2(s+K_1)-K_1K_2G_{c1}(s)}{s(Ts+1)+K_1+K_1K_2G_{c2}(s)}=0$$

得
$$G_{c1}(s)=\frac{s+K_1}{K_1}=\frac{s}{K_1}+1$$

(2) 求 $G_{c2}(s)$

$$\Phi_e(s)=\frac{E(s)}{R(s)}=\frac{1+\frac{K_1}{s}}{1+\frac{K_1}{s}+\frac{K_1K_2G_{c2}(s)}{s(Ts+1)}}=\frac{(s+K_1)(Ts+1)}{s(Ts+1)+K_1(Ts+1)+K_1K_2G_{c2}(s)}$$

令
$$r(t)=1(t),\quad R(s)=\frac{1}{s}$$

$$e_{ss}=\lim_{s\to 0}s\Phi_e(s)\frac{1}{s}=\lim_{s\to 0}\frac{(s+K_1)(Ts+1)}{s(Ts+1)+K_1(Ts+1)+K_1K_2G_{c2}(s)}=\lim_{s\to 0}\frac{K_1}{K_1+K_1K_2G_{c2}(s)}=0$$

得
$$G_{c2}(s)=\frac{1}{s}$$

6.4.11 设复合控制系统如图 6.4.51 所示。图中 $G_n(s)$ 为前馈补偿装置的传递函数，$G_c(s)=K_t's$ 为测速发电机及分压电位器的传递函数，$G_1(s)$ 和 $G_2(s)$ 为前向通路环节的传递函数，$N(s)$ 为可量测扰动。如果

$$G_1(s)=K_1,\quad G_2(s)=\frac{1}{s^2}$$

试确定 $G_n(s)$，$G_c(s)$ 和 K_1，使系统输出量完全不受扰动的影响，且单位阶跃响应的超调量 $\sigma\%=5\%$，峰值时间 $t_p=2$ s。

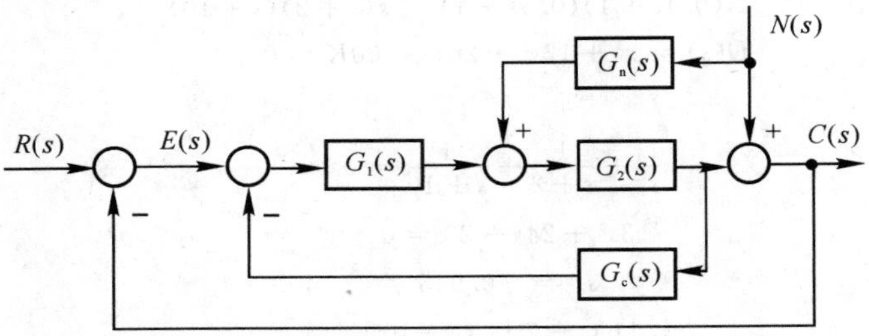

图 6.4.51 题 6.4.11 复合控制系统

解 (1) 求 $G_n(s)$

由梅森增益公式

$$\Phi_N(s)=\frac{C(s)}{N(s)}=\frac{1+G_1(s)G_2(s)G_c(s)}{1+G_1(s)G_2(s)+G_1(s)G_2(s)G_c(s)}\left[1+\frac{G_2(s)G_n(s)}{1+G_1(s)G_2(s)G_n(s)}\right]$$

当 $\Phi_N(s)=0$ 时，可使系统输出量完全不受扰动的影响。

$$\Phi_N(s)=0$$

有
$$G_n(s)=-\frac{s^2}{1+K_1}$$

(2) 求 K_t'，由梅森增益公式

$$\Phi(s)=\frac{C(s)}{R(s)}=\frac{G_1G_2}{1+G_1G_2G_c+G_1G_2}=\frac{\frac{K_1}{s^2}}{1+\frac{K_1}{s^2}K_t's+\frac{K_1}{s^2}}=\frac{K_1}{s^2+K_1K_t's+K_1}=\frac{\omega_n^2}{s^2+2\zeta\omega_ns+\omega_n^2}$$

有
$$\begin{cases}\omega_n = \sqrt{K_1} \\ \zeta = \dfrac{K_t' \sqrt{K_1}}{2}\end{cases}$$

由
$$\begin{cases}\sigma\% = e^{-\zeta\pi/\sqrt{1-\zeta^2}} = 0.25 \\ t_p = \dfrac{\pi}{\omega_n\sqrt{1-\zeta^2}} = 2\end{cases}$$

有
$$\begin{cases}\zeta = 0.403 \\ \omega_n = 1.72\end{cases}$$

故有
$$\begin{cases}K_1 = \omega_n^2 = 2.946 \\ K_t' = \dfrac{2\zeta\omega_n}{K_1} = 0.47\end{cases}$$

$$G_c(s) = K_t's = 0.47s$$

$$G_n(s) = -0.253s^2$$

6.4.12　设复合控制系统如图 6.4.33 所示。图中

$$G_1(s) = K_1, \quad K_1 = 2$$

$$G_2(s) = \frac{K_2}{s(s+20\zeta)}, \quad K_2 = 50, \zeta = 0.5$$

$$G_r(s) = \frac{\lambda_2 s^2 + \lambda_1 s}{Ts+1}, \quad T = 0.2$$

试确定 λ_1 和 λ_2 的数值,使系统等效为 Ⅲ 型系统,并讨论寄生因式($Ts+1$)对系统稳定性和动态性能的影响。

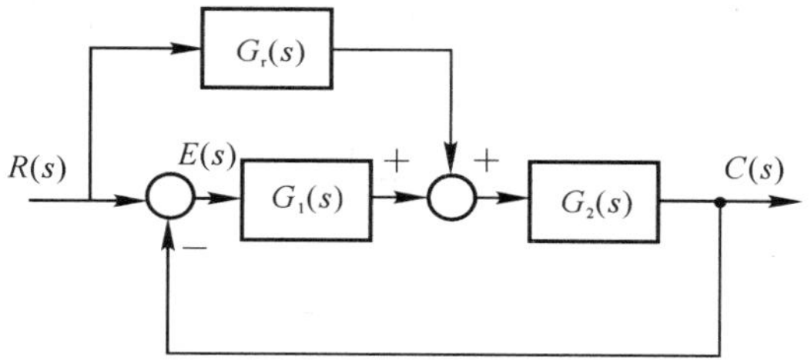

图 6.4.33　题 6.4.12

解　系统闭环传递函数

$$\Phi(s) = \frac{C(s)}{R(s)} = \frac{G_1(s)G_2(s) + G_r(s)G_2(s)}{1 + G_1(s)G_2(s)} = \frac{\dfrac{K_1K_2}{s(s+20\zeta)} + \dfrac{K_2(\lambda_2 s + \lambda_1)}{(s+20\zeta)(Ts+1)}}{1 + \dfrac{K_1K_2}{s(s+20\zeta)}} =$$

$$\frac{K_2\lambda_2 s^2 + (K_1K_2T + K_2\lambda_1)s + K_1K_2}{(s^2 + 20\zeta s + K_1K_2)(Ts+1)}$$

等效误差传递函数

$$\Phi_e(s) = 1 - \Phi(s) = \frac{Ts^3 + (20\zeta T + 1 - K_2\lambda_2)s^2 + (20\zeta + K_2\lambda_1)s}{(s^2 + 20\zeta s + K_1K_2)(Ts+1)}$$

令
$$\begin{cases}20\zeta T + 1 - K_2\lambda_2 = 0 \\ 20\zeta + K_2\lambda_1 = 0\end{cases}$$

得
$$\begin{cases}\lambda_1 = \dfrac{20\zeta T + 1}{K_2} = 0.024 \\ \lambda_2 = \dfrac{20\zeta}{K_2} = 0.02\end{cases}$$

此时可将系统等效为 Ⅲ 型系统。

由 $\Phi(s)$ 可以看出：引入 $(Ts+1)$ 因子，相当于闭环系统在原有两个闭环极点的基础上又引入了一个附加闭环极点，由于二阶因子的阻尼比 $\zeta=0.5$，原系统响应为欠阻尼振荡过程，因此 $(Ts+1)$ 因子的作用是使系统的超调量减小，调节时间缩短，有利于改善系统的动态性能。

需注意的是：若 $(Ts+1)$ 因子中时间常数过大，会使系统响应变为无超调过程，调节时间反而增大，这样会降低系统的快速性。

6.4.13 设组合驱动装置如图 6.4.52 所示。该装置由两个工作滑轮 A 和 B 组成，通过弹性皮连在一起，拴在弹簧上的第三个拉力滑轮可以将皮带拉紧，而弹簧运动可以视为无摩擦的运动。在组合驱动装置中，主滑轮 A 由直流电机驱动，滑轮 A 和 B 上都装有测速计，其输出电压与滑轮的转速成正比，利用测得的速度信号，可以估计每个滑轮的转角。

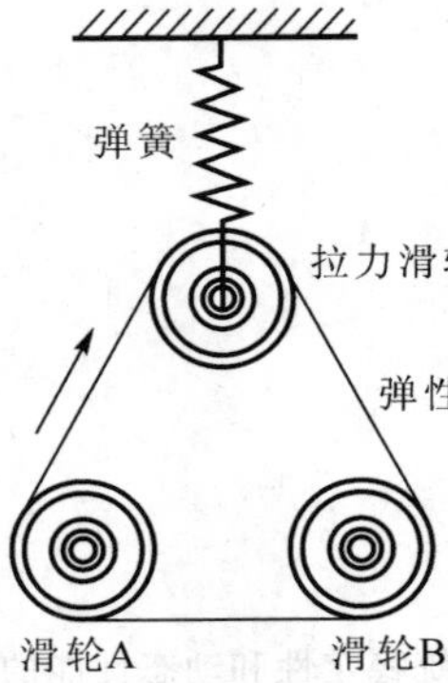

图 6.4.52　题 6.4.13 组合驱动装置

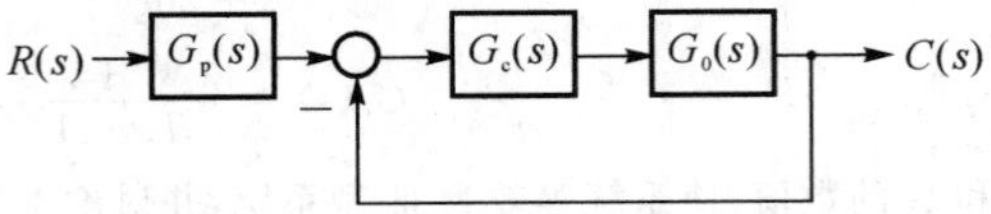

图 6.4.53　题 6.4.13 组合驱动装置转速控制系统

设组合驱动装置的转速控制系统如图 6.4.53 所示，其中被控对象为组合驱动装置，其传递函数

$$G_0(s)=\frac{10}{(s+6)^2}$$

$G_c(s)$ 为 PI 控制器，其传递函数

$$G_c(s)=K_1+\frac{K_2}{s}$$

$G_p(s)$ 为前置滤波器。要求设计 $G_c(s)$ 和 $G_p(s)$，使系统具有最小节拍响应，且调节时间 $t_s\leqslant 1\ s(\Delta=2\%)$。

解　本题应用 PI 控制器设计具有良好动态性能的最小节拍系统。通常，控制器必须与前置滤波器联合应用，才能达到设计指标要求。

系统的开环传递函数

$$G(s)=G_c(s)G_0(s)G_p(s)=\frac{K(s+z)}{s(s+6)^2}C_p(s)$$

式中

$$K=10K_1,\quad z=\frac{K_2}{K_1}$$

闭环传递函数

$$\Phi(s)=\frac{G_c(s)G_0(s)G_p(s)}{1+G_c(s)G_0(s)}=\frac{K(s+z)}{s^3+12s^2+(36+K)s+Kz}C_p(s)$$

令 $G_p(s)=\dfrac{z}{s+z}$，则

$$\Phi(s)=\frac{Kz}{s^3+12s^2+(36+K)s+Kz}$$

该系统为 Ⅰ 型系统，在单位阶跃输入作用下，$e_{ss}(\infty)=0$。

根据参考文献[1]中表 6-3 三阶系统最小节拍标准化传递函数的参数为

$$\alpha\omega_n=12,\quad \beta\omega_n^2=36+K,\quad \omega_n^3=Kz$$

故求出

$$\omega_n=\frac{12}{\alpha}=6.32,\quad K=\beta\omega_n^2-36=51.87,\quad z=\frac{\omega_n^3}{K}=4.87$$

于是

$$K_1=\frac{K}{10}=5.187,\quad K_2=K_1z=25.26$$

所求的 PI 控制器与前置滤波器为

$$G_c(s)=K_1+\frac{K_2}{s}=5.187+\frac{25.26}{s}$$

$$G_p(s)=\frac{z}{s+z}=\frac{4.87}{s+4.87}$$

根据参考文献[1]中表 6-3 系统动态性能为

$$\sigma\%=1.65\%,\quad t_s=\frac{4.04}{\omega_n}=0.64\ \text{s}<1\ \text{s}(\Delta=2\%)$$

满足设计指标要求。

6.4.14　设有前置滤波器的鲁棒控制系统如图 6.4.54 所示，其中被控对象

$$G_0(s)=\frac{10}{(s+1)(s+2)}$$

PID 控制器

$$G_c(s)=\frac{K_3s^2+K_1s+K_2}{s}$$

$G_p(s)$ 为前置滤波器。设计要求：

(1) 当 $K_a=10, K_b=0$ 时，设计 $G_c(s)$ 和 $G_p(s)$，使系统具有最小节拍响应，即系统在单位阶跃输入作用下 $e_{ss}(\infty)=0, \sigma\%\leqslant 2\%, t_s\leqslant 1\ \text{s}(\Delta=2\%)$；

(2) 若 $G_0(s)$ 的两个极点发生 ±50% 范围摄动，在最坏情况下，被控对象变为

$$G_0(s)=\frac{10}{(s+0.5)(s+1)}$$

试用(1)中的设计结果对系统性能进行考核，以检验系统的鲁棒性。

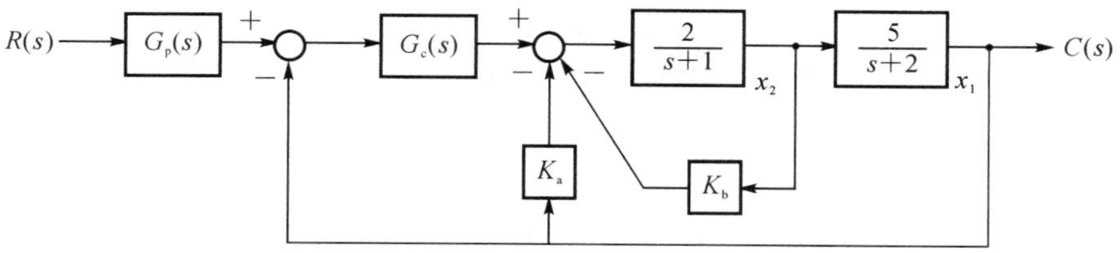

图 6.4.54　题 6.4.14 具有前置滤波器的鲁棒控制系统

解　本题联合采用 PID 控制器与前置滤波器，使系统具有最小节拍响应，保证系统有良好的稳态性能和动态性能；同时，采用内回路反馈包围被控对象，以减少被控对象参数摄动的影响，使系统具有鲁棒性。

(1)PID 控制器与前置滤波器设计。内回路传递函数为

K_b 包围部分

$$\Phi_1(s)=\frac{2}{s+(1+K_b)}$$

K_a 包围部分

$$\Phi_2(s)=\frac{\dfrac{5}{s+2}\Phi_1(s)}{1+\dfrac{5K_a}{s+2}\Phi_1(s)}=\frac{10}{s^2+(3+K_b)s+(2+10K_a+2K_b)}$$

开环传递函数为

$$G(s)=G_p(s)G_c(s)\Phi_2(s)=\frac{10(K_3s^2+K_1s+K_2)}{s[s^2+(3+K_b)s+(2+10K_a+2K_b)]}G_p(s)$$

闭环传递函数

$$\Phi(s)=\frac{G(s)}{1+G_c(s)\Phi_2(s)}=\frac{10(K_3s^2+K_1s+K_2)G_p(s)}{s^3+(3+K_b+10K_3)s^2+(2+10K_c+2K_b+10K_1)s+10K_2}$$

选择
$$G_p(s)=\frac{K_2}{K_3s^2+K_1s+K_2}$$

可得
$$\Phi(s)=\frac{10K_2}{s^3+(3+K_b+10K_3)s^2+(2+10K_a+2K_b+10K_1)s+10K_2}$$

显然，系统在阶跃输入作用下，必有 $e_{ss}(\infty)=0$。

为了使系统成为最小节拍系统，根据参考文献[1]中表6-3，应有

$$\Phi(s)=\frac{\omega_n^3}{s^3+1.9\omega_ns^2+2.2\omega_n^2s+\omega_n^3}$$

当 $K_a=10, K_b=0$ 时，系统实际闭环传递函数为

$$\Phi(s)=\frac{10K_2}{s^3+(3+10K_3)s^2+(102+10K_1)s+10K_2}$$

对于三阶最小节拍系统，调节时间要求

$$t_s=\frac{4.04}{\omega_n}\leqslant 1\ \text{s}$$

考虑到系统的鲁棒性要求，取 $t_s=0.5$，故应有 $\omega_n=8.08$。令标准化传递函数与实际闭环传递函数的对应项系数相等，可得PID控制器参数

$$K_1=4.16,\quad K_2=52.75,\quad K_3=1.24$$

于是PID控制器和前置滤波器为

$$G_c(s)=4.16+\frac{52.75}{s}+1.24s,\quad G_p(s)=\frac{52.75}{1.24s^2+4.16s+52.75}$$

系统的实际性能为

$$e_{ss}(\infty)=0,\quad \sigma\%=1.65\%,\quad t_s=0.5\ \text{s}(\Delta=2\%)$$

(2) 鲁棒性检验。在最坏情况下，被控对象传递函数

$$G_0(s)=\frac{10}{(0.5s+1)(s+1)}=\frac{20}{(s+1)(s+2)}$$

表明被控对象极点位置摄动50%，相当于对象增益加大一倍。

内回路传递函数

$$\Phi_2(s)=\frac{20}{s^2+(3+K_b)s+(2+20K_a+K_b)}$$

由于
$$G_c(s)=\frac{K_3s^2+K_1s+K_2}{s},\quad G_p(s)=\frac{K_2}{K_3s^2+K_1s+K_2}$$

所以，开环传递函数

$$G(s)=G_p(s)G_c(s)\Phi_2(s)=\frac{20K_2}{s[s^2+(3+K_b)s+(2+20K_a+K_b)]}$$

闭环传递函数

$$\Phi(s)=\frac{G(s)}{1+G_c(s)\Phi_2(s)}=\frac{20K_2}{s^3+(3+K_b+20K_3)s^2+(2+20K_a+K_b+20K_1)s+20K_2}$$

代入上式设计结果 $K_a=10, K_b=0, K_3=1.24, K_2=52.75, K_1=4.16$，得

$$\Phi(s)=\frac{1055}{s^3+27.8s^2+285.2s+1055}$$

6.4.15 NASA的宇航员可以在航天飞机中通过控制机械手将卫星回收到航天飞机的货舱中，如图6.4.55(a)所示，图中显示宇航员站在机械臂上工作的情况。该卫星回收系统结构图如图6.4.55(b)所示。要求：

(1) 当 $T = 0.1$ 时，确定 K_a 的取值，使系统的相角裕度 $\gamma = 50°$；

(2) 当 $T = 0.5$ 时，仍采用(1)中确定的 K_a，求此时系统的相角裕度 γ_1；

(3) 当 $T = 0.5$ 时，若要求 $\gamma_1 = 50°$，试问 K_a 值应如何改变？

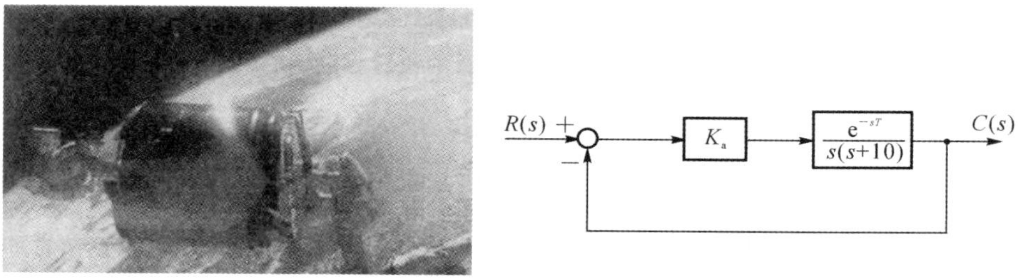

(a)　　　　　　(b)

图 6.4.55　题 6.4.15 卫星回收控制系统

解　本题为延迟系统的参数设计问题。

延迟环节的幅相特性为

$$e^{-sT}\big|_{s=j\omega} = 1 \times \angle -57.3T\omega$$

表明 $e^{-j\omega T}$ 不影响开环频率特性的幅值，但会造成相频特性的明显滞后。令

$$G(s) = \frac{K_a}{s(s+10)}, \quad |G(j\omega_c)| = \frac{K_a}{\omega_c\sqrt{\omega_c^2 + 10^2}} = 1$$

解出系统截止频率

$$\omega_c = \sqrt{-50 + \sqrt{2500 + K_a^2}}$$

故相角裕度

$$\gamma = 180° - 90° - \arctan 0.1\omega_c - 57.3sT\omega_c$$

于是，可以算出见表解 6.4.15。

表解　6.4.15

K_a	2	5	10	11.5	12	20	30	37
ω_c	0.2	0.5	1.0	1.14	1.19	1.96	2.88	3.49
$\gamma(T=0.1)$	87.7°	84.3°	78.6°	77.0°	76.4°	67.7°	57.4°	50.8°
$\gamma_1(T=0.5)$	83.1°	72.8°	55.6°	50.8°	49.1°	22.8°	−8.6°	−29.2°

由表解 6.4.15 可知：

(1) $T = 0.1$ 时，取 $K_a = 37$，可以保证 $\gamma = 50°$；

(2) $T = 0.5$ 时，仍取 $K_a = 37$，则 $\gamma_1 = 29.2°$，系统不稳定；

(3) $T = 0.5$ 时，若要求 $\gamma_1 = 50°$，则应取 $K_a = 11.5$。

6.4.16　已知汽车点火系统中有一个单位负反馈子系统，其开环传递函数为 $G_c(s)G_0(s)$，其中

$$G_0(s) = \frac{10}{s(s+10)}, \quad G_c(s) = K_1 + \frac{K_2}{s}$$

若已知 $K_2/K_1 = 0.5$，试确定 K_1 和 K_2 的取值，使系统主导极点的阻尼比 $\zeta = 0.707$，而且单位阶跃响应的调节时间 $t_s \leqslant 2\ \text{s}(\Delta = 5\%)$。

解　本题练习根据系统阻尼比与调节时间的指标要求，设计 PI 控制器参数。设计方法采用了试探法。

系统开环传递函数

$$G_c(s)G_0(s)=\frac{10K_1(s+K_2/K_1)}{s^2(s+10)}=\frac{10K_1(s+0.5)}{s^2(s+10)}$$

闭环特征方程

$$D(s)=s^3+10s^2+10K_1s+5K_1=0$$

列劳斯表

s^3	1	$10K_1$
s^2	10	$5K_1$
s^1	$9.5K_1$	
s^0	$5K_1$	

由劳斯判据知，选 $K_1>0$，便可以保证闭环系统的稳定性。

试取 $K_1=5$，则闭环特征方程为

$$s^3+10s^2+50s+25=(s+0.56)(s^2+9.44s+44.71)=0$$

故闭环极点

$$s_1=-0.56,\quad s_{2,3}=-4.72\pm j4.74$$

其中，闭环极点 $s_1=-0.56$ 与闭环零点 $z=-0.5$ 近似对消，故系统主导极点为 $s_{2,3}$，其阻尼比 $\zeta=0.709\approx 0.707$，预期调节时间

$$t_s=\frac{3.5}{\zeta\omega_n}=\frac{3.5}{4.72}=0.74\ \mathrm{s}(\Delta=5\%)$$

由于 s_1 与 z 不能准确对消，故实际调节时间 $t_s\approx 2$ s，满足指标要求，于是最终得

$$K_1=5,\quad K_2=2.5$$

6.4.17 机器人已广泛应用于核电站的维护与保养。在核工业中，远程机器人主要用来回收和处理核废料，同时也用于核反应堆的监控，清除放射性污染和处理意外事故等。图 6.4.56 所示的是核工厂的遥控机器人示意图，其构成的远程监控系统可以完成某些特定操作的监测任务。若系统的开环传递函数为

$$G_0(s)=\frac{K_a e^{-sT}}{(s+1)(s+3)}$$

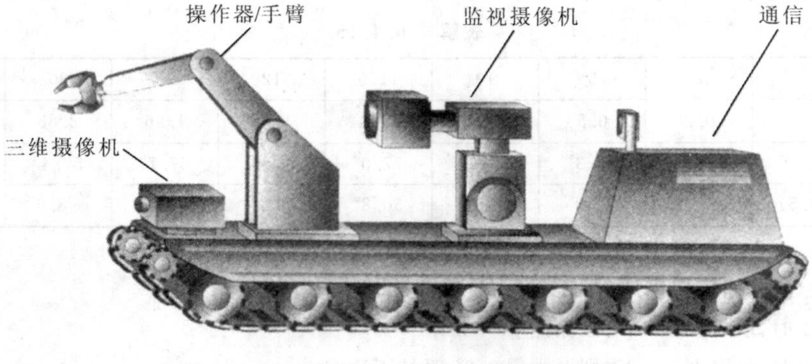

图 6.4.56 题 6.4.17 核工厂的遥控机器人

要求：

(1) 当 $T=0.5$ s 时，确定 K_a 的合适取值，使系统阶跃响应的超调量小于 30%，并计算所得系统的稳态误差；

(2) 设计校正网络

$$G_c(s)=\frac{s+2}{s+b}$$

以改进要求(1) 中所得系统的性能，使系统的稳态误差小于 12%。

解　本题研究延迟系统的分析与设计问题。通常,在频域中进行设计比较方便,通过选择合适的系统截止频率和相角裕度,可以满足给定的稳态误差和动态性能要求。

(1) 确定待校正系统增益 K_a,并计算 e_{ss}。系统开环传递函数

$$G_0(s)=\frac{K_a e^{-0.5s}}{s^2+4s+3}$$

因为要求 $\sigma\%<30\%$,由教材中图 3-13 表示的欠阻尼二阶系统 ζ 与 $\sigma\%$ 关系曲线知,应用 $\zeta>0.36$。现取 $\zeta=0.4$,由教材中图 5-51 表示的典型二阶系统的 $\gamma\zeta$ 曲线知,$\gamma=43°$。

因

$$e^{-0.5s}\mid_{s=j\omega}=1\cdot\angle-57.3\times0.5\omega$$

令

$$|G_0(j\omega_c)|=\frac{K_a}{\sqrt{(3-\omega_c^2)^2+16\omega_c^2}}=1$$

解出截止频率

$$\omega_c=\sqrt{-5+\sqrt{K_a^2+16}}$$

而相角裕度

$$\gamma=180°-\arctan\omega_c-\arctan\frac{\omega_c}{3}-28.65\omega_c$$

则 $K_a-\omega_c-\gamma$ 关系见表解 6.4.17。

表解　6.4.17

K_a	3.1	4.0	6.0	6.5	7.0
ω_c	0.25	0.81	1.49	1.62	1.75
γ	154°	102.7°	54.6°	46.9°	39.4°

由表可取 $K_a=6.5$,$\omega_c=1.62$,$\gamma=46.9°$。由教材中图 5-51 及图 3-13 可以查出:$\zeta=0.45$,$\sigma\%=22\%<30\%$。由于静态位置系数 $K_p=K_a/3=2.17$,故稳态误差

$$e_{ss}=\frac{1}{1+K_p}=31.5\%$$

(2) 设计校正网络,改善系统性能。开环传递函数

$$G_c(s)G_0(s)=\frac{K_a(s+2)e^{-0.5s}}{(s+1)(s+3)(s+b)}$$

静态位置误差系数 L

$$K_p=\frac{2K_a}{3b}$$

选 $b=0.1$,使 $G_c(s)$ 为滞后网络,则 $K_p=6.67K_a$,故

$$e_{ss}=\frac{1}{1+K_p}=\frac{1}{1+6.67K_a}$$

取 $e_{ss}=10\%$,求出 $K_a=1.35$,可满足 $e_{ss}<12\%$ 的要求。令

$$|G_c(j\omega_c)G_0(j\omega_c)|=\frac{1.35\sqrt{4+\omega_c^2}}{\sqrt{(1+\omega_c^2)(9+\omega_c^2)(0.01+\omega_c^2)}}=1$$

求出

$$\omega_c=0.75\ \text{rad/s}$$

算出相角裕度

$$\gamma=180°+\arctan\frac{\omega_c}{2}-\arctan\omega_c-\arctan\frac{\omega_c}{3}-\arctan10\omega_c-28.65\omega_c=45.8°$$

校正后系统的动态性能可以估算如下:

$$\sigma\%=100\left[0.16+0.4\left(\frac{1}{\sin\gamma}-1\right)\right]\%=31.8\%$$

$$K_0=2+1.5\left(\frac{1}{\sin\gamma}-1\right)+2.5\left(\frac{1}{\sin\gamma}-1\right)^2=2.98$$

$$t_s = \frac{K_0 \pi}{\omega_c} = 12.48\ \text{s}$$

6.4.18 MANUTEC机器人具有很大的惯性和较长的手臂，其实物如图6.4.57(a)所示。机械臂的动力学特性可以表示为

$$G_0(s) = \frac{250}{s(s+2)(s+40)(s+45)}$$

要求选用图6.4.57(b)所示控制方案，使系统阶跃响应的超调量小于20%，上升时间小于0.5 s，调节时间小于1.2 s($\Delta = 2\%$)，静态速度误差系数 $K_v \geqslant 10$。试问：采用超前校正网络 $G_c(s) = 1\ 483.7\dfrac{s+3.5}{s+33.75}$ 是否合适？

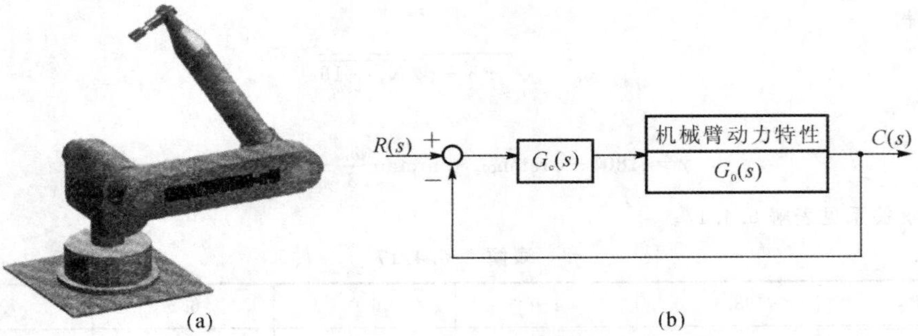

图6.4.57　题6.4.18机器人控制

解　开环传递函数

$$G_c(s)G_0(s) = \frac{370\ 925(s+3.5)}{s(s+2)(s+33.75)(s+40)(s+45)} = \frac{10.7\left(\dfrac{s}{3.5}+1\right)}{s\left(\dfrac{s}{2}+1\right)\left(\dfrac{s}{33.75}+1\right)\left(\dfrac{s}{40}+1\right)\left(\dfrac{s}{45}+1\right)}$$

可知

$$K_v = 10.7 > 10$$

闭环传递函数

$$\Phi(s) = \frac{370\ 925(s+3.5)}{s(s+2)(s+33.75)(s+40)(s+45)+370\ 925(s+3.5)} =$$

$$\frac{370\ 925s + 1\ 298\ 237.5}{s^6 + 120.75s^4 + 4\ 906.25s^3 + 70\ 087.5s^2 + 492\ 425s + 1\ 298\ 237.5}$$

校正后系统的单位阶跃响应如图解6.4.18所示。MATLAB仿真表明：$\sigma\% = 18\% < 20\%$，$t_r = 0.29\ \text{s} < 0.5\ \text{s}$，$t_s = 1.0\ \text{s} < 1.2\ \text{s}$，$K_v = 10.7 > 10$。设计指标全部满足，故该超前校正网络是合适的。

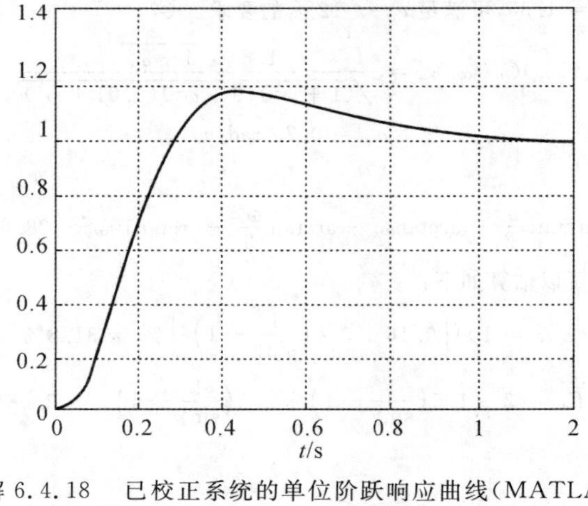

图解6.4.18　已校正系统的单位阶跃响应曲线(MATLAB)

6.4.19 双手协调机器人如图 6.4.58 所示，两台机械手相互协作，试图将一根长杆插入另一物体。已知单个机器人关节的反馈控制系统为单位反馈控制系统，被控对象为机械臂，其传递函数

$$G_0(s)=\frac{4}{s(s+0.5)}$$

要求设计一个串联滞后-超前校正网络，使系统在单位斜坡输入时的稳态误差不大于 0.012 5，单位阶跃响应的超调量小于25%，调节时间小于3 s($\Delta=2\%$)，并要求给出系统校正前后的单位阶跃输入响应曲线。试问：选用网络 $G_c(s)=\dfrac{10(s+2)(s+0.1)}{(s+20)(s+0.01)}$ 是否合适？

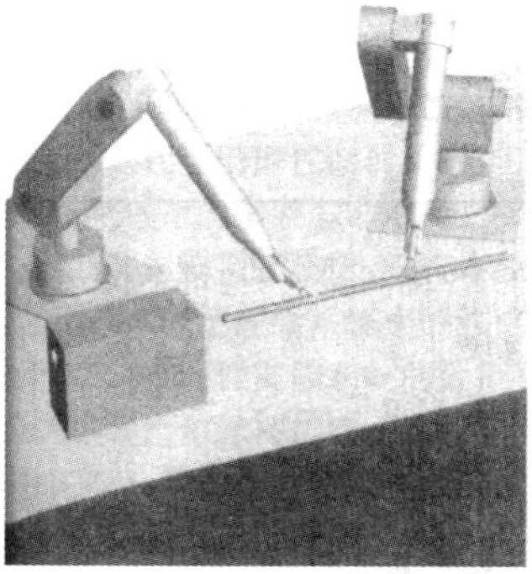

图 6.4.58 题 6.4.19 双手协调机器人

解 显然，选用的网络为滞后-超前校正网络。校正后，系统开环传递函数

$$G_c(s)G_0(s)=\frac{40(s+2)(s+0.1)}{s(s+0.5)(s+20)(s+0.01)}=\frac{80(0.5s+1)(10s+1)}{s(2s+1)(0.05s+1)(100s+1)}$$

由 $G_c(s)G_0(s)$ 可见，静态速度误差系数 $K_v=80$，系统在单位斜坡作用下的稳态误差 $e_{ss}=\dfrac{1}{K_v}=0.012\,5$ 满足指标中相关要求。

系统校正前后的单位阶跃响应如图解 6.4.19 所示。其中，实线为校正后的时间响应，虚线为校正前的时间响应。仿真表明，校正后系统的 $\sigma\%=23.6\%<25\%$，$t_p=1.2$ s，$t_s=2.4$ s <3 s($\Delta=2\%$)，满足设计指标要求。

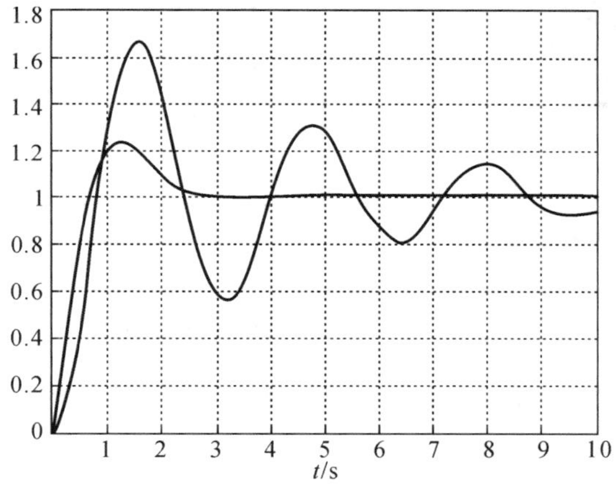

图解 6.4.19 机器人控制系统的时间响应(MATLAB)

6.4.20 图 6.4.59 为机器人和视觉系统的示意图，移动机器人利用摄像系统来观测环境信息。已知机器人系统为单位反馈系统，被控对象为机械臂，其传递函数

$$G_0(s)=\frac{1}{(s+1)(0.5s+1)}$$

为了使系统阶跃响应的稳态误差为零，采用串联 PI 控制器

$$G_c(s)=K_1+\frac{K_2}{s}$$

试设计合适的 K_1 与 K_2 值，使系统阶跃响应的超调量不大于5%，调节时间小于6 s($\Delta=2\%$)，静态速度误差系数 $K_v\geqslant 0.9$。

解 本题可用试探法确定 PI 控制器参数，调整 K_1 与 K_2 时，需要综合考虑系统的稳态性能动态性能要求。

系统开环传递函数

$$G_c(s)G_0(s)=\frac{2K_1(s+z)}{s(s+1)(s+2)}=\frac{K_2\left(\frac{1}{z}s+1\right)}{s(0.5s+1)(s+1)}$$

式中，$z=K_2/K_1$。

对于PI控制器，一种可能的选择方案为

$$z=1.1,\quad K_1=0.818\,2,\quad K_2=K_1z=0.9$$

则闭环传递函数为

$$\Phi(s)=\frac{2K_1(s+z)}{s(s+1)(s+2)+2K_1(s+z)}=\frac{1.64(s+1.1)}{s^3+3s^2+3.64s+1.8}$$

校正后系统的性能为

$$\sigma\%=4.6\%<5\%,\quad t_s=4.93\text{ s}<6\text{ s}(\Delta=2\%),\quad K_v=K_2=0.9$$

满足设计指标要求。

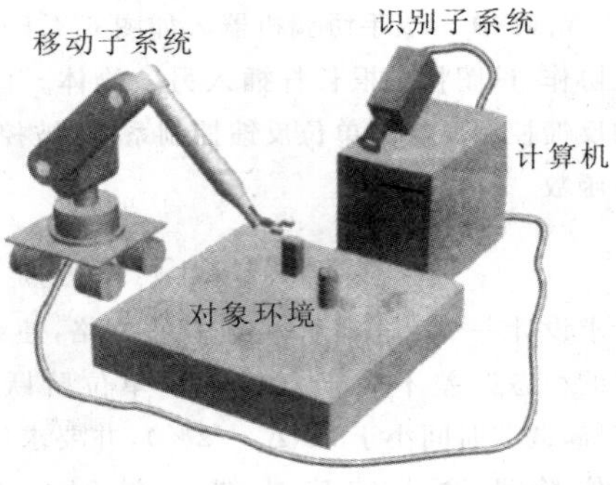

图 6.4.59　题 6.4.20 机器人和视觉系统

6.4.21　图 6.4.60(a) 所示的大型天线可以用来接收卫星信号。为了能跟踪卫星的运动，必须保证天线的准确定向。天线指向控制系统采用电枢控制的电机来驱动天线，其结构图如图 6.4.60(b) 所示。若要求系统斜坡响应的稳态误差小于1%，阶跃响应的超调量小于5%，调节时间小于2 s($\Delta=2\%$)。要求：

(1) 设计合适的校正网络 $G_c(s)$，并绘制校正后系统的单位阶跃响应曲线；

(2) 当 $R(s)=0$ 时，计算扰动 $N(s)=1/s$ 对系统输出 $C(s)$ 的影响。

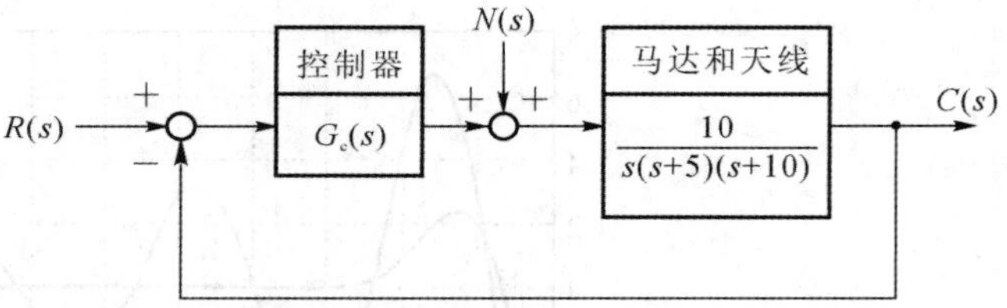

(a)　　(b)

图 6.4.60　题 6.4.21 天线指向控制系统

解　本题对校正后系统的稳态性能和动态性能均有较高要求，宜选用滞后-超前网络校正。

选用如下滞后-超前校正网络：

$$G_c(s)=\frac{8(s+0.01)(s+5.5)}{(s+0.000\,1)(s+6.5)}$$

则系统开环传递函数

$$G_c(s)G_0(s)=\frac{80(s+0.01)(s+5.5)}{s(s+0.001)(s+5)(s+6.5)(s+10)}=\frac{135.4(100s+1)(0.18s+1)}{s(10\,000s+1)(0.2s+1)(0.15s+1)(0.1s+1)}$$

可得 $K_v=135.4$，系统在单位斜坡输入下的稳态误差

$$e_{ss}(\infty)=\frac{1}{K_v}=0.74\%<1\%$$

闭环系统特征方程

$$D(s)=s^5+21.5s^4+147.5s^3+405s^2+440.8s+4.4=0$$

扰动作用下的系统输出

$$C_n(s)=\frac{10(s^2+6.5s+0.000\,65)}{D(s)}N(s)$$

系统的单位阶跃响应如图解 6.4.21 中(a) 所示，表明系统的动态性能

$$\sigma\% = 1.23\% < 5\%,\quad t_s = 1.67\ \text{s} < 2\ \text{s}(\Delta = 2\%)$$

系统的单位扰动响应如图解 6.4.21 中(b) 所示，表明最大扰动偏差

$$c_{\max} = 14.7\% < 15\%$$

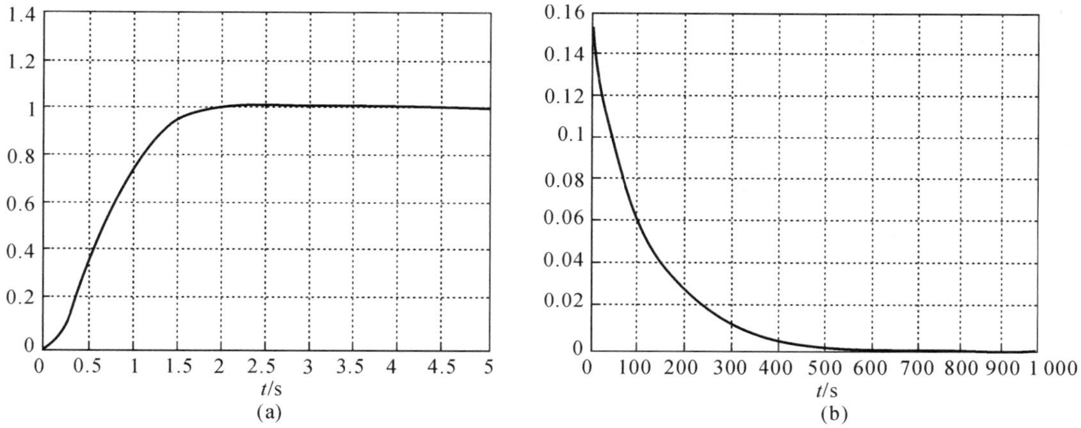

图解 6.4.21　天线指向控制系统的时间响应(MATLAB)

(a) 输入响应；(b) 扰动响应

6.4.22　热轧厂的主要工序是将炽热的钢坯轧成具有预定厚度和尺寸的钢板，所得到的最终产品之一是宽为 3 300 mm、厚为 180 mm 的标准板材。图 6.4.61(a) 给出了热轧厂主要设备示意图，它有 1 号台与 2 号台两台主要的辊轧台。辊轧台上装有直径为 508 mm 的大型辊轧台，由 4 470 kW 大功率电机驱动，并通过大型液压缸来调节轧制宽度和力度。

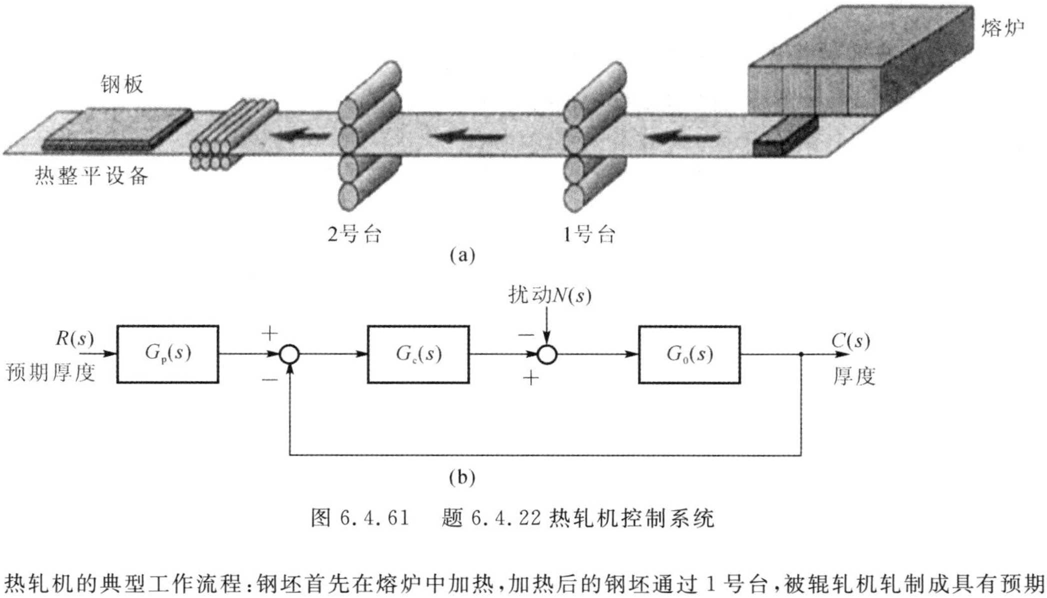

图 6.4.61　题 6.4.22 热轧机控制系统

热轧机的典型工作流程：钢坯首先在熔炉中加热，加热后的钢坯通过 1 号台，被辊轧机轧制成具有预期宽度的钢坯，然后通过 2 号台，由辊轧机轧制成具有预期厚度的钢板，最后再由热整平设备加以整平成型。

热轧机系统控制的关键技术是通过调整辊轧机的间隙来控制钢板的厚度的。热轧机控制系统框图如图 6.4.61(b) 所示，其中

$$G_0(s) = \frac{1}{s(s^2 + 4s + 5)}$$

而 $G_c(s)$ 为具有两个相同实零点的 PID 控制器。要求：

(1) 选择 PID 控制器的零点和增益，使闭环系统有两对相等的特征根；

(2) 考查(1)中得到的闭环系统，给出不考虑前置滤波器 $G_p(s)$ 与配置适当 $G_p(s)$ 时，系统的单位阶跃响应；

(3) 当 $R(s)=0, N(s)=1/s$ 时，计算系统对单位阶跃扰动的响应。

解 (1) 已知

$$G_0(s)=\frac{1}{s(s^2+4s+5)}$$

选择

$$G_c(s)=\frac{K(s+z)^2}{s}$$

当取 $K=4, z=1.25$ 时，有

$$G_c(s)=\frac{4(s+1.25)^2}{s}=10+\frac{6.25}{s}+4s$$

系统开环传递函数

$$G_c(s)G_0(s)=\frac{4(s+1.25)^2}{s^2(s^2+4s+5)}$$

闭环传递函数

$$\Phi(s)=\frac{G_c(s)G_0(s)}{1+G_c(s)G_0(s)}=\frac{4(s^2+2.5s+1.5625)}{s^4+4s^3+9s^2+10s+6.25}$$

当不考虑前置滤波器时，单位阶跃输入作用下的系统输出

$$C(s)=\Phi(s)R(s)=\frac{4(s^2+2.5s+1.5625)}{s(s^4+4s^3+9s^2+10s+6.25)}$$

(2) 当考虑前置滤波器时，选

$$G_p(s)=\frac{1.5625}{(s+1.25)^2}$$

则系统在单位阶跃输入作用下的系统输出

$$C(s)=G_p(s)\Phi(s)R(s)=\frac{6.25}{s(s^4+4s^3+9s^2+10s+6.25)}$$

(3) 当 $R(s)=0, N(s)=1/s$ 时，扰动作用下的闭环传递函数

$$\Phi_n(s)=-\frac{G_0(s)}{1+G_c(s)G_0(s)}=-\frac{s}{s^4+4s^3+9s^2+10s+6.25}$$

系统输出

$$C_n(s)=\Phi_n(s)N(s)=-\frac{1}{s^4+4s^3+9s^2+10s+6.25}$$

第 7 章　线性离散系统的分析与校正

7.1　重点内容提要

7.1.1　离散系统的基本概念

1. 离散系统(离散事件系统)

如果控制系统中的信号有一处或几处是一串脉冲或数码，即这些信号只定义在离散时间上，则这样的系统称为离散时间系统，简称离散系统。

离散控制系统包括采样控制系统和数字控制系统。

2. 采样控制系统

系统中使用了采样开关，将连续信号转换为脉冲序列去控制系统。这时信号在时间上是离散的，但数值上是模拟的或连续的。

3. 数字控制系统

系统中使用了数字计算机或数字控制器，其信号是以数码形式传递的，则称此系统为数字控制系统。这时信号不仅在时间上是离散的，而且在数值上也是断续的。

在理想采样及忽略量化误差的情况下，数字控制系统近似于采样控制系统，统称离散系统，其典型结构如图 7.1.1 所示。

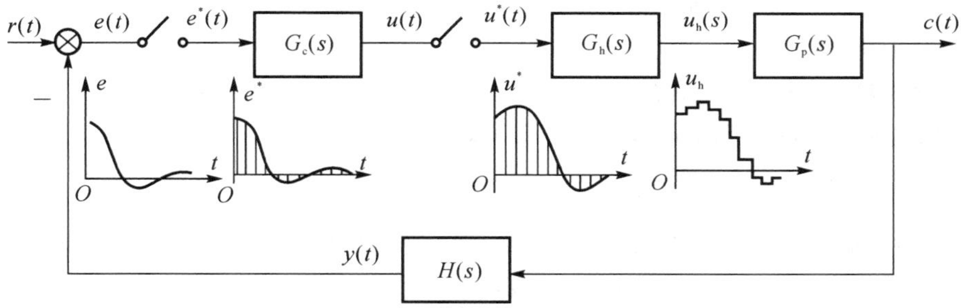

图 7.1.1　离散(数字控制)系统典型结构图

5. 离散系统的特点

(1) 优点：

1) 由数字计算机构成校正装置，控制及计算由程序实现，便于修改，容易实现复杂的控制律；

2) 采样信号，特别是数字信号传递可以有效地抑制噪声，抗干扰性强；

3) 允许采用高灵敏度的控制元件，提高系统的控制精度；

4) 一机多用，利用率高，经济性好；

5) 对于具有传输延迟，特别是大延迟的控制系统，可以引入采样的方式稳定；

6) 便于联网，实现生产过程的自动化和宏观管理。

(2) 缺点：

1) 采样点间信息丢失，与相同条件下的连续系统相比，性能会有所下降；

2) 需附加 A/D，D/A 转换装置。

7.1.2 信号采样与保持

采样器与保持器是离散系统的两个基本环节。

1. 采样

采样开关以周期 T 时间闭合，并且闭合时间为 $\tau\approx 0$。这样就把一个连续的信号 $e(t)$ 变为一个断续的脉冲序列 $e^*(t)$，完成采样过程。

一个理想采样器可以看成是一个载波为理想单位脉冲序列 $\delta_T(t)$ 的幅值调制器，即理想采样器的输出信号 $e^*(t)$，是连续输入信号 $e(t)$ 调制在载波 $\delta_T(t)$ 上的结果。

单位脉冲序列描述如下：

$$\delta_T(t)=\sum_{n=0}^{\infty}\delta(t-nT)$$

其中，$\delta(t-nT)$ 是出现在时刻 $t=nT$，强度为 1 的单位脉冲。

采样信号可描述为

$$e^*(t)=e(t)\delta_T(t)=e(t)\sum_{n=0}^{\infty}\delta(t-nT)$$

2. 连续信号与离散信号频谱的关系

非周期连续信号 $e(t)$ 的频谱是频域中的连续非周期信号，可以用傅氏变换描述为

$$E(\mathrm{j}\omega)=\int_{-\infty}^{\infty}e(t)\,\mathrm{e}^{-\mathrm{j}\omega t}\,\mathrm{d}t$$

周期为 T 的采样信号 $e^*(t)$ 的频谱为

$$E^*(\mathrm{j}\omega)=\frac{1}{T}\sum_{n=-\infty}^{\infty}E[\mathrm{j}(\omega+n\omega_s)]$$

式中，$\omega_s=2\pi/T$，为采样角频率。采样信号的频谱 $E^*(\mathrm{j}\omega)$ 是连续信号频谱 $E(\mathrm{j}\omega)$ 以 ω_s 为周期的延拓。

3. 香农采样定理

如果采样器的输入信号 $e(t)$ 具有有限带宽，即有直到 ω_h 的频率分量，则要从采样信号 $e^*(t)$ 中完整地恢复信号 $e(t)$，模拟信号的采样角频率 ω_s，或采样周期 T 必须满足下列条件：

$$\omega_s\geqslant 2\omega_h \quad 或 \quad T\leqslant\frac{\pi}{\omega_h}$$

应当指出：香农定理给出一个选择最大采样周期或最小采样频率的指导原则。满足香农定理，就有可能在采用低通滤波器的情况下，把输入信号不失真地复现出来。

4. 采样周期的选取

采样定理只给出了采样周期选择的基本原则。采样周期 T 选得越小，控制效果会越好，但会增加运算负担，造成难以实现复杂控制律的问题。因此，采样周期的确定要结合实际经验，根据具体情况而定。

5. 信号保持

通常用零阶保持器实现采样信号向连续信号的转换，即将某时刻的采样值保持到下一时刻。是最简单的保持器，其传递函数为

$$G_h(s)=\frac{1-\mathrm{e}^{-Ts}}{s}$$

频率特性为

$$G_h(\mathrm{j}\omega)=T\frac{\sin(\omega T/2)}{\omega T/2}\mathrm{e}^{-\mathrm{j}\omega T/2}=\frac{2\pi}{\omega_s}\frac{\sin\pi(\omega/\omega_s)}{\omega/\omega_s}\mathrm{e}^{-\mathrm{j}\pi(\omega/\omega_s)}$$

从频谱分析可知，它近似为带宽为 ω_s 的低通滤波器，但会带来相角滞后和时间滞后($T/2$)的不良影响。

7.1.3　z 变换理论

1. z 变换定义

采样信号 $e^*(t)$ 的拉氏变换

$$E^*(s) = \sum_{n=0}^{\infty} e(nT)\mathrm{e}^{-nsT}$$

$E^*(s)$ 为 s 的超越函数。为便于应用，进行变量代换

$$z = \mathrm{e}^{sT}$$

采样信号 $e^*(t)$ 的 z 变换定义为

$$E(z) = E^*(s)\big|_{s=\frac{1}{T}\ln z} = \sum_{n=0}^{\infty} e(nT)z^{-n}$$

有时也将 $E(z)$ 记为

$$E(z) = \mathscr{Z}[e^*(t)] = \mathscr{Z}[e(t)] = \mathscr{Z}[E(s)]$$

$E(z)$ 为 z 的有理分式或幂级数函数形式。

z 变换物理意义：变量 z^{-n} 的系数代表连续时间函数在采样时刻 nT 上的采样值。$E(z)$ 只对应唯一的 $e^*(t)$，不对应唯一的 $e(t)$

2. z 变换方法

常用的 z 变换方法有级数求和法(定义法)、查表法(部分分式法)及留数法(反演积分法)。

(1) 级数求和法(定义法)

根据 z 变换的定义，将连续信号 $e(t)$ 按周期 T 进行采样，可得

$$E(z) = e(0) + e(T)z^{-1} + e(2T)z^{-2} + \cdots + e(nT)z^{-n} + \cdots$$

再求出上式的闭合形式，即可求得 $E(z)$。

该方法求闭合形式不容易，有时其闭合形式不存在。

(2) 查表法(部分分式法)

已知连续信号 $e(t)$ 的拉氏变换 $E(s)$，将 $E(s)$ 展开成部分分式之和

$$E(s) = E_1(s) + E_2(s) + \cdots + E_n(s)$$

且每一个部分分式 $E_i(s)$ $(i = 1, 2, \cdots, n)$ 都是 z 变换表中所对应的标准函数，其 z 变换即可查表得出

$$E(z) = E_1(z) + E_2(z) + \cdots + E_n(z)$$

这种方法是求 z 变换最常用方法，可以容易地求出所有信号的 z 变换。

(3) 留数法(反演积分法)

若已知连续信号 $e(t)$ 的拉氏变换 $E(s)$ 和它的全部极点 s_i，$i = 1,2,\cdots,l$，可用下列留数计算公式求 $e(t)$ 的采样序列 $e^*(t)$ 的 z 变换 $E(z)$。即

$$E(z) = \sum_{i=1}^{l}\left[\mathrm{Res}E(s)\frac{z}{z-\mathrm{e}^{Ts}}\right]_{s=s_i}$$

若 s_i 为单极点，则

$$\mathrm{Res}\left[E(s)\frac{z}{z-\mathrm{e}^{Ts}}\right]_{s=s_i} = \lim_{s\to s_i}\left[(s-s_i)E(s)\frac{z}{z-\mathrm{e}^{Ts}}\right]$$

若 s_i 为重极点，则

$$\mathrm{Res}\left[E(s)\frac{z}{z-\mathrm{e}^{Ts}}\right]_{s=s_i} = \frac{1}{(m-1)!}\frac{\mathrm{d}^{m-1}}{\mathrm{d}s^{m-1}}\lim_{s\to s_i}\left[(s-s_i)^m E(s)\frac{z}{z-\mathrm{e}^{Ts}}\right]$$

3. z 反变换方法

同样，常用的 z 反变换方法也有三种：幂级数法(长除法)；查表法(部分分式法)及留数法(反演积分法)。

(1) 幂级数法(长除法)

若 $E(z)$ 是一个有理分式，则可以直接通过长除法，得到一个无穷项幂级数的展开式。根据 z^{-n} 的系数便可以得出时间序列 $e(nT)$ 的值。

$$e^*(t)=\sum_{n=0}^{\infty}c_n\delta(t-nT)$$

长除法以序列的形式给出 $e(0)$，$e(T)$，$e(2T)$，… 的数值，但不容易得出 $e(nT)$ 的封闭表达形式。

(2) 查表法(部分分式法)

先求出 $E(z)$ 的极点，将 $E(z)/z$ 展成部分分式之和，然后将分母中的 z 乘到各分式中，再逐项查表求 z 反变换。

$$\frac{E(z)}{z}=E_1(z)+E_2(z)+\cdots+E_n(z)$$

$E(z)$ 可表示为

$$E(z)=zE_1(z)+zE_2(z)+\cdots+zE_n(z)$$

根据 $E(z)$ 查 z 变换表可得

$$e^*(t)=e_1^*(t)+e_2^*(t)+\cdots+e_n^*(t)$$

(3) 留数法(反演积分法)

设函数 $E(z)z^{n-1}$ 除有限个极点 $z_1,z_2,\cdots z_k$ 外，在 z 域上是解析的，则有反演积分公式

$$e(nT)=\frac{1}{2\pi\mathrm{j}}\oint_{\Gamma}E(z)z^{n-1}\mathrm{d}z=\sum_{i=1}^{k}\mathrm{Res}\left[E(z)z^{n-1}\right]_{z\to z_i}$$

式中，$\mathrm{Res}\left[E(z)z^{n-1}\right]_{z\to z_i}$ 表示函数 $E(z)z^{n-1}$ 在极点 z_i 处的留数。

留数计算方法如下：

若 $z_i(i=0,1,2,\cdots,k)$ 为单极点，则

$$\mathrm{Res}\left[E(z)z^{n-1}\right]_{z\to z_i}=\lim_{z\to z_i}\left[(z-z_i)E(z)z^{n-1}\right]$$

若 z_i 为 m 阶重极点，则

$$\mathrm{Res}\left[E(z)z^{n-1}\right]_{z\to z_i}=\frac{1}{(m-1)!}\left\{\frac{\mathrm{d}^{m-1}}{\mathrm{d}z^{m-1}}\left[(z-z_i)^mE(z)z^{n-1}\right]\right\}_{z=z_i}$$

4. z 变换的局限性

(1) 输出 z 变换函数 $C(z)$ 只确定了时间函数 $c(t)$ 在采样瞬时的数值，不能反映 $c(t)$ 在采样点间的信息。

(2) z 反变换的结果不唯一。用同一采样周期对不同连续信号进行采样，可能得到相同的离散序列和相同的 z 变换。如果在 z 反变换时考虑 z 变换的收敛区间，则可以得到唯一的 z 反变换结果。

(3) 用 z 变换法分析离散系统时，系统连续部分传递函数 $G_0(s)$ 的极点数至少应比其零点数多两个，即 $G(s)$ 的脉冲响应 $k(t)$ 在 $t=0$ 时必须没有跳跃，或者满足

$$\lim_{s\to\infty}G(s)=0$$

否则，用 z 变换法得到的系统采样输出 $c^*(t)$ 与实际连续输出 $c(t)$ 差别较大，甚至完全不符。

7.1.4 离散系统的数学模型

1. 线性定常离散系统的差分方程

(1) 差分方程的定义

差分方程分为前向差分和后向差分方程，简记 $c(kT)$ 为 $c(k)$，$r(kT)$ 为 $r(k)$，有

前向差分方程：

$$c(k+n)=-\sum_{i=1}^{n}a_ic(k+n-i)+\sum_{j=0}^{m}b_jr(k+m-j)$$

后向差分方程：

$$c(k) = -\sum_{i=1}^{n} a_i c(k-i) + \sum_{j=0}^{m} b_j r(k-j)$$

前向差分方程和后向差分方程并无本质区别，前向差分方程多用于描述非零初始条件的离散系统，后向差分方程多用于描述零初始条件的离散系统。若不考虑初始条件，就系统输入、输出关系而言，两者完全等价。因脉冲传递函数同样定义为零初始条件，所以，使用后向差分情况较多。

（2）差分方程的解法

线性定常离散系统差分方程的解法通常有经典法、迭代法和 z 变换法

1）经典法：

差分方程经典法与连续系统微分方程经典解法类似，也要求出齐次方程的通解和非齐次方程的一个特解，非常不方便。

2）迭代法：

若已知差分方程，并且给定输出序列的初值，则可以利用递推关系，在计算机上通过迭代一步一步地算出输出序列。

3）z 变换法：

利用 z 变换实位移定理以及初始条件，对差分方程两端取 z 变换，整理得到以 z 为变量的代数方程，然后对代数方程的解 $C(z)$ 取 z 反变换，可求得输出序列 $c(k)$ 或 $c^*(t)$。

2. 脉冲传递函数

（1）脉冲传递函数定义

设离散系统如图 7.1.2 所示，系统的输入序列的 z 变换为 $R(z)$，输出序列的 z 变换为 $C(z)$，则线性定常离散系统的脉冲传递函数定义为，在零初始条件下，系统输出采样信号的 z 变换 $C(z)$ 与输入采样信号的 z 变换 $R(z)$ 之比，记作

$$G(z) = \frac{C(z)}{R(z)} = \frac{\sum_{n=0}^{\infty} c(nT) z^{-n}}{\sum_{n=0}^{\infty} r(nT) z^{-n}}$$

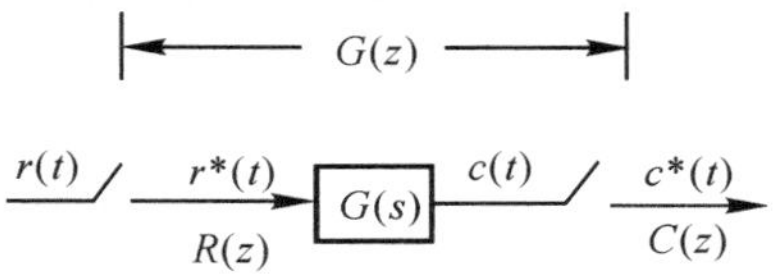

图 7.1.2　开环离散系统

（2）脉冲传递函数的性质

1）脉冲传递函数是复变量 z 的复函数（一般是有理分式）；

2）脉冲传递函数只与系统自身的结构、参数有关；

3）系统的脉冲传递函数与系统的差分方程有直接关系；

4）系统的脉冲传递函数是系统的单位脉冲响应序列的 z 变换；

5）系统的脉冲传递函数在 z 平面上有对应的零极点分布。

（3）脉冲传递函数的求法

脉冲传递函数的求法有两种途径：由差分方程和由传递函数求脉冲传递函数

1）由差分方程求脉冲传递函数

用 z 变换的实位移定理，并假设初始条件为零，对差分方程两端取 z 变换，整理后得到 $C(z)$，用 $C(z)$ 除以 $R(z)$ 可得脉冲传递函数 $G(z)$。

2）由传递函数求脉冲传递函数

只要将 $G(s)$ 表示成 z 变换表中的标准形式，直接查表可得 $G(z)$。

具体做法：

将 $G(s)$ 展开成部分分式之和

$$G(s) = G_1(s) + G_2(s) + \cdots + G_n(s)$$

上式中每一个部分分式都是 z 变换表中所对应的标准函数，其 z 变换即可查表得到，进一步求和，可得出

脉冲传递函数。

$$G(z) = G_1(z) + G_2(z) + \cdots + G_n(z)$$

(4) 开环脉冲传递函数的求法

当开环离散系统由几个环节串联组成时，由于采样开关的数目和位置不同，求出的开环脉冲传递函数也不同。分为以下几种情况：

1) 串联环节之间有采样开关

由若干个环节串联的开环离散系统，如果环节之间均有同步采样开关，则系统总脉冲传递函数等于各组成环节脉冲传递函数的乘积。

2) 串联环节之间无采样开关

由若干个环节串联的开环离散系统，如果环节之间均无同步采样开关，则系统总脉冲传递函数等于各组成环节传递函数乘积后的 z 变换。

3) 串联环节中有零阶保持器

设有零阶保持器的开环离散系统如图 7.1.3(a) 所示。将图 7.1.3(a) 变换为图 7.1.3(b) 所示的等效开环系统，于是，有零阶保持器时，开环系统脉冲传递函数为

$$G(z) = \frac{C(z)}{R(z)} = \mathscr{Z}[1 - e^{-sT}]\,\mathscr{Z}\left[\frac{G_p(s)}{s}\right] = (1 - z^{-1})\,\mathscr{Z}\left[\frac{G_p(s)}{s}\right]$$

(5) 闭环脉冲传递函数的求法

闭环脉冲传递函数根据采样开关位置的不同有不同的形式，通常根据脉冲传递函数的定义以及上述开环脉冲传递函数的三种求法，对闭环脉冲传递函数进行求解。典型闭环离散系统及输出 z 变换函数见表7.1.1。

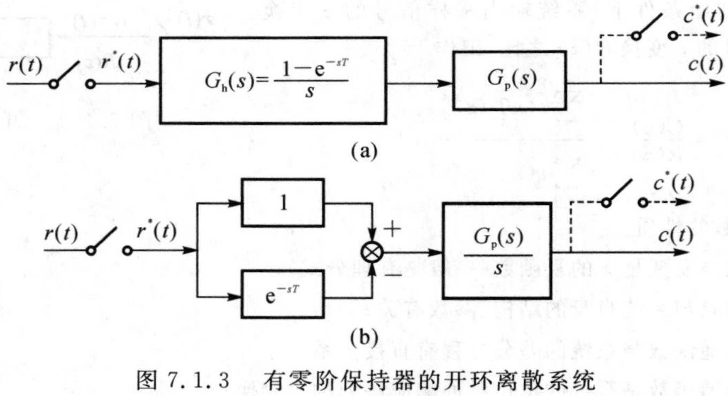

图 7.1.3　有零阶保持器的开环离散系统

表 7.1.1　闭环脉冲离散系统及输出 z 变换函数

序号	系统结构图	$C(z)$ 计算式
1	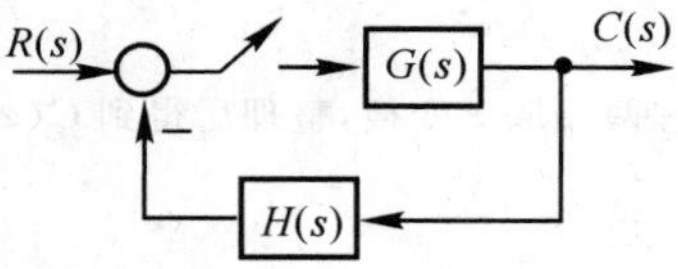	$\dfrac{G(z)R(z)}{1+GH(z)}$
2	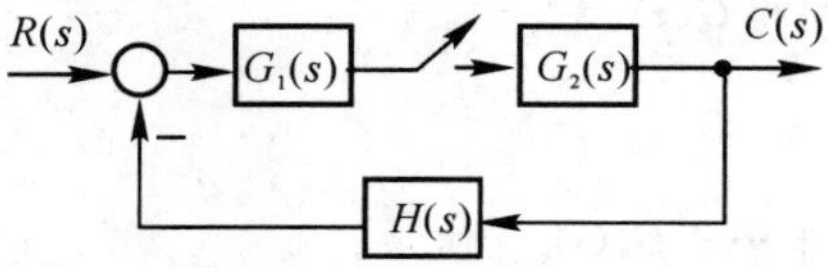	$\dfrac{RG_1(z)G_2(z)}{1+G_2HG_1(z)}$

续 表

序号	系统结构图	$C(z)$ 计算式
3	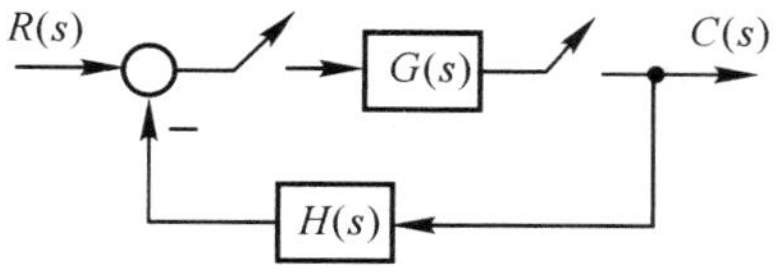	$\dfrac{G(z)R(z)}{1+G(z)H(z)}$
4	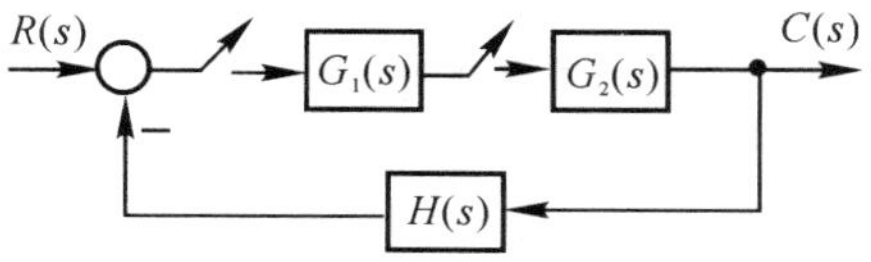	$\dfrac{G_1(z)G_2(z)R(z)}{1+G_1(z)G_2H(z)}$
5	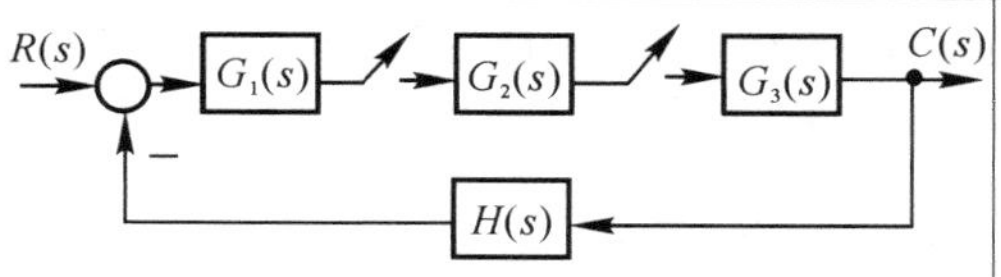	$\dfrac{RG_1(z)G_2(z)G_3(z)}{1+G_2(z)G_1G_3H(z)}$
6	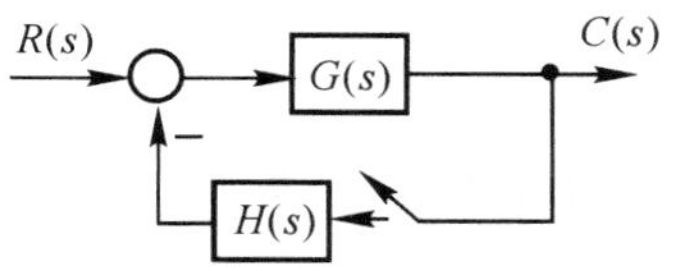	$\dfrac{RG(z)}{1+HG(z)}$
7	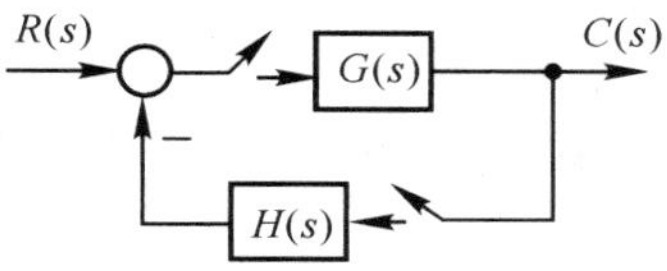	$\dfrac{R(z)G(z)}{1+G(z)H(z)}$
8	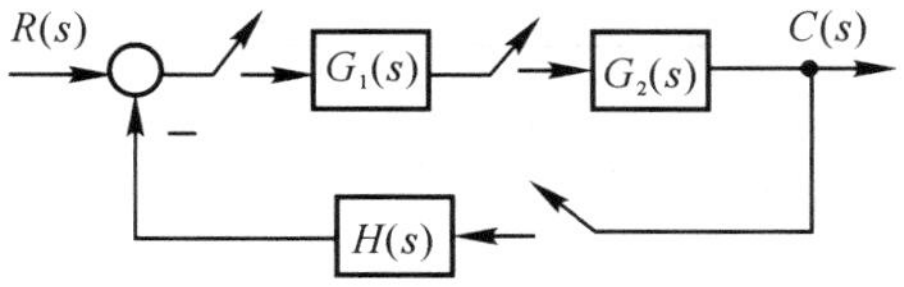	$\dfrac{G_1(z)G_2(z)R(z)}{1+G_1(z)G_2(z)H(z)}$

7.1.5 离散系统的稳定性与稳态误差

在 z 域或者 w 域分析离散系统的稳定性可以借助于连续系统在 s 域中的稳定性分析方法。为此首先需要研究 s 平面与 z 平面的映射关系。

1. s 域到 z 域的映射

在 z 变换定义中引入算子 $$z=e^{sT}$$

s 域中的任意点可表示为 $$s=\sigma+j\omega$$

将 s 映射到 z 域则为 $$z=e^{(\sigma+j\omega)T}=e^{\sigma T}e^{j\omega T}$$

由此可得 s 域到 z 域的映射关系式为

$$|z|=e^{\sigma T}\quad \angle z=\omega T$$

(1) $\sigma=0$, $|z|=1$, $\angle z=\omega T$

将 s 平面的虚轴映射到 z 平面的单位圆上。

(2) $\sigma<0$, $|z|<1$, $\angle z=\omega T$

将 s 平面的左半平面映射到 z 平面的单位圆内。

(3) $\sigma > 0$, $|z| > 1$, $\angle z = \omega T$

将 s 平面的右半平面映射到 z 平面的单位圆外。

根据映射关系有

$$\angle z = \omega T = \omega_s T = 2\pi f_s T = \frac{2\pi}{T} T = 2\pi$$

说明：$e^{j\omega T}$ 的周期为采样频率 ω_s，即 s 域到 z 域是多值映射。

2. 离散系统稳定性分析

(1) 稳定的充要条件

线性定常离散系统稳定的充要条件是，系统闭环脉冲传递函数的全部极点均分布在 z 平面上以原点为圆心的单位圆内，或者系统所有特征根的模均小于 1。

(2) 稳定性判据

1) w 变换与劳斯稳定判据

引入 z 域到 w 域的线性变换，使 z 平面单位圆内的区域，映射成 w 平面上的左半平面后，可用连续系统中的劳斯稳定判据方法来判断线性定常离散系统的稳定性。值得注意的是，闭环离散系统由于采样开关位置不同，闭环脉冲传递函数不同，相应的特征方程也不同。

w 变换为

$$w = \frac{z+1}{z-1}, \quad z = \frac{w+1}{w-1}$$

2) 朱利稳定判据

朱利判据是直接在 z 域内应用的稳定判据，朱利判据直接根据离散系统闭环特征方程 $D(z) = 0$ 的系数，判别其根是否位于 z 平面上的单位圆内，从而判断系统是否稳定。

设线性定常离散系统的闭环特征方程

$$D(z) = a_0 + a_1 z + a_2 z^2 + \cdots + a_n z^n = 0$$

其中 $a_n > 0$。排出朱利阵列见表 7.1.2，其中第一行是特征方程的系数，偶数行的元素是齐次行元素的反顺序排列，阵列中的元素定义如下

表 7.1.2 朱利阵列

行数	z^0	z^1	z^2	z^3	…	z^{n-k}	…	z^{n-1}	z^n
1	a_0	a_1	a_2	a_3	…	a_{n-k}	…	a_{n-1}	a_n
2	a_n	a_{n-1}	a_{n-2}	a_{n-3}	…	a_k	…	a_1	a_0
3	b_0	b_1	b_2	b_3	…	b_{n-k}	…	b_{n-1}	
4	b_{n-1}	b_{n-2}	b_{n-3}	b_{n-4}	…	b_{k-1}	…	b_0	
5	c_0	c_1	c_2	c_3	…	c_{n-2}			
6	c_{n-2}	c_{n-3}	c_{n-4}	c_{n-5}	…	c_0			
⋮	⋮	⋮	⋮	⋮					
$2n-5$	p_0	p_1	p_2	p_3					
$2n-4$	p_3	p_2	p_1	p_0					
$2n-3$	q_0	q_1	q_2						

$$b_k = \begin{vmatrix} a_0 & a_{n-k} \\ a_n & a_k \end{vmatrix}; \quad k = 0,1,\cdots,n-1$$

$$c_k = \begin{vmatrix} b_0 & b_{n-k-1} \\ b_{n-1} & b_k \end{vmatrix}; \quad k = 0,1,\cdots,n-2$$

$$d_k = \begin{vmatrix} c_0 & c_{n-k-2} \\ c_{n-2} & c_k \end{vmatrix}; \quad k = 0,1,\cdots,n-3$$

……

$$q_0 = \begin{vmatrix} p_0 & p_3 \\ p_3 & p_0 \end{vmatrix};\quad q_1 = \begin{vmatrix} p_0 & p_2 \\ p_3 & p_1 \end{vmatrix};\quad q_2 = \begin{vmatrix} p_0 & p_1 \\ p_3 & p_2 \end{vmatrix}$$

则线性定常离散系统稳定的充要条件为

$$D(1) > 0, D(-1)\begin{cases} > 0, & \text{当 } n \text{ 为偶数时} \\ < 0, & \text{当 } n \text{ 为奇数时} \end{cases}$$

且以下 $n-1$ 个约束条件成立

$$|a_0| < a_n, |b_0| > |b_{n-1}|, |c_0| > |c_{n-2}|, \cdots, |q_0| > |q_2|$$

当以上诸条件均满足时，系统稳定，否则不稳定。

3. 离散系统稳态误差计算

(1) 一般方法(终值定理)

计算步骤：

1) 判断系统的稳定性，系统稳定是计算稳态误差的前提；

2) 求误差脉冲传递函数 $\Phi_e(z)$；

3) 用 z 域的终值定理计算稳态误差。

$$e(\infty) = \lim_{t\to\infty} e^*(t) = \lim_{z\to 1}(1-z^{-1})E(z) = \lim_{z\to 1}(1-z^{-1})\Phi_e(z)R(z)$$

同连续系统计算稳态误差一般方法相同，该方法适用于求解所有类型离散系统的稳态误差。

(2) 静态误差系数法

图 7.1.4 所示单位反馈离散系统，可利用静态误差系数法求取稳态误差。

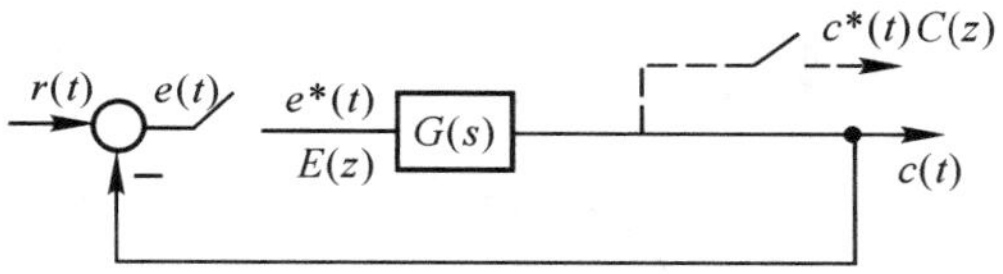

图 7.1.4　单位反馈离散系统

计算稳态误差步骤如下：

1) 判定系统的稳定性，系统稳定才能计算稳态误差；

2) 确定系统的型别(开环脉冲传递函数 $G(z)$ 具有 $z=1$ 的极点数)，求系统的静态误差系数；

$$K_p = \lim_{z\to 1} G(z),\quad K_v = \lim_{z\to 0}(z-1)G(z),\quad K_a = \lim_{z\to 1}(z-1)^2 G(z)$$

3) 根据表 7.1.3 计算离散系统稳态误差

表 7.1.3　单位反馈离散系统的稳态误差

系统型别	位置误差 $r(t)=A\cdot 1(t)$	速度误差 $r(t)=A\cdot t$	加速度误差 $r(t)=At^2/2$
0 型	$A/(1+K_p)$	∞	∞
Ⅰ 型	0	AT/K_v	∞
Ⅱ 型	0	0	AT^2/K_a

7.1.6　离散系统的性能分析

计算离散系统的动态性能，通常先求取离散系统的阶跃响应序列，再按动态性能指标定义来确定指标值。

1. 时间响应与性能指标

设离散系统的闭环脉冲传递函数 $\Phi(z) = C(z)/R(z)$，则系统单位阶跃响应的 z 变换

$$C(z)=\frac{z}{(z-1)}\Phi(z)$$

通过 z 反变换，可以求出输出信号的脉冲序列 $c^*(t)$。离散系统时域指标的定义与连续系统相同，则根据单位阶跃响应序列 $c^*(t)$ 可以方便地分析离散系统的动态和稳态性能。

2. 闭环极点与动态响应的关系

离散系统闭环脉冲传递函数的极点 p_k 在 z 平面上的分布，对系统的动态响应具有重要的影响。下面分几种情况来讨论：

(1) 正实轴上的单极点

$$\begin{cases} p_k>1, & \text{按指数规律的发散序列} \\ p_k=1, & \text{等幅序列} \\ 0<p_k<1, & \text{按指数规律的收敛序列，} p_k \text{ 离原点越近收敛越快} \end{cases}$$

(2) 负实轴上的单极点

$$\begin{cases} p_k<-1, & \text{交替变号的发散序列} \\ p_k=-1, & \text{交替变号的等幅序列} \\ -1<p_k<0, & \text{交替变号的收敛序列，} p_k \text{ 离原点越近收敛越快} \end{cases}$$

闭环实极点分布及相应的动态响应形式如图 7.1.5 所示。

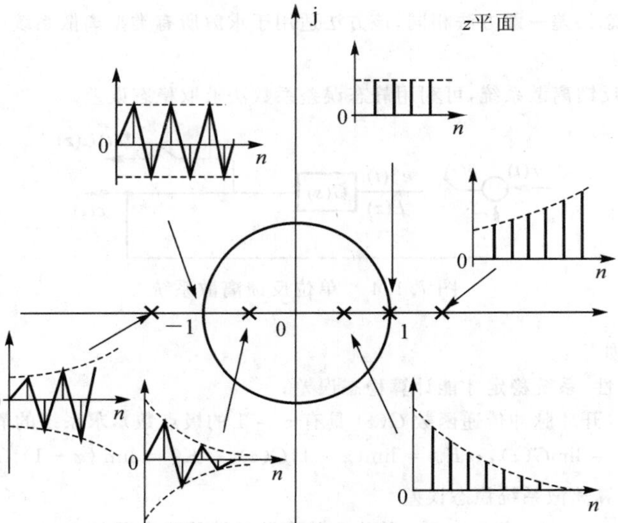

图 7.1.5 闭环实极点分布与相应的动态响应形式

(3) 闭环共轭复数极点

一对共轭复数极点对应的瞬态分量 $c_{k,k}(nT)$ 按振荡规律变化，振荡的角频率为 ω。在 z 平面上，共轭复数极点的相角 θ_k 越大，$c_{k,k}(nT)$ 振荡的角频率也就越高。

$$\begin{cases} |p_k|>1 & \text{按正弦规律振荡发散序列} \\ |p_k|=1 & \text{按正弦规律等幅振荡序列} \\ 0<|p_k|<1 & \text{按正弦规律振荡收敛序列，} |p_k| \text{ 越小收敛越快} \end{cases}$$

闭环共轭复数极点分布与相应动态响应形式的关系，如图 7.1.6 所示。

3. z 域根轨迹法

按照连续系统的根轨迹绘制方法，可以在 z 平面上绘制根轨迹，并利用 s 平面到 z 平面的映射关系，以及离散系统闭环脉冲传递函数的极点 p_k 在 z 平面上的分布与系统的动态响应关系，对系统进行分析。

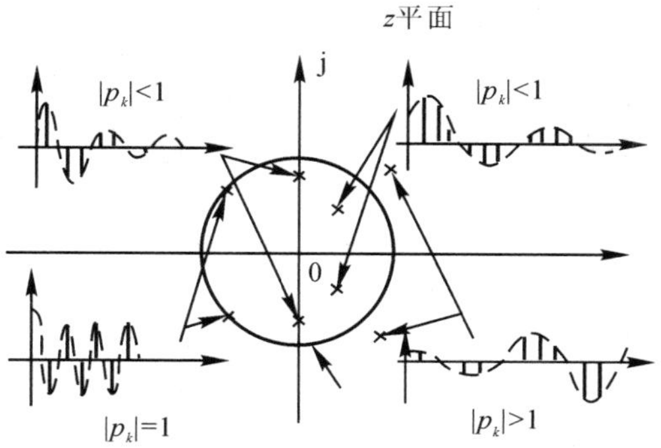

图 7.1.6　闭环复极点分布与相应的动态响应

7.1.7　离散系统的数字校正 —— 最少拍系统

线性离散系统的校正(设计)方法,主要有离散化设计和模拟化设计两种。模拟化设计方法按连续系统理论设计校正装置,求出数字控制器的等效连续环节,再将该环节数字化。离散化设计方法又称直接数字设计法,直接在离散域进行分析,求出系统的脉冲传递函数,然后按离散系统理论设计数字控制器。由于直接数字设计方法比较简单,可以实现比较复杂的控制律,因此更具有一般性。

1. 数字控制器的脉冲传递函数

设离散系统如图 7.1.7 所示。图中,$D(z)$ 为数字控制器(数字校正装置)的脉冲传递函数,$G(s)$ 为保持器和被控对象的传递函数。

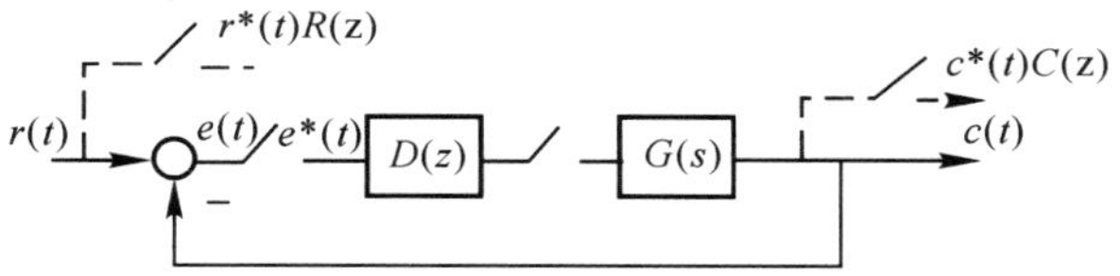

图 7.1.7　具有数字控制器的离散系统

设 $G(s)$ 的 z 变换为 $G(z)$,由图可以求出系统的闭环脉冲传递函数

$$\Phi(z)=\frac{C(z)}{R(z)}=\frac{D(z)G(z)}{1+D(z)G(z)}$$

以及误差脉冲传递函数

$$\Phi_e(z)=\frac{E(z)}{R(z)}=\frac{1}{1+D(z)G(z)}$$

可以分别求出数字控制器的脉冲传递函数为

$$D(z)=\frac{\Phi(z)}{G(z)[1-\Phi(z)]}$$

或者

$$D(z)=\frac{1-\Phi_e(z)}{G(z)\Phi_e(z)}=\frac{\Phi(z)}{G(z)\Phi_e(z)}$$

显然

$$\Phi_e(z)=1-\Phi(z)$$

2. 最少拍系统设计

所谓最少拍系统,是指在典型输入作用下,能以有限拍结束响应过程,且在采样时刻上无稳态误差的离散系统。最少拍系统按表 7.1.4 设计。

表 7.1.4 最少拍系统的设计结果

典型输入		闭环脉冲传递函数		数字控制器脉冲传递函数	调节时间
$r(t)$	$R(z)$	$\Phi_e(z)$	$\Phi(z)$	$D(z)$	t_s
$1(t)$	$\dfrac{1}{1-z^{-1}}$	$1-z^{-1}$	z^{-1}	$\dfrac{z^{-1}}{(1-z^{-1})G(z)}$	T
t	$\dfrac{Tz^{-1}}{(1-z^{-1})^2}$	$(1-z^{-1})^2$	$2z^{-1}-z^{-2}$	$\dfrac{z^{-1}(2-z^{-1})}{(1-z^{-1})^2G(z)}$	$2T$
$\dfrac{1}{2}t^2$	$\dfrac{T^2z^{-1}(1+z^{-1})}{2(1-z^{-1})^3}$	$(1-z^{-1})^3$	$3z^{-1}-3z^{-2}+z^{-3}$	$\dfrac{z^{-1}(3-3z^{-1}+z^{-2})}{(1-z^{-1})^3G(z)}$	$3T$

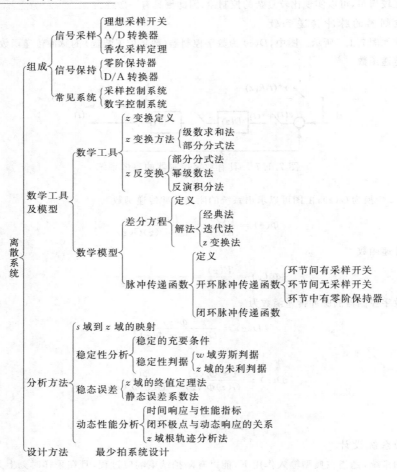

7.2 知识结构图

- 离散系统
  - 组成
    - 信号采样
      - 理想采样开关
      - A/D 转换器
      - 香农采样定理
    - 信号保持
      - 零阶保持器
      - D/A 转换器
    - 常见系统
      - 采样控制系统
      - 数字控制系统
  - 数学工具及模型
    - 数学工具
      - z 变换定义
      - z 变换方法
        - 级数求和法
        - 部分分式法
      - z 反变换
        - 部分分式法
        - 幂级数法
        - 反演积分法
    - 数学模型
      - 差分方程
        - 定义
        - 解法
          - 经典法
          - 迭代法
          - z 变换法
      - 脉冲传递函数
        - 定义
        - 开环脉冲传递函数
          - 环节间有采样开关
          - 环节间无采样开关
          - 环节中有零阶保持器
        - 闭环脉冲传递函数
  - 分析方法
    - s 域到 z 域的映射
    - 稳定性分析
      - 稳定的充要条件
      - 稳定性判据
        - w 域劳斯判据
        - z 域的朱利判据
    - 稳态误差
      - z 域的终值定理法
      - 静态误差系数法
    - 动态性能分析
      - 时间响应与性能指标
      - 闭环极点与动态响应的关系
      - z 域根轨迹分析法
  - 设计方法
    - 最少拍系统设计

7.3　考点及典型题选解

本章主要考点：信号的采样、复现及其数学描述，z 变换与 z 反变换，差分方程的特点及解法，脉冲传递函数的定义及求法，采样系统稳定性判定及稳态误差计算，最少拍采样控制系统的设计。

7.3.1　典型题

1. 已知连续系统微分方程：$\begin{cases}\ddot{e}(t)-4\dot{e}(t)+3e(t)=r(t)=1(t)\\ e(t)=0 \quad (t\leqslant 0)\end{cases}$

现将其离散化，采用采样控制方式（$T=1$），求相应的前向差分方程并解之。

2. 设开环离散系统如图 7.3.1 所示，其中 $G_1(s)=\dfrac{1}{s}$，$G_2(s)=\dfrac{a}{s+a}$，$G_h(s)=\dfrac{1-e^{-Ts}}{s}$，输入信号 $r(t)=1(t)$，试求三种系统的脉冲传递函数 $G(z)$。

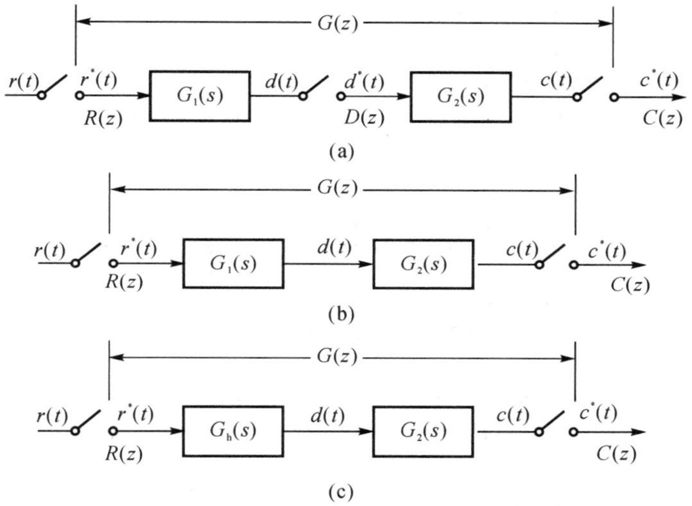

图　7.3.1

(a) 环节之间有采样开关系统；(b) 环节之间无采样开关系统；(c) 环节前有零阶保持器系统

3. 求如图 7.3.2 所示结构图的 $\dfrac{C(z)}{R(z)}$。

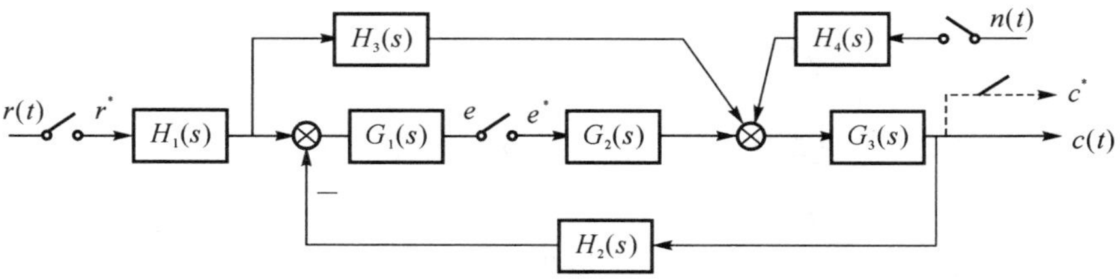

图 7.3.2　离散系统结构图

4. 已知系统如图 7.3.3 所示，采样周期 $T=1$ s，求系统的单位阶跃响应。

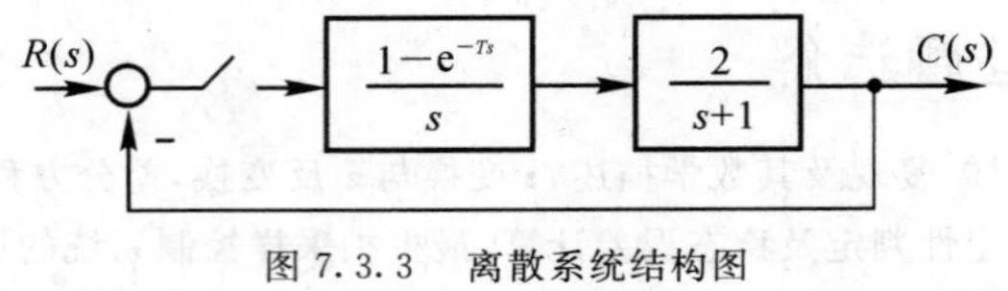

图 7.3.3　离散系统结构图

5. 设系统如图 7.3.4 所示。

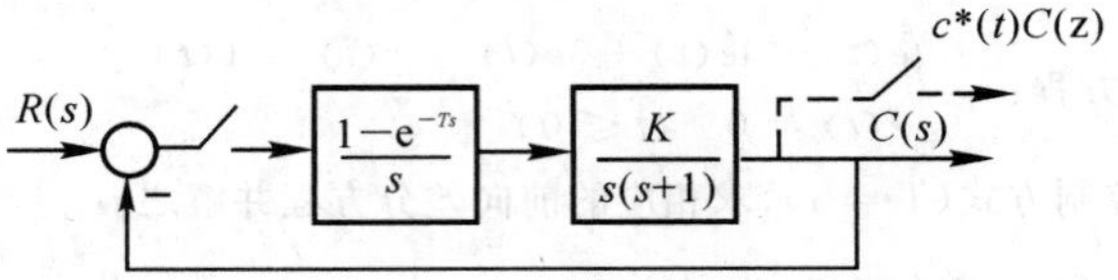

图 7.3.4　离散系统结构图

(1) 求系统的闭环脉冲传递函数；

(2) $K=10, T=1$ s 时，判断系统的稳定性；

(3) $T=1$ s 时，求系统的临界开环增益 K；

(4) 求 $K=1, T=1$ s 时系统在单位阶跃、单位速度和单位加速度输入时的稳态误差。

6. 稳定离散系统的结构图如图 7.3.5 所示，已知 $r(t)=2t$，试讨论有或没有 ZOH 时的 $e(\infty)$。

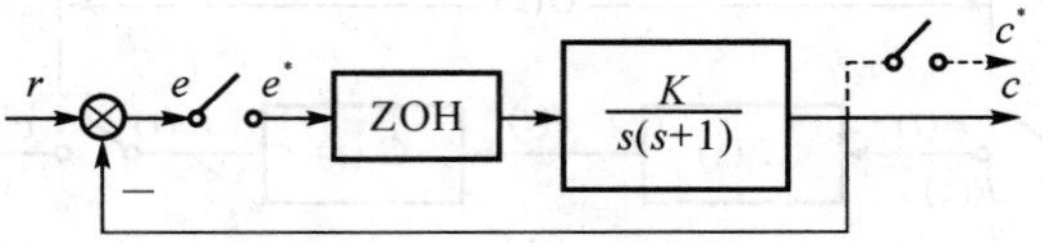

图 7.3.5　离散系统结构图

7. 系统结构图如图 7.3.5 所示，$K=1$，分别求系统有、无零阶保持器时的动态指标($\sigma\%, t_s$)。

8. 系统如图 7.3.6 所示($T=1$)，针对 $r(t)=1(t), t$ 分别设计最小拍控制器 $G_D(z)$。

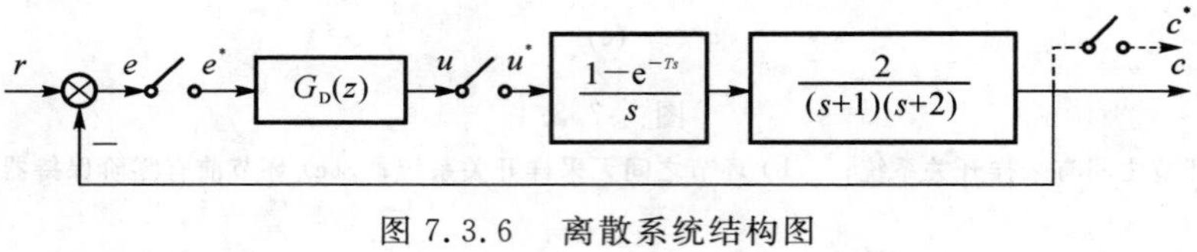

图 7.3.6　离散系统结构图

7.3.2　典型题解析

1. $\dot{e}(t) \approx \dfrac{\Delta e(k)}{T} = \dfrac{e(k+1)-e(k)}{T} \overset{T=1}{=} e(k+1)-e(k)$

$\ddot{e}(t) \approx \dfrac{\Delta^2 e(k)}{T^2} = \dfrac{\Delta e(k+1)/T - \Delta e(k)/T}{T} \overset{T=1}{=} e(k+2)-2e(k+1)+e(k)$

$$
\begin{array}{rr}
 & e(k+2)-2e(k+1)+e(k) \\
-4[& e(k+1)-e(k)] \\
+3[& e(k)] \\
\hline
\multicolumn{2}{r}{e(k+2)-6e(k+1)+8e(k)=1(k)}
\end{array}
$$

差分方程为

$$
\begin{cases}
e(k+2)-6e(k+1)+8e(k)=1(k) \\
e(k)=0 \quad (k \leqslant 0)
\end{cases}
$$

差分方程解法 Ⅰ —— 迭代法

$e(k+2)=6e(k+1)-8e(k)+1(k)$

$k=-1$：$e(1)=6e(0)-8e(-1)+1(-1)=0$

$k=0$：$e(2)=6e(1)-8e(0)+1(0)=0-0+1=1$

$k=1$：$e(3)=6e(2)-8e(1)+1(1)=6-0+1=7$

$k=2$：$e(4)=6e(3)-8e(2)+1(2)=6\times 7-8\times 1+1=35$

$e^*(t)=\delta(t-2)+7\delta(t-3)+35\delta(t-4)+\cdots$

差分方程解法 Ⅱ——z 变换法

$e(k+2)-6e(k+1)+8e(k)=1(k)$

$$Z\qquad z^2[E(z)-e(0)z^0-e(1)z^{-1}]$$
$$-6z[E(z)-e(0)z^0]$$
$$\overline{\qquad\qquad\qquad\qquad+8[E(z)]}$$

$$(z^2-6z+8)E(z)=\mathscr{Z}[1(k)]=\frac{z}{z-1}$$

$$E(z)=\frac{z}{(z-1)(z-2)(z-4)}$$

$\mathscr{Z}^{-1}$

$$e(n)=\sum \mathrm{Res}[E(z)z^{n-1}]=\lim_{z\to 1}\frac{zz^{n-1}}{(z-2)(z-4)}+\lim_{z\to 2}\frac{zz^{n-1}}{(z-1)(z-4)}+\lim_{z\to 4}\frac{zz^{n-1}}{(z-1)(z-2)}=$$
$$\frac{1}{3}-\frac{2^n}{2}+\frac{4^n}{6}$$

$$e^*(t)=\sum_{n=0}^{\infty}e(nT)\delta(t-nT)=\sum_{n=0}^{\infty}\left(\frac{1}{3}-\frac{2^n}{2}+\frac{4^n}{6}\right)\delta(t-nT)$$

2. $G_1(s)=\dfrac{1}{s}$，$G_2(s)=\dfrac{a}{s+a}$，$G_h(s)=\dfrac{1-e^{-Ts}}{s}$，$R(z)=\dfrac{z}{z-1}$

(a) 环节之间有采样开关，所以可以分别求各环节的 z 变换，然后相乘

$$G_1(z)=\mathscr{Z}[\frac{1}{s}]=\frac{z}{z-1}$$

$$G_2(z)=\mathscr{Z}[\frac{a}{s+a}]=\frac{az}{z-e^{-aT}}$$

$$G(z)=G_1(z)G_2(z)=\frac{az^2}{(z-1)(z-e^{-aT})}$$

(b) 环节之间没有采样开关，因此必须先求乘积再进行 z 变换

$$G_1(s)G_2(s)=\frac{a}{s(s+a)}$$

$$G(z)=G_1G_2(z)=\mathscr{Z}[\frac{a}{s(s+a)}]=\frac{z(1-e^{-aT})}{(z-1)(z-e^{-aT})}$$

显然，在串联环节之间有、无同步采样开关隔离时，其总的脉冲传递函数和输出 z 变换是不相同的。但是，不同之处仅表现在其开环零点不同，极点仍然一样。

(c) 环节前有零阶保持器

$$\frac{G_p(s)}{s}=\frac{a}{s^2(s+a)}=\frac{1}{s^2}-\frac{1}{a}\left(\frac{1}{s}-\frac{1}{s+a}\right)$$

$$\mathscr{Z}\left[\frac{G_p(s)}{s}\right]=\frac{Tz}{(z-1)^2}-\frac{1}{a}\left(\frac{z}{z-1}-\frac{z}{z-e^{-aT}}\right)=\frac{\frac{1}{a}z\left[(e^{-aT}+aT-1)z+(1-aTe^{-aT}-e^{-aT})\right]}{(z-1)^2(z-e^{-aT})}$$

$$G(z)=(1-z^{-1})\mathscr{Z}\left[\frac{G_p(s)}{s}\right]=\frac{\frac{1}{a}\left[(e^{-aT}+aT-1)z+(1-aTe^{-aT}-e^{-aT})\right]}{(z-1)(z-e^{-aT})}$$

零阶保持器不改变开环脉冲传递函数的阶数也不影响开环脉冲传递函数的极点，只影响开环零点。

3. Ⅰ:$R(s)$ 作用时:

$$C(z) = G_3G_2(z)E(z) + G_3H_3H_1(z)R(z)$$

而
$$E(z) = G_1H_1(z)R(z) - G_1H_2G_3G_2(z)E(z) - G_1H_2G_3H_3H_1(z) \cdot R(z)$$

$$[1 + G_1H_2G_3G_2(z)]E(z) = [G_1H_1(z) - G_1H_2G_3H_3H_1(z)]R(z)$$

所以
$$E(z) = \frac{G_1H_1(z) - G_1H_2G_3H_3H_1(z)}{1 + G_1H_2G_3G_2(z)}R(z)$$

$$C(z) = [G_3G_2(z)\frac{G_1H_1(z) - G_1H_2G_3H_3H_1(z)}{1 + G_1H_2G_3G_2(z)} + G_3H_3H_1(z)]R(z)$$

$$\Phi(z) = \frac{C(z)}{R(z)} = \frac{G_3G_2(z)G_1H_1(z) - G_3G_2(z)G_1H_2G_3H_3H_1(z) + G_3H_3H_1(z) + G_3H_3H_1(z) \cdot G_1H_2G_3G_2(z)}{1 + G_1H_2G_3G_2(z)}$$

$N(s)$ 作用时:
$$C(z) = H_4G_3(z)N(z) + G_3G_2(z)E(z)$$

而
$$E(z) = -G_1H_2G_3G_2(z)E(z) - G_1H_2G_3H_4(z)N(z)$$

$$[1 + G_1H_2G_3G_2(z)]E(z) = -G_1H_2G_3H_4(z)N(z)$$

所以
$$E(z) = \frac{-G_1H_2G_3H_4(z)}{1 + G_1H_2G_3G_2(z)}N(z)$$

$$C(z) = [H_4G_3(z) - G_3G_2(z)\frac{G_1H_2G_3H_4(z)}{1 + G_1H_2G_3G_2(z)}]N(z)$$

$$\Phi_e(z) = H_4G_3(z) - \frac{G_3G_2(z)G_1H_2G_3H_4(z)}{1 + G_1H_2G_3G_2(z)} = \frac{C(z)}{N(z)}$$

提示:

- 以下两种情形下,可以利用梅逊公式(推导 $\Phi(z)$),或 $C(z)$ 表达式。

(1) 单回路离散系统(不存在前馈),且前向通道存在一个实际采样开关时;

(2) 系统结构图中各环节间都存在(或等效存在)采样开关时。

- 输入端不存在(或等效存在)采样开关时,$R(z)$ 不能分离,只能写出 $C(z)$ 表达式。

4. 系统连续部分的传递函数为

$$G(s) = \frac{1 - e^{-Ts}}{s} \times \frac{2}{s + 1}$$

其 z 变换为
$$G(z) = \frac{2(1 - e^{-T})}{z - e^{-T}}$$

当 $T = 1$ s 时
$$G(z) = \frac{1.264}{z - 0.368}$$

而 $R(z) = \frac{z}{z - 1}$,系统的输出的 z 变换为

$$C(z) = \frac{G(z)}{1 + G(z)} \times R(z) = \frac{1.264z}{z^2 - 0.104z - 0.896}$$

由长除法得

$$C(z) = 1.264z^{-1} + 0.131z^{-2} + 1.146z^{-3} + \cdots$$

系统的阶跃响应为

$$c^*(t) = 1.264\delta(t - T) + 0.131\delta(t - 2T) + 1.146\delta(t - 3T) + \cdots$$

5. (1) 系统的闭环脉冲传递函数为

$$\Phi(z) = \frac{GH(z)}{1 + GH(z)}$$

而
$$GH(z) = \mathscr{Z}\left(\frac{1 - e^{-Ts}}{s} \times \frac{K}{s(s + 1)}\right) = \frac{K[(e^{-T} + T - 1)z + (1 - e^{-T} - Te^{-T})]}{(z - 1)(z - e^{-T})}$$

所以

$$\Phi(z) = \frac{K[(e^{-T} + T - 1)z + (1 - e^{-T} - Te^{-T})]}{z^2 + [K(e^{-T} + T - 1) - (1 + e^{-T})]z + K(1 - Te^{-T} - e^{-T}) + e^{-T}}$$

(2) $K=10, T=1$ s时，闭环系统的特征方程为

$$z^2+2.31z+3=0$$

$$z=\frac{-2.31\pm 2.58\mathrm{j}}{2}$$

因为一对共轭根在单位圆外，所以系统不稳定。

(3) $T=1$ s时，系统的特征方程为

$$z^2+(0.368K-1.368)z+0.264K+0.368=0$$

由朱利判据 $\begin{cases} D(1)>0 \\ D(-1)>0 \\ |a_0|<|a_2| \end{cases}$

得不等式组 $\begin{cases} K>0 \\ K<28.33 \\ -5.2<K<2.39 \end{cases}$

解不等式组可得使系统稳定的 K 的取值范围是

$$0<K<2.39$$

故系统的临界放大增益为 $K=2.39$。

(4) 当 $K=1, T=1$ s时，系统的开环传递函数

$$GH(z)=\frac{0.368z+0.264}{(z-1)(z-0.368)}$$

(a) 单位阶跃输入时

$$K_p=\lim_{z\to 1}[1+GH(z)]=\lim_{z\to 1}\left[1+\frac{0.368z+0.264}{(z-1)(z-0.368)}\right]=\infty$$

$$e(\infty)=\frac{1}{K_p}=0$$

(b) 单位速度输入时

$$K_v=\lim_{z\to 1}(z-1)GH(z)=\lim_{z\to 1}(z-1)\frac{0.368z+0.264}{(z-1)(z-0.368)}=1$$

$$e(\infty)=\frac{T}{K_v}=1$$

(c) 单位加速度输入时

$$K_a=\lim_{z\to 1}(z-1)^2GH(z)=\lim_{z\to 1}(z-1)^2\frac{0.368z+0.264}{(z-1)(z-0.368)}=0$$

$$e(\infty)=\frac{T^2}{K_a}=\infty$$

6. 无ZOH时

$$G(z)=\mathscr{Z}\left[\frac{K}{s(s+1)}\right]=\frac{K(1-\mathrm{e}^{-T})z}{(z-1)(z-\mathrm{e}^{-T})}\quad \upsilon=1$$

$$K_v=\lim_{z\to 1}(z-1)G(z)=\lim_{z\to 1}\frac{K(1-\mathrm{e}^{-T})z}{(z-\mathrm{e}^{-T})}=K$$

$$e(\infty)=\frac{AT}{K_v}=\frac{2T}{K}\quad \text{稳态误差与 } T \text{ 有关}$$

有ZOH时

$$G(z)=\mathscr{Z}\left[\frac{1-\mathrm{e}^{-Ts}}{s}\frac{K}{s(s+1)}\right]=K\frac{z-1}{z}\mathscr{Z}\left[\frac{1}{s^2(s+1)}\right]=K\frac{(T-1+\mathrm{e}^{-T})z+(1-\mathrm{e}^{-T}-T\mathrm{e}^{-T})}{(z-1)(z-\mathrm{e}^{-T})}\quad \upsilon=1$$

$$K_v=\lim_{z\to 1}(z-1)G(z)=\lim_{z\to 1}\frac{K(T-T\mathrm{e}^{-T})}{z-\mathrm{e}^{-T}}=KT$$

$$e(\infty)=\frac{AT}{K_v}=\frac{A}{K}=\frac{2}{K}\quad 稳态误差与T无关$$

结论：有零阶保持器对稳态误差有影响。

7. 无零阶保持器时：

$$G(z)=\mathscr{Z}\left[\frac{K}{s(s+1)}\right]=\frac{K(1-e^{-T})z}{(z-1)(z-e^{-T})}\xlongequal{K=T=1}\frac{0.632z}{(z-1)(z-0.368)}$$

$$\Phi(z)=\frac{G(z)}{1+G(z)}=\frac{0.632z}{z^2-0.736z+0.368}$$

$$c(\infty T)=\lim_{z\to1}(z-1)\Phi(z)\frac{z}{z-1}=1$$

$$C(z)=\Phi(z)\frac{z}{z-1}=\frac{0.632z^2}{z^3-1.736z^2+1.104z-0.368}$$

用长除法求系统单位阶跃响应序列 $h(k)$。

$h(0)=0$

$h(1)=0.632$

$h(2)=1.097$

$h(3)=1.207$

$h(4)=1.117$

$h(5)=1.014$

$h(6)=0.964$

$h(7)=0.970$

$h(8)=0.991$

$h(9)=1.004$

$h(10)=1.007$

$h(11)=1.003$

$h(12)=1.000$

⋮

$$\begin{cases}t_p=3T\\ \sigma\%=20.7\%,\quad t_s=5T\end{cases}$$

有零阶保持器时

$$G(z)=K\frac{z-1}{z}\mathscr{Z}\left[\frac{1}{s^2(s+1)}\right]=K\frac{(T-1+e^{-T})z+(1-e^{-T}-Te^{-T})}{(z-1)(z-e^{-T})}\xlongequal{K=T=1}\frac{0.368z+0.264}{(z-1)(z-0.368)}$$

$$\Phi(z)=\frac{G(z)}{1+G(z)}=\frac{0.368z+0.264}{z^2-z+0.632}$$

$$c(\infty T)=\lim_{z\to1}(z-1)\Phi(z)\frac{z}{z-1}=1$$

$$C(z)=\Phi(z)\frac{z}{z-1}=\frac{(0.368z+0.264)z}{z^3-2z^2+1.632z-0.632}$$

同样用长除法求系统单位阶跃响应序列 $h(k)$

$h(0)=0$

$h(1)=0.3679$

$h(2)=1.0000$

$h(3)=1.3996$

$h(4)=1.3996$

$h(5)=1.1470$

$h(6)=0.8944$

$h(7) = 0.8015$

$h(8) = 0.8682$

$h(9) = 0.9937$

$h(10) = 1.0770$

$h(11) = 1.0810$

$h(12) = 1.0323$

$h(13) = 0.9811$

$h(14) = 0.9607$

$\vdots$

$$\begin{cases} t_p = 4T \\ \sigma\% = 40\% \quad t_s = 12T \end{cases}$$

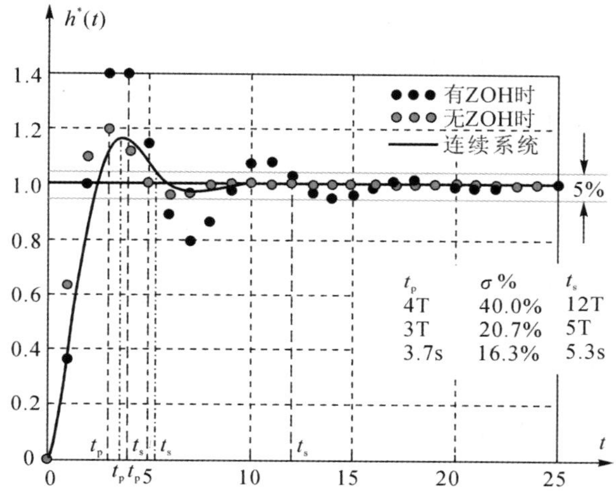

图解 7.3.7 连续系统、有无零阶保持器的离散系统性能比较

结论：

在相同条件下，由于采样损失了信息，与连续系统相比，离散系统的动态性能会有所降低；增加零阶保持器后，由于零阶保持器相当于延时半拍的延迟环节，所以相对于无零阶保持器的离散系统，理论上其相角裕度会降低，稳定程度和动态性能会变更差。

8. $G(z) = \mathscr{Z}\left[\dfrac{1-e^{-Ts}}{s}\dfrac{2}{(s+1)(s+2)}\right] = 2(1-z^{-1})\mathscr{Z}\left[\dfrac{C_0}{s} - \dfrac{C_1}{s+1} + \dfrac{C_2}{s+2}\right] =$

$$2\frac{z-1}{z}\mathscr{Z}\left[\frac{1}{2}\frac{1}{s} - \frac{1}{s+1} + \frac{1}{2}\frac{1}{s+2}\right] =$$

$$1 - \frac{2(z-1)}{z-e^{-T}} + \frac{z-1}{z-e^{-2T}} =$$

$$\frac{(1+e^{-2T}-2e^{-T})z + (e^{-3T}+e^{-T}-2e^{-2T})}{(z-e^{-T})(z-e^{-2T})} \overset{T=1}{=} \frac{0.4(z+0.365)}{(z-0.368)(z-0.136)}$$

无单位园上、外的零极点

针对 $r(t) = 1(t)$ 进行设计：

$$R(z) = \frac{z}{z-1} \quad 选 \quad \begin{cases} \Phi_e(z) = 1 - z^{-1} \\ \Phi(z) = 1 - \Phi_e(z) = z^{-1} \end{cases}$$

$$G_D(z) = \frac{\Phi(z)}{\Phi_e(z)G(z)} = \frac{z^{-1}}{1-z^{-1}}\frac{(z-0.368)(z-0.136)}{0.4(z+0.365)} = \frac{2.5(z-0.368)(z-0.136)}{(z-1)(z+0.365)}$$

$$C(z) = \Phi(z)R(z) = z^{-1}\frac{1}{1-z^{-1}} = z^{-1}[1+z^{-1}+z^{-2}+\cdots] = z^{-1}+z^{-2}+z^{-3}+\cdots$$

$$E(z) = \Phi_e(z)R(z) = (1-z^{-1})\frac{1}{1-z^{-1}} = 1$$

由此可见,系统经过 1 拍后跟上单位阶跃输入信号。

针对 $r(t)=t$ 进行设计:

$$R(z) = \frac{Tz^{-1}}{(1-z^{-1})^2} \quad 选 \quad \begin{cases}\Phi_e(z) = (1-z^{-1})^2 \\ \Phi(z) = 1-\Phi_e(z) = 2z^{-1}-z^{-2}\end{cases}$$

$$G_D(z) = \frac{\Phi(z)}{\Phi_e(z)G(z)} = \frac{2z^{-1}-z^{-2}}{(1-z^{-1})^2}\frac{(z-0.368)(z-0.136)}{0.4(z+0.365)} = \frac{5(z-0.5)(z-0.368)(z-0.136)}{(z-1)^2(z+0.365)}$$

$$E(z) = \Phi_e(z)R(z) = Tz^{-1}$$

$$C(z) = \Phi(z)R(z) = (2z^{-1}-z^{-2})\frac{Tz^{-1}}{(1-z^{-1})^2} = R(z)-E(z) = 2Tz^{-2}+3Tz^{-3}+4Tz^{-4}+\cdots$$

由此可见,系统经过 2 拍后跟上单位斜坡输入信号。

最少拍系统在给定的典型输入下能在有限拍内结束响应过程,准确跟踪输入信号。

7.4 课后习题全解

7.4.1 试根据定义

$$E^*(s) = \sum_{n=0}^{\infty} e(nT)e^{-nsT}$$

确定下列函数的 $E^*(s)$ 的闭合形式和 $E(z)$:

(1) $e(t) = \sin\omega t$;

(2) $E(s) = \dfrac{1}{(s+a)(s+b)(s+c)}$。

解 本题的目的在于熟悉连续和离散函数形式的转换,需注意所定义的表达式的作用。

(1)$e(t) = \sin\omega t$

本题的关键是应用欧拉公式 $\sin\omega t = \dfrac{e^{j\omega t}-e^{-j\omega t}}{2j}$。

$$E^*(s) = \sum_{n=0}^{\infty}\sin\omega nTe^{-nsT} = \sum_{n=0}^{\infty}\frac{1(e^{j\omega nT}-e^{-j\omega nT})}{2j}e^{-nsT} = \sum_{n=0}^{\infty}\left(\frac{1}{2j}e^{j\omega nT}e^{-nsT}-\frac{1}{2j}e^{-j\omega nT}e^{-nsT}\right) =$$

$$\frac{1}{2j}\sum_{n=0}^{\infty}(e^{j\omega nT}e^{-nsT}-e^{j\omega nT}e^{-nsT}) = \frac{1}{2j}\left(\frac{1}{1-e^{j\omega T}e^{-sT}}-\frac{1}{1-e^{-j\omega T}e^{-sT}}\right)$$

$$E(z) = \frac{1}{2j}\left(\frac{1}{1-e^{j\omega T}z^{-1}}-\frac{1}{1-e^{-j\omega T}z^{-1}}\right) = \frac{z\sin\omega T}{z^2-2z\cos\omega T+1}$$

(2) $E(s) = \dfrac{1}{(s+a)(s+b)(s+c)}$

本题的关键是要先求出 $e(t)$。将 $E(s)$ 展成部分公式,有 $E(s) = \dfrac{k_1}{s+a}+\dfrac{k_2}{s+b}+\dfrac{k_3}{s+c}$,式中

$$k_1 = \frac{1}{(b-a)(c-a)},\quad k_2 = \frac{1}{(a-b)(c-b)},\quad k_3 = \frac{1}{(b-c)(a-c)}$$

于是

$$e(t) = k_1e^{-at}+k_2e^{-bt}+k_3e^{-ct}$$

经采样拉氏变换,得

$$E^*(s) = \frac{k_1}{1-e^{-aT}e^{-sT}}+\frac{k_2}{1-e^{-bT}e^{-sT}}+\frac{k_3}{1-e^{-cT}e^{-sT}}$$

故有

$$E(z) = \frac{k_1}{1-e^{-aT}z^{-1}}+\frac{k_2}{1-e^{-bT}z^{-1}}+\frac{k_3}{1-e^{-cT}z^{-1}}$$

7.4.2　试求下列函数的 z 变换：

(1) $e(t)=a^n$；

(2) $e(t)=t^2\mathrm{e}^{-3t}$；

(3) $e(t)=\dfrac{1}{3!}t^3$；

(4) $E(s)=\dfrac{s+1}{s^2}$；

(5) $E(s)=\dfrac{1-\mathrm{e}^{-s}}{s^2(s+1)}$。

解　本题的目的在于熟悉 z 变换的各种方法。

(1)$e(t)=a^n$

根据 z 变换的定义，有

$$E(z)=\sum_{n=0}^{\infty}a^nz^{-n}=1+az^{-1}+a^2z^{-2}+\cdots+a^nz^{-n}+\cdots=\frac{1}{1-az^{-1}}=\frac{z}{z-a}$$

(2)$e(t)=t^2\mathrm{e}^{-3t}$

令 $e(t)=t^2$，查教材中表 7-2 可得

$$E(z)=\mathscr{Z}[t^2]=\frac{T^2z(z+1)}{(z-1)^3}$$

根据复位移定理，有

$$E(z\mathrm{e}^{3T})=\mathscr{Z}[t^2\mathrm{e}^{-3t}]=\frac{T^2z\mathrm{e}^{3T}(z\mathrm{e}^{3T}+1)}{(z\mathrm{e}^{3T}-1)^3}$$

(3)$e(t)=\dfrac{1}{3!}t^3$

根据 z 变换定义及无穷级数求和，有

$$E(z)=\sum_{n=0}^{\infty}\frac{1}{6}(nT)^3z^{-n}=\frac{T^3}{6}\sum_{n=0}^{\infty}n^3z^{-n}=\frac{T^3}{6}(z^{-1}+8z^{-2}+27z^{-3}+64z^{-4}+125z^{-5}+\cdots)$$

而

$$\frac{z(z^2+4z+1)}{(z-1)^4}=\frac{z^3+4z^2+z}{z^4-4z^3+6z^2-4z+1}=z^{-1}+8z^{-2}+27z^{-3}+64z^{-4}+125z^{-5}+\cdots$$

因此

$$E(z)=\frac{T^3z(z^2+4z+1)}{6(z-1)^4}$$

(4) $E(s)=\dfrac{s+1}{s^2}$

将原函数表达式分解为

$$E(s)=\frac{1}{s}+\frac{1}{s^2}$$

再对各个部分查表，可得

$$E(z)=\frac{z}{z-1}+\frac{Tz}{(z-1)^2}=\frac{z(z+T-1)}{(z-1)^2}$$

(5) $E(s)=\dfrac{1-\mathrm{e}^{-s}}{s^2(s+1)}$

将原函数表达式变换为

$$E(s)=[1-(\mathrm{e}^{-sT})^{\frac{1}{T}}]\frac{1}{s^2(s+1)}$$

由定义 $z=\mathrm{e}^{sT}$ 知，式中$[1-(\mathrm{e}^{-sT})^{\frac{1}{T}}]$即为$(1-z^{-\frac{1}{T}})$；式中$\dfrac{1}{s^2(s+1)}=\dfrac{1}{s^2}-\dfrac{1}{s}+\dfrac{1}{s+1}$，由对各部分查表，可

得$\dfrac{Tz}{(z-1)^2}-\dfrac{(1-e^{-T})z}{(z-1)(z-e^{-T})}$。于是

$$E(z)=(1-z^{-\frac{1}{T}})\left[\frac{Tz}{(z-1)^2}-\frac{(1-e^{-T})z}{(z-1)(z-e^{-T})}\right]$$

7.4.3 试用部分分式法、幂级数法和反演积分法，求下列函数的 z 反变换：

(1) $E(z)=\dfrac{10z}{(z-1)(z-2)}$；

(2) $E(z)=\dfrac{-3+z^{-1}}{1-2z^{-1}+z^{-2}}$。

解 本题旨在训练各种 z 反变换的基本技能，表明解决同一问题的方法可以有多种，但结果是相同的。

(1) $E(z)=\dfrac{10z}{(z-1)(z-2)}$

① 部分分式法

$$\frac{E(z)}{z}=-\frac{10}{(z-1)}+\frac{10}{(z-2)},\quad E(z)=\frac{10z}{z-2}-\frac{10z}{z-1}$$

查表得

$$e(t)=10[2^{\frac{t}{T}}\cdot 1(t)-1(t)]$$

$$e^*(t)=\sum_{n=0}^{\infty}e(nT)\delta(t-nT)=\sum_{n=0}^{\infty}10(2^n-1)\delta(t-nT)$$

② 幂级数法：

$$E(z)=\frac{10z}{z^2-3z+2}=10z^{-1}+30z^{-2}+70z^{-3}+\cdots$$

$$e^*(t)=10\delta(t-T)+30\delta(t-2T)+70\delta(t-3T)+\cdots$$

③ 反演积分法

$$e(nT)=\mathrm{Res}[E(z)z^{n-1}]_{z\to 1}+\mathrm{Res}[E(z)z^{n-1}]_{z\to 2}=$$

$$\mathrm{Res}\left[\frac{10z^n}{(z-1)(z-2)}\right]_{z\to 1}+\mathrm{Res}\left[\frac{10z^n}{(z-1)(z-2)}\right]_{z\to 2}=$$

$$-10+10\cdot 2^n=10(2^n-1)$$

$$e^*(t)=\sum_{n=0}^{\infty}10(2^n-1)\delta(t-nT)$$

(2)$E(z)=\dfrac{-3+z^{-1}}{1-2z^{-1}+z^{-2}}$

① 部分分式法

$$\frac{E(z)}{z}=\frac{1-3z}{(z-1)^2}=\frac{-2}{(z-1)^2}-\frac{3}{z-1}$$

$$E(z)=\frac{-2z}{(z-1)^2}-\frac{3z}{z-1}$$

查表得

$$e(t)=-\frac{2t}{T}-3,\quad e(nT)=-2n-3$$

$$e^*(t)=\sum_{n=0}^{\infty}e(nT)\delta(t-nT)=\sum_{n=0}^{\infty}(-2n-3)\delta(t-nT)$$

② 幂级数法

$$E(z)=\frac{-3z^2+z}{z^2-2z+1}=-3-5z^{-1}-7z^{-2}-9z^{-3}-\cdots$$

$$e^*(t)=-3\delta(t)-5\delta(t-T)-7\delta(t-2T)-9\delta(t-3T)-\cdots$$

③ 反演积分法

$$E(z)=\frac{z(-3z+1)}{(z-1)^2}$$

脉冲传递函数有两个相同的极点，则有

$$e(nT)=\mathrm{Res}[E(z)\cdot z^{n-1}]_{z\to 1}=\frac{1}{1!}\lim_{z\to 1}\frac{\mathrm{d}}{\mathrm{d}z}\left[\frac{(z-1)^2z^{n-1}\cdot z(-3z+1)}{(z-1)^2}\right]=$$

$$\lim_{z\to 1}[-3(n+1)z^n+nz^{n-1}]=-2n-3$$

$$e^*(t)=\sum_{n=0}^{\infty}(-2n-3)\delta(t-nT)$$

7.4.4　试求下列函数的脉冲序列 $e^*(t)$：

(1) $E(z)=\dfrac{z}{(z+1)(3z^2+1)}$；

(2) $E(z)=\dfrac{z}{(z-1)(z+0.5)^2}$。

解　本题旨在训练由脉冲传递函数转换为脉冲序列的有效方法。

(1) $E(z)=\dfrac{z}{(z+1)(3z^2+1)}$

根据脉冲传递函数的形式，用幂级数法求解最为合适。不难求得

$$E(z)=\frac{z}{3z^3+3z^2+z+1}=\frac{1}{3}z^{-2}-\frac{1}{3}z^{-3}+\frac{2}{9}z^{-4}-\frac{2}{9}z^{-5}+\cdots$$

$$e^*(t)=\frac{1}{3}\delta(t-2T)-\frac{1}{3}\delta(t-3T)+\frac{2}{9}\delta(t-4T)-\frac{2}{9}\delta(t-5T)+\cdots$$

(2) $E(z)=\dfrac{z}{(z-1)(z+0.5)^2}$

由于在脉冲传递函数中可以很容易地看出函数极点，故用反演积分法最方便。根据

$$e(nT)=\mathrm{Res}[E(z)z^{n-1}]_{z\to 1}+\mathrm{Res}[E(z)z^{n-1}]_{z\to -0.5}=\lim_{z\to 1}\left[\frac{(z-1)z^{n-1}z}{(z-1)(z+0.5)^2}\right]+\frac{1}{1!}\lim_{z\to 0.5}\frac{\mathrm{d}}{\mathrm{d}z}\left[\frac{(z+0.5)^2z^{n-1}z}{(z-1)(z+0.5)^2}\right]=$$

$$\frac{4}{9}+\left(-\frac{1}{2}\right)^n\left(\frac{4}{3}n-\frac{4}{9}\right)$$

求得

$$e^*(t)=\sum_{n=0}^{\infty}\left[\frac{4}{9}+\left(-\frac{1}{2}\right)^2\left(\frac{4}{3}n-\frac{4}{9}\right)\right]\delta(t-nT)$$

7.4.5　试确定下列函数的终值：

(1) $E(z)=\dfrac{Tz^{-1}}{(1-z^{-1})^2}$；

(2) $E(z)=\dfrac{z^2}{(z-0.8)(z-0.1)}$。

解　本题旨在熟悉 z 变换的终值定理

(1) $E(z)=\dfrac{Tz^{-1}}{(1-z^{-1})^2}$

由终值定理可得

$$e_{ss}=\lim_{z\to 1}(1-z^{-1})\frac{Tz^{-1}}{(1-z^{-1})^2}=\infty$$

(2) $E(z)=\dfrac{z^2}{(z-0.8)(z-0.1)}$

由终值定理可得

$$e_{ss}=\lim_{z\to 1}(1-z^{-1})\frac{z^2}{(z-0.8)(z-0.1)}=0$$

7.4.6　已知 $E(z)=\mathscr{Z}[e(t)]$，试证明下列关系成立：

(1) $\mathscr{Z}[a^n e(t)]=E\left[\dfrac{z}{a}\right]$；

(2) $\mathscr{Z}[te(t)] = -Tz\dfrac{\mathrm{d}E(z)}{\mathrm{d}z}$，$T$ 为采样周期。

解　本题关键是运用 z 变换的定义证明关系式成立。

(1) 求证 $\mathscr{Z}[a^n e(t)] = E\left[\dfrac{z}{a}\right]$。因为 $\mathscr{Z}[e(t)] = \sum\limits_{n=0}^{\infty} e(nT)z^{-n} = E(z)$，所以

$$\mathscr{Z}[a^n e(t)] = \sum_{n=0}^{\infty} e(nT)a^n z^{-n} = \sum_{n=0}^{\infty} e(nT)\left(\frac{z}{a}\right)^{-n} = E\left[\frac{z}{a}\right]$$

(2) 求证 $\mathscr{Z}[te(t)] = -Tz\dfrac{\mathrm{d}E(z)}{\mathrm{d}z}$。由定义知

$$\mathscr{Z}[te(t)] = \sum_{n=0}^{\infty} nTe(nT)z^{-n} = -Tz\sum_{n=0}^{\infty}[-ne(nT)z^{-n-1}] = -Tz\frac{\mathrm{d}\sum\limits_{n=0}^{\infty}[e(nT)z^{-n}]}{\mathrm{d}z} = -Tz\frac{\mathrm{d}E(z)}{\mathrm{d}z}$$

7.4.7　已知差分方程为

$$c(k) - 4c(k+1) + c(k+2) = 0$$

初始条件：$c(0) = 0, c(1) = 1$，试用迭代法求输出序列 $c(k), k = 0,1,2,3,4$。

解　本题旨在训练如何根据差分方程和初始条件求出输出序列。

由已知条件可知

$$c(k+2) = 4c(k+1) - c(k)$$

则递推可得

$$c(0) = 0,\quad c(1) = 1$$
$$c(2) = 4c(1) - c(0) = 4$$
$$c(3) = 4c(2) - c(1) = 15$$
$$c(4) = 4c(3) - c(2) = 56$$

7.4.8　试用 z 变换法求下列差分方程：

(1) $c^*(t+2T) - 6c^*(t+T) + 8c^*(t) = r^*(t)$

$r(t) = 1(t),\quad c^*(t) = 0,\quad c^*(T) = 0$

(2) $c^*(t+2T) + 2c^*(t+T) + c^*(t) = r^*(t)$

$c(0) = c(T) = 0,\quad r(nT) = n\quad (n = 0,1,2,\cdots)$

(3) $c(k+3) + 6c(k+2) + 11c(k+1) + 6c(k) = 0$

$c(0) = c(1) = 1,\quad c(2) = 0$

(4) $c(k+2) + 5c(k+1) + 6c(k) = \cos k\dfrac{\pi}{2}$

$c(0) = c(1) = 0$

解　本题指在训练用 z 变换求解差分方程的一般性方法。

(1) $c^*(t+2T) - 6c^*(t+T) + 8c^*(t) = r^*(t),\quad r(t) = 1(t),\quad c^*(0) = 0,\quad c^*(T) = 0$

因为

$$\mathscr{Z}[c(k+2)] = z^2C(z) - z^2c(0) - zc(1) = z^2C(z)$$
$$\mathscr{Z}[6c(k+1)] = 6zC(z) - 6zc(0) = 6zC(z)$$
$$R(z) = \frac{z}{z-1}$$

故原方程可化为

$$z^2C(z) - 6zC(z) + 8C(z) = \frac{z}{z-1},\quad C(z) = \frac{z}{(z-2)(z-4)(z-1)}$$

用反演积分法，可得

$$c(nT) = \mathrm{Res}[C(z)\cdot z^{n-1}]_{z\to1} + \mathrm{Res}[C(z)\cdot z^{n-1}]_{z\to2} + \mathrm{Res}[C(z)\cdot z^{n-1}]_{z\to4} =$$

$$\frac{1}{3}-\frac{1}{2}\cdot 2^n+\frac{1}{6}\cdot 4^n$$

$$c^*(t)=\sum_{n=0}^{\infty}\left[\frac{1}{3}-\frac{1}{2}\cdot 2^n+\frac{1}{6}\cdot 4^n\right]\delta(t-nT)$$

(2) $c^*(t+2T)+2c^*(t+T)+c^*(t)=r^*(t)$，　$c(0)=c(T)=0$，$r(nT)=n(n=0,1,2,\cdots)$

因为

$$z^2C(z)+2zC(z)+C(z)=R(z)=\frac{z}{(z-1)^2},\quad C(z)=\frac{z}{(z+1)^2(z-1)^2}$$

用反演积分法，可得

$$c(nT)=\mathrm{Res}[C(z)z^{n-1}]_{z\to 1}+\mathrm{Res}[C(z)\cdot z^{n-1}]_{z\to -1}=$$

$$\frac{1}{1!}\lim_{z\to 1}\frac{\mathrm{d}}{\mathrm{d}z}\left[\frac{(z-1)^2zz^{n-1}}{(z+1)^2(z-1)^2}\right]+\frac{1}{1!}\lim_{z\to -1}\frac{\mathrm{d}}{\mathrm{d}z}\left[\frac{(z+1)^2zz^{n-1}}{(z+1)^2(z-1)^2}\right]=$$

$$\frac{n-1}{4}+(-1)^{n-1}\frac{n-1}{4}$$

$$c^*(t)=\sum_{n=0}^{\infty}\frac{n-1}{4}[1+(-1^{n-1})]\delta(t-nT)$$

(3)　$c(k+3)+6c(k+2)+11c(k+1)+6c(k)=0$，　$c(0)=c(1)=1$，　$c(2)=0$

因为

$$z^3C(z)+6z^2C(z)+11zC(z)+6C(z)-z^3-7z^2-17z=0$$

则有

$$C(z)=\frac{z^3+7z^2+17z}{z^3+6z^2+11z+6}$$

用部分分式法，可得

$$\frac{C(z)}{z}=\frac{z^2+7z+17}{z^3+6z^2+11z+6}=\frac{11}{2(z+1)}-\frac{7}{z+2}+\frac{5}{2(z+3)}$$

$$C(z)=\frac{11z}{2(z+1)}-\frac{7z}{z+2}+\frac{5z}{2(z+3)}$$

对上式各部分查表，可得

$$c^*(t)=\sum_{n=0}^{\infty}\left[\frac{11}{2}(-1)^n-7(-2)^n+\frac{5}{2}(-3)^n\right]\delta(t-nT)$$

(4)　$c(k+2)+5c(k+1)+6c(k)=\cos k\dfrac{\pi}{2}$，　$c(0)=c(1)=0$

查教材中表 7-2，可得

$$R(z)=\mathscr{Z}\left[\cos\frac{\pi}{2}t\right]=\frac{z\left(z-\cos\frac{\pi}{2}T\right)}{z^2-2z\cos\frac{\pi}{2}T+1}=\frac{z^2}{z^2+1}\quad(T=1)$$

于是

$$z^2C(z)+5zC(z)+6C(z)=R(z)=\frac{z^2}{z^2+1}$$

则有

$$C(z)=\frac{z^2}{(z+2)(z+3)(z^2+1)}=-\frac{\frac{2}{5}z}{z+2}+\frac{\frac{3}{10}z}{z+3}+\frac{\frac{1}{10}(z^2-z)}{z^2+1}=$$

$$-\frac{\frac{2}{5}z}{z+2}+\frac{\frac{3}{10}z}{z+3}+\frac{1}{10}\left(\frac{z^2}{z^2+1}-\frac{z}{z^2+1}\right)=$$

$$-\frac{\frac{2}{5}z}{z+2}+\frac{\frac{3}{10}z}{z+3}+\frac{1}{10}\left[\frac{z\left(z-\cos\frac{\pi}{2}\right)}{z^2-2z\cos\frac{\pi}{2}+1}-\frac{z\sin\frac{\pi}{2}}{z^2-2z\cos\frac{\pi}{2}+1}\right]$$

对上式各部分查表，可得

$$c^*(t)=\sum_{n=0}^{\infty}\left[\frac{-2}{5}(-2)^n+\frac{3}{10}(-3)^n+\frac{1}{10}\left(\cos\frac{\pi}{2}n-\sin\frac{\pi}{2}n\right)\right]\delta(t-nT)$$

7.4.9 设开环离散系统如图 7.4.61 所示，试求开环脉冲传递函数 $G(z)$。

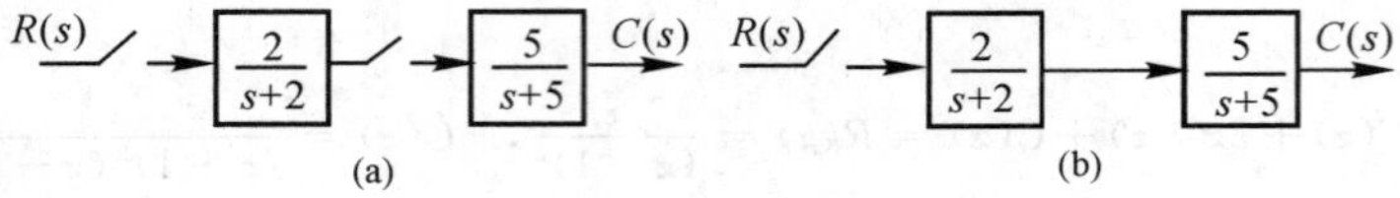

图 7.4.61 题 7.4.9 开环离散系统

解 本题旨在练习如何由开环离散系统的结构图求取脉冲传递函数，需要注意的是 z 变换无串联性。

(a) $G(z)=G_1(z)G_2(z)=\mathscr{Z}\left[\dfrac{2}{s+2}\right]\mathscr{Z}\left[\dfrac{5}{s+5}\right]=\dfrac{2z}{z-\mathrm{e}^{-2T}}\dfrac{5z}{z-\mathrm{e}^{-5T}}-\dfrac{10z^2}{(z-\mathrm{e}^{-2T})(z-\mathrm{e}^{-5T})}$

(b) $G(z)=G_1G_2(z)=\mathscr{Z}\left[\dfrac{10}{(s+2)(s+5)}\right]=\mathscr{Z}\left[\dfrac{10}{3}\left(\dfrac{1}{s+2}-\dfrac{1}{s+5}\right)\right]=$

$$\frac{10}{3}\left[\frac{z}{z-\mathrm{e}^{-2T}}-\frac{z}{z-\mathrm{e}^{-5T}}\right]=\frac{10z(\mathrm{e}^{-2T}-\mathrm{e}^{-5T})}{3(z-\mathrm{e}^{-2T})(z-\mathrm{e}^{-5T})}$$

7.4.10 试求图 7.4.62 所示闭环离散系统的脉冲传递函数 $\Phi(z)$ 或输出 z 变换 $C(z)$。

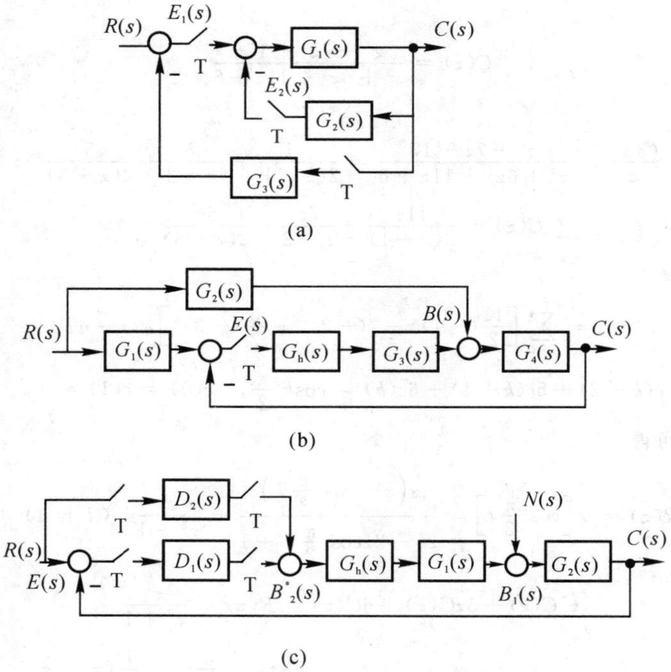

图 7.4.62 题 7.4.10 闭环离散系统

解 本题旨在练习如何由闭环离散系统的结构图求取脉冲传递函数，需要注意的是 z 变换无串联性。

图 7.4.62(a) 系统：显然 $C(z)=[E_1(z)-E_2(z)]G_1(z)$，则有

$$E_2(z)=\mathscr{Z}[C(s)G_2(s)]=[E_1(z)-E_2(z)]G_1G_2(z)$$

$$E_2(z)=\frac{G_1G_2(z)}{1+G_1G_2(z)}E_1(z)$$

$$E_1(z)=R(z)-G_3(z)C(z)$$

联立求解以上各式，可得

$$\frac{C(z)}{R(z)}=\frac{G_1(z)}{1+G_1G_2(z)+G_1(z)G_3(z)}$$

图 7.4.62(b) 系统：因为

$$C(s)=[R(s)G_2(s)+B(s)]G_4(s)$$
$$B(s)=E^*(s)G_h(s)G_3(s)$$
$$E(s)=G_1(s)R(s)-C(s)$$
$$E^*(s)=RG_1^*(s)-C^*(s)$$

因而　$C(s)=[R(s)G_2(s)+E^*(s)G_h(s)G_3(s)]G_4(s)=\{R(s)G_2(s)+[RG_1^*(s)-C^*(s)]G_h(s)G_3(s)\}G_4(s)$

对上式进行采样拉氏变换，可得

$$C^*(s)=RG_2G_4^*(s)+[RG_1^*(s)-C^*(s)]G_hG_3G_4^*(s)$$

经 z 变换并整理，有

$$C(z)=\frac{RG_2G_4(z)+RG_1(z)G_hG_3G_4(z)}{1+G_hG_3G_4(z)}$$

图 7.4.62(c) 系统：由于

$$C(s)=[N(s)+B_1(s)]G_2(s)$$
$$B(s)=E^*(s)G_h(s)G_3(s)$$
$$E(s)=G_1(s)R(s)-C(s)$$
$$E^*(s)=RG_1^*(s)-C^*(s)$$

因而
$$C(s)=[R(s)G_2(s)+E^*(s)G_h(s)G_3(s)]G_4(s)=$$
$$\{R(s)G_2(s)+[RG_1^*(s)-C^*(s)]G_h(s)G_3(s)\}G_4(s)$$

对上式进行采样拉氏变换，可得

$$C^*(s)=RG_2G_4^*(s)+[RG_1^*(s)-C^*(s)]G_hG_3G_4^*(s)$$

经 z 变换并整理，有

$$C(z)=\frac{RG_2G_4(z)+RG_1(z)G_hG_3G_4(z)}{1+G_hG_3G_4(z)}$$

图 7.4.62(c) 系统：由于

$$C(s)=[N(s)+B_1(s)]G_2(s)$$
$$B_1(s)=B_2^*(s)G_h(s)G_1(s)$$
$$B_2(s)=R(z)D_2(z)+E(z)D_1(z)$$
$$E(z)=R(z)-C(z)$$

于是
$$C(s)=N(s)G_2(s)+B_2^*(s)G_h(s)G_1(s)G_2(s)$$
$$C^*(s)=NG_2^*(s)+B_2^*(s)G_hG_1G_2^*(s)$$

z 变换后整理可得

$$C(z)=NG_2(z)+B_2(z)G_hG_1G_2(z)=NG_2(z)+[R(z)D_2(z)+E(z)D_1(z)]G_hG_1G_2(z)$$

将 $E(z)=R(z)-C(z)$ 代入上式，整理后可得

$$C(z)=\frac{NG_2(z)+[D_1(z)+D_2(z)]G_hG_1G_2(z)R(z)}{1+D_1(z)G_hG_1G_2(z)}$$

7.4.11　已知脉冲传递函数

$$G(z)=\frac{C(z)}{R(z)}=\frac{0.53+0.1z^{-1}}{1-0.37z^{-1}}$$

其中，$R(z)=\dfrac{z}{(z-1)}$，试求 $c(nT)$。

解　本题旨在训练如何根据脉冲传递函数及输入函数得到输出函数，再选择合适的方法求得输出

序列。

$$C(z)=G(z)R(z)=\frac{0.53z+0.1}{z-0.37}\frac{z}{z-1}=\frac{z(0.53z+0.1)}{(z-0.37)(z-1)}$$

用反演积分法，可得

$$c(nT)=\text{Res}[C(z)z^{n-1}]_{z\to 0.37}+\text{Res}[C(z)z^{n-1}]_{z\to 1}=$$

$$\lim_{z\to 0.37}\left[\frac{(z-0.37)z^n(0.53z+0.1)}{(z-0.37)(z-1)}\right]+\lim_{z\to 1}\left[\frac{(z-1)z^n(0.53z+0.1)}{(z-0.37)(z-1)}\right]=$$

$$1-0.47\times(0.37)^n$$

用幂级数法进行验证，有

$$C(z)=\frac{z(0.53z+0.1)}{(z-0.37)(z-1)}=\frac{0.53z^2+0.1z}{z^2-1.37z+1.37}=0.53+0.826\ 1z^{-1}+0.935\ 7z^{-2}+\cdots$$

其结果与反演法一致。

7.4.12 设有单位反馈误差采样的离散系统，连续部分传递函数

$$G(s)=\frac{1}{s^2(s+5)}$$

输入 $r(t)=1(t)$，采样周期 $T=1$ s，试求：

(1) 输出 z 变换 $C(z)$；

(2) 采样瞬时的输出响应 $c^*(t)$；

(3) 输出响应的终值 $c(\infty)$。

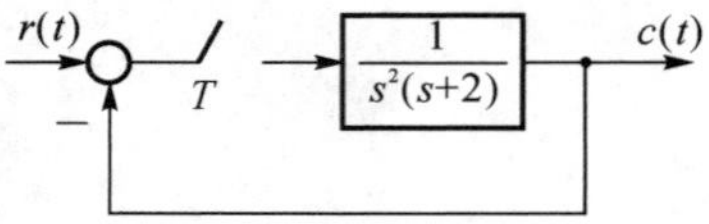

图解 7.4.12

解 本题旨在训练如何由连续传递函数获得脉冲传递函数，以及采用合适的方法求得输出脉冲序列和应用终值定理求得输出终值。

系统的结构图如图解 7.4.12 所示。

(1) 输出 $C(z)$。由 $T=1$ s，并查教材中表 7-2 得

$$G(z)=\frac{1}{5}\left[\frac{z}{(z-1)^2}-\frac{z(1-e^{-5})}{5(z-1)(z-e^{-5})}\right]=\frac{4.006\ 7z^2+0.959\ 8z}{25z^3-50.167\ 5z^2+25.335z-0.167\ 5}$$

闭环脉冲传递函数

$$\Phi(z)=\frac{G(z)}{1+G(z)}\frac{4.006\ 7z^2+0.959\ 8z}{25z^3-46.160\ 8z^2+26.294\ 8z-0.167\ 5}=$$

$$\frac{0.160\ 3z^2+0.038\ 4}{z^3-1.846\ 4z^2+1.051\ 8z-0.006\ 7}$$

因 $R(z)=\dfrac{z}{z-1}$，故

$$C(z)=\Phi(z)R(z)=\frac{0.160\ 3z^3+0.038\ 4z^2}{z^4-2.846\ 4z^3+2.898\ 2z^2-1.058\ 5z+0.006\ 7}$$

(2) 采样输出响应 $c^*(t)$。将 $C(z)$ 展成幂级数，可得

$$C(z)=0.16z^{-1}+0.49z^{-2}+0.94z^{-3}+1.42z^{-4}+\cdots$$

对上式取 z 反变换，得

$$c^*(t)=0.16\delta(t-T)+0.49\delta(t-2T)+0.94\delta(t-3T)+1.42\delta(t-4T)+\cdots$$

(3) 输出终值 $c(\infty)$。先判定系统的稳定性。闭环系统特征方程为

$$z^3-1.846\ 4z^2+1.051\ 8z-0.006\ 7=0$$

求得特征值为

$$z_1=0.916\ 7+0.433\ 1\text{j},\quad z_2=0.916\ 7-0.433\ 1\text{j},\quad z_3=0.006\ 6$$

由于 $|z_1|=|z_2|=1.013\ 8>1$，所以判定闭环系统不稳定，无法求输出响应的终值。

7.4.13 试判断下列系统的稳定性：

(1) 已知离散系统的特征方程为

$$D(z)=(z+1)(z+0.5)(z+2)=0$$

(2) 已知闭环离散系统的特征方程为

$$D(z)=z^4+0.2z^3+z^2+0.36z+0.8=0$$

(注:要求用朱利判据)

(3) 已知误差采样的单位反馈离散系统,采样周期 $T=1$ s,开环传递函数

$$G(s)=\frac{22.57}{s^2(s+1)}$$

解　本题旨在练习判断离散系统稳定性的各种方法。

(1) 特征值为 $z_1=-1, z_2=-0.5, z_3=-2$,由于 $|z_3|>1$,故闭环系统不稳定。

(2) 由于 $n=4, 2n-3=5$,故朱利阵列有 5 行 5 列。根据给定的 $D(z)$ 知

$$a_0=0.8,\quad a_1=0.36,\quad a_2=1,\quad a_3=0.2,\quad a_4=1$$

计算朱利阵列中的元素 b_k 和 c_k 为

$$b_0=\begin{vmatrix}a_0 & a_4\\ a_4 & a_0\end{vmatrix}=-0.36,\quad b_1=\begin{vmatrix}a_0 & a_3\\ a_4 & a_1\end{vmatrix}=0.088$$

$$b_2=\begin{vmatrix}a_0 & a_2\\ a_4 & a_2\end{vmatrix}=-0.2,\quad b_3=\begin{vmatrix}a_0 & a_1\\ a_4 & a_3\end{vmatrix}=-0.2$$

$$c_0=\begin{vmatrix}b_0 & b_3\\ b_3 & b_0\end{vmatrix}=0.0896,\quad c_1=\begin{vmatrix}b_0 & b_2\\ b_3 & b_1\end{vmatrix}=-0.07168,\quad c_2=\begin{vmatrix}b_0 & b_1\\ b_3 & b_2\end{vmatrix}=0.0896$$

作出朱利阵列:

行数	z^0	z^1	z^2	z^3	z^4
1	0.8	0.36	1	0.2	1
2	1	0.2	1	0.36	0.8
3	−0.36	0.088	−0.2	−0.2	
4	−0.2	−0.2	0.088	−0.36	
5	0.089 6	−0.071 68	0.089 6		

因为

$$D(1)=3.36>0,\quad D(-1)=2.24>0$$

$|a_0|=0.8$,　$a_4=1$,　满足 $|a_0|<a_4$

$|b_0|=0.36$,　$|b_3|=0.2$,　满足 $|b_0|>|b_3|$

$|c_0|=0.0896$,　$|c_2|=0.0896$,　不满足 $|c_0|>|c_2|$

故由朱利稳定判据知,该离散系统不稳定。

(3) 开环脉冲传递函数为

$$G(z)=\mathscr{Z}\left[\frac{22.57}{s^2}-\frac{22.57}{s}+\frac{22.57}{s+1}\right]=22.57\left[\frac{z}{(z-1)^2}-\frac{z}{z-1}+\frac{z}{z-0.368}\right]=$$

$$\frac{22.57z(0.368z+0.264)}{(z-1)^2(z-0.368)}=\frac{8.306(z^2+0.717z)}{z^3-2.368z^2+1.736z-0.368}$$

闭环脉冲传递函数为

$$\Phi(z)=\frac{G(z)}{1+G(z)}=\frac{8.306(z^2+0.717z)}{z^3+5.938z^2+7.694z-0.368}$$

特征方程为

$$D(z)=z^3+5.938z^2+7.694z-0.368=0$$

求出特征值为

$$z_1=-3.903,\quad z_2=-2.043,\quad z_3=0.046$$

由于 $|z_1|>1$，$|z_2|>1$，故闭环系统不稳定。

7.4.14 设离散系统如图 7.4.63 所示，采样周期 $T=1$ s，$G_h(s)$ 为零阶保持器，而

$$G(s)=\frac{K}{s(0.2s+1)}$$

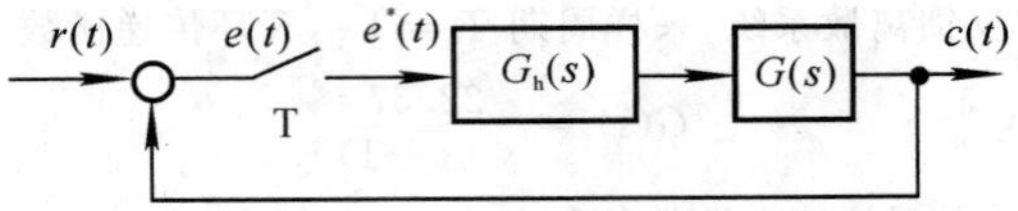

图 7.4.63 题 7.4.14 离散系统

要求：

(1) 当 $K=5$ 时，分别在 z 域和 w 域中分析系统的稳定性；

(2) 确定使系统稳定的 K 值范围。

解 首先求出闭环脉冲传递函数，再使用合适的稳定判据对闭环系统进行稳定性分析及确定 K 值的范围。

(1) 稳定性分析。

$$G_hG_0(z)=\mathscr{Z}[G_h(s)G_0(s)]=\mathscr{Z}\left[\frac{1-e^{-Ts}}{s}\frac{5}{s(0.2s+1)}\right]=25(1-z^{-1})\mathscr{Z}\left[\frac{1}{s^2(s+5)}\right]=$$

$$25(1-z^{-1})\mathscr{Z}\left[\frac{0.2}{s^2}-\frac{0.04}{s}+\frac{0.04}{s+5}\right]=25(1-z^{-1})\mathscr{Z}\left[\frac{0.2z}{(z-1)^2}-\frac{0.04z}{z-1}+\frac{0.04z}{z-e^{-5}}\right]=$$

$$\frac{(4+e^{-5})z+(1-6e^{-5})}{(z-1)(z-e^{-5})}$$

闭环脉冲传递函数为

$$\Phi(z)=\frac{G_hG_0(z)}{1+G_hG_0(z)}=\frac{(4+e^{-5})z+(1-6e^{-5})}{z^3+3z+(1-5e^{-5})}$$

z 域特征方程为

$$D(z)=z^2+3z+1-5e^{-5}=0$$

求得特征值为

$$z_1=-2.633,\quad z_2=-0.367$$

因 $|z_1|>1$，故闭环系统不稳定。

将 $z=\dfrac{w+1}{w-1}$ 代入 $D(z)$，有 w 域特征方程为

$$D(w)=w^2+0.013\,6w-0.214\,9=0$$

求得特征值为

$$w_1=-0.470\,4,\quad w_2=0.456\,8$$

因 $w_2>0$，故在 w 域分析，闭环系统也不稳定。

(2) 确定使系统稳定的 K 值范围。

$$D(z)=z^2+\left[-(1+e^{-5T})+K\left(\frac{4+e^{-5T}}{5}\right)\right]z+\left(e^{-5T}+K\frac{1-6e^{-5T}}{5}\right)=0$$

将 $z=\dfrac{w+1}{w-1}$ 代入 $D(z)$，有

$$D(w)=0.993\,3Kw^2+(1.986\,5-0.383\,8K)w+(1.013\,5-0.609\,4K)=0$$

在 w 域中可以用劳斯表来确定 K 值范围，最后可得到 $0<K<1.663\,1$。

7.4.15 设离散系统如图 7.4.64 所示，其中采样周期 $T=0.2$ s，$K=10$，$r(t)=1+t+t^2/2$，试用终值定理法计算系统的稳态误差 $e(\infty)$。

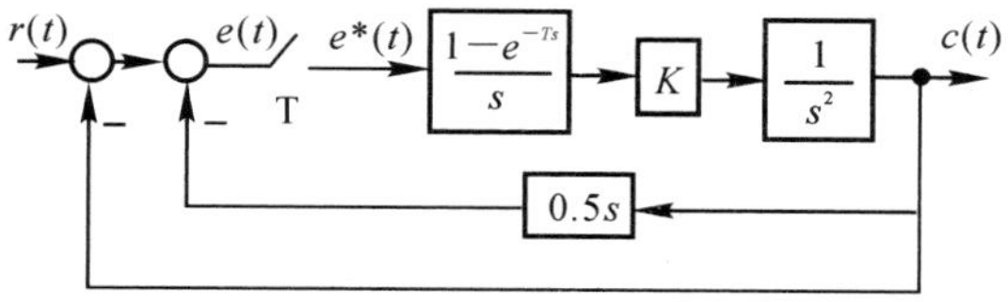

图 7.4.64　题 7.4.15 闭环离散系统

解　本题关键是求出闭环系统的脉冲传递函数。

将系统简化为图解 7.4.15 所示结构。

反馈回路传递函数为

$$H(s) = 1 - 0.5s$$

前后通路传递函数为

$$G(s) = G_h(s)K\frac{1}{s^2} = \frac{K(1-e^{-Ts})}{s^3}$$

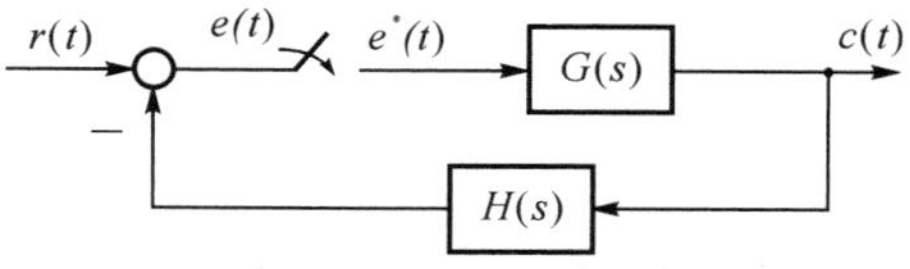

图解 7.4.15　简化结构图

对 $G(s)H(s)$ 取 z 变换，有

$$GH(z) = \mathscr{Z}[G(s)H(s)] = (1-z^{-1})\mathscr{Z}\left[\frac{5s+10}{s^3}\right] = 5(1-z^{-1})\mathscr{Z}\left[\frac{1}{s^2}+\frac{2}{s^3}\right] =$$

$$5(1-z^{-1})\left[\frac{0.2z}{(z-1)^2}+\frac{0.04z(z+1)}{(z-1)^3}\right] = \frac{1.2z-0.8}{(z-1)^2}$$

误差脉冲传递函数为

$$\Phi_e(z) = \frac{1}{1+GH(z)} = \frac{z^2-2z+1}{z^3-0.8z+0.2}$$

闭环特征方程为

$$D(z) = z^2 - 0.8z + 0.2 = 0$$

求得特征根

$$z_{1,2} = 0.4 \pm j0.2$$

由于 $|z_{1,2}| < 1$，故系统稳定。

由

$$R(z) = \mathscr{Z}\left[1+t+\frac{t^2}{2}\right] = \frac{z}{z-1}+\frac{0.2z}{(z-1)^2}+\frac{0.02z(z+1)}{(z-1)^3}$$

求得系统稳态误差

$$e_{ss}(\infty) = \lim_{z\to 1}(1-z^{-1})\Phi_e(z)R(z) = 0.1$$

7.4.16　设离散系统如图 7.4.65 所示，其中 $T = 0.1$ s，$K = 1$，$r(t) = t$，试求静态误差系数 K_p，K_v，K_a，并求系统稳态误差 $e_{ss}(\infty)$。

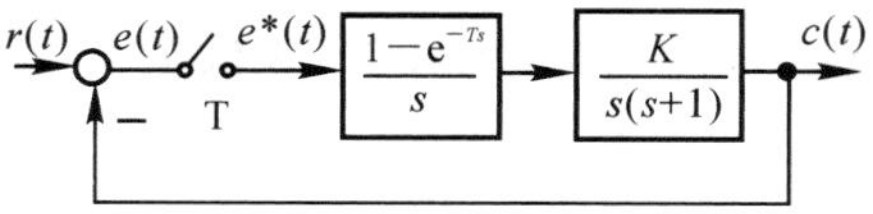

图 7.4.65　题 7.4.16 闭环离散系统

解　本题关键是先判断系统的稳定性，再求得各个误差系数。

由于开环脉冲传递函数

$$G_hG_0(z) = \mathscr{Z}\left[\frac{(1-e^{-sT})K}{s^2(s+1)}\right] = (1-z^{-1})\mathscr{Z}\left[\frac{1}{s^2(s+1)}\right] = (1-z^{-1})\mathscr{Z}\left[\frac{1}{s^2}-\frac{1}{s}+\frac{1}{s+1}\right] =$$

$$(1-z^{-1})\left[\frac{0.1z}{(z-1)^2}-\frac{z}{z-1}+\frac{z}{z-0.905}\right]=\frac{0.005(z+0.9)}{(z-1)(z-0.905)}$$

闭环误差脉冲传递函数

$$\Phi_e(z)=\frac{1}{1+G_hG_0(z)}=\frac{(z-1)(z-0.905)}{z^2-1.9z+0.905}$$

闭环特征方程为

$$D(z)=z^2-1.9z+0.905=0$$

求得特征根 $z_{1,2}=0.95\pm j0.087$。由于 $|z_{1,2}|<1$,故闭环系统稳定。

系统静态误差系数

$$K_p=\lim_{z\to1}[1+G_hG_0(z)]=\infty$$
$$K_v=\lim_{z\to1}(z-1)G_hG_0(z)=0.1$$
$$K_a=\lim_{z\to1}(z-1)^2G_hG_0(z)=0$$

根据开环脉冲传递函数的形式,可以判定该系统是 Ⅰ 型系统,在单位斜坡输入的情况下,稳态误差为

$$e_{ss}(\infty)=\frac{T}{K_v}=1$$

7.4.17 已知离散系统如图 7.4.66 所示,其中 ZOH 为零阶保持器,$T=0.25$ s,当 $r(t)=2+t$ 时,欲使稳态误差小于 0.1,试求 K 值。

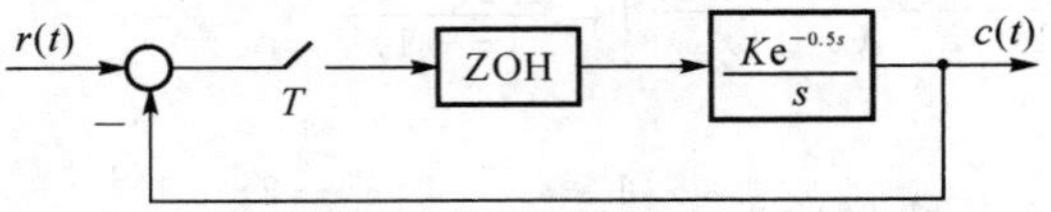

图 7.4.66 题 7.4.17 闭环离散系统

解 本题关键是选择合适的稳定判据对闭环系统进行稳定性分析,选取的 K 值应同时满足稳定性及稳态误差要求。

开环脉冲传递函数为

$$G(z)=\mathscr{Z}\left[\frac{1-e^{-Ts}}{s}\frac{Ke^{-0.5s}}{s}\right]=K(1-z^{-1})\mathscr{Z}\left[\frac{e^{-0.5s}}{s^2}\right]$$

由于 $T=0.25$,故 $e^{-0.5s}=e^{-2Ts}=\frac{1}{z^2}$,所以 $G(z)=\frac{0.25K}{z^2(z-1)}$。闭环误差脉冲传递函数为

$$\Phi_e(z)=\frac{1}{1+G(z)}=\frac{z^2(z-1)}{z^2(z-1)+0.25K}$$

闭环特征方程为

$$D(z)=z^3-z^2+0.25K=0$$

将 $z=\frac{w+1}{w-1}$ 代入特征方程,得 w 域特征方程

$$D(w)=0.25Kw^3+(2-0.75K)w^2+(4+0.75K)w+(2-0.25K)=0$$

在 w 域中用劳斯表分析系统的稳定性,可以得到使系统稳定的 K 值范围。列劳斯表如下:

w^3	$0.25K$	$4+0.75K$
w^2	$2-0.75K$	$2-0.25K$
w^1	$(8-2K-0.5K^2)/(2-0.75K)$	0
w^0	$2-0.25K$	

由劳斯判据知,使系统稳定的 K 值:

$$\begin{cases}K>0\\2-0.75K>0\\8-2K-0.5K^2>0\\2-0.25K>0\end{cases}$$

解得使系统稳定的 K 值范围

$$0 < K < 2.47$$

从满足稳态误差要求考虑，由于

$$R(z) = \mathscr{Z}[2+t] = \frac{2z}{z-1} + \frac{Tz}{(z-1)^2} = \frac{2z(z-1)+0.25z}{(z-1)^2}$$

故稳态误差

$$e_{ss}(\infty) = \lim_{z\to 1}(1-z^{-1})\Phi_e(z)R(z) = \frac{T}{0.25K} = \frac{1}{K}$$

由于要求 $e_{ss}(\infty) < 0.1$，则应有 $K > 10$。显然，满足 $e_{ss}(\infty) < 0.1$ 的 K 值不存在。

7.4.18　试分别求出图 7.4.64 和图 7.4.65 系统的单位阶跃响应 $c(nT)$。

解　本题旨在训练根据系统结构图求得闭环脉冲传递函数，然后求取时间响应的方法。

(1) 图 7.4.64 所示系统。前向通路脉冲传递函数

$$G(z) = K(1-z^{-1})\mathscr{Z}\left[\frac{1}{s^3}\right] = \frac{K(z-1)}{z}\frac{T^2z(z+1)}{(z-1)^3} = \frac{0.2(z+1)}{(z-1)^2}$$

闭环脉冲传递函数为

$$\Phi(z) = \frac{G(z)}{1+GH(z)} = \frac{\dfrac{0.2(z-1)}{(z-1)^2}}{1+\dfrac{1.2z-0.8}{(z-1)^2}} = \frac{0.2(z+1)}{z^2-0.8z+0.2}$$

因 $R(z) = \dfrac{z}{z-1}$，故系统输出为

$$C(z) = \Phi(z)R(z) = \frac{0.2(z+1)}{z^2-0.8z-0.2}\frac{z}{z-1} = \frac{0.2z^2+0.2z}{z^3-1.8z^2+z-0.2} =$$

$$0.2z^{-1}+0.56z^{-2}+0.808z^{-3}+0.934z^{-4}+\cdots$$

所以

$$c(nT) = 0.2\delta(t-T)+0.56\delta(t-2T)+0.808\delta(t-3T)+0.934\delta(t-4T)+\cdots$$

(2) 图 7.4.65 所示系统。闭环脉冲传递函数为

$$\Phi(z) = \frac{G(z)}{1+G(z)} = \frac{\dfrac{0.005(z+0.9)}{(z-1)(z-0.905)}}{1+\dfrac{0.005(z+0.9)}{(z-1)(z-0.905)}} = \frac{0.005(z+0.9)}{z^2-1.9z+0.905}$$

系统输出

$$C(z) = \Phi(z)R(z) = \frac{0.005(z+0.9)}{z^2-1.9z+0.905}\frac{z}{z-1} = \frac{0.005z^2+0.0045z}{z^3-2.9z^2+2.805z-0.905} =$$

$$0.005z^{-1}+0.019z^{-2}+0.041z^{-3}+0.069z^{-4}+\cdots$$

所以

$$c(nT) = 0.005\delta(t-T)+0.019\delta(t-2T)+0.041\delta(t-3T)+0.069\delta(t-4T)+\cdots$$

7.4.19　已知离散系统如图 7.4.67 所示，其中采样周期 $T=1$ s，连续部分传递函数为

$$G_0(s) = \frac{1}{s(s+1)}$$

试求当 $r(t)=1(t)$ 时，系统无稳态误差，过渡过程在最少拍内结束的数字控制器 $D(z)$。

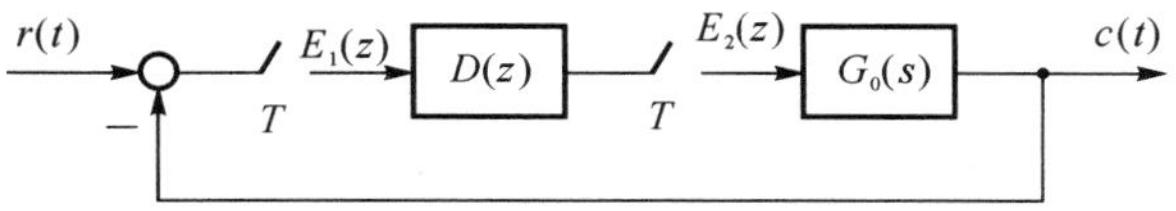

图 7.4.67　题 7.4.19 离散系统

解　本题关键是根据输入形式确定数字控制器的形式。因为

$$R(z)=\frac{A(z)}{(1-z^{-1})^m}$$

当 $r(t)=1(t)$ 时，则有 $m=1, A(z)=1$。因

$$G_0(z)=\mathscr{Z}\left[\frac{1}{s(s+1)}\right]=\mathscr{Z}\left[\frac{1}{s}-\frac{1}{s+1}\right]=\frac{z}{z-1}-\frac{z}{z-\mathrm{e}^{-1}}=\frac{(1-\mathrm{e}^{-1})}{(z-1)(z-\mathrm{e}^{-1})}$$

故对于 $r(t)=1(t)$ 作用，一拍系统的数字控制器

$$D(z)=\frac{z^{-1}}{(1-z^{-1})G_0(z)}=\frac{z-0.368}{0.632z}=1.582(1-0.368z^{-1})$$

闭环脉冲传递函数

$$\Phi(z)=\frac{D(z)G_0(z)}{1+D(z)G_0(z)}=\frac{1}{z}=z^{-1}$$

7.4.20　设离散系统如图 7.4.68 所示。

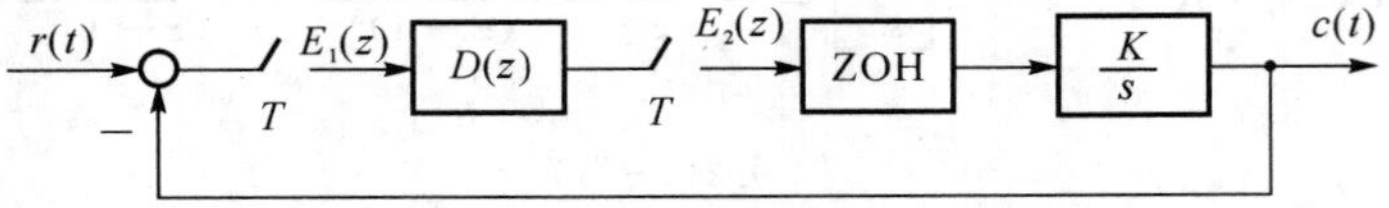

图 7.4.68　题 7.4.20 离散系统

其中采样周期 $T=1$ s，试求当 $r(t)=R_0 1(t)+R_1 t$ 时，系统无稳态误差、过渡过程在最少拍内结束的 $D(z)$。

解　本题关键是根据输入形式确定采用几拍系统，再求得数字控制器。

广义被控对象传递函数为

$$G_0(z)=\mathscr{Z}\left[(1-\mathrm{e}^{-Ts})\frac{K}{s^2}\right]=K(1-z^{-1})\frac{Tz}{(z-1)^2}=\frac{K}{z-1}$$

输入 z 变换

$$R(z)=\mathscr{Z}[R_0 1(t)+R_1 t]=\frac{R_0 z}{z-1}+\frac{R_1 z}{(z-1)^2}$$

闭环误差脉冲传递函数的形式为

$$\Phi_e(z)=(1-z^{-1})^m$$

这里可以令 $m=2$，即采用二拍系统，可得数字控制器

$$D(z)=\frac{1-\Phi_e(z)}{G_0(z)\Phi_e(z)}=\frac{1-(1-z^{-1})^2}{\dfrac{K}{z-1}(1-z^{-1})^2}=\frac{2z-1}{K(z-1)}$$

其中 K 值选取不影响闭环系统稳定性。

7.4.21　试按无波纹最少拍系统设计方法，分别算出题 7.4.19 和题 7.4.20 的 $D(z)$。

解　本题关键在于确定合适的无纹波系统的闭环脉冲传递函数的形式。

(1) 题 7.4.19 系统。根据题 7.4.19 的解答，有

$$G_0(z)=\frac{(1-\mathrm{e}^{-1})z}{(z-1)(z-\mathrm{e}^{-1})}=\frac{(1-\mathrm{e}^{-1})z^{-1}}{(1-z^{-1})(1-\mathrm{e}^{-1}z^{-1})}$$

可见，$G_0(z)$ 没有零点，有一个延迟因子 z^{-1}，且在单位圆上有一个极点 $z=1$。

当 $r(t)=1(t)$ 时，在最少拍设计中可以令 $\Phi_e(z)=1-z^{-1}$，显然 $\Phi_e(z)$ 补偿了 $G_0(z)$ 在单位圆上的极点；而闭环脉冲传递函数

$$\Phi(z)=1-\Phi_e(z)=z^{-1}$$

由于 $\Phi(z)$ 中没有零点，因此在无纹波系统中不需要再增加阶数。

数字控制器可以设计为

$$D(z)=\frac{\Phi(z)}{G_0(z)\Phi_e(z)}=\frac{1.582z-0.582}{z}$$

验算
$$E_2(z) = D(z)\Phi_e(z)R(z) = 1.582 - 0.582z^{-1}$$
数字控制器的输出序列
$$e_2(0) = 1.582,\quad e_2(T) = -0.582,\quad e_2(2T) = e_2(3T) = \cdots = 0$$
表明系统从第二拍起 $e_2(nT)$ 达到稳定，输出没有纹波。

(2) 题 7.4.20 系统。根据题 7.4.20 的计算结果，有
$$G_0(z) = \frac{K}{z-1} = \frac{Kz^{-1}}{1-z^{-1}}$$
可见，$G_0(z)$ 没有零点，有一个延迟因子 z^{-1}，且在单位圆上有一个极点 $z=1$。

输入 z 变换
$$R(z) = \frac{R_0 z^2 + (R_1 - R_0)z}{(z-1)^2} = \frac{A(z)}{(1-z^{-1})^2}$$
在最少拍设计中可以令 $\Phi_e(z) = (1-z^{-1})^2$，显然 $\Phi_e(z)$ 补偿了 $G_0(z)$ 在单位圆上的极点，因而
$$\Phi(z) = 1 - \Phi_e(z) = z^{-1}(2 - z^{-1})$$
由于 $\Phi(z)$ 中没有零点，因此在无纹波系统中不需要再增加阶数。

数字控制器可以设计为
$$D(z) = \frac{\Phi(z)}{G_0(z)\Phi_e(z)} = \frac{2 - z^{-1}}{K(1-z^{-1})}$$
验算
$$E_2(z) = D(z)\Phi_e(z)R(z) = \frac{2R_0 + (2R_1 - 3R_0)z^{-1} + (R_0 - R_1)z^{-2}}{K(1-z^{-1})} =$$
$$\frac{1}{K}[2R_0 + (2R_1 - R_0)z^{-1} + R_1 z^{-2} + R_1 z^{-3} + R_1 z^{-4} + R_1(z^{-5} + \cdots)]$$
数字控制器的输出序列
$$e_2(0) = \frac{2R_0}{K},\quad e_2(T) = \frac{2R_1 - R_0}{K},\quad e_2(2T) = e_2(3T) = \cdots = \frac{R_1}{K}$$
表明系统从第二拍起 $e_2(nT)$ 达到稳态，输出没有纹波。

7.4.22　用来直播职业足球赛的新型可遥控摄像系统如图 7.4.69 所示。摄像机可在运动场的上方上下移动。每个滑轮上的电机控制系统如图 7.4.70 所示，其中被控对象
$$G_0(s) = \frac{10}{s(s+1)(0.1s+1)}$$
要求：

(1) 设计合适的连续控制器 $G_c(s) = \dfrac{s+a}{s+b}$，使系统的相角裕度 $\gamma \geqslant 45°$；

(2) 选择采样周期 $T = 0.01$ s，采用 $G_c(s)$-$D(z)$ 变换方法，求出相应的数字控制器 $D(z)$。

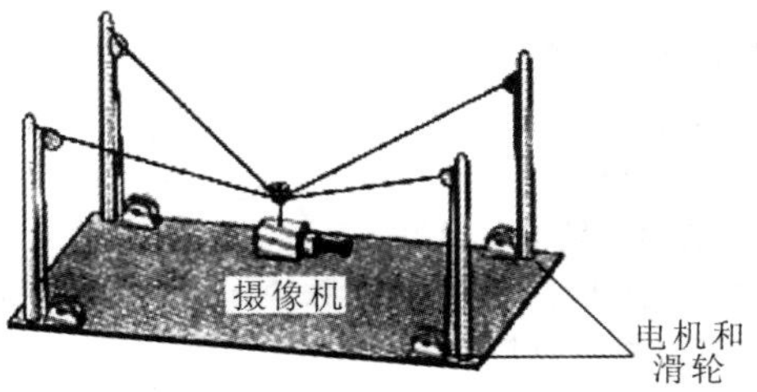

图 7.4.69　题 7.4.22 足球场上的移动摄像机

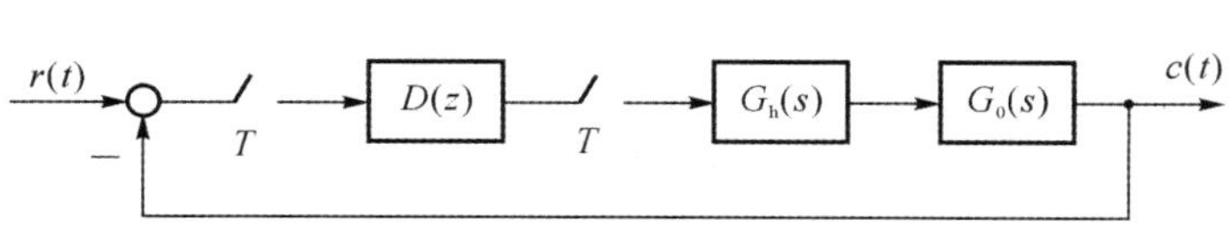

图 7.4.70　题 7.4.22 滑轮上的电机控制系统

解 (1) 连续控制器设计。若不加控制器 $G_c(s)$，由系统开环 Bode 图可得 $\omega_c = 3.01\ \text{rad/s}, \gamma = 1.58°$。由于要求 $\gamma \geqslant 45°$，因此采用串联超前校正是必要的。当取 $G_c(s) = \dfrac{s+a}{s+b}$ 时，应用 $a < b$。

校正后系统开环传递函数

$$G_c(s)G_0(s) = \frac{10(s+a)}{s(s+1)(0.1s+1)(s+b)}$$

选 $a = 1, b = 4$，使 $G_c(s)$ 成为超前网络，以提高系统相角裕度，则有

$$G_c(s)G_h(s) = \frac{2.5}{s(0.1s+1)(0.25s+1)}$$

令

$$|G_cG_0(j\omega_c)| = \frac{2.5}{\omega_c\sqrt{(1+0.01\omega_c^2)(1+0.0625\omega_c^2)}} = 1$$

可得系统截止频率

$$\omega_c = 2.15\ \text{rad/s}$$

相角裕度

$$\gamma = 180° - 90° - \arctan 0.1\omega_c - \arctan 0.25\omega_c = 49.6°$$

满足设计要求。故连续控制器为

$$G_c(s) = \frac{s+1}{s+4}$$

(2) 数字控制器设计。令数字控制器

$$D(z) = C\frac{z-A}{z-B}$$

式中

$$A = e^{-aT} = e^{0.01} = 0.99, \quad B = e^{-bT} = e^{-0.4} = 0.96$$

由于 $s = 0$ 时，$z = e^{sT}|_{s=0} = 1$，故应有 $C\dfrac{1-A}{1-B} = \dfrac{a}{b}$，于是 $C\dfrac{a(1-B)}{b(1-A)} = 1$。最后得数字控制器

$$D(z) = \frac{z-0.99}{z-0.96}$$

7.4.23 设数字控制系统如图 7.4.71 所示，其中 $G(z)$ 包括了零阶保持器和被控对象。已知被控对象

$$G_0(s) = \frac{1}{s(s+10)}$$

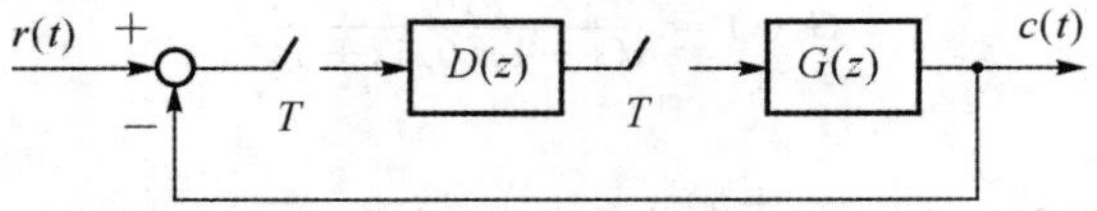

图 7.4.71 题 7.4.23 数字控制系统

若采样周期 $T = 0.1$ s，要求：

(1) 当 $D(z) = K$ 时，计算脉冲传递函数 $G(z)D(z)$；

(2) 求闭环系统的 z 特征方程；

(3) 计算使系统稳定的 K 的最大值；

(4) 确定 K 的合适值，使系统的超调量不大于 30%；

(5) 采用(4) 中得到的增益 K，计算闭环脉冲传递函数 $\Phi(z)$，并绘出系统的单位阶跃响应曲线；

(6) 取 $K = 0.5K_{max}$，求系统闭环极点及超调量；

(7) 在(6) 所给出的条件下，画出系统的单位阶跃响应曲线。

解 按题意要求，分步求解如下：

(1) 计算 $G(z)D(z)$。

$$G(z)D(z) = \mathscr{Z}[KG_h(s)G_0(s)] = \mathscr{Z}\left[\frac{K(1-e^{-sT})}{s^2(s+10)}\right] = K(1-z^{-1})\mathscr{Z}\left[\frac{1}{s^2(s+10)}\right] =$$

$$K(1-z^{-1})\mathscr{Z}\left[\frac{0.1}{s^2}-\frac{0.01}{s}+\frac{0.01}{s+10}\right]=$$

$$K(1-z^{-1})\left[\frac{0.1Tz}{(z-1)^2}-\frac{0.01z}{z-1}+\frac{0.01z}{z-e^{-10T}}\right]$$

代入 $T=0.1$，整理得

$$G(z)D(z)=0.01K\frac{0.368z+0.264}{z^2-1.368z+0.368}$$

(2) 求闭环系统特征方程。由

$$1+G(z)D(z)=1+0.01K\frac{0.368z+0.264}{z^2-1.368z+0.368}=0$$

可得闭环特征方程

$$D(z)=z^2+(0.003\,7K-1.368)z+(0.368+0.002\,64K)=0$$

(3) 求使系统稳定的 $K_{\max}$。已知

$$G_0(s)=\frac{K_1}{s(T_1s+1)}=\frac{0.1}{s(0.1s+1)}$$

因 $T=T_1=0.1$，由表 7-8(教材 P347) 知：$T/T_1=1$ 时，有

$$(0.1KT_1)_{\max}=2.39$$

可得最大增益

$$K_{\max}=\frac{2.39}{0.1T_1}=239$$

(4) 确定使 $\sigma\%\leqslant 30\%$ 的 K 值。利用教材的图 7-49，查出 $T/T_1=1$ 且 $\sigma=0.3$ 时的 $0.1KT_1=0.75$，故

$$K=\frac{0.75}{0.1T_1}=75$$

当取 $K<75$ 时，可有 $\sigma\%<30\%$。

(5) 计算 $K=75$ 时的 $\Phi(z)$ 并绘制单位阶跃响应曲线。当 $K=75$ 时，有

$$G(z)D(z)=\frac{0.75(0.368z+0.264)}{z^2-1.368z+0.368}$$

则闭环脉冲传递函数

$$\Phi(z)=\frac{G(z)D(z)}{1+G(z)D(z)}=\frac{0.276z+0.198}{z^2-1.084z+0.566}$$

而相应的闭环极点

$$z_{1,2}=0.542\pm j0.522$$

系统单位阶跃响应如图解 7.4.23(1) 所示，测得 $\sigma\%=29\%$，$t_p=0.4$ s，$t_s=1.1$ s($\Delta=2\%$)。

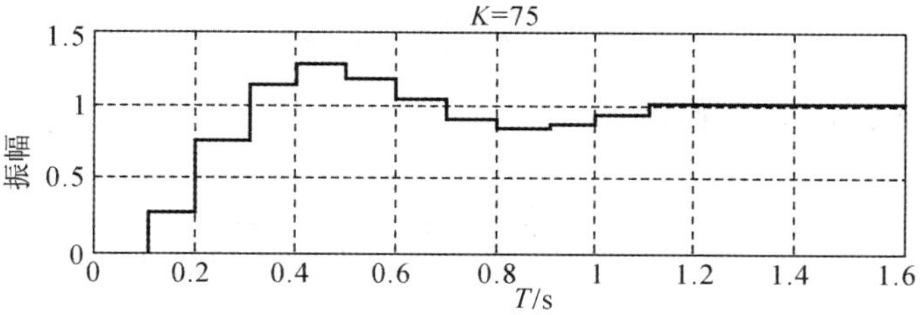

图解 7.4.23(1) 数字控制系统的单位阶跃响应($K=75$，MATLAB)

(6) 求 $K=0.5K_{\max}$ 时的闭环极点及 $\sigma\%$。令 $K=119.5$，则闭环特征方程为

$$D(z)=z^2+(0.003\,7K-1.368)z+(0.368+0.002\,64K)=z^2-0.926z+0.683=0$$

求得闭环极点

$$z_{1,2} = 0.463 \pm j0.685$$

由 $T/T_1 = 1$ 及 $0.1KT_1 = 1.195$，查教材中图 7-49 得

$$\sigma\% = 52\%$$

(7) 画出 $K = 119.5$ 时系统的单位阶跃响应曲线。应用 MATLAB 软件包，可以绘出 $K = 119.5$ 时系统的单位阶跃响应曲线，如图解 7.4.23(2) 所示，测得 $\sigma\% = 53\%$，$t_p = 0.3$ s，$t_s = 1.5$ s($\Delta = 2\%$)。

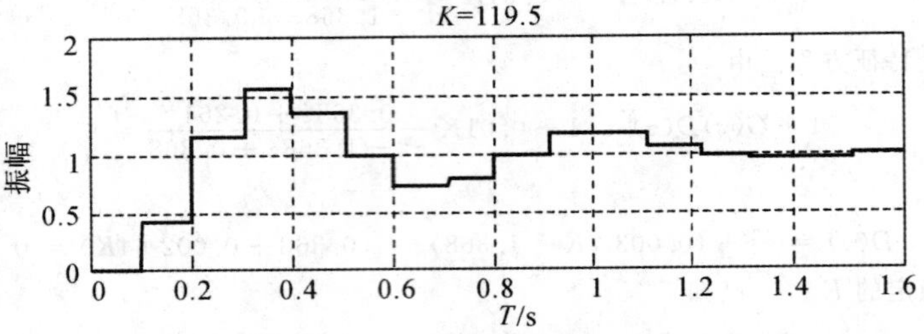

图解 7.4.23(2)　数字控制系统的单位阶跃响应($K = 119.5$，MATLAB)

7.4.24　设连续的、未经采样的控制系统如图 7.4.72 所示，其中被控对象为

$$G_0(s) = \frac{1}{s(s+10)}$$

要求：

(1) 设计滞后校正网络

$$G_c(s) = K\frac{s+a}{s+b} \quad (a > b)$$

使系统在单位阶跃输入时的超调量 $\sigma\% \leqslant 30\%$，且在单位斜坡输入时的稳态误差 $e_{ss}(\infty) \leqslant 0.01$；

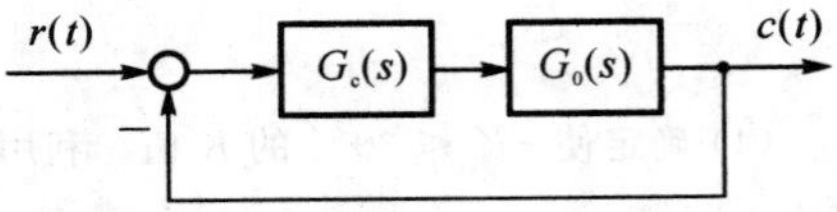

图 7.4.72　题 7.4.24 控制系统

(2) 若为该系统增配一套采样器和零阶保持器，并选采样周期 $T = 0.1$ s，试采用 $G_c(s)$-$D(z)$ 变换方法，设计合适的数字控制器 $D(z)$；

(3) 分别画出(1) 及(2) 中连续系统和离散系统的单位阶跃响应曲线，并比较两者的结果；

(4) 另选采样周期 $T = 0.01$ s，重新完成(2) 和(3) 的工作；

(5) 对于(2) 中得到的 $D(z)$，画出离散系统的单位斜坡响应，并与连续系统的单位斜坡响应进行比较。

解　本题表明，对于低阶系统，采用 $G_c(s)$-$D(z)$ 变换方法，可以方便地确定满足要求的数字控制器；同时指出，系统离散化后会带来一些不希望的特性差异，这些差异的影响随采样周期的减小而降低。

(1) 设计连续控制器 $G_c(s)$。已知滞后网络

$$G_c(s) = K\frac{s+a}{s+b} \quad (a > b)$$

其中，K，a 及 b 待定，则系统开环传递函数

$$G_c(s)G_0(s) = \frac{K(s+a)}{s(s+b)(s+10)} = \frac{K_v\left(\frac{1}{a}s+1\right)}{s\left(\frac{1}{b}s+1\right)(0.1s+1)}$$

式中，$K_v = \dfrac{aK}{10b}$ 为静态速度误差系数。

闭环特征方程

$$D(s) = s(s+b)(s+10) + K(s+a) = s^3 + (10+b)s^2 + (10b+K)s + aK = 0$$

劳斯表：

$$\begin{array}{c|cc} s^3 & 1 & 10b+K \\ s^2 & 10+b & aK \\ s^1 & \dfrac{K(b-a+10)+10b(b+10)}{10+b} & \\ s^0 & aK & \end{array}$$

由劳斯判据知，系统稳定的充分必要条件为

$$a>0,\quad b>0,\quad K(b-a+10)+10b(b+10)>0$$

选择 $a=0.7, b=0.1, K=150$，因为

$$K(b-a+10)+10b(b+10)=1\ 420.1>0$$

故闭环系统稳定；又因

$$K_v=\frac{aK}{10b}=105,\quad e_{ss}(\infty)=\frac{1}{K_v}=0.009\ 5<0.01$$

故满足稳定误差要求；再令

$$|G_cG_0(j\omega_c)|=\frac{150\sqrt{\omega_c^2+0.7^2}}{\omega_c\sqrt{(\omega_c^2+0.1^2)(\omega_c^2+10^2)}}=1$$

解出 $\omega_c=10.4$，算出系统相角裕度

$$\gamma=180°-90°+\arctan\frac{\omega_c}{a}-\arctan\frac{\omega_c}{b}-\arctan\frac{\omega_c}{10}=40.6°$$

系统近似为典型二阶系统，由教材中图 5-47 知 $\zeta=0.36$。再由教材中图 3-12 知 $\sigma\%=30\%$。系统全部设计指标满足。

(2) 设计数字控制器 $D(z)$。已知 $T=0.1, a=0.7, b=0.1$，令

$$D(z)=C\frac{z-A}{z-B}$$

其中

$$A=e^{-aT}=0.932,\quad B=e^{-bT}=0.990$$

进行 $G_c(s)-D(z)$ 变换，令

$$C\frac{1-A}{1-B}=K\frac{a}{b}$$

有

$$C=K\frac{a(1-B)}{b(1-A)}=154.4$$

得数字控制器

$$D(z)=154.4\frac{z-0.932}{z-0.990}$$

(3) 绘制单位阶跃响应曲线。

连续系统时：

$$G_c(s)G_0(s)=\frac{K(s+a)}{s(s+b)(s+10)}=\frac{150(s+0.7)}{s(s+0.1)(s+10)}$$

$$\Phi(s)=\frac{G_c(s)G_0(s)}{1+G_c(s)G_0(s)}=\frac{150(s+0.7)}{s^3+10.1s^2+151s+105}$$

$$R(s)=\frac{1}{s}$$

系统输出

$$C(s)=\Phi(s)R(s)=\frac{150(s+0.7)}{s(s^3+10.1s^2+151s+105)}$$

离散系统时($T=0.1$ s)：

$$G_h(s)G_0(s)=\frac{1-e^{-sT}}{s}\frac{1}{s(s+10)}$$

$$G_hG_0(z)=(1-z^{-1})\mathscr{Z}\left[\frac{1}{s^2(s+10)}\right]=(1-z^{-1})\mathscr{Z}\left[\frac{0.1}{s^2}-\frac{0.01}{s}+\frac{0.01}{s+10}\right]=$$

$$\frac{0.01(0.368z+0.264)}{z^2-1.368z+0.368}$$

$$G_hG_0(z)D(z)=\frac{0.568(z+0.717)(z-0.932)}{(z^2-1.368z+0.368)(z-0.99)}$$

$$\Phi(z)=\frac{G_hG_0(z)D(z)}{1+G_hG_0(z)D(z)}=\frac{0.568(z+0.717)(z-0.932)}{z^3-1.79z^2+1.6z-0.743}$$

$$R(z)=\frac{z}{z-1}$$

系统输出

$$C(z)=\Phi(z)R(z)=\frac{0.568(z^3-0.215z^2-0.668z)}{z^4-2.79z^3+3.39z^2-2.343z+0.743}=$$

$$0.568(z^{-1}+2.545z^{-2}+3.05z^{-3}+2.225z^{-4}+1.02z^{-5}+\cdots)$$

应用MATLAB软件包，可得连续系统和 $T=0.1$ s时离散系统的单位阶跃响应如图解7.4.24(1)所示。由图可见：系统连续时，$\sigma\%=31\%$，$t_p=0.28$ s，$t_s=1$ s，($\Delta=2\%$)；系统离散时，$\sigma\%=78\%$，$t_p=0.3$ s，$t_s=3.1$ s($\Delta=2\%$)。表明连续系统离散化后，若采样周期较大，则阶跃响应动态性能恶化，且输出有纹波。

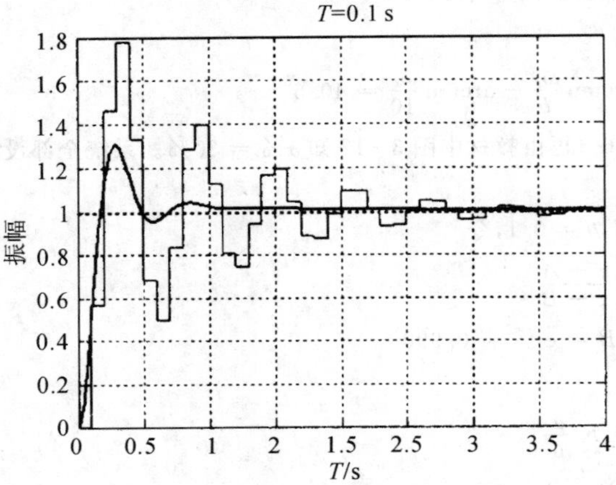

图解 7.4.24(1) 单位阶跃响应曲线

($T=0.1$. MATLAB)

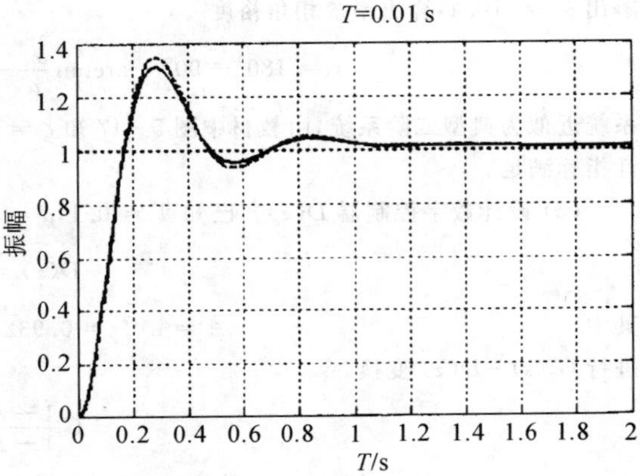

图解 7.4.24(2) 单位阶跃响应曲线

($T=0.01$. MATLAB)

(4) 改变采样周期后的单位阶跃响应。另选 $T=0.01$ s，因

$$G_c(s)=K\frac{s+a}{s+b}=150\frac{s+0.7}{s+0.1}$$

利用 $G_c(s)$ - $D(z)$ 变换，有

$$C\frac{1-A}{1-B}=K\frac{a}{b}$$

其中

$$A=e^{-aT}=e^{-0.007}=0.993$$

$$B=e^{-bT}=e^{-0.001}=0.999$$

$$C=K\frac{a(1-B)}{b(1-A)}=150$$

故数字控制器为

$$D(z)=C\frac{z-A}{z-B}=150\frac{z-0.993}{z-0.999}$$

广义对象脉冲传递函数

$$G_hG_0(z)=(1-z^{-1})\mathscr{Z}\left[\frac{0.1}{s^2}-\frac{0.01}{s}+\frac{0.01}{s+10}\right]=(1-z^{-1})\left[\frac{0.1Tz}{(z-1)^2}-\frac{0.01z}{z-1}+\frac{0.01z}{z-e^{-10T}}\right]$$

代入 $T = 0.01$，有

$$G_h G_0(z) = \frac{5 \times 10^{-5}(z + 0.9)}{z^2 - 1.905z + 0.905}$$

系统开环脉冲传递函数

$$G_h G_0(z) D(z) = \frac{0.75 \times 10^{-2}(z + 0.9)(z - 0.993)}{(z^3 - 1.905z + 0.905)(z - 0.999)}$$

系统闭环脉冲传递函数

$$\Phi(z) = \frac{G_h G_0(z) D(z)}{1 + G_h G_0(z) D(z)} = \frac{0.75 \times 10^{-2}(z + 0.9)(z - 0.993)}{z^3 - 2.89z^2 + 2.807z - 0.911}$$

单位阶跃输入

$$R(z) = \frac{z}{z - 1}$$

系统输出

$$C(z) = \Phi(z)R(z) = \frac{0.007\,5(z^3 - 0.093z^2 - 0.894z)}{z^4 - 3.897z^3 + 5.704z^2 - 3.718z + 0.911} =$$

$$0.007\,5(z^{-1} + 3.8z^{-2} + 8.195z^{-3} + 13.946\,7z^{-4} + 20.765z^{-5} + \cdots)$$

应用 MATLAB 软件包，可得连续系统和 $T = 0.01$ s 时离散系统的单位阶跃响应，如图解 7.4.24(2) 所示。由图可见，当采样周期较小时，实线表示的连续系统响应与虚线表示的离散系统响应比较接近，表明系统离散化后动态性能的损失较小。

(5) 单位斜坡响应。连续系统时

$$\Phi(s) = \frac{150(s + 0.7)}{s^3 + 10.1s^2 + 151s + 105}$$

$$R(s) = \frac{1}{s^2}$$

$$C(s) = \Phi(s)R(s) = \frac{150(s + 0.7)}{s^2(s^3 + 10.1s^2 + 151s + 105)}$$

离散系统时($T = 0.1$ s)

$$\Phi(z) = \frac{0.568(z + 0.717)(z - 0.932)}{z^3 - 1.79z^2 + 1.6z - 0.743}$$

$$R(z) = \frac{Tz}{(z - 1)^2} = \frac{0.1z}{(z - 1)^2}$$

$$C(z) = \Phi(z)R(z) = \frac{0.056\,8(z^3 - 0.215z^2 - 0.668z)}{z^5 - 3.79z^4 + 6.18z^3 - 5.733z^2 + 3.086z - 0.743}$$

连续系统和离散系统的单位斜坡响应如图解 7.4.24(3) 所示。图中，细线代表连续系统的斜坡输入。由图可见，离散系统的斜坡输出有纹波。

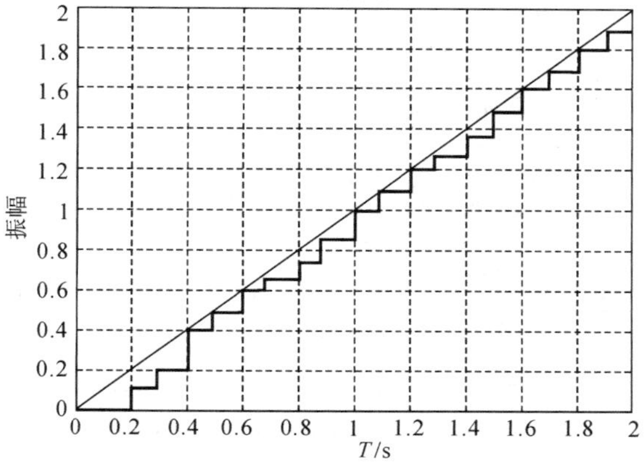

图解 7.4.24(3)　单位斜坡响应曲线(MATLAB)

7.4.25 设闭环采样系统如图 7.4.73 所示，若采样周期在 $0 \leqslant T \leqslant 1.2$ s 范围内变化，试在 T 每增加 0.2 s之后，给出系统的单位阶跃输入响应，要求列表记录相应的 $\sigma\%$ 和 $t_s(\Delta = 2\%)$。

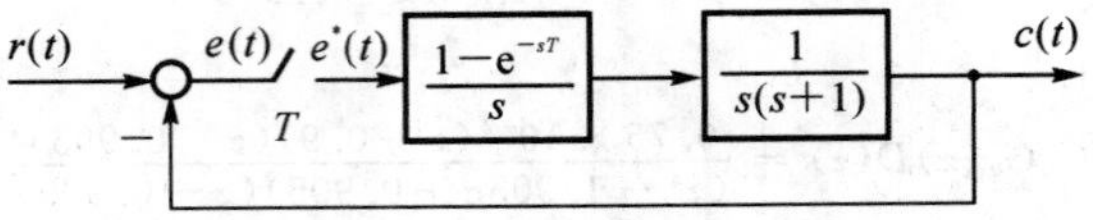

图 7.4.73　题 7.4.25 闭环采样系统

解　当 $T=0$ 时，系统为加续系统，零阶保持器不存在，其闭环传递函数

$$\Phi(s) = \frac{1}{s^2+s+1} = \frac{\omega_n^2}{s^2+2\zeta\omega_n s+\omega_n^2}$$

可得 $\zeta = 0.5, \omega_n = 1$。单位阶跃响应

$$c(t) = 1 - \frac{1}{\sqrt{1-\zeta^2}} e^{-\zeta\omega_n t} \sin(\omega_n \sqrt{1-\zeta^2}\, t + \beta)$$

式中，$\beta = \arccos\zeta = 60°$。于是有

$$c(t) = 1 - 1.155e^{-0.5t}\sin(0.866t + 60°)$$

当 $T \neq 0$ 时，系统为离散系统。开环脉冲传递函数

$$G(z) = (1-z^{-1})\mathscr{Z}\left[\frac{1}{s^2(s+1)}\right] = (1-z^{-1})\mathscr{Z}\left[\frac{1}{s^2} - \frac{1}{s} - \frac{1}{s+1}\right] =$$

$$(1-z^{-1})\left[\frac{Tz}{(z-1)^2} - \frac{z}{z-1} + \frac{z}{z-e^{-T}}\right] =$$

$$\frac{T(z-e^{-T}) - (z-1)(z-e^{-T}) + (z-1)^2}{(z-1)(z-e^{-T})}$$

闭环脉冲传递函数

$$\Phi(z) = \frac{T(z-e^{-T}) - (z-1)(z-e^{-T}) + (z-1)^2}{(z-1)(z-e^{-T}) + [T(z-e^{-T}) - (z-1)(z-e^{-T}) + (z-1)^2]}$$

令 T 分别等于 0.2，0.4，0.6，0.8，1.0 和 1.2，可得结果见表 7.4.25(1)。

由于 $R(z) = \frac{z}{z-1}$，$C(z) = \Phi(z)R(z)$，故同时将不同 T 值下闭环采样系统的输出序列 $C(z)$ 也列于表解 7.4.25(1) 之中。

表解　7.4.25(1)

$T(s)$	$\Phi(z)$	$C(z)$
0.2	$\frac{0.019z+0.017}{z^2-1.8z+0.836} = \frac{0.019(z+0.895)}{(z-0.9\pm j0.161)}$	$0.019(z^{-1}+3.695z^{-2}+7.71z^{-3}+11.012z^{-4}+\cdots)$
0.4	$\frac{0.07z+0.062}{z^2-1.6z+0.732} = \frac{0.07(z+0.886)}{(z-0.8\pm j0.303)}$	$0.07(z^{-1}+3.486z^{-2}+6.732z^{-3}+10.106z^{-4}+\cdots)$
0.6	$\frac{0.149z+0.122}{z^2-1.4z+0.671} = \frac{0.149(z+0.819)}{(z-0.7\pm j0.425)}$	$0.149(z^{-1}+3.219z^{-2}+5.655z^{-3}+7.576z^{-4}+\cdots)$
0.8	$\frac{0.249z+0.192}{z^2-1.2z+0.641} = \frac{0.249(z+0.771)}{(z-0.6\pm j0.53)}$	$0.249(z^{-1}+2.971z^{-2}+4.696z^{-3}+5.505z^{-4}+\cdots)$
1.0	$\frac{0.368z+0.264}{z^2-z+0.632} = \frac{0.368(z+0.717)}{(z-0.5\pm j0.618)}$	$0.368(z^{-1}+2.717z^{-2}+3.802z^{-3}+3.802z^{-4}+\cdots)$
1.2	$\frac{0.501z+0.338}{z^2-0.8z+0.639} = \frac{0.501(z+0.675)}{(z-0.4\pm j0.692)}$	$0.501(z^{-1}+2.475z^{-2}+3.016z^{-3}+2.506z^{-4}+\cdots)$

对不同采样周期 T 值下的系统输出进行 MATLAB 仿真，测试相应的动态性能；同时进行连续系统的 MATLAB 仿真，同样记录相应的 $\sigma\%$ 和 $t_s(\Delta = 2\%)$，列表记录结果示于表解 7.4.25(2)，其仿真曲线如图解 7.4.25 所示。

表解　7.4.25(2)

T/s	0	0.2	0.4	0.6	0.8	1.0	1.2
σ/(%)	16.3%	20.6%	25.6%	31.3%	36.9%	40.0%	51.0%
t_s/s	8.1	8.4	8.8	11.4	14.4	16.0	19.2

由表 7.4.25(2) 可见，系统离散化会恶化动态性能；采样周期越大，动态性能下降越厉害。

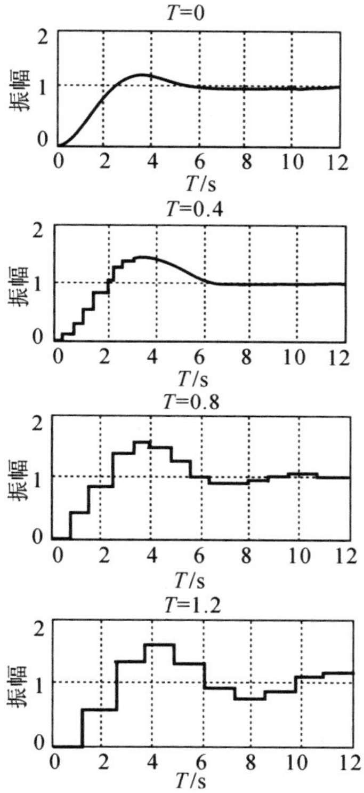

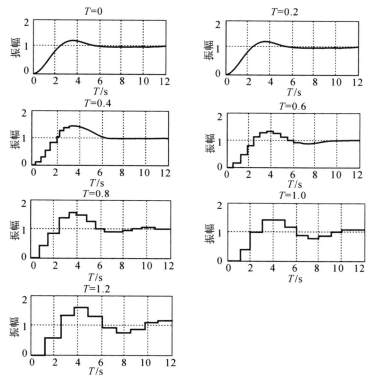

图解 7.4.25　采样系统单位阶跃响应(MATLAB)

7.4.26　设具有采样器、保持器的闭环采样系统如图 7.4.74 所示，当采样周期 $T = 0.1$ s，输入信号为单位阶跃信号时，试计算系统输出 $C(z)$。

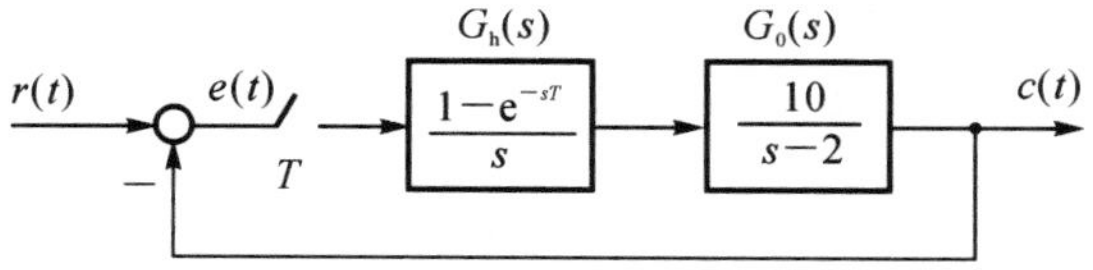

图 7.4.74　题 7.4.26 闭环采样系统

解　因为

$$G(s) = G_h(s)G_0(s) = \frac{10(1 - e^{-sT})}{s(s-2)}$$

且 $T=0.1$，故开环脉冲传递函数

$$G(z)=10(1-z^{-1})\mathscr{Z}\left[\frac{1}{s(s-2)}\right]=10(1-z^{-1})\mathscr{Z}\left[-\frac{0.5}{s}+\frac{0.5}{s-2}\right]=$$

$$10(1-z^{-1})\left[-\frac{0.5z}{z-1}+\frac{0.5z}{z-\mathrm{e}^{2T}}\right]=\frac{1.107}{z-1.2214}$$

显然，开环采样系统是不稳定的。

由于 $r(t)=1(t)$，$R(z)=\dfrac{z}{z-1}$，故

$$\Phi(z)=\frac{G(z)}{1+G(z)}=\frac{1.107}{z-0.1144}$$

显然，闭环极点 $z=0.1144$，系统稳定。闭环系统输出

$$C(z)=\Phi(z)R(z)=\frac{1.107z}{z^2-1.1144z+0.1144}$$

利用长除法得

$$C(z)=0+1.107z^{-1}+1.234z^{-2}+1.248z^{-3}+1.25z^{-4}+1.25z^{-5}+\cdots$$

第 8 章　非线性控制系统分析

8.1　重点内容提要

8.1.1　非线性控制系统概述

1. 一般概念

非线性是宇宙间的普遍规律，而线性只是对实际情况在一定条件下理想化的近似。控制系统在不同程度上都存在着非线性，当系统中含有一个或多个具有非线性的元件时，该系统称为非线性系统。有些系统可以在工作点附近线性化，然后按线性系统来处理，但当系统含有本质非线性特性(如死区特性、继电器特性等)时，就不能用线性化方法处理。

2. 非线性系统的特征

(1) 非线性系统的稳定性和响应形式除了与系统的结构和参数有关外，还和系统的初始条件有关。非线性系统的平衡点可能不止一个，可能在某个局部范围稳定，在另一个范围却不稳定，故对非线性系统而言，不能笼统地讲系统是否稳定，而应指明在多大范围内的稳定性。

(2) 非线性系统响应除了发散或收敛两种运动状态外，系统本身还会产生幅值、频率与自身结构系数有关的稳定的自振运动。

(3) 线性系统可用线性微分方程来描述，故具有线性性质，可以应用叠加原理，而非线性系统则要用非线性微分方程来描述，求解非线性微分方程不能应用叠加原理。

(4) 非线性元部件的正弦响应会产生非线性畸变，输出中除了会有与输入同频率的基波成分外，还有其他各种谐波分量。

3. 研究方法

非线性系统比起线性系统要复杂得多，到目前为止，没有解决各类非线性问题的统一方法。常用的研究方法有描述函数法和相平面法。

8.1.2　描述函数法

1. 基本概念

(1) 描述函数法：它是线性系统频率法在非线性系统分析中的推广，它主要用于一类非线性系统的稳定性分析及自振分析。此方法不受系统阶次限制。

(2) 定义：它是非线性环节在正弦输入作用下其输出响应中的基波分量对输入的复数比，是非线性特性“谐波线性化”的结果。即

$$N=\frac{Y_1}{X}\angle\varphi_1=\frac{\sqrt{A_1^2+B_1^2}}{X}\angle\arctan\frac{A_1}{B_1}=\frac{B_1}{X}+\mathrm{j}\,\frac{A_1}{X}$$

式中，X 为输入正弦量 $x(t)$ 的幅值；A_1，B_1 为输出量中基波分量的傅氏系数。

(3) 描述函数法的应用条件：

1) 系统可化为一个非线性环节和一个线性环节串联的典型反馈结构。

2) 非线性特性具有奇对称性。

3) 非线性环节输出中基波分量的幅值占优。

4）线性环节的低通滤波特性好。

2. 稳定性判定及自振分析

(1) 判定非线性系统稳定性的步骤：

第一步：将实际系统归化为一个非线性部分和一个线性部分串联的典型结构。

第二步：绘制线性部分的幅相频率特性曲线 $G(j\omega)$。

第三步：求非线性部分的负倒描述函数 $-\frac{1}{N(x)}$ 并做出相应负倒描述函数曲线 $-\frac{1}{N(x)}$。

第四步：判定非线性系统的稳定性。

线性环节幅相特性 $G(j\omega)$ 包围负倒描述函数 $\frac{-1}{N(x)}$ 曲线时，系统不稳定，$G(j\omega)$ 不包围 $\frac{-1}{N(x)}$ 曲线时系统稳定，当 $G(j\omega)$ 与 $\frac{-1}{N(x)}$ 有交点时，可能对应稳定的自振运动。

(2) 自振的分析及计算：

非线性系统是否存在稳定自振运动的判别方法是，设线性环节的幅相特性 $G(j\omega)$ 把复平面分为两个区域，被 $G(j\omega)$ 包围的区域称为不稳定区，未被 $G(j\omega)$ 包围的区域称为稳定区。若 $\frac{-1}{N(A)}$ 曲线随振幅 A 增加的方向从不稳定区移动到稳定区，则穿越点对应是系统的一个稳定的自振点。自振频率由 $G(j\omega)$ 在该点处的 ω 值确定，自振幅值由 $\frac{-1}{N(A)}$ 在该点处的 A 值确定，具体计算中，可将 $G(j\omega)N(A)=-1$ 的等号两端分解为实部和虚部（或模和相角），令两端实、虚部（或模、相角）分别相等，便可解出自振参数。

3. 典型非线性特性的描述函数 $N(A)$ 及负倒描述函数曲线（见表 8.1.1）

表 8.1.1　常见非线性环节描述函数及负倒描述函数曲线

输入输出特性	$N(A)$	负倒描述函数曲线
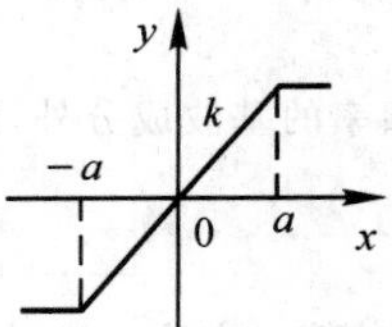	$\frac{2k}{\pi}\left[\arcsin\frac{a}{A}+\frac{a}{A}\sqrt{1-\left(\frac{a}{A}\right)^2}\right]$	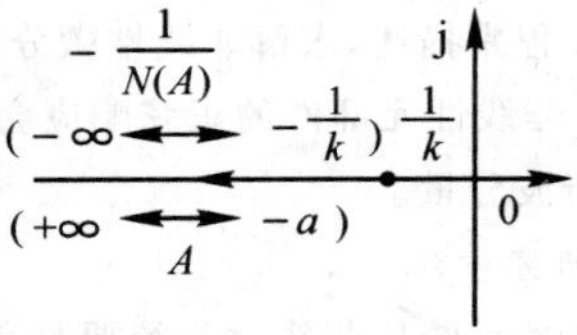
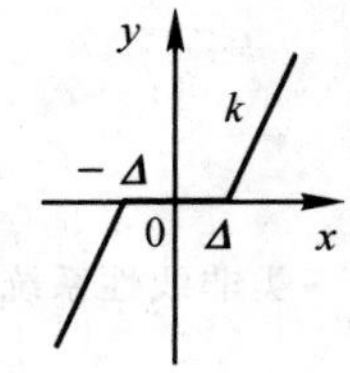	$\frac{2k}{\pi}\left[\frac{\pi}{2}-\arcsin\frac{\Delta}{A}-\frac{\Delta}{A}\times\sqrt{1-\left(\frac{\Delta}{A}\right)^2}\right]$	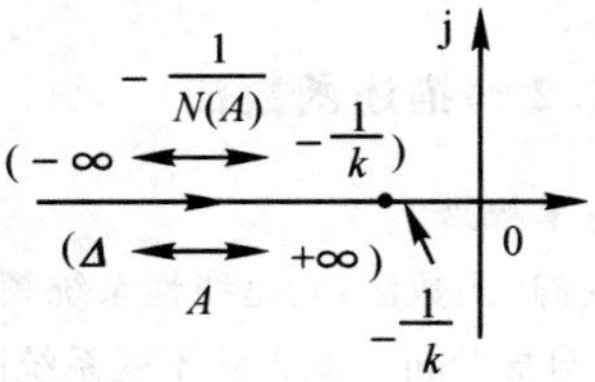
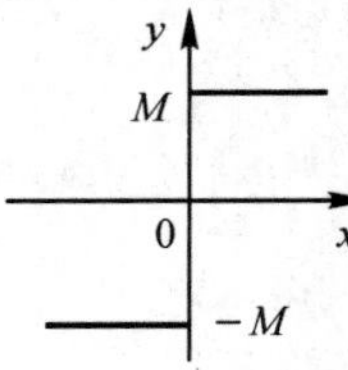	$\frac{4M}{\pi A}$	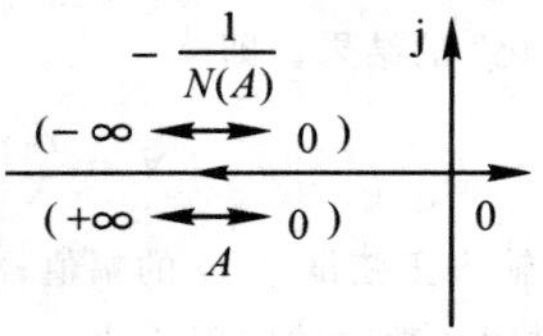

续表

输入输出特性	$N(A)$	负倒描述函数曲线
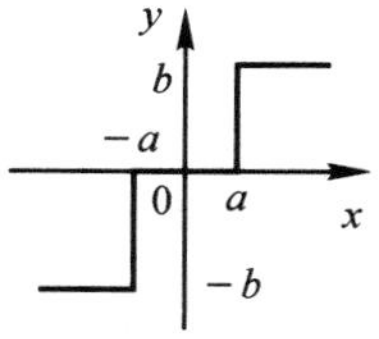	$\frac{4b}{\pi A}\sqrt{1-\left(\frac{a}{A}\right)^2}$	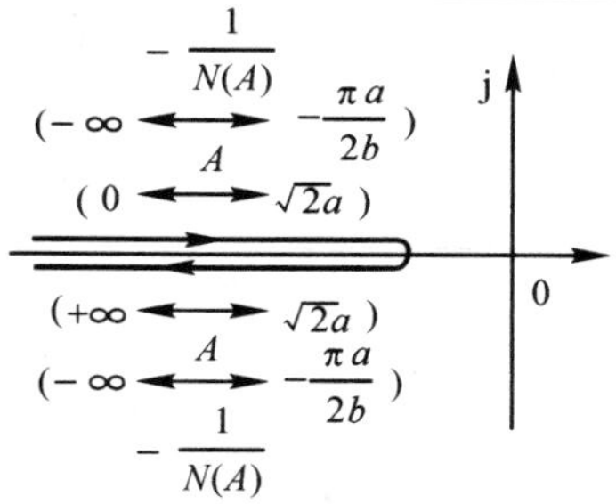
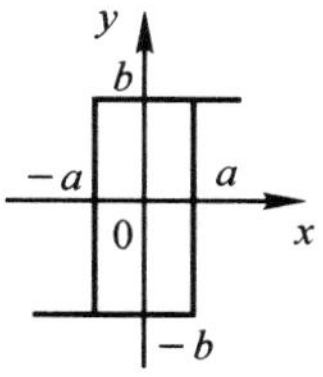	$\frac{4b}{\pi A}\sqrt{1-\left(\frac{a}{A}\right)^2}-\mathrm{j}\frac{4ab}{\pi A^2}$	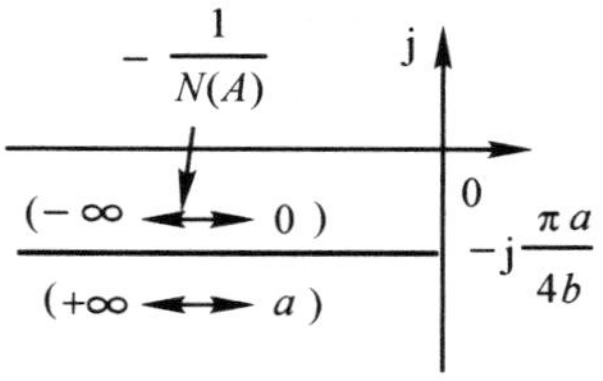
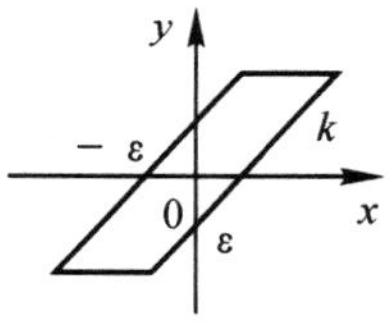	$\frac{k}{\pi}\left[\frac{\pi}{2}+\arcsin\left(1-\frac{2\varepsilon}{A}\right)+2\left(1-\frac{2\varepsilon}{A}\right)\times\sqrt{\frac{\varepsilon}{A}\left(1-\frac{\varepsilon}{A}\right)}+\mathrm{j}\frac{4k\varepsilon}{\pi A}\left(\frac{\varepsilon}{A}-1\right)\right]$	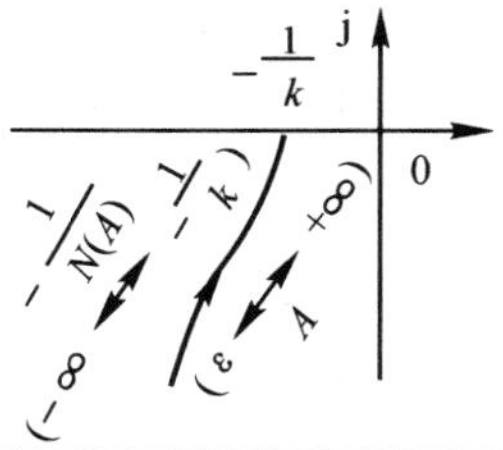
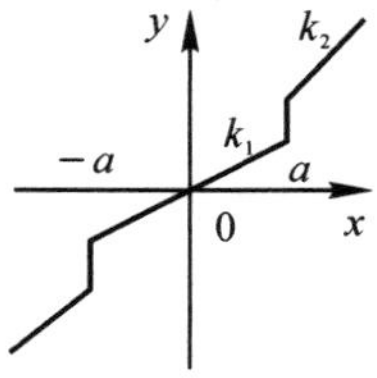	$k_2+\frac{2}{\pi}(k_1-k_2)\times\left[\arcsin\frac{a}{A}-\frac{a}{A}\times\sqrt{1-\left(\frac{a}{A}\right)^2}\right]$	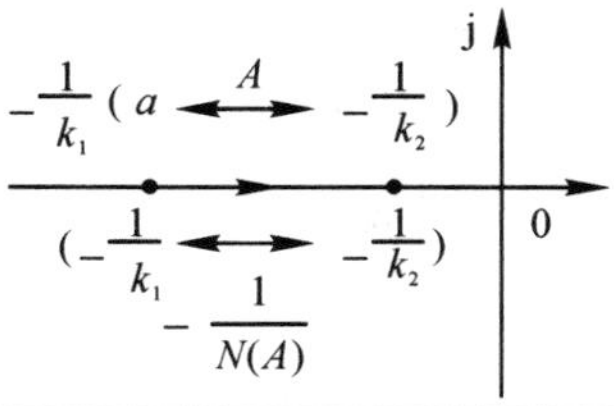

8.1.3　相平面法

1. 相平面法

它是通过相平面图的分析来确定系统所有动态特性的方法，它适用于一、二阶非线性系统的运动分析，三阶以上系统的相轨迹不易表示，但该方法的概念可以推广到高阶系统。

2. 有关概念

(1) 相平面：设二阶系统常微分方程为

$$\ddot{x} = +f(x,\dot{x}) = 0$$

则以 x，$\dot{x}$ 为坐标的平面称为相平面。

(2) 相轨迹：相变量 x，$\dot{x}$ 从初始时刻 t_0 对应的状态点（x_0，$\dot{x}_0$）起，随着时间 t 的推移，在相平面上运动形成的曲线称为相轨迹。在相轨迹上用箭头表示参变量随时间 t 的增加方向，根据微分方程解的存在与唯一性定理，对于任一给定的初始条件，相平面上有一条相轨迹与之对应。

(3) 相平面图：多个初始条件下的运动对应多条相轨迹，形成相轨迹簇，而由一簇相轨迹所组成的图形称为相平面图。

(4) 奇点、平衡点：在相平面上$\dfrac{\mathrm{d}\dot{x}}{\mathrm{d}x}$不确定的点称为奇点，在相平面上满足$\ddot{x}=\dot{x}=0$的点称为平衡点，奇点与平衡点本质上是同一概念，二阶线性系统奇点性质与相轨迹见表 8.1.2。

表　8.1.2

极点位置	相　轨　迹	奇点类型
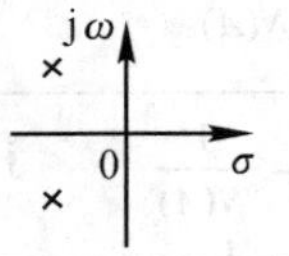	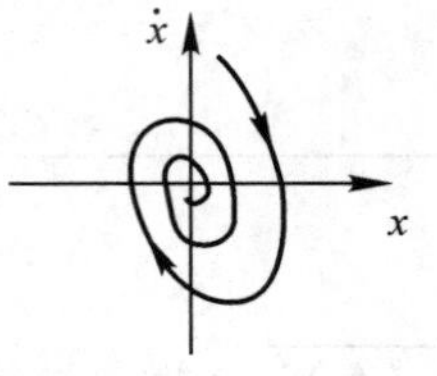	稳定焦点
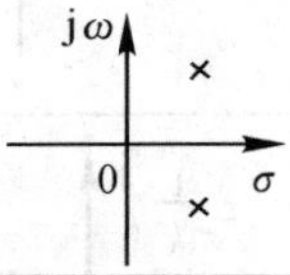	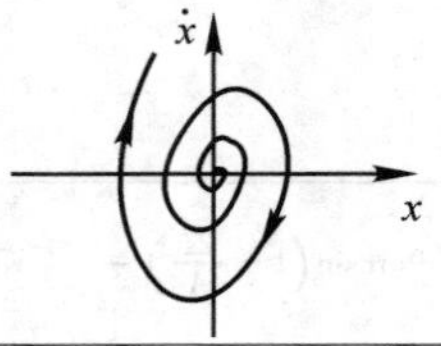	不稳定焦点
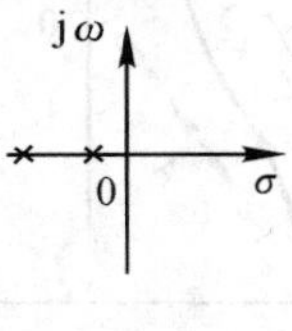	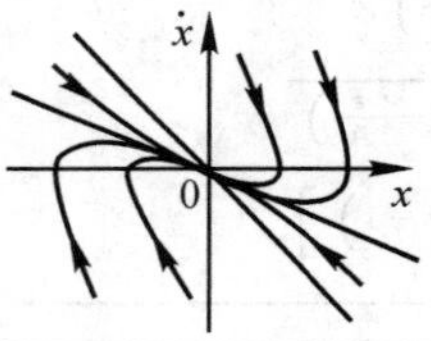	稳定节点
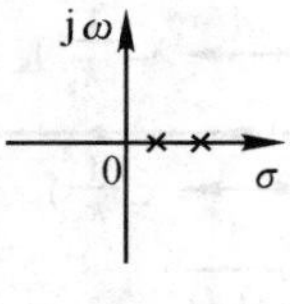	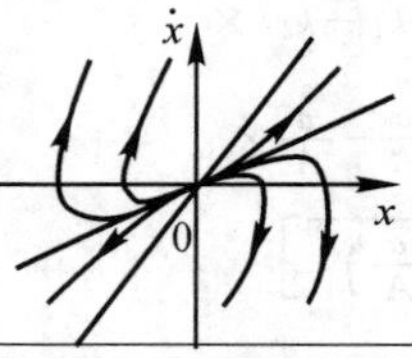	不稳定节点
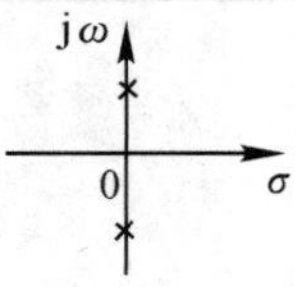	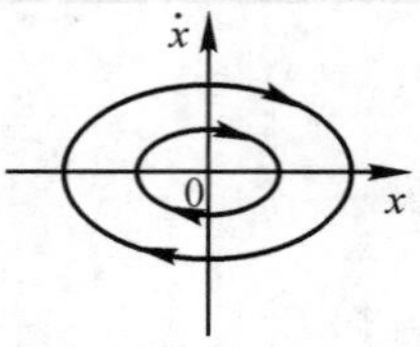	中心点
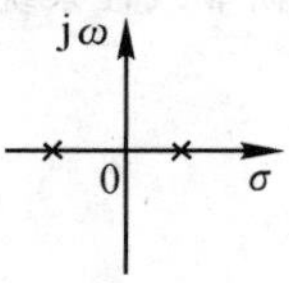	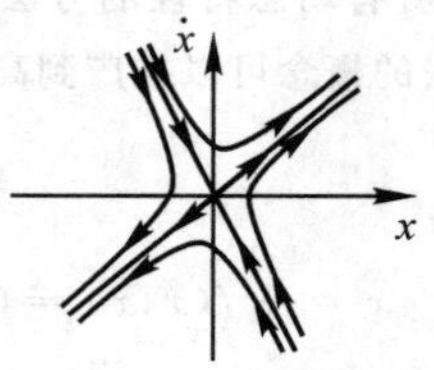	鞍点

(5) 相轨迹的走向：上半相平面的点随时间增加向右（x 轴正方向）运动，下半相平面的点随时间增加向左（x 轴负方向）运动，因此沿相轨迹的运动为顺时针方向，相轨迹穿越 x 轴时与 x 轴垂直相交。

（6）极限环：若非线性系统的相轨迹在相平面上表现为一个孤立的封闭曲线，所有附近的相轨迹都渐近地趋向或离开这个封闭曲线，则此封闭的相轨迹称为极限环，极限环有稳定的、不稳定的和半稳定的之分（见表 8.1.3）。其中稳定的极限环对应一种稳定的自振运动。

表 8.1.3　极限环的类型及时间响应

极限环类型	相　轨　迹	时间响应
稳定极限环	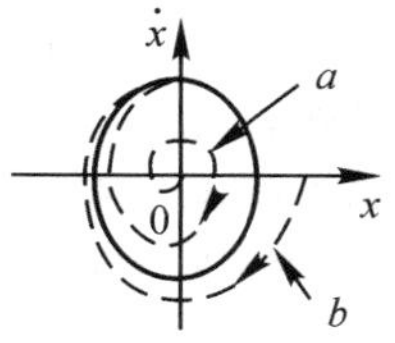	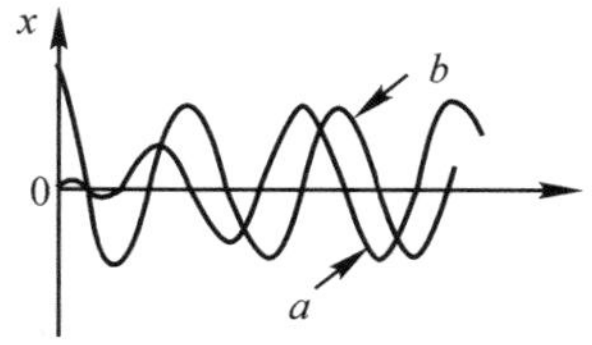
不稳定极限环	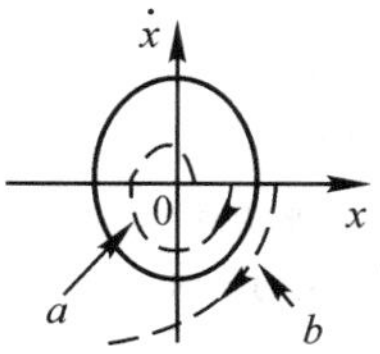	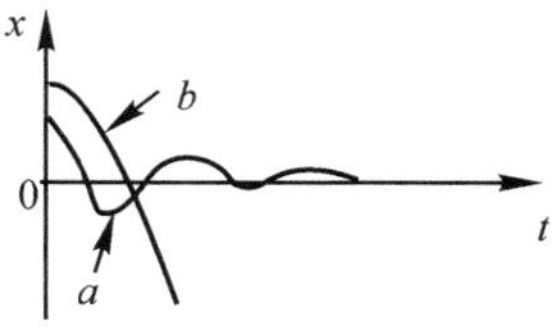
半稳定极限环	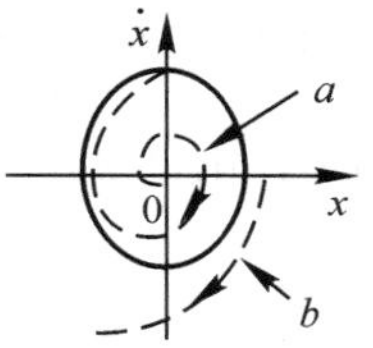	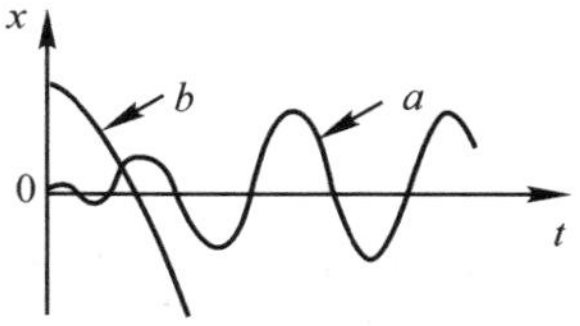
半稳定极限环	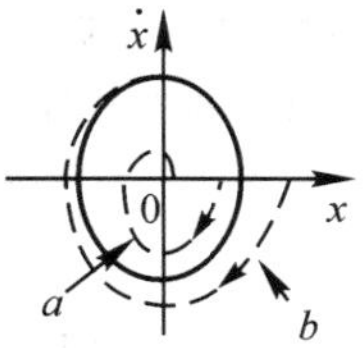	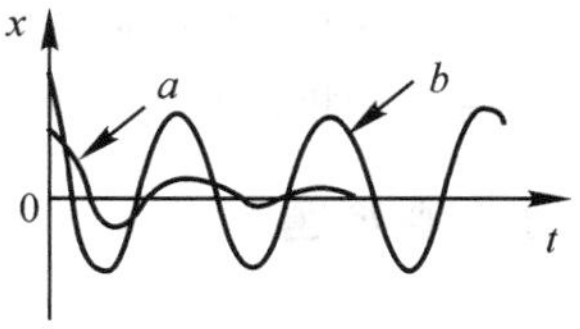

3. 相轨迹的绘制方法

（1）解析法。

（2）等倾斜线法。

（3）δ 图法。

4. 用相平面分析非线性系统

常见的非线性特性多数可用分段线性来近似。首先根据非线性特性的分段情况，用几条分界线将相平面划分为几个线性区域，然后按系统的结构图分别列写各区域的线性微分方程式，并应用线性系统相平面分析的方法和结论，绘出各区域的相轨迹，最后根据系统状态变化的连续性，在各区域的交界线上，将相轨迹彼此衔接成连续曲线，即构成完整的非线性系统相平面图。

8.2 知识结构图

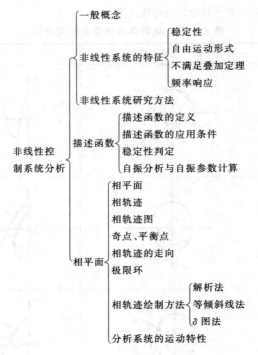

- 非线性控制系统分析
  - 一般概念
  - 非线性系统的特征
    - 稳定性
    - 自由运动形式
    - 不满足叠加定理
    - 频率响应
  - 非线性系统研究方法
  - 描述函数
    - 描述函数的定义
    - 描述函数的应用条件
    - 稳定性判定
    - 自振分析与自振参数计算
  - 相平面
    - 相平面
    - 相轨迹
    - 相轨迹图
    - 奇点、平衡点
    - 相轨迹的走向
    - 极限环
    - 相轨迹绘制方法
      - 解析法
      - 等倾斜线法
      - δ 图法
    - 分析系统的运动特性

8.3 考点及典型题选解

本章主要考点有两个方面：

(1) 利用描述函数法分析非线性系统的稳定性及自振；确定自振参数。

(2) 绘制系统的相轨迹，确定奇点及类型；用相平面图分析非线性系统的运动特性。

8.3.1 典型题

1. 将图8.3.1所示非线性系统化简成非线性部分 $N(A)$ 和等效的线性部分 $G(s)$ 相串联的单位反馈系统，并写出线性部分的传递函数 $G(s)$。

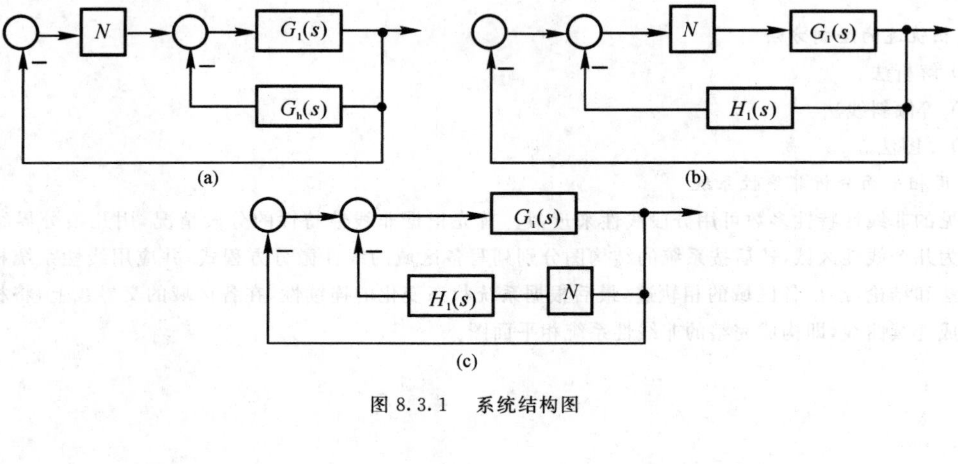

图 8.3.1 系统结构图

2. 判别图 8.3.2 所示各系统是否存在自振点。图中 V 是 $G(s)$ 中纯积分环节的个数。

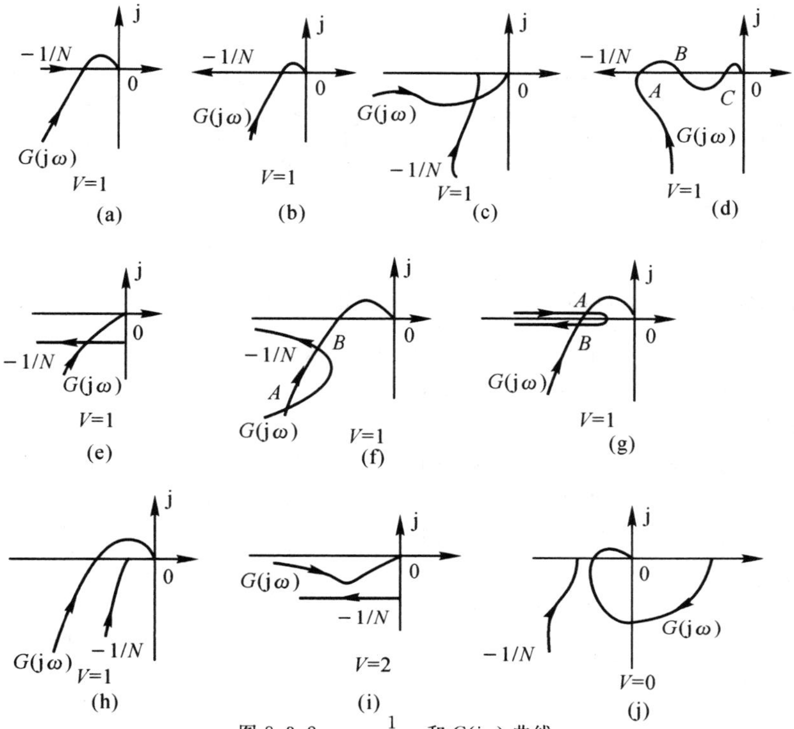

图 8.3.2　$-\frac{1}{N(A)}$ 和 $G(j\omega)$ 曲线

3. 系统如图 8.3.3 所示。试计算系统的自振参数。

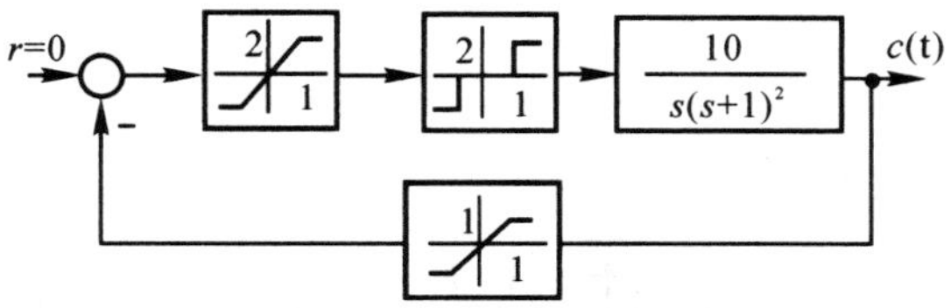

图 8.3.3　系统结构图

4. 已知非线性控制系统如图 8.3.4(a) 所示，其中非线性特性为死区非线性，对象频率特性为

$$G_p(j\omega) = \frac{K}{j\omega(1+j\omega)(1+0.5j\omega)}$$

试分析该系统的稳定性。

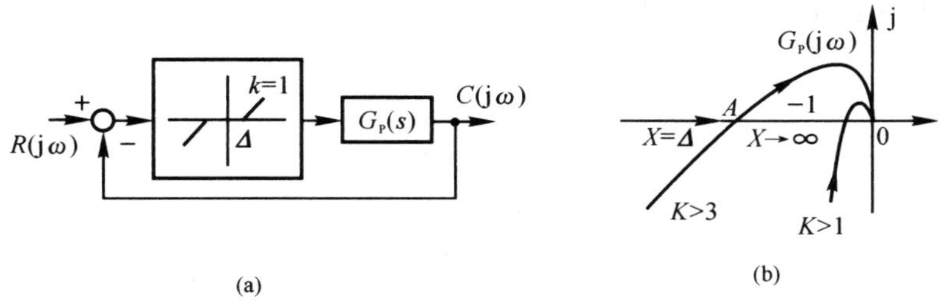

图 8.3.4　系统结构图及 $-\frac{1}{N(A)}$ 和 $G(j\omega)$ 曲线

5. 非线性控制系统结构图如图 8.3.5 所示，$M=1$。要使系统产生振幅 $A=4$，频率 $\omega=1$ 的自振运动，试确定参数 K,τ 的值。

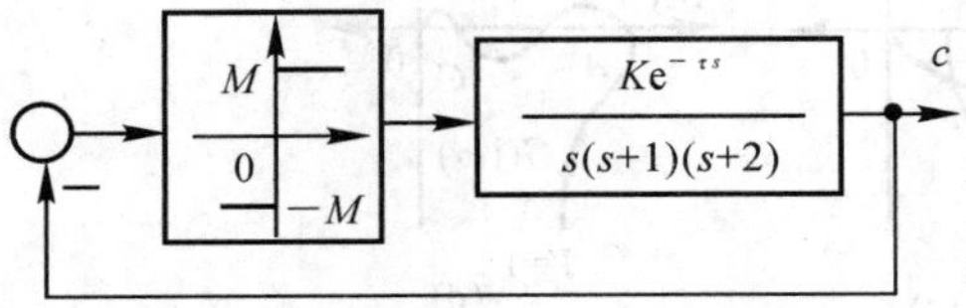

图 8.3.5 系统结构图

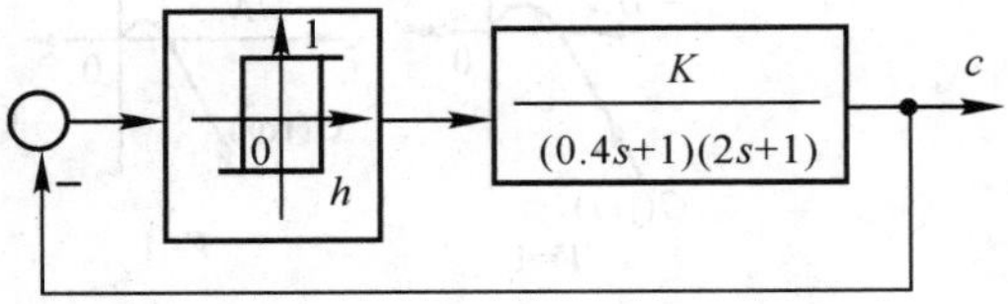

图 8.3.6 系统结构图

6. 非线性系统结构如图 8.3.6 所示。且非线性特性的描述函数 $N(A)=\frac{4}{\pi A}\sqrt{1-\left(\frac{h}{A}\right)^2}-\mathrm{j}\frac{4h}{\pi A^2}(A\geqslant h)$。

(1) 试求当 $K=10,h=0.1$ 和 0.2 时，系统产生自振的振幅 A 和频率 ω；

(2) 若要求 $h=0.2$，自振频率 $\omega=4\ \mathrm{rad/s}$ 时，问开环增益 K 应如何变化？

7. 试用相平面法分析如图 8.3.7 所示系统分别在 $\beta=0,\beta<0,\beta>0$ 情况下，相轨迹的特点。

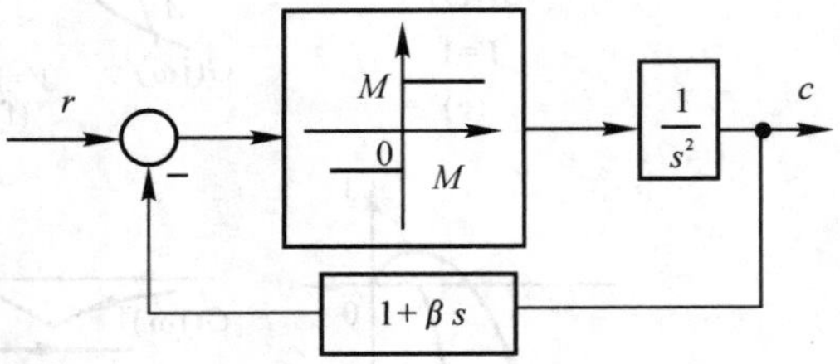

图 8.3.7 系统结构图

8. 设系统微分方程为 $\ddot{x}+\dot{x}+x=0$，用等倾斜线法绘制系统的相平面图。

9. 试确定下列方程的奇点及其类型，绘出奇点附近相轨迹的大致图形。

(1) $\ddot{x}+x+\mathrm{sgn}\dot{x}=0$；

(2) $\ddot{x}+|x|=0$。

10. 若二阶非线性系统的微分方程为

(1) $2\ddot{x}+\dot{x}^2+x=0$；

(2) $\ddot{x}-(1-x^2)\dot{x}+x=0$；

(3) $\ddot{x}+0.5\dot{x}+2x+x^2=0$。

试求系统的奇点及类型。

11. 已知非线性系统结构如图 8.3.8 所示。

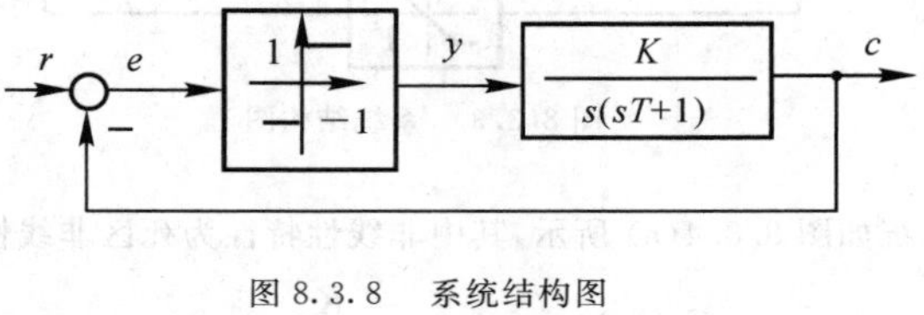

图 8.3.8 系统结构图

试求系统在 $r(t)=1(t)$ 作用下，在 e-$\dot{e}$ 平面的相轨迹。

8.3.2 典型题解析

1. (a) 依原图有

$$\Phi(s)=\frac{NG_1}{1+G_1G_2+NG_1}$$

令
$$1+G_1G_2+NG_1=0$$

$$\frac{G_1}{1+G_1G_2}N=-1$$

所以
$$G(s)=\frac{G_1(s)}{1+G_1(s)G_2(s)}$$

(b) 依原图有

$$\Phi(s) = \frac{NG_1}{1 + NG_1 + NG_1H_1}$$

令

$$1 + NG_1 + NG_1H_1 = 0$$

$$N(G_1 + G_1H_1) = -1$$

所以

$$G(s) = G_1(s)[1 + H_1(s)]$$

(c) 依原图有

$$\Phi(s) = \frac{G_1}{1 + G_1 + G_1H_1N}$$

令

$$1 + G_1 + G_1H_1N = 0$$

$$\frac{G_1H_1}{1 + G_1}N = -1$$

所以

$$G(s) = \frac{G_1(s)H_1(s)}{1 + G_1(s)}$$

2. (a) 不是自振点；

(b) 是自振点；

(c) 是自振点；

(d) A,C 是自振点,B 不是自振点；

(e) 是自振点；

(f) A 不是自振点,B 是自振点；

(g) A 不是自振点,B 是自振点；

(h) 系统不稳定,不存在自振点；

(i) 系统不稳定,不存在自振点；

(j) 系统稳定,不存在自振点。

3. 提示:首先将三个串联在一起的非线性特性进行等效合并。由于反馈通道的饱和特性与前向通道饱和特性同时进入饱和状态,所以反馈通道的非线性特性实质上不起作用,可将其去掉。前向通道中

$$v = \begin{cases} 2, & e > 1 \\ 2e, & |e| \leqslant 1 \\ -2, & e < -1 \end{cases}$$

$$u = \begin{cases} 2, & v > 1 \rightarrow e > \frac{1}{2} \\ 0, & |v| \leqslant 1 \rightarrow |e| \leqslant \frac{1}{2} \\ -2, & v < -1 \rightarrow e < -\frac{1}{2} \end{cases}$$

因此可将前向通道两个非线性特性合并在一起,系统结构图等效变换为图解 8.3.3 所示形式。

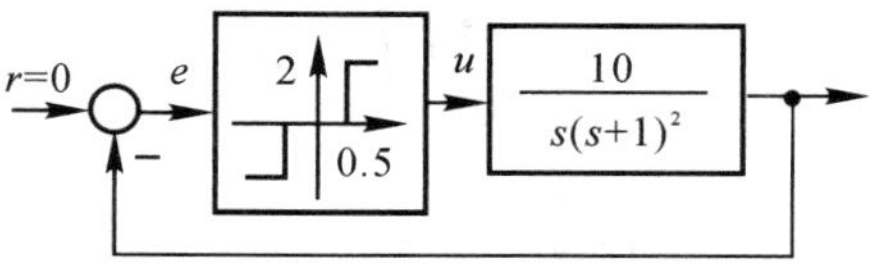

图解 8.3.3　非线性系统结构图

由自振条件,得

$$-N(A) = \frac{1}{G(j\omega)}$$

$$\frac{-4M}{\pi A}\sqrt{1 - \left(\frac{h}{A}\right)^2} = \frac{j\omega(1 + j\omega)^2}{10} = \frac{-2\omega}{10} + j\,\frac{\omega(1 - \omega^2)}{10}$$

比较实部、虚部,并将 $M = 2, h = \frac{1}{2}$ 代入,有

$$\begin{cases}\dfrac{4\times 2}{\pi A}\sqrt{1-\left(\dfrac{1}{2A}\right)^2}=\dfrac{\omega}{5}\\ 1-\omega^2=0\end{cases}$$

联立求解得　$\omega=1, A=12.72$。

4. 非线性特性的描述函数为

$$N(A)=1-\frac{2}{\pi}\left[\arcsin\frac{\Delta}{A}+\frac{\Delta}{A}\sqrt{1-\left(\frac{\Delta}{A}\right)^2}\right]$$

分别做出 $-\dfrac{1}{N(A)}$ 和 $G_p(j\omega)$ 曲线如图 8.3.4(b) 所示。令

$$\begin{cases}\angle G_p(j\omega_g)=-180^\circ\\ |G_p(j\omega_g)|=1\end{cases}$$

可解得

$$\begin{cases}\omega_g=\sqrt{2}\\ K=3\end{cases}$$

图 8.3.4(b) 中做出了 $K=1$ 和 $K>3$ 的两条代表曲线，由此可见当 $K<3$ 时 $G_p(j\omega)$ 不包围 $\dfrac{-1}{N(A)}$ 曲线，所以系统稳定的 K 值为 $0<K<3$，当 $K>3$ 时系统不稳定。

5.

$$N(A)=\frac{4M}{\pi A}=\frac{1}{\pi},\quad G(j\omega)=\frac{Ke^{-j\omega\tau}}{j\omega(j\omega+1)(j\omega+2)}$$

画出 $\dfrac{-1}{N(A)}$ 和 $G(j\omega)$ 曲线如图解 8.3.5 所示，当 K 改变时，只影响自振振幅 A，不改变自振频率 ω；而当 $\tau\neq 0$ 时，会使自振频率降低，幅值增加。因此可以调节 K,τ 大小实现要求的自振运动。

由自振条件

$$N(A)G(j\omega)=-1$$

即

$$\frac{1}{\pi}\times\frac{Ke^{-j\omega\tau}}{j\omega(1+j\omega)(2+j\omega)}=-1$$

将 $\omega=1$ 代入上式可解得

$$K=9.93,\quad \tau=0.322$$

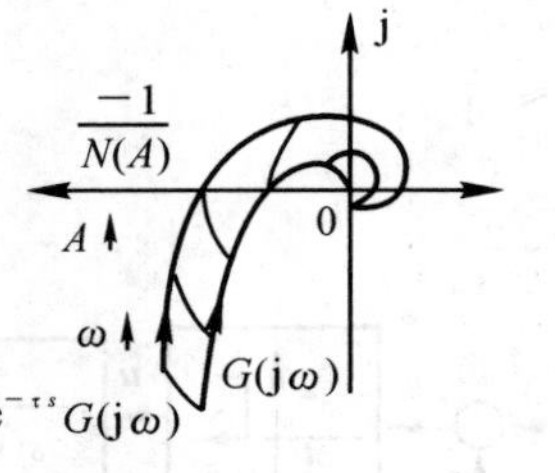

图解 8.3.5 $\dfrac{-1}{N(A)}$ 和 $G(j\omega)$ 曲线

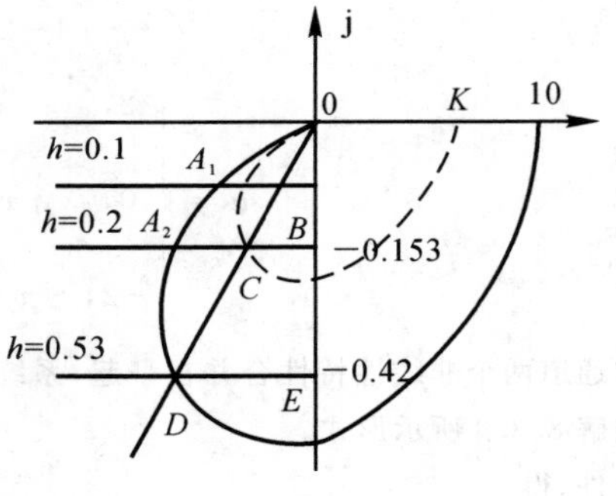

图解 8.3.6 $-\dfrac{1}{N(A)}$ 和 $G(j\omega)$ 曲线

6. (1)

$$-\frac{1}{N(A)}=-\frac{\pi A}{4}\sqrt{1-\left(\frac{h}{A}\right)^2}-j\frac{\pi h}{4}$$

$$G(j\omega)=\frac{10}{(0.4j\omega+1)(2j\omega+1)}$$

画出 $-\dfrac{1}{N(A)}$ 和 $G(j\omega)$ 曲线如图解 8.3.6 所示。

由自振条件

$$N(A)G(j\omega) = -1$$

可解得 $h = 0.1$ 时

$$\begin{cases} A_1 = 0.27 \\ \omega_1 = 7\ \text{rad/s} \end{cases}$$

$h = 0.2$ 时

$$\begin{cases} A_2 = 0.42 \\ \omega_2 = 5.9\ \text{rad/s} \end{cases}$$

由此可见当 $h\uparrow$，则 $A\uparrow$，$\omega\downarrow$。

(2) K 应减小。

① 首先在 $G(j\omega)$ 曲线上找到 $\omega = 4$ rad/s 时的点 D，此时对应 $h = 0.53$。

② 做直线 OD 交 $h = 0.2$ 时 $\dfrac{-1}{N(A)}$ 曲线于 C 点，过 C 做 $G(j\omega)$ 曲线(如图解 8.3.6 中虚线所示)。

在 $\triangle OCB$ 和 $\triangle ODE$ 中有

$$\frac{\overline{OC}}{\overline{OD}} = \frac{K}{10} = \frac{\overline{OB}}{\overline{OE}} = \frac{0.157}{0.42}$$

所以

$$K = \frac{0.157 \times 10}{0.42} = 3.74$$

7. 由图 8.3.7 可得

$$\ddot{c} = \begin{cases} M, & c + \beta\dot{c} < 0 \\ -M, & c + \beta\dot{c} > 0 \end{cases}$$

因此，$c + \beta\dot{c} = 0$ 为开关线。

分别求解 $\ddot{c} = \pm M$，可得

$$\begin{cases} \dot{c}^2 = 2M + A_1, & c + \beta\dot{c} < 0 \quad \text{相轨迹为开口向右的抛物线} \\ \dot{c}^2 = -2M + A_2, & c + \beta\dot{c} > 0 \quad \text{相轨迹为开口向左的抛物线} \end{cases}$$

(1) 当 $\beta = 0$ 时，开关线为 $\dot{c}$ 轴，相轨迹见图解 8.3.7(a)，为一族封闭曲线，奇点在坐标原点，为中心点。

(2) 当 $\beta < 0$ 时，开关线沿原点向右旋转，相轨迹见图解 8.3.7(b)，奇点在坐标原点，为不稳定的焦点。

(3) 当 $\beta > 0$ 时，开关线沿原点向左旋转，相轨迹见图解 8.3.7(c)，奇点在坐标原点，为稳定的焦点。

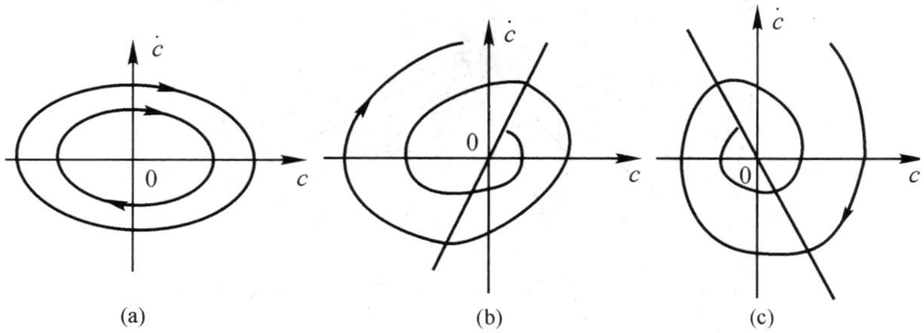

图解　8.3.7

8. 由系统微分方程有

$$\ddot{x} = -(x + \dot{x})$$

$$\dot{x}\frac{d\dot{x}}{dx} = -(x + \dot{x})$$

设 $\alpha = \dfrac{d\dot{x}}{dx}$ 为定值，可得等倾线方程为

$$\dot{x} = \frac{-x}{1+\alpha} \qquad ①$$

式 ① 是直线方程。等倾斜线的斜率为 $-1/(1+\alpha)$。给定不同的 α，便可以得出对应的等倾斜线斜率。表解 8.3.8 列出了不同 α 值下等倾斜线的斜率以及等倾斜线与 x 轴的夹角 β。

表解 8.3.8　不同 α 值下等倾斜线的斜率及 β

α	−6.68	−3.75	−2.73	−2.19	−1.84	−1.58	−1.36	−1.18	−1.00
$\dfrac{-1}{1+\alpha}$	0.18	0.36	0.58	0.84	1.19	1.73	2.75	5.67	∞
β	10°	20°	30°	40°	50°	60°	70°	80°	90°
α	−0.82	−0.64	−0.42	−0.16	0.19	0.73	1.75	4.68	∞
$\dfrac{-1}{1+\alpha}$	−5.76	−2.75	−1.73	−1.19	−0.84	−0.58	−0.36	−0.18	0.00
β	100°	110°	120°	130°	140°	150°	160°	170°	180°

图解 8.3.8 绘出了 α 取不同值时的等倾斜线，并在其上画出了代表相轨迹切线方向的短线段。根据这些短线段表示的方向场，很容易绘制出从某一点起始的特定的相轨迹。例如从图解 8.3.8 中的 A 点出发，顺着短线段的方向可以逐渐过渡到 B 点、C 点…，从而绘出一条相应的相轨迹。由此可以得到系统的相平面图，如图解 8.3.8 所示。

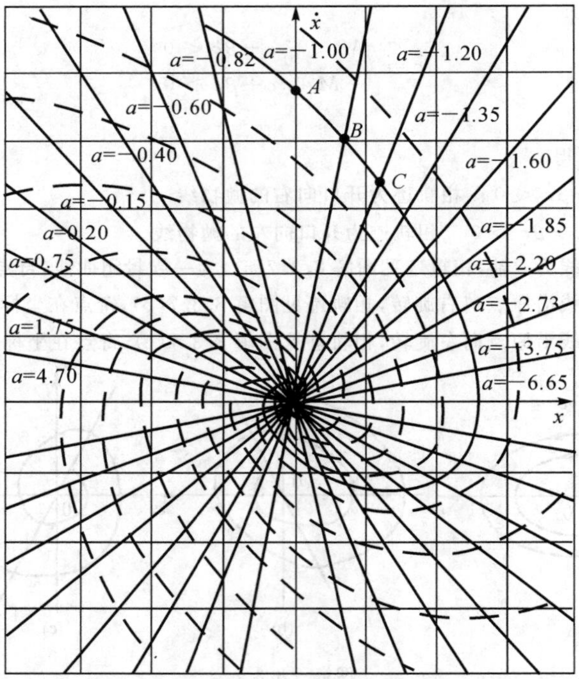

图解 8.3.8　确定相轨迹切线方向的方向场及相平面上的一条相轨迹

9. (1) 系统方程可写为

$$\begin{cases} \ddot{x}+x+1=0, & (\dot{x}>0,\text{即 Ⅰ 区}) \\ \ddot{x}+x=0, & (\dot{x}=0,\text{即 } x \text{ 轴}) \\ \ddot{x}+x-1=0, & (\dot{x}<0,\text{即 Ⅱ 区}) \end{cases}$$

系统的奇点

$$\text{Ⅰ 区}: x_{e\mathrm{I}}=-1$$

$$\text{Ⅱ 区}: x_{e\mathrm{II}}=1$$

系统特征方程为 $s^2+1=0$，特征根 $s_{1,2}=\pm \mathrm{j}$，奇点为中心点。绘出系统的相平面图如图解 8.3.9(1) 所示。

x 轴是两部分相轨迹的分界线，称之为“开关线”。上、下两半平面的相轨迹分别是以各自奇点 $x_{e\mathrm{I}}$ 和 $x_{e\mathrm{II}}$ 为中心的圆，两部分相轨迹相互连接成为相轨迹图。由图可见，系统的自由响应运动最终会收敛到区间(−1,1)。奇点在 −1 ～ 1 之间连成一条线，称之为奇线。

(2) 系统方程可写为

$$\begin{cases} \ddot{x}+x=0 & (x\geqslant 0,\ \mathrm{I}\ 区) \\ \ddot{x}-x=0 & (x\leqslant 0,\ \mathrm{II}\ 区) \end{cases}$$

特征方程、特征根和奇点为

$$\mathrm{I}\ 区: s^2+1=0,\quad s_{1,2}=\pm \mathrm{j},\quad 奇点\ x_{e\mathrm{I}}=0(中心点)$$

$$\mathrm{II}\ 区: s^2-1=0,\quad s_{1,2}=\pm 1,\quad 奇点\ x_{e\mathrm{II}}=0(鞍点)$$

绘出系统的相平面图如图解 8.3.9(2) 所示。$\dot{x}$ 轴是开关线，左半平面相轨迹由鞍点决定，右半平面相轨迹由中心点确定。由图可见，系统的自由响应总是会向 x 轴负方向发散，系统不稳定。

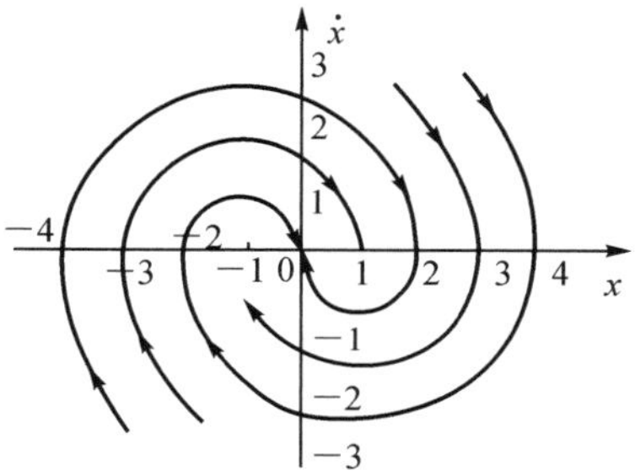

图解 8.3.9(1)　相平面图

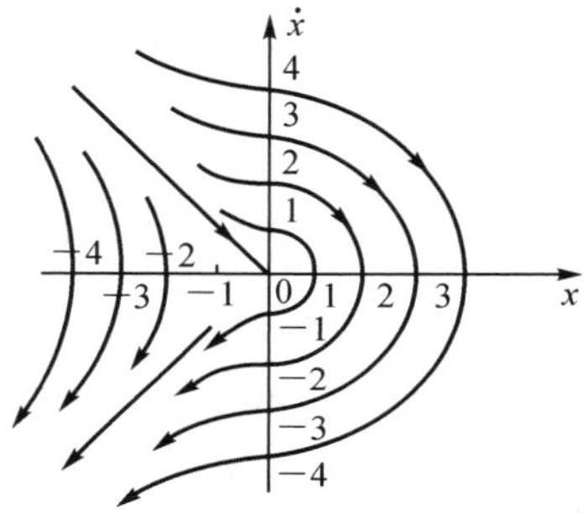

图解 8.3.9(2)　相平面图

10. (1) 奇点坐标为(0,0)

线性化方程为 $\ddot{x}+\frac{1}{2}x=0$，故

$$s_{1,2}=\pm \mathrm{j}\sqrt{\frac{1}{2}}$$

奇点为中心点。

(2) 奇点坐标为(0,0)

线性化方程为 $\ddot{x}-\dot{x}+x=0$，故

$$s_{1,2}=0.5\pm \mathrm{j}0.866$$

奇点为不稳定的焦点。

(3) 奇点坐标为(0,0) 和(−2,0)

当在(0,0) 点时，线性化方程为 $\ddot{x}+0.5\dot{x}+2x=0$，故

$$s_{1,2}=-0.25\pm \mathrm{j}1.39$$

奇点为稳定的焦点。

当奇点在(−2,0) 点时，线性化方程为 $\ddot{x}+0.5\dot{x}-2x=0$，故

$$s_1=1.186,\quad s_2=-1.686$$

奇点为鞍点。

11. 由

$$\frac{C(s)}{Y(s)}=\frac{K}{s(Ts+1)}$$

可得　$T\ddot{c}+\dot{c}=Ky$　①

又由　$E(s)=R(s)-C(s)\rightarrow c=r-e$　②

把式 ② 代入式 ①，并整理有

$$T\ddot{e}+\dot{e}+Ky=T\dot{r}+\dot{r} \quad ③$$

由图 8.3.8 可得非线性部分微分方程为

$$y=\begin{cases}1, & e>0\\ -1, & e<0\end{cases} \quad ④$$

把式 ④ 代入式 ③ 并考虑 $r(t)=1(t)$，则有

$$\left.\begin{aligned}T\ddot{e}+\dot{e}+K=0, \quad K>0\\ T\ddot{e}+\dot{e}-K=0, \quad K<0\end{aligned}\right\} \quad (e=0\text{ 为开关线}) \quad ⑤$$

设初始条件为　$e_0=1,\ \dot{e}_0=0$

将 $\ddot{e}=\dot{e}\dfrac{d\dot{e}}{dt}$ 代入式 ⑤，有

$$\begin{cases}de=-\dfrac{T\dot{e}}{K+\dot{e}}d\dot{e}, & e>0\\ de=-\dfrac{T\dot{e}}{\dot{e}-K}d\dot{e}, & e<0\end{cases}$$

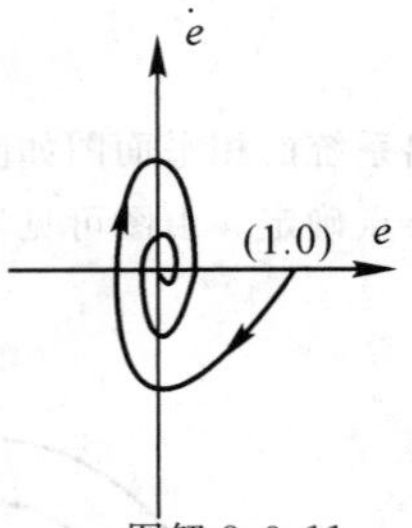

图解 8.3.11

两端积分可得相轨迹方程为

$$\begin{cases}e=1-T\dot{e}+TK\ln\left(\dfrac{\dot{e}}{K}+1\right), & e>0\\ e=1-T\dot{e}-TK\ln\left(-\dfrac{\dot{e}}{K}+1\right), & e<0\end{cases}$$

可绘出 e-$\dot{e}$ 平面上的相轨迹如图解 8.3.11 所示。

8.4 课后习题全解

8.4.1　某线性系统的结构图如图 8.4.76 所示，试分别绘制下列三种情况时，变量 e 的相轨迹，并根据相轨迹分别作出相应的 $e(t)$ 曲线。

(1) $J=1, K_1=1, K_2=2$，初始条件 $e(0)=3, \dot{e}(0)=0$；$e(0)=1, \dot{e}(0)=-2.5$；

(2) $J=1, K_1=1, K_2=0.5$，初始条件 $e(0)=3, \dot{e}(0)=0$；$e(0)=-3, \dot{e}(0)=0$；

(3) $J=1, K_1=1, K_2=0$，初始条件 $e(0)=1, \dot{e}(0)=1$；$e(0)=0, \dot{e}(0)=2$。

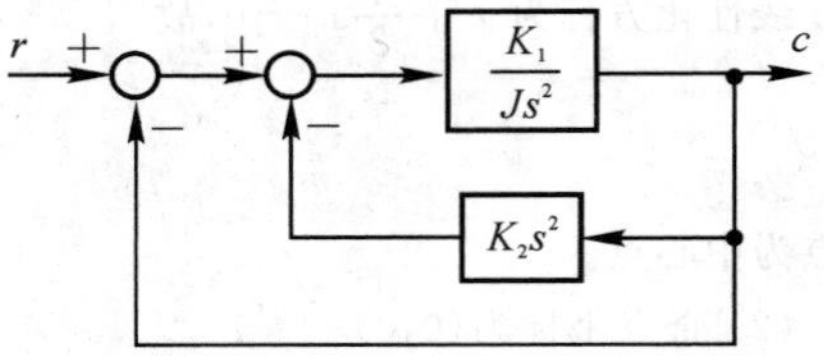

图 8.4.76　题 8.4.1 的线性系统结构图

解　依结构图有

$$\frac{C(s)}{E(s)}=\frac{\dfrac{K_1}{Js^2}}{1+\dfrac{K_1K_2}{J}}=\frac{K_1}{(J+K_1K_2)s^2}$$

所以
$$\ddot{c}(t)=\frac{K_1}{J+K_1K_2}e(t)$$

$r(t)=0$ 时
$$c(t)=-e(t)$$

所以
$$\ddot{e}(t)=\frac{-K_1}{J+K_1K_2}e(t)$$

由积分法：

$$\dot{e}(t)d\dot{e}(t)=\frac{-K_1}{J+K_1K_2}e(t)de(t)$$

$$\dot{e}(t)^2\Big|_0^t+\frac{K_1}{J+K_1K_2}e(t)^2\Big|_0^t=0$$

$$\dot{e}(t)^2+\frac{K_1}{J+K_1K_2}e(t)^2=\dot{e}(0)^2+\frac{K_1}{J+K_1K_2}e(0)^2$$

代入 $K_1 = J = 1$ 得

$$\dot{e}(t)^2 + \frac{1}{1+K_2}e(t)^2 = \dot{e}(0)^2 + \frac{1}{1+K_2}e(0)^2$$

列表计算(见表解 8.4.1)

表解　8.4.1

K_2	初条件	相轨迹方程	相轨迹
2	$e(0)=3, \dot{e}(0)=0$ $e(0)=1, \dot{e}(0)=-2.5$	$\dot{e}^2 + \frac{1}{3}e^2 = 3$ $\dot{e}^2 + \frac{1}{3}e^2 = 6.583$	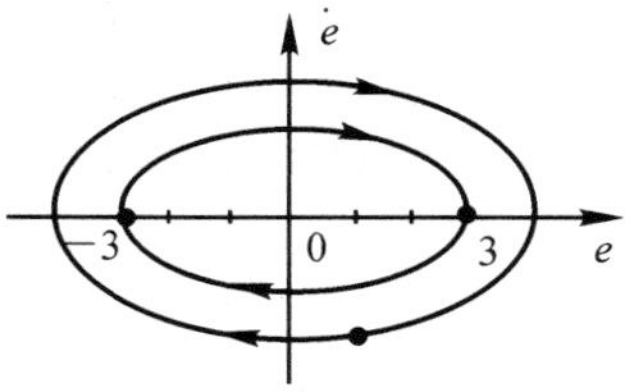
0.5	$e(0)=3, \dot{e}(0)=0$ $e(0)=-3, \dot{e}(0)=0$	$\dot{e}^2 + \frac{2}{3}e^2 = 6$ $\dot{e}^2 + \frac{2}{3}e^2 = 6$	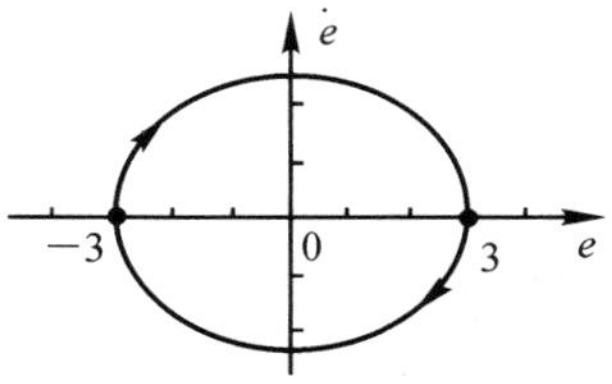
0	$e(0)=1, \dot{e}(0)=1$ $e(0)=0, \dot{e}(0)=2$	$\dot{e}^2 + e^2 = 2$ $\dot{e}^2 + e^2 = 4$	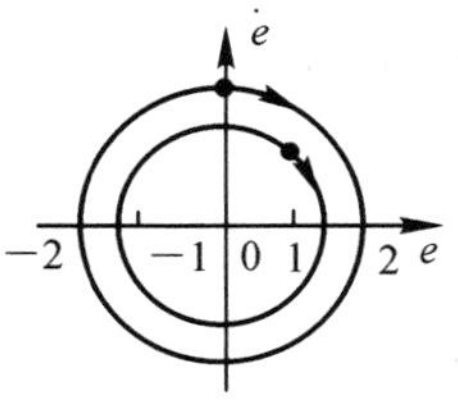

8.4.2　设一阶非线性系统的微分方程为 $\dot{x} = -x + x^3$，试确定系统有几个平衡状态，分析各平衡状态的稳定性，并作出系统的相轨迹。

解　令 $\dot{x} = 0$ 得

$$-x + x^3 = x(x-1)(x+1) = 0$$

系统平衡状态为

$$x_e = 0, -1, +1$$

当 $x_e = 0$ 时，将原微分方程线性化得

$$\dot{x} = -x$$

进行拉氏变换，系统在 $x_e = 0$ 处的特征方程为

$$s + 1 = 0$$

特征根为

$$s = -1$$

可见 $x_e = 0$ 是一个稳定的平衡点。

当 $x_e = -1$ 时，令 $x = x_0 - 1$ 进行平移变换，原微分方程变为

$$\dot{x}_0 = -(x_0 - 1) + (x_0 - 1)^3 = 2x_0 - 3x_0^2 - x_0^3$$

在 $x_0 = 0$(即 $x = -1$) 处进行线性化，有

$$\dot{x}_0 = 2x_0$$

特征方程为

$$s-2=0$$

特征根为

$$s=2$$

因此 $x_e=-1$ 是一个不稳定的平衡点。同理讨论 $x_e=1$ 也是一个不稳定的平衡点。

画出系统相轨迹如图解 8.4.2 所示。可见，当初始条件 $|x(0)|<1$ 时，系统会收敛到稳定的平衡点 $x_e=0$，当 $|x(0)|>1$ 时，系统会发散。

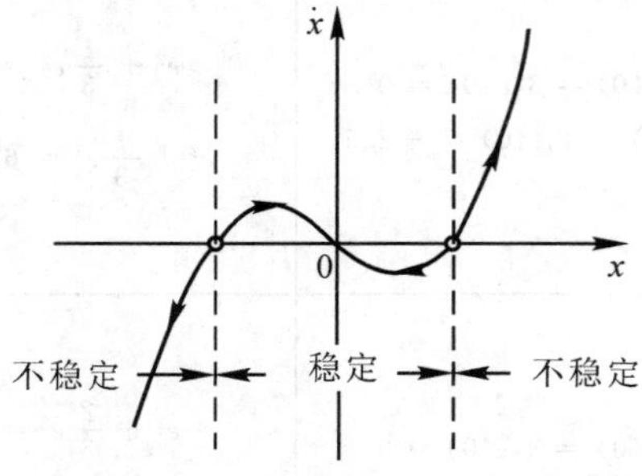

图解 8.4.2　由方程 $\dot{x}=-x+x^3$ 描述的系统的相平面图

8.4.3　试确定下列方程的奇点及其类型，并用等倾线法绘制它们的相平面图：

(1) $\ddot{x}+\dot{x}+|x|=0$；

(2) $\ddot{x}+x+\mathrm{sign}(\dot{x})=0$；

(3) $\ddot{x}+\sin x=0$；

(4) $\ddot{x}+|x|=0$；

(5) $\begin{cases}\dot{x}_1=x_1+x_2,\\ \dot{x}_2=2x_1+x_2。\end{cases}$

解　(1) 原方程可改写为

$$\begin{cases}\text{Ⅰ}:\ddot{x}+\dot{x}+x=0, & x\geqslant 0\\ \text{Ⅱ}:\ddot{x}+\dot{x}-x=0, & x<0\end{cases}$$

系统特征方程及特征根为

$$\begin{cases}\text{Ⅰ}:s^2+s+1=0, & s_{1,2}=-\dfrac{1}{2}\pm \mathrm{j}\dfrac{\sqrt{3}}{2}\ (\text{稳定焦点})\\ \text{Ⅱ}:s^2+s-1=0, & s_{1,2}=-1.618,+0.618\ (\text{鞍点})\end{cases}$$

推导等倾斜线方程

$$\ddot{x}=f(x,\dot{x})=-\dot{x}-|x|$$

$$\frac{\mathrm{d}\dot{x}}{\mathrm{d}x}\cdot\dot{x}=-\dot{x}-|x|$$

令

$$\alpha=\frac{\mathrm{d}\dot{x}}{\mathrm{d}x}=-1-\frac{|x|}{\dot{x}}$$

所以

$$\dot{x}=\frac{-1}{1+\alpha}|x|=\beta|x|$$

$$\begin{cases}\text{Ⅰ}:\alpha=-1-\dfrac{1}{\beta}, & x\geqslant 0\\ \text{Ⅱ}:\alpha=\dfrac{1}{\beta}-1, & x<0\end{cases}$$

计算列表（见表解 8.4.3(1)）

表解　8.4.3(1)

β	$-\infty$	-3	-1	$-\frac{1}{3}$	0	$\frac{1}{3}$	1	3	∞
Ⅰ:$\alpha=-1-\frac{1}{\beta}$	-1	$\frac{-2}{3}$	0	2	$-\infty$	-4	-2	$\frac{-4}{3}$	-1
Ⅱ:$\alpha=\frac{1}{\beta}-1$	-1	$\frac{-4}{3}$	-2	-4	∞	2	0	$\frac{-2}{3}$	-1

画出系统相平面图，如图解 8.4.3(1) 所示。

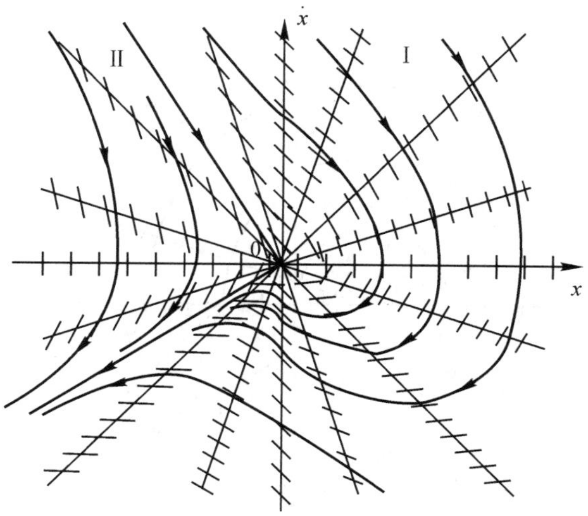

图解 8.4.3(1)

(2) $\ddot{x}+x+\mathrm{sign}(\dot{x})=0$

$$\mathrm{sign}(\dot{x})=\begin{cases}1, & \dot{x}>0, & \text{Ⅰ}\\ 0, & \dot{x}=0, & \text{Ⅱ}\\ -1, & \dot{x}<0, & \text{Ⅲ}\end{cases}$$

$$\begin{cases}\ddot{x}+x+1=0, & \dot{x}>0, & x_e=-1\\ \ddot{x}+x=0, & \dot{x}=0, & x_e=0\\ \ddot{x}+x-1=0, & \dot{x}<0, & x_e=1\end{cases}$$

系统特征方程及特征根

$$s^2+1=0,\quad s_{1,2}=\pm\mathrm{j}\quad(\text{中心点})$$

Ⅰ：$\dot{x}\dfrac{\mathrm{d}\dot{x}}{\mathrm{d}x}=\alpha\dot{x}=-x-1,\quad \dot{x}=\dfrac{-(x+1)}{\alpha}$

Ⅱ：$\dot{x}=0$

Ⅲ：$\dot{x}\dfrac{\mathrm{d}\dot{x}}{\mathrm{d}x}=\alpha\dot{x}=1-x,\quad \dot{x}=\dfrac{-(x-1)}{\alpha}$

列表计算(见表解 8.4.3(2))，做出相轨迹如图解 8.4.3(2) 所示。

表解 8.4.3(2)

α	$-\infty$	-3	-1	$-1/3$	0	$1/3$	1	3	∞
$\beta=-1/2$	0	$1/3$	1	3	$-\infty$	-3	-1	$-1/3$	0

(3) 令 $\ddot{x}=\dot{x}=0$ 得 $\sin x=0$，得出系统的奇点

$$x_e=0,\pm\pi,\pm 2\pi,\cdots$$

当 $x_e=2k\pi,k=0,\pm1,\pm2,\cdots$ 时，令 $x=2k\pi+x_0$，原方程变为

$$\ddot{x}=\ddot{x}_0=-\sin(2k\pi+x_0)=-\sin x_0$$

在奇点 $x_0=0$(即 $x_e=2k\pi$) 处的线性化方程为 $\ddot{x}_0=-x_0$，特征方程为 $s^2+1=0$，特征根为 $s_{1,2}=\pm\mathrm{j}$，奇点为中心点。

当 $x_e=(2k+1)\pi,k=0,\pm1,\cdots\pm2,\cdots$ 时，令 $x=(2K+1)\pi+x_0$，原方程变为

$$\ddot{x}=\ddot{x}_0=-\sin[(2K+1)\pi+x_0]=\sin x_0$$

在奇点 $x_0=0$(即 $x_e=(2K+1)\pi$) 处的线性化方程为 $\ddot{x}_0=x_0$，特征方程为$s^2-1=0$，特征根为 $s_{1,2}=\pm1$，

奇点为鞍点。

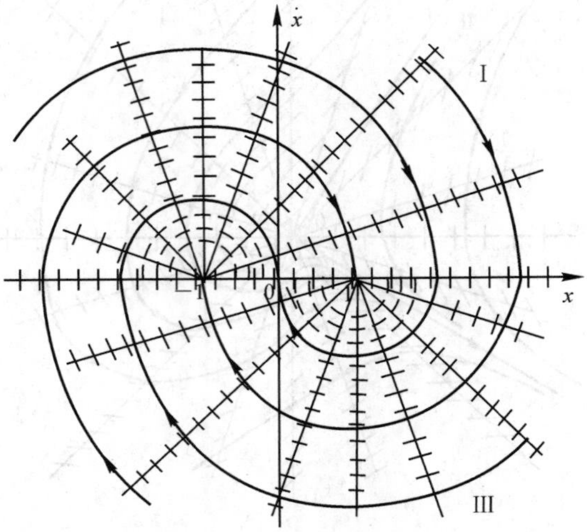

图解 8.4.3(2)

用等倾斜线法作相轨迹

$$\dot{x}\frac{\mathrm{d}\dot{x}}{\mathrm{d}x}+\sin x=\dot{x}\alpha+\sin x=0$$

$$\dot{x}=\frac{-1}{\alpha}\sin x$$

列表计算(见表解 8.4.3(3)),做出相轨迹如图解 8.4.3(3) 所示。

表解 8.4.3(3)

α	-2	-1	$-1/2$	$-1/4$	0	1/4	1/2	1	2
$-1/\alpha$	1/2	1	2	4	∞	-4	-2	-1	1/2

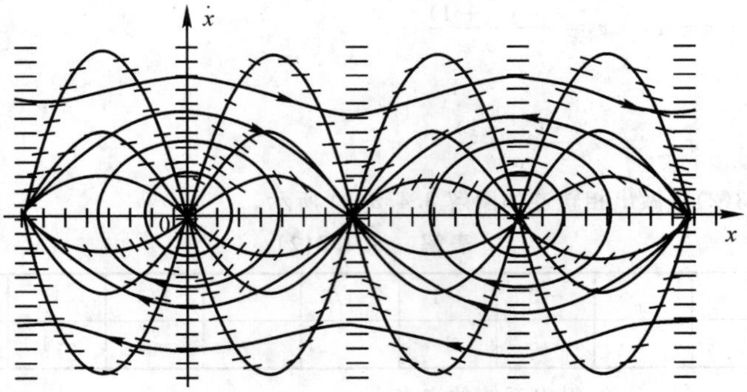

图解 8.4.3(3)

(4) 原方程可写为

$$\begin{cases}\ddot{x}+x=0, & x\geqslant 0, \quad \text{I}\\ \ddot{x}-x=0, & x<0, \quad \text{II}\end{cases}$$

特征方程及特征根：

Ⅰ:$s^2+1=0$, $s_{1,2}=\pm \mathrm{j}$ (中心点)

Ⅱ:$s^2-1=0$, $s_{1,2}=\pm 1$ (鞍点)

用等倾斜线法作相轨迹，由原方程

$$\ddot{x} = \dot{x}\frac{\mathrm{d}\dot{x}}{\mathrm{d}x} = -|x|$$

$$\dot{x} = \frac{-1}{\alpha}|x|$$

$$\begin{cases} \dot{x} = \dfrac{-1}{\alpha}x, & x \geqslant 0 \\ \dot{x} = \dfrac{1}{\alpha}x, & x < 0 \end{cases}$$

列表计算(见表解 8.4.3(4))，作出相轨迹如图解 8.4.3(4) 所示。

表解　8.4.3(4)

α	-3	-1	$-1/3$	0	$1/3$	1	3	∞
$-1/\alpha$	$1/3$	1	3	$-\infty$	-3	-1	$-1/3$	0
$1/\alpha$	$-1/3$	-1	-3	∞	3	1	$1/3$	0

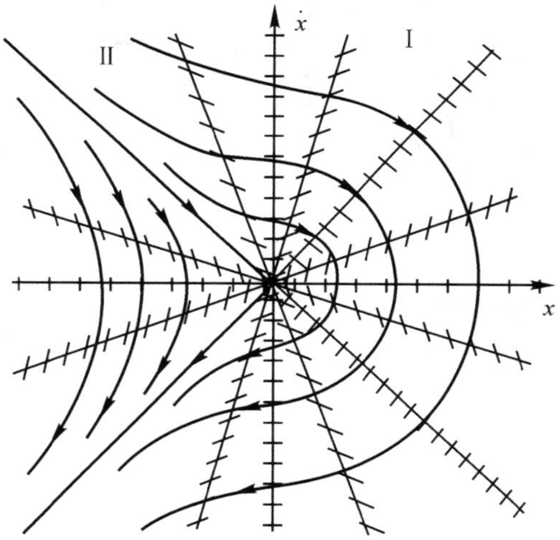

图解　8.4.3(4)

(5)
$$\dot{x}_1 = x_1 + x_2 \quad ①$$
$$\dot{x}_2 = 2x_1 + x_2 \quad ②$$

由式 ①
$$x_2 = \dot{x}_1 - x_1 \quad ③$$

式 ③ 代入式 ②：
$$\ddot{x}_1 - \dot{x}_1 = 2x_1 + \dot{x}_1 - x_1$$
$$\ddot{x}_1 - 2\dot{x}_1 - x_1 = 0 \quad ④$$

令
$$\ddot{x}_1 = \dot{x}_1 = 0$$

得平衡点
$$x_e = 0$$

由式 ④ 得特征方程及特征根为

$$s^2 - 2s - 1 = 0$$

解得
$$\lambda_{1,2} = 2.414, -0.414(\text{鞍点})$$

用等倾斜线法作相轨迹：

$$\ddot{x}_1 = \dot{x}_1\frac{\mathrm{d}\dot{x}_1}{\mathrm{d}x_1} = \dot{x}_1\alpha = 2\dot{x}_1 + x_1$$

$$\dot{x}_1 = \frac{x_1}{\alpha - 2}$$

列表计算(见表解 8.4.3(5)),作出相轨迹如图解 8.4.3(5) 所示。

表解 8.4.3(5)

α	2	2.5	3	∞	1	1.5	2
$\beta = 1/(\alpha - 2)$	∞	2	1	0	-1	-2	∞

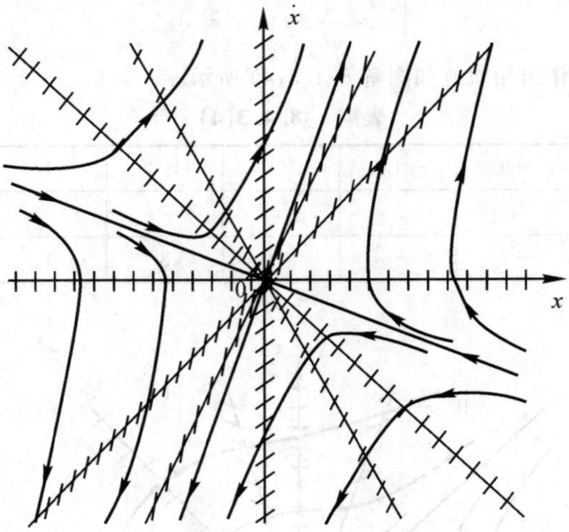

图解 8.4.3(5)

8.4.4 若非线性系统的微分方程为

(1) $\ddot{x} + (3\dot{x} - 0.5)\dot{x} + x + x^2 = 0$;

(2) $\ddot{x} + x\dot{x} + x = 0$;

(3) $\ddot{x} + \dot{x}^2 + x = 0$。

试求系统的奇点,并概略绘制奇点附近的相轨迹。

解 (1) 由原方程得

$$\ddot{x} = f(x,\dot{x}) = -(3\dot{x} - 0.5)\dot{x} - x - x^2 = -3\dot{x}^2 + 0.5\dot{x} - x - x^2$$

令
$$\ddot{x} = \dot{x} = 0$$

得
$$x + x^2 = x(x+1) = 0$$

解出奇点 $x_e = 0, -1$。在奇点处线性化处理。

在 $x_e = 0$ 处:

$$\ddot{x} = \frac{\partial f(x,\dot{x})}{\partial x}\bigg|_{x=\dot{x}=0} \cdot x + \frac{\partial f(x,\dot{x})}{\partial \dot{x}} \cdot \dot{x} = (-1-2x)\bigg|_{x=\dot{x}=0} \cdot x + (-6\dot{x} + 0.5)\bigg|_{x=\dot{x}=0} \cdot \dot{x} = -x + 0.5\dot{x}$$

即
$$\ddot{x} - 0.5\dot{x} + x = 0$$

特征方程及特征根

$$s_{1,2} = \frac{0.5 \pm \sqrt{0.5^2 - 4}}{2} = 0.25 \pm \mathrm{j}0.984 \quad (\text{不稳定的焦点})$$

在 $x_e = -1$ 处:

$$\ddot{x} = (-1-2x)\bigg|_{\substack{x=-1\\ \dot{x}=0}} \cdot x + (-6\dot{x} + 0.5)\bigg|_{\substack{x=-1\\ \dot{x}=0}} \cdot \dot{x} = x + 0.5\dot{x}$$

即
$$\ddot{x} - 0.5\dot{x} - x = 0$$

特征根

$$s_{1,2}=\frac{0.5\pm\sqrt{0.5^2+4}}{2}=\begin{cases}1.218\\-0.718\end{cases}\quad（鞍点）$$

概略画出奇点附近的相轨迹，如图解 8.4.4(1) 所示。

(2) 由原方程得

$$\ddot{x}=f(x,\dot{x})=-x\dot{x}-x$$

令 $\ddot{x}=\dot{x}=0$ 得奇点 $x_e=0$，在奇点处线性化：

$$\ddot{x}=\frac{\partial f}{\partial x}\bigg|_{x=\dot{x}=0}\cdot x+\frac{\partial f}{\partial \dot{x}}\bigg|_{x=\dot{x}=0}\cdot\dot{x}=$$

$$(-\dot{x}-1)\Big|_{x=\dot{x}=0}\cdot x-x\Big|_{x=\dot{x}=0}\cdot\dot{x}$$

得 $$\ddot{x}=-x$$

即 $$\ddot{x}+x=0$$

特征根：　$s_{1,2}=\pm j$　（中心点）

概略画出奇点附近的相轨迹，如图解 8.4.4(2) 所示。

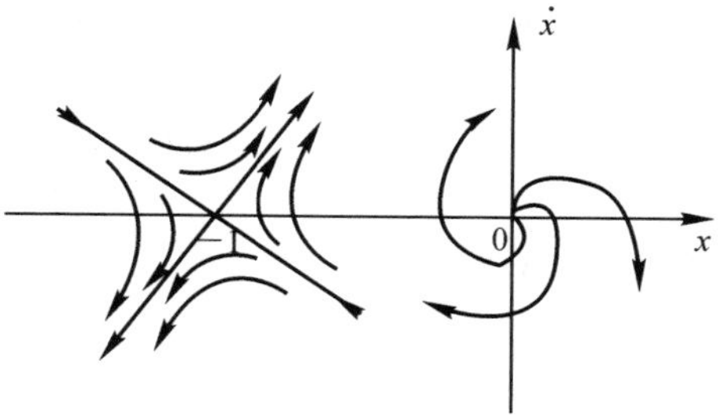

图解　8.4.4(1)

(3) 由原方程得

$$\ddot{x}=f(x,\dot{x})=-\dot{x}^2-x$$

令 $\ddot{x}=\dot{x}=0$ 解得奇点 $x_e=0$，在奇点处线性化：

$$\ddot{x}=\frac{\partial f}{\partial x}\bigg|_{x=\dot{x}=0}\cdot x+\frac{\partial f}{\partial \dot{x}}\bigg|_{x=\dot{x}=0}\cdot\dot{x}=-x$$

即 $$\ddot{x}+x=0$$

特征根　$s_{1,2}=\pm j$　（中心点）

概略绘制奇点附近的相轨迹，如图 8.4.4(3) 所示。

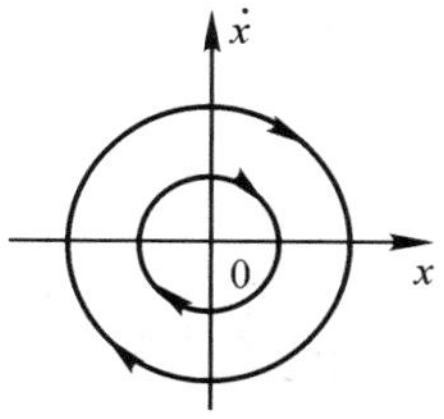

图解　8.4.4(2)

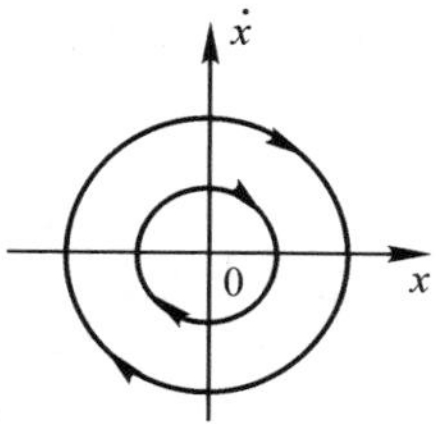

图解　8.4.4(3)

8.4.5　非线性系统的结构图如图 8.4.77 所示，系统开始是静止的，输入信号 $r(t)=4\times1(t)$，试写出开关线方程，确定奇点的位置和类型，作出该系统的相平面图，并分析系统的运动特点。

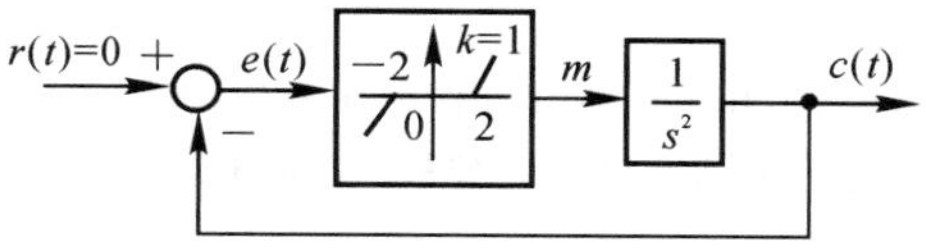

图 8.4.77　题 8.4.5 的非线性系统结构图

解　由结构图，线性部分传递函数为

$$\frac{C(s)}{M(s)}=\frac{1}{s^2}$$

得 $$\ddot{c}(t)=m(t)\qquad①$$

由非线性环节有

$$m(t)=\begin{cases}0, & |e|\leqslant 2, & \text{Ⅰ}\\ e(t)-2, & e>2, & \text{Ⅱ}\\ e(t)+2, & e<-2, & \text{Ⅲ}\end{cases} \quad ②$$

由比较点得

$$c(t)=r(t)-e(t)=4-e(t) \quad ③$$

将式 ③,式 ② 代入式 ① 得

$$\ddot{e}(t)=\begin{cases}0, & |e|\leqslant 2, & \text{Ⅰ}\\ 2-e(t), & e>2, & \text{Ⅱ}\\ -2-e(t), & e<-2, & \text{Ⅲ}\end{cases}$$

开关线方程为 $e(t)=\pm 2$

Ⅰ:$\ddot{e}(t)=0$, $\dot{e}=C$(常数)

Ⅱ:$\ddot{e}+e-2=0$

令 $\ddot{e}=\dot{e}=0$,得奇点 $e_0^{\text{Ⅱ}}=2$。

特征方程及特征根为

$$s^2+1=0,\quad s_{1,2}=\pm \mathrm{j}\quad(\text{中心点})$$

Ⅲ:$\ddot{e}+e+2=0$

令 $\ddot{e}=\dot{e}=0$,得奇点 $e_0^{\text{Ⅲ}}=-2$。

特征方程及特征根为

$$s^2+1=0, s_{1,2}=\pm \mathrm{j}\quad(\text{中心点})$$

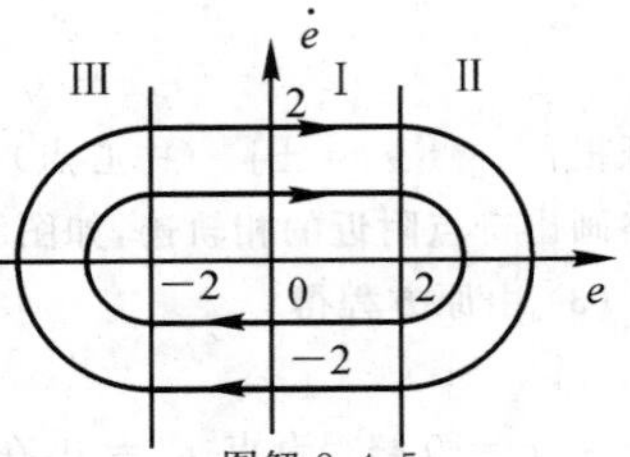

图解 8.4.5

相轨迹如图解 8.4.5 所示,可看出系统运动呈现周期振荡状态。

8.4.6 变增益控制系统的结构图及其中非线性元件 G_N 的输入输出特性如图 8.4.78 所示,设系统开始处于零初始状态,若输入信号 $r(t)=R\cdot 1(t)$,且 $R>e_0$;$kK<\dfrac{1}{4T}<K$,试绘出系统的相平面图,并分析采用变增益放大器对系统性能的影响。已知系统参数:$k=0.1, e_0=0.6, K=5, T=0.49$。

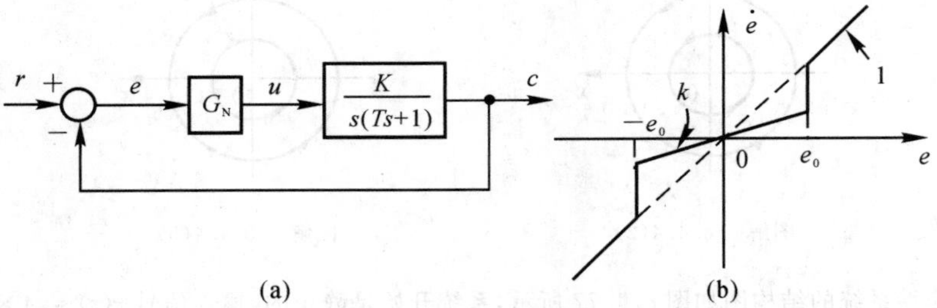

图 8.4.78 题 8.4.6 具有非线性放大器的系统

解 本题首先应根据系统结构图解出相应的微分方程和开关线,确定系统奇点,然后根据给定输入信号和初始条件,绘制相轨迹,并由相轨迹分析变增益放大器对系统性能的影响。

假设开始时系统处于静止状态,即

$$c(0)=0,\quad \dot{c}=0 \quad ①$$

则描述系统的方程组为 $T\ddot{c}+\dot{c}=Ku$,其中

$$u=\begin{cases}e, & |e|>e_0\\ ke, & |e|<e_0\end{cases}$$

$$e=r-c$$

因为 $r(t)=R\cdot 1(t)$,故有 $e=R-c, \dot{e}=-\dot{c}, \ddot{e}=-\ddot{c}$,初始条件为 $e(0)=R, \dot{e}(0)=0$。

整理上述关系式后可得

$$T\ddot{e}+\dot{e}+Ke=0,\quad |e|>e_0 \qquad \text{I}$$
$$T\ddot{e}+\dot{e}+kKe=0,\quad |e|<e_0 \qquad \text{II}$$

开关线为 $|e|=e_0$。

在相平面的 I 区($|e|>e_0$)，系统相轨迹微分方程为

$$\frac{d\dot{e}}{de}=-\frac{\dot{e}+Ke}{T\dot{e}}$$

令 $\frac{d\dot{e}}{de}=\frac{0}{0}$，则求得系统的奇点在(0,0) 处。

为确定该奇点类型，需计算各奇点处的一阶偏导数及增量线性化方程。

$$\left.\frac{\partial f(e,\dot{e})}{\partial \dot{e}}\right|_{\substack{e=0\\ \dot{e}=0}}=-\frac{1}{T},\quad \left.\frac{\partial f(e,\dot{e})}{\partial e}\right|_{\substack{e=0\\ \dot{e}=0}}=-\frac{K}{T}$$

$$\Delta\ddot{e}+\frac{1}{T}\Delta\dot{e}+\frac{K}{T}\Delta e=0$$

由于 $\frac{1}{4T}<K$，可得特征根 $s_{1,2}=\frac{1}{2T}(-1\pm j\sqrt{4KT-1})$，故奇点在(0,0) 是稳定焦点。

同理可得，在相平面的 II 区($|e|<e_0$)，由于 $kK<\frac{1}{4T}$，可得系统奇点在(0,0) 处的特征根 $s_{1,2}=-\frac{1}{2T}(1\pm\sqrt{1-4KTk})$，是稳定节点。

为便于作图，取 $T=0.49,K=5,k=0.1,e_0=0.6,R=1$。系统以非周期运动形式由初始点(1,0) 运动到平衡位置(0,0)，稳态误差 $e_{ss}(\infty)=0$，相轨迹如图解 8.4.6 所示。

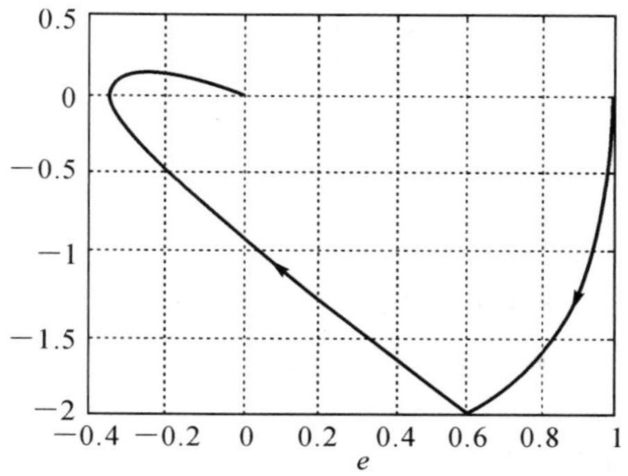

图解 8.4.6　相轨迹(MATLAB)

由图解 8.4.6 可见，相轨迹最终收敛于稳定节点，其横坐标就是稳态误差，即 $e_{ss}(\infty)=0$。与线性放大器时的情况相同。以上分析表明，在这种情况下，引入变增益线性放大器不但不会增加阶跃响应的稳态误差，还加快了系统误差响应的收敛速度，改善了系统性能。

8.4.7　图 8.4.79 所示为一带有库仑摩擦的二阶系统，试用相平面法讨论库仑摩擦对系统单位阶跃响应的影响。

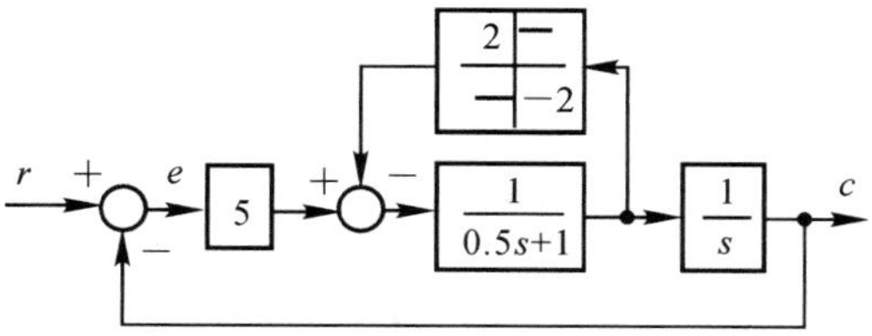

图 8.4.79　题 8.4.7 有库仑摩擦的二阶系统

解　由系统结构图有

$$\frac{C(s)}{E(s)}=\frac{5}{s}\frac{1}{0.5s+1\pm 2}\quad\begin{cases}+:\dot{c}>0\\ -:\dot{c}<0\end{cases}$$

$$s(0.5s+1\pm 2)C(s)=5E(s)$$

$$\left.\begin{aligned}&0.5\ddot{c}+3\dot{c}=5e,\quad \dot{c}>0,\quad \text{I}\\ &0.5\ddot{c}-\dot{c}=5e,\quad \dot{c}<0,\quad \text{II}\end{aligned}\right\}\qquad ①$$

$$c = r - e = 1 - e \qquad ②$$

式 ② 代入式 ① 有

$$\left.\begin{array}{ll} \ddot{e} + 6\dot{e} + 10e = 0, \quad \dot{e} < 0, & \text{Ⅰ} \\ \ddot{e} - 2\dot{e} + 10e = 0, \quad \dot{e} > 0, & \text{Ⅱ} \end{array}\right\}$$

特征方程与特征根

$$\begin{cases} \text{Ⅰ}: s^2 + 6s + 10 = 0, \quad s_{1,2} = -3 \pm \mathrm{j} \\ \text{Ⅱ}: s^2 - 2s + 10 = 0, \quad s_{1,2} = 1 \pm \mathrm{j}3 \end{cases}$$

概略作出系统相轨迹如图解 8.4.7 所示,可见系统运动振荡收敛。

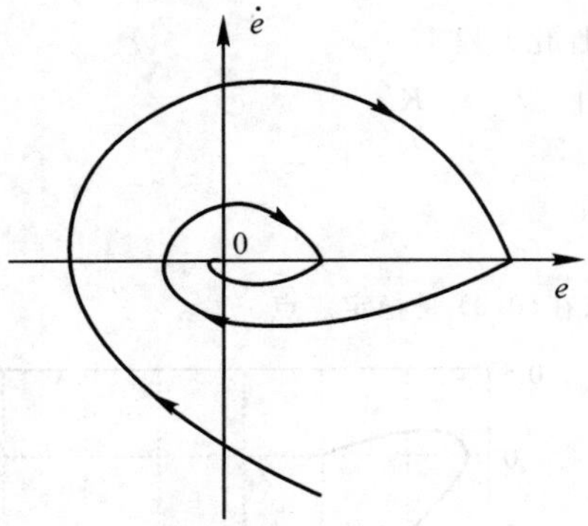

图解 8.4.7

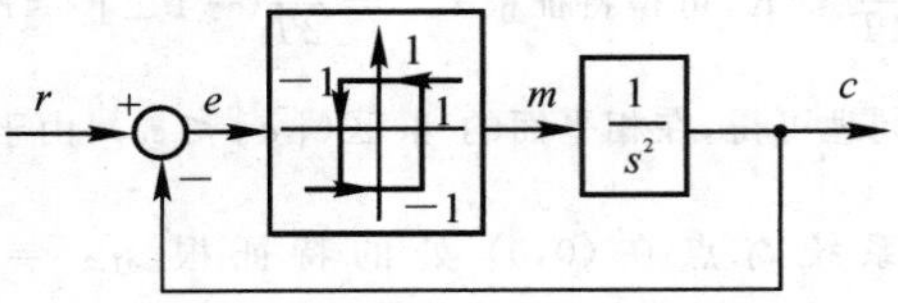

图 8.4.80 题 8.4.8 的非线性系统

8.4.8 设非线性系统如图 8.4.80 所示,输入为单位斜坡函数。试在 e-$\dot{e}$ 平面上绘制相轨迹。

解 依结构图,线性部分微分方程为

$$\ddot{c} = m \qquad ①$$

非线性部分方程为

$$m = \begin{cases} 1 & \begin{cases} e > -1, & \dot{e} < 0 \\ e > 0 \end{cases} \\ -1 & \begin{cases} e < 0, & \dot{e} > 0 \\ e < -1 \end{cases} \end{cases} \qquad ②$$

由比较点

$$e = r - c = t - c \qquad ③$$

式 ③,式 ② 代入式 ① 并整理得

$$\ddot{e} = \begin{cases} -1 & \begin{cases} e > -1, & \dot{e} < 0 \\ e > 0 \end{cases} & \text{Ⅰ} \\ 1 & \begin{cases} e < 0, & \dot{e} > 0 \\ e < -1 \end{cases} & \text{Ⅱ} \end{cases}$$

所以

$$\begin{cases} \text{Ⅰ}: \ddot{e} + 1 = 0 \\ \text{Ⅱ}: \ddot{e} - 1 = 0 \end{cases}$$

在 Ⅰ 区:

$$\ddot{e} = -1$$

$$\dot{e}\mathrm{d}\dot{e} = -\mathrm{d}e$$

$$\frac{1}{2}\dot{e}^2 = -e + C_1 \qquad (抛物线)$$

同理在 Ⅱ 区可得

$$\frac{1}{2}\dot{e}^2 = e + C_2 \qquad (抛物线)$$

概略作出系统相轨迹,如图解 8.4.8 所示,可见系统运动振荡发散。

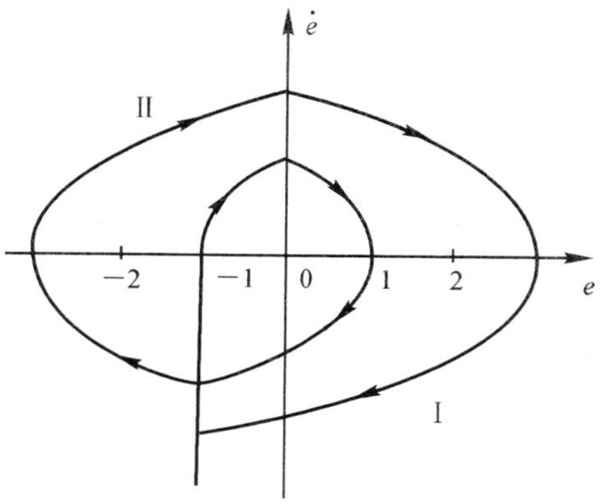

图解　8.4.8

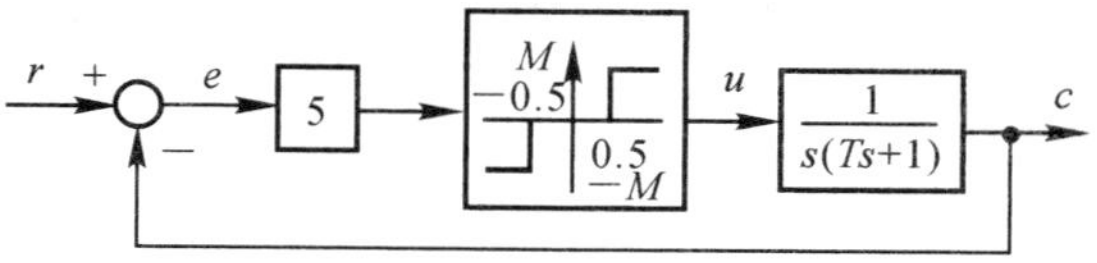

图 8.4.81　题 8.4.9 的非线性系统

8.4.9　设非线性系统如图 8.4.81 所示。若输出为零初始条件，$r(t)=1(t)$，要求：

(1) 在 $e-\dot{e}$ 平面上画出相轨迹；

(2) 判断该系统是否稳定，最大稳态误差是多少；

(3) 绘出 $e(t)$ 及 $c(t)$ 的时间响应大致波形。

解　(1) 依结构图，线性部分微分方程为

$$T\ddot{c}+\dot{c}=u \qquad ①$$

非线性部分方程为

$$u=\begin{cases}+M, & 5e>0.5\\ 0, & |5e|\leqslant 0.5\\ -M, & 5e<-0.5\end{cases} \qquad ②$$

由比较点

$$c=r-e=1-e \qquad ③$$

式 ③，式 ② 代入式 ① 并整理得

$$T\ddot{e}+\dot{e}=-u=\begin{cases}-M, & e>0.1 & \text{I}\\ 0, & |e|\leqslant 0.1 & \text{II}\\ +M, & |e|<-0.1 & \text{III}\end{cases}$$

在 I 区：
$$T\ddot{e}+\dot{e}+M=0$$

在 II 区：
$$T\ddot{e}+\dot{e}=0$$

在 III 区：
$$T\ddot{e}+\dot{e}-M=0$$

用等倾斜线法作相轨迹：

I 区：
$$T\ddot{e}=T\frac{\mathrm{d}\dot{e}}{\mathrm{d}e}\dot{e}=T\alpha\dot{e}=-\dot{e}-M$$

$$\dot{e}=\frac{-M}{T\alpha+1}\qquad(\text{水平线})$$

II 区：
$$T\ddot{e}=T\alpha\dot{e}=-\dot{e}$$

$$(T\alpha+1)\dot{e}=0,\quad\begin{cases}\alpha=\dfrac{-1}{T} & (e=\text{常数})\\ \dot{e}=0\end{cases}$$

III 区：
$$T\ddot{e}=T\alpha\dot{e}=-\dot{e}+M$$

$$\dot{e}=\frac{M}{T\alpha+1}\qquad(\text{水平线})$$

列表计算(取 $M=T=1$)(见表解 8.4.9)

表解 8.4.9

α	$-1/2T$	0	$1/T$	∞	$-3/T$	$-2/T$	$-3/2T$
Ⅰ:$-1/(\alpha+1)$	-2	-1	$-1/2$	0	1/2	1	2
Ⅱ:$1/(\alpha+1)$	2	1	1/2	0	$-1/2$	-1	-2

(2) 由相轨迹图解 8.4.9(1) 看出,系统是稳定的,并且最大稳态误差为 $e_{\max}=\pm 0.1$。

(3) 绘出 $e(t)$,$c(t)$ 的时间响应大致波形如图解 8.4.9(2) 所示。

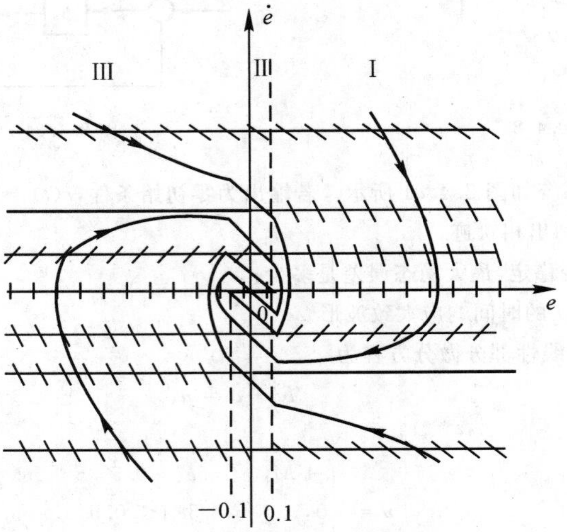

图解 8.4.9(1)

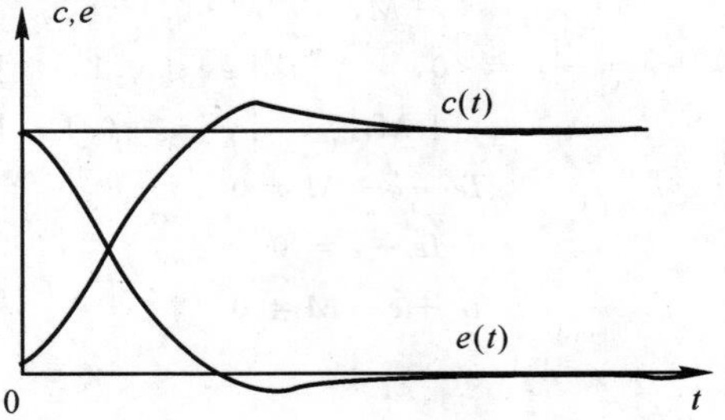

图解 8.4.9(2)

8.4.10 已知具有理想继电器的非线性系统如图 8.4.82 所示,试用相平面法分析:

(1) $T_d=0$ 时系统的运动;

(2) $T_d=0.5$ s 时系统的运动,并说明比例微分控制对改善系统性能的作用;

(3) $T_d=2$ s,并考虑实际继电器有延迟时系统的运动。

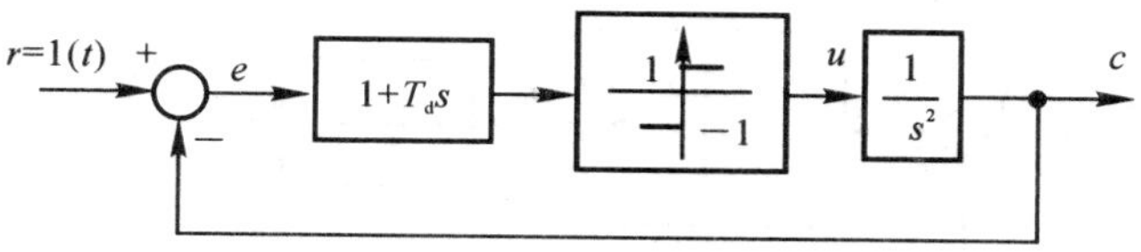

图 8.4.82 题 8.4.10 具有理想继电器的非线性系统

解 依结构图，线性部分微分方程为

$$\ddot{c} = u \qquad ①$$

非线性部分方程为

$$u = \begin{cases} 1, & e + T_d\dot{e} > 0, \quad \text{I} \\ -1, & e + T_d\dot{e} < 0, \quad \text{II} \end{cases} \qquad ②$$

开关线方程 $\dot{e} = \dfrac{-1}{T_d}e$

由比较点 $c = r - e = 1 - e \qquad ③$

式 ③，式 ② 代入式 ① 并整理得

$$\ddot{e} = \begin{cases} -1, & e + T_d\dot{e} > 0, \quad \text{I} \\ 1, & e + T_d\dot{e} < 0, \quad \text{II} \end{cases}$$

在 I 区： $\ddot{e} = \dot{e}\dfrac{d\dot{e}}{de} = -1$

解出 $\dot{e}^2 = -2e$ （抛物线）

同理在 II 区可得 $\ddot{e} = 2e$ （抛物线）

概略作出相轨迹如图解 8.4.10，开关线方程分别为：

$T_d = 0$ 时，$e = 0$；

$T_d = 0.5$ 时，$\dot{e} = -2e$；

$T_d = 2$ 时，$\dot{e} = -0.5e$。

由相轨迹可见：加入比例微分控制可以改善系统的稳定性；当微分作用增强时，系统振荡性减小，响应加快。

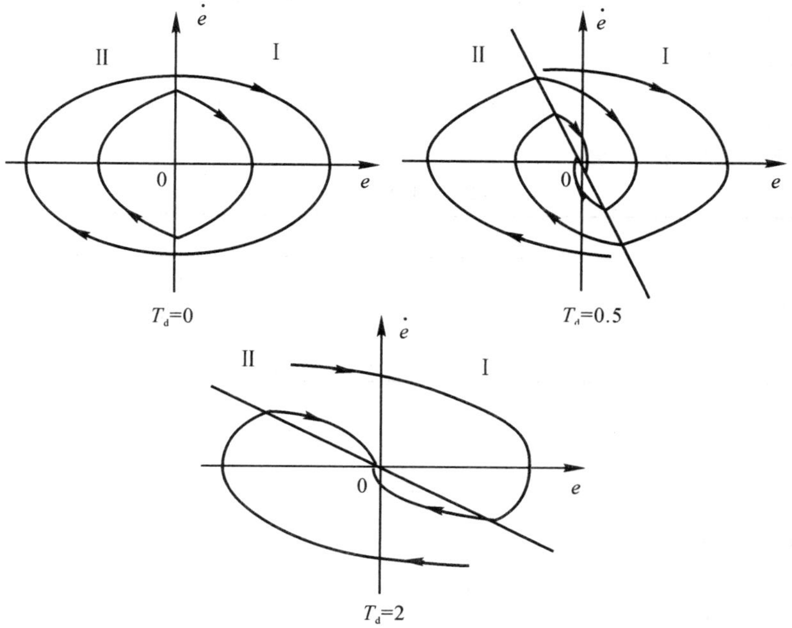

图解 8.4.10

8.4.11 非线性系统的结构图如图 8.4.83 所示，图中 $a = 0.5$ s，$K = 8$，$T = 0.5$ s，$K_t = 0.5$，要求：

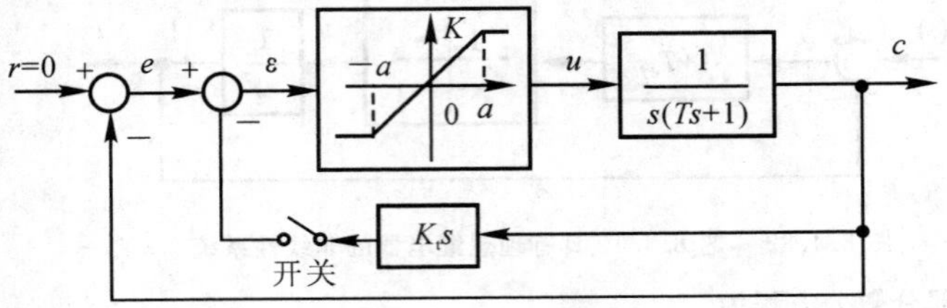

图 8.4.83　题 8.4.11 的非线性系统

(1) 当开关断开时，绘制初始条件为 $e(0) = 2, \dot{e}(0) = 0$ 的相轨迹；

(2) 当开关闭合时，绘制相同初始条件下的相轨迹，并说明测速反馈的作用。

解　(1) 依结构图，线性部分微分方程为

$$T\ddot{c} + \dot{c} = u \quad ①$$

非线性部分方程为

$$u = \begin{cases} +Ka, & e > a, & \text{Ⅰ} \\ -Ke, & |e| \leqslant a, & \text{Ⅱ} \\ -Ka, & e < -a, & \text{Ⅲ} \end{cases} \quad ②$$

由比较点：

$$c = -e \quad ③$$

式 ③，式 ② 代入式 ① 并整理得

$$\begin{cases} T\ddot{e} + \dot{e} = -Ka, & \text{Ⅰ} \\ T\ddot{e} + \dot{e} = Ke, & \text{Ⅱ} \\ T\ddot{e} + \dot{e} = Ka, & \text{Ⅲ} \end{cases}$$

用等倾斜线法作相轨迹：

在 Ⅰ 区：

$$T\ddot{e} + \dot{e} = T\dot{e}\frac{d\dot{e}}{de} + \dot{e} = T\dot{e}\alpha + \dot{e} = -Ka$$

$$\dot{e} = \frac{-Ka}{T\alpha + 1} = \frac{-4}{0.5\alpha + 1} \quad (\text{水平线})$$

同理得 Ⅲ 区等倾斜线方程

$$\dot{e} = \frac{Ka}{T\alpha + 1} = \frac{4}{0.5\alpha + 1} \quad (\text{水平线})$$

列表计算(见表解 8.4.11(1))

表解　8.4.11(1)

α	0	2	6	14	∞	−18	−10	−6	−4
Ⅰ：$\frac{-4}{0.5\alpha+1}$	−4	−2	−1	−0.5	0	0.5	1	2	4
Ⅲ：$\frac{4}{0.5\alpha+1}$	4	2	1	0.5	0	−0.5	−1	−2	−4

在 Ⅱ 区：

$$T\ddot{e} + \dot{e} = (T\alpha + 1)\dot{e} = Ke$$

$$\dot{e} = \frac{-Ke}{T\alpha + 1} = \frac{-8}{0.5\alpha + 1} \cdot e$$

列表计算(见表解 8.4.11(2))

表解　8.4.11(2)

α	0	2	6	∞	-10	-6	-4	-2
Ⅱ：$\dfrac{-8}{0.5\alpha+1}$	-8	-4	-2	0	2	4	8	∞

依表作系统相轨迹如图解 8.4.11(1) 所示。

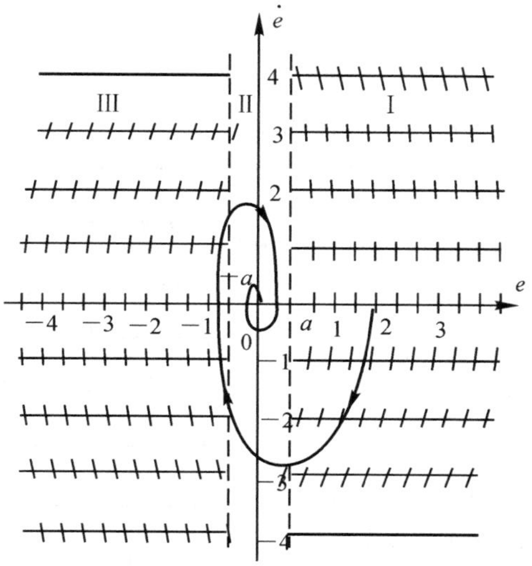

图解　8.4.11(1)

(2) 依结构图，线性部分微分方程为

$$T\ddot{c}+\dot{c}=u \qquad ①$$

非线性部分方程为

$$u=\begin{cases}Ka, & e-K_t\dot{c}>a\\ Ke, & |e-K_t\dot{c}|\leqslant a\\ -Ka, & e-K_t\dot{c}<a\end{cases} \qquad ②$$

由比较点：

$$c=r-e=-e \qquad ③$$

式 ③，式 ② 代入式 ① 并整理得

$$\begin{cases}T\ddot{e}+\dot{e}=-Ka, & e+K_t\dot{e}>a, & \text{Ⅰ}\\ T\ddot{e}+\dot{e}=-K(e+K_t\dot{e}), & |e+K_t\dot{e}|\leqslant a, & \text{Ⅱ}\\ T\ddot{e}+\dot{e}=Ka, & e+K_t\dot{e}<-a, & \text{Ⅲ}\end{cases}$$

Ⅰ，Ⅲ 区方程与(1) 题中讨论相同，等倾斜线方程分别为

在 Ⅰ 区：

$$\dot{e}=\frac{-Ka}{T\alpha+1}=\frac{-4}{0.5\alpha+1}$$

在 Ⅲ 区：

$$\dot{e}=\frac{Ka}{T\alpha+1}=\frac{4}{0.5\alpha+1}$$

对于 Ⅱ 区：

$$T\ddot{e}+(1+KK_t)\dot{e}=-Ke$$

$$T\dot{e}\frac{\mathrm{d}\dot{e}}{\mathrm{d}e}+(1+KK_t)\dot{e}=(1+T\alpha+KK_t)\dot{e}=-Ke$$

$$\dot{e}=\frac{-Ke}{1+T\alpha+KK_t}=\frac{-16}{\alpha+10}e$$

列表计算(见表解 8.4.11(3))。

表解　8.4.11(3)

α	-10	-6	-2	0	6	∞	-26	-18
Ⅱ：$\frac{-16}{\alpha+10}$	$-\infty$	-4	-2	-1.6	-1	0	1	2

开关线方程为

$$\dot{e}=\frac{-1}{K_t}e\pm\frac{1}{K_t}a=-2(e\mp a)$$

画相轨迹如图解 8.4.11(2) 所示，可见测速反馈使开关线位置发生了变化，系统增加了阻尼，系统性能得到了改善。

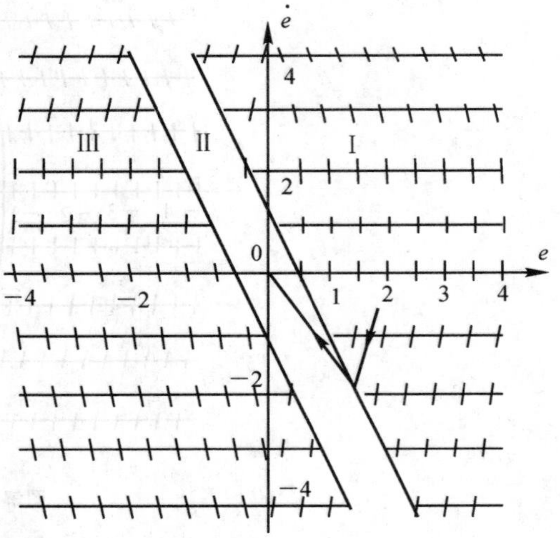

图解　8.4.11(2)

8.4.12　设三个非线性系统的非线性环节一样，其线性部分分别为

(1) $G(s)=\dfrac{1}{s(0.1s+1)}$；

(2) $G(s)=\dfrac{2}{s(s+1)}$；

(3) $G(s)=\dfrac{2(1.5s+1)}{s(s+1)(0.1s+1)}$。

用描述函数法分析时，哪个系统分析的准确度高？

解　线性部分的低通滤波特性越好，用描述函数法分析所得结果的准确程度越高。分别作出三个系统线性部分的对数幅频特性如图解 8.4.12 所示。由图可见，第二个系统线性部分 L_2 的高频段衰减较快，低通滤波特性好，因此系统(2)的描述函数法分析结果的准确程度高。

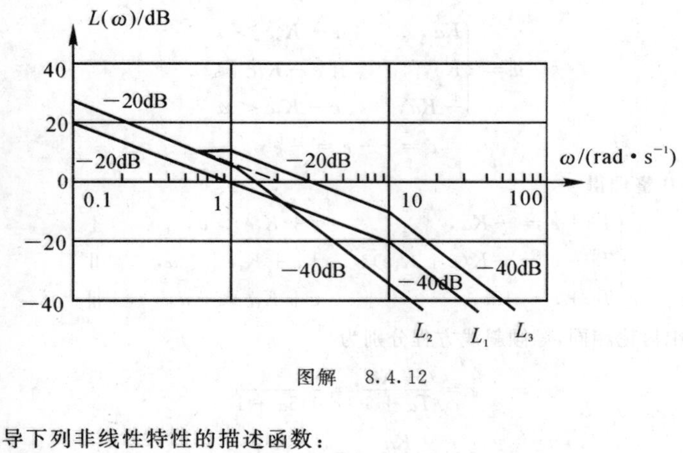

图解　8.4.12

8.4.13　试推导下列非线性特性的描述函数：

(1) 变增益特性(见参考文献[1]P388 表 8－1 中第九项)；

(2) 具有死区的继电特性(见参考文献[1]P388 表 8－1 中第二项)；

(3) $y=x^3$。

解　(1) $y(t)=\begin{cases} K_1 A\sin\omega t, & 0\leqslant \omega t\leqslant \varphi_1 \\ K_1 s+K_2(A\sin\omega t-s), & \varphi_1\leqslant \omega t\leqslant \frac{\pi}{2} \end{cases}$

$$A\sin\omega\varphi_1 = s$$

$$\varphi_1 = \arcsin\frac{s}{A}$$

其输入-输出波形如图解 8.4.13(1) 所示。

非线性特性是单值齐对称的，$y(t)$ 是奇函数，所以有

$$A_1 = 0$$

由于 $y(t)$ 波形对称

$$B_1=\frac{1}{\pi}\int_0^{2\pi}y(t)\cdot\sin\omega t\cdot\mathrm{d}(\omega t)=\frac{4K_1A}{\pi}\int_0^{\varphi_1}\frac{1}{2}(1-\cos 2\omega t)\mathrm{d}(\omega t)+\frac{4s}{\pi}\int_{\varphi_1}^{\frac{\pi}{2}}(K_1-K_2)\sin\omega t\cdot\mathrm{d}(\omega t)+$$

$$\frac{4K_2A}{\pi}\int_{\varphi_1}^{\frac{\pi}{2}}\sin^2\omega t\cdot\mathrm{d}(\omega t)=\frac{2K_1A}{\pi}\left[\omega t-\frac{1}{2}\sin 2\omega t\right]_0^{\varphi_1}+\frac{4s(K_1-K_2)}{\pi}\left[-\cos\omega t\right]_{\varphi_1}^{\frac{\pi}{2}}+$$

$$\frac{2K_2A}{\pi}\left[\omega t-\frac{1}{2}\sin 2\omega t\right]_{\varphi_1}^{\frac{\pi}{2}}=\frac{2K_1A}{\pi}\left[\arcsin\frac{s}{A}-\frac{s}{A}\sqrt{1-\left(\frac{s}{A}\right)^2}\right]+$$

$$\frac{4s(K_1-K_2)}{\pi}\sqrt{1-\left(\frac{s}{A}\right)^2}+\frac{2K_2A}{\pi}\left[\frac{\pi}{2}-\arcsin\frac{s}{A}+\frac{s}{A}\sqrt{1-\left(\frac{s}{A}\right)^2}\right]=$$

$$\frac{2A}{\pi}(K_1-K_2)\left[\arcsin\frac{s}{A}-\frac{s}{A}\sqrt{1-\left(\frac{s}{A}\right)^2}\right]+K_2A+\frac{4s(K_1-K_2)}{\pi}\sqrt{1-\left(\frac{s}{A}\right)^2}=$$

$$K_2A+\frac{2A}{\pi}(K_1-K_2)\left[\arcsin\frac{s}{A}+\frac{s}{A}\sqrt{1-\left(\frac{s}{A}\right)^2}\right]=$$

$$A\left[K_2+\frac{2}{\pi}(K_1-K_2)\left(\arcsin\frac{s}{A}+\frac{s}{A}\sqrt{1-\left(\frac{s}{A}\right)^2}\right)\right]$$

故　$N(A)=\dfrac{B_1}{A}+\mathrm{j}\dfrac{A_1}{A}=K_2+\dfrac{2}{\pi}(K_1-K_2)\left(\arcsin\dfrac{s}{A}+\dfrac{s}{A}\sqrt{1-\left(\dfrac{s}{A}\right)^2}\right)$

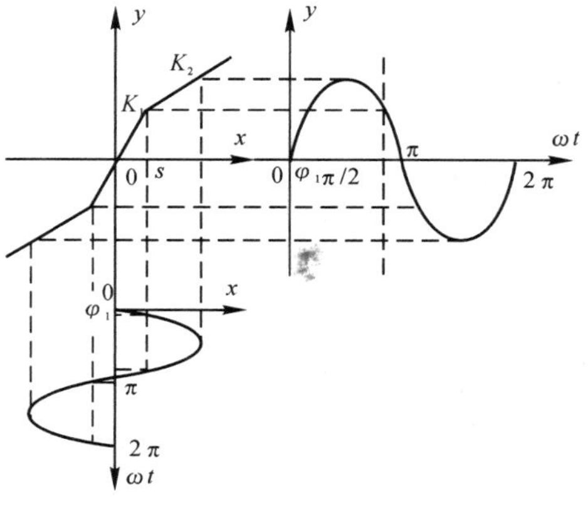

图解　8.4.13(1)

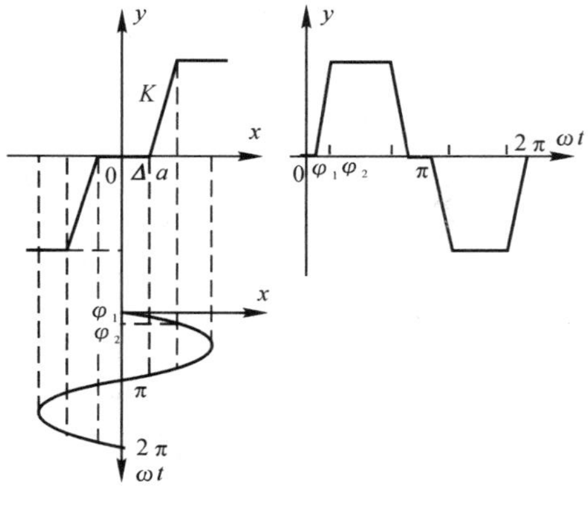

图解　8.4.13(2)

(2)　$y(t)=\begin{cases} 0, & 0\leqslant \omega t\leqslant \varphi_1 \\ K(A\sin\omega t-\Delta), & \varphi_1\leqslant \omega t\leqslant \varphi_2 \\ K(a-\Delta), & \varphi_2\leqslant \omega t\leqslant \frac{\pi}{2} \end{cases}$

其输入-输出波形如图解 8.4.13(2) 所示。

函数 $y(t)$ 是奇函数，并且上下波形对称，1/4 波形对称，因此有

$$A_1 = 0, \varphi_1 = \arcsin\frac{\Delta}{A}, \varphi_2 = \arcsin\frac{a}{A}$$

$$B_1 = \frac{1}{\pi}\int_0^{2\pi} y(t)\cdot\sin\omega t\cdot d(\omega t) = \frac{4}{\pi}\int_0^{\varphi_1} y(t)\sin\omega t\cdot d(\omega t) + \frac{4}{\pi}\int_{\varphi_1}^{\varphi_2} y(t)\sin\omega t\cdot d(\omega t) +$$

$$\frac{4}{\pi}\int_{\varphi_2}^{\frac{\pi}{2}} y(t)\sin\omega t\cdot d(\omega t) = \frac{4}{\pi}\int_{\varphi_2}^{\varphi_2} K(A\sin\omega t - \Delta)\sin\omega t\, d(\omega t) + \frac{4}{\pi}\int_{\varphi_2}^{\frac{\pi}{2}} K(a-\Delta)\sin\omega t\cdot d(\omega t) =$$

$$\frac{4K\Delta}{\pi}\int_{\varphi_1}^{\varphi_2}(-\sin\omega t)d(\omega t) + \frac{4KA}{\pi}\int_{\varphi_1}^{\varphi_2}\sin^2\omega t\cdot d(\omega t) + \frac{4K(a-\Delta)}{\pi}\int_{\varphi_2}^{\frac{\pi}{2}}\sin\omega t\cdot d(\omega t) =$$

$$\frac{4K\Delta}{\pi}[\cos\omega t]_{\varphi_1}^{\varphi_2} + \frac{2KA}{\pi}\left[\omega t - \frac{1}{2}\sin 2\omega t\right]_{\varphi_1}^{\varphi_2} + \frac{4K(a-\Delta)}{\pi}[-\cos\omega t]_{\varphi_2}^{\frac{\pi}{2}} =$$

$$\frac{4K\Delta}{\pi}\left[\sqrt{1-\left(\frac{a}{A}\right)^2} - \sqrt{1-\left(\frac{\Delta}{A}\right)^2}\right] +$$

$$\frac{2KA}{\pi}\left[\arcsin\frac{a}{A} - \arcsin\frac{\Delta}{A} - \frac{a}{A}\sqrt{1-\left(\frac{a}{A}\right)^2} + \frac{\Delta}{A}\sqrt{1-\left(\frac{\Delta}{A}\right)^2}\right] +$$

$$\frac{4K(a-\Delta)}{\pi}\sqrt{1-\left(\frac{a}{A}\right)^2} =$$

$$\frac{2KA}{\pi}\left[\arcsin\frac{a}{A} - \arcsin\frac{\Delta}{A} + \frac{a}{A}\sqrt{1-\left(\frac{a}{A}\right)^2} - \frac{\Delta}{A}\sqrt{1-\left(\frac{\Delta}{A}\right)^2}\right]$$

故

$$N(A) = \frac{B_1}{A} + j\frac{A_1}{A} = \frac{2K}{\pi}\left[\arcsin\frac{a}{A} - \arcsin\frac{\Delta}{A} + \frac{a}{A}\sqrt{1-\left(\frac{a}{A}\right)^2} - \frac{\Delta}{A}\sqrt{1-\left(\frac{\Delta}{A}\right)^2}\right]$$

(3) $y(t) = A^3\sin^3\omega t$

其输入-输出波形如图解 8.4.13(3) 所示。

$$B_1 = \frac{1}{\pi}\int_0^{2\pi} A^3\sin^4\omega t\cdot d(\omega t) = \frac{4A^3}{\pi}\int_0^{2\pi}\frac{1}{4}(1-\cos 2\omega t)^2\cdot d(\omega t) =$$

$$\frac{A^3}{\pi}\int_0^{\frac{\pi}{2}}(1 - 2\cos 2\omega t + \cos^2 2\omega t)\cdot d(\omega t) =$$

$$\frac{A^3}{\pi}\left[\frac{\pi}{2}\right] - \frac{A^3}{\pi}[\sin 2\omega t]_0^{\frac{\pi}{2}} + \frac{A^3}{\pi}\int_0^{\frac{\pi}{2}}\frac{\cos 4\omega t + 1}{2}d(\omega t) =$$

$$\frac{A^3}{2} - 0 + \frac{A^3}{2\pi}\int_0^{\frac{\pi}{2}}\cos 4\omega t\cdot d(\omega t) + \frac{A^3}{2\pi}\int_0^{\frac{\pi}{2}}d(\omega t) = \frac{3A^3}{4}$$

故

$$N(A) = \frac{B_1}{A} + j\frac{A_1}{A} = \frac{3A^2}{4}$$

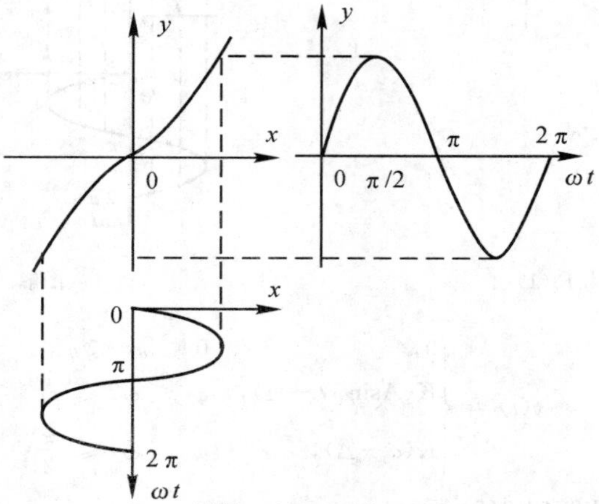

图解 8.4.13(3)

8.4.14　将图 8.4.84 所示非线性系统简化成典型结构图形式，并写出线性部分的传递函数。

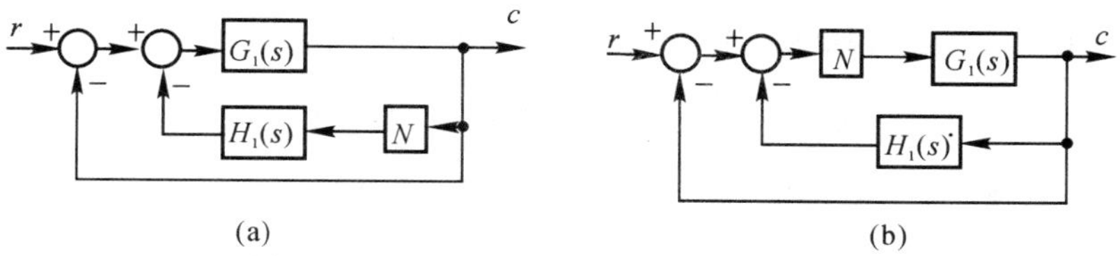

图 8.4.84　题 8.4.14 的非线性系统结构图

解　(a) 先求出 $\Phi(s)$ 有

$$\Phi(s) = \frac{G_1(s)}{1+G_1(s)+G_1(s)H_1(s)N}$$

令

$$1+G_1(s)+G_1(s)H_1(s)N = 0$$

$$H_1(s)\frac{G_1(s)}{1+G_1(s)}N = -1$$

所以

$$G(s) = H_1(s)\frac{G_1(s)}{1+G_1(s)}$$

(b) 先将 $N(A)$ 看做线性环节，求原系统的闭环传递函数 $\Phi(s)$，然后取 $\Phi(s)$ 的分母令其为零，推写出 $G(s)\times N(s)=-1$ 的形式，便可定出 $G(s)$。

依原图，有

$$\Phi(s) = \frac{NG_1(s)}{1+NG_1(s)+NG_1(s)H_1(s)}$$

令

$$1+NG_1(s)+NG_1(s)H_1(s) = 0$$

$$G_1(s)[1+H_1(s)]N = -1$$

所以

$$G(s) = G_1(s)[1+H_1(s)]$$

8.4.15　根据已知非线性特性的描述函数求图 8.4.85 所示各种非线性特性的描述函数。

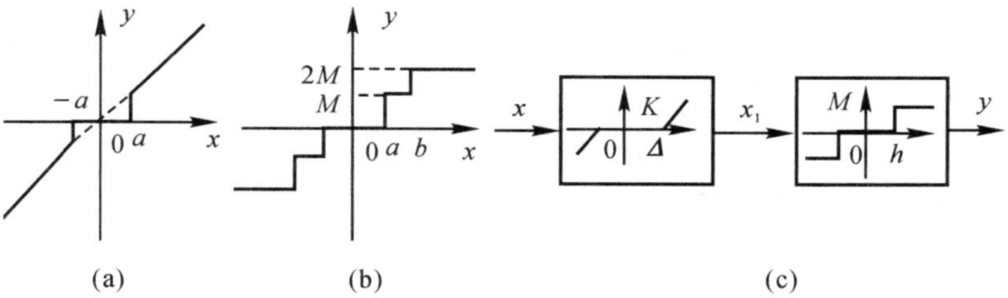

图 8.4.85　题 8.4.15 的非线性特性

解　(a) 非线性环节可看成是图解 8.4.15(1) 所示两个非线性环节的叠加，因此

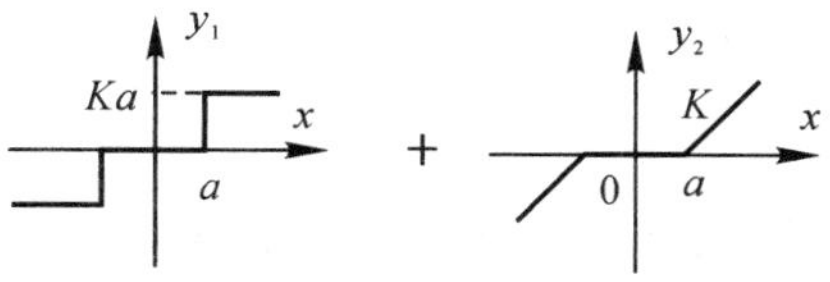

图解　8.4.15(1)

$$N(A) = N_1(A)+N_2(A) = \frac{4Ka}{\pi A}\sqrt{1-\left(\frac{a}{A}\right)^2}+\frac{2K}{\pi}\left[\frac{\pi}{2}-\arcsin\frac{a}{A}-\frac{a}{A}\sqrt{1-\left(\frac{a}{A}\right)^2}\right]=$$

$$K-\frac{2K}{\pi}\arcsin\frac{a}{A}+\frac{2Ka}{\pi A}\sqrt{1-\left(\frac{a}{A}\right)^2}$$

(b) 非线性环节可看成是图解 8.4.15(2) 所示两个非线性环节的叠加,因此

$$N(A)=\frac{4M}{\pi A}\left[\sqrt{1-\left(\frac{a}{A}\right)^2}+\sqrt{1-\left(\frac{b}{A}\right)^2}\right]$$

(c) 两个非线性环节可等效为图解 8.4.15(3) 所示的非线性环节,其中

$$\Delta'=\Delta+\frac{h}{K}$$

$$N(A)=\frac{4M}{\pi A}\sqrt{1-\left(\frac{\Delta'}{A}\right)^2}\qquad (A\geqslant\Delta')$$

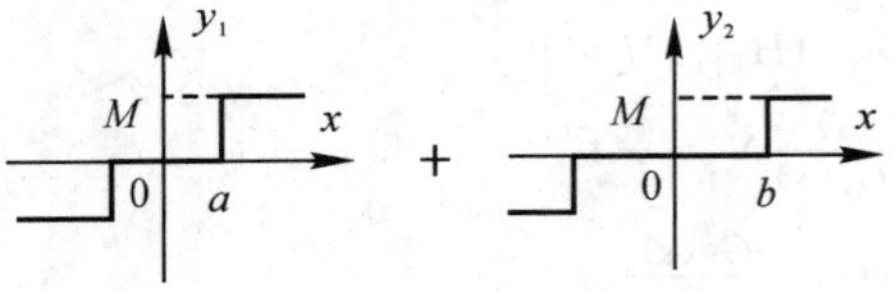

图解 8.4.15(2)

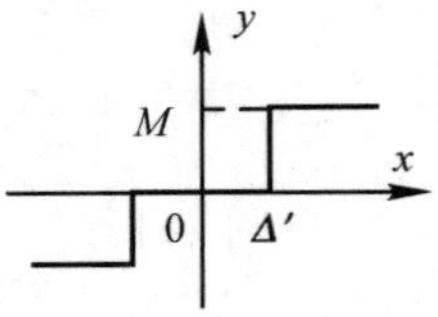

图解 8.4.15(3)

8.4.16 某单位反馈系统,其前向通路中有一描述函数 $N(A)=\mathrm{e}^{-\mathrm{j}\frac{\pi}{4}}/A$ 的非线性元件,线性部分的传递函数为 $G(s)=\dfrac{15}{s(0.5s+1)}$,试用描述函数法确定系统是否存在自振?若有,参数是多少?

解 $-\dfrac{1}{N(A)}=-A\mathrm{e}^{\mathrm{j}\frac{\pi}{4}}=\mathrm{e}^{\mathrm{j}\pi}A\mathrm{e}^{\mathrm{j}\frac{\pi}{4}}=A\mathrm{e}^{\mathrm{j}\frac{5}{4}\pi}$

画出 $\dfrac{-1}{N(A)}$ 与 $G(\mathrm{j}\omega)$ 的曲线(见图解 8.4.16),可看出 D 点是稳定的自振点。由自振条件:

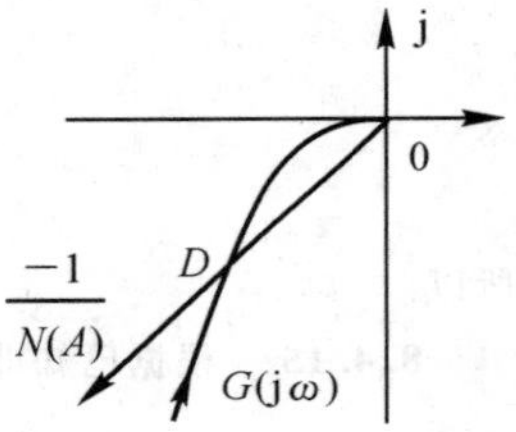

图解 8.4.16

$$N(A)G(\mathrm{j}\omega)=-1$$

即 $N(A)=\dfrac{-1}{G(\mathrm{j}\omega)}=\dfrac{-\mathrm{j}\omega(0.5\mathrm{j}\omega+1)}{15}=\dfrac{0.5\omega^2-\mathrm{j}\omega}{15}=$

$$\frac{\omega\sqrt{(0.5\omega)^2+1}}{15}\mathrm{e}^{-\mathrm{j}\arctan\frac{1}{0.5\omega}}=\frac{1}{A}\mathrm{e}^{-\mathrm{j}\frac{\pi}{4}}$$

比较得 $\tan\dfrac{\pi}{4}=1=\dfrac{1}{0.5\omega},\quad \omega=2$

$$A=\frac{15}{\omega\sqrt{(0.5\omega)^2+1}}=5.3。$$

故自振参数为 $\omega=2, A=5.3$。

8.4.17 已知非线性系统的结构图如图 8.4.86 所示,图中非线性环节的描述函数 $N(A)=\dfrac{A+6}{A+2}(A>0)$,试用描述函数法确定:

(1) 使该非线性系统稳定、不稳定以及产生周期运动时,线性部分的 K 值范围;

(2) 判断周期运动的稳定性,并计算稳定周期运动的振幅和频率。

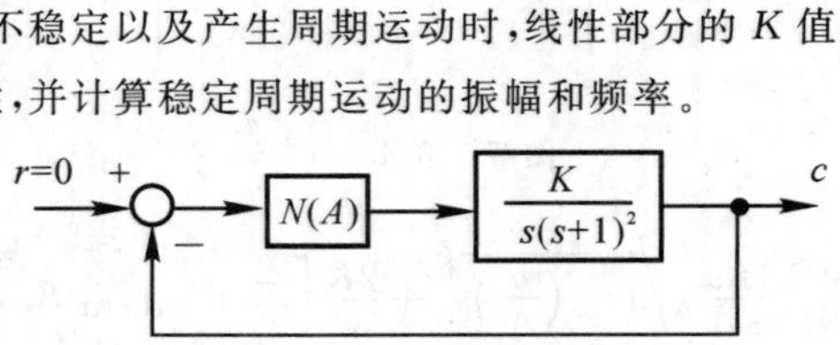

图 8.4.86 题 8.4.17 的非线性系统

解　(1) 画出负倒描述函数曲线(见图解 8.4.17)

$$\frac{-1}{N(A)}=\frac{-(A+2)}{A+6}$$

$$\frac{-1}{N(0)}=-\frac{1}{3},\quad \frac{-1}{N(\infty)}=-1$$

$$\frac{\mathrm{d}N(A)}{\mathrm{d}A}=\frac{-4}{(A+2)^2}<0$$

$N(A)$ 单调降，$\frac{-1}{N(A)}$ 也为单调降函数。画出 $G(\mathrm{j}\omega)$ 曲线，可看出，当 K 从小到大变化时，系统会由稳定变成自振，最终不稳定。

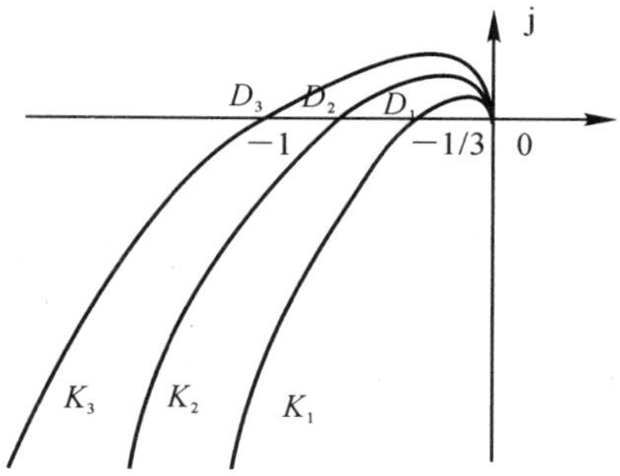

图解　8.4.17

求使 $\mathrm{Im}[G(\mathrm{j}\omega)]=0$ 的 ω 值：令

$$\angle G(\mathrm{j}\omega)=-90^\circ-2\arctan\omega=-180^\circ$$

得

$$\arctan\omega=45^\circ,\quad \omega=1$$

令

$$|G(\mathrm{j}\omega)|_{\omega=1}=\frac{K}{\omega(\sqrt{\omega^2+1})^2}\Bigg|_{\omega=1}=\frac{K}{2}=\begin{cases}\frac{1}{3}\rightarrow K_1=\frac{2}{3}\\ 1\rightarrow K_3=2\end{cases}$$

得出 K 值与系统特性之间的关系：

$$K:0\xrightarrow[\text{稳定}]{}\frac{2}{3}\xrightarrow[\text{自振}]{}2\xrightarrow[\text{不稳定}]{}\infty$$

(2) 系统周期运动是稳定的。由自振条件：

$$N(A)G(\mathrm{j}\omega)\Big|_{\omega=1}=\frac{A+6}{A+2}\cdot\frac{-K}{2}=\frac{-(A+6)K}{2(A+2)}=-1$$

$$(A+6)K=2A+4$$

解出

$$\begin{cases}A=\dfrac{6K-4}{2-K}\\ \omega=1\end{cases}\quad\left(\frac{2}{3}<K<2\right)$$

8.4.18　非线性系统如图 8.4.87 所示，试用描述函数法分析周期运动的稳定性，并确定系统输出信号振荡的振幅和频率。

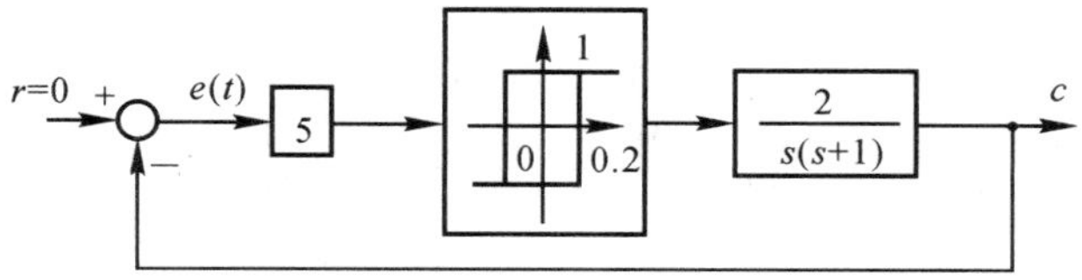

图 8.4.87　题 8.4.18 的非线性系统

解　将系统结构图等效变换为图解 8.4.18

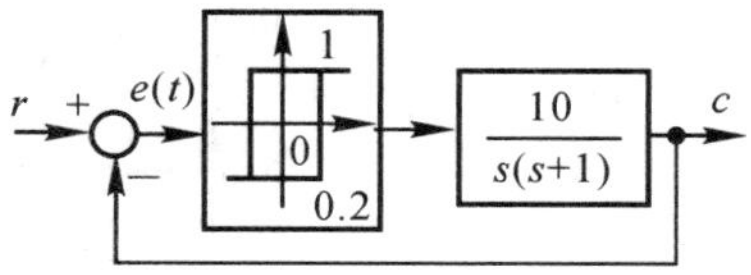

图解　8.4.18

$$G(\mathrm{j}\omega)=\frac{10}{\mathrm{j}\omega(\mathrm{j}\omega+1)}=\frac{-10}{\omega^2+1}-\mathrm{j}\frac{10}{\omega(\omega^2+1)}$$

$$N(A)=\frac{4}{\pi A}\sqrt{1-\left(\frac{0.2}{A}\right)^2}-\mathrm{j}\,\frac{4\times0.2}{\pi A^2}=\frac{4}{\pi A}\left[\sqrt{1-\left(\frac{0.2}{A}\right)^2}-\mathrm{j}\,\frac{0.2}{A}\right]$$

$$-\frac{1}{N(A)}=\frac{-\pi A}{4}\,\frac{1}{\sqrt{1-\left(\frac{0.2}{A}\right)^2}-\mathrm{j}\,\frac{0.2}{A}}=\frac{-\pi A}{4}\,\frac{\sqrt{1-\left(\frac{0.2}{A}\right)^2}+\mathrm{j}\,\frac{0.2}{A}}{1-\left(\frac{0.2}{A}\right)^2+\left(\frac{0.2}{A}\right)^2}=$$

$$\frac{-\pi A}{4}\sqrt{1-\left(\frac{0.2}{A}\right)^2}-\mathrm{j}\,\frac{0.2\pi}{4}$$

令 $G(\mathrm{j}\omega)$ 与 $\frac{-1}{N(A)}$ 的实部、虚部分别相等得

$$\frac{10}{\omega^2+1}=\frac{\pi A}{4}\sqrt{1-\left(\frac{0.2}{A}\right)^2}$$

$$\frac{10}{\omega(\omega^2+1)}=\frac{0.2\pi}{4}=0.157$$

两式联立求解得 $\omega=3.91$，$A=0.806$，输出信号振幅 $A_c=\frac{A}{5}=0.161$。

8.4.19 试用描述函数法说明图 8.4.88 所示系统必然存在自振，并确定 c 的自振振幅和频率，画出 c,x,y 的稳态波形。

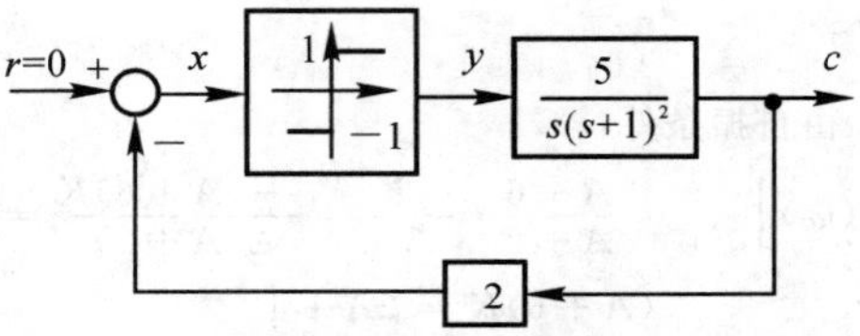

图 8.4.88 题 8.4.19 的非线性系统

解
$$N(A)=\frac{4}{\pi A},\quad \frac{-1}{N(A)}=\frac{-\pi A}{4}$$

作图解 8.4.19(1) 可见 D 点是稳定的自振点，由自振条件：

$$N(A)G(\mathrm{j}\omega)=-1$$

$$N(A)=\frac{-1}{G(\mathrm{j}\omega)}$$

即
$$\frac{4}{\pi A}=\frac{-\mathrm{j}\omega(\mathrm{j}\omega+2)^2}{10}=\frac{-4\omega^2}{10}+\frac{\mathrm{j}\omega(4-\omega^2)}{10}$$

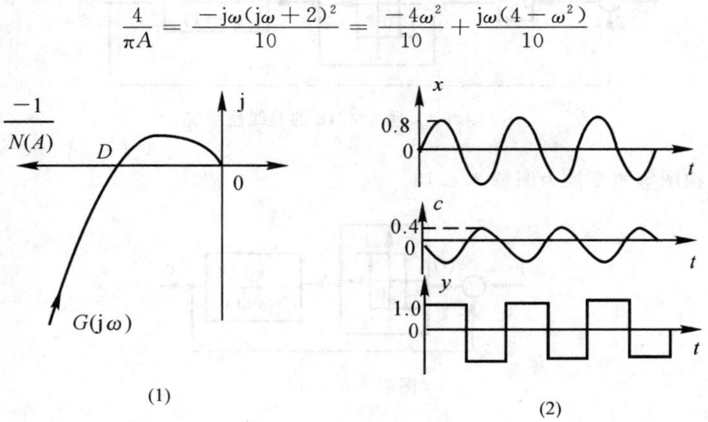

图解 8.4.19

令虚部为零,解出 $\omega=2$,代入实部得 $A=0.796$。最后得出自振参数:$A=0.796$,$\omega=2$。
x,c,y 点的信号波形见图解 8.4.19(2)。

8.4.20　试用描述函数法和相平面法分析图 8.4.89 所示非线性系统的稳定性及自振。

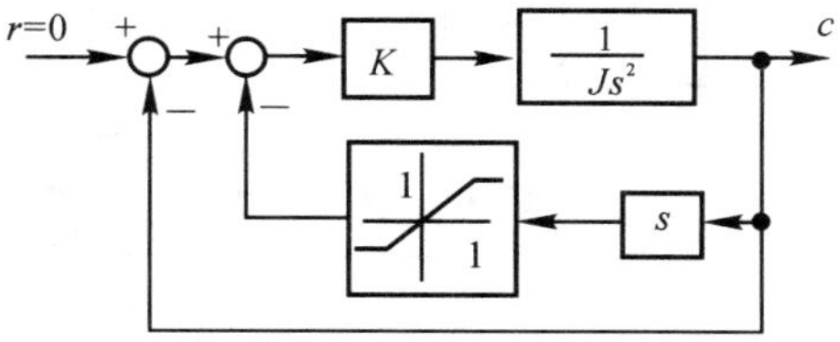

图 8.4.89　题 8.4.20 的非线性系统

解　(1) 用描述函数法分析。先将结构图等效为典型结构形式:

$$\Phi(s)=\frac{K\frac{1}{Js^2}}{1+K\frac{1}{Js^2}+K\frac{1}{Js^2}sN}$$

取 $\Phi(s)$ 的分母令其为零,推导出 $G(s)N(s)=-1$ 的形式,便可定出 $G(s)$。
解得

$$G(s)=\frac{Ks}{Js^2+K}$$

画出 $G(\mathrm{j}\omega)$ 曲线和 $\frac{-1}{N(A)}$ 曲线如图解 8.4.20(2) 所示。两曲线不相交,且 $\frac{-1}{N(A)}$ 曲线在 $G(\mathrm{j}\omega)$ 曲线之外,故系统稳定。

(2) 用相平面分析法,线性部分传递函数为(由结构图解 8.4.20(1))

$$J\ddot{c}+Kc=K\dot{u} \qquad ①$$

由非线性环节有

$$u=\begin{cases}1, & e>1\\ e, & |e|\leqslant 1\\ -1, & e<-1\end{cases} \qquad ②$$

由比较点得

$$e=-c \qquad ③$$

将式 ③,式 ② 代入式 ① 整理得

$$J\ddot{e}+Ke=-K\dot{u}=\begin{cases}0, & e>1, & \text{Ⅰ}\\ -K\dot{e}, & |e|\leqslant 1, & \text{Ⅱ}\\ 0, & e<-1, & \text{Ⅲ}\end{cases}$$

Ⅰ,Ⅲ 区的特征方程及特征根为

$$Js^2+K=0,\quad s_{1,2}=\pm\mathrm{j}\sqrt{\frac{K}{J}}$$

Ⅱ 区的特征方程及特征根为

$$Js^2+Ks+K=0,\quad s_{1,2}=\frac{-K}{2J}\pm\frac{1}{2J}\sqrt{K^2-4JK}$$

当 $K\geqslant 4J$ 时,$e_0=0$ 为稳定的节点;当 $K<4J$ 时,$e_0=0$ 为稳定的焦点。
概略画出系统相轨迹如图解 8.4.20(3) 所示,可看出系统响应最终稳定。

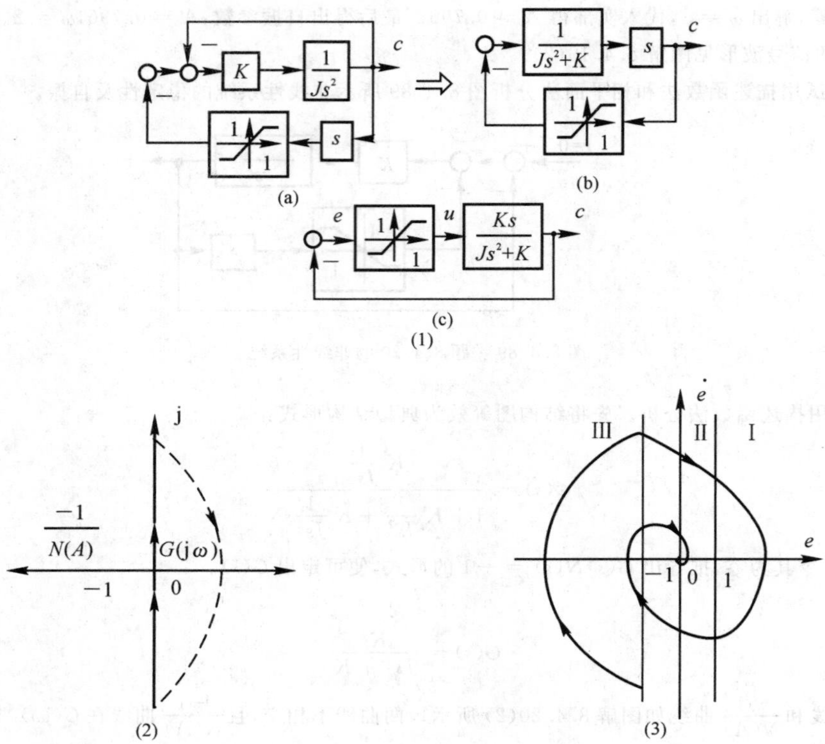

图解 8.4.20

8.4.21 已知非线性系统的输入和输出关系式

$$\dddot{y}+af(\ddot{y},\dot{y},y)=\ddot{u}+bg(\dot{u},u)$$

试求伪线性系统的结构及实现形式。

解 由原系统方程可得

$$\ddot{u}=\dddot{y}+af(\ddot{y},\dot{y},y)-bg(\dot{u},u)$$

取伪线性系统的输入为 $$\Phi=\dddot{y}$$

则逆系统方程为 $$\ddot{u}=\Phi+af(\ddot{y},\dot{y},y)-bg(\dot{u},u)$$

可得 $$y(s)=\frac{1}{s^3}\Phi(s)$$

则伪线性系统的结构及实现形式如图解 8.4.21 所示。

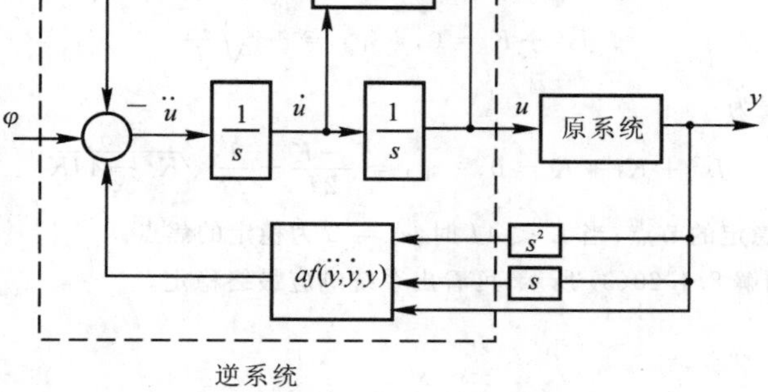

图解 8.4.21

8.4.22 已知带速度反馈的非线性系统如图 8.4.90 所示。系统原来处于静止状态，且 $0<\beta<1$，输入 $r(t)=-R\cdot 1(t)(R>a)$，试分别画出有速度反馈和无速度反馈时的系统相轨迹。

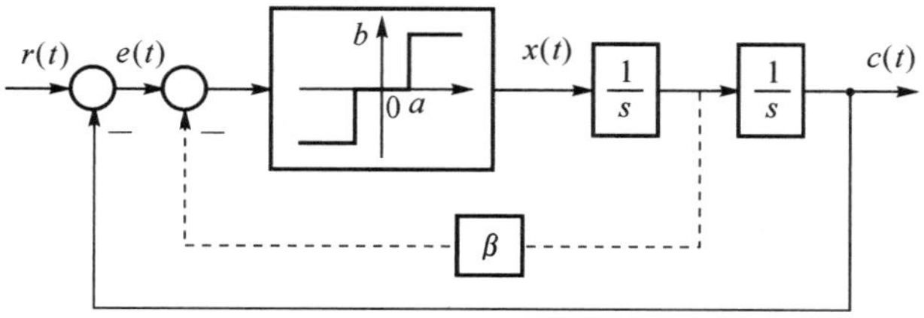

图 8.4.90 题 8.4.22 非线性系统

解 (1) 无速度反馈。由图 8.4.90 可知，$x(t)=\ddot{c}(t)$。当 $e>a$ 时，$x=b=\ddot{c}$，而 $e=r-c,\dot{e}=-\dot{c},\ddot{e}=-\ddot{c}=-b$；当 $|e|<a$ 时，$x=\ddot{c}=0$，故 $\ddot{e}=0$；当 $e<-a$ 时，必有 $x=-b=\ddot{c}$，故 $\ddot{e}=-\ddot{c}=b$。相轨迹方程为

$$\begin{cases}\ddot{e}=-b, & e>a\\ \ddot{e}=0, & |e|<a\\ \ddot{e}=b, & e<-a\end{cases}$$

显然，开关线

$$|e|=a$$

初始条件

$$e(0)=-R,\quad \dot{e}(0)=0$$

当 $e<-a$ 时，$\dot{e}\dfrac{d\dot{e}}{de}=b$，有 $\dot{e}^2=2be+C_1$，由初始条件

$$C_1=\dot{e}^2(0)-2be(0)=2bR$$

故有

$$\dot{e}^2=2b(e+R)$$

这是一条抛物线，其顶点为 $-R$。

当 $e>a$ 时，由相轨迹的对称性知，相轨迹是一条开口相反的抛物线，其项点为 R。

当 $|e|<a$ 时，因 $\ddot{e}=0$，有 $\dot{e}=\text{const}$，相轨迹为水平直线。

无速度反馈时，系统的相轨迹如图解 8.4.22(1) 所示。

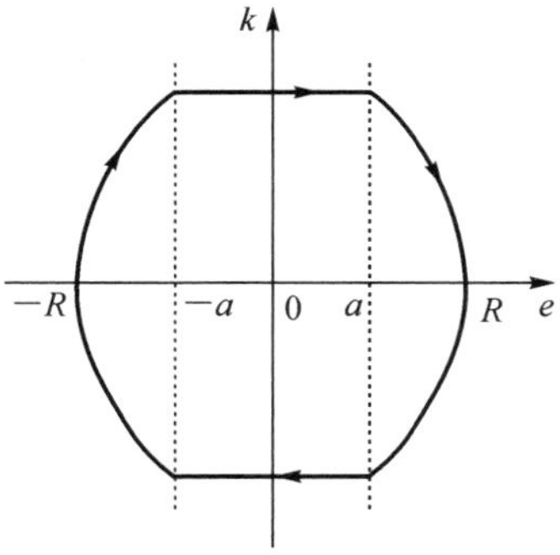

图解 8.4.22(1) 无速度反馈时系统的相轨迹

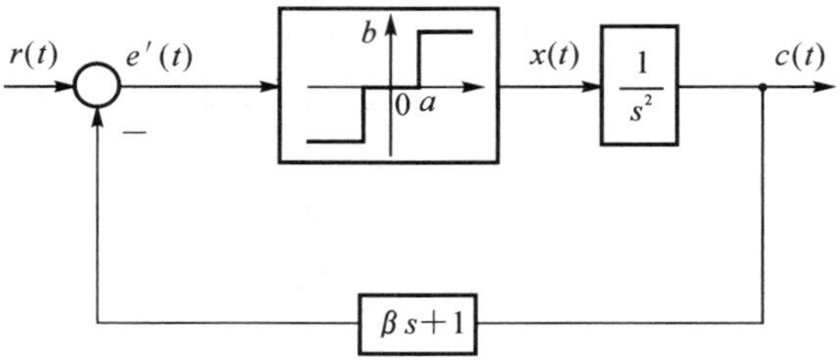

图解 8.4.22(2) 系统等效结构图

(2) 有速度反馈。系统结构图如图解 8.4.22(2) 所示。由图知

$$e'=r-c-\beta\dot{c}$$

由于 $e=r-c,\dot{e}=-\dot{c}$，所以

$$e' = e + \beta \dot{e}$$

相轨迹方程为

$$\ddot{e} = \begin{cases} -b, & e+\beta\dot{e} > a \\ 0, p & |e+\beta\dot{e}| < a \\ b, & e+\beta\dot{e} < -a \end{cases}$$

开关线

$$|e+\beta\dot{e}| = a$$

初始条件

$$e(0) = -R,\quad \dot{e}(0) = 0$$

有速度反馈时，系统的相轨迹如图解 8.4.22(3) 所示。

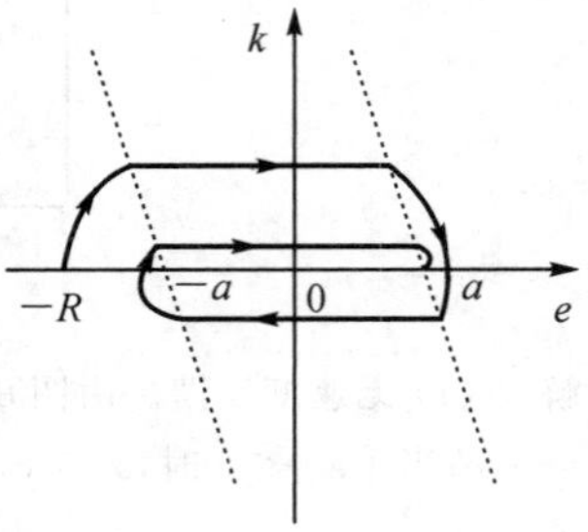

图解 8.4.22(3)　有速度反馈时系统的相轨迹

8.4.23　非线性系统如图 8.4.91 所示，其中非线性环节的描述函数 $N(A) = \dfrac{4M}{\pi A}$。试问：

(1) 当 $\tau = 0$ 时，系统受扰动后的稳定运动状态呈现什么形式？

(2) 当 $\tau \neq 0$ 时，要使系统产生频率 $\omega = 1$，幅值 $A = 2$ 的自振，τ 与 K 应取何值？

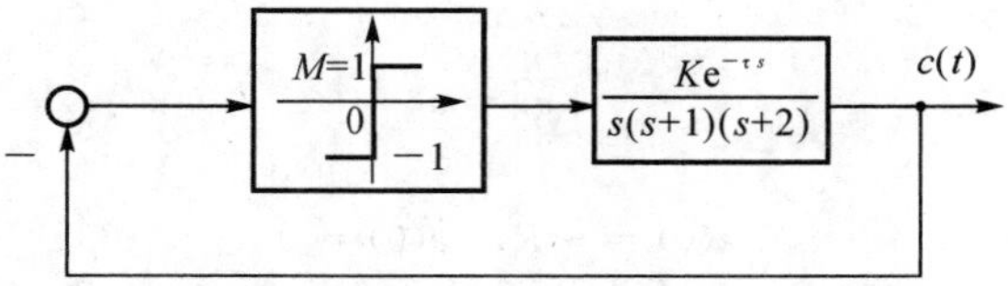

图 8.4.91　题 8.4.23 非线性系统

解　(1) $\tau = 0$ 时系统的稳定运动形式。系统频率特性为

$$G(j\omega) = \frac{K}{j\omega(j\omega+1)(j\omega+2)} = \frac{K}{-3\omega^2 - j(\omega^3 - 2\omega)}$$

负倒描述函数为

$$-\frac{1}{N(A)} = -\frac{\pi A}{4M} = -\frac{\pi A}{4}$$

绘制 $G(j\omega)$ 与 $-1/N(A)$ 曲线，如图解 8.4.23 所示。由图解 8.4.23 知，$G(j\omega)$ 与 $-1/N(A)$ 存在交点 A_0，当振荡增大时候，$-1/N(A)$ 从不稳定区域进入稳定区域，因此系统受扰后稳定运动状态呈现稳定自振。

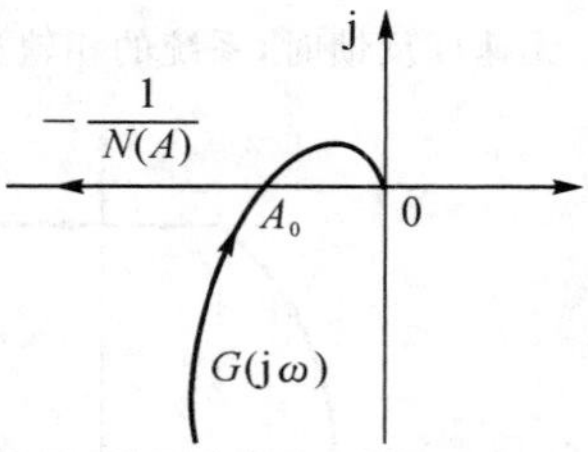

图解 8.4.23　$\tau = 0$ 时系统的稳定性分析

因交点 A_0 在负实轴上，必有 $\mathrm{Im}G(j\omega_0) = 0$，因此 $\omega_0^3 - 2\omega_0 = 0$，解得自振频率 $\omega_0 = 0$（舍去）和 $\omega_0 = \sqrt{2}$。而

$$\mathrm{Re}G(j\omega_0) = -\frac{1}{N(A_0)} = -\frac{\pi A_0}{4}$$

有 $-\dfrac{K}{3\omega_0^2}\Big|_{\omega_0=\sqrt{2}} = -\dfrac{\pi A_0}{4}$，求出自振振幅 $A_0 = \dfrac{2K}{3\pi}$。

(2) $\tau \neq 0$ 时产生自振的系统参数 K 与 τ 值。线性部分频率特性为

$$G(j\omega) = \frac{Ke^{-j\omega}}{j\omega(j\omega+1)(j\omega+2)}$$

由题意，系统自振频率 $\omega = 1$，自振振幅 $A = 2$，在 $G(j\omega)$ 与 $-1/N(A)$ 的交点上，有

$$-\frac{1}{N(A)} = -\frac{2\pi}{4} = -\frac{\pi}{2}$$

因
$$|G(\mathrm{j}1)| = \frac{K}{\sqrt{1+1}\cdot\sqrt{1+4}} = \frac{K}{\sqrt{10}}$$

根据$\frac{K}{\sqrt{10}} = \frac{\pi}{2}$，可求出

$$K = \frac{\sqrt{10}\,\pi}{2} = 4.97$$

由
$$\angle G(\mathrm{j}1) = -90° - \arctan 1 - \arctan 0.5 - 57.3\tau = -180°$$
可求出 $\tau = 0.32$。故所求参数值为

$$K = 4.97,\quad \tau = 0.32$$

8.4.24 若图8.4.92所示非线性系统输出量 c 的自振振幅 $A_c = 0.1$，角频率 $\omega = 10$，试确定参数 T 及 K 的数值（T,K 均大于零）。

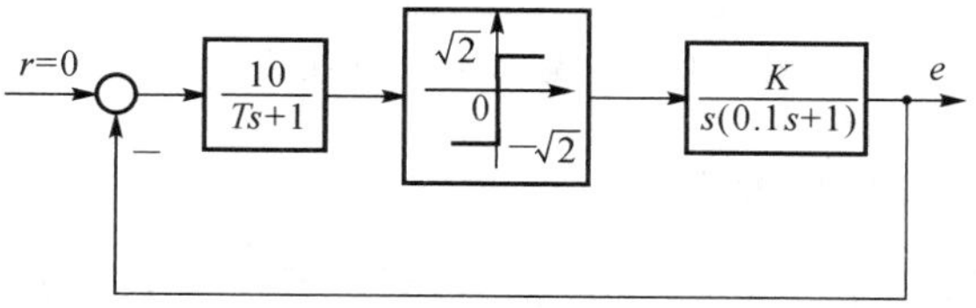

图 8.4.92　题 8.4.24 非线性系统结构图

解　(1) 结构图归化。将系统等效为典型的结构形式，其中非线性部分描述函数

$$N(A) = \frac{4\sqrt{2}}{\pi A}$$

线性部分的传递函数为

$$G(s) = \frac{10K}{s(Ts+1)(0.1s+1)}$$

(2) 稳定性分析及参数确定。负倒描述函数为

$$-\frac{1}{N(A)} = -\frac{\pi A}{4\sqrt{2}}$$

显然，$-\frac{1}{N(0)} = 0$，$-\frac{1}{N(\infty)} = -\infty$。

线性部分的频率特性为

$$G(\mathrm{j}\omega) = \frac{10K}{\mathrm{j}\omega(\mathrm{j}T\omega+1)(\mathrm{j}0.1\omega+1)}$$

概略绘制 Γ_G 与 $-1/N(A)$ 的曲线如图解8.4.24所示。由图可知，Γ_G 与 $-1/N(A)$ 曲线存在交点，且当振幅增大时，$-1/N(A)$ 曲线从不稳定区域进入稳定区域，因此系统呈现频率 $\omega = 10$ 的稳定自振。

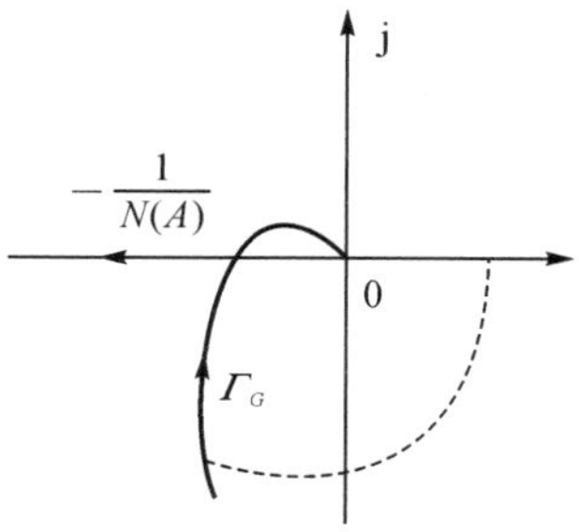

图解 8.4.24　稳定性分析

因交点在负实轴上，必有 $\mathrm{Im}G(\mathrm{j}10) = 0$，即

$$-90° - \arctan 1 - \arctan(10T) = -180°$$

求得 $T = 0.1$。

由于非线性输出量 c 的自振振幅 $A_c = 0.1$，而输出量 c 到非线性环节输入端的传递函数为$\frac{10}{Ts+1}$，幅频特性$\left|\frac{10}{\mathrm{j}T\omega+1}\right|_{\substack{T=0.1\\ \omega=10}} = 5\sqrt{2}$。因此，非线性环节输入端的自振振幅$A = 5\sqrt{2}A_c = \frac{\sqrt{2}}{2}$。令

$$\mathrm{Re}G(\mathrm{j}10) = \frac{1}{N(A)}\bigg|_{A=\frac{\sqrt{2}}{2}}$$

有 $-\frac{K}{2}=-\frac{\pi}{8}$，不难求得 $K=\frac{\pi}{4}$。

8.4.25 设非线性系统如图 8.4.93 所示，其中参数 K_1,K_2,T_1,T_2,M 均为正。试确定：

(1) 系统发生自振时，各参数应满足的条件；

(2) 自振频率和振幅。

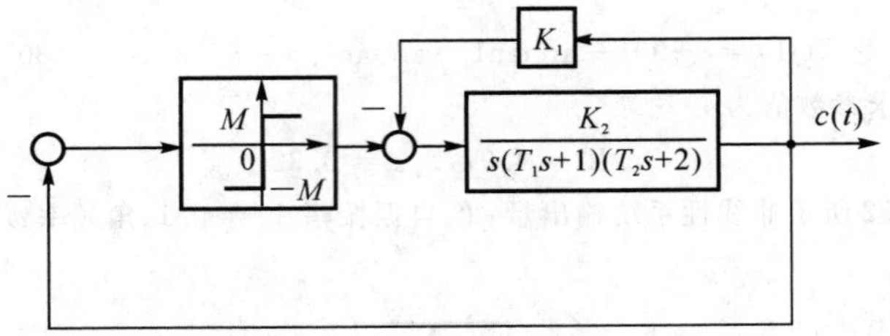

图 8.4.93 题 8.4.25 非线性系统

解 将图示非线性系统化为典型结构

$$G(j\omega)=\frac{K_2}{j\omega(T_1j\omega+1)(T_2j\omega+1)+K_1K_2}=\frac{K_2}{K_1K_2-(T_1+T_2)\omega^2+(1-T_1T_2\omega^2)j\omega}-\frac{1}{N(A)}=-\frac{\pi A}{4M}$$

当 $\omega=\frac{1}{\sqrt{T_1T_2}}$ 时，有

$$G(j\omega)=\frac{K_3}{K_1K_2-\left(\frac{T_1+T_2}{T_1T_2}\right)}$$

令 $-\frac{1}{N(A)}=G(j\omega)$，即

$$-\frac{\pi A}{4M}=\frac{K_2}{K_1K_2-\left(\frac{T_1+T_2}{T_1T_2}\right)}$$

由此可知，使系统产生稳定自振时各参数应满足的条件为 $K_1K_2<\frac{T_1+T_2}{T_1T_2}$，自振参数为

$$\omega=\frac{1}{\sqrt{T_1T_2}},\quad A=\frac{4MK_2}{\pi\left(\frac{T_1+T_2}{T_1T_2}-K_1K_2\right)}$$

第9章 线性系统的状态空间分析与综合

9.1 重点内容提要

9.1.1 线性系统的状态空间描述

1. 基本概念

(1) 状态：系统在时间域中的行为或运动信息的集合。

(2) 状态变量：确定系统状态的一组独立(数目最小)的变量。

(3) 状态向量：以系统 n 个状态变量为分量构成的向量。

(4) 状态空间：以 n 个状态变量作为基底所组成的 n 维空间。

(5) 状态方程：描述系统状态变量与输入变量之间关系的一阶微分(差分)方程组。

(6) 输出方程：描述系统输出变量和输入变量之间函数关系的代数方程组。

(7) 状态空间表达式(动态方程)：状态方程与输出方程的组合。

(8) 线性系统：状态空间表达式为线性函数的系统，即

$$\begin{cases}\dot{\boldsymbol{x}}(t)=\boldsymbol{A}(t)\boldsymbol{x}(t)+\boldsymbol{B}(t)\boldsymbol{u}(t)\\ \boldsymbol{y}(t)=\boldsymbol{C}(t)\boldsymbol{x}(t)+\boldsymbol{D}(t)\boldsymbol{u}(t)\end{cases}$$

(9) 线性定常系统：状态空间表达式中的系数矩阵都是常数的线性系统。

2. 线性定常连续系统状态空间表达式的建立

描述系统所用的状态变量必须是独立变量。系统状态变量的个数是唯一的。n 阶系统的状态变量数只能是 n 个。但是，状态变量的选取不具有唯一性，因此系统状态空间表达式也不具有唯一性，选取不同的状态变量，便会有不同的状态空间表达式。

系统的状态空间表达式可以根据系统机理、微分方程(差分方程)、传递函数、方块图、信号流图建立。按状态空间表达式绘制的系统结构图称为状态变量图。

根据状态矩阵的形式或特点，单输入-单输出系统的状态方程有可控标准型、可观测标准型、约当型(含对角型)三种基本的规范形式。

3. 状态转移矩阵 $\boldsymbol{\Phi}(t)$ 的求法及其性质

(1) 幂级数法 $\mathrm{e}^{\boldsymbol{A}t}=\boldsymbol{I}+\boldsymbol{A}t+\frac{1}{2}\boldsymbol{A}^2t^2+\cdots+\frac{1}{k!}\boldsymbol{A}^kt^k+\cdots=\sum_{k=0}^{\infty}\frac{1}{k!}\boldsymbol{A}^kt^k$

(2) 拉普拉斯变换法 $\boldsymbol{\Phi}(t)=\mathrm{e}^{\boldsymbol{A}t}=\mathscr{L}^{-1}[(s\boldsymbol{I}-\boldsymbol{A})^{-1}]$

(3) 凯莱-哈密顿定理 $\mathrm{e}^{\boldsymbol{A}t}=\sum_{m=0}^{n-1}\alpha_m(t)\boldsymbol{A}^m$

(4) $\boldsymbol{\Phi}(t)$ 的性质

$\boldsymbol{\Phi}(0)=\boldsymbol{I}$

$\dot{\boldsymbol{\Phi}}(t)=\boldsymbol{A}\boldsymbol{\Phi}(t)=\boldsymbol{\Phi}(t)\boldsymbol{A}$

$\boldsymbol{\Phi}(t_1\pm t_2)=\boldsymbol{\Phi}(t_1)\boldsymbol{\Phi}(\pm t_2)=\boldsymbol{\Phi}(\pm t_2)\boldsymbol{\Phi}(t_1)$

$\boldsymbol{\Phi}^{-1}(t)=\boldsymbol{\Phi}(-t)$，$\boldsymbol{\Phi}^{-1}(-t)=\boldsymbol{\Phi}(t)$

$\boldsymbol{x}(t_2)=\boldsymbol{\Phi}(t_2-t_1)\boldsymbol{x}(t_1)$

$\boldsymbol{\Phi}(t_2-t_0)=\boldsymbol{\Phi}(t_2-t_1)\boldsymbol{\Phi}(t_1-t_0)$

$[\boldsymbol{\Phi}(t)]^k = \boldsymbol{\Phi}(kt)$

若 $\boldsymbol{AB} = \boldsymbol{BA}$，$e^{(\boldsymbol{A}+\boldsymbol{B})t} = e^{\boldsymbol{A}t}e^{\boldsymbol{B}t} = e^{\boldsymbol{B}t}e^{\boldsymbol{A}t}$

4. 线性连续定常系统动态方程的求解

(1) 齐次状态方程的解：

$$\boldsymbol{x}(t) = \boldsymbol{\Phi}(t)\boldsymbol{x}(0)$$

(2) 非齐次状态方程的解：

(a) 积分法　$\boldsymbol{x}(t) = \boldsymbol{\Phi}(t)\boldsymbol{x}(0) + \int_0^t \boldsymbol{\Phi}(t-\tau)\boldsymbol{Bu}(\tau)\mathrm{d}\tau = \boldsymbol{\Phi}(t)\boldsymbol{x}(0) + \int_0^t \boldsymbol{\Phi}(\tau)\boldsymbol{Bu}(t-\tau)\mathrm{d}\tau$

(b) 拉氏变换法　$\boldsymbol{x}(t) = \mathscr{L}^{-1}[(s\boldsymbol{I}-\boldsymbol{A})^{-1}\boldsymbol{x}(0)] + \mathscr{L}^{-1}[(s\boldsymbol{I}-\boldsymbol{A})^{-1}\boldsymbol{BU}(s)]$

5. 线性离散系统状态空间表达式的求解

(1) 递推公式　$\boldsymbol{x}(k) = \boldsymbol{G}^k\boldsymbol{x}(0) + \sum_{i=1}^{k-1}\boldsymbol{G}^{k-i-1}\boldsymbol{Hu}(i)\quad k=1,2,\cdots$

(2) z 变换法　$\boldsymbol{x}(t) = \mathscr{Z}^{-1}[(z\boldsymbol{I}-\boldsymbol{G})^{-1}\boldsymbol{x}(0)] + \mathscr{Z}^{-1}[(z\boldsymbol{I}-\boldsymbol{G})^{-1}\boldsymbol{HU}(z)]$

6. 系统的传递函数矩阵及实现

传递函数矩阵 $\boldsymbol{G}(s)$：初始条件为零时，输出向量拉氏变换式与输入向量拉氏变换式之间的传递关系，简称传递矩阵，即

$$\boldsymbol{G}(s) = \boldsymbol{C}(s\boldsymbol{I}-\boldsymbol{A})^{-1}\boldsymbol{B} + \boldsymbol{D}$$

由给定的一个 $\boldsymbol{G}(s)$，若找到一系统 $S(\boldsymbol{A},\boldsymbol{B},\boldsymbol{C},\boldsymbol{D})$ 能满足上式则称该系统是 $\boldsymbol{G}(s)$ 的一个实现，实现并不唯一，常用标准形式来实现。若阶数相等则称为 $\boldsymbol{G}(s)$ 的最小实现。

传递函数的规范型实现主要有可控标准型、可观测标准型和约当型三类。约当型(对角型)的实现不是唯一的；而可控标准型与可观测标准型的(最小)实现则是唯一的，具体结构如下。

$$G(s) = \frac{\beta_{n-1}s^{n-1} + \beta_{n-2}s^{n-2} + \cdots + \beta_1 s + \beta_0}{s^n + \alpha_{n-1}s^{n-1} + \alpha_{n-2}s^{n-2} + \cdots + \alpha_1 s + \alpha_0} + b_n$$

可控标准型

$$\boldsymbol{A} = \begin{bmatrix} 0 & 1 & 0 & \cdots & 0 \\ 0 & 0 & 1 & \cdots & 0 \\ \vdots & \vdots & \vdots & & \vdots \\ 0 & 0 & 0 & \cdots & 1 \\ -\alpha_0 & -\alpha_1 & -\alpha_2 & \cdots & -\alpha_{n-1} \end{bmatrix},\quad \boldsymbol{b} = \begin{bmatrix} 0 \\ \vdots \\ 0 \\ 1 \end{bmatrix}$$

$$\boldsymbol{c} = [\beta_0 \quad \beta_1 \quad \cdots \quad \beta_{n-1}],\quad d = b_n$$

可观测标准型

$$\boldsymbol{A} = \begin{bmatrix} 0 & 0 & \cdots & 0 & -\alpha_0 \\ 1 & 0 & \cdots & 0 & -\alpha_1 \\ 0 & 1 & \cdots & 0 & -\alpha_2 \\ \vdots & \vdots & & \vdots & \vdots \\ 0 & 0 & \cdots & 1 & -\alpha_{n-1} \end{bmatrix},\quad \boldsymbol{b} = \begin{bmatrix} \beta_0 \\ \beta_1 \\ \vdots \\ \beta_{n-1} \end{bmatrix}$$

$$\boldsymbol{c} = [0 \quad \cdots \quad 0 \quad 1],\quad d = b_n$$

9.1.2　线性系统的可控性与可观测性

1. 系统状态可控性及其判据

(1) 对于 $\dot{\boldsymbol{x}}(t) = \boldsymbol{Ax}(t) + \boldsymbol{Bu}(t)$ 形式的线性系统，如果状态空间中的所有非零状态 $\boldsymbol{x}(t) \neq 0$ 都可在 $\boldsymbol{u}(t)$ 作用下在有限时间 T 内转移到 $\boldsymbol{x}(T) = 0$，则称系统状态完全可控，简称系统可控。可控性是系统状态运动的一个定性特征，表征控制作用 $\boldsymbol{u}(t)$ 对状态变量 $\boldsymbol{x}(t)$ 的影响程度。

(2) 线性定常系统可控性常用判据：

(a) 秩判据：连续　$\text{rank}[\boldsymbol{B}\quad \boldsymbol{AB}\quad \cdots\quad \boldsymbol{A}^{n-1}\boldsymbol{B}]=n$

离散　$\text{rank}[\boldsymbol{H}\quad \boldsymbol{GH}\quad \cdots\quad \boldsymbol{G}^{n-1}\boldsymbol{H}]=n$；

(b) $(s\boldsymbol{I}-\boldsymbol{A})^{-1}\boldsymbol{B}$ 的行向量线性无关；

(c) 状态矩阵 $\boldsymbol{A}$ 为对角阵且对角元素互异时，输入矩阵 $\boldsymbol{B}$ 无全零行；

(d) 当 $\boldsymbol{A}$ 阵为约当阵且重特征值只对应一个约当块时，$\boldsymbol{B}$ 阵中对应互异特征值的行元素不全为零，约当块最后一行元素不全为零(相同特征值分布在不同约当块时不适用)；

(e) 单输入系统为可控标准型或可化为可控标准型。

2. 系统输出可控性

若在有限时间间隔$[t_0, t_1]$内，存在无约束分段连续控制函数 $\boldsymbol{u}(t)$，使任意初始输出 $\boldsymbol{y}(t_0)$ 转移到任意最终输出 $\boldsymbol{y}(t_1)$，则称系统是输出完全可控的，简称输出可控。它与状态可控性没有必然的联系。其可控性判据为

$$\text{rank}[\boldsymbol{CB}\quad \boldsymbol{CAB}\quad \cdots\quad \boldsymbol{CA}^{n-1}\boldsymbol{B}\quad \boldsymbol{D}]=q$$

3. 系统可观测性及其判据

(1) 对系统 $\dot{\boldsymbol{x}}(t)=\boldsymbol{A}(t)\boldsymbol{x}(t),\boldsymbol{y}(t)=\boldsymbol{C}(t)\boldsymbol{x}(t)$ 存在一个有限时间 t，对于所有 $t\in[t_0,t_1]$，在给定 t_0 下，可由输出 $\boldsymbol{y}(t)$ 唯一确定状态向量的初值 $\boldsymbol{x}(t_0)$，则称系统是完全可观测的，简称系统可测。它表征状态可由输出量 $\boldsymbol{y}(t)$ 反应的能力。

(2) 线性定常连续系统可观测性常用判据

(a) 秩判据：连续　$\text{rank}\begin{bmatrix}\boldsymbol{C}\\ \boldsymbol{CA}\\ \vdots\\ \boldsymbol{CA}^{n-1}\end{bmatrix}=n$

离散　$\text{rank}[\boldsymbol{C}^{\mathrm{T}}\quad \boldsymbol{G}^{\mathrm{T}}\boldsymbol{C}^{\mathrm{T}}\quad \cdots\quad (\boldsymbol{G}^{\mathrm{T}})^{n-1}\boldsymbol{C}^{\mathrm{T}}]=n$；

(b) 系统 $\boldsymbol{C}(s\boldsymbol{I}-\boldsymbol{A})^{-1}$ 的列向量线性无关；

(c) 状态矩阵 $\boldsymbol{A}$ 为对角阵且对角元素互异时，输出矩阵 $\boldsymbol{C}$ 无全零列；

(d) 当 $\boldsymbol{A}$ 阵为约当阵且重特征值只对应一个约当块时，$\boldsymbol{C}$ 阵中对应互异特征值的列无素不全为零，约当块最后一列元素不全为零(相同特征值分布在不同约当块时不适用)；

(e) 单输出系统为可观测标准型或可化为可观测标准型。

4. 连续时间系统离散化后的可控性和可观测性与原系统之间的关系

连续系统不可控(不可观测)，离散化后的系统一定不可控(不可观测)；连续系统可控(可观测)，离散化后的系统不一定可控（可观测)，与采样周期的选择有关。

9.1.3　线性定常系统的线性变换

1. 状态空间表达式的线性变换

非奇异线性变换的目的通常是将系统变成某种规范形式，如可控标准型、可观测标准型、对角型、约当型，以便于分析与综合设计。非奇异线性变换是等价变换，它不改变系统原有的特性。

$$\text{变换前}\begin{cases}\dot{\boldsymbol{x}}=\boldsymbol{Ax}+\boldsymbol{Bu}\\ \boldsymbol{y}=\boldsymbol{Cx}+\boldsymbol{Du}\end{cases}\qquad \text{变换后}\begin{cases}\dot{\overline{\boldsymbol{x}}}=\overline{\boldsymbol{A}}\,\overline{\boldsymbol{x}}+\overline{\boldsymbol{B}}\boldsymbol{u}\\ \boldsymbol{y}=\overline{\boldsymbol{C}}\,\overline{\boldsymbol{x}}+\overline{\boldsymbol{D}}\boldsymbol{u}\end{cases}$$

$$\boldsymbol{x}=\boldsymbol{P}\overline{\boldsymbol{x}},\quad \overline{\boldsymbol{x}}=\boldsymbol{P}^{-1}\boldsymbol{x},\quad \overline{\boldsymbol{A}}=\boldsymbol{P}^{-1}\boldsymbol{AP},\quad \overline{\boldsymbol{B}}=\boldsymbol{P}^{-1}\boldsymbol{B},\quad \overline{\boldsymbol{C}}=\boldsymbol{CP},\quad \overline{\boldsymbol{D}}=\boldsymbol{D}$$

2. 非奇异线性变换的不变特性

非奇异线性变换不改变系统的固有特性(即特征值、传递函数矩阵、可控性、可观测性均不变)。

3. 对偶原理

系统 $S_1(\boldsymbol{A},\boldsymbol{B},\boldsymbol{C})$ 和系统 $S_2(\boldsymbol{A}^{\mathrm{T}},\boldsymbol{C}^{\mathrm{T}},\boldsymbol{B}^{\mathrm{T}})$ 互为对偶系统，则若系统 S_1 可控，则 S_2 可观测；若 S_1 可观测，则 S_2 可控。

4. 线性定常系统的结构分解

从可控性、可观测性出发，状态变量可分解为可控可观测 $\boldsymbol{x}_{CO}$，可控不可观测 $\boldsymbol{x}_{C\overline{O}}$，不可控可观测 $\boldsymbol{x}_{\overline{C}O}$，不可控不可观测 $\boldsymbol{x}_{\overline{C}\overline{O}}$ 四类。与此对应，状态空间划分为 4 个子空间，系统也分解为 4 个子系统，这称为系统的规范分解。规范分解更能明显地揭示系统的结构特征和传递特征。分解途径：从可控性矩阵或可观性矩阵中，选出线性无关的列或行向量，经扩充后构成非奇异矩阵，然后实施线性变换。

9.1.4 线性定常系统的反馈结构及状态观测器

1. 常用反馈结构及其对系统特性的影响

(1) 状态反馈：两种形式　　反馈至参考输入（重点），反馈至状态微分

闭环动态方程　　$\dot{\boldsymbol{x}}=(\boldsymbol{A}-\boldsymbol{BK})\boldsymbol{x}+\boldsymbol{Bv},\ \boldsymbol{y}=\boldsymbol{Cx}$

用状态反馈任意配置单输入系统闭环极点的充要条件是，系统可控。

状态反馈不改变系统可控性，但可能会改变可观测性（定理 9－1）；状态反馈不改变闭环传递函数的零点。

(2) 输出反馈：两种形式　　反馈至状态微分（重点），反馈至参考输入。

闭环动态方程　　$\dot{\boldsymbol{x}}=(\boldsymbol{A}-\boldsymbol{BFC})\boldsymbol{x}+\boldsymbol{Bv},\ \boldsymbol{y}=\boldsymbol{Cx}$

用输出至状态微分的反馈任意配置单输出系统闭环极点的充要条件是，系统可观测。

输出至状态微分的反馈不改变系统可观测性，但可能改变可控性（教材中定理9－2）。

输出至参考输入的反馈不改变系统可观测性和可控性（教材中定理 9－3）。

2. 状态观测器及其设计

用被控对象的输出量和输入量建立状态观测器来重构状态。状态观测器分全维状态观测器和降维状态观测器。全维状态观测器状态向量的维数与被控对象状态向量的维数相同；降维状态观测器状态向量的维数小于被对象状态向量的维数。

全维状态观测器动态方程 $\dot{\hat{\boldsymbol{x}}}(t)=(\boldsymbol{A}-\boldsymbol{HC})\hat{\boldsymbol{x}}(t)+\boldsymbol{Bu}+\boldsymbol{Hy},\ \hat{\boldsymbol{y}}=\boldsymbol{C}\hat{\boldsymbol{x}}$。$\boldsymbol{H}$ 阵按任意极点配置的需要来选择，以决定状态估计误差衰减的速率，通常希望观测器的响应速度比状态反馈系统的响应速度快 3 ～ 10 倍。

3. 分离定理

若被控系统可控可观测，用状态观测器估值形成状态反馈时，其系统的极点配置和观测器设计可分别独立进行，即 $\boldsymbol{K}$ 和 $\boldsymbol{H}$ 阵的设计可分别独立进行。

9.1.5 李雅普诺夫稳定性分析

1. 李雅普诺夫意义下的稳定性

平衡状态：满足 $\dot{\boldsymbol{x}}_e=f(\boldsymbol{x}_e,t)=0$ 的 $\boldsymbol{x}_e$ 称为平衡状态。

设系统初始状态位于以平衡状态 $\boldsymbol{x}_e$ 为球心，δ 为半径的闭环域 $S(\delta)$ 内，即

$$\|\boldsymbol{x}_0-\boldsymbol{x}_e\|\leqslant\delta,\quad t=t_0$$

若能使系统方程的解 $\boldsymbol{x}(t;\boldsymbol{x}_0,t_0)$ 在 $t\to\infty$ 的过程中，都位于以 $\boldsymbol{x}_e$ 为球心，任意规定的半径为 ε 的闭环域 $S(\varepsilon)$ 内，即

$$\|\boldsymbol{x}(t;\boldsymbol{x}_0,t_0)-\boldsymbol{x}_e\|\leqslant\varepsilon,t\geqslant t_0$$

则称系统的平衡状态 $\boldsymbol{x}_e$ 在李雅普诺夫意义下是稳定的。

一致稳定：稳定性与起始时间无关；大范围稳定：系统稳定性与初始状态无关；渐近稳定：状态随时间逐渐收敛于平衡状态；不稳定：无论 δ 和 ε 多么小，只要存在一个初始状态，使得 $\|\boldsymbol{x}(t;\boldsymbol{x}_0,t_0)-\boldsymbol{x}_0\|>$

$\varepsilon, t \geqslant t_0$。

系统稳定性与输入无关；若线性定常系统是李雅普诺夫意义下稳定的，则一定是大范围内一致渐近稳定的。

2. 李雅普诺夫第一法（间接法）

对于线性定常系统 $\dot{\boldsymbol{x}} = \boldsymbol{A}\boldsymbol{x}, \boldsymbol{x}(0) = \boldsymbol{x}_0, t \geqslant 0$ 有

(1) 系统的每一平衡状态是在李雅普诺夫意义下稳定的充要条件是，$\boldsymbol{A}$ 的所有特征值均具有非正（负或零）实部，且具有零实部的特征值为 $\boldsymbol{A}$ 的最小多项式 的单根。

(2) 系统的唯一平衡状态 $\boldsymbol{x}_e = 0$ 是渐近稳定的充要条件是 $\boldsymbol{A}$ 的所有特征值均有负实部。

3. 李雅普诺夫第二法

标量函数的定号性。李雅普诺夫函数是能量函数，是正定的标量函数。

对于定常系统 $\boldsymbol{x} = f(\boldsymbol{x}, t), t \geqslant 0, f(0, t) = 0$，如果存在一个具有连续一阶导数的标准函数 $V(\boldsymbol{x})$，且 $V(0) = 0$，若

(1) 满足：

(a) $V(\boldsymbol{x})$ 为正定；

(b) $\dot{V}(\boldsymbol{x})$ 为负定；

(c) 当 $\|\boldsymbol{x}\| \to \infty$ 时 $V(\boldsymbol{x}) \to \infty$。

则系统在原点是大范围渐近稳定的（教材中定理 9-11）。

(2) 满足：

(a) $V(\boldsymbol{x})$ 为正定；

(b) $\dot{V}(\boldsymbol{x})$ 为负半定；

(c) $\dot{V}[\boldsymbol{x}(t; \boldsymbol{x}_0, t_0), t]$ 在非零状态不恒为零；

(d) 当 $\|\boldsymbol{x}\| \to \infty$ 时 $V(\boldsymbol{x}) \to \infty$。

则定常系统在原点是大范围渐近稳定的（教材中定理 9-12）。

(3) 满足：

(a) $V(\boldsymbol{x})$ 为正定；

(b) $\dot{V}(\boldsymbol{x})$ 为负半定；

(c) $\dot{V}[\boldsymbol{x}(t; \boldsymbol{x}_0, t_0), t]$ 在非零状态存在恒为零。

则系统在原点是李雅普诺夫稳定的，但不是渐近稳定的。

(4) 满足：

(a) $V(\boldsymbol{x})$ 为正定；

(b) $\dot{V}(\boldsymbol{x})$ 为正定（有界）。

则系统不稳定（教材中定理 9-13）。

4. 李雅普诺夫第二法在线性定常系统稳定分析中的应用

(1) 对于线性定常连续系统 $\dot{\boldsymbol{x}} = \boldsymbol{A}\boldsymbol{x}$，$\boldsymbol{A}$ 为非奇异矩阵，原点是系统唯一的平衡状态。取二次型函数作为可能的李雅普诺夫函数 $V(\boldsymbol{x}) = \boldsymbol{x}^{\mathrm{T}}\boldsymbol{P}\boldsymbol{x}$，则 $\dot{V}(\boldsymbol{x}) = \boldsymbol{x}^{\mathrm{T}}(\boldsymbol{A}^{\mathrm{T}}\boldsymbol{P} + \boldsymbol{A}\boldsymbol{P})\boldsymbol{x} = -\boldsymbol{x}^{\mathrm{T}}\boldsymbol{Q}\boldsymbol{x}$。系统渐近稳定的充要条件是，给定一个正定对称矩阵 $\boldsymbol{Q}$，存在正定对称矩阵 $\boldsymbol{P}$，使 $\boldsymbol{A}^{\mathrm{T}}\boldsymbol{P} + \boldsymbol{A}\boldsymbol{P} = -\boldsymbol{Q}$ 成立（教材中定理 9-14）。

(2) 线性离散系统 $\boldsymbol{x}(k+1) = \boldsymbol{G}\boldsymbol{x}(k)$ 在平衡状态 $\boldsymbol{x}_e = 0$ 渐近稳定的充要条件是，任意给定的一个正定对称矩阵 $\boldsymbol{Q}$，存在一个正定对称矩阵 $\boldsymbol{P}$ 满足李雅普诺夫方程 $\boldsymbol{G}^{\mathrm{T}}\boldsymbol{P}\boldsymbol{G} - \boldsymbol{P} = -\boldsymbol{Q}$（教材中定理 9-15）。

（若标量函数 $V[\boldsymbol{x}(k)] = -\boldsymbol{x}^{\mathrm{T}}(k)\boldsymbol{Q}\boldsymbol{x}(k)$ 不恒为零，则 $\boldsymbol{Q}$ 可取正半定矩阵。）

(3) 分析方法：

(a) 给定 $\boldsymbol{P}$ 验 $\boldsymbol{Q}$；

(b) 给定 $\boldsymbol{Q}$ 验 $\boldsymbol{P}$。

9.2 知识结构图

- 线性系统的状态空间分析与综合
  - 状态空间描述
    - 基本概念
      - 状态、状态变量、状态向量
      - 状态方程、输出方程、动态方程(状态空间表达式)
      - 线性(定常)系统
    - 由机理、微分方程、差分方程、(脉冲)传递函数建立动态方程
    - 状态变量图
    - 传递函数矩阵及其实现
    - 传递函数矩阵的解耦设计
    - 线性定常连续系统动态方程的求解
      - 由幂级数和拉氏变换求状态转移矩阵
      - 状态矩阵 $\boldsymbol{\Phi}(t)$ 的性质
      - 齐次、非齐次状态方程和输出响应的求解
    - 线性定常离散系统动态方程的解
      - 递推法
      - z 变换法
    - 线性定常连续系统的离散化
  - 可控性与可观测性
    - 状态可控性概念及其秩判据
    - 输出可控性概念及其秩判据
    - 可观测性概念及其秩判据
    - 规范型判据
    - 可控、可观测与传递函数(矩阵)的关系
    - 线性系统离散化的影响
  - 线性定常系统的线性变换
    - 状态空间表达式的线性变换
    - 对偶原理
    - 非奇异线性变换的不变性
    - 动态方程按可控性和可观测性结构分解
  - 反馈结构及状态观测器
    - 反馈结构
      - 状态反馈、输出反馈
      - 反馈至参考输入、反馈至状态微分
    - 反馈对系统性能的影响
    - 极点配置的条件
    - 单输入-单输出系统的极点配置
    - 全维、降维状态观测器概念及其设计
    - 分离定理
  - 李雅普诺夫稳定性分析
    - 李雅普诺夫稳定性概念
    - 第一法判据
    - 标量函数定号性与李雅普诺夫函数
    - 稳定性定理与第二法判据
    - 第二法在线性定常系统稳定性分析中的应用

9.3 考点及典型题选解

本章主要考点:

(1) 状态变量及状态空间的有关概念;由系统机理、方框图、微分方程(差分方程)、传递函数(脉冲传递函数)建立状态空间表达式,画状态变量图;传递函数(矩阵)的实现;可控标准型,可观测标准型,对角型,约当型;由状态空间表达式求传递函数矩阵;系统转移矩阵性质的证明与应用;由状态矩阵 $\boldsymbol{A}$ 求状态转移矩阵 $\boldsymbol{\Phi}(t)$;线性定常连续系统状态方程的求解;离散动态方程求解。

(2) 系统可控性,可观测性的概念;电路网络可控、可观测的直观判别;线性定常系统可控、可观测性秩判据及应用;约当(对角)规范型系统的可控、可观测性判据;系统可控性,可观测性与传递函数的关系。

(3) 非奇异线性变换的不变特性及证明;状态空间表达式向可控 标准型,可观测标准型,对角型,约当型的变换;对偶原理及应用;对线性定常系统按可控、可观进行规范分解。

(4) 状态反馈任意配置系统极点的有关概念,单输入-单输出系统状态反馈矩阵 $\boldsymbol{K}$ 的确定与极点配置;输

出反馈任意配置系统极点的有关概念，单输入-单输出系统输出反馈矩阵 $\boldsymbol{H}$ 的确定与极点配置；分离定理；状态观测器概念与全维状态观测器设计。

(5) 李雅普诺夫稳定性的有关概念；标量函数的定号性概念及判别；平衡状态求解；用李雅普诺夫函数及直接法 4 个定理判定系统稳定性；线性定常系统由 $\boldsymbol{P}$ 验 $\boldsymbol{Q}$ 和由 $\boldsymbol{Q}$ 验 $\boldsymbol{P}$ 的稳定性判定。

9.3.1　典型题

1. 反馈系统

如图 9.3.1 所示，试判别系统的可控性与可观测性。

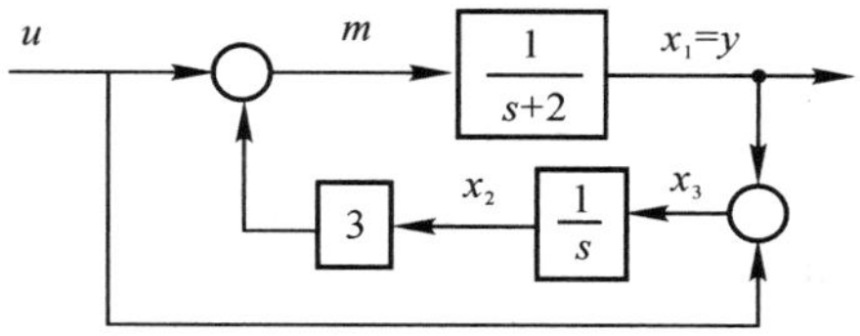

图　9.3.1

2. 验证下面三个矩阵是否为转移矩阵。

$$\begin{bmatrix} 1 & 0 & 0 \\ 0 & \sin t & \cos t \\ 0 & -\cos t & \sin t \end{bmatrix},\quad \begin{bmatrix} 2e^{2t}-e^{t} & e^{t}+e^{2t} \\ e^{2t}-e^{t} & 2e^{t}-e^{2t} \end{bmatrix},\quad \begin{bmatrix} 1 & \frac{1}{2}(1-e^{-2t}) \\ 0 & e^{-2t} \end{bmatrix}$$

3. 已知系统传递函数为

$$G(s)=\frac{Y(s)}{U(s)}=\frac{5}{s^3+4s^2+5s+2}$$

试用部分分式法求其状态空间表达式。

4. 已知系统的状态空间表达式为

$$\begin{bmatrix} \dot{x}_1(t) \\ \dot{x}_2(t) \end{bmatrix}=\begin{bmatrix} 0 & 1 \\ -2 & -3 \end{bmatrix}\begin{bmatrix} x_1(t) \\ x_2(t) \end{bmatrix}+\begin{bmatrix} 1 & 0 \\ 1 & 1 \end{bmatrix}\begin{bmatrix} u_1(t) \\ u_2(t) \end{bmatrix}$$

$$y(t)=\begin{bmatrix} 1 & 0 \\ 1 & 1 \end{bmatrix}\begin{bmatrix} x_1(t) \\ x_2(t) \end{bmatrix}$$

试求其传递函数阵。

5. 线性定常系统的齐次状态方程为

$$\dot{x}=\boldsymbol{A}x(t)$$

已知当 $\boldsymbol{x}(0)=\begin{bmatrix} 1 \\ -2 \end{bmatrix}$ 时，状态方程的解为 $\boldsymbol{x}(t)=\begin{bmatrix} e^{-2t} \\ -2e^{-2t} \end{bmatrix}$；而当 $\boldsymbol{x}(0)=\begin{bmatrix} 1 \\ -1 \end{bmatrix}$ 时，状态方程的解为 $\boldsymbol{x}(t)=\begin{bmatrix} e^{-t} \\ -e^{-t} \end{bmatrix}$。试求：

(1) 系统的状态转移矩阵 $\boldsymbol{\Phi}(t)$；

(2) 系统的系统矩阵 $\boldsymbol{A}$。

6. 设系统状态方程 $\dot{\boldsymbol{X}}=\boldsymbol{AX}$，并已知其转移矩阵为

$$\boldsymbol{\Phi}(t)=\begin{bmatrix} e^{-t} & 0 & 0 \\ 0 & (1-2t)e^{-2t} & 4te^{-2t} \\ 0 & -te^{-2t} & (1-2t)e^{-2t} \end{bmatrix}$$

试求 $\boldsymbol{\Phi}^{-1}(t)$ 和系统的系数矩阵 $\boldsymbol{A}$。

7. 设系统状态方程 $\dot{X}=AX$，并已知该系统的解如下：

当 $X(0)=\begin{bmatrix}1\\-1\end{bmatrix}$ 时， $X(t)=\begin{bmatrix}e^{-2t}\\-e^{-2t}\end{bmatrix}$；

当 $X(0)=\begin{bmatrix}2\\-1\end{bmatrix}$ 时， $X(t)=\begin{bmatrix}2e^{-2t}\\-e^{-t}\end{bmatrix}$。

试求系统的系数矩阵 A。

8. 已知线性定常系统的状态方程为

$$\begin{bmatrix}\dot{x}_1(t)\\\dot{x}_2(t)\end{bmatrix}=\begin{bmatrix}0&1\\-2&-3\end{bmatrix}\begin{bmatrix}x_1(t)\\x_2(t)\end{bmatrix}+\begin{bmatrix}0\\1\end{bmatrix}u(t)$$

初始状态为

$$\begin{bmatrix}x_1(0)\\x_2(0)\end{bmatrix}=\begin{bmatrix}1\\-1\end{bmatrix}$$

试求 $u(t)$ 为单位阶跃函数时系统状态方程的解。

9. 系统的状态方程 $\dot{X}=AX+Bu$，设状态变量初始条件为零，试求系统的解 $X(t)$。

(1) $u(t)=a\delta(t)$，其中 a 是常数，$\delta(t)$ 是单位脉冲函数；

(2) $u(t)=a1(t)$，其中 $1(t)$ 是单位阶跃函数。

10. 离散系统状态方程为 $X(k+1)=GX(k)+Hu(k)$

$$G=\begin{bmatrix}0&1\\-0.16&1\end{bmatrix},\quad H\begin{bmatrix}1\\-1\end{bmatrix},\quad X(0)=\begin{bmatrix}1\\-1\end{bmatrix},\quad u(k)=1$$

(1) 试用递推法求解 $X(k)(k=0,1,2,3)$；

(2) 试用 z 变换法求解 $X(k)$。

11. 设一系统是由两个子系统串联组成的，如图 9.3.2 所示。已知子系统 S_1 的状态方程为

$$\dot{X}_1=AX_1+B_1u_1,\ y_1=C_1X_1$$

$$A_1=\begin{bmatrix}0&1\\-3&-4\end{bmatrix},$$

$$B_1=\begin{bmatrix}0\\1\end{bmatrix},\quad C_1=[2\quad 1]$$

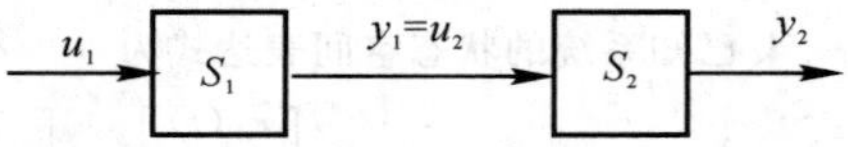

图 9.3.2

已知子系统 S_2 的状态方程为 $\dot{X}_2=AX_2+B_2u_2$，$y_2=C_2X_2$，$A_2=-2$，$B_2=1$，$C_2=1$。

(1) 试求串联系统的状态方程；

(2) 试判别系统的可控性与可观测性；

(3) 试求系统的传递函数。

12. 已知系统的传递函数为

$$G(s)=\frac{s+a}{s^3+10s^2+27s+18}$$

(1) 试确定 a 的取值，使系统成为不能控，或为不能观测；

(2) 在上述 a 的取值下，求使系统为能控的状态空间表达式；

(3) 在上述 a 的取值下，求使系统为能观测的状态空间表达式。

13. 已知 $\begin{bmatrix}\dot{x}_1\\\dot{x}_2\end{bmatrix}=\begin{bmatrix}-1&1\\2&-3\end{bmatrix}\begin{bmatrix}x_1\\x_2\end{bmatrix}$，试分析系统稳定性。

14. 系统结构图如图 9.3.3 所示。按图中的状态变量列写出系统状态空间表达式。

15. 传递函数矩阵为 $G(s)=\begin{bmatrix}\frac{1}{s} & 0 & \frac{-1}{s^2+1}\end{bmatrix}^{\mathrm{T}}$，求系统的可控标准型最小实现。

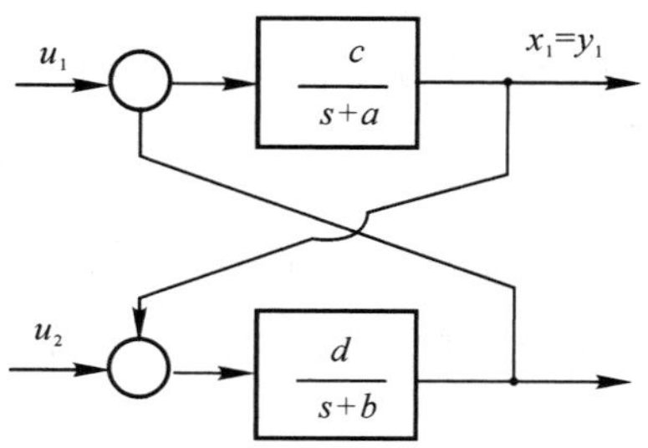

图 9.3.3

16. 将下列状态空间表达式变换为对角标准型。

$$\dot{x}=\begin{bmatrix}0 & 1 & 0\\0 & 0 & 1\\-6 & -11 & -6\end{bmatrix}x+\begin{bmatrix}0\\0\\2\end{bmatrix}u,\quad y=\begin{bmatrix}1 & 0 & 0\end{bmatrix}x$$

17. 设系统状态空间描述为 $\begin{cases}\dot{x}=\begin{bmatrix}-5 & -1\\6 & 0\end{bmatrix}x+\begin{bmatrix}0\\2\end{bmatrix}u\\ y=\begin{bmatrix}0 & 1\end{bmatrix}x\end{cases}$

(1) 画出系统状态变量图；

(2) 求系统传递函数；

(3) 判定系统可控性；

(4) 求系统状态转移矩阵 $\boldsymbol{\Phi}(t)$；

(5) 当 $x(0)=\begin{bmatrix}0\\3\end{bmatrix}$，$u(t)=0$ 时，求系统输出 $y(t)$；

(6) 设计全维状态观测器，将观测器极点配置在 $\{-10+\mathrm{j}10,\ -10-\mathrm{j}10\}$ 处；

(7) 在(6)的基础上，设计状态反馈矩阵 K，使系统闭环极点配置在 $\{-5+\mathrm{j}5,-5-\mathrm{j}5\}$ 处；

(8) 画出系统总体状态变量图。

18. 设描述线性定常系统的状态方程与输出方程分别为

$$\dot{X}=AX+Bu,\quad y=CX$$

式中，$A=\begin{bmatrix}0 & 1\\0 & -5\end{bmatrix}$，$B=\begin{bmatrix}0\\100\end{bmatrix}$，$C=\begin{bmatrix}1 & 0\end{bmatrix}$。试根据反馈方程 $u=r-FX$ 确定状态反馈矩阵 $F=\begin{bmatrix}f_1 & f_2\end{bmatrix}$，要求状态反馈系统的相对阻尼比 $\zeta=0.707$ 及无阻尼自振频率 $\omega_n=10\ \mathrm{rad/s}$。反馈方程中的 r 为系统的控制函数。假定该系统的状态变量 x_1,x_2 是不可测量的。

19. 已知系统的传递函数为

$$\frac{y(s)}{u(s)}=\frac{10}{s(s+1)(s+2)}$$

试设计一个状态反馈阵，使闭环系统的极点为 $-2,-1\pm\mathrm{j}$。

20. 已知系统的状态方程为

$$\dot{x}=\begin{bmatrix}-1 & 0 & 0\\0 & 0 & 1\\0 & -3 & 1\end{bmatrix}x+\begin{bmatrix}0\\0\\1\end{bmatrix}u$$

试判定系统是否可采用状态反馈分别配置以下两组闭环特征值：$\{-2,-2,-1\}$；$\{-2,-2,-3\}$，若能配置，求出反馈矩阵 K。

21. 确定系统的平衡状态，并用李雅普诺夫方程判别其稳定性。

$$\dot{x}_1=x_2-kx_1(x_1^2+x_2^2)$$
$$\dot{x}_2=-x_1-kx_2(x_1^2+x_2^2)$$

9.3.2 典型题解析

1. 系统可观测，但不可控。

2. 主要从状态转移矩阵的前两个性质出发判断，(1) 否； (2) 否； (3) 是。

3. 系统的特征方程为

$$D(s)=s^3+4s^2+5s+2=0$$

特征根 -1 为二重极点，-2 为单极点，即 $G(s)$ 的部分分式为

$$G(s)=\frac{c_{11}}{(s+1)^2}+\frac{c_{12}}{s+1}+\frac{c_2}{s+2}$$

式中，$c_{11}=\lim\limits_{s\to-1}(s+1)^2G(s)=5$，$c_{12}=\lim\limits_{s\to-1}\dfrac{d}{ds}[(s+1)^2G(s)]=-5$，$c_2=\lim\limits_{s\to-2}(s+2)G(s)=5$。

根据教材式(9-15)和式(9-16)，得状态空间表达式为

$$\begin{bmatrix}\dot{x}_1\\ \dot{x}_2\\ \dot{x}_3\end{bmatrix}=\begin{bmatrix}-1 & 1 & 0\\ 0 & -1 & 0\\ 0 & 0 & -2\end{bmatrix}+\begin{bmatrix}x_1\\ x_2\\ x_3\end{bmatrix}+\begin{bmatrix}0\\ 1\\ 1\end{bmatrix}u$$

$$y=\begin{bmatrix}5 & -5 & 5\end{bmatrix}\begin{bmatrix}x_1\\ x_2\\ x_3\end{bmatrix}$$

4. 由已知可得系统的传递函数阵为

$$G(s)=\boldsymbol{C}(s\boldsymbol{I}-\boldsymbol{A})^{-1}\boldsymbol{B}=\begin{bmatrix}1 & 0\\ 1 & 1\end{bmatrix}\begin{bmatrix}s & -1\\ 2 & s+3\end{bmatrix}^{-1}\begin{bmatrix}1 & 0\\ 1 & 1\end{bmatrix}=\begin{bmatrix}\dfrac{s+4}{(s+1)(s+2)} & \dfrac{1}{(s+1)(s+2)}\\ \dfrac{2}{s+2} & \dfrac{1}{s+2}\end{bmatrix}$$

5. (1) 因为 $x(t)=\Phi(t)x(0)$，所以根据所给已知条件有

$$\begin{bmatrix}\mathrm{e}^{-2t}\\ -2\mathrm{e}^{-2t}\end{bmatrix}=\Phi(t)\begin{bmatrix}1\\ -2\end{bmatrix} \quad 和 \quad \begin{bmatrix}\mathrm{e}^{-t}\\ -\mathrm{e}^{-t}\end{bmatrix}=\Phi(t)\begin{bmatrix}1\\ -1\end{bmatrix}$$

综合以上两式有

$$\begin{bmatrix}\mathrm{e}^{-2t} & \mathrm{e}^{-t}\\ -2\mathrm{e}^{-2t} & -\mathrm{e}^{-t}\end{bmatrix}=\Phi(t)\begin{bmatrix}1 & 1\\ -2 & -3\end{bmatrix}$$

则

$$\Phi(t)=\begin{bmatrix}\mathrm{e}^{-2t} & \mathrm{e}^{-t}\\ -2\mathrm{e}^{-2t} & -\mathrm{e}^{-t}\end{bmatrix}\begin{bmatrix}1 & 1\\ -2 & -1\end{bmatrix}^{-1}=\begin{bmatrix}2\mathrm{e}^{-t}-\mathrm{e}^{-2t} & \mathrm{e}^{-t}-\mathrm{e}^{-2t}\\ -2\mathrm{e}^{-t}+2\mathrm{e}^{-2t} & -\mathrm{e}^{-t}+2\mathrm{e}^{-2t}\end{bmatrix}$$

(2) 因为 $\Phi(t)$ 满足状态转移矩阵的条件，所以

$$A=\dot{\Phi}(t)\Big|_{t=0}=\begin{bmatrix}0 & 1\\ -2 & -3\end{bmatrix}$$

6. $\boldsymbol{\Phi}^{-1}(t)=\begin{bmatrix}\mathrm{e}^{t} & 0 & 0\\ 0 & (1+2t)\mathrm{e}^{2t} & -4t\mathrm{e}^{2t}\\ 0 & t\mathrm{e}^{-2t} & (1+2t)\mathrm{e}^{2t}\end{bmatrix}$，$\boldsymbol{A}=\begin{bmatrix}-1 & 0 & 0\\ 0 & -4 & 4\\ 0 & -1 & 0\end{bmatrix}$

7. 联立两个非齐次解 $[\boldsymbol{X}^1(t)\quad \boldsymbol{X}^2(t)]=\boldsymbol{\Phi}[\boldsymbol{X}^1(0)\quad \boldsymbol{X}^2(0)]$，先求出 $\boldsymbol{\Phi}$，然后再利用状态转移矩阵性质求 $\boldsymbol{A}$，$\boldsymbol{A}=\begin{bmatrix}0 & 2\\ -1 & -3\end{bmatrix}$

8. 因为

$$(s\boldsymbol{I}-\boldsymbol{A})^{-1}=\frac{1}{(s+1)(s+2)}\begin{bmatrix}s+3 & 1\\ -2 & s\end{bmatrix}=\begin{bmatrix}\dfrac{s+3}{(s+1)(s+2)} & \dfrac{1}{(s+1)(s+2)}\\ \dfrac{-2}{(s+1)(s+2)} & \dfrac{s}{(s+1)(s+2)}\end{bmatrix}$$

所以

$$\boldsymbol{\Phi}(t)=\mathrm{e}^{\boldsymbol{A}t}=\mathscr{L}^{-1}[(s\boldsymbol{I}-\boldsymbol{A})^{-1}]=\begin{bmatrix}2\mathrm{e}^{-t}-\mathrm{e}^{-2t} & \mathrm{e}^{-t}-\mathrm{e}^{-2t}\\ -2\mathrm{e}^{-2t}+2\mathrm{e}^{-2t} & -\mathrm{e}^{-t}+2\mathrm{e}^{-2t}\end{bmatrix}$$

则

$$x(t)=\Phi(t)x(0)+\int\Phi(t-\tau)bu(\tau)d\tau=\begin{bmatrix}e^{-t}\\-e^{-t}\end{bmatrix}+\begin{bmatrix}\frac{1}{2}-e^{-t}+\frac{1}{2}e^{-2t}\\e^{-t}-e^{-2t}\end{bmatrix}=\begin{bmatrix}\frac{1}{2}(1+e^{-2t})\\-e^{-2t}\end{bmatrix}$$

9. (1) $X(t)=e^{At}Ba$；(2) $X(t)=A^{-1}(e^{At}-I)Ba$。解题(1)时注意区分 0^-，0^+，用积分法求得零正时刻的初始条件，然后按齐次方程求解。(1) 和(2) 存在导数积分关系。

10. (1) $\begin{bmatrix}x_1(k)\\x_2(k)\end{bmatrix}=\begin{bmatrix}1 & 0 & 2.84 & 0.16 & \cdots\\-1 & 1.84 & -0.84 & 1.386 & \cdots\end{bmatrix}$

(2) $X(k)=\begin{bmatrix}-\frac{17}{6}(-0.2)^k+\frac{22}{9}(-0.8)^k+\frac{25}{18}\\\frac{3.4}{6}(-0.2)^k-\frac{17.6}{9}(-0.8)^k+\frac{7}{18}\end{bmatrix}$

11. (1) 注意将 u_2 通过 y_1 置换成 x_1,x_2，$A=\begin{bmatrix}0 & 1 & 0\\-3 & -4 & 0\\2 & 1 & -2\end{bmatrix}$，$B=\begin{bmatrix}0\\1\\0\end{bmatrix}$，$C=[0\quad 0\quad 1]$。

(2) 可观测，但不可控。

(3) $G(s)=\dfrac{(s+2)}{(s+1)(s+3)}\dfrac{1}{(s+2)}$。

12. (1) 因为

$$G(s)=\frac{s+a}{s^3+10s^2+27s+18}=\frac{s+a}{(s+1)(s+3)(s+6)}$$

所以当 $a=1$ 或 $a=3$ 或 $a=6$ 时，出现零极点对消现象，系统就成为不能控或者不能观测的系统。

(2) 根据式(3 - 47)，可得系统的能控标准型实现为

$$\dot{x}=\begin{bmatrix}0 & 1 & 0\\0 & 0 & 1\\-18 & -27 & -10\end{bmatrix}x+\begin{bmatrix}0\\0\\1\end{bmatrix}u$$

$$y=[a\quad 1\quad 0]x$$

根据其能观测性矩阵的行列式值

$$|V_o|=\begin{vmatrix}c\\cA\\cA^2\end{vmatrix}=(a-1)(a-3)(a-6)$$

可知，当 $a=1$ 或 $a=3$ 或 $a=6$ 时，能观测性矩阵不满秩，所以系统不能观测。

(3) 根据式(3 - 48)，可得系统的能观测标准型实现为

$$\dot{x}=\begin{bmatrix}0 & 0 & 18\\1 & 0 & -27\\0 & 1 & -10\end{bmatrix}x+\begin{bmatrix}a\\1\\0\end{bmatrix}u$$

$$y=[0\quad 0\quad 1]x$$

根据其能控性矩阵的行列式值

$$|U_c|=|b\quad Ab\quad A^2b|=(a-1)(a-3)(a-6)$$

可知，当 $a=1$ 或 $a=3$ 或 $a=6$ 时，能控性矩阵不满秩，因此系统不能控。

13. 由于矩阵 A 为非奇异常数矩阵，所以系统的平衡状态是唯一的，位于原点($x_1=0,x_2=0$)。

设李氏函数

$$v(x)=x^TPx$$

$$\dot{v}(x)=x^T(-Q)x$$

取 $Q=I$，则 P 矩阵由下式确定

$$A^{\mathrm{T}}P + PA = -I$$

即

$$\begin{bmatrix} -1 & 2 \\ 1 & -3 \end{bmatrix}\begin{bmatrix} p_{11} & p_{12} \\ p_{21} & p_{22} \end{bmatrix} + \begin{bmatrix} p_{11} & p_{12} \\ p_{21} & p_{22} \end{bmatrix}\begin{bmatrix} -1 & 1 \\ 2 & -3 \end{bmatrix} = \begin{bmatrix} -1 & 0 \\ 0 & -1 \end{bmatrix}$$

将矩阵方程展开成联立方程组，解出

$$\boldsymbol{P} = \begin{bmatrix} p_{11} & p_{12} \\ p_{21} & p_{22} \end{bmatrix} = \begin{bmatrix} \frac{7}{4} & \frac{5}{8} \\ \frac{5}{8} & \frac{3}{8} \end{bmatrix}$$

由于

$$p_{11} = \frac{7}{4} > 0$$

$$\begin{vmatrix} p_{11} & p_{12} \\ p_{21} & p_{22} \end{vmatrix} = \begin{vmatrix} \frac{7}{4} & \frac{5}{8} \\ \frac{5}{8} & \frac{3}{8} \end{vmatrix} > 0$$

可见 $\boldsymbol{P} > 0$，正定。系统在原点处的平衡状态是渐进稳定的。而系统的李氏函数及其导函数分别为

$$v(\boldsymbol{x}) = \boldsymbol{x}^{\mathrm{T}}\boldsymbol{P}\boldsymbol{x} = \frac{1}{8}(14x_1 + 10x_1x_2 + 3x_2) > 0$$

$$\dot{v}(\boldsymbol{x}) = -\boldsymbol{x}^{\mathrm{T}}\boldsymbol{I}\boldsymbol{x} = -\boldsymbol{x}^{\mathrm{T}}\boldsymbol{x} = -(x_1 + x_2) < 0$$

系统在平衡点 $\boldsymbol{x}_e = \boldsymbol{0}$ 处是大范围渐进稳定。

14.
$$\begin{bmatrix} \dot{x}_1 \\ \dot{x}_2 \end{bmatrix} = \begin{bmatrix} -a & -c \\ -d & -b \end{bmatrix}\begin{bmatrix} x_1 \\ x_2 \end{bmatrix} + \begin{bmatrix} c & 0 \\ 0 & d \end{bmatrix}\begin{bmatrix} u_1 \\ u_2 \end{bmatrix}$$

$$\begin{bmatrix} y_1 \\ y_2 \end{bmatrix} = \begin{bmatrix} 1 & 0 \\ 0 & 1 \end{bmatrix} + \begin{bmatrix} x_1 \\ x_2 \end{bmatrix}$$

15. 传递函数矩阵的最小公分母为 $D(s) = s^3 + s$，按可控标准型，可得

$$\dot{\boldsymbol{x}} = \begin{bmatrix} 0 & 1 & 1 \\ 0 & 0 & 1 \\ - & -1 & 0 \end{bmatrix} + \begin{bmatrix} 0 \\ 0 \\ 1 \end{bmatrix} u, \quad \boldsymbol{y} = \begin{bmatrix} 1 & 0 & 1 \\ 0 & 0 & 0 \\ 0 & -1 & 0 \end{bmatrix}\dot{\boldsymbol{x}}$$

16. 注意利用可控标准型与对角型之间的线性变换矩阵，

$$\dot{\hat{\boldsymbol{x}}} = \begin{bmatrix} -1 & 0 & 0 \\ 0 & -2 & 0 \\ 0 & 0 & -3 \end{bmatrix}\hat{\boldsymbol{x}} + \begin{bmatrix} 1 \\ -2 \\ 1 \end{bmatrix} u, \quad y = [1 \ \ 1 \ \ 1]\hat{\boldsymbol{x}}$$

17. (1) 状态变量图如图解 9.3.17(1) 所示。

(2) $G(s) = \dfrac{2(s+5)}{s^2 + 5s + 6}$。

(3) 系统可控、可观测。

(4) $\boldsymbol{\Phi}(t) = \begin{bmatrix} 3e^{-3t} - 2e^{-2t} & e^{-3t} - e^{-2t} \\ -6e^{-3t} + 6e^{-2t} & -2e^{-3t} + 3e^{-2t} \end{bmatrix}$。

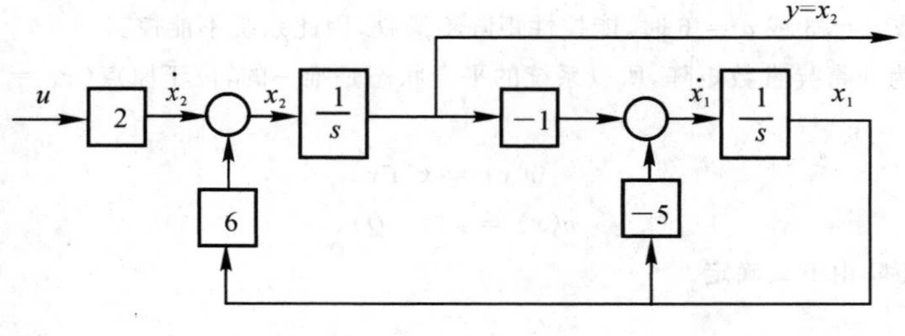

图解 9.3.17(1)

(5) $y(t)=\boldsymbol{C}\boldsymbol{x}(t)=\boldsymbol{C}\boldsymbol{\Phi}(t)\boldsymbol{x}(0)=9\mathrm{e}^{-2t}-2t-6\mathrm{e}^{-3t}$。

(6) 观测器的误差反馈矩阵为 $\boldsymbol{H}=\begin{bmatrix}-\dfrac{119}{6}\\-15\end{bmatrix}$。

(7) $\boldsymbol{K}=\begin{bmatrix}\dfrac{19}{2} & \dfrac{-5}{2}\end{bmatrix}$。

(8) 系统总体状态变量图如图解 9.3.17(8) 所示。

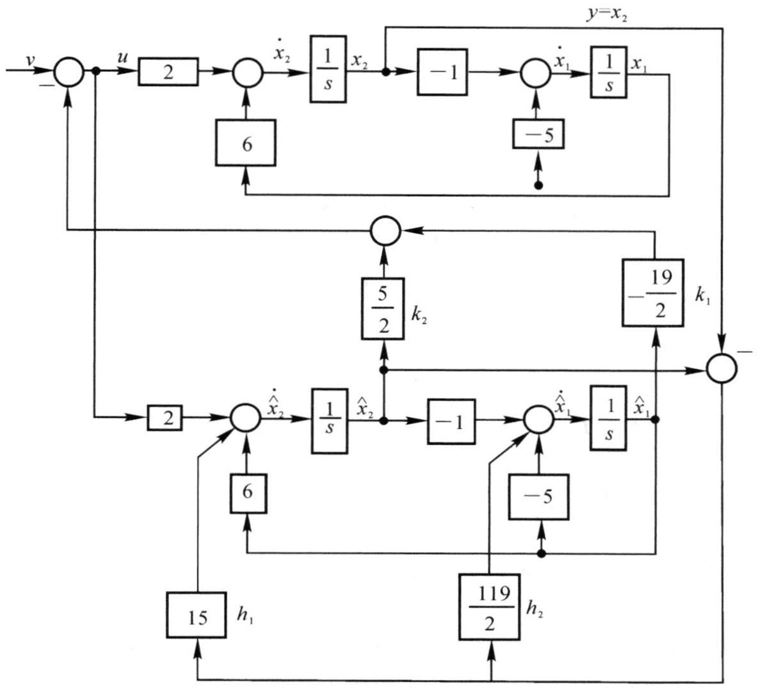

图解　9.3.17(8)

18. ① 先根据阻尼比与无阻尼自然频率求闭环极点；② 因状态不能测量，须设计状态观测器，观测器极点比闭环极点远离虚轴 5 倍左右；③ 状态反馈阵为[1　0.091 4]。

19. 系统的能控性实现

$$\begin{cases}\dot{x}=\begin{bmatrix}0 & 1 & 0\\0 & 0 & 1\\0 & -2 & -3\end{bmatrix}x+\begin{bmatrix}0\\0\\1\end{bmatrix}u\\ y=\begin{bmatrix}10 & 0 & 0\end{bmatrix}x\end{cases}$$

因为系统的能控性矩阵

$$\mathrm{rank}\boldsymbol{U}_c=3$$

系统状态完全能控，因此利用状态反馈 $\boldsymbol{u}=\boldsymbol{r}-\boldsymbol{K}\boldsymbol{x}$ 能任意配置系统的闭环特征根。

设状态反馈阵 $\boldsymbol{K}=[k_1\quad k_2\quad k_3]$

则

$$f_k(s)\triangleq|s\boldsymbol{I}-(\boldsymbol{A}-\boldsymbol{b}\boldsymbol{K})|=s^3+(3+k_3)s^2+(2+k_2)s+k_1$$

而期望的特征多项式为

$$f^*(s)=(s-\lambda_1)(s-\lambda_2)(s-\lambda_3)=(s+2)(s+1-\mathrm{j})(s+1+\mathrm{j})=s^3+4s^2+6s+4$$

比较以上两式 s 的同次幂系数，可求得

$$K = [k_1 \quad k_2 \quad k_3] = [4 \quad 4 \quad 1]$$

20. (1) 将系统按能控性进行分解

① 因系统能控性矩阵的秩

$$\text{rank}\boldsymbol{U}_c = \text{rank}[\boldsymbol{b} \quad \boldsymbol{Ab} \quad \boldsymbol{A}^2\boldsymbol{b}] = \text{rank}\begin{bmatrix} 0 & 0 & 0 \\ 0 & 1 & 1 \\ 1 & 1 & -2 \end{bmatrix} = 2 < 3 = n$$

所以系统不能控。

② 构造非奇异变换阵 $\boldsymbol{T}_c$

取

$$\boldsymbol{T}_1 = \boldsymbol{b} = \begin{bmatrix} 0 \\ 0 \\ 1 \end{bmatrix}, \quad \boldsymbol{T}_2 = \boldsymbol{Ab} = \begin{bmatrix} 0 \\ 0 \\ 1 \end{bmatrix}$$

在保证 $\boldsymbol{T}_c$ 非奇异的条件下，任选 $\boldsymbol{T}_3 = [1 \quad 0 \quad 0]^T$，则

$$\boldsymbol{T}_c = \begin{bmatrix} 0 & 0 & 1 \\ 0 & 1 & 0 \\ 1 & 1 & 0 \end{bmatrix}, \quad \boldsymbol{T}_c^{-1} = \begin{bmatrix} 0 & -1 & 1 \\ 0 & 1 & 0 \\ 1 & 0 & 0 \end{bmatrix}$$

③ 求 $\tilde{\boldsymbol{A}}, \tilde{\boldsymbol{b}}$

$$\tilde{\boldsymbol{A}} = \boldsymbol{T}_c^{-1}\boldsymbol{A}\boldsymbol{T}_c = \begin{bmatrix} 0 & -3 & 0 \\ 1 & 1 & 0 \\ 0 & 0 & -1 \end{bmatrix}, \quad \tilde{\boldsymbol{b}} = \boldsymbol{T}_c^{-1}\boldsymbol{b} = \begin{bmatrix} 1 \\ 0 \\ 0 \end{bmatrix}$$

④ 按能控性分解后的系统状态方程为

$$\dot{\tilde{x}} = \begin{bmatrix} 0 & -3 & 0 \\ 1 & 1 & 0 \\ 0 & 0 & -1 \end{bmatrix} x + \begin{bmatrix} 1 \\ 0 \\ 0 \end{bmatrix} u$$

因为能控子系统的极点可以任意配置；不能控子系统$\dot{\tilde{x}}_2 = -\tilde{x}_2$，其极点为 -1，不可任意配置。所以通过状态反馈可将闭环的特征值配置在 -2，-2 和 -1 处，而不能配置在 -2，-2 和 -3 处。

(2) 通过状态反馈可将系统的特征值配置在 -2，-2 和 -1 处。

① 把能控子系统的极点配置在 -2，-2 处

对于能控子系统

$$\begin{bmatrix} \dot{\tilde{x}}_1 \\ \dot{\tilde{x}}_2 \end{bmatrix} = \begin{bmatrix} 0 & -3 \\ 1 & 1 \end{bmatrix} \begin{bmatrix} \tilde{x}_1 \\ \tilde{x}_2 \end{bmatrix} + \begin{bmatrix} 1 \\ 0 \end{bmatrix} u$$

设状态反馈阵 $\tilde{K}_1 = [\tilde{k}_1 \quad \tilde{k}_2]$，则有

$$f_k(s) = |s\boldsymbol{I} - (\tilde{\boldsymbol{A}}_{11} - \tilde{\boldsymbol{b}}_1\tilde{\boldsymbol{K}}_1)| = s^2 + (\tilde{k}_1 - 1)s + 3 - \tilde{k}_1 + \tilde{k}_2$$

而期望的特征多项式为

$$f^*(s) = (s - \lambda_1)(s - \lambda_2) = (s+2)(s+2) = s^2 + 4s + 4$$

比较以上两式 s 的同此幂系数，可求得

$$\tilde{\boldsymbol{K}}_1 = [\tilde{k}_1 \quad \tilde{k}_2] = [5 \quad 6]$$

② 对于不能控子系统，其极点为 -1，不需也不能通过状态反馈改变，可认为状态反馈阵 $\tilde{k}_3 = 0$。故分解后系统的状态反馈阵为

$$\tilde{\boldsymbol{K}}_1 = [\tilde{K}_1 \quad \tilde{k}_3] = [\tilde{k}_1 \quad \tilde{k}_2 \quad \tilde{k}_3] = [5 \quad 6 \quad 0]$$

原系统的状态反馈阵为

$$\boldsymbol{K} = \tilde{\boldsymbol{K}}\boldsymbol{T}_{-1}c = [0 \quad 1 \quad 5]$$

21. 1) $x_e=\begin{bmatrix}0\\0\end{bmatrix}$是系统唯一的平衡状态，2) 选 $V(\boldsymbol{X})=x_1^2+x_2^2$，3) $k>0$,系统大范围一致渐近稳定;$k=0$ 系统大范围一致稳定,$k<0$,系统不稳定。

9.4 课后习题全解

9.4.1　已知电枢控制的直流伺服电机的微分方程组及传递函数

$$u_u=R_ui_u+L_u\frac{\mathrm{d}i_u}{\mathrm{d}t}+E_b$$

$$E_b=K_b\frac{\mathrm{d}\theta_m}{\mathrm{d}t}$$

$$M_m=C_mi_u$$

$$M_m=J_m\frac{\mathrm{d}^2\theta_m}{\mathrm{d}t^2}+f_m\frac{\mathrm{d}\theta_m}{\mathrm{d}_t}$$

$$\frac{\Theta_m(s)}{U_u(s)}=\frac{C_m}{s[L_aJ_ms^2+(L_af_m+J_mR_a)s+(R_af_m+K_bC_m)]}$$

(1) 设状态变量 $x_1=\theta_m,x_2=\dot{\theta}_m,x_3=\ddot{\theta}_m$,输出量 $y=\theta_m$,试建立其动态方程;

(2) 设状态变量 $\bar{x}_1=i_a,\bar{x}_2=\theta_m,\bar{x}_3=\dot{\theta}_m,y=\theta_m$,试建立其动态方程;

(3) 设 $\boldsymbol{x}=\boldsymbol{T}\bar{\boldsymbol{x}}$,确定两组状态变量间的变换矩阵 $\boldsymbol{T}$。

解　(1) 建立动态方程。由系统传递函数可直接写出

$$C_mu_a=L_aJ_m\dddot{\theta}_m+(L_af_m+J_mR_a)\ddot{\theta}_m+(R_af_m+K_bC_m)\dot{\theta}_m$$

根据题意,取状态变量

$$x_1=\theta_m,\quad x_2=\dot{\theta}_m,\quad x_3=\ddot{\theta}_m$$

则状态方程为

$$\dot{x}_1=\dot{\theta}_m=x_2,\quad \dot{x}_2=\ddot{\theta}_m=x_3$$

$$\dot{x}_3=\dddot{\theta}_m=-\frac{R_af_m+K_bC_m}{L_aJ_m}\dot{\theta}_m-\left(\frac{f_m}{J_m}+\frac{R_a}{L_a}\right)\ddot{\theta}_m+\frac{C_m}{L_aJ_m}u_a=$$
$$-\frac{R_af_m+K_bC_m}{L_aJ_m}x_2-\left(\frac{f_m}{J_m}+\frac{R_a}{L_a}\right)x_3+\frac{C_m}{L_aJ_m}u_a$$

输出方程为

$$y=\theta_m=x_1$$

写成向量-矩阵形式,的系统动态方程为

$$\begin{bmatrix}\dot{x}_1\\\dot{x}_2\\\dot{x}_3\end{bmatrix}=\begin{bmatrix}0&1&0\\0&0&1\\0&-\frac{R_af_m+K_bC_m}{L_aJ_m}&-\left(\frac{f_m}{J_m}+\frac{R_a}{L_a}\right)\end{bmatrix}\begin{bmatrix}x_1\\x_2\\x_3\end{bmatrix}+\begin{bmatrix}0\\0\\\frac{C_m}{L_aJ_m}\end{bmatrix}u$$

$$y=\begin{bmatrix}1&0&0\end{bmatrix}\begin{bmatrix}x_1\\x_2\\x_3\end{bmatrix}$$

(2) 建立另一动态方程。由系统微分方程组可写出

$$u_a=R_ai_a+L_a\frac{\mathrm{d}i_a}{\mathrm{d}_t}+E_b=R_ai_a+L_a\frac{\mathrm{d}i_a}{\mathrm{d}t}+K_b\frac{\mathrm{d}\theta_m}{\mathrm{d}t}$$

$$M_m=C_mi_a=J_m\frac{\mathrm{d}^2\theta_m}{\mathrm{d}t^2}+f_m\frac{\mathrm{d}\theta_m}{\mathrm{d}t}$$

根据题意,取状态变量

$$\bar{x}_1=i_a,\quad \bar{x}_2=\theta_m,\quad \bar{x}_3=\dot{\theta}_m$$

则状态方程为

$$\dot{\bar{x}}_1 = -\frac{R_a}{L_a}i_a - \frac{K_b}{L_a}\dot{\theta}_m + \frac{1}{L_a}u_a = -\frac{R_a}{L_a}\bar{x}_1 - \frac{K_b}{L_a}\bar{x}_3 + \frac{1}{L_a}u_a$$

$$\dot{\bar{x}}_2 = \dot{\theta}_m = \bar{x}_3$$

$$\dot{\bar{x}}_3 = \frac{C_m}{J_m}i_a - \frac{f_m}{J_m}\dot{\theta}_m = \frac{C_m}{J_m}\bar{x}_1 - \frac{f_m}{J_m}\bar{x}_3$$

输出方程为

$$y = \theta_m = \bar{x}_2$$

写成向量-矩阵形式，得系统另一动态方程为

$$\begin{bmatrix}\dot{\bar{x}}_1\\ \dot{\bar{x}}_2\\ \dot{\bar{x}}_3\end{bmatrix} = \begin{bmatrix}-\frac{R_a}{L_a} & 0 & -\frac{K_b}{L_a}\\ 0 & 0 & 1\\ \frac{C_m}{J_m} & 0 & -\frac{f_m}{J_m}\end{bmatrix}\begin{bmatrix}\bar{x}_1\\ \bar{x}_2\\ \bar{x}_3\end{bmatrix} + \begin{bmatrix}\frac{1}{L_a}\\ 0\\ 0\end{bmatrix}u_a$$

$$y = \begin{bmatrix}0 & 1 & 0\end{bmatrix}\begin{bmatrix}\bar{x}_1\\ \bar{x}_2\\ \bar{x}_3\end{bmatrix}$$

(3) 求变换矩阵。由所设状态变量可知

$$x_1 = \theta_m = \bar{x}_2, x_2 = \dot{\theta}_m = \bar{x}_3, x_3 = \ddot{\theta}_m = \dot{\bar{x}}_3$$

即

$$x_3 = \dot{\bar{x}}_3 = \frac{C_m}{J_m}\bar{x}_1 - \frac{f_m}{J_m}\bar{x}_3$$

因而两组状态变量间的变换关系为

$$\boldsymbol{x} = \begin{bmatrix}x_1\\ x_2\\ x_3\end{bmatrix} = \begin{bmatrix}0 & 1 & 0\\ 0 & 0 & 1\\ \frac{C_m}{J_m} & 0 & -\frac{f_m}{J_m}\end{bmatrix}\begin{bmatrix}\bar{x}_1\\ \bar{x}_2\\ \bar{x}_3\end{bmatrix} = \boldsymbol{T}\bar{\boldsymbol{x}}$$

得变换矩阵为

$$\boldsymbol{T} = \begin{bmatrix}0 & 1 & 0\\ 0 & 0 & 1\\ \frac{C_m}{J_m} & 0 & -\frac{f_m}{J_m}\end{bmatrix}$$

9.4.2 设系统微分方程为

$$\ddot{x} + 3\dot{x} + 2x = u$$

式中，u 为输入量；x 为输出量。

(1) 设状态变量 $x_1 = x, x_2 = \dot{x}$，试列写动态方程；

(2) 设状态变换 $x_1 = \bar{x}_1 + \bar{x}_2, x_2 = -\bar{x}_1 - 2\bar{x}_2$，试确定变换矩阵 $\boldsymbol{T}$ 及变换后的动态方程。

解 (1) 列写动态方程。取 $x_1 = x, x_2 = \dot{x}$ 为状态变量。根据系统微分方程可直接写出动态方程为

$$\begin{bmatrix}\dot{x}_1\\ \dot{x}_2\end{bmatrix} = \begin{bmatrix}0 & 1\\ -2 & -3\end{bmatrix}\begin{bmatrix}x_1\\ x_2\end{bmatrix} + \begin{bmatrix}0\\ 1\end{bmatrix}u,\quad y = \begin{bmatrix}1 & 0\end{bmatrix}\begin{bmatrix}x_1\\ x_2\end{bmatrix}$$

(2) 变换矩阵及其变换后的动态方程，写成向量矩阵形式有

$$\begin{bmatrix}x_1\\ x_2\end{bmatrix} = \begin{bmatrix}1 & 1\\ -1 & -2\end{bmatrix}\begin{bmatrix}\bar{x}_1\\ \bar{x}_2\end{bmatrix}$$

得变换矩阵及其逆矩阵为

$$\boldsymbol{T} = \begin{bmatrix}1 & 1\\ -1 & -2\end{bmatrix},\quad \boldsymbol{T}^{-1} = \begin{bmatrix}2 & 1\\ -1 & -1\end{bmatrix}$$

则变换后的动态方程为

$$\dot{\bar{x}} = T^{-1}AT\bar{x} + T^{-1}bu = \begin{bmatrix} -1 & 0 \\ 0 & -2 \end{bmatrix}\bar{x} + \begin{bmatrix} 1 \\ -1 \end{bmatrix}u$$

$$\bar{y} = y = cT\bar{x} = [1 \quad 1]\bar{x}$$

9.4.3 设系统微分方程为

$$\dddot{y} + 6\ddot{y} + 11\dot{y} + 6y = 6u$$

式中，u，y 分别为系统的输入、输出量。试列写可控标准型(即 $\boldsymbol{A}$ 为友矩阵)及可观测标准型(即 $\boldsymbol{A}$ 为友矩阵转置)状态空间表达式，并画出状态变量图。

解 (1) 可控标准型实现。由系统微分方程可写出系统传递函数

$$\frac{Y(s)}{U(s)} = \frac{6}{s^3 + 6s^2 + 11s + 6}$$

则可直接写出可控标准型动态方程

$$\dot{x} = A_c x + b_c u, \quad y = c_c x$$

其中

$$A_c = \begin{bmatrix} 0 & 1 & 0 \\ 0 & 0 & 1 \\ -6 & -11 & -6 \end{bmatrix}, \quad b_c = \begin{bmatrix} 0 \\ 0 \\ 1 \end{bmatrix}, \quad c_c = [6 \quad 0 \quad 0]$$

状态变量图如图解 9.4.3(1) 所示。

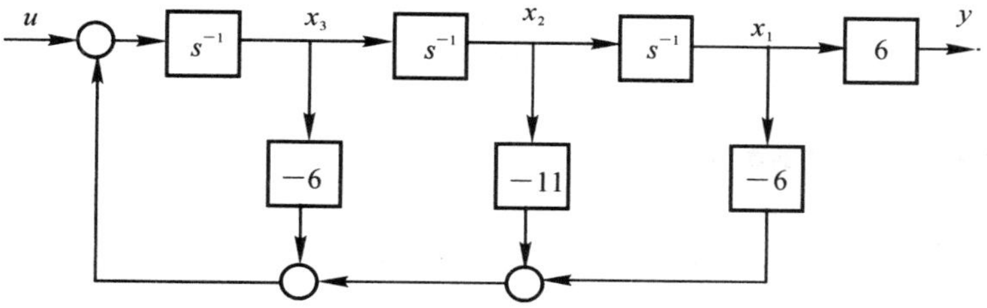

图解 9.4.3(1)

(2) 可观测标准型实现。根据可控标准型利用对偶关系可直接写出可观测标准型动态方程

$$\dot{x} = A_o x + b_o u, \quad y = c_o x$$

$$A_o = A_c^{\mathrm{T}} = \begin{bmatrix} 0 & 0 & -6 \\ 1 & 0 & -11 \\ 0 & 1 & -6 \end{bmatrix}, \quad b_o = c_c^{\mathrm{T}} = \begin{bmatrix} 6 \\ 0 \\ 0 \end{bmatrix}, \quad c_o = b_c^{\mathrm{T}} = [0 \quad 0 \quad 1]$$

状态变量图如图解 9.4.3(2) 所示。

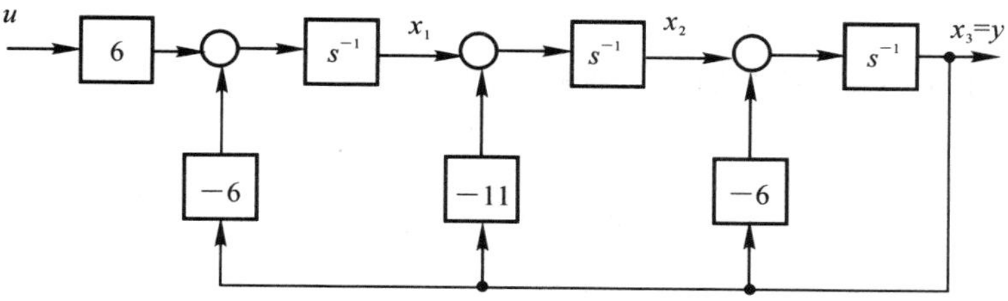

图解 9.4.3(2)

9.4.4 已知系统结构图如图 9.4.46 所示，其状态变量为 x_1，x_2，x_3。试求动态方程，并画出状态变

量图。

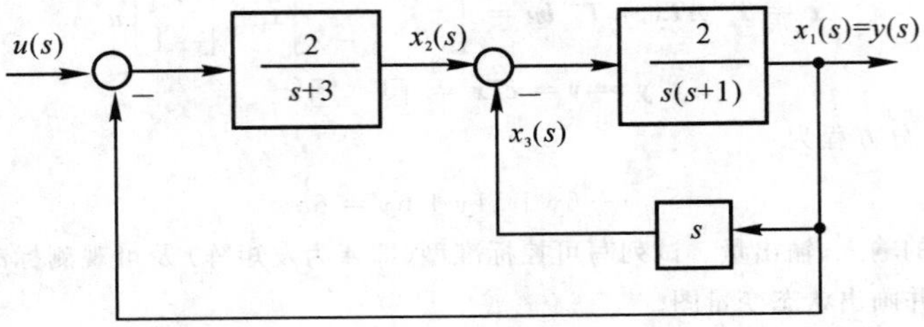

图 9.4.46 题 9.4.4 系统结构图

解 将频域参量视作微分算子，由系统结构图可得

$$2(u-x_1)=(s+3)x_2$$
$$2(x_2-x_3)=s(s+1)x_1$$
$$x_3=sx_1$$
$$y=x_1$$

经整理可得所要求的动态方程

$$\dot{x}_1=x_3$$
$$\dot{x}_2=-2x_1-3x_2+2u$$
$$\dot{x}_3=2x_2-3x_3$$
$$y=x_1$$

写成向量-矩阵形式，可得其动态方程为

$$\begin{bmatrix}\dot{x}_1\\ \dot{x}_2\\ \dot{x}_3\end{bmatrix}=\begin{bmatrix}0 & 0 & 1\\ -2 & -3 & 0\\ 0 & 2 & -3\end{bmatrix}\begin{bmatrix}x_1\\ x_2\\ x_3\end{bmatrix}+\begin{bmatrix}0\\ 2\\ 0\end{bmatrix}u,\quad y=\begin{bmatrix}1 & 0 & 0\end{bmatrix}\begin{bmatrix}x_1\\ x_2\\ x_3\end{bmatrix}$$

相应的状态变量图如图解 9.4.4 所示

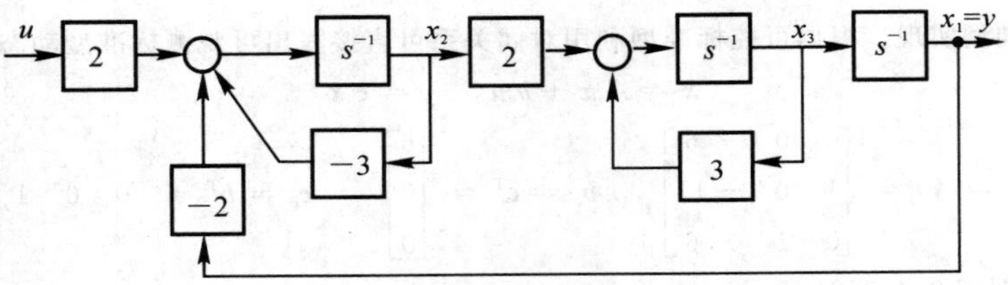

图解 9.4.4

9.4.5 已知双输入-双输出系统状态方程和输出方程

$$\dot{x}_1=x_2+u_1$$
$$\dot{x}_2=x_3+2u_1-u_2$$
$$\dot{x}_3=-6x_1-11x_2-6x_3+2u_2$$
$$y_1=x_1-x_2$$
$$y_2=2x_1+x_2-x_3$$

写出其向量-矩阵形式并画出状态变量图。

解 本题为线性定常、双输入双输出系统。

(1) 根据给定的系统动态方程和输出方程写出其向量-矩阵形式为

$$\begin{bmatrix}\dot{x}_1\\ \dot{x}_2\\ \dot{x}_3\end{bmatrix}=\begin{bmatrix}0 & 1 & 0\\ 0 & 0 & 1\\ -6 & -11 & -6\end{bmatrix}\begin{bmatrix}x_1\\ x_2\\ x_3\end{bmatrix}+\begin{bmatrix}1 & 0\\ 2 & -1\\ 0 & 2\end{bmatrix}\begin{bmatrix}u_1\\ u_2\end{bmatrix}$$

$$\begin{bmatrix}y_1\\ y_2\end{bmatrix}=\begin{bmatrix}1 & -1 & 0\\ 2 & 1 & -1\end{bmatrix}\begin{bmatrix}x_1\\ x_2\\ x_3\end{bmatrix}$$

相应的状态变量图如图解 9.4.5 所示。

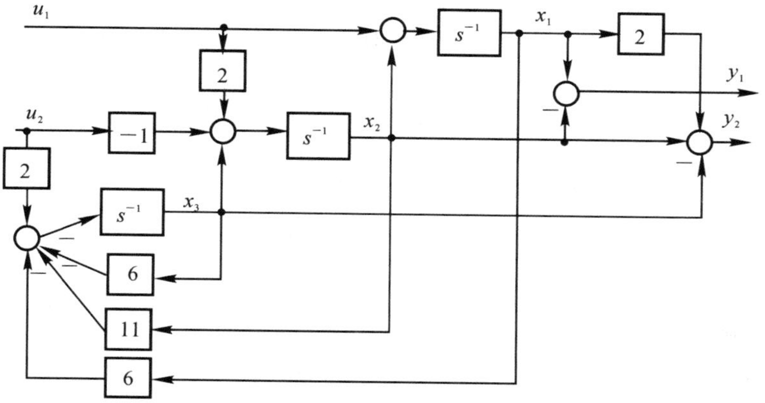

图解　9.4.5

9.4.6　已知系统传递函数为

$$G(s)=\frac{s^2+6s+8}{s^2+4s+3}$$

试求可控标准型($\boldsymbol{A}$ 为友矩阵)、可观测标准型(为 $\boldsymbol{A}$ 友矩阵转置)、对角型($\boldsymbol{A}$ 为对角阵)的动态方程。

解　(1) 可控标准型实现。当 $G(s)$ 的分子次数大于等于分母次数时,应用综合除法,得真有理分式形式

$$G(s)=\frac{s^2+6s+8}{s^2+4s+3}=1+\frac{2s+5}{s^2+4s+3}$$

其可控标准型动态方程为

$$\begin{bmatrix}\dot{x}_1\\ \dot{x}_2\end{bmatrix}=\begin{bmatrix}0 & 1\\ -3 & -4\end{bmatrix}\begin{bmatrix}x_1\\ x_2\end{bmatrix}+\begin{bmatrix}0\\ 1\end{bmatrix}u,y=\begin{bmatrix}5 & 2\end{bmatrix}\begin{bmatrix}x_1\\ x_2\end{bmatrix}+u$$

(2) 可观测标准型实现。根据可控标准型动态方程可写出可观测标准型动态方程

$$\begin{bmatrix}\dot{x}_1\\ \dot{x}_2\end{bmatrix}=\begin{bmatrix}0 & -3\\ 1 & -4\end{bmatrix}\begin{bmatrix}x_1\\ x_2\end{bmatrix}+\begin{bmatrix}5\\ 2\end{bmatrix}u,\quad y=\begin{bmatrix}0 & 1\end{bmatrix}\begin{bmatrix}x_1\\ x_2\end{bmatrix}+u$$

(3) 对角型实现。

$D(s)$ 可分解为

$$D(s)=s^2+4s+3=(s+1)(s+3)$$

其中,$\lambda_1=-1,\lambda_2=-3$ 为系统的单实极点,则传递函数可展开成部分分式之和的形式

$$\frac{N(s)}{D(s)}=\frac{\frac{3}{2}}{s+1}+\frac{\frac{1}{2}}{s+3}$$

且有

$$Y(s)=\left[1+\frac{\frac{3}{2}}{s+1}+\frac{\frac{1}{2}}{s+3}\right]U(s)$$

则对角型动态方程为

$$\begin{bmatrix}\dot{x}_1\\ \dot{x}_2\end{bmatrix}=\begin{bmatrix}-1 & 0\\ 0 & -3\end{bmatrix}\begin{bmatrix}x_1\\ x_2\end{bmatrix}+\begin{bmatrix}1\\ 1\end{bmatrix}u,\quad y=\begin{bmatrix}\frac{3}{2} & \frac{1}{2}\end{bmatrix}\begin{bmatrix}x_1\\ x\end{bmatrix}+u$$

9.4.7 已知系统传递函数

$$G(s)=\frac{5}{(s+1)^2(s+2)}$$

试求约当型（**A** 为约当阵）动态方程。

解 将系统传递函数分解为部分分式

$$G(s)=\frac{Y(s)}{U(s)}=\frac{5}{(s+1)^2(s+2)}=\frac{5}{(s+1)^2}-\frac{5}{s+1}+\frac{5}{s+2}$$

其约当标准型实现为

$$\begin{bmatrix}\dot{x}_1\\ \dot{x}_2\\ \dot{x}_3\end{bmatrix}=\begin{bmatrix}-1 & 1 & 0\\ 0 & -1 & 0\\ 0 & 0 & -2\end{bmatrix}\begin{bmatrix}x_1\\ x_2\\ x_3\end{bmatrix}+\begin{bmatrix}0\\ 1\\ 1\end{bmatrix}u$$

$$y=\begin{bmatrix}5 & -5 & 5\end{bmatrix}\begin{bmatrix}x_1\\ x_2\\ x_3\end{bmatrix}$$

9.4.8 已知矩阵

$$\boldsymbol{A}=\begin{bmatrix}0 & 1 & 0 & 0\\ 0 & 0 & 1 & 0\\ 0 & 0 & 0 & 1\\ 1 & 0 & 0 & 0\end{bmatrix}$$

试求 **A** 的特征方程、特征值、特征向量，并求出变换矩阵将 **A** 对角化。

解 **A** 的特征方程为

$$f(\lambda)=\det(\lambda\boldsymbol{I}-\boldsymbol{A})=\lambda^4-1=0$$

A 的特征值为

$$\lambda_1=-1,\quad \lambda_2=\mathrm{j},\quad \lambda_3=-\mathrm{j},\quad \lambda_4=1$$

令为 $\boldsymbol{p}_i$ 特征向量，则由

$$\boldsymbol{A}\boldsymbol{p}_i=\lambda_i\boldsymbol{p}_i,\quad i=1,2,3,4$$

可分别求得 λ_i 所对应的特征向量为

$$\boldsymbol{p}_1=\begin{bmatrix}-0.5\\ 0.5\\ -0.5\\ 0.5\end{bmatrix},\quad \boldsymbol{p}_2=\begin{bmatrix}0.5\\ 0.5\mathrm{j}\\ -0.5\\ -0.5\mathrm{j}\end{bmatrix},\quad \boldsymbol{p}_3=\begin{bmatrix}0.5\\ -0.5\mathrm{j}\\ -0.5\\ 0.5\mathrm{j}\end{bmatrix},\quad \boldsymbol{p}_4=\begin{bmatrix}-0.5\\ -0.5\\ -0.5\\ -0.5\end{bmatrix}$$

由于 $\lambda_i(i=1,2,3,4)$ 互不相同，故 $\boldsymbol{p}_i(i=1,2,3,4)$ 互不相关。可得使 **A** 对角化的变换矩阵为

$$\boldsymbol{P}=\begin{bmatrix}-0.5 & 0.5 & 0.5 & -0.5\\ 0.5 & 0.5\mathrm{j} & -0.5\mathrm{j} & -0.5\\ -0.5 & -0.5 & -0.5 & -0.5\\ 0.5 & -0.5\mathrm{j} & 0.5\mathrm{j} & -0.5\end{bmatrix}$$

相应的对角型为

$$\hat{\boldsymbol{A}}=\boldsymbol{P}^{-1}\boldsymbol{A}\boldsymbol{P}=\begin{bmatrix}-1 & 0 & 0 & 0\\ 0 & \mathrm{j} & 0 & 0\\ 0 & 0 & -\mathrm{j} & 0\\ 0 & 0 & 0 & 1\end{bmatrix}$$

9.4.9　已知矩阵

$$A=\begin{bmatrix}-1 & 0\\ 0 & 1\end{bmatrix}$$

试用幂级数法及拉普拉斯变换法求出矩阵指数(即状态转移矩阵)。

解　(1) 幂级数法。本题是线性定常系统,状态转移矩阵可展开成

$$\boldsymbol{\Phi}(t)=e^{At}=I+At+\frac{1}{2!}A^2t^2+\cdots+\frac{1}{k!}A^kt^k+\cdots$$

由于

$$A=A^3=A^5=\cdots=\begin{bmatrix}-1 & 0\\ 0 & 1\end{bmatrix}$$

$$A^2=A^4=A^6=\cdots=\begin{bmatrix}1 & 0\\ 0 & 1\end{bmatrix}$$

故有

$$\boldsymbol{\Phi}(t)=\begin{bmatrix}1 & 0\\ 0 & 1\end{bmatrix}+\begin{bmatrix}-t & 0\\ 0 & t\end{bmatrix}+\frac{1}{2!}\begin{bmatrix}t^2 & 0\\ 0 & t^2\end{bmatrix}+\frac{1}{3!}\begin{bmatrix}-t^3 & 0\\ 0 & t^3\end{bmatrix}+\frac{1}{4!}\begin{bmatrix}t^4 & 0\\ 0 & t^4\end{bmatrix}+\cdots=$$

$$\begin{bmatrix}1-t+\frac{1}{2!}t^2-\frac{1}{3!}t^3+\frac{1}{4!}t^4+\cdots & 0\\ 0 & 1+t+\frac{1}{2!}t^2+\frac{1}{3!}t^3+\frac{1}{4!}t^4+\cdots\end{bmatrix}=$$

$$\begin{bmatrix}e^{-t} & 0\\ 0 & e^{t}\end{bmatrix}$$

(2) 拉普拉斯变换法。

$$sI-A=\begin{bmatrix}s & 0\\ 0 & s\end{bmatrix}-\begin{bmatrix}-1 & 0\\ 0 & 1\end{bmatrix}=\begin{bmatrix}s+1 & 0\\ 0 & s-1\end{bmatrix}$$

$$(sI-A)^{-1}=\frac{\mathrm{adj}(sI-A)}{|sI-A|}=\frac{1}{(s+1)(s-1)}\begin{bmatrix}s-1 & 0\\ 0 & s+1\end{bmatrix}=\begin{bmatrix}\frac{1}{s+1} & 0\\ 0 & \frac{1}{s-1}\end{bmatrix}$$

则状态转移矩阵为

$$\boldsymbol{\Phi}(t)=\mathscr{L}^{-1}[(sI-A)^{-1}]=\begin{bmatrix}e^{-t} & 0\\ 0 & e^{t}\end{bmatrix}$$

9.4.10　试求下列状态方程的解

$$\dot{x}=\begin{bmatrix}-1 & 0 & 0\\ 0 & -2 & 0\\ 0 & 0 & -3\end{bmatrix}x$$

解　由于系统状态方程的状态矩阵 A 为对角型,因而有

$$e^{At}=\begin{bmatrix}e^{-t} & 0 & 0\\ 0 & e^{-2t} & 0\\ 0 & 0 & e^{-3t}\end{bmatrix}$$

状态方程的解为

$$x(t)=e^{At}x(0)=\begin{bmatrix}e^{-t} & 0 & 0\\ 0 & e^{-2t} & 0\\ 0 & 0 & e^{-3t}\end{bmatrix}x(0)$$

其中经 $x(0)$ 为系统的初始状态。

9.4.11 已知系统状态方程为

$$\dot{\boldsymbol{x}} = \begin{bmatrix} 1 & 0 \\ 1 & 1 \end{bmatrix} \boldsymbol{x} + \begin{bmatrix} 1 \\ 1 \end{bmatrix} \boldsymbol{u}$$

初始条件为 $x_1(0)=1, x_2(0)=0$。试求系统在单位阶跃输入作用下的响应。

解 采用拉普拉斯变换法求出

$$e^{At} = \mathscr{L}^{-1}[(s\boldsymbol{I}-\boldsymbol{A})^{-1}] = \mathscr{L}^{-1}\begin{bmatrix} \dfrac{1}{s-1} & 0 \\ \dfrac{1}{(s-1)^2} & \dfrac{1}{s-1} \end{bmatrix} = \begin{bmatrix} e^t & 0 \\ te^t & e^t \end{bmatrix}$$

则可得单位阶跃输入作用下的响应为

$$\boldsymbol{x}(t) = \begin{bmatrix} e^t & 0 \\ te^t & e^t \end{bmatrix}\begin{bmatrix} 1 \\ 0 \end{bmatrix} + \int_0^t \begin{bmatrix} e^\tau & 0 \\ \tau e^\tau & e^\tau \end{bmatrix}\begin{bmatrix} 1 \\ 1 \end{bmatrix} d\tau = \begin{bmatrix} e^t \\ te^t \end{bmatrix} + \int_0^t \begin{bmatrix} e^\tau \\ e^\tau + \tau e^\tau \end{bmatrix} d\tau = \begin{bmatrix} 2e^t - 1 \\ 2te^t \end{bmatrix}$$

9.4.12 已知线性系统状态转移矩阵

$$\boldsymbol{\Phi}(t) = \begin{bmatrix} 6e^{-t} - 5e^{-2t} & 4e^{-t} - 4e^{-2t} \\ -3e^{-t} + 3e^{-2t} & -2e^{-t} + 3e^{-2t} \end{bmatrix}$$

试求该系统的状态阵 $\boldsymbol{A}$。

解 本题可利用状态转移矩阵的性质来求解。因为

$$\dot{\boldsymbol{\Phi}}(t) = \boldsymbol{A}\boldsymbol{\Phi}(t), \quad \boldsymbol{\Phi}(t) = \boldsymbol{I}$$

所以

$$\boldsymbol{A} = \dot{\boldsymbol{\Phi}}(t)\,|_{t=0} = \begin{bmatrix} -6e^{-t} + 10e^{-2t} & -4e^{-t} + 8e^{-2t} \\ 3e^{-t} - 6e^{-2t} & 2e^{-t} - 6e^{-2t} \end{bmatrix}\Bigg|_{t=0} = \begin{bmatrix} 4 & 4 \\ -3 & -4 \end{bmatrix}$$

9.4.13 已知系统状态方程

$$\dot{\boldsymbol{x}} = \begin{bmatrix} 0 & 1 & 0 \\ -2 & -3 & 0 \\ -1 & 1 & 3 \end{bmatrix} \boldsymbol{x} + \begin{bmatrix} 0 \\ 1 \\ 2 \end{bmatrix} \boldsymbol{u}$$

$$y = [0 \quad 0 \quad 1]\boldsymbol{x}$$

试求系统传递函数 $G(s)$。

解 系统传递函数为

$$G(s) = \boldsymbol{c}(s\boldsymbol{I}-\boldsymbol{A})^{-1}\boldsymbol{b} = [0 \quad 0 \quad 1]\begin{bmatrix} s & -1 & 0 \\ 2 & s+3 & 0 \\ 1 & -1 & s-3 \end{bmatrix}^{-1}\begin{bmatrix} 0 \\ 1 \\ 2 \end{bmatrix} =$$

$$\frac{1}{(s+1)(s+2)(s-3)}[0 \quad 0 \quad 1]\begin{bmatrix} (s+3)(s-3) & s-3 & 0 \\ -2(s-3) & s(s-3) & 0 \\ -(s+5) & s-1 & (s+1)(s+2) \end{bmatrix}\begin{bmatrix} 0 \\ 1 \\ 2 \end{bmatrix} =$$

$$\frac{1}{(s+1)(s+2)(s-3)}[-s-5 \quad s-1 \quad (s+1)(s+2)]\begin{bmatrix} 0 \\ 1 \\ 2 \end{bmatrix} = \frac{2s^2+7s+3}{s^2-7s-6}$$

9.4.14 试求习题 9.4.5 所示系统的传递函数矩阵。

解 系统传递函数为

$$G(s) = \boldsymbol{c}(s\boldsymbol{I}-\boldsymbol{A})^{-1}\boldsymbol{b} = \begin{bmatrix} 1 & -1 & 0 \\ 2 & 1 & -1 \end{bmatrix}\begin{bmatrix} s & -1 & 0 \\ 0 & s & 1 \\ 6 & 11 & s+6 \end{bmatrix}^{-1}\begin{bmatrix} 1 & 0 \\ 2 & -1 \\ 0 & 2 \end{bmatrix} =$$

$$\frac{1}{s^3+6s^2+11s+6}\begin{bmatrix}1 & -1 & 0\\2 & 1 & -1\end{bmatrix}\begin{bmatrix}s^2+6s+11 & s+6 & 1\\-6 & s(s+6) & s\\-6s & -11s-6 & s^2\end{bmatrix}\begin{bmatrix}1 & 0\\2 & -1\\0 & 2\end{bmatrix}=$$

$$\frac{1}{s^3+6s^2+11s+6}\begin{bmatrix}-s^2-4s+29 & s^2+3s-4\\4s^2+56s+52 & -3s^2-17s-14\end{bmatrix}$$

9.4.15　已知差分方程

$$y(k+2)+3y(k+1)+2y(k)=2u(k+1)+3u(k)$$

试列写可控标准型(**A** 为友矩阵)离散动态方程,并求出 $u(k)=1$ 时的系统响应。给定 $y(0)=0,y(1)=1$。

解　由差分方程求可控标准型离散动态方程。对差分方程两端取 z 变换

$$\mathscr{Z}[y(k+2)]=z^2Y(Z)-z^2y(0)-zy(1)=z^2Y(z)-z$$

$$3\mathscr{Z}[y(k+1)]=3[zY(z)-zy(0)]=3zY(z)$$

$$2\mathscr{Z}[y(k)]=2Y(z)$$

$$2\mathscr{Z}[u(k+1)]=2[zU(z)-zu(0)]=2zU(z)-2z$$

$$3\mathscr{Z}[u(k)]=3U(z)$$

故有

$$2\mathscr{Z}[u(k+1)]=2[zU(z)-zu(0)]=2zU(z)-2z$$

$$Y(z)=\frac{2z+3}{z^2+3z+2}\quad U(z)=\frac{2z}{z^2+3z+2}$$

在求离散动态系统可控标准型的过程中,仅需考虑

$$\frac{Y(z)}{U(z)}=\frac{2z+3}{z^2+3z+2}$$

在 $Y(z)/U(z)$ 的串联分解中,引入中间变量 $Q(z)$,则有

$$z^2Q(z)+3zQ(z)+2Q(z)=U(z)$$

$$Y(z)=2zU(z)+3Q(z)$$

设

$$X_1(z)=Q(z),\quad X_2(z)=zQ(z)=zX_1(z)$$

则

$$z^2Q(z)=-2X_1(z)-3X_2(z)+U(z)$$

$$Y(z)=3X_1(z)+2X_2(z)$$

利用 z 反变换关系,可得离散系统动态方程为

$$x_1(k+1)=x_2(k)$$

$$x_2(k+1)=2x_1(k)-3x_2(k)+u(k)$$

$$y(k)=3x_1(k)+2x_2(k)$$

写成向量-矩阵形式,可控标准型离散动态方程为

$$x_1(k+1)=Gx(k)+hu(k)=\begin{bmatrix}0 & 1\\-2 & -3\end{bmatrix}x(k)+\begin{bmatrix}0\\1\end{bmatrix}u(k)$$

$$y(k)=cx(k)=[3\quad 2]x(k)$$

在给定的条件下,有

$$y(2)=2u(1)+3u(0)-3y(1)-2y(0)=2$$

$$y(3)=2u(2)+3u(1)-3y(2)-2y(1)=-3$$

$$y(4)=2u(3)+3u(2)-3y(3)-2y(2)=10$$

……

9.4.16　已知连续系统动态方程为

$$\dot{\boldsymbol{x}}=\begin{bmatrix}0 & 1\\0 & 2\end{bmatrix}\boldsymbol{x}+\begin{bmatrix}0\\1\end{bmatrix}\boldsymbol{u},\quad \boldsymbol{y}=[1\quad 0]\boldsymbol{x}$$

设采样周期 $T = Ls$，试求离散化动态方程。

解 采用拉普拉斯变换法求取连续系统的状态转移矩阵 $\boldsymbol{\Phi}(t)$。

$$\boldsymbol{\Phi}(t) = e^{\boldsymbol{A}t} = \mathscr{L}^{-1}[(s\boldsymbol{I}-\boldsymbol{A})^{-1}] = \mathscr{L}^{-1}\begin{bmatrix} \frac{1}{s} & \frac{1}{s(s-2)} \\ 0 & \frac{1}{s-2} \end{bmatrix} = \begin{bmatrix} 1 & -\frac{1}{2}+\frac{1}{2}e^{2t} \\ 0 & e^{2t} \end{bmatrix}$$

(1) 离散化状态方程为

$$\boldsymbol{x}(k+1) = \boldsymbol{\Phi}(T)\boldsymbol{x}(k) + \boldsymbol{G}(T)\boldsymbol{u}(k)$$

式中，$\boldsymbol{\Phi}(T)$，$\boldsymbol{G}(T)$ 与连续系统状态转移矩阵 $\boldsymbol{\Phi}(t)$ 的关系为

$$\boldsymbol{\Phi}(T) = \boldsymbol{\Phi}(t)\mid_{t=T} = \begin{bmatrix} 1 & -\frac{1}{2}+\frac{1}{2}e^{2} \\ 0 & e^{2} \end{bmatrix} = \begin{bmatrix} 1 & 3.194\,5 \\ 0 & 7.389\,1 \end{bmatrix}$$

$$\boldsymbol{G}(T) = \int_0^T \boldsymbol{\Phi}(t)\boldsymbol{b}\mathrm{d}t = \int_0^T \begin{bmatrix} -\frac{1}{2}+\frac{1}{2}e^{2t} \\ e^{2t} \end{bmatrix} = \begin{bmatrix} -\frac{1}{4}(2T+1-e^{2T}) \\ \frac{1}{2}(e^{2T}-1) \end{bmatrix} = \begin{bmatrix} 1.097\,3 \\ 3.194\,5 \end{bmatrix}$$

则

$$\boldsymbol{x}(k+1) = \begin{bmatrix} 1 & 3.194\,5 \\ 0 & 7.389\,1 \end{bmatrix}\boldsymbol{x}(k) + \begin{bmatrix} 1.097\,3 \\ 3.194\,5 \end{bmatrix}\boldsymbol{u}(k)$$

9.4.17 试判断下列系统的状态可控性：

(1) $\dot{\boldsymbol{x}} = \begin{bmatrix} -2 & 2 & -1 \\ 0 & -2 & 0 \\ 1 & -4 & 0 \end{bmatrix}\boldsymbol{x} + \begin{bmatrix} 0 \\ 0 \\ 1 \end{bmatrix}\boldsymbol{u}$；　　(2) $\dot{\boldsymbol{x}} = \begin{bmatrix} 1 & 1 & 0 \\ 0 & 1 & 0 \\ 0 & 1 & 1 \end{bmatrix}\boldsymbol{x} + \begin{bmatrix} 0 \\ 1 \\ 0 \end{bmatrix}\boldsymbol{u}$

(3) $\dot{\boldsymbol{x}} = \begin{bmatrix} 1 & 1 & 0 \\ 0 & 1 & 0 \\ 0 & 1 & 1 \end{bmatrix}\boldsymbol{x} + \begin{bmatrix} 0 & 0 \\ 0 & 1 \\ 1 & 0 \end{bmatrix}\begin{bmatrix} \boldsymbol{u}_1 \\ \boldsymbol{u}_2 \end{bmatrix}$；　　(4) $\dot{\boldsymbol{x}} = \begin{bmatrix} -4 & & \boldsymbol{O} \\ \boldsymbol{O} & -4 & 0 \\ & & 1 \end{bmatrix}\boldsymbol{x} + \begin{bmatrix} 1 \\ 2 \\ 1 \end{bmatrix}\boldsymbol{u}$

解 (1) 系统的可控性阵为

$$\boldsymbol{S} = [\boldsymbol{b} \quad \boldsymbol{Ab} \quad \boldsymbol{A}^2\boldsymbol{b}] = \begin{bmatrix} 0 & -1 & 2 \\ 0 & 0 & 0 \\ 1 & 0 & -1 \end{bmatrix}$$

由于

$$\mathrm{rank}\boldsymbol{S} = \mathrm{rank}\begin{bmatrix} 0 & -1 & 2 \\ 0 & 0 & 0 \\ 1 & 0 & -1 \end{bmatrix} = 2 < 3 = n$$

所以系统状态不完全可控。

(2) 系统的可控性阵为

$$\boldsymbol{S} = [\boldsymbol{b} \quad \boldsymbol{Ab} \quad \boldsymbol{A}^2\boldsymbol{b}] = \begin{bmatrix} 0 & 1 & 2 \\ 1 & 1 & 1 \\ 1 & 1 & 2 \end{bmatrix}$$

由于

$$\mathrm{rank}\boldsymbol{S} = \mathrm{rank}\begin{bmatrix} 0 & 1 & 2 \\ 1 & 1 & 1 \\ 1 & 1 & 2 \end{bmatrix} = 2 < 3 = n$$

所以系统状态不完全可控。

(3) 系统的可控性阵为

$$S=[B\quad AB\quad A^2B]=\begin{bmatrix}0&0&0&1&0&2\\0&1&0&1&0&1\\1&0&1&1&1&2\end{bmatrix}$$

由于
$$\mathrm{rank}S=\mathrm{rank}\begin{bmatrix}0&0&0&1&0&2\\0&1&0&1&0&1\\1&0&1&1&1&2\end{bmatrix}=3=n$$

所以系统状态完全可控。

(4) 由于 A 阵为对角阵，A 阵中相同对角元素对应的 6 中行元素线性相关，所以系统状态不完全可控。当然，因为可控性阵

$$S=[b\quad Ab\quad A^2b]=\begin{bmatrix}1&-4&16\\2&-8&32\\1&1&1\end{bmatrix}$$

$$\mathrm{rank}S=\mathrm{rank}\begin{bmatrix}1&-4&16\\2&-8&32\\1&1&1\end{bmatrix}=2<3=n$$

故系统不完全可控。

9.4.18 已知 $ad=bc$ 试计算 $\begin{bmatrix}a&b\\c&d\end{bmatrix}^{100}$。

解 设 $A=\begin{bmatrix}a&b\\c&d\end{bmatrix}$，则 A 的特征多项式为

$$f(\lambda)=|\lambda I-A|=\begin{vmatrix}\lambda-a&-b\\-c&\lambda-d\end{vmatrix}=\lambda^2-(a+d)\lambda+(ad-bc)$$

根据凯莱-哈密顿定理并考虑到 $ad=bc$ 于是有

$$f(A)=A^2-(a+d)A=0$$
$$A^2=(a+d)A$$
$$A^3=A^2A=(a+d)A^2=(a+d)^2A$$
$$A^4=A^3A=(a+d)^2A^2=(a+d)^3A$$

则

$$A^k=(a+d)^{k-1}A$$

因此
$$A^{100}=\begin{bmatrix}a&b\\c&d\end{bmatrix}^{100}=(a+d)^{99}A=\begin{bmatrix}(a+d)^{99}a&(a+d)^{99}b\\(a+d)^{99}c&(a+d)^{99}d\end{bmatrix}$$

9.4.19 设系统状态方程为

$$\dot{x}=\begin{bmatrix}0&1\\-1&a\end{bmatrix}x+\begin{bmatrix}1\\b\end{bmatrix}u$$

设状态可控，试求 a,b。

解 线性定常连续系统完全可控的充分必要条件是

$$\mathrm{rank}S=\mathrm{rank}[B\quad AB\quad\cdots\quad A^{n-1}B]=n$$

其中，n 为矩阵 A 的维数，S 称为系统的可控性阵

由题意
$$A=\begin{bmatrix}0&1\\-1&a\end{bmatrix},\quad b=\begin{bmatrix}1\\b\end{bmatrix}$$

系统的可控性阵为

$$S=[b\quad Ab]=\begin{bmatrix}1&b\\b&ab-1\end{bmatrix}$$

若系统可控，应有

$$\operatorname{rank}\boldsymbol{S} = \operatorname{rank}\begin{bmatrix}1 & b \\ b & ab-1\end{bmatrix} = 2 = n$$

得

$$\det\begin{bmatrix}1 & b \\ b & ab-1\end{bmatrix} = ab-1-b^2 \neq 0$$

因此系统可控的条件为 $b^2 \neq ab-1$。

9.4.20 设系统传递函数为

$$G(s) = \frac{s+a}{s^3+7s^2+14s+8}$$

设状态可控，试求 a。

解 系统传递函数可改写为

$$G(s) = \frac{s+a}{s^3+7s^2+14s+8} = \frac{s+a}{(s+1)(s+2)(s+4)}$$

(1) 当 $a=1,2,4$ 时，传递函数可简约，出现零极点对消，系统不可控或不可观测。当系统采用可控性实现时，系统状态完全可控；反之，系统状态不完全可控。

(2) 当 $a \neq 1,2,4$ 时，传递函数不可简约，在任意三阶实现情况下，系统状态均完全可控。

(3) 由上述分析可知，不可简约型传递函数只能描述系统中可控且可观测部分，是对系统结构的一种不完全描述。

9.4.21 判断下列系统的输出可控性：

(1) $\dot{\boldsymbol{x}} = \begin{bmatrix}0 & 1 & 0 \\ 0 & 0 & 1 \\ -6 & -11 & -6\end{bmatrix}\boldsymbol{x} + \begin{bmatrix}0 \\ 0 \\ 1\end{bmatrix}\boldsymbol{u}, \boldsymbol{y} = [1 \quad 0 \quad 0]\boldsymbol{x}$；

(2) $\dot{\boldsymbol{x}} = \begin{bmatrix}-a & & & 0 \\ & -b & & \\ & & -c & \\ 0 & & & -d\end{bmatrix}\boldsymbol{x} + \begin{bmatrix}0 \\ 0 \\ 1 \\ 1\end{bmatrix}\boldsymbol{u}, \boldsymbol{y} = [1 \quad 0 \quad 0 \quad 0]\boldsymbol{x}$。

解 (1) 由题意

$$\boldsymbol{A} = \begin{bmatrix}0 & 1 & 0 \\ 0 & 0 & 1 \\ -6 & -11 & -6\end{bmatrix},\quad \boldsymbol{b} = \begin{bmatrix}0 \\ 0 \\ 1\end{bmatrix},\quad \boldsymbol{c} = [1 \quad 0 \quad 0],\quad d = 0$$

系统的输出可控性矩阵为

$$\boldsymbol{S}_0 = [\boldsymbol{cb} \quad \boldsymbol{cAb} \quad \boldsymbol{cA}^2\boldsymbol{b} \quad d] = [0 \quad 0 \quad 1 \quad 0]$$

由于

$$\operatorname{rank}\boldsymbol{S}_0 = \operatorname{rank}[0 \quad 0 \quad 1 \quad 0] = 1 = q$$

所以系统输出可控。

(2) 由题意

$$\boldsymbol{A} = \begin{bmatrix}-a & & & 0 \\ & -b & & \\ & & -c & \\ 0 & & & -d\end{bmatrix},\quad \boldsymbol{b} = \begin{bmatrix}0 \\ 0 \\ 1 \\ 1\end{bmatrix},\quad \boldsymbol{c} = [1 \quad 0 \quad 0 \quad 0],\quad d = 0$$

系统的输出可控性矩阵为

$$\boldsymbol{S}_0 = [\boldsymbol{cb} \quad \boldsymbol{cAb} \quad \boldsymbol{cA}^2\boldsymbol{b} \quad \boldsymbol{cA}^3\boldsymbol{b} \quad d] = [0 \quad 0 \quad 0 \quad 0 \quad 0]$$

由于　$\text{rank}\boldsymbol{S}_0 = \text{rank}[0 \quad 0 \quad 0 \quad 0 \quad 0] = 0 < 1 = q$

所以系统输出不可控。

9.4.22　试判断下列系统的可观性：

(1) $\dot{\boldsymbol{x}} = \begin{bmatrix} -1 & -2 & -2 \\ 0 & -1 & 1 \\ 1 & 0 & -1 \end{bmatrix}\boldsymbol{x} + \begin{bmatrix} 2 \\ 0 \\ 1 \end{bmatrix}\boldsymbol{u}, \boldsymbol{y} = [1 \quad 1 \quad 0]\boldsymbol{x}$；

(2) $\dot{\boldsymbol{x}} = \begin{bmatrix} 2 & 0 & 0 \\ 0 & 2 & 0 \\ 0 & 3 & 1 \end{bmatrix}\boldsymbol{x}, \boldsymbol{y} = [1 \quad 1 \quad 1]\boldsymbol{x}$；

(3) $\dot{\boldsymbol{x}} = \begin{bmatrix} -1 & 1 & & 0 \\ & -1 & & \\ & & -2 & 1 \\ 0 & & & -2 \end{bmatrix}\boldsymbol{x}, \boldsymbol{y} = \begin{bmatrix} 1 & 0 & 0 & 0 \\ 0 & 0 & -1 & 0 \end{bmatrix}\boldsymbol{x}$；

(4) $\dot{\boldsymbol{x}} = \begin{bmatrix} 2 & 1 & 0 \\ 0 & 2 & 0 \\ 0 & 0 & -3 \end{bmatrix}\boldsymbol{x}, \boldsymbol{y} = [0 \quad 1 \quad 1]\boldsymbol{x}$。

解　(1) 由题意

$$\boldsymbol{A} = \begin{bmatrix} -1 & -2 & -2 \\ 0 & -1 & 1 \\ 1 & 0 & -1 \end{bmatrix}, \quad \boldsymbol{c} = [1 \quad 1 \quad 0]$$

则系统的可观测阵为

$$\boldsymbol{V} = \begin{bmatrix} \boldsymbol{c} \\ \boldsymbol{cA} \\ \boldsymbol{cA}^2 \end{bmatrix} = \begin{bmatrix} 1 & 1 & 0 \\ -1 & -3 & -1 \\ 0 & 5 & 0 \end{bmatrix}$$

由于　$\text{rank}\boldsymbol{V} = \text{rank}\begin{bmatrix} 1 & 1 & 0 \\ -1 & -3 & -1 \\ 0 & 5 & 0 \end{bmatrix} = 3 = n$

所以系统状态完全可观测。

(2) 由题意

$$\boldsymbol{A} = \begin{bmatrix} 2 & 0 & 0 \\ 0 & 2 & 0 \\ 0 & 3 & 1 \end{bmatrix}, \quad \boldsymbol{c} = [1 \quad 1 \quad 1]$$

系统的可观测阵为

$$\boldsymbol{V} = \begin{bmatrix} \boldsymbol{c} \\ \boldsymbol{cA} \\ \boldsymbol{cA}^2 \end{bmatrix} = \begin{bmatrix} 1 & 1 & 1 \\ 2 & 5 & 1 \\ 4 & 13 & 1 \end{bmatrix}$$

由于　$\text{rank}\boldsymbol{V} = \text{rank}\begin{bmatrix} 1 & 1 & 1 \\ 2 & 5 & 1 \\ 4 & 13 & 1 \end{bmatrix} = 3 = n$

所以系统状态完全可观测。

(3) 由于在 $\boldsymbol{A}$ 中存在两个不同元素的约当块，两约当块分别对应的 $\boldsymbol{c}$ 中列向量组首列非零，可直接判定系统状态完全可观测。

(4) 由于在 $\boldsymbol{A}$ 中存在两个不同元素的约当块，第一个约当块对应的 $\boldsymbol{c}$ 中列向量组的首列为零，可直接判定系统状态不完全可观测。

9.4.23 试确定使下列系统可观测的 a,b：

$$\dot{\boldsymbol{x}}=\begin{bmatrix}a & 1\\0 & b\end{bmatrix}\boldsymbol{x},\quad \boldsymbol{y}=\begin{bmatrix}1 & -1\end{bmatrix}\boldsymbol{x}$$

解 由题意

$$\boldsymbol{A}=\begin{bmatrix}a & 1\\0 & b\end{bmatrix},\quad \boldsymbol{c}=\begin{bmatrix}1 & -1\end{bmatrix}$$

系统的可观测阵为

$$\boldsymbol{V}=\begin{bmatrix}\boldsymbol{c}\\ \boldsymbol{cA}\end{bmatrix}=\begin{bmatrix}1 & -1\\a & 1-b\end{bmatrix}$$

若系统可观测,应有

$$\mathrm{rank}\boldsymbol{V}=\mathrm{rank}\begin{bmatrix}1 & -1\\a & 1-b\end{bmatrix}=2=n$$

得

$$\det\begin{bmatrix}1 & -1\\a & 1-b\end{bmatrix}=1-b+a\neq 0$$

因此系统可观测的条件为 $a\neq b-1$。

9.4.24 已知系统各矩阵为

$$\boldsymbol{A}=\begin{bmatrix}1 & 3 & 2\\0 & 4 & 2\\0 & 0 & 1\end{bmatrix},\quad \boldsymbol{B}=\begin{bmatrix}0 & 1\\0 & 0\\1 & 0\end{bmatrix},\quad \boldsymbol{C}=\begin{bmatrix}1 & 0 & 0\\0 & 0 & 1\end{bmatrix}$$

试用传递矩阵判断系统可控性、可观测性。

解 (1) 判断可控性。

$$(s\boldsymbol{I}-\boldsymbol{A})^{-1}\boldsymbol{B}=\begin{bmatrix}s-1 & -3 & -2\\0 & s-4 & -2\\0 & 0 & s-1\end{bmatrix}^{-1}\begin{bmatrix}0 & 1\\0 & 0\\1 & 0\end{bmatrix}=\frac{1}{(s-1)(s-4)}\begin{bmatrix}2 & s-4\\2 & 0\\s-4 & 0\end{bmatrix}$$

由于 $(s\boldsymbol{I}-\boldsymbol{A})^{-1}\boldsymbol{B}$ 行线性无关,所以系统可控。

(2) 判断可观测性。

$$\boldsymbol{C}(s\boldsymbol{I}-\boldsymbol{A})^{-1}=\begin{bmatrix}1 & 0 & 0\\0 & 0 & 1\end{bmatrix}\begin{bmatrix}s-1 & -3 & -2\\0 & s-4 & -2\\0 & 0 & s-1\end{bmatrix}^{-1}=\frac{1}{(s-1)(s-4)}\begin{bmatrix}s-4 & 3 & 2\\0 & 0 & s-4\end{bmatrix}$$

由于 $\boldsymbol{C}(s\boldsymbol{I}-\boldsymbol{A})^{-1}$ 列线性无关,所以系统可观测。

9.4.25 将下列状态方程化为可控标准型：

$$\dot{\boldsymbol{x}}=\begin{bmatrix}1 & -2\\3 & 4\end{bmatrix}\boldsymbol{x}+\begin{bmatrix}1\\1\end{bmatrix}\boldsymbol{u}$$

解 (1) 计算系统的可控性矩阵。

$$\boldsymbol{S}=\begin{bmatrix}\boldsymbol{b} & \boldsymbol{Ab}\end{bmatrix}=\begin{bmatrix}1 & -1\\1 & 7\end{bmatrix}$$

由于

$$\mathrm{rank}\boldsymbol{S}=\mathrm{rank}\begin{bmatrix}1 & -1\\1 & 7\end{bmatrix}=2=n$$

因此系统状态完全可控,可以化为可控标准型。

(2) 计算可控性矩阵的逆矩阵 $\boldsymbol{S}^{-1}$。

$$S^{-1}=\frac{1}{8}\begin{bmatrix}7 & 1\\ -1 & 1\end{bmatrix}$$

(3) 取出 S^{-1} 的最后一行(即第 2 行) 构成 p_1 行向量。

$$p_1=\frac{1}{8}[-1\quad 1]$$

(4) 构造 P 阵。

$$P=\begin{bmatrix}p_1\\ p_1A\end{bmatrix}=\frac{1}{8}\begin{bmatrix}-1 & 1\\ 2 & 6\end{bmatrix},\quad P^{-1}=\begin{bmatrix}-6 & 1\\ 2 & 1\end{bmatrix}$$

P^{-1} 就是将非标准型可控系统化为可控标准型的变换矩阵。

(5) 系统的可控标准型为

$$\dot{\bar{x}}=PAP^{-1}\bar{x}+Pbu=\begin{bmatrix}0 & 1\\ -10 & 5\end{bmatrix}\bar{x}+\begin{bmatrix}0\\ 1\end{bmatrix}u$$

9.4.26　已知系统传递函数为

$$\frac{Y(s)}{U(s)}=\frac{s+1}{s^2+3s+2}$$

试写出系统可控不可观测、可观测不可控、不可控不可观测的动态方程。

解　由于

$$\frac{Y(s)}{U(s)}=\frac{s+1}{s^2+3s+2}=\frac{s+1}{(s+1)(s+2)}=\frac{1}{s+2}$$

传递函数可以简约,出现了零极点对消,成为一阶系统,因此系统不完全可控或不完全可观测。

(1) 可控不可观测动态方程。根据传递函数写出系统的可控标准型实现:

$$\dot{x}_c=\begin{bmatrix}0 & 1\\ -2 & -3\end{bmatrix}x_c+\begin{bmatrix}0\\ 1\end{bmatrix}u,\quad y=[1\quad 1]x_c$$

显然系统状态完全可控,但不可观测。

(2) 可观测不可控动态方程。根据传递函数写出系统的可观测标准型实现:

$$\dot{x}_o=\begin{bmatrix}0 & -2\\ 1 & -3\end{bmatrix}x_o+\begin{bmatrix}1\\ 1\end{bmatrix}u,\quad y=[0\quad 1]x_o$$

显然系统状态可观测,但不可控。

(3) 不可控不可观测动态方程。将传递函数分解为

$$\frac{Y(s)}{U(s)}=\frac{s+1}{s^2+3s+2}=\frac{s+1}{(s+1)(s+2)}=\frac{0}{s+1}+\frac{1}{s+2}$$

写成状态空间表达式

$$\dot{x}=\begin{bmatrix}-1 & 0\\ 0 & -2\end{bmatrix}x+\begin{bmatrix}0\\ 1\end{bmatrix}u,\quad y=[0\quad 1]x$$

由约当规范型判据可知,系统显然既不可控也不可观测。

(4) 不可简约型传递函数描述,只表征了系统可控可观测的部分,因此具有不完全性。上述写出的仅是其中的一类实现,实现还可以具有其他形式。

9.4.27　已知系统各矩阵为

$$A=\begin{bmatrix}1 & 0 & 0 & 0\\ 0 & 2 & 0 & 0\\ -6 & -2 & 3 & 0\\ 3 & -2 & 0 & 4\end{bmatrix},\quad b=\begin{bmatrix}1\\ 0\\ 3\\ 2\end{bmatrix},\quad c=[-4\quad -3\quad 1\quad 1]$$

试求可控子系统与不可控子系统的动态方程。

解　(1) 系统可控性矩阵为

$$\boldsymbol{S}=[\boldsymbol{b}\quad \boldsymbol{A}\boldsymbol{b}\quad \boldsymbol{A}^2\boldsymbol{b}\quad \boldsymbol{A}^3\boldsymbol{b}]=\begin{bmatrix}1&1&1&1\\0&0&0&0\\3&3&3&3\\2&11&47&191\end{bmatrix}$$

由于

$$\mathrm{rank}\boldsymbol{S}=2<n=4$$

故系统状态不完全可控。

(2) 从可控性矩阵中选出两个线性无关的列向量 $[1\quad 0\quad 3\quad 2]^{\mathrm{T}}$ 和 $[1\quad 0\quad 3\quad 11]^{\mathrm{T}}$，附加任意列向量 $[1\quad 0\quad 0\quad 0]^{\mathrm{T}}$ 和 $[0\quad 1\quad 0\quad 0]^{\mathrm{T}}$，构成非奇异变换阵 $\boldsymbol{P}^{-1}$

$$\boldsymbol{P}^{-1}=\begin{bmatrix}1&1&1&0\\0&0&0&1\\3&3&0&0\\2&11&0&0\end{bmatrix}$$

(3) 计算矩阵 $\boldsymbol{P}$ 和变换后的各矩阵

$$\boldsymbol{P}=(\boldsymbol{P}^{-1})^{-1}=\frac{1}{27}\begin{bmatrix}0&0&11&-3\\0&0&-2&3\\27&0&-9&0\\0&27&0&0\end{bmatrix}$$

$$\boldsymbol{PAP}^{-1}=\frac{1}{27}\begin{bmatrix}0&-108&-75&-16\\27&135&21&-2\\0&0&81&18\\0&0&0&54\end{bmatrix},\quad \boldsymbol{Pb}=\begin{bmatrix}1\\0\\0\\0\end{bmatrix},\quad \boldsymbol{cP}^{-1}=[1\quad 10\quad -4\quad -3]$$

(4) 可控子系统动态方程为

$$\dot{\boldsymbol{x}}_c=\frac{1}{27}\begin{bmatrix}0&-108\\27&135\end{bmatrix}\boldsymbol{x}_c+\frac{1}{27}\begin{bmatrix}-75&-16\\21&-2\end{bmatrix}\boldsymbol{x}_{\bar{c}}+\begin{bmatrix}1\\0\end{bmatrix}\boldsymbol{u},\quad \boldsymbol{y}_1=[1\quad 10]\boldsymbol{x}_c$$

不可控子系统动态方程为

$$\dot{\boldsymbol{x}}_{\bar{c}}=\frac{1}{27}\begin{bmatrix}81&18\\0&54\end{bmatrix}\boldsymbol{x}_{\bar{c}},\quad \boldsymbol{y}=[-4\quad -3]\boldsymbol{x}_{\bar{c}}$$

9.4.28 系统各矩阵同习题 9.4.27，试求可观测子系统与不可观测子系统的动态方程。

解 (1) 系统可观性矩阵为

$$\boldsymbol{V}=\begin{bmatrix}\boldsymbol{c}\\\boldsymbol{cA}\\\boldsymbol{cA}^2\\\boldsymbol{cA}^3\end{bmatrix}=\begin{bmatrix}-4&-3&1&1\\-7&-10&3&4\\-13&-34&9&16\\-19&-118&27&64\end{bmatrix}$$

由于

$$\mathrm{rank}\boldsymbol{V}=3<n=4$$

故系统状态不完全可观测。

(2) 从可观测性矩阵中选取三个线性无关的行向量 $[-4\quad -3\quad 1\quad 1]$，$[-7\quad -10\quad 3\quad 4]$ 和 $[-13\quad -34\quad 9\quad 16]$，再选取一个线性无关的行向量 $[0\quad 1\quad 0\quad 0]$，构成非奇异变换矩阵 $\boldsymbol{T}$

$$\boldsymbol{T}=\begin{bmatrix}-4&-3&1&1\\-7&-10&3&4\\-13&-34&9&16\\0&1&0&0\end{bmatrix}$$

(3) 计算矩阵 $\boldsymbol{T}^{-1}$ 和变换后的各矩阵

$$T^{-1} = -\frac{1}{12}\begin{bmatrix} 12 & -7 & 1 & 0 \\ 0 & 0 & 0 & -12 \\ 60 & -51 & 9 & -24 \\ -24 & 23 & -5 & -12 \end{bmatrix}, \quad \hat{A} = TAT^{-1} = \begin{bmatrix} 0 & 1 & 0 & 0 \\ 0 & 0 & 1 & 0 \\ 12 & -19 & 8 & 0 \\ 0 & 0 & 0 & 2 \end{bmatrix}$$

$$\hat{b} = Tb = \begin{bmatrix} 1 \\ 10 \\ 46 \\ 0 \end{bmatrix}, \quad \hat{c} = cT^{-1} = [1 \quad 0 \quad 0 \quad 0]$$

(4) 可观测子系统动态方程为

$$\dot{x}_o = \begin{bmatrix} 0 & 1 & 0 \\ 0 & 0 & 1 \\ 12 & -19 & 8 \end{bmatrix} x_o + \begin{bmatrix} 1 \\ 10 \\ 46 \end{bmatrix} u, \quad y = [1 \quad 0 \quad 0]\, x_o$$

不可观测子系统动态方程为

$$\dot{x}_{\bar{o}} = 2x_{\bar{o}}$$

9.4.29　设被控系统状态方程为

$$\dot{x} = \begin{bmatrix} 0 & 1 & 0 \\ 0 & -1 & 1 \\ 0 & -1 & 10 \end{bmatrix} x + \begin{bmatrix} 0 \\ 0 \\ 10 \end{bmatrix} u$$

可否用状态反馈任意配置闭环极点？求状态反馈阵，使闭环极点位于 $-10, -1 \pm \mathrm{j}\sqrt{3}$，并画出状态变量图。

解　(1) 验证系统的可控性。系统的可控性判别矩阵为

$$S = [b \quad Ab \quad A^2b] = \begin{bmatrix} 0 & 0 & 10 \\ 0 & 10 & 90 \\ 10 & 100 & 990 \end{bmatrix}$$

$$\mathrm{rank}\,S = 3 = n$$

系统状态完全可控，可以利用状态反馈任意配置闭环极点。

(2) 取状态反馈控制率为

$$u = v - kx \quad (\text{其中 } k = [k_0 \quad k_1 \quad k_2])$$

状态反馈系统状态方程为

$$\dot{x} = (A - bk)x + bv = 4x + bv$$

其特征多项式为

$$\det\,[\lambda I - (A - bk)] = \det\left[\begin{bmatrix} \lambda & 0 & 0 \\ 0 & \lambda & 0 \\ 0 & 0 & \lambda \end{bmatrix} - \left[\begin{bmatrix} 0 & 1 & 0 \\ 0 & -1 & 1 \\ 0 & -1 & 10 \end{bmatrix} - \begin{bmatrix} 0 \\ 0 \\ 10 \end{bmatrix}[k_0 \quad k_1 \quad k_2]\right]\right] =$$

$$\lambda^3 + (10k_2 - 9)\lambda^2 + (10k_1 + 10k_2 - 9)\lambda + 10k_0$$

希望特征多项式为

$$\det(\lambda I - \bar{A}) = (\lambda + 10)(\lambda + 1 - \mathrm{j}\sqrt{3})(\lambda + 1 + \mathrm{j}\sqrt{3}) = \lambda^3 + 12\lambda^2 + 24\lambda + 40$$

令上述两个特征方程同次项系数相等，可得

$$k_0 = 4, \quad k_1 = 1.2, \quad k_2 = 2.1$$

即状态反馈阵为

$$k = [4 \quad 1.2 \quad 2.1]$$

(3) 状态反馈系统结构框图如图解 9.4.29 所示。

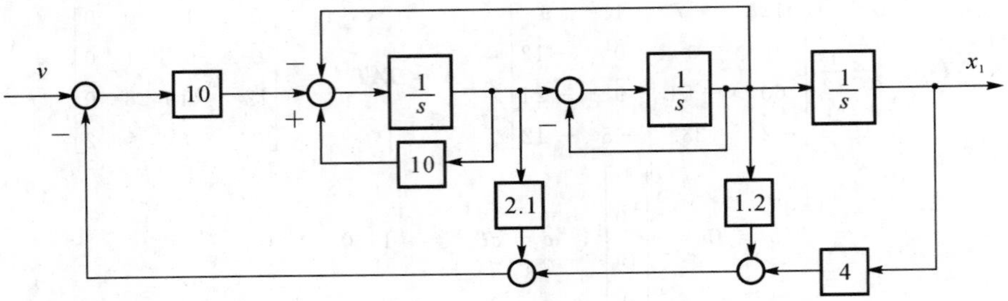

图解 9.4.29

9.4.30 设被控系统动态方程为

$$\dot{x} = \begin{bmatrix} 0 & 1 \\ 0 & 0 \end{bmatrix} x + \begin{bmatrix} 0 \\ 1 \end{bmatrix} u, \quad y = [1 \quad 0]\, x$$

试设计全维状态观测器，使闭环极点位于 $-r, -2r(r>0)$，并画出状态变量图。

解 (1) 检验系统的可观测性。系统的可观测性矩阵为

$$V = \begin{bmatrix} c \\ cA \end{bmatrix} = \begin{bmatrix} 1 & 0 \\ 0 & 1 \end{bmatrix}$$

$$\mathrm{rank} V = 2 = n$$

系统状态完全可观测，可以进行全维状态观测器设计，由于系统可控，故可任意配置极点。

(2) 全维状态观测器系统矩阵为

$$A - hc = \begin{bmatrix} -h_0 & 1 \\ -h_1 & 0 \end{bmatrix}$$

观测器特征方程为

$$|\lambda I - (A - hc)| = \lambda^2 + h_0\lambda + h_1$$

期望特征方程为

$$(\lambda + r)(\lambda + 2r) = \lambda^2 + 3r\lambda + 2r^2$$

令两特征方程同次项系数相等，可得

$$h_0 = 3r, \quad h_1 = 2r^2$$

h_0, h_1 分别为 $(\hat{y} - y)$ 引至 $\dot{\hat{x}}_1, \dot{\hat{x}}_2$ 的反馈系数。

被控对象及其全维状态观测器的状态变量图如图解 9.4.30 所示

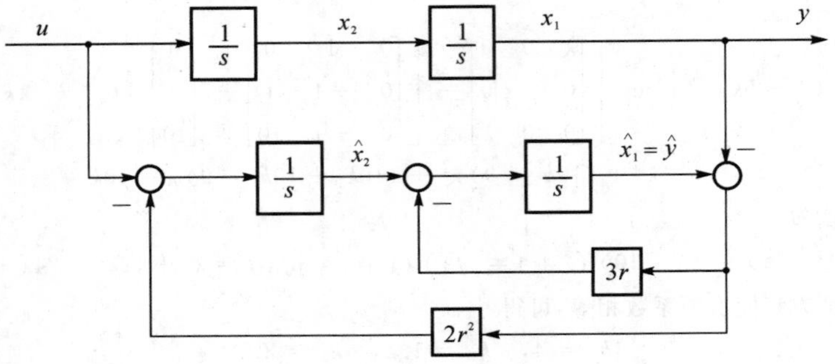

图解 9.4.30

9.4.31 设系统传递函数为

$$\frac{(s-1)(s+2)}{(s+1)(s-2)(s+3)}$$

试问能否利用一个满足要求的状态反馈阵 $\boldsymbol{K}$，并画出状态变量图。（提示：状态反馈不改变原传递函数零点。）

解　(1) 由于系统的传递函数为

$$\frac{Y(s)}{U(s)}=\frac{(s-1)(s+2)}{(s+1)(s-2)(s+3)}=\frac{s^2+s-2}{s^3+2s^2-5s-6}$$

上式不可简约，无零极点对消，因此系统完全可控，可通过状态反馈任意配置系统极点。

(2) 根据系统的传递函数写出系统的可控标准型实现

$$\dot{\boldsymbol{x}}=\boldsymbol{A}\boldsymbol{x}+\boldsymbol{b}u=\begin{bmatrix}0&1&0\\0&0&1\\6&5&-2\end{bmatrix}\boldsymbol{x}+\begin{bmatrix}0\\0\\1\end{bmatrix}u$$

$$y=\boldsymbol{c}\boldsymbol{x}=[-2\quad 1\quad 1]\boldsymbol{x}$$

(3) 由于状态反馈不改变原传递函数零点，因此要求状态反馈见传递函数为

$$\frac{Y(s)}{U(s)}=\frac{(s-1)(s+2)}{(s+2)^2(s+3)}=\frac{s^2+s-2}{s^3+7s^2+16s+12}$$

(4) 设状态反馈矩阵为 $\boldsymbol{k}=[k_1\quad k_2\quad k_3]$，系统特征方程为

$$|\lambda\boldsymbol{I}-(\boldsymbol{A}-\boldsymbol{b}\boldsymbol{k})|=\left|\begin{bmatrix}\lambda&0&0\\0&\lambda&0\\0&0&\lambda\end{bmatrix}-\begin{bmatrix}0&1&0\\0&0&1\\6&5&-2\end{bmatrix}-\begin{bmatrix}0\\0\\1\end{bmatrix}[k_1\quad k_2\quad k_3]\right|=$$

$$\left|\begin{bmatrix}\lambda&-1&0\\0&\lambda&-1\\k_1-6&k_2-5&\lambda+k_3+2\end{bmatrix}\right|=\lambda^3+(k_3+2)\lambda^2+(k_2-5)\lambda+k_1-6$$

期望特征方程为

$$(\lambda+2)^2(\lambda+3)=\lambda^3+7\lambda^2+16\lambda+12$$

令两特征方程同次项系数相等，可得

$$k_1=18,k_2=21,k_3=5$$

(5) 状态反馈后的系统传递函数可简约，出现零极点对消，系统不完全可控或不完全可观测。由于状态反馈不改变系统的可控性，因此状态反馈后系统不可观测。

(6) 加入状态反馈后系统的状态变量图如图解 9.4.31 所示。

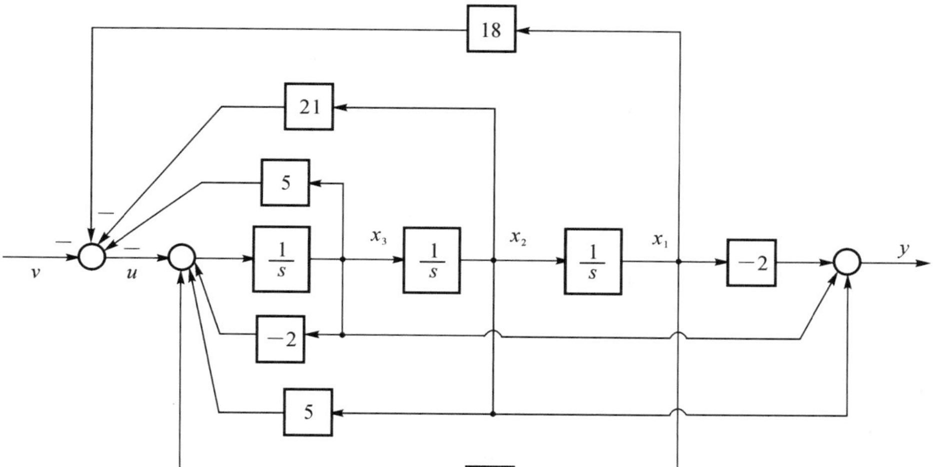

图解　9.4.31

9.4.32 试用李雅普诺夫第二法判断下列线性系统平衡状态的稳定性：

$$\dot{x} = -x_1 + x_2, \quad \dot{x} = 2x_1 - 3x_2$$

解 原点($x_1 = 0, x_2 = 0$)是该系统唯一的平衡状态。

选取正标量函数

$$V(x) = \frac{1}{2}x_1^2 + \frac{1}{4}x_2^2$$

则有

$$\dot{V}(x) = x_1\dot{x}_1 + \frac{1}{2}x_2\dot{x}_2 = x_1(-x_1 + x_2) + \frac{1}{2}x_2(2x_1 - 3x_2) =$$

$$-x_1^2 + 2x_1x_2 - \frac{3}{2}x_2^2 = -(x_1 - x_2)^2 - \frac{1}{2}x_2^2$$

对于状态空间中的一切非零 x 满足条件 $V(x)$ 正定和 $\dot{V}(x)$ 负定，故系统的原点平衡状态是大范围渐近稳定的。

9.4.33 已知系统状态方程

$$\dot{\boldsymbol{x}} = \begin{bmatrix} 2 & \frac{1}{2} & -3 \\ 0 & 1 & 0 \\ 0 & \frac{1}{2} & -1 \end{bmatrix}\boldsymbol{x} + \begin{bmatrix} 1 & 0 \\ 0 & 2 \\ 1 & 0 \end{bmatrix}\begin{bmatrix} u_1 \\ u_2 \end{bmatrix}$$

当 $\boldsymbol{Q} = \boldsymbol{I}$ 时，$\boldsymbol{P}$ 为何？若选 $\boldsymbol{Q}$ 为半正定矩阵，$\boldsymbol{Q}$ 为何？对应 $\boldsymbol{P}$ 为何？判断系统稳定性。

解 由于 $\det\boldsymbol{A} \neq 0$，故 $\boldsymbol{A}$ 非奇异，原点为唯一的平衡状态。

(1) 假定 $\boldsymbol{Q}$ 取为单位矩阵

$$\boldsymbol{Q} = \boldsymbol{I} = \begin{bmatrix} 1 & 0 & 0 \\ 0 & 1 & 0 \\ 0 & 0 & 1 \end{bmatrix}$$

令

$$\boldsymbol{A}^{\mathrm{T}}\boldsymbol{P} + \boldsymbol{P}\boldsymbol{A} = -\boldsymbol{Q} = -\boldsymbol{I}$$

$$\boldsymbol{P} = \boldsymbol{P}^{\mathrm{T}} = \begin{bmatrix} p_{11} & p_{12} & p_{13} \\ p_{12} & p_{22} & p \\ p_{13} & p_{23} & p_{33} \end{bmatrix}$$

$$\begin{bmatrix} 2 & 0 & 0 \\ \frac{1}{2} & -1 & \frac{1}{2} \\ -3 & 0 & -1 \end{bmatrix}\begin{bmatrix} p_{11} & p_{12} & p_{13} \\ p_{12} & p_{22} & p_{23} \\ p_{13} & p_{23} & p_{33} \end{bmatrix} + \begin{bmatrix} p_{11} & p_{12} & p_{13} \\ p_{12} & p_{22} & p_{23} \\ p_{13} & p_{23} & p_{33} \end{bmatrix}\begin{bmatrix} 2 & \frac{1}{2} & -3 \\ 0 & -1 & 0 \\ 0 & \frac{1}{2} & -1 \end{bmatrix} = \begin{bmatrix} -1 & 0 & 0 \\ 0 & -1 & 0 \\ 0 & 0 & -1 \end{bmatrix}$$

解得

$$\boldsymbol{P} = \begin{bmatrix} p_{11} & p_{12} & p_{13} \\ p_{12} & p_{22} & p_{23} \\ p_{13} & p_{23} & p_{33} \end{bmatrix} = \frac{1}{8}\begin{bmatrix} -2 & 4 & -6 \\ 4 & 5 & -2 \\ -6 & -2 & 22 \end{bmatrix}$$

由于 $p_{11} = -0.25 < 0$，$\begin{vmatrix} p_{11} & p_{12} \\ p_{12} & p_{22} \end{vmatrix} = \frac{1}{8}\begin{vmatrix} -2 & 4 \\ 4 & 5 \end{vmatrix} = -3.25 < 0$，$\det\boldsymbol{P} = -81 < 0$，故 $\boldsymbol{P}$ 不定，因此系统不是渐近稳定的。

(2) 假定 $\boldsymbol{Q}$ 取为半正定矩阵，即

$$\boldsymbol{Q} = \begin{bmatrix} 0 & 0 & 0 \\ 0 & 1 & 0 \\ 0 & 0 & 0 \end{bmatrix}$$

则 $\dot{V}(\boldsymbol{x}) = -\boldsymbol{x}^{\mathrm{T}}\boldsymbol{Q}\boldsymbol{x} = -x_2^2$，$\dot{V}(\boldsymbol{x})$ 为负半定。

令 $\dot{V}(\boldsymbol{x}) \equiv 0$，有 $x_2 \equiv 0$。考虑到状态方程中 $\dot{x}_3 = \frac{1}{2}x_2 - x_3$，解得 $x_3 \equiv 0$；考虑到 $\dot{x}_1 = 2x_1 + \frac{1}{2}x_2 - 3x_3$，解得 $x_1 \equiv 0$。表明唯有原点 $\dot{V}(\boldsymbol{x}) \equiv 0$，故可采用正半定 $\boldsymbol{Q}$ 来简化稳定性分析。

令

$$\boldsymbol{A}^{\mathrm{T}}\boldsymbol{P} + \boldsymbol{P}\boldsymbol{A} = -\boldsymbol{Q} = -\boldsymbol{I}$$

$$\begin{bmatrix} 2 & 0 & 0 \\ \frac{1}{2} & -1 & \frac{1}{2} \\ -3 & 0 & -1 \end{bmatrix} \begin{bmatrix} p_{11} & p_{12} & p_{13} \\ p_{12} & p_{22} & p \\ p_{13} & p_{23} & p_{33} \end{bmatrix} + \begin{bmatrix} p_{11} & p_{12} & p_{13} \\ p_{12} & p_{22} & p \\ p_{13} & p_{23} & p_{33} \end{bmatrix} \begin{bmatrix} 2 & \frac{1}{2} & -3 \\ 0 & -1 & 0 \\ 0 & \frac{1}{2} & -1 \end{bmatrix} = \begin{bmatrix} 0 & 0 & 0 \\ 0 & -1 & 0 \\ 0 & 0 & 0 \end{bmatrix}$$

解得

$$\boldsymbol{P} = \begin{bmatrix} p_{11} & p_{12} & p_{13} \\ p_{12} & p_{22} & p_{23} \\ p_{13} & p_{23} & p_{33} \end{bmatrix} = \begin{bmatrix} 0 & 0 & 0 \\ 0 & \frac{1}{2} & 0 \\ 0 & 0 & 0 \end{bmatrix}$$

$\boldsymbol{P}$ 半正定，因此系统非渐近稳定。

(3) 最后用特征值判据来检验系统的稳定性。

$$|\lambda\boldsymbol{I} - \boldsymbol{A}| = \begin{vmatrix} \lambda - 2 & -\frac{1}{2} & 3 \\ 0 & \lambda + 1 & 0 \\ 0 & -\frac{1}{2} & \lambda + 1 \end{vmatrix} = (\lambda - 2)(\lambda + 1)^2$$

特征值为 2，-1，-1，故系统不稳定。

9.4.34　设系统定常离散系统状态方程为

$$\boldsymbol{x}(k+1) = \begin{bmatrix} 0 & 1 & 0 \\ 0 & 0 & 1 \\ \frac{k}{2} & 0 & 0 \end{bmatrix} \boldsymbol{x}(k), \quad k > 0$$

试求使系统渐近稳定的 k 值范围。

解　令

$$\boldsymbol{P} = \boldsymbol{P}^{\mathrm{T}} = \begin{bmatrix} p_{11} & p_{12} & p_{13} \\ p_{12} & p_{22} & p_{23} \\ p_{13} & p_{23} & p_{33} \end{bmatrix}$$

选取 $\boldsymbol{Q} = \boldsymbol{I}$，代入离散系统李雅普诺夫方程

$$\boldsymbol{\Phi}^{\mathrm{T}}\boldsymbol{P}\boldsymbol{\Phi} - \boldsymbol{P} = -\boldsymbol{Q} = -\boldsymbol{I}$$

则有

$$\begin{bmatrix} 0 & 0 & \frac{k}{2} \\ 1 & 0 & 0 \\ 0 & 1 & 0 \end{bmatrix} \begin{bmatrix} p_{11} & p_{12} & p_{13} \\ p_{12} & p_{22} & p_{23} \\ p_{13} & p_{23} & p_{33} \end{bmatrix} \begin{bmatrix} 0 & 1 & 0 \\ 0 & 0 & 1 \\ \frac{k}{2} & 0 & 0 \end{bmatrix} - \begin{bmatrix} p_{11} & p_{12} & p_{13} \\ p_{12} & p_{22} & p_{23} \\ p_{13} & p_{23} & p_{33} \end{bmatrix} = \begin{bmatrix} -1 & 0 & 0 \\ 0 & -1 & 0 \\ 0 & 0 & -1 \end{bmatrix}$$

解得

$$p_{11} - p_{22} = -1, p_{12} - p_{23} = 0, p_{22} - p_{33} = -1$$

则

$$\boldsymbol{P} = \begin{bmatrix} p_{11} & p_{12} & p_{13} \\ p_{12} & p_{22} & p_{23} \\ p_{13} & p_{23} & p_{33} \end{bmatrix} = \begin{bmatrix} \frac{4+2k^2}{4-k^2} & 0 & 0 \\ 0 & \frac{8+k^2}{4-k^2} & 0 \\ 0 & 0 & \frac{12}{4-k^2} \end{bmatrix}$$

使 **P** 正定的充分必要条件为 $4-k^2>0$ 及 $k>0$。故 $0<k<2$ 时，系统渐近稳定。由于是线性定常系统，必是大范围一致渐近稳定。

9.4.35 设工业机器人如图 9.4.47 所示，其中两相伺服电机转动肘关节之后，通过小臂移动机器人的手腕。假定弹簧的弹性系数为 k，阻尼系数为 f，并选定系统的如下状态变量：

$$x_1=\phi_1-\phi_2,\quad x_2=\frac{\omega_1}{\omega_0},\quad x_3=\frac{\omega_2}{\omega_0}$$

其中，$\omega_0^2=\dfrac{k(J_1+J_2)}{J_1J_2}$。试列出机器人的状态方程。

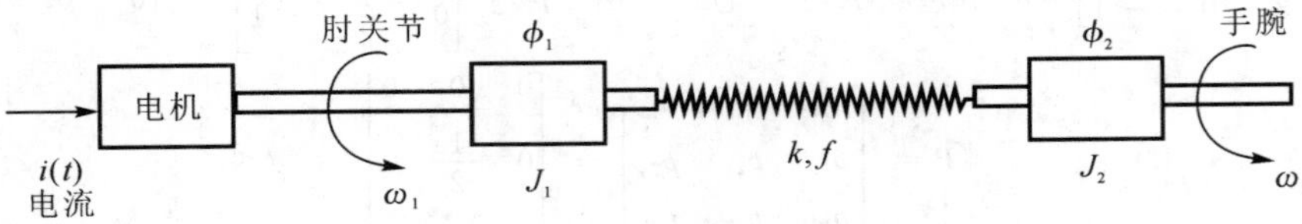

图 9.4.47　题 9.4.35 工业机器人

解　转矩方程

$$J_1\frac{\mathrm{d}\omega_1}{\mathrm{d}t}=-k(\phi_1-\phi_2)-f\omega_1+f\omega_2+C_mi$$

$$J_2\frac{\mathrm{d}\omega_2}{\mathrm{d}t}=k(\phi_1-\phi_2)+f(\omega_1-\omega_2)$$

式中，C_m 为转矩系数。对上两式作如下变换：

$$\frac{\mathrm{d}\omega_1}{\mathrm{d}t}=-\frac{k}{J_1}(\phi_1-\phi_2)-\frac{f}{J_1}\omega_1+\frac{f}{J_1}\omega_2+\frac{C_m}{J_1}i=-\frac{J_2}{J_1+J_2}\cdot\frac{(J_1+J_2)}{J_1\cdot J_2}k(\phi_1-\phi_2)-\frac{f}{J_1}\omega_1+\frac{f}{J_1}\omega_2+\frac{C_m}{J_1}i$$

即

$$\frac{1}{\omega_0}\frac{\mathrm{d}\omega_1}{\mathrm{d}t}=-\frac{J_2\omega_0}{J_1+J_2}(\phi_1-\phi_2)-\frac{f}{J_1}\cdot\frac{\omega_1}{\omega_0}+\frac{f}{J_1}\cdot\frac{\omega_2}{\omega_0}+\frac{C_m}{J_1\omega_0}i$$

以及

$$\frac{\mathrm{d}\omega_2}{\mathrm{d}t}=\frac{k}{J_2}(\phi_1-\phi_2)+\frac{f}{J_2}(\omega_1-\omega_2)=\frac{J_1}{J_1+J_2}\cdot\frac{k(J_1+J_2)}{J_1J_2}(\phi_1-\phi_2)+\frac{f}{J_2}(\omega_1-\omega_2)$$

即

$$\frac{1}{\omega_0}\frac{\mathrm{d}\omega_2}{\mathrm{d}t}=\frac{J_1\omega_0}{J_1+J_2}(\phi_1-\phi_2)+\frac{f}{J_2}\left(\frac{\omega_1}{\omega_0}-\frac{\omega_2}{\omega_0}\right)$$

由题意，取状态变量

$$x_1=\phi_1-\phi_2,\quad x_2=\frac{\omega_1}{\omega_0},\quad x_3=\frac{\omega_2}{\omega_0}$$

故可得

$$\dot{x}_1=\dot{\phi}_1-\dot{\phi}_2=\omega_1-\omega_2=\omega_0(x_2-x_3)$$

$$\dot{x}_2=\frac{1}{\omega_0}\frac{\mathrm{d}\omega_1}{\mathrm{d}t}=-\frac{J_2\omega_0}{J_1+J_2}x_1-\frac{f}{J_1}x_2+\frac{f}{J_1}x_3+\frac{C_m}{J_1\omega_0}i$$

$$\dot{x}_3=\frac{1}{\omega_0}\frac{d\omega_2}{dt}=\frac{J_1\omega_0}{J_1+J_2}x_1+\frac{f}{J_2}x_2-\frac{f}{J_2}x_3$$

令 $\boldsymbol{x}=[x_1\quad x_2\quad x_3]^{\mathrm{T}}$，将上述一阶微分方程组写为矩阵-向量形式，得工业机器人状态方程

$$\dot{\boldsymbol{x}}=\omega_0\begin{bmatrix}0 & 1 & -1\\ -\dfrac{J_2}{J_1+J_2} & -\dfrac{f}{J_1\omega_0} & \dfrac{f}{J_1\omega_0}\\ \dfrac{J_1}{J_1+J_2} & \dfrac{f}{J_2\omega_0} & -\dfrac{f}{J_2\omega_0}\end{bmatrix}\boldsymbol{x}+\begin{bmatrix}0\\ \dfrac{C_m}{J_1\omega_0}\\ 0\end{bmatrix}i$$

9.4.36 为了完成空间站装配、卫星捕获等空间操作，航天飞机的货舱内装备了一种可膨胀机械臂珠遥操作系统，如图 9.4.48(a) 所示。柔性机械臂的模型如图 9.4.48(b) 所示，其中 J 是驱动电机的转动惯量，u 为电机驱动转矩，θ_1 和 θ_2 为柔性臂转角，k 为柔性臂的弹性系数，M 和 I 分别为负载质量与转动量，l 为机械臂在负载上的作用点到负载重心的距离。若选取状态变量为 $x_1=\theta_1$，$x_2=\dot{\theta}_1$，$x_3=\theta_2$，$x_4=\dot{\theta}_2$，试列写柔性机械

臂系统的线性化状态方程。

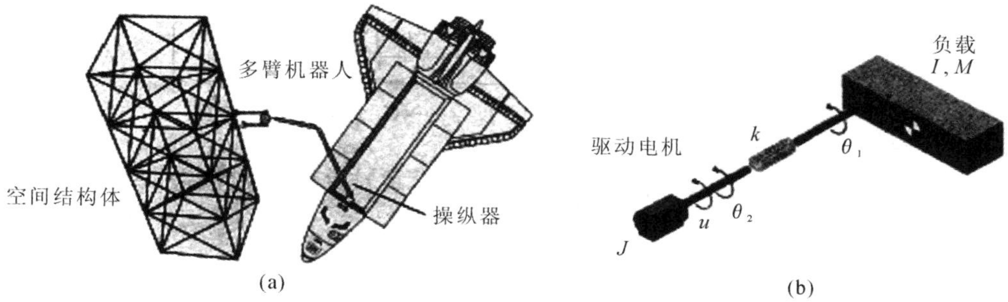

图 9.4.48　题 9.4.36 臂珠遥操作系统

解　柔性机械臂的运动方程为

$$I\ddot{\theta}_1 + Mgl\sin\theta_1 + k(\theta_1 - \theta_2) = 0$$

$$J\ddot{\theta}_2 - k(\theta_1 - \theta_2) = u$$

选状态变量

$$x_1 = \theta_1,\quad x_2 = \dot{\theta}_1,\quad x_3 = \theta_2,\quad x_4 = \dot{\theta}_2$$

有

$$\dot{x}_1 = x_2$$

$$\dot{x}_2 = \ddot{\theta}_1 = -\frac{Mgl}{I}\sin\theta_1 - k\theta_1 + k\theta_2$$

在转小角假设下，$\sin\theta_1 \approx \theta_1$，故有

$$\dot{x}_2 = -\frac{Mgl + kI}{I}x_1 + kx_3$$

$$\dot{x}_1 = x_2$$

而

$$\dot{x}_4 = \ddot{\theta}_2 = \frac{k}{J}(\theta_1 - \theta_2) + \frac{1}{J}u = \frac{k}{J}x_1 - \frac{k}{J}x_2 + \frac{1}{J}u$$

令 $\boldsymbol{x} = [x_1 \quad x_2 \quad x_3 \quad x_4]^{\mathrm{T}}$，得矩阵-向量形式的柔性机械臂系统线性化状态方程

$$\dot{\boldsymbol{x}} = \begin{bmatrix} 0 & 1 & 0 & 0 \\ -\dfrac{(Mgl + kI)}{I} & 0 & k & 0 \\ 0 & 0 & 0 & 1 \\ \dfrac{k}{J} & 0 & -\dfrac{k}{J} & 0 \end{bmatrix}\boldsymbol{x} + \begin{bmatrix} 0 \\ 0 \\ 0 \\ \dfrac{1}{J} \end{bmatrix}u$$

9.4.37　设磁悬浮试验系统如图 9.4.49 所示。在该系统上方装有一个电磁铁，产生电磁吸力 $\boldsymbol{F}$，以便将铁球悬浮于空中。系统的下方装有一个间隙测量传感器，以测量铁球的悬浮间隙。由于没有引入反馈，该磁悬浮试验系统不能稳定工作。

假定电磁铁电感 $L = 0.508$ H，电阻 $R = 23.2\ \Omega$，电流 $i_1 = I_0 + i$，其中 $I_0 = 1.06$ A 是系统的标称工作电流。再假定铁球的质量 $m = 1.75$ kg，铁球悬浮间隙 $\mu_g = X_0 + x$，其中 $X_0 = 4.36$ mm 为标称磁悬间隙。若电磁吸力满足如下条件：

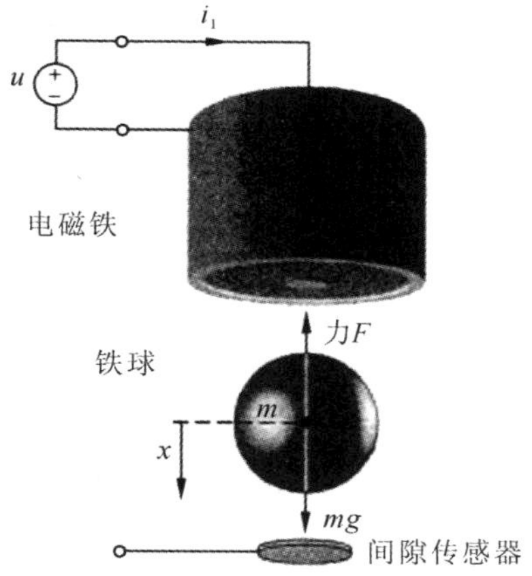

图 9.4.49　题 9.4.37 磁悬浮系统

$$F = k(i/\mu_g)^2$$

其中，$k = 2.9 \times 10^{-4}\ \mathrm{kg \cdot m^2/A^2}$。选择 $x_1 = x$，$x_2 = \dfrac{\mathrm{d}x}{\mathrm{d}t}$，$x_3 = i$ 为状态变量，试利用 F 的泰勒展开式，列写磁悬浮试验系统的线性化状态空间表达式。

解 本题应从力平衡方程和电压平衡方程入手。

选择状态变量

$$x_1 = x,\quad x_2 = \dot{x},\quad x_3 = i$$

故

$$\dot{x}_1 = x_2,\quad \dot{x}_2 = \ddot{x},\quad x_3 = \frac{\mathrm{d}i}{\mathrm{d}t}$$

由力平衡方程

$$m\ddot{x} = mg - k\left(\frac{i_1}{\mu_g}\right)^2 = mg - k\left(\frac{I_0 + i}{X_0 + x}\right)^2$$

可得

$$\dot{x}_2 = g - \frac{k}{m}\cdot\frac{(I_0 + x_3)^2}{(X_0 + x_1)^2}$$

由电压平衡方程

$$u = Ri_1 + L\frac{\mathrm{d}i_1}{\mathrm{d}t} = R(I_0 + i) + L\frac{\mathrm{d}(I_0 + i)}{\mathrm{d}t} = RI_0 + Ri + L\frac{\mathrm{d}i}{\mathrm{d}t}$$

可得

$$\dot{x}_3 = \frac{\mathrm{d}i}{\mathrm{d}t} = \frac{1}{L}(u - Rx_3 - RI_0)$$

将上述一阶微分方程组写成矩阵形式，有

$$\begin{bmatrix}\dot{x}_1\\ \dot{x}_2\\ \dot{x}_3\end{bmatrix} = \begin{bmatrix} x_0 \\ g - \dfrac{k}{m}\dfrac{(I_0 + x_3)^2}{(X_0 + x_1)^2} \\ \dfrac{1}{L}(u - Rx_3 - RI_0)\end{bmatrix}$$

这是非线性形式的状态方程。

对电磁吸力 $\boldsymbol{F}$ 进行泰勒展开，得

$$\boldsymbol{F} = ki_1^2\mu_g^{-2},\quad i_1 = I_0 + i,\quad \mu_g = X_0 + x$$

$$\Delta F = 2k\mu_g^{-2}i_1\Delta i_1 - 2ki_1^2\mu_g^{-3}\Delta\mu_g = \left.\frac{2k(I_0 + i)}{(X_0 + x)^2}\right|_0\Delta i - \left.\frac{2k(I_0 + i)^2}{(X_0 + x)^3}\right|_0\Delta x = \frac{2kI_0}{X_0^2}\Delta i - \frac{2kI_0^2}{X_0^3}\Delta x$$

考虑增量方程，并略去“Δ”符号，有

$$\dot{x}_1 = x_2$$

$$\dot{x}_2 = \frac{2kI_0^2}{mX_0^3}x_1 - \frac{2kI_0}{mX_0^2}x_3$$

$$\dot{x}_3 = -\frac{R}{L}x_3 + \frac{1}{L}u$$

$$y = x_1$$

令 $\boldsymbol{x} = [x_1\quad x_2\quad x_3]^{\mathrm{T}}$，得线性化状态空间表达式

$$\dot{x} = \begin{bmatrix} 0 & 1 & 0 \\ \dfrac{2kI_0^2}{mX_0^3} & 0 & -\dfrac{2kI_0}{mX_0^2} \\ 0 & 0 & -\dfrac{R}{L}\end{bmatrix}\boldsymbol{x} + \begin{bmatrix}0\\0\\ \dfrac{1}{L}\end{bmatrix}u = \boldsymbol{A}\boldsymbol{x} + \boldsymbol{b}u$$

代入 $R = 23.2, L = 0.508, m = 1.75, k = 2.9\times10^{-4}, I_0 = 1.06, X_0 = 4.36\times10-3$，得到

$$\boldsymbol{A} = \begin{bmatrix} 0 & 1 & 0 \\ 4494.5 & 0 & -18.48 \\ 0 & 0 & -45.67\end{bmatrix},\quad \boldsymbol{b} = \begin{bmatrix}0\\0\\1.97\end{bmatrix}$$

$$\boldsymbol{c} = [1\quad 0\quad 0]$$

9.4.38 在大功率高性能的摩托车中，常采用图 9.4.50 所示的弹簧-质量-阻尼器系统作为减震器。若已知减震器的基本参数为质量 $m = 1\ \mathrm{kg}$，摩擦系数 $f = 9\ \mathrm{kg\cdot m\cdot s}$，弹簧系数 $k = 20\ \mathrm{kg/m}$，$u(t)$ 为力输入，

$y(t)$ 为位移输出。要求完成：

(1) 选择状态变量为 $x_1 = y, x_2 = \dot{y}$,列写系统的动态方程；

(2) 计算系统的特征根及状态转移矩阵 $\boldsymbol{\Phi}(t)$；

(3) 若初始条件 $y(0) = 1, \dot{y}(0) = 2$,在 $0 \leqslant t \leqslant 2$ 内,绘出系统零输入响应 $y(t)$ 及 $\dot{y}(t)$；

(4) 重新设计 f 和 k 的合适值,使系统特征根 $s_1 = s_2 = -10$,以减轻震动对车手的影响。

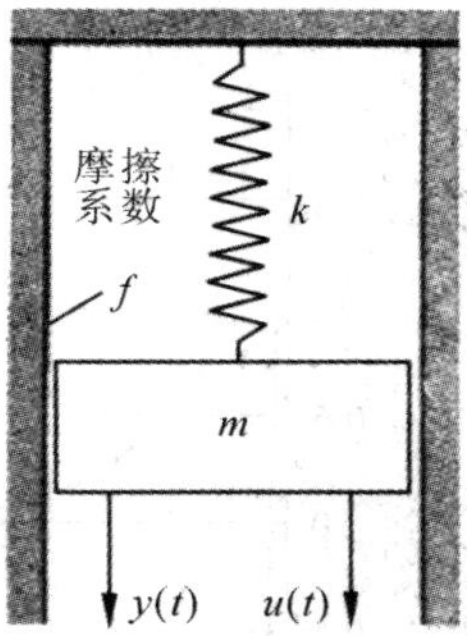

图 9.4.50 题 9.4.38 弹簧-质量-阻尼器系统

解 按题意要求,分如下步骤设计。

(1) 列写系统的动态方程。系统力平衡方程

$$m\ddot{y} + f\dot{y} + ky = u$$

$$\ddot{y} = -\frac{f}{m}\dot{y} - \frac{k}{m}y + \frac{1}{m}u$$

选状态变量

$$x_1 = y, \quad x_2 = \dot{y}$$

则有

$$\dot{x}_1 = x_2, \quad \dot{x}_2 = -\frac{k}{m}x_1 - \frac{f}{m}x_2 + \frac{1}{m}u$$

写成向量-矩阵形式,系统的动态方程为

$$\dot{\boldsymbol{x}} = \boldsymbol{A}\boldsymbol{x} + \boldsymbol{b}u$$

式中

$$\boldsymbol{x} = [x_1 \quad x_2]^{\mathrm{T}}, \quad \boldsymbol{c} = [1 \quad 0]$$

$$\boldsymbol{A} = \begin{bmatrix} 0 & 1 \\ -\frac{k}{m} & -\frac{f}{m} \end{bmatrix} = \begin{bmatrix} 0 & 1 \\ -20 & -9 \end{bmatrix}, \quad \boldsymbol{b} = \begin{bmatrix} 0 \\ \frac{1}{m} \end{bmatrix} = \begin{bmatrix} 0 \\ 1 \end{bmatrix}$$

(2) 求系统特征根及状态转移矩阵。系统特征方程

$$\det(s\boldsymbol{I} - \boldsymbol{A}) = \det\begin{bmatrix} s & -1 \\ 20 & s+9 \end{bmatrix} = s^2 + 9s + 20 = (s+4)(s+5) = 0$$

故特征根：$s_1 = -4, s_2 = -5$。

状态转移阵

$$\boldsymbol{\Phi}(t) = \mathrm{e}^{\boldsymbol{A}t} = \mathscr{L}^{-1}[(s\boldsymbol{I} - \boldsymbol{A})^{-1}]$$

因为

$$(s\boldsymbol{I} - \boldsymbol{A})^{-1} = \begin{bmatrix} s & -1 \\ 20 & s+9 \end{bmatrix}^{-1} = \frac{1}{(s+4)(s+5)}\begin{bmatrix} s+9 & 1 \\ -20 & s \end{bmatrix} = \begin{bmatrix} \frac{5}{s+4} - \frac{4}{s+5} & \frac{1}{s+4} - \frac{1}{s+5} \\ \frac{20}{s+5} - \frac{20}{s+4} & \frac{5}{s+5} - \frac{4}{s+4} \end{bmatrix}$$

所以

$$\boldsymbol{\Phi}(t) = \begin{bmatrix} 5\mathrm{e}^{-4t} - 4\mathrm{e}^{-5t} & \mathrm{e}^{-4t} - \mathrm{e}^{-5t} \\ 20\mathrm{e}^{-5t} - 20\mathrm{e}^{-4t} & 5\mathrm{e}^{-5t} - 4\mathrm{e}^{-4t} \end{bmatrix}$$

(3) 求系统零输入响应。已知 $x_1(0) = y(0) = 1, x_2(0) = \dot{y}(0) = 2$,且令 $u(t) = 0$,有

$$\boldsymbol{x}(t) = \boldsymbol{\Phi}(t)\boldsymbol{x}(0) = \begin{bmatrix} 7\mathrm{e}^{-4t} - 6\mathrm{e}^{-5t} \\ 30\mathrm{e}^{-5} - 28\mathrm{e}^{-4t} \end{bmatrix}$$

可得

$$x_1(t) = y(t) = 7\mathrm{e}^{-4t} - 6\mathrm{e}^{-5t}, \quad x_2(t) = \dot{y}(t) = 30\mathrm{e}^{-5t} - 28\mathrm{e}^{-4t}$$

系统的零输入响应如图解 9.4.38(1) 所示。

(4) 重新设计 f 与 k。当 $m = 1$, f 及 k 可任选时,质量-弹簧-阻尼器系统的特征方程为

$$s^2 + fs + k = 0$$

希望特征方程为

$$(s+10)^2 = s^2 + 20s + 100 = 0$$

故可选 $k = 100, f = 20$,使系统处于 $\zeta = 1$ 的临界阻尼状态。

系统的零输入响应如图解 9.4.38(2) 所示由图可见,震动的影响已减轻。

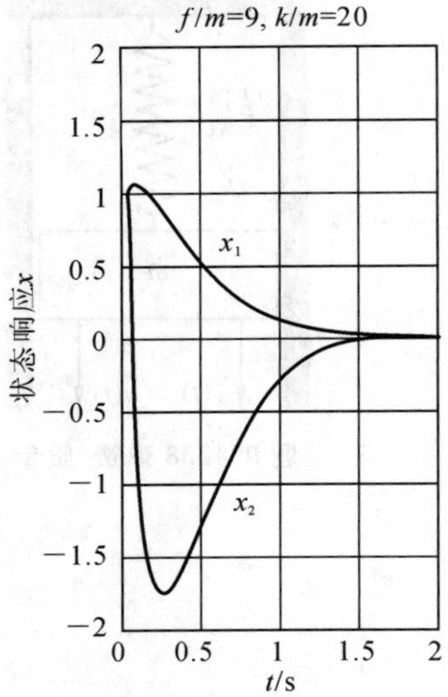

图解 9.4.38(1) 系统的零输入响应(MATLAB)

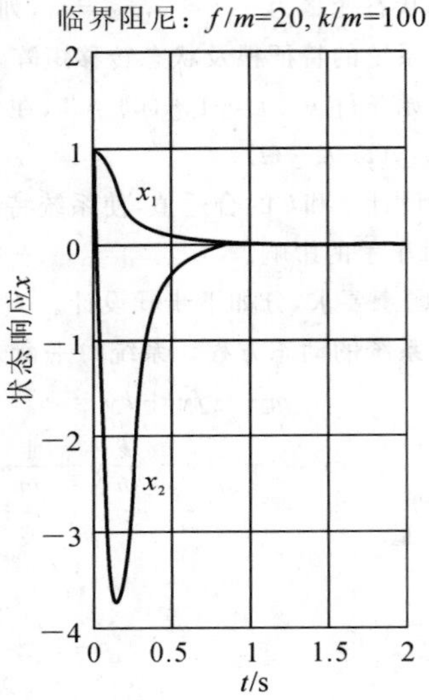

图解 9.4.38(2) 系统的零输入响应(MATLAB)

9.4.39 设汽车悬架系统如图 9.4.51 所示,其中 $X_1(s)$,$X_2(s)$ 和 $X_3(s)$ 为状态变量,K_1,K_2 和 K_3 为状态反馈系数,已知 $K_1=1$。试确定 K_2 和 K_3 的合适取值,使闭环系统的三个特征根位于 $s=-3$ 和 $s=-6$ 之间。另外,还要求确定前置增益 K_p 值,使系统对阶跃输入的稳态误差为零。

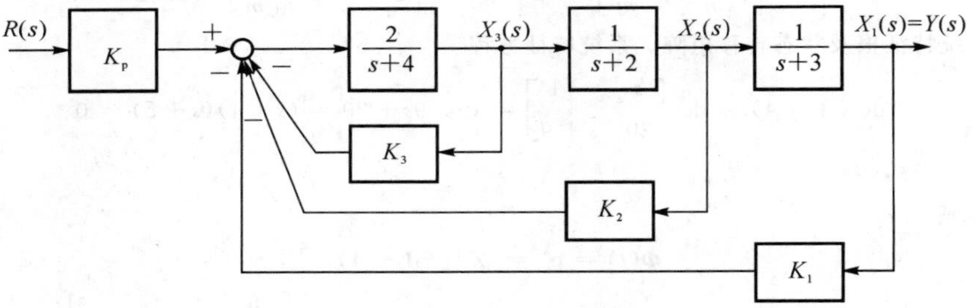

图 9.4.51 题 9.4.39 汽车悬架系统

解 本题可按如下三步求解。

(1) 求闭环传递函数。由梅森增益公式

$$\Phi(s)=\frac{p_1\Delta_1}{\Delta}$$

其中

$$p_1=\frac{2K_p}{(s+2)(s+3)(s+4)}$$

$$\Delta=1+\frac{2K_3}{s+4}+\frac{2K_2}{(s+2)(s+4)}+\frac{2K_1}{(s+2)(s+3)(s+4)}$$

$$\Delta_1=1$$

由于 $K_1=1$,故可得

$$\Phi(s)=\frac{2K_p}{s^3+(9+2K_3)s^2+(26+2K_2+10K_3)s+(26+6K_2+12K_3)}$$

(2) 确定 K_2 与 K_3 的取值。闭环特征方程

$$s^3+(9+2K_3)s^2+(26+2K_2+10K_3)s+(26+6K_2+12K_3)=0$$

由于 K_2 与 K_3 的选取应保证闭环系统稳定，故由劳斯表

$$\begin{array}{c|cc} s^3 & 1 & 26+2K_2+10K_3 \\ s^2 & 9+2K_3 & 26+6K_2+12K_3 \\ s^1 & \dfrac{20(K_3^2+0.2K_2K_3+0.6K_2+6.5K_3+10.4)}{9+2K_3} & \\ s^0 & 26+6K_2+12K_3 & \end{array}$$

可知，$K_2 \geqslant 0$ 及 $K_3 \geqslant 0$ 可以确保闭环系统稳定。

若选

$$K_2 = 5, \quad K_3 = 2$$

则闭环特征方程为

$$s^3 + 13s^2 + 56s + 80 = 0$$

其特征根 $s_1 = s_2 = -4, s_2 = -5$。表明特征根 $s \in [-3, -6]$，满足设计要求。

(3) 求取前置增益 K_p 值。在单位阶跃输入作用下，若有 $\Phi(0) = 1$，必有 $e_{ss}(\infty) = 0$。因此，在闭环传递函数中，令

$$K_p = 13 + 3K_2 + 6K_3$$

因已知 $K_2 = 5, K_3 = 2$，故得 $K_p = 40$。

9.4.40 在图 9.4.52(a) 所示的新型游船上，采用了浮桥和稳定器来减少波浪对游船摇摆的影响，游船摇摆控制系统如图 9.4.52(b) 所示。图中，X_1，X_2 和 X_3 为状态变量，K_2 和 K_3 为状态反馈增益。试确定 K_2 和 K_3 的合适取值，使闭环特征根为 $s_{1,2} = -2 \pm j2, s_3 = -15$，并画出系统在单位阶跃扰动作用下的响应曲线。

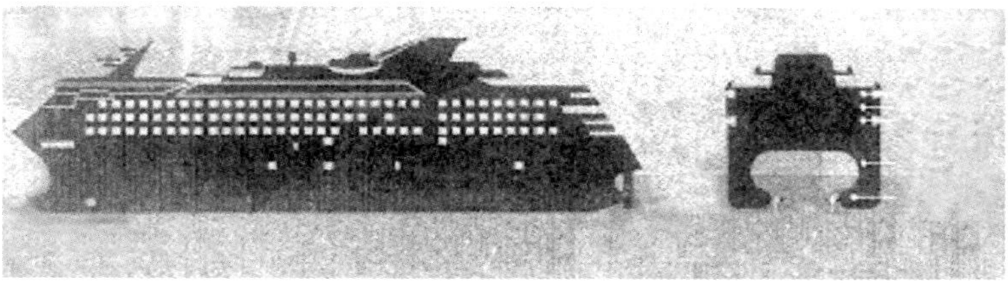

(a)

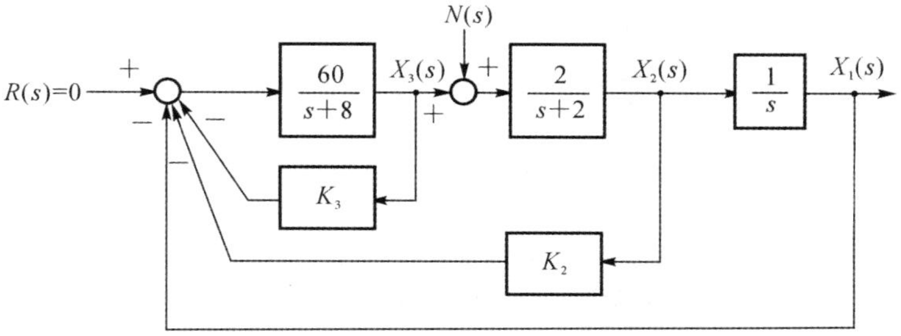

(b)

图 9.4.52 题 9.4.40 游船摇摆控制系统

解 本题的求解关键是确定系统在扰动作用下的闭环传递函数，以采用梅森增益公式比较简便。

(1) 求扰动作用下的闭环传递函数。由梅森增益公式

$$\Phi_n(s) = \frac{p_1\Delta_1}{\Delta}$$

式中

$$p_1 = \frac{2}{s(s+2)}, \quad L_1 = -\frac{60K_3}{s+8}$$

$$L_2 = -\frac{120K_2}{(s+2)(s+8)}, \quad L_3 = -\frac{120}{s(s+2)(s+8)}$$

$$\Delta = 1-(L_1+L_2+L_3) = 1+\frac{60K_3}{s+8}+\frac{120K_2}{(s+2)(s+8)}+\frac{120}{s(s+2)(s+8)}$$

$$\Delta_1 = 1-L_1 = 1+\frac{60K_3}{s+8}$$

因此
$$\Phi_n(s) = \frac{2(s+8+60K_3)}{s^3+10(1+6K_3)s^2+[16+120(K_2+K_3)]s+120}$$

(2) 确定 K_2 与 K_3 的取值。系统实际特征方程

$$s^3+10(1+6K_3)s^2+[16+120(K_2+K_3)]s+120=0$$

希望特征方程

$$(s+2+j2)(s+2-j2)(s+15) = s^3+19s^2+68s+120=0$$

令特征方程的对应项系数相等，有

$$10+60K_3=19$$
$$16+120(K_2+K_3)=68$$

解出
$$K_2=0.283,\quad K_3=0.15$$

(3) 绘单位阶跃把动响应曲线。令 $N(s)=\frac{1}{s}$，得游船横滚角输出

$$\Theta_n(s) = \Phi_n(s)N(s) = \frac{2s+34}{s(s+15)(s^2+4s+8)} = \frac{0.283}{s}-\frac{0.002}{s+15}-\frac{0.281(s+4.1)}{(s+2)^2+2^2}$$

对上式进行拉氏反变换，得横滚角扰动角响应

$$\theta_n(t) = 0.283-0.002e^{-15t}-0.407e^{-2t}\sin(2t+43.6°)$$

游船的单位阶跃扰动横滚角响应曲线，如图解 9.4.40 所示。

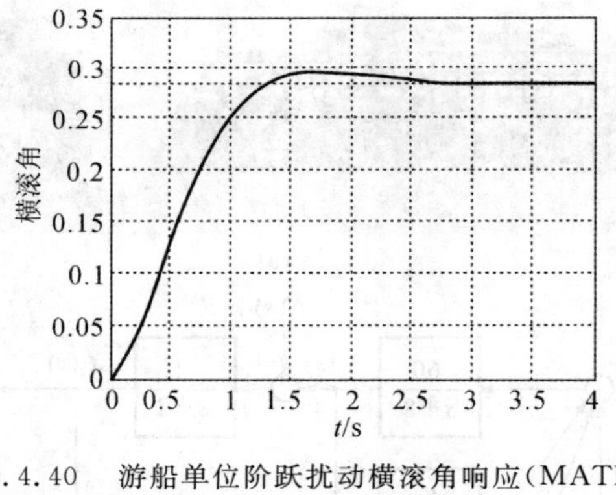

图解 9.4.40　游船单位阶跃扰动横滚角响应(MATLAB)

9.4.41　设内模控制系统如图 9.4.53 所示，试设计合适的内模控制器 $G_0(s)$ 和状态反馈增益向量 $\boldsymbol{k}_2$，使系统闭环极点 $s_1=s_2=s_3=-2$，且对阶跃输入的稳态跟踪误差为零，最后绘出系统的单位阶跃响应曲线。

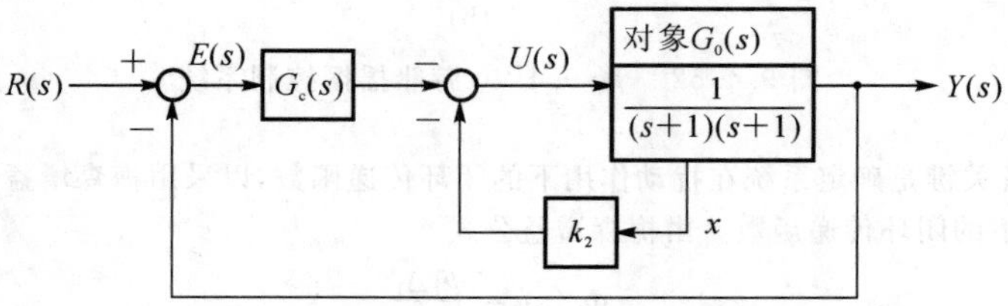

图 9.4.53　题 9.4.41 内模控制系统

解　本题按如下步骤设计。

(1) 建立被控对象的动态方程

$$G_0(s)=\frac{1}{(s+1)(s+2)}=\frac{1}{s^2+3s+2}$$

令 $\boldsymbol{x}=[x_1 \quad x_2]^{\mathrm{T}}$，其中 $x_1=y$，则被控对象的可控标准型为

$$\dot{\boldsymbol{x}}=\boldsymbol{A}\boldsymbol{x}+\boldsymbol{b}u,\quad y=\boldsymbol{c}\boldsymbol{x}$$

式中
$$\boldsymbol{A}=\begin{bmatrix}0 & 1\\ -2 & -3\end{bmatrix},\quad \boldsymbol{b}=\begin{bmatrix}0\\1\end{bmatrix},\quad \boldsymbol{c}=[1 \quad 0]$$

(2) 构造增广系统。定义跟踪误差

$$e(t)=r(t)-y(t)$$

因 $r(t)=1(t)$，有

$$\dot{e}(t)=-\dot{y}(t)=-\boldsymbol{c}\dot{\boldsymbol{x}}(t)$$

令 $\boldsymbol{z}(t)=\dot{\boldsymbol{x}}(t)$，$w(t)=\dot{u}(t)$，构造

$$\begin{bmatrix}\dot{e}(t)\\ \dot{\boldsymbol{z}}(t)\end{bmatrix}=\begin{bmatrix}0 & -\boldsymbol{c}\\ 0 & \boldsymbol{A}\end{bmatrix}\begin{bmatrix}e(t)\\ \boldsymbol{z}(t)\end{bmatrix}+\begin{bmatrix}0\\ \boldsymbol{b}\end{bmatrix}w(t)$$

即
$$\begin{bmatrix}\dot{e}\\ \dot{z}_1\\ \dot{z}_2\end{bmatrix}=\begin{bmatrix}0 & -1 & 0\\ 0 & 0 & 1\\ 0 & -2 & -3\end{bmatrix}\begin{bmatrix}e\\ z_1\\ z_2\end{bmatrix}+\begin{bmatrix}0\\0\\1\end{bmatrix}w$$

在上述增广系统方程中

$$\bar{\boldsymbol{A}}=\begin{bmatrix}0 & -1 & 0\\ 0 & 0 & 1\\ 0 & -2 & -3\end{bmatrix},\quad \bar{\boldsymbol{b}}=\begin{bmatrix}0\\0\\1\end{bmatrix}$$

(3) 检验增广系统的可控性。由于

$$\mathrm{rank}\begin{bmatrix}0 & -\boldsymbol{cb} & -\boldsymbol{cAb}\\ \boldsymbol{b} & \boldsymbol{Ab} & \boldsymbol{A}^2\boldsymbol{b}\end{bmatrix}=\mathrm{rank}\begin{bmatrix}0 & 0 & -1\\ 0 & 1 & -3\\ 1 & -3 & 7\end{bmatrix}=3$$

表明增广系统可控，可以任意配置闭环系统极点。

(4) 确定内模控制律。令 $\boldsymbol{k}_2=[k_2 \quad k_3]$，$\boldsymbol{k}=[k_1 \quad k_2 \quad k_3]$，$G_c(s)=\dfrac{k_1}{s}$，则控制律

$$u(t)=-k_1\int_0^t e(\tau)\mathrm{d}\tau-k_2x_1-k_3x_2$$

其中，k_1，k_2 和 k_3 可按希望闭环极点位置确定。

由题意，希望闭环特征方程

$$(s+2)^3=s^3+6s^2+12s+8=0$$

实际闭环特征方程为

$$\det(s\boldsymbol{I}-\bar{\boldsymbol{A}}+\bar{\boldsymbol{b}}\boldsymbol{k})=0$$

因为
$$s\boldsymbol{I}-\bar{\boldsymbol{A}}+\bar{\boldsymbol{b}}\boldsymbol{k}=\begin{bmatrix}s & 1 & 0\\ 0 & s & -1\\ k_1 & 2+k_2 & s+3+k_3\end{bmatrix}$$

所以
$$\det(s\boldsymbol{I}-\bar{\boldsymbol{A}}+\bar{\boldsymbol{b}}\boldsymbol{k})=s^3+(3+k_3)s^2+(2+k_2)s-k_1=0$$

比较希望特征方程与实际特征方程，可得

$$k_1=-8,\quad k_2=10,\quad k_3=3$$

内模控制律

$$u(t)=8\int_0^t e(\tau)\mathrm{d}\tau-10x_1-3x_2$$

内模控制系统如图解 9.4.41(1) 所示。

(5) 绘内模控制系统单位阶跃响应。应用MATLAB软件包，并根据图解 9.4.41(1)Simulink环境下搭建内模控制系统，运行可得系统单位阶跃响应如图解 9.4.41(2) 所示，测得 $\sigma\% = 0, t_s = 7.75\ \mathrm{s}(\Delta = 2\%)$，$e_{ss}(\infty) = 0$。

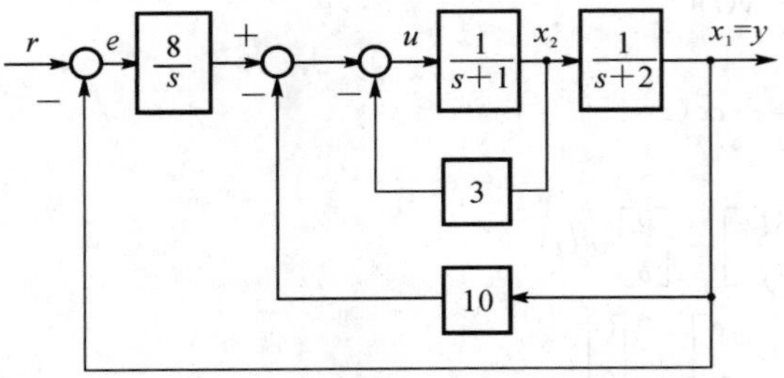

图解 9.4.41(1) 单位阶跃内模控制系统

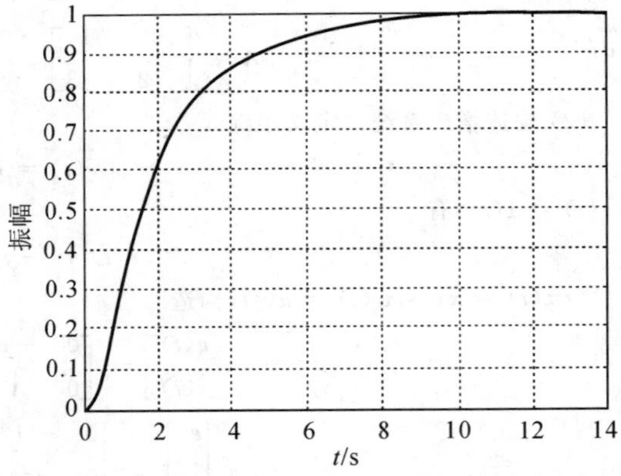

图解 9.4.41(2) 内模控制系统的单位阶跃响应(MATLAB)

9.4.42 设单位斜坡内模控制系统如图 9.4.54 所示，其中被控对象

$$G_0(s) = \frac{1}{(s+1)(s+2)}$$

$x_1(t)$ 和 $x_2(t)$ 为状态变量。试设计合适的内模控制器

$$G_c(s) = \frac{k_1 + k_2 s}{s^2}$$

及状态反馈增益 k_3 和 k_4，使系统的闭环极点为 $s_1 = s_2 = s_3 = s_4 = -2$，且系统对单位斜坡输入的稳态跟踪误差为零，最后绘出系统的单位斜坡响应曲线。

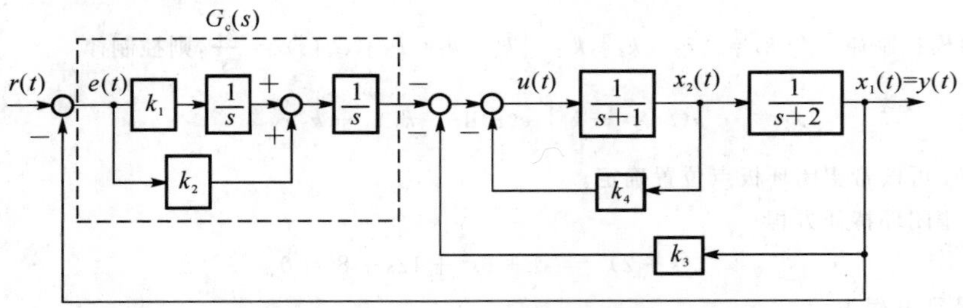

图 9.4.54 题 9.4.42 单位斜坡内模控制系统

解 本题按如下步骤求解。

(1) 建立被控对象的动态方程。

$$G_0(s) = \frac{1}{s^2 + 3s + 2}$$

其可控标准形为

$$\dot{x} = Ax + bu, \quad y = cx$$

式中
$$A = \begin{bmatrix} 0 & 1 \\ -2 & -3 \end{bmatrix}, \quad b = \begin{bmatrix} 0 \\ 1 \end{bmatrix}, \quad c = [1 \quad 0]$$

(2) 构造增广系统。令

$$e(t)=r(t)-y(t),\quad r(t)=t$$
$$\dot{e}(t)=\dot{r}(t)-\dot{y}(t)=1-\boldsymbol{c}\dot{\boldsymbol{x}}(t)$$
$$\ddot{e}(t)=-\ddot{y}(t)=-\boldsymbol{c}\ddot{\boldsymbol{x}}(t)$$

令中间变量

$$\boldsymbol{z}(t)=\ddot{x}(t),\quad w(t)=\ddot{u}(t)$$

得

$$\boldsymbol{z}(t)=\boldsymbol{A}\dot{\boldsymbol{x}}(t)+\boldsymbol{b}\dot{u}(t)$$
$$\dot{\boldsymbol{z}}(t)=\boldsymbol{A}\ddot{\boldsymbol{x}}(t)+\boldsymbol{b}\ddot{u}(t)=\boldsymbol{A}\boldsymbol{z}(t)+\boldsymbol{b}w(t)$$
$$\ddot{e}(t)=-\boldsymbol{c}\boldsymbol{z}(t)$$

构造增广系统

$$\begin{bmatrix}\dot{e}(t)\\ \ddot{e}(t)\\ \dot{\boldsymbol{z}}(t)\end{bmatrix}=\begin{bmatrix}0&1&0\\0&0&-\boldsymbol{c}\\0&0&\boldsymbol{A}\end{bmatrix}\begin{bmatrix}e(t)\\ \dot{e}(t)\\ \boldsymbol{z}(t)\end{bmatrix}+\begin{bmatrix}0\\0\\ \boldsymbol{b}\end{bmatrix}w(t)$$

即

$$\begin{bmatrix}\dot{e}(t)\\ \ddot{e}(t)\\ \dot{z}_1(t)\\ \dot{z}_2(t)\end{bmatrix}=\begin{bmatrix}0&1&0&0\\0&0&-1&0\\0&0&0&1\\0&0&-2&-3\end{bmatrix}\begin{bmatrix}e(t)\\ \dot{e}(t)\\ z_1(t)\\ z_2(t)\end{bmatrix}+\begin{bmatrix}0\\0\\0\\1\end{bmatrix}w(t)$$

式中

$$\bar{\boldsymbol{A}}=\begin{bmatrix}0&1&0&0\\0&0&-1&0\\0&0&0&1\\0&0&-2&-3\end{bmatrix},\quad \bar{\boldsymbol{b}}=\begin{bmatrix}0\\0\\0\\1\end{bmatrix}$$

(3) 检验增广系统的可控性。

$$\operatorname{rank}\begin{bmatrix}0&0&-\boldsymbol{cb}&-\boldsymbol{cAb}\\0&-\boldsymbol{cb}&-\boldsymbol{cAb}&-\boldsymbol{cA}^2\boldsymbol{b}\\ \boldsymbol{b}&\boldsymbol{Ab}&\boldsymbol{A}^2\boldsymbol{b}&\boldsymbol{A}^3\boldsymbol{b}\end{bmatrix}=\operatorname{rank}\begin{bmatrix}0&0&0&-1\\0&0&-1&3\\0&1&-3&7\\1&-3&7&-15\end{bmatrix}=4$$

增广系统可控,可在意配置闭环系统极点,保证跟踪误差渐近收敛。

(4) 确定内模控制律。令 $\boldsymbol{k}=[k_1\quad k_2\quad k_3\quad k_4]$,则闭环特征方程

$$\det[s\boldsymbol{I}-\boldsymbol{A}+\boldsymbol{bk}]=\det\begin{bmatrix}s&-1&0&0\\0&s&1&0\\0&0&s&-1\\k_1&k_2&2+k_3&s+3+k_4\end{bmatrix}=$$

$$s^4+(3+k_4)s^2+(2+k_3)s^2-k_2s-k_1=0$$

希望闭环特征方程

$$(s+2)^4=s^4+8s^3+24s^2+32s+16=0$$

令实际特征方程与希望特征方程的对应项系数相等,解出

$$k_1=-16,\quad k_2=-32,\quad k_3=22,\quad k_4=5$$

于是,内模控制律为

$$u(t)=16\int_0^t\int_0^t e(\tau)\mathrm{d}\tau\mathrm{d}\tau+32\int_0^t e(\tau)\mathrm{d}\tau-22x_1(t)-5x_2(t)$$

(5) 系统单位斜坡响应。

应用 MATLAB 软件包,并根据图 9.4.54 在 Simulink 环境下搭建内模控制系统,运行可得内模控制系统的单位斜坡响应如图解 9.4.42 所示。

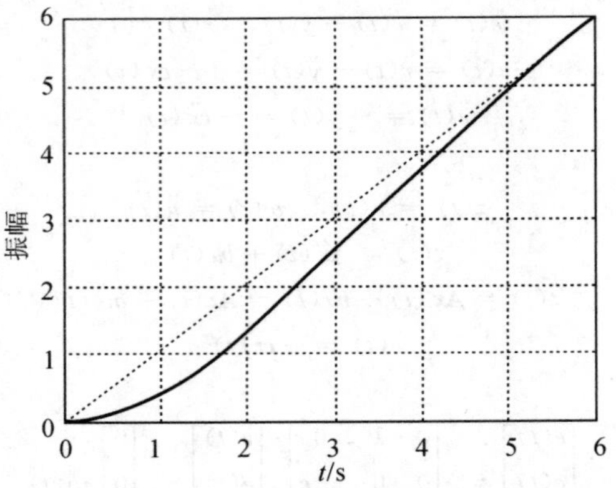

图解 9.4.42　内模控制系统的单位斜坡响应(MATLAB)

9.4.43　已知被控对象的动态方程

$$\dot{\boldsymbol{x}}(t)=\boldsymbol{Ax}(t)+\boldsymbol{b}u(t)$$
$$y(t)=\boldsymbol{cx}(t)$$

其中

$$\boldsymbol{A}=\begin{bmatrix}0&1\\-2&-2\end{bmatrix},\quad \boldsymbol{b}=\begin{bmatrix}1\\2\end{bmatrix},\quad \boldsymbol{c}=[1\quad 0]$$

要求设计单位斜坡输入时的内模控制器,使系统闭环极点为 $s_{1,2}=-1\pm \mathrm{j}1, s_3=s_4=-10$,并给出单位斜坡内模控制系统结构图与跟踪误差 $e(t)$ 的响应曲线。

解　本题按如下步骤设计。

(1) 构造增广系统。令

$$e=r-y,\quad r=t$$

有

$$\dot{e}=\dot{r}-\dot{y}=1-\boldsymbol{c}\dot{\boldsymbol{x}},\quad \ddot{e}=-\boldsymbol{c}\ddot{\boldsymbol{x}}$$

令中间变量

$$\boldsymbol{z}=\ddot{\boldsymbol{x}},\quad w=\ddot{u}$$

有

$$\boldsymbol{z}=\boldsymbol{A}\dot{\boldsymbol{x}}+\boldsymbol{b}\dot{u},\quad \dot{\boldsymbol{z}}=\boldsymbol{Az}+\boldsymbol{b}w,\quad \ddot{e}=-\boldsymbol{cz}$$

得增广系统

$$\begin{bmatrix}\dot{e}\\ \ddot{e}\\ \dot{\boldsymbol{z}}\end{bmatrix}=\begin{bmatrix}0&1&0\\0&0&-\boldsymbol{c}\\0&0&\boldsymbol{A}\end{bmatrix}\begin{bmatrix}e\\ \dot{e}\\ \boldsymbol{z}\end{bmatrix}+\begin{bmatrix}0\\0\\ \boldsymbol{b}\end{bmatrix}w$$

或者

$$\begin{bmatrix}\dot{e}\\ \ddot{e}\\ \dot{z}_1\\ \dot{z}_2\end{bmatrix}=\begin{bmatrix}0&1&0&0\\0&0&-1&0\\0&0&0&1\\0&0&-2&-2\end{bmatrix}\begin{bmatrix}e(t)\\ \dot{e}(t)\\ z_1(t)\\ z_2(t)\end{bmatrix}+\begin{bmatrix}0\\0\\1\\2\end{bmatrix}w$$

其中

$$\bar{\boldsymbol{A}}=\begin{bmatrix}0&1&0&0\\0&0&-1&0\\0&0&0&1\\0&0&-2&-2\end{bmatrix},\quad \bar{\boldsymbol{b}}=\begin{bmatrix}0\\0\\1\\2\end{bmatrix}$$

(2) 检验增广系统的可控性。

$$\operatorname{rank}\begin{bmatrix}0&0&-\boldsymbol{cb}&-\boldsymbol{cAb}\\0&-\boldsymbol{cb}&-\boldsymbol{cAb}&-\boldsymbol{cA}^2\boldsymbol{b}\\ \boldsymbol{b}&\boldsymbol{Ab}&\boldsymbol{A}^2\boldsymbol{b}&\boldsymbol{A}^3\boldsymbol{b}\end{bmatrix}=\operatorname{rank}\begin{bmatrix}0&0&-1&-2\\0&-1&-2&6\\1&2&-6&8\\2&-6&8&-4\end{bmatrix}=4$$

故增广系统可控，可任意配置闭环系统极点。

(3) 确定内模控制律。令 $\boldsymbol{k}=[k_1\quad k_2\quad k_3\quad k_4]$，闭环特征方程

$$\det[s\boldsymbol{I}-(\bar{\boldsymbol{A}}-\bar{\boldsymbol{b}}\boldsymbol{k})]=\det\begin{bmatrix} s & -1 & 0 & 0 \\ 0 & s & 1 & 0 \\ k_1 & k_2 & s+k_3 & k_4-1 \\ 2k_1 & 2k_2 & 2+2k_3 & s+2+2k_4 \end{bmatrix}=$$

$$s^4+(2+k_3+2k_4)s^3+(2-k_2+4k_3-2k_4)s^2-(k_1+4k_2)s-4k_1=0$$

希望特征方程

$$(s+1+\mathrm{j})(s+1-\mathrm{j})(s+10)^2=s^4+22s^3+142s^2+240s+200=0$$

令实际特征方程与希望特征方程的对应项系数相等，得到

$$2+k_3+2k_4=22$$

$$2-k_2+4k_3-2k_4=142$$

$$k_1+4k_2=-240$$

$$4k_1=-200$$

解出

$$k_1=-50,\quad k_2=-47.5$$

$$k_3=22.5,\quad k_4=-1.25$$

求出内模控制律

$$u(t)=50\int_0^t\int_0^t e(\tau)\mathrm{d}\tau\mathrm{d}\tau+47.5\int_0^t e(\tau)\mathrm{d}\tau-22.5x_1(t)+1.25x_2(t)$$

单位斜坡内模控制系统如图解 9.4.43(1) 所示。

应用 MATLAB 软件包，并根据图解 9.4.43(1) 所示，Simulink 环境下搭建内模控制系统，运行可得内模控制系统的单位斜坡误差响应，如图解 9.4.43(2) 所示。

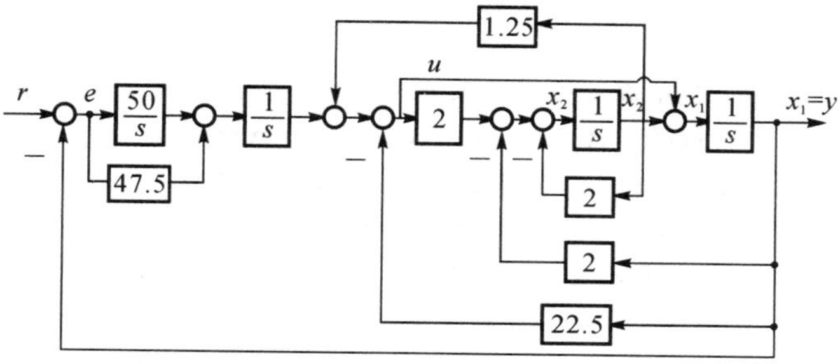

图解 9.4.43(1)　单位斜坡内模控制系统

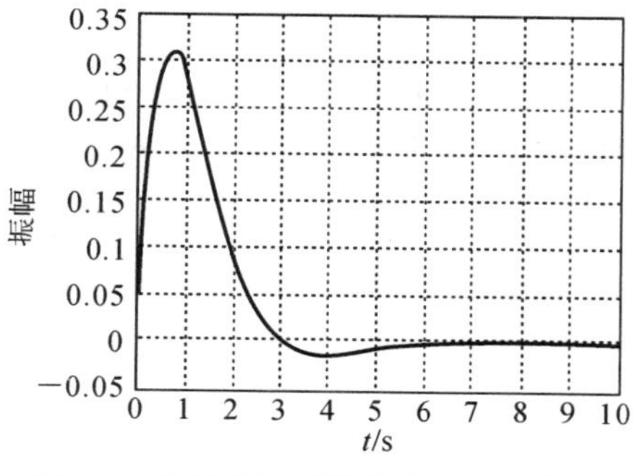

图解 9.4.43(2)　单位斜坡跟踪误差响应曲线(MATLAB)

9.4.44　设单输入-单输出系统的状态空间表达式为

$$\dot{\boldsymbol{x}}(t)=\boldsymbol{A}\boldsymbol{x}(t)+\boldsymbol{b}u(t),\quad y(t)=\boldsymbol{c}\boldsymbol{x}(t)$$

其中，$x \in \mathbf{R}^n$ 为状态向量；u 为标量输入；y 为标量输出；$\boldsymbol{A},\boldsymbol{b},\boldsymbol{c}$ 维数适当。

设参考输入 $r(t)=\sin(t)$，定义跟踪误差 $e(t)=r(t)-y(t)$，试论证系统能以零稳态误差跟踪正弦参考输入信号。

解 对跟踪误差取二阶导数，有

$$\ddot{e}(t)=\ddot{r}(t)-\ddot{y}(t)$$

因为 $\ddot{r}(t)=-\sin(t)=-r(t)=-e(t)-y(t)$，代入上式得

$$\ddot{e}(t)=-r(t)-\boldsymbol{c}\ddot{\boldsymbol{x}}(t)=-e(t)-y(t)-\boldsymbol{c}\ddot{\boldsymbol{x}}(t)=-e(t)-\boldsymbol{c}[\boldsymbol{x}(t)+\ddot{\boldsymbol{x}}(t)] \tag{1}$$

在式(1)中，取中间变量 $\boldsymbol{z}(t)=\boldsymbol{x}(t)+\ddot{\boldsymbol{x}}(t)$，并对 $\boldsymbol{z}(t)$ 取一阶导数，有

$$\dot{\boldsymbol{z}}(t)=\dot{\boldsymbol{x}}(t)+\dddot{\boldsymbol{x}}(t)=\boldsymbol{A}\boldsymbol{x}(t)+\boldsymbol{b}u(t)+\boldsymbol{A}\ddot{\boldsymbol{x}}(t)+\boldsymbol{b}\ddot{u}(t)=\boldsymbol{A}[\boldsymbol{x}(t)+\ddot{\boldsymbol{x}}(t)]+\boldsymbol{b}[u(t)+\ddot{u}(t)] \tag{2}$$

在式(2)中，取中间变量 $w(t)=u(t)+\ddot{u}(t)$，则式(2)为

$$\dot{\boldsymbol{z}}(t)=\boldsymbol{A}\boldsymbol{z}(t)+\boldsymbol{b}w(t) \tag{3}$$

构造增广系统为

$$\begin{bmatrix}\dot{e}\\ \ddot{e}\\ \dot{\boldsymbol{z}}\end{bmatrix}=\begin{bmatrix}0&1&0\\-1&0&-\boldsymbol{c}\\0&0&\boldsymbol{A}\end{bmatrix}\begin{bmatrix}e\\ \dot{e}\\ \boldsymbol{z}\end{bmatrix}+\begin{bmatrix}0\\0\\ \boldsymbol{b}\end{bmatrix}w \tag{4}$$

若系统式(4)可控，即

$$\operatorname{rank}\begin{bmatrix}0&0&-\boldsymbol{cb}&-\boldsymbol{cAb}\\0&-\boldsymbol{cb}&-\boldsymbol{cAb}&\boldsymbol{c}(\boldsymbol{I}-\boldsymbol{A}^2)\boldsymbol{b}\\ \boldsymbol{b}&\boldsymbol{Ab}&\boldsymbol{A}^2\boldsymbol{b}&\boldsymbol{A}^3\boldsymbol{b}\end{bmatrix}=n+2 \tag{5}$$

则总可以找到状态反馈

$$w=-[k_1\quad k_2\quad k_3]\begin{bmatrix}e\\ \dot{e}\\ z\end{bmatrix}=-k_1e-k_2\dot{e}-k_3z \tag{6}$$

使该系统渐近收敛。这表明跟踪误差 $e(t)$ 是渐近收敛的。因此，系统输出能以零稳态误差跟踪正弦参考输入信号 $\sin(t)$。

9.4.45 设带有扰动 $n(t)$ 的单输入-单输出系统的状态空间表达式为

$$\dot{\boldsymbol{x}}(t)=\boldsymbol{A}\boldsymbol{x}(t)+\boldsymbol{b}u(t),\quad y(t)=\boldsymbol{c}\boldsymbol{x}(t)+n(t)$$

其中，$x \in \mathbf{R}^n$ 为状态向量；u 为标量输入；y 为标量输出；$\boldsymbol{A},\boldsymbol{b},\boldsymbol{c}$ 维数适当。

设参考输入 $r(t)=t$，扰动信号 $n(t)=1(t)$，为阶跃扰动。试论证可设计扰动内模控制器，使系统输出能以零稳态误差渐近跟踪斜坡输入 t，且不受阶跃扰动 $n(t)$ 的影响。

解 由题设知 $\ddot{r}(t)=0,\dot{n}(t)=0$；定义跟踪误差

$$e(t)=r(t)-y(t)=r(t)-\boldsymbol{c}\boldsymbol{x}(t)-n(t) \tag{1}$$

对式(1)取二阶导数，有

$$\ddot{e}(t)=\ddot{r}(t)-\ddot{y}(t)=-\boldsymbol{c}\ddot{\boldsymbol{x}}(t) \tag{2}$$

在式(2)中，取中间变量 $\boldsymbol{z}(t)=\ddot{\boldsymbol{x}}(t),w(t)=\ddot{u}(t)$，并对 $\boldsymbol{z}(t)$ 取一阶导数，有

$$\dot{\boldsymbol{z}}(t)=\dddot{\boldsymbol{x}}(t)=\boldsymbol{A}\ddot{\boldsymbol{x}}(t)+\boldsymbol{b}\ddot{u}(t)=\boldsymbol{A}\boldsymbol{z}(t)+\boldsymbol{b}w(t) \tag{3}$$

$$\ddot{e}(t)=\ddot{r}(t)-\ddot{y}(t)=-\boldsymbol{c}\ddot{\boldsymbol{x}}(t)=-\boldsymbol{c}\boldsymbol{z}(t) \tag{4}$$

由式(3)和式(4)构造增广系统

$$\begin{bmatrix}\dot{e}\\ \ddot{e}\\ \dot{\boldsymbol{z}}\end{bmatrix}=\begin{bmatrix}0&1&0\\0&0&-\boldsymbol{c}\\0&0&\boldsymbol{A}\end{bmatrix}\begin{bmatrix}e\\ \dot{e}\\ \boldsymbol{z}\end{bmatrix}+\begin{bmatrix}0\\0\\ \boldsymbol{b}\end{bmatrix}w \tag{5}$$

若增广系统式(5)可控，即

$$\operatorname{rank}\begin{bmatrix}0&0&-\boldsymbol{cb}&-\boldsymbol{cAb}\\0&-\boldsymbol{cb}&-\boldsymbol{cAb}&-\boldsymbol{cA}^2\boldsymbol{b}\\ \boldsymbol{b}&\boldsymbol{Ab}&\boldsymbol{A}^2\boldsymbol{b}&\boldsymbol{A}^3\boldsymbol{b}\end{bmatrix}=n+2$$

则总可以找到状态反馈

$$w=-[k_1\quad k_2\quad k_3]\begin{bmatrix}e\\ \dot{e}\\ z\end{bmatrix}=-k_1e-k_2\dot{e}-k_3z \tag{6}$$

使该系统渐近稳定。这表明跟踪误差 $e(t)$ 是渐近收敛的。因此，系统输出能以零稳态误差跟踪参考输入信号 t，且抑制阶跃扰动 $n(t)=1(t)$ 的影响。

9.4.46　设有系统

$$\dot{x}(t)=\begin{bmatrix}0 & 1\\ -2 & -2\end{bmatrix}x(t)+\begin{bmatrix}1\\ 2\end{bmatrix}u(t)$$

其中 $n(t)=3x^2$ 为输出端扰动信号。要求系统输出能以零稳态误差跟踪斜坡参考输入信号，并克服输出端加速度扰动对跟踪性能的影响。

解　设带有输出端扰动 $n(t)$ 的单输入-单输出系统的状态空间表达式为

$$\dot{\boldsymbol{x}}(t)=\boldsymbol{Ax}(t)+\boldsymbol{bu}(t)$$
$$y(t)=\boldsymbol{cx}(t)+n(t)$$

其中，$\boldsymbol{x}\in\mathbf{R}^n$ 为状态向量；u 为标量输入；y 为标量输出；$\boldsymbol{A},\boldsymbol{b},\boldsymbol{c}$ 维数适当。

主要考虑参考输入为斜坡信号，输出扰动为加速度信号的情况，即 $r(t)=t, n(t)=3t^2$，定义跟踪误差 $e(t)=r(t)-y(t)=r(t)-\boldsymbol{cx}(t)-n(t)$，此时

$$r^{(3)}(t)=0,\quad n^{(3)}(t)=0 \tag{1}$$

对 $e(t)$ 取三阶导数，此时有

$$e^{(3)}(t)=r^{(3)}(t)-y^{(3)}(t)=-\boldsymbol{cx}^{(3)}(t) \tag{2}$$

根据式(2) 取中间变量 $\boldsymbol{z}(t)=\boldsymbol{x}^{(3)}(t)$，并对 $\boldsymbol{z}(t)$ 取一阶导数，得

$$\dot{\boldsymbol{z}}(t)=\boldsymbol{x}^{(4)(t)}=\boldsymbol{Ax}^{(3)}(t)+\boldsymbol{bu}^{(3)}(t)$$

根据上式，再取中间变量 $w(t)=u^{(3)}(t)$，有

$$\dot{\boldsymbol{z}}(t)=\boldsymbol{x}^{(4)}(t)=\boldsymbol{Ax}^{(3)}(t)+\boldsymbol{bu}^{(3)}(t)=\boldsymbol{Az}(t)+\boldsymbol{b}w(t) \tag{3}$$

选定中间变量后，误差的三阶导数变为

$$e^{(3)}(t)=r^{(3)}(t)-y^{(3)}(t)=-\boldsymbol{cx}^{(3)}(t)=-\boldsymbol{cz}(t) \tag{4}$$

由式(3) 和式(4) 构造增广系统为

$$\begin{bmatrix}\dot{e}\\ \ddot{e}\\ \dddot{e}\\ \dot{\boldsymbol{z}}\end{bmatrix}=\begin{bmatrix}0 & 1 & 0 & 0\\ 0 & 0 & 1 & 0\\ 0 & 0 & 0 & -\boldsymbol{c}\\ 0 & 0 & 0 & \boldsymbol{A}\end{bmatrix}\begin{bmatrix}e\\ \dot{e}\\ \ddot{e}\\ \boldsymbol{z}\end{bmatrix}+\begin{bmatrix}0\\ 0\\ 0\\ \boldsymbol{b}\end{bmatrix}w \tag{5}$$

若增广系统(5) 可控，即

$$\text{rank}\begin{bmatrix}0 & 0 & 0 & -\boldsymbol{cb} & -\boldsymbol{cAb}\\ 0 & 0 & -\boldsymbol{cb} & -\boldsymbol{cAb} & -\boldsymbol{cA}^2\boldsymbol{b}\\ 0 & -\boldsymbol{cb} & -\boldsymbol{cAb} & -\boldsymbol{cA}^2\boldsymbol{b} & -\boldsymbol{cA}^3\boldsymbol{b}\\ \boldsymbol{b} & \boldsymbol{Ab} & \boldsymbol{A}^2\boldsymbol{b} & \boldsymbol{A}^3\boldsymbol{b} & \boldsymbol{A}^4\boldsymbol{b}\end{bmatrix}=n+3$$

总可以找到状态反馈

$$w=-[k_1\quad k_2\quad k_3\quad k_4]\begin{bmatrix}e\\ \dot{e}\\ \ddot{e}\\ z\end{bmatrix}=-k_1e-k_2\dot{e}-k_3\ddot{e}-k_4z$$

使该闭环增广系统渐近稳定。

这表明跟踪误差是渐近收敛的，因此系统输出能在扰动作用下以零稳态误差跟踪参考输入信号。

本题可控性矩阵

$$\operatorname{rank}\begin{bmatrix}0 & 0 & 0 & -1 & -2\\ 0 & 0 & -1 & -2 & 6\\ 0 & -1 & -2 & 6 & 8\\ 1 & 2 & -6 & 8 & -4\\ 2 & -6 & 8 & -4 & -8\end{bmatrix}=5=n+3$$

满秩，增广系统可控。故可通过状态反馈

$$w=-\begin{bmatrix}k_1 & k_2 & k_3 & k_4 & k_5\end{bmatrix}\begin{bmatrix}e\\ \dot{e}\\ \ddot{e}\\ z_1\\ z_2\end{bmatrix}=-k_1e-k_2\dot{e}-k_3\ddot{e}-k_4z_1-k_5z_2$$

任意配置闭环增广系统的极点。

如果要求的闭环极点为 $s_{1,2}=-1\pm \mathrm{j}, s_3=-3, s_4=-4, s_5=-5$，则期望的特征方程为

$$(s+1-\mathrm{j})(s+1+\mathrm{j})(s+3)(s+4)(s+5)=s^5+14s^4+73s^3+178s^2+214s+120=0$$

而实际的闭环特征方程为

$$\det\begin{bmatrix}s & -1 & 0 & 0 & 0\\ 0 & s & -1 & 0 & 0\\ 0 & 0 & s & 1 & 0\\ k_1 & k_2 & k_3 & s+k_4 & k_5-1\\ 2k_1 & 2k_2 & 2k_3 & 2+2k_4 & s+2+2k_5\end{bmatrix}=s^5+(2+k_4+2k_5)s^4+(2-k_3+4k_4-2k_5)s^3+$$

$$(-k_2-4k_3)s^2+(-k_1-4k_2)s-4k_1$$

令上述两个特征方程的对应项系数相等，通过构造方程组，求得状态反馈的解构造的方程组如下：

$$\begin{cases}2+k_4+2k_5=14\\ 2-k_3+4k_4-2k_5=73\\ -k_2-4k_3=178\\ -k_1-4k_2=214\\ -4k_1=120\end{cases}$$

解得 $\qquad k_1=-30,\quad k_2=-46,\quad k_3=-33,\quad k_4=10,\quad k_5=1$

即

$$w=\dddot{u}=-k_1e-k_2\dot{e}-k_3\ddot{e}-k_4\dddot{x}_1-k_5\dddot{x}_2$$

$$\ddot{u}=-k_1\int_0^t e\mathrm{d}\tau-k_2e-k_3\dot{e}-k_4\ddot{x}_1-k_5\ddot{x}_2$$

此时对应的 Simulink 仿真图如图解 9.4.46(1)所示。

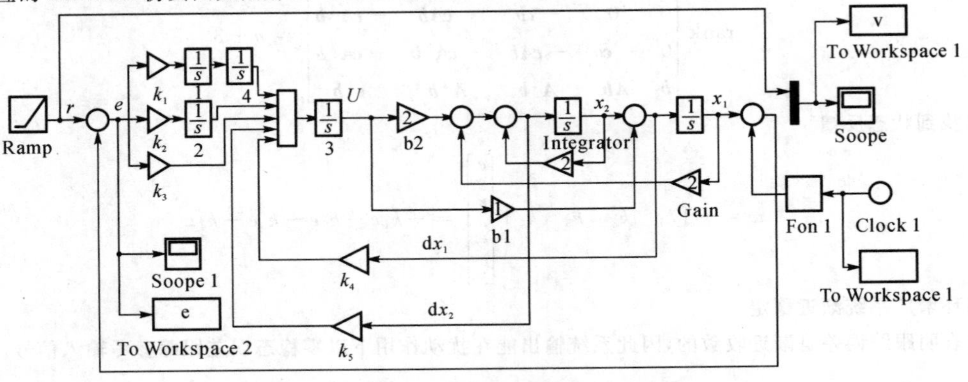

图解 9.4.46(1) Simulink 仿真图

令 $n(t)=3t^2$，运行上述 Simulink 仿真图，可得系统在带扰动的内模控制器作用下对应的跟踪误差曲线和输出跟踪曲线图，如图解 9.4.46(2)、图解 9.4.46(3)所示。

系统加入扰动后，由误差曲线图可以看出，在带扰动的内模控制器作用下输出可以很好地跟踪参考输入。

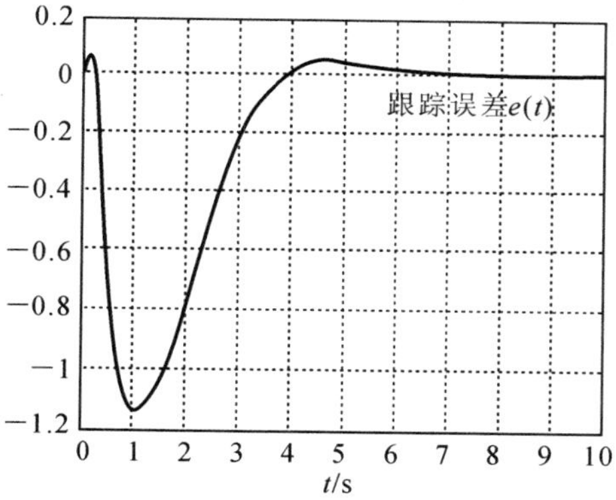

图解 9.4.46(2)　跟踪误差曲线(MATLAB)

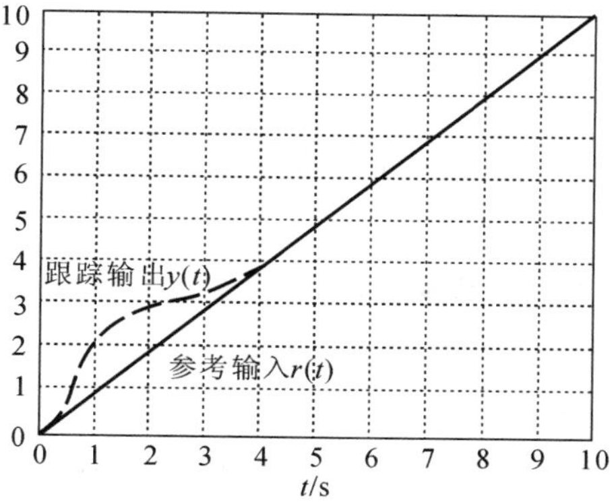

图解 9.4.46(3)　输出跟踪曲线(MATLAB)

第 10 章　动态系统的最优控制方法

10.1　重点内容提要

10.1.1　基本概念

1. 最优控制问题的提法

在满足系统方程

$$\dot{\boldsymbol{x}}(t)=f[\boldsymbol{x}(t),\boldsymbol{u}(t),t],\quad \boldsymbol{x}(t_0)=\boldsymbol{x}_0$$

的约束条件下，在容许控制域 Ω 中确定一个最优控制律 $\boldsymbol{u}^*(t)$，使系统状态从已知初态 $\boldsymbol{x}_0$ 转移到要求的目标集

$$\psi[\boldsymbol{x}(t_f),t_f]=\boldsymbol{0}$$

并使性能指标

$$J=\varphi[\boldsymbol{x}(t_f),t_f]+\int_{t_0}^{t_f}L[\boldsymbol{x}(t),\boldsymbol{u}(t),t]\mathrm{d}t$$

达到极值。

2. 性能指标的形式及意义

(1) 积分型性能指标：

$$J=\int_{t_0}^{t_f}L[\boldsymbol{x}(t),\boldsymbol{u}(t),t]\mathrm{d}t$$

表示在整个控制过程中，系统的状态及控制应满足的要求。

(2) 末值型性能指标：

$$J=\varphi[\boldsymbol{x}(t_f),t_f]$$

表示控制结束后，系统末态应满足的要求。

(3) 复合型性能指标：

$$J=\varphi[\boldsymbol{x}(t_f),t_f]+\int_{t_0}^{t_f}L[\boldsymbol{x}(t),\boldsymbol{u}(t),t]\mathrm{d}t$$

表示对整个控制过程和末态的要求。

3. 泛函及其变分

(1) 泛函　设对于自变量 t，存在一类函数 $\{\boldsymbol{x}(t)\}$。如果对于每个函数 $x(t)$，有一个 J 值与之对应，则变量 J 称为依赖于函数 $\boldsymbol{x}(t)$ 的泛函数，简称泛函，记作 $J[\boldsymbol{x}(t)]$。

(2) 变分　设 $J[\boldsymbol{x}(t)]$ 是线性赋范空间 $\mathbf{R}^n$ 上的连续泛函，若其增量可表示为

$$\Delta J[\boldsymbol{x}(t)]=J[\boldsymbol{x}+\delta x]-J[\boldsymbol{x}]=L[\boldsymbol{x},\delta x]+r[\boldsymbol{x},\delta x]$$

式中，$L[\boldsymbol{x},\delta\boldsymbol{x}]$ 是关于 $\delta\boldsymbol{x}$ 的线性连续泛函，$r[\boldsymbol{x},\delta\boldsymbol{x}]$ 是关于 $\delta\boldsymbol{x}$ 的高阶无穷小，则 $\delta J=L[\boldsymbol{x},\delta\boldsymbol{x}]$ 称为泛函 $J[\boldsymbol{x},\delta\boldsymbol{x}]$ 的变分。

4. 最小时间问题

一种最优控制问题，其性能指标为

$$J=\int_0^{t_f}\mathrm{d}t$$

5. 最小燃料问题

是性能指标为 $J = \int_{t_0}^{t_f} \sum_{i=1}^{m} c_i \mid \boldsymbol{u}_i \mid \mathrm{d}t, \quad c_i > 0$ 的最优控制问题。

6. 最小能量控制

要求在有限时间的控制过程中,系统的能量消耗为最小。对应的性能指标为

$$J = \int_{t_0}^{t_f} \boldsymbol{u}^{\mathrm{T}}(t)\boldsymbol{u}(t)\mathrm{d}t = \int_{t_0}^{t_f} \left\{ \sum_{j=1}^{m} u_j^2(t) \right\} \mathrm{d}t$$

7. 线性调节器,跟踪器问题

(1) 踪器问题:对于线性时变系统

$$\dot{\boldsymbol{x}}(t) = \boldsymbol{A}(t)\boldsymbol{x}(t) + \boldsymbol{B}(t)\boldsymbol{u}(t), \quad \boldsymbol{x}(t_0) = \boldsymbol{x}_0$$

$$\boldsymbol{y}(t) = \boldsymbol{C}(t)\boldsymbol{x}(t)$$

要求确定最优控制,使性能指标

$$J = \frac{1}{2}\boldsymbol{e}^{\mathrm{T}}(t_f)\boldsymbol{F}\boldsymbol{e}(t_f) + \frac{1}{2}\int_{t_0}^{t_f} [\boldsymbol{e}^{\mathrm{T}}(t)\boldsymbol{Q}(t)\boldsymbol{e}(t) + \boldsymbol{u}^{\mathrm{T}}(t)\boldsymbol{R}(t)\boldsymbol{u}(t)]\mathrm{d}t$$

极小。

式中:$\boldsymbol{x}(t) \in \mathbf{R}^n, \boldsymbol{u}(t) \in \mathbf{R}^m$,无约束,$\boldsymbol{y}(t) \in \mathbf{R}^l, 0 < l \leqslant m \leqslant n$;输出误差向量 $\boldsymbol{e}(t) = \boldsymbol{z}(t) - \boldsymbol{y}(t)$;$\boldsymbol{z}(t) \in \mathbf{R}^l$ 为理想输出向量;$\boldsymbol{A}(t), \boldsymbol{B}(t)$ 和 $\boldsymbol{C}(t)$ 为适当维数的时变矩阵,其各元连续且有界;权阵 $\boldsymbol{F} = \boldsymbol{F}^{\mathrm{T}} \geqslant \boldsymbol{0}, \boldsymbol{Q}(t) = \boldsymbol{Q}^{\mathrm{T}}(t) \geqslant \boldsymbol{0}, \boldsymbol{R}(t) = \boldsymbol{R}^{\mathrm{T}}(t) > \boldsymbol{0}$;$t_0$ 及 t_f 固定。

(2) 状态调节器问题:当上述跟踪器问题中的 $\boldsymbol{C}(t) = \boldsymbol{I}, \boldsymbol{z}(t) = \boldsymbol{0}$ 时,即变为状态调节器问题。此时 $\boldsymbol{e}(t) = -\boldsymbol{y}(t) = -\boldsymbol{x}(t)$,且

$$J = \frac{1}{2}\boldsymbol{x}^{\mathrm{T}}(t_f)\boldsymbol{F}\boldsymbol{x}(t_f) + \frac{1}{2}\int_{t_0}^{t_f} [\boldsymbol{x}^{\mathrm{T}}(t)\boldsymbol{Q}(t)\boldsymbol{x}(t) + \boldsymbol{u}^{\mathrm{T}}(t)\boldsymbol{R}(t)\boldsymbol{u}(t)]\mathrm{d}t$$

即要求当系统受扰偏离原零平衡状态时产生一控制向量,使系统状态 $\boldsymbol{x}(t)$ 恢复到原平衡状态附近,并使指标 J 极小。

(3) 输出调节器问题:若跟踪器问题中 $\boldsymbol{z}(t) = \boldsymbol{0}$,则 $\boldsymbol{e}(t) = -\boldsymbol{y}(t)$,且

$$J = \frac{1}{2}\boldsymbol{y}^{\mathrm{T}}(t_f)\boldsymbol{F}\boldsymbol{y}(t_f) + \frac{1}{2}\int_{t_0}^{t_f} [\boldsymbol{y}^{\mathrm{T}}(t)\boldsymbol{Q}(t)\boldsymbol{y}(t) + \boldsymbol{u}^{\mathrm{T}}(t)\boldsymbol{R}(t)\boldsymbol{u}(t)]\mathrm{d}t$$

此即为输出调节器问题。它要求在系统偏离原输出平衡状态时产生一控制量,使系统输出 $\boldsymbol{y}(t)$ 保持在原零平衡状态附近。并使性能指标 J 极小。

8. 动态规划

动态规划实际上是多级决策问题。

10.1.2　基本原理

1. 泛函极值的必要条件

若可微泛函 $J[\boldsymbol{x}(t)]$ 在 $\boldsymbol{x}_0(t)$ 上达到极大(小)值,则在 $\boldsymbol{x} = \boldsymbol{x}_0$ 上有

$$\delta J[\boldsymbol{x}_0, \delta\boldsymbol{x}] = 0$$

2. 欧拉方程

设有泛函极值问题

$$\min_{x(t)} J[\boldsymbol{x}(t)] = \int_{t_0}^{t_f} L[\boldsymbol{x}, \dot{\boldsymbol{x}}, t]\mathrm{d}t$$

式中,$L(\boldsymbol{x}, \dot{\boldsymbol{x}}, t)$ 及 $\boldsymbol{x}(t)$ 在 $[t_0, t_f]$ 上连续可微,t_0 及 t_f 给定。已知 $\boldsymbol{x}(t_0) = \boldsymbol{x}_0, \boldsymbol{x}(t_f) = \boldsymbol{x}_f, \boldsymbol{x}(t) \in \mathbf{R}^n$,则极值轨线 $\boldsymbol{x}^*(t)$ 满足如下欧拉方程

$$\frac{\partial L}{\partial \boldsymbol{x}} - \frac{\mathrm{d}}{\mathrm{d}t}\frac{\partial L}{\partial \dot{\boldsymbol{x}}} = \boldsymbol{0}$$

及横截条件

$$\left(\frac{\partial L}{\partial \dot{\boldsymbol{x}}}\right)^{\mathrm{T}}\Big|_{t_f}\delta\boldsymbol{x}(t_f)-\left(\frac{\partial L}{\partial \dot{\boldsymbol{x}}}\right)^{\mathrm{T}}\Big|_{t_0}\delta\boldsymbol{x}(t_0)=0$$

在求解欧拉方程时，需由横截条件确定两点边界值。表 10.1.1 给出不同边界情况下的横截条件。

表 10.1.1　不同边界情况下的横截条件

$J[x]=\int_{t_0}^{t_f}L(x,\dot{x},t)\mathrm{d}t$		横截条件与边界条件
t_f 固定（$x(t_0)$ 固定）	$x(t_f)$ 固定	$\boldsymbol{x}(t_0)=\boldsymbol{x}_0,\ \ \boldsymbol{x}(t_f)=x_f$
	$x(t_f)$ 自由	$\boldsymbol{x}(t_0)=\boldsymbol{x}_0,\ \ \frac{\partial L}{\partial \dot{x}}\Big\|_{t_f}=\boldsymbol{0}$
t_f 自由	$x(t_f)$ 自由	$\boldsymbol{x}(t_0)=\boldsymbol{x}_0,\ \ \frac{\partial L}{\partial \dot{x}}\Big\|_{t_f}=\boldsymbol{0}$ $\left[L-\dot{\boldsymbol{x}}^{\mathrm{T}}\frac{\partial L}{\partial \dot{\boldsymbol{x}}}\right]\Big\|_{t_f}=0$
（$x(t_0)$ 固定）	$x(t_f)$ 约束	$\boldsymbol{x}(t_0)=\boldsymbol{x}_0,\ \ \boldsymbol{x}(t_f)=\boldsymbol{c}(t_f)$ $\left[L+(\dot{\boldsymbol{c}}-\dot{\boldsymbol{x}})^{\mathrm{T}}\frac{\partial L}{\partial \dot{\boldsymbol{x}}}\right]\Big\|_{t_f}=0$

3. 最优控制的必要条件——极小值原理

表 10.1.2 给出连续系统末端自由、固定或受约束等各种情况下，极小值原理的必要条件。

应该指出，在 10.1.1 节基本概念中提到的最小时间问题、最小燃料问题、最小能量问题以及线性调节器、跟踪器问题实际上均是不同指标函数下极小值原理的具体应用。

表 10.1.2　连续系统极小值原理的必要条件

末端时刻	性能指标	末端状态	正则方程	极小值条件	边界条件与横截条件	H 变化律
t_f 自由	$J=\varphi[\boldsymbol{x}(t_f),t_f]+\int_{t_0}^{t_f}L(\boldsymbol{x},\boldsymbol{u},t)\mathrm{d}t$	末端约束	$\dot{\boldsymbol{x}}=\frac{\partial H}{\partial \boldsymbol{\lambda}}$ $\dot{\boldsymbol{\lambda}}=-\frac{\partial H}{\partial \boldsymbol{x}}$ 其中 $H=L+\boldsymbol{\lambda}^{\mathrm{T}}f$	$H^*=\min\limits_{u\in\Omega}H$	$\boldsymbol{x}(t_0)=\boldsymbol{x}_0,\boldsymbol{\psi}[\boldsymbol{x}(t_f),t_f]=\boldsymbol{0}$ $\boldsymbol{\lambda}(t_f)=[\frac{\partial\varphi}{\partial\boldsymbol{x}}+\frac{\partial\psi^{\mathrm{T}}}{\partial x}\gamma]_{t_f}$	$H^*(t_f{}^*)=$ $-[\frac{\partial\varphi}{\partial t}+\boldsymbol{\gamma}^{\mathrm{T}}\frac{\partial\boldsymbol{\psi}}{\partial t}]_{t_f}$
		末端自由			$\boldsymbol{x}(t_0)=\boldsymbol{x}_0$ $\boldsymbol{\lambda}(t_f)=\frac{\partial\varphi}{\partial\boldsymbol{x}(t_f)}$	$H^*(tf^*)=-\frac{\partial\varphi}{\partial t_f}$
	$J=\int_{t_0}^{t_f}L(\boldsymbol{x},\boldsymbol{u},t)\mathrm{d}t$	末端约束			$\boldsymbol{x}(t_0)=\boldsymbol{x}_0,\boldsymbol{\psi}[\boldsymbol{x}(t_f),t_f]=\boldsymbol{0}$ $\boldsymbol{\lambda}(t_f)=\frac{\partial\boldsymbol{\psi}^{\mathrm{T}}}{\partial\boldsymbol{x}(t_f)}\gamma$	$H^*(t_f{}^*)=-\boldsymbol{\gamma}^{\mathrm{T}}\frac{\partial\boldsymbol{\psi}}{\partial t_f}$
		末端自由			$\boldsymbol{x}(t_0)=\boldsymbol{x}_0,\boldsymbol{\lambda}(t_f)=\boldsymbol{0}$	$H^*(t_f{}^*)=0$
		末端固定			$\boldsymbol{x}(t_0)=\boldsymbol{x}_0,\boldsymbol{x}(t_f)=x_f$	$H^*(t_f{}^*)=0$
	$J=\varphi[\boldsymbol{x}(t_f),t_f]$	末端约束	$\dot{\boldsymbol{x}}=\frac{\partial H}{\partial \boldsymbol{\lambda}}$ $\dot{\boldsymbol{\lambda}}=-\frac{\partial H}{\partial \boldsymbol{x}}$ 其中 $H=L+\boldsymbol{\lambda}^{\mathrm{T}}f$		$\boldsymbol{x}(t_0)=\boldsymbol{x}_0,\boldsymbol{\psi}[\boldsymbol{x}(t_f),t_f]=\boldsymbol{0}$ $\boldsymbol{\lambda}(t_f)=[\frac{\partial\varphi}{\partial\boldsymbol{x}}+\frac{\partial\boldsymbol{\psi}^{\mathrm{T}}}{\partial\boldsymbol{x}}\gamma]_{t_f}$	$H^*(t_f{}^*)=$ $-[\frac{\partial\varphi}{\partial t}+\boldsymbol{\gamma}^{\mathrm{T}}\frac{\partial\boldsymbol{\psi}}{\partial t}]_{t_f}$
		末端自由			$\boldsymbol{x}(t_0)=\boldsymbol{x}_0$ $\boldsymbol{\lambda}(t_f)=\frac{\partial\varphi}{\partial\boldsymbol{x}(t_f)}$	$H^*(t_f{}^*)=-\frac{\partial\varphi}{\partial t_f}$

续表

<table>
<tr><th>末端时刻</th><th>性能指标</th><th>末端状态</th><th>正则方程</th><th>极小值条件</th><th>边界条件与横截条件</th><th>H 变化律</th></tr>
<tr><td rowspan="7">t_f 固定</td><td rowspan="2">$J=\varphi[\boldsymbol{x}(t_f),t_f]+\int_{t_0}^{t_f}L(\boldsymbol{x},\boldsymbol{u},t)\mathrm{d}t$</td><td>末端约束</td><td rowspan="5">$\dot{\boldsymbol{x}}=\frac{\partial H}{\partial \boldsymbol{\lambda}}$
$\dot{\boldsymbol{\lambda}}=-\frac{\partial H}{\partial \boldsymbol{x}}$
其中
$H=L+\boldsymbol{\lambda}^{\mathrm{T}}f$</td><td rowspan="7">$H^*=\min\limits_{u\in\Omega}H$</td><td>$\boldsymbol{x}(t_0)=\boldsymbol{x}_0,\boldsymbol{\psi}[\boldsymbol{x}(t_f),t_f]=\boldsymbol{0}$
$\boldsymbol{\lambda}(t_f)=[\frac{\partial\varphi}{\partial\boldsymbol{x}}+\frac{\partial\boldsymbol{\psi}^{\mathrm{T}}}{\partial\boldsymbol{x}}\boldsymbol{\gamma}]_{t_f}$</td><td rowspan="7"></td></tr>
<tr><td>末端自由</td><td>$\boldsymbol{x}(t_0)=\boldsymbol{x}_0$
$\boldsymbol{\lambda}(t_f)=\frac{\partial\varphi}{\partial\boldsymbol{x}(t_f)}$</td></tr>
<tr><td rowspan="3">$J=\int_{t_0}^{t_f}L(\boldsymbol{x},\boldsymbol{u},t)\mathrm{d}t$</td><td>末端约束</td><td>$\boldsymbol{x}(t_0)=\boldsymbol{x}_0,\boldsymbol{\psi}[\boldsymbol{x}(t_f),t_f]=\boldsymbol{0}$
$\boldsymbol{\lambda}(t_f)=\frac{\partial\boldsymbol{\psi}^{\mathrm{T}}}{\partial\boldsymbol{x}(t_f)}$</td></tr>
<tr><td>末端自由</td><td>$\boldsymbol{x}(t_0)=\boldsymbol{x}_0,\boldsymbol{\lambda}(t_f)=\boldsymbol{0}$</td></tr>
<tr><td>末端固定</td><td>$\boldsymbol{x}(t_0)=\boldsymbol{x}_0,\boldsymbol{x}(t_f)=x_f$</td></tr>
<tr><td rowspan="2">$J=\varphi[\boldsymbol{x}(t_f),t_f]$</td><td>末端约束</td><td rowspan="2">$\dot{\boldsymbol{x}}=\frac{\partial H}{\partial \boldsymbol{\lambda}}$
$\dot{\boldsymbol{\lambda}}=-\frac{\partial H}{\partial \boldsymbol{x}}$
其中
$H=L+\boldsymbol{\lambda}^{\mathrm{T}}f$</td><td>$\boldsymbol{x}(t_0)=\boldsymbol{x}_0,\boldsymbol{\psi}[\boldsymbol{x}(t_f),t_f]=\boldsymbol{0}$
$\boldsymbol{\lambda}(t_f)=[\frac{\partial\varphi}{\partial\boldsymbol{x}}+\frac{\partial\boldsymbol{\psi}^{\mathrm{T}}}{\partial\boldsymbol{x}}\gamma]_{t_f}$</td></tr>
<tr><td>末端自由</td><td>$\boldsymbol{x}(t_0)=\boldsymbol{x}_0$
$\boldsymbol{\lambda}(t_f)=\frac{\partial\varphi}{\partial\boldsymbol{x}(t_f)}$</td></tr>
</table>

注：对于定常系统，当 t_f 固定时，最优解的必要条件同本表中 t_f 的固定情况；当 t_f 自由时，除 H 变化律均为 $H^*(t_f^*)=0$ 外，其余同本表中 t_f 的自由情况。

4. 最优化原理

若有一个初态为 $\boldsymbol{x}(0)$ 的 N 级决策过程，其最优策略为 $\{\boldsymbol{u}(0),\boldsymbol{u}(1),\cdots,\boldsymbol{u}(N-1)\}$，那么，对于以 $\boldsymbol{x}(1)$ 为初态的 $N-1$ 级决策过程来说，决策集合 $\{\boldsymbol{u}(1),\boldsymbol{u}(2),\cdots,\boldsymbol{u}(N-1)\}$ 必定是最优的。

10.2 知识结构图

- 最优控制方法
  - 基本概念
    - 最优控制问题的提法
    - 性能指标的意义
    - 泛函及其变分
  - 基本原理
    - 泛函极值的必要条件
    - 欧拉方程
    - 极小值原理
    - 最优性原理
  - 应用
    - 最小时间问题
    - 最小燃料问题
    - 最少能量问题
    - 线性调节器、跟踪器问题
    - 动态规划

10.3 考点及典型题选解

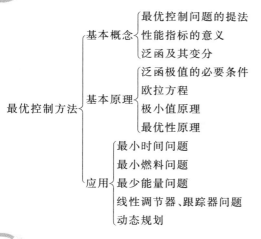

本章主要考点有求解泛函极值问题，利用变分法和极小值原理求解控制不受约束或控制受约束的最优控制问题，以及利用动态规划法求解连续或离散系统的最优控制问题等。

10.3.1 典型题

1. 求性能指标

$$J=\int_0^1\left(\frac{1}{2}\dot{x}^2+x\dot{x}+\dot{x}+x\right)\mathrm{d}t$$

的极值曲线。已知边界条件 $x(0)=\frac{1}{2}$,$x(1)$ 自由。

2. 已知被控系统

$$\dot{x}=2x_2,\qquad x_1(0)=1$$
$$\dot{x}_2=u,\qquad x_2(0)=0$$

性能指标为
$$J=t_f+\frac{1}{2}\int_0^{t_f}u^2\mathrm{d}t$$

由上述初态转移到 $x_1(t_f)=0,x_2(t_f)$ 任意,t_f 不固定。求最优控制,最优轨线和最优终时 t_f^*。

3. 已知被控系统

$$\dot{x}_1=x_2,\qquad x_1(0)=1$$
$$\dot{x}_2=u,\qquad x_2(0)=1$$

求最优控制 $u^*(t)$,使下列性能指标分别最小。

(a) $J=\int_0^1 u^2\mathrm{d}t,\qquad x_1(1)=0$;

(b) $J=\int_0^{t_f}u^2\mathrm{d}t,\qquad x_1(t_f)=c(t_f)=-t_f^2$($t_f$ 自由);

(c) $J=\int_0^{t_f}u^2\mathrm{d}t,\qquad x_1(t_f)=c(t_f)=-t_f^2,x_2(t_f)=0$ (t_f 固定)。

4. 控制系统

$$\dot{x}_1=u_1,\qquad x_1(0)=0,x_1(1)=1$$
$$\dot{x}_2=x_1+u_2,\qquad x_2(0)=0,x_2(1)=1$$

其中,u_1 无约束,$u_2\leqslant\frac{1}{4}$,求最优控制 u_1^*,u_2^* 和最优轨线 $x_1^*(t),x_2^*(t)$ 使系统从 $t=0$ 的初始状态转移到 $t=1$ 的终态,并使性能指标

$$J=\int_0^1(x_1+u_1^2+u_2^2)\mathrm{d}t$$

为最小。

5. 被控系统

$$\dot{x}_1=-x_1+u$$
$$\dot{x}_2=x_1$$

其中控制受约束 $|u|\leqslant 1$,求系统最快地由初态 $x(0)=x_0$ 转移到原点的开关曲线。

6. 给定系统

$$\dot{x}_1=u$$
$$\dot{x}_2=x_1$$

其中,$|u(t)|\leqslant 1$,要求将系统从初态 $x_1(0)=x_2(0)=2$ 到 $t_f=8$ 时转移到状态平面原点,并使性能指标 $J=\int_0^{t_f}|u(t)|\mathrm{d}t$ 最小的最优控制 $\boldsymbol{u}^*(t)$。

7. 设某离散系统

$$x(k+1)=x(k)+0.1[x^2(k)+u(k)],x(0)=3$$

求使性能指标

$$J=\sum_{k=0}^{1}|x(k)-3u(k)|$$

极小的最优控制 $u^*(0),u^*(1)$ 和最优轨线 $x^*(1),x^*(2)$。

8. 设有可控系统

$$\dot{x}_1=x_2$$

$$\dot{x}_2 = u$$

性能指标为

$$J = \frac{1}{2}\int_0^{\infty}[x_1^2(t) + 2bx_1(t)x_2(t) + ax_2^2(t) + u^2(t)]\mathrm{d}t$$

式中，$a - b^2 > 0$，求使 J 最小的最优控制 $u^*(t)$。

10.3.2　典型题解析

1. $x^*(t) = \frac{1}{2}t^2 - \frac{3}{2}t + \frac{1}{2}$

提示：由 $\frac{\partial L}{\partial x} - \frac{\mathrm{d}}{\mathrm{d}t}\left(\frac{\partial L}{\partial \dot{x}}\right) = 0$，得 $\ddot{x} = 1$。故

$$x = \frac{1}{2}t^2 + c_1 t + c_2$$

由边界条件 $x(0) = \frac{1}{2}$，得 $c_2 = \frac{1}{2}$

由于 t_f 固定，$x(t_f)$ 自由，故有 $\left(\frac{\partial L}{\partial \dot{x}}\right)_{t=t_f=1} = 0$ 确定 $c_1 = -\frac{3}{2}$

2. $u^*(t) = 1.373t - 1.414$

$x_1^*(t) = 0.458t^3 - 1.414t^2 + 1$

$x_2^*(t) = 0.687t^2 - 1.414t$

$t_f^* = 1.03$

提示：取 Hamilton 函数　$H = \frac{1}{2}u^2 + 2\lambda_1 x_2 + \lambda_2 u$

由协态方程 $\dot{\lambda} = -\frac{\partial H}{\partial x}$，有

$$\begin{cases} \dot{\lambda}_1 = -\dfrac{\partial H}{\partial x_1} = 0 \\ \dot{\lambda}_2 = -\dfrac{\partial H}{\partial x_2} = 0 \end{cases}$$

得

$$\lambda_1 = c_1,\quad \lambda_2 = -2c_1 t + c_2$$

由 $\frac{\partial H}{\partial u} = 0$，得 $u + \lambda_2 = 0$，即

$$u = 2c_1 t - c_2$$

代入状态方程并积分得

$$x_2(t) = c_1 t^2 - c_2 t + c_3$$

$$x_1(t) = \frac{2}{3}c_1 t^3 - c_2 t^2 + c_3 t + c_4$$

由初始条件 $x_1(0) = 1, x_2(0) = 0$ 确定 $c_3 = 0, c_4 = 1$

由横截条件 $H(t_f) + \frac{\partial \varphi}{\partial t_f} + \left[\frac{\partial \psi}{\partial t_f}\right]\gamma = 0$，得

$$\left(\frac{1}{2}u^2 + 2\lambda_1 x_2 + \lambda_2 u\right)\Big|_{t_f} + 1 = 0$$

$$\lambda_2(t_f) = \left[\frac{\partial \varphi}{\partial x_2} + \frac{\partial \psi}{\partial x_2}\gamma_2\right]\Big|_{t_f}$$

得

$$\lambda_2(t_f) = 0$$

确定出 $c_1 = 0.687, c_2 = 1.414, t_f = 1.03$

3. (a) $u^*(t) = 6t - 6$

(b) $u^*(t) = \dfrac{-2(2+\sqrt{13})}{7+\sqrt{13}}(1+\sqrt{13}-2t)$

(c) $u^*(t) = \dfrac{6}{t_f^3}(t_f + 2t_f{}^2 + 2)t - \dfrac{2}{t_f{}^2}(3t_f^2 + 2t_f + 3)$

提示：哈密尔顿函数 $H = u^2 + \lambda_1 x_2 + \lambda_2 u$

由 $\dfrac{\partial H}{\partial u} = 0$，有

$$u = -\frac{1}{2}\lambda_2 \tag{1}$$

由 $\dot{\lambda} = -\dfrac{\partial H}{\partial x}$，有

$$\dot{\lambda}_1 = 0 \tag{2}$$

$$\dot{\lambda}_2 = -\lambda_1 \tag{3}$$

状态方程

$$\dot{x}_1 = x_2 \tag{4}$$

$$\dot{x}_2 = u \tag{5}$$

(a) 因 $x_2(1)$ 自由，$\lambda_2(1) = 0$

(b) t_f 变化，$x_1(t_f)$ 受约束，$x_2(t_f)$ 自由

由
$$\begin{cases} \lambda(t_f) = \dfrac{\partial \varphi}{\partial x} + \dfrac{\partial \psi^{\mathrm{T}}}{\partial x}\gamma = 0 \\ \left[H + \dfrac{\partial \varphi}{\partial x} + \dfrac{\partial \psi^{\mathrm{T}}}{\partial x}\gamma\right]_{t=t_f} = 0 \end{cases}$$

(c) 由题意，此题目标集为 $\psi(x(t_f), t_f) = \begin{bmatrix} x_1(t_f) + t_f^2 \\ x_2(t_f) \end{bmatrix} = \begin{bmatrix} 0 \\ 0 \end{bmatrix}$

其他提示同(b)。

4. $u_1^*(t) = -3t + \dfrac{5}{2}$，　$u_2^* = \dfrac{1}{4}$

$x_1^*(t) = -\dfrac{3}{2}t^2 + \dfrac{5}{2}t$，　$x_2^*(t) = -\dfrac{1}{2}t^3 + \dfrac{1}{4}t^2 + \dfrac{1}{4}t$

提示：$H = x_1 + u_1^2 + u_2^2 + \lambda_1 u_1 + \lambda_2(x_1 + u_2) = x_1 + u_1^2 + \lambda_1 u_1 + \lambda_2 x_1 + \left(u_2 + \dfrac{1}{2}\lambda_2\right)^2 - \dfrac{1}{4}\lambda_2^2$

因 u_1 无约束，故 $\dfrac{\partial H}{\partial u_1} = 2u_1 + \lambda_1 = 0$，　得 $u_1 = -\dfrac{\lambda_1}{2}$。

因 $u_2 \leqslant \dfrac{1}{4}$，使 H 最小的 u_2 的可能取值为

$$u_2(t) = \begin{cases} -\dfrac{\lambda_2}{2}, \dfrac{1}{2}\lambda_2(t) \geqslant -\dfrac{1}{4} \\ \dfrac{1}{4}, \dfrac{1}{2}\lambda_2(t) < -\dfrac{1}{4} \end{cases}$$

协态方程

$$\dot{\lambda} = -\frac{\partial H}{\partial x}$$

得
$$\dot{\lambda}_1 = -(1+\lambda_2), \quad \dot{\lambda}_2 = 0$$

积分得
$$\lambda_2 = c_2$$
$$\lambda_1 = -(1+c_2)t + c_1$$

则
$$u_1 = \frac{1}{2}[(1+c_2)t - c_1]$$

$$\dot{x}_1 = u_1 = \frac{1+c_2}{2}t - \frac{c_1}{2}$$

$$\dot{x}_2 = \frac{1+c_2}{4}t^2 - \frac{c_1}{2}t + u_2$$

由初始条件确定常数 c_1, c_2 即可求出 u_1^*, u_2^* 和 x_1^*, x_2^*

5. $\gamma = \gamma_- \cup \gamma_+$

$$\gamma_- = \{(x_1, x_2) \mid x_2 = -x_1 + \ln(1+x_1), x_1 > 0\}$$
$$\gamma_+ = \{(x_1, x_2) \mid x_2 = -x_1 + \ln(1-x_1), x_1 < 0\}$$

提示：$H = 1 + \lambda_1(-x_1 + u) + \lambda_2 x_1$

由 $\dot{\lambda} = -\dfrac{\partial H}{\partial x}$，有 $\dot{\lambda}_1 = \lambda_1 - \lambda_2, \dot{\lambda}_2 = 0$。则

$$\lambda_2(t) = c_2, \lambda_1(t) = c_1 e^t + c_2$$

$$u^*(t) = \begin{cases} 1, & \lambda_1(t) < 0 \\ -1, & \lambda_1(t) > 0 \end{cases}$$

由 $\lambda_1(t)$ 知，$u(t)$ 最多有一次切换，令　　$u = \Delta = \pm 1$

由状态方程和初始条件可得

$$x_2(t) = (x_{20} - \Delta + x_{10}) + (\Delta - x_{10})e^{-t} + \Delta t$$
$$x_1(t) = \Delta + (x_{10} - \Delta)e^{-t}$$

消去中间变量 t，有

$$x_2 = -x_1 - \Delta\ln|\Delta - x_1| + x_{10} + x_{20} + \Delta\ln|\Delta - x_{10}|$$

由此可确定 $\Delta = \pm 1$ 时过原点的开关线 $\gamma_+ \cup \gamma_-$。

6. $\boldsymbol{u}^* = (-1, 0, +1)$

提示，取哈密尔顿函数 $H = |u| + \lambda_1 u + \lambda_2 x_1$。

由协态方程有

$$\dot{\lambda}_1 = -\frac{\partial H}{\partial x_1} = -\lambda_2, \quad \dot{\lambda}_2 = -\frac{\partial H}{\partial x_2} = 0$$

故
$$\lambda_1 = c_1 - c_2 t, \qquad \lambda_2 = c_2$$

故
$$u^*(t) = \begin{cases} 0, & \text{当 } |\lambda_1| < 1 \\ -\operatorname{sgn}\{\lambda_1(t)\}, & \text{当 } |\lambda_1| > 1 \end{cases}$$

因 $x_1(0) = x_2(0) = 2$，故 $\boldsymbol{u}^* = (-1, 0, 1)$，设切换时间为 t_1 和 t_2，则

(1) $0 \leqslant t \leqslant t_1$ 时 $u^* = -1$，则 $\dot{x}_1 = -1, \dot{x}_2 = x_1$，初态

$$x_1(0) = x_{10}, \quad x_2(0) = x_{20}$$

积分得
$$x_1(t) = -t + x_{10}, \quad x_2(t) = -\frac{1}{2}t^2 + x_{10}t + x_{20}$$

(2) $t_1 \leqslant t \leqslant t_2$ 时，$\boldsymbol{u}^* = 0$，则 $\dot{x}_1 = 0, \dot{x}_2 = -x_1$，

此区间的初态为

$$x_1(t_1) = -t_1 + x_{10}, x_2(t_1) = -\frac{1}{2}t_1^2 + x_{10}t_1 + x_{20}$$

由状态方程和初值解得

$$x_1(t) = x_1(t_1) = -t_1 + x_{10}$$

$$x_2(t) = x_1(t_1)(t - t_1) + x_2(t_1) = (-t_1 + x_{10})(t - t_1) - \frac{1}{2}t_1^2 + x_{10}t + x_{20}$$

(3) $t_2 \leqslant t < t_f, u^* = +1$，则状态方程 $\dot{x}_1 = 1, \dot{x}_2 = x_1$。

初态
$$x_1(t_2) = -t_1 + x_{10}$$

$$x_2(t_2) = (-t_1 + x_{10})(t_2 - t_1) - \frac{1}{2}t_1^2 + x_{10}t_1 + x_{20}$$

由状态方程和初态，得

$$x_1(t)=(t-t_2)+x_1(t_2)=(t-t_2)+(-t_1+x_{10})$$

$$x_2(t)=\frac{1}{2}(t-t_2)^2+(-t_1+x_{10})(t-t_1)-\frac{1}{2}t_1^2+x_{10}t_1+x_{20}$$

代入终值条件 $x_1(t_f)=x_2(t_f)=0$,可得

$$t_1=\frac{1}{2}\left[t_f+x_{10}-\sqrt{t_f^2-x_{10}^2-2x_{10}t_f-4x_{20}}\right]$$

$$t_2=\frac{1}{2}\left[t_f+x_{10}+\sqrt{t_f^2-x_{10}^2-2x_{10}t_f-4x_{20}}\right]$$

代入已知条件 $t_f=8,x_{10}=x_{20}=2$。得

$$t_1=5-\sqrt{5}\ ,t_2=5+\sqrt{5}$$

因此最优控制为

$$u^*(t)=\begin{cases}-1, & 当\ 0\leqslant t<5-\sqrt{5}\ 时\\ 0, & 当\ 5-\sqrt{5}\leqslant t<5+\sqrt{5}\ 时\\ +1, & 当\ 5+\sqrt{5}\leqslant t<8\ 时\end{cases}$$

7. $u^*(0)=1,u^*(1)=\dfrac{4}{3},x^*(1)=4,x^*(2)=\dfrac{86}{15}$

提示:利用动态规划法求解

因 $J[x(2),2]=0$,

$$J[x(1),1]=|\,x(1)-3u(1)\,|+J[x(2),2]=|\,x(1)-3u(1)\,|$$

当 $u(1)=x(1)/3$ 时,$J[x(1),1]$ 最小,值为零

$$J[x(0),0]=|\,x(0)-3u(0)\,|+0$$

显然 $u(0)=x(0)/3=1$ 时,$J[x(0),0]$ 最小

由状态方程有 $x(1)=x(0)+0.1[x^2(0)+u(0)]=4$

则 $u(1)=\dfrac{1}{3}x(1)=\dfrac{4}{3}$,则由状态方程得 $x(2)=x(1)+0.1[x^2(1)+u(1)]=\dfrac{86}{15}$

8. $u^*(t)=-x_1(t)-\sqrt{a+2}\,x_2(t)$

提示:由题知 $\boldsymbol{A}=\begin{bmatrix}0&1\\0&0\end{bmatrix},\boldsymbol{B}=\begin{bmatrix}0\\1\end{bmatrix},\boldsymbol{Q}=\begin{bmatrix}1&b\\b&a\end{bmatrix}>0,\boldsymbol{R}=1$

最优控制
$$u^*(t)=-\boldsymbol{R}^{\mathrm T}\boldsymbol{B}^{\mathrm T}\boldsymbol{K}x(t)$$

其中 $\boldsymbol{K}=\begin{bmatrix}k_{11}&k_{12}\\k_{12}&k_{22}\end{bmatrix}$ 是下列 Riccati 方程的正定解

$$\boldsymbol{A}^{\mathrm T}\boldsymbol{K}+\boldsymbol{K}\boldsymbol{A}-\boldsymbol{K}\boldsymbol{B}\boldsymbol{B}^{\mathrm T}\boldsymbol{K}+\boldsymbol{Q}=0$$

整理得
$$\begin{cases}k_{12}^2=1\\ -k_{11}+k_{12}k_{22}-b=0\\ -2k_{12}+k_{22}^2-a=0\end{cases}$$

解得
$$k_{12}=\pm1,\quad k_{11}=k_{12}k_{22}-b,\quad k_{22}=\pm\sqrt{a+2k_{12}}$$

利用矩阵 $\boldsymbol{K}$ 的正定性可确定出 $k_{12}=1$,则

$$k_{22}=\sqrt{a+2},\quad k_{11}=\sqrt{a+2}-b。$$

因而最优控制 $u(t)=-x_1(t)-\sqrt{a+2}\,x_2(t)$。

10.4 课后习题全解

10.4.1 求通过 $x(0)=1,x(1)=2$,使下列性能指标为极值的曲线:

$$J=\int_{t_0}^{t_f}(\dot{x}^2+1)\mathrm{d}t$$

解　本题为两端固定的无约束泛函极值问题。t_f 固定，末态固定，可用欧拉方程求解。

$$L=\dot{x}^2+1$$

由欧拉方程

$$\frac{\partial L}{\partial x}-\frac{\mathrm{d}}{\mathrm{d}t}\frac{\partial L}{\partial \dot{x}}=0$$

有 $\ddot{x}=0$，解得

$$x(t)=c_1t+c_2$$

由边界条件 $x(0)=1, x(1)=2$ 确定积分常数

$$c_1=1,\quad c_2=1$$

故所求极值曲线为

$$x^*(t)=t+1$$

10.4.2　设 $\dot{x}=x(t), 0\leqslant t\leqslant 1$，求从 $x(0)=0$ 到 $x(1)=1$ 间的最短曲线。

解　本题是求解最短曲线问题，可以将性能指标设定为曲线长度函数的积分，当该指标为最小值时，所得的曲线即为最短的曲线。

根据几何知识，在(t,x)直角坐标系中弧线元的长度表示为

$$\mathrm{d}s=\sqrt{(\mathrm{d}t)^2+(\mathrm{d}x)^2}=\sqrt{1+\dot{x}^2}\,\mathrm{d}t$$

则性能指标为

$$J=\int_{t_0}^{t_f}\mathrm{d}s=\int_{t_0}^{t_f}\sqrt{1+\dot{x}^2}\,\mathrm{d}t$$

由题意可知，t_f 固定，末态固定，$L=\sqrt{1+\dot{x}^2}$，由欧拉方程

$$\frac{\partial L}{\partial x}-\frac{\mathrm{d}}{\mathrm{d}t}\frac{\partial L}{\partial \dot{x}}=0-\frac{\mathrm{d}}{\mathrm{d}t}\frac{\dot{x}}{\sqrt{1+\dot{x}^2}}=0,\quad \dot{x}^2=c^2\text{（常量）}$$

解得

$$x(t)=ct+d$$

根据边界条件，可得 $c=1, d=0$，故所求曲线为

$$x^*(t)=t\quad\text{（直线距离最短）}$$

10.4.3　求性能指标

$$J=\int_0^1(\dot{x}^2+1)\mathrm{d}t$$

在边界条件 $x(0)=0$，$x(1)$ 是自由情况下的极值曲线。

解　本题为始端固定，终端变化的无约束泛函极值问题。t_f 固定，末态自由。由题意

$$L=1+\dot{x}^2$$

欧拉方程

$$\frac{\partial L}{\partial x}-\frac{\mathrm{d}}{\mathrm{d}t}\frac{\partial L}{\partial \dot{x}}=-2\ddot{x}=0$$

解得

$$x(t)=c_1t+c_2$$

由边界条件

$$x(0)=0$$

及横截条件

$$\left.\frac{\partial L}{\partial \dot{x}}\right|_{t_f=1}=2\dot{x}=0$$

解得

$$c_1=0,\quad c_2=0$$

故所求极值曲线为

$$x^*(t)=0$$

10.4.4 求性能指标

$$J=\int_0^{\frac{\pi}{2}}(\dot{x}_1^2+\dot{x}_2^2+2x_1x_2)\mathrm{d}t$$

在边界条件 $x_1(0)=x_2(0)=0, x_1(\frac{\pi}{2})=x_2(\frac{\pi}{2})=1$ 下的极值曲线。

解 本题 t_f 固定，末态固定，但是因为性能指标是二元的，所以在欧拉方程中，要同时对 x_1, x_2 求导。

$$L=\dot{x}_1^2+\dot{x}_2^2+2x_1x_2$$

欧拉方程

$$\frac{\partial L}{\partial x_1}-\frac{\mathrm{d}}{\mathrm{d}t}\frac{\partial L}{\partial \dot{x}_1}=2x_2-\frac{\mathrm{d}}{\mathrm{d}t}(2\dot{x}_1)=0$$

$$\frac{\partial L}{\partial x_2}-\frac{\mathrm{d}}{\mathrm{d}t}\frac{\partial L}{\partial \dot{x}_2}=2x_1-\frac{\mathrm{d}}{\mathrm{d}t}(2\dot{x}_2)=0$$

解得

$$x_1(t)=c_1\mathrm{e}^t+c_2\mathrm{e}^{-t}+c_3\cos t+c_4\sin t$$

$$x_2(t)=c_1\mathrm{e}^t+c_2\mathrm{e}^{-t}-c_3\cos t-c_4\sin t$$

根据边界条件，求得

$$c_1=\frac{1}{\mathrm{e}^{\frac{\pi}{2}}-\mathrm{e}^{-\frac{\pi}{2}}}=\frac{1}{2\sinh(\frac{\pi}{2})},\quad c_2=\frac{1}{\mathrm{e}^{-\frac{\pi}{2}}-\mathrm{e}^{\frac{\pi}{2}}}=\frac{1}{2\sinh(\frac{\pi}{2})},\quad c_3=0,\quad c_4=0$$

故所求曲线为

$$x_1^*(t)=x_2^*(t)=\frac{\sinh(t)}{\sinh\left(\frac{\pi}{2}\right)}$$

10.4.5 已知性能指标函数为

$$J=\int_0^1[x^2(t)+tx(t)]\mathrm{d}t$$

试求：(1) δJ 的表达式；

(2) 当 $x(t)=t^2, \delta x=0.1t$ 和 $\delta x=0.2t$ 时的变分 δJ 的值。

解 (1) 根据泛函变分的规则

$$\delta J=\int_{t_0}^{t_f}\delta[x^2(t)+tx(t)]\mathrm{d}t=\int_{t_0}^{t_f}(2x+t)\delta x\mathrm{d}t$$

(2) $x(t)=t^2, \delta x=0.1t$ 时

$$\delta J=\int_0^1(2t^2+t)\cdot 0.1t\mathrm{d}t=\frac{1}{12}$$

$x(t)=t^2, \delta x=0.2t$ 时

$$\delta J=\int_0^1(2t^2+t)\cdot 0.2t\mathrm{d}t=\frac{1}{6}$$

10.4.6 试求下列性能指标的变分 δJ

$$J=\int_{t_0}^{t_f}(t^2+x^2+\dot{x}^2)\mathrm{d}t$$

解 根据泛函变分的规则

$$\delta J=\int_{t_0}^{t_f}\delta(t^2+x^2+\dot{x}^2)\mathrm{d}t=\int_{t_0}^{t_f}(2x\delta x+2\dot{x}\delta\dot{x})\mathrm{d}t$$

10.4.7 已知性能指标为

$$J=\int_0^R\sqrt{1+\dot{x}_1^2+\dot{x}_2^2}\,\mathrm{d}t$$

求 J 在约束条件 $t^2+x_1^2=R^2$ 和边界条件 $x_1(0)=-R, x_2(0)=0; x_1(R)=0, x_2(R)=\pi$ 下的极值。

解　本题为端点固定的有约束泛函极值问题

构造广义泛函

$$J=\int_0^R[\sqrt{1+\dot{x}_1^2+\dot{x}_2^2}+\lambda(t^2+x_1^2-R^2)]\mathrm{d}t$$

则有拉格朗日函数

$$L=\sqrt{1+\dot{x}_1^2+\dot{x}_2^2}+\lambda(t^2+x_1^2-R^2)$$

欧拉方程

$$\frac{\partial L}{\partial x_1}-\frac{\mathrm{d}}{\mathrm{d}t}\frac{\partial L}{\partial \dot{x}_1}=2\lambda x_1-\frac{\mathrm{d}}{\mathrm{d}t}\frac{2\dot{x}_1}{2\sqrt{1+\dot{x}_1^2+\dot{x}_2^2}}=0$$

$$\frac{\partial L}{\partial x_2}-\frac{\mathrm{d}}{\mathrm{d}t}\frac{\partial L}{\partial \dot{x}_2}=-\frac{\mathrm{d}}{\mathrm{d}t}\frac{2\dot{x}_2}{2\sqrt{1+\dot{x}_1^2+\dot{x}_2^2}}=0$$

由约束条件 $t^2+x_1^2=R^2$ 及上式，得

$$x_2=c_1\arcsin\frac{t}{R}+c_2$$

根据边界条件 $x_2(0)=0, x_2(R)=\pi$，求出 $c_1=2, c_2=0$，则

$$x_2^*(t)=2\arcsin\frac{t}{R}$$

根据边界条件 $x_1(0)=-R, x_1(R)=0$，得

$$x_1^*(t)=-\sqrt{R^2-t^2}$$

于是

$$J^*=\int_0^R\sqrt{1+\dot{x}_1^{*2}+\dot{x}_2^{*2}}\mathrm{d}t=\int_0^R\sqrt{1+\frac{t^2}{R^2-t^2}+\frac{4}{R^2-t^2}}\mathrm{d}t=\frac{\pi}{2}\sqrt{R^2+4}$$

10.4.8　已知系统的状态方程为

$$\dot{x}_1(t)=x_2(t),\quad \dot{x}_2(t)=u(t)$$

边界条件为 $x_1(0)=x_2(0)=1, x_1(3)=x_2(3)=0$，试求使性能指标

$$J=\int_0^3\frac{1}{2}u^2(t)\mathrm{d}t$$

取极小值的最优控制 $u^*(t)$ 以及最优轨线 $x^*(t)$。

解　本题 t_f 固定，末端固定，控制无约束，采用变分法求解。

构造哈密顿函数

$$H=\frac{1}{2}u^2+\lambda_1x_2+\lambda_2u$$

协态方程

$$\dot{\lambda}_1=-\frac{\partial H}{\partial x_1}=0,\quad \lambda_1=c_1$$

$$\dot{\lambda}_2=-\frac{\partial H}{\partial x_2}=-\lambda_1,\quad \lambda_2=-c_1t+c_2$$

由极值条件

$$\frac{\partial H}{\partial u}=u+\lambda_2=0,\quad u=-\lambda_2=c_1t-c$$

且

$$\frac{\partial^2 H}{\partial u^2}=1>0$$

状态方程

$$\dot{x}_2=u=c_1t-c_2,\quad x_2=\frac{1}{2}c_1t^2-c_2t+c_3$$

$$\dot{x}_1 = x_2, \quad x_1 = \frac{1}{6}c_1 t^3 - \frac{1}{2}c_2 t^2 + c_3 t + c_4$$

根据边界条件 $x_1(0) = x_2(0) = 1, x_1(3) = x_2(3) = 0$,求出

$$c_1 = \frac{10}{9}, \quad c_2 = 2, \quad c_3 = 1, \quad c_4 = 1$$

于是

最优控制为
$$u^*(t) = \frac{10}{9}t - 2$$

最优轨线为
$$x_1^*(t) = \frac{5}{27}t^3 - t^2 + t + 1,$$
$$x_2^*(t) = \frac{5}{9}t^2 - 2t + 1$$

10.4.9 已知系统状态方程及初始条件为

$$\dot{x} = u, \quad x(0) = 1$$

试确定最优控制使下列性能指标取极小值

$$J = \int_0^1 (x^2 + u^2)e^{2t}dt$$

解 本题控制无约束,t_f 固定,末端自由。构造哈密顿函数

$$H = (x^2 + u^2)e^{2t} + \lambda u$$

协态方程

$$\dot{\lambda} = -\frac{\partial H}{\partial x} = -2xe^{2t}$$

极值条件

$$\frac{\partial H}{\partial u} = 2ue^{2t} + \lambda = 0, \quad \frac{\partial^2 H}{\partial u^2} = 2e^{2t} > 0, \quad t \in [0,1]$$

故

$$u^*(t) = -\frac{1}{2}e^{-2t}\lambda(t)$$

状态方程

$$\dot{x} = u$$

则有 $\lambda = -2\dot{x}e^{2t}$,整理可得

$$\ddot{x} + 2\dot{x} - x = 0$$

解得

$$x(t) = c_1 e^{-(1+\sqrt{2})t} + c_2 e^{-(1-\sqrt{2})t}$$

由边界条件 $x(0) = 1$ 和横截条件 $\lambda(t_f) = \dfrac{\partial \varphi}{\partial x(t_f)} = 0$,即 $\lambda(1) = 0$,求出

$$c_1 = 0.743\,8, \quad c_2 = 0.256\,2$$

于是

最优轨线为
$$x^*(t) = 0.743\,8e^{-2.414\,2t} + 0.256\,2e^{0.414\,2t}$$

最优控制为
$$u^*(t) = -1.795\,7e^{-2.414\,2t} + 0.106\,1e^{0.414\,2t}$$

10.4.10 求使系统

$$\dot{x}_1 = x_2, \quad \dot{x}_2 = u$$

由初始状态 $x_1(0) = x_2(0) = 0$ 出发,在 $t_f = 1$ 时转移到目标集 $x_1(1) + x_2(1) = 1$,并使性能指标

$$J = \frac{1}{2}\int_0^1 u^2(t)dt$$

为最小值的最优控制 $u^*(t)$ 及相应的最优轨线 $x^*(t)$。

解　本题控制无约束，t_f 固定，末端受约束。

根据题意

$$\varphi[x(t_f)] = 0$$

$$\Psi[x(t_f)] = x_1(1) + x_2(1) - 1$$

构造哈密顿函数
$$H = \frac{1}{2}u^2 + \lambda_1 x_2 + \lambda_2 u$$

协态方程

$$\dot{\lambda}_1 = -\frac{\partial H}{\partial x_1} = 0, \quad \lambda_1 = c$$

$$\dot{\lambda}_2 = -\frac{\partial H}{\partial x_2} = -\lambda_1, \quad \lambda_2 = -c_1 t + c_2$$

由极值条件

$$\frac{\partial H}{\partial u} = u + \lambda_2 = 0, \frac{\partial^2 H}{\partial u^2} = 1 > 0$$

则

$$u^* = -\lambda_2 = c_1 t - c_2$$

状态方程

$$\dot{x}_2 = u, \quad x_2 = \frac{1}{2}c_1 t^2 - c_2 t + c_3$$

$$\dot{x}_1 = x_2, \quad x_1 = \frac{1}{6}c_1 t^3 - \frac{1}{2}c_2 t^2 + c_3 t + c_4$$

由边界条件 $x_1(0) = x_2(0) = 0$，求出 $c_3 = c_4 = 0$；由目标集条件

$$x_1(1) + x_2(1) = 1$$

可得

$$4c_1 - 9c_2 = 6$$

由横截条件

$$\lambda_1(1) = \frac{\partial \Psi}{\partial x_1(1)}\gamma, \quad \lambda_2(1) = \frac{\partial \psi}{\partial x_2(1)}\gamma$$

则 $\lambda_1(1) = \lambda_2(1)$，可得

$$c_2 = 2c_1$$

解出

$$c_1 = -\frac{3}{7}, \quad c_2 = -\frac{6}{7}$$

于是

最优控制为
$$u^*(t) = -\frac{3}{7}t + \frac{6}{7} = \frac{3}{7}(2 - t)$$

最优轨线为
$$x_1^*(t) = -\frac{1}{14}t^3 + \frac{3}{7}t^2 = \frac{1}{14}t^2(6 - t)$$

$$x_2^*(t) = -\frac{3}{14}t^2 + \frac{6}{7}t = \frac{3}{14}t(4 - t)$$

10.4.11　已知一阶系统

$$\dot{x}(t) = -x(t) + u(t), \quad x(0) = 3$$

(1) 试确定最优控制 $u^*(t)$，使系统在 $t_f = 2$ 时转移到 $x(2) = 0$，并使性能泛函

$$J = \int_0^2 (1 + u^2)\mathrm{d}t = \min$$

(2) 如果使系统转移到 $x(t_f) = 0$ 的终端时间 t_f 自由，问 $u^*(t)$ 应如何确定？

解 (1)t_f 固定,末端固定,可采用变分法求解。

构造哈密顿函数

$$H = 1 + u^2 + \lambda(-x + u)$$

协态方程

$$\dot{\lambda} = -\frac{\partial H}{\partial x} = \lambda, \quad \lambda = c_1 e^t$$

极值条件

$$\frac{\partial H}{\partial u} = 2u + \lambda = 0, \quad \frac{\partial^2 H}{\partial u^2} = 2 > 0, \quad u^* = -\frac{1}{2}c_1 e^t$$

状态方程

$$\dot{x} = -x + u, \quad x = c_2 e^{-t} - \frac{1}{4}c_1 e^t$$

由初始条件 $x(0) = 3$ 和边界条件 $x(2) = 0$,求出

$$c_1 = \frac{12}{e^4 - 1}, \quad c_2 = \frac{3e^4}{e^4 - 1}$$

则最优控制为

$$u^*(t) = -\frac{6e^t}{e^4 - 1} = -0.1119e^t$$

(2)t_f 自由,末端固定,控制无约束,可同问题(1)采用变分法求解,并采用同样的协态方程、极值条件和状态方程。

根据初态 $x(0) = 3$,末态 $x(t_f) = 0$,及 H 变化律 $H(t_f) = -\dfrac{\partial \varphi}{\partial t_f} = 0$,求出

$$c_1 = 0.3246, \quad t_f = 1.818,$$

则最优控制为

$$u^*(t) = -0.1623e^t$$

10.4.12 设系统状态方程及初始条件为

$$\dot{x}(t) = u(t), \quad x(0) = 1$$

试确定最优控制 $u^*(t)$,使性能指标

$$J = t_f + \frac{1}{2}\int_0^{t_f} u^2 \, dt$$

为极小,其中终端时间 t_f 未定,$x(t_f) = 0$。

解 本题控制无约束,t_f 自由,末端固定。

由题意,$\varphi(t_f) = t_f$,构造哈密顿函数

$$H = \frac{1}{2}u^2 + \lambda u$$

协态方程

$$\dot{\lambda} = -\frac{\partial H}{\partial x} = 0, \quad \lambda = c_1$$

极值条件

$$\frac{\partial H}{\partial u} = u + \lambda = 0, \quad \frac{\partial^2 H}{\partial u^2} = 1 > 0, \quad u^* = -\lambda = -c_1$$

状态方程

$$\dot{x} = u, \quad x = -c_1 t + c_2$$

由初态 $x(0) = 1$,求出 $c_2 = 1$。由 t_f 自由,末端 H 变化律

$$H(t_f) = -\frac{\partial \varphi}{\partial t_f} = -1$$

可得

$$\frac{1}{2}c_1^2 - c_1^2 = -1, \quad c_1 = \sqrt{2}$$

于是最优控制为

$$u^*(t) = -\sqrt{2}$$

10.4.13 设二次积分模型为

$$\dot{\theta}(t) = \omega(t), \quad \dot{\omega}(t) = u(t)$$

性能指标为

$$J = \frac{1}{2}\int_0^1 u^2 \mathrm{d}t$$

已知 $\theta(0) = \omega(0) = 1, \theta(1) = 0, \omega(1)$ 自由，试求最优控制 $u^*(t)$ 和最优轨线 $\theta^*(t), \omega^*(t)$。

解 本题控制无约束，t_f 固定，部分末态固定，部分末态自由，可采用变分法求解。

构造哈密顿函数

$$H = \frac{1}{2}u^2 + \lambda_1\omega + \lambda_2 u$$

协态方程

$$\dot{\lambda}_1 = -\frac{\partial H}{\partial \theta} = 0, \quad \lambda_1 = c_1$$

$$\dot{\lambda}_2 = -\frac{\partial H}{\partial \omega} = -\lambda_1, \quad \lambda_2 = -c_1 t + c_2$$

极值条件

$$\frac{\partial H}{\partial u} = u + \lambda_2 = 0, \quad \frac{\partial^2 H}{\partial u^2} = 1 > 0, \quad u^* = -\lambda_2 = c_1 t - c_2$$

状态方程

$$\dot{\omega} = u, \quad \omega = \frac{1}{2}c_1 t^2 - c_2 t + c_3$$

$$\dot{\theta} = \omega, \quad \theta = \frac{1}{6}c_1 t^3 - \frac{1}{2}c_2 t^2 + c_3 t + c_4$$

由初始条件 $\theta(0) = \omega(0) = 1$，求出

$$c_3 = c_4 = 1$$

由末态条件 $\theta(1) = 0$，及 H 变化律 $\lambda_2(1) = -\dfrac{\partial \varphi}{\partial t_f} = 0$，求出

$$c_1 = c_2 = 6$$

故得

最优控制为 $$u^*(t) = 6(t-1)$$

最优轨线为 $$\theta^*(t) = t^3 - 3t^2 + t + 1, \quad \omega^*(t) = 3t^2 - 6t + 1$$

10.4.14 设系统状态方程及初始条件为

$$\dot{x}_1(t) = x_2(t), \quad x_1(0) = 2$$

$$\dot{x}_2(t) = u(t), \quad x_2(0) = 1$$

性能指标为

$$J = \frac{1}{2}\int_0^{t_f} u^2 \mathrm{d}t$$

要求达到 $\boldsymbol{x}(t_f) = 0$，试求：

(1) $t_f = 5$ 时的最优控制 $u^*(t)$；

(2) t_f 自由时的最优控制 $u^*(t)$。

解 (1) 本题为 $t_f = 5$ 固定，末端固定，控制无约束的最优控制问题。

构造哈密顿函数

$$H=\frac{1}{2}u^2+\lambda_1x_2+\lambda_2u$$

协态方程

$$\dot{\lambda}_1=-\frac{\partial H}{\partial x_1}=0,\quad \lambda_1=c_1$$

$$\dot{\lambda}_2=-\frac{\partial H}{\partial x_2}=-\lambda_1,\quad \lambda_2=-c_1t+c_2$$

极值条件

$$\frac{\partial H}{\partial u}=u+\lambda_2=0,\quad \frac{\partial^2 H}{\partial u^2}=1>0,\quad u^*=-\lambda_2=c_1t-c_2$$

状态方程

$$\dot{x}_2=u=c_1t-c_2,\quad x_2=\frac{1}{2}c_1t^2-c_2t+c_3$$

$$\dot{x}_1=x_2,\quad x_1=\frac{1}{6}c_1t^3-\frac{1}{2}c_2t^2+c_3t+c_4$$

根据初态及末态条件，求出

$$c_1=0.432,\quad c_2=1.28,\quad c_3=1,\quad c_4=2$$

于是最优控制为

$$u^*(t)=0.432t-1.28$$

(2) 本题为 t_f 自由，末端固定，控制无约束的最优解问题，其求解过程(协态方程、极值条件、状态方程)同(1)

已求得

$$x_1=\frac{1}{6}c_1t^3-\frac{1}{2}c_2t^2+c_3t+c_4$$

$$x_2=\frac{1}{2}c_1t^2-c_2t+c_3$$

$$u=c_1t-c_2$$

根据最优终端时刻 H 变化律 $H(t_f^*)=-\frac{\partial\varphi}{\partial t_f}=0$，求出 $c_1=\frac{1}{2}c_2^2$。可见，c_1，c_2 与 t_f 无关，因而此时无最优解 $u^*(t)$。

10.4.15 设一阶系统方程

$$\dot{x}(t)=u(t),\quad x(0)=1$$

性能指标

$$J=\frac{1}{2}\int_0^1(x^2+u^2)\mathrm{d}t$$

已知 $x(1)=0$，某工程师认为从工程观点出发可取最优控制函数 $u^*(t)=-1$，试分析他的意见是否正确，并说明理由。

解 本题 t_f 固定，末端固定

构造哈密顿函数

$$H=L+\lambda^{\mathrm{T}}f=\frac{1}{2}(x^2+u^2)+\lambda u$$

协态方程

$$\dot{\lambda}=-\frac{\partial H}{\partial x}=-x$$

极值条件

$$\frac{\partial H}{\partial u}=u+\lambda=0,u=-\lambda \text{ 且} \frac{\partial^2 H}{\partial u^2}=1>0$$

状态方程

$$\dot{x}=u,\quad \ddot{x}=\dot{u}=-\dot{\lambda}=x,\quad x=c_1\mathrm{e}^t+c_2\mathrm{e}^{-t}$$

故有

$$u=c_1\mathrm{e}^t-c_2\mathrm{e}^{-t}$$

根据边界条件 $x(0)=1,x(1)=0$,求出

$$c_1=\frac{1}{1-\mathrm{e}^2},\quad c_2=-\frac{\mathrm{e}^2}{1-\mathrm{e}^2}$$

于是

最优控制为 $u^*(t)=-0.157(\mathrm{e}^t+7.39\mathrm{e}^{-t})$

最优轨线为 $x^*(t)=-0.157(\mathrm{e}^t-7.39\mathrm{e}^{-t})$

最优性能指标为 $J^*=0.66$

若取 $u^*=-1$,则 $J^*=0.67$。故从工程角度考虑,工程师的意见是正确的。

10.4.16 给定二阶系统

$$\dot{x}_1(t)=x_2(t)+\frac{1}{4},\quad x_1(0)=-\frac{1}{4}$$

$$\dot{x}_2(t)=u(t),\quad x_2(0)=-\frac{1}{4}$$

控制约束为 $|u(t)|\leqslant\frac{1}{2}$,要求最优控制 $u^*(t)$,使系统在 $t=t_f$ 时转移到 $x(t_f)=0$,并使

$$J=\int_0^{t_f}u^2(t)\mathrm{d}t=\min$$

其中 t_f 自由。

解 本题控制受约束,末端固定,t_f 自由

构造哈密顿函数

$$H=u^2+\lambda_1x_2+\frac{1}{4}\lambda_1+\lambda_2u=\left(u+\frac{1}{2}\lambda_2\right)^2+\lambda_1x_2+\frac{1}{4}\lambda_1-\frac{1}{4}\lambda_2^2$$

协态方程

$$\dot{\lambda}_1=-\frac{\partial H}{\partial x_1}=0,\quad \lambda_1=c_1$$

$$\dot{\lambda}_2=-\frac{\partial H}{\partial x_2}=-\lambda_1,\quad \lambda_2=-c_1t+c_2$$

极小值条件 $H(x^*,u^*,\lambda)=\min\limits_{u\in\Omega}H(x^*,u,\lambda)$,得

$$u^*=\begin{cases}-\dfrac{1}{2}, & \lambda_2>2\\ -\dfrac{1}{2}\lambda_2, & |\lambda_2|\leqslant 2\\ \dfrac{1}{2}, & \lambda_2<-2\end{cases}$$

若取 $u=\frac{1}{2}$,有 $\dot{x}_2=u=\frac{1}{2}$,解出

$$x_2=\frac{1}{2}t,\quad x_2(0)=0(\text{不合题意})$$

若取 $u=-\frac{1}{2}$,有 $\dot{x}_2=-\frac{1}{2}$,解出

$$x_2=-\frac{1}{2}t,\quad x_2(0)=0(\text{不合题意})$$

故取

$$u^* = -\frac{1}{2}\lambda_2 = -\frac{1}{2}(c_2 - c_1 t)$$

则根据状态方程和初始条件,有

$$x_1 = -\frac{1}{4}(c_2 t^2 - \frac{1}{3}c_1 t^3 + 1), \quad x_2 = -\frac{1}{2}(c_2 t - \frac{1}{2}c_1 t^2) - \frac{1}{4}$$

H 变化律

$$H^*(t_f^*) = u^{*2} + \lambda_1 x_2^* + \frac{1}{4}\lambda_1 + \lambda_2 u^* = -\frac{1}{4}c_2^2 = 0, \quad c_2 = 0$$

由 $x(t_f) = 0$,得

$$-\frac{1}{4}\left(c_2 t_f^2 - \frac{1}{3}c_1 t_f^3 + 1\right) = 0, \quad -\frac{1}{2}\left(c_2 t_f - \frac{1}{2}c_1 t_f^2 + \frac{1}{2}\right) = 0$$

求出

$$c_1 = \frac{1}{9}, \quad t_f^* = 3$$

于是最优控制为

$$u^*(t) = \frac{1}{18}t, \quad t \in [0,3]$$

10.4.17 设一阶系统方程为

$$\dot{x}(t) = x(t) - u(t), \quad x(0) = 5$$

控制约束 $0.5 \leqslant u(t) \leqslant 1$,性能指标为

$$J = \int_0^1 (x + u)\mathrm{d}t$$

末端状态自由,试求 $u^*(t)$,$x^*(t)$ 和 J^*。

解 本题为控制受约束,t_f 固定,末端自由的最优控制问题,构造哈密顿函数

$$H = x + u + \lambda(x - u) = x + \lambda x + u(1 - \lambda)$$

协态方程

$$\dot{\lambda} = -\frac{\partial H}{\partial x} = -\lambda - 1, \quad \lambda(t) = c\mathrm{e}^{-t} - 1$$

由横截条件

$$\lambda(1) = c\mathrm{e}^{-1} - 1 = 0$$

求得 $c = \mathrm{e}$,于是

$$\lambda(t) = \mathrm{e}^{1-t} - 1$$

显然,当 $\lambda(t_s) = 1$ 时,$u^*(t)$ 产生切换,其中 t_s 为切换时间,求得

$$t_s = 1 - \ln 2 = 0.307$$

极值条件

$$u^* = \begin{cases} 1, & 0 \leqslant t < 0.307 \\ 0.5, & 0.307 \leqslant t \leqslant 1 \end{cases}$$

将 u^* 代入状态方程,得

$$\dot{x}(t) = \begin{cases} x(t) - 1, & 0 \leqslant t < 0.307 \\ x(t) - 0.5, & 0.307 \leqslant t \leqslant 1 \end{cases}$$

解得最优轨线

$$x^*(t) = \begin{cases} c_1\mathrm{e}^t + 1, & 0 \leqslant t < 0.307 \\ c_2\mathrm{e}^t + 0.5, & 0.307 \leqslant t \leqslant 1 \end{cases}$$

由 $x(0) = 5$,求出 $c_1 = 4$,则有

$$x^*(t) = 4e^t + 1$$

在切换时刻 $t = t_s$，有

$$x^*(t_s) = 4e^{t_s} + 1 = 6.44$$

同时又有

$$x^*(t_s) = c_2 e^{t_s} + 0.5 = 6.44$$

求出 $c_2 = 4.37$，则

$$x^*(t) = \begin{cases} 4e^t + 1, & 0 \leqslant t < 0.307 \\ 4.37e^t + 0.5, & 0.307 \leqslant t \leqslant 1 \end{cases}$$

$$J^* = \int_0^{0.307} (u^* + x^*)\mathrm{d}t + \int_{0.307}^{1} (u^* + x^*)\mathrm{d}t = 8.683$$

注：由于 u^* 和 x^* 是分段连续函数，所以在求 J^* 时必须分为两部分求解。

10.4.18　设二阶系统

$$\dot{x}_1(t) = -x_1(t) + u(t), \quad x_1(0) = 1$$

$$\dot{x}_2(t) = x_1(t), \quad x_2(0) = 0$$

控制约束 $|u(t)| \leqslant 1$，当系统末端自由时，求最优控制 $u^*(t)$，使性能指标

$$J = 2x_1(1) + x_2(1)$$

取极小值，并求最优轨线 $x^*(t)$。

解　本题为定常系统，末值型指标，控制受约束，t_f 固定，末端自由的最优控制问题。

由题意知，性能指标为末值型的，即

$$\varphi[x(t_f)] = 2x_1(1) + x_2(1)$$

构造哈密顿函数

$$H = \lambda_1(-x_1 + u) + \lambda_2 x_1$$

协态方程

$$\dot{\lambda}_1 = -\frac{\partial H}{\partial x_1} = \lambda_1 - \lambda_2$$

$$\dot{\lambda}_2 = -\frac{\partial H}{\partial x_2} = 0$$

则

$$\lambda_2 = c_2; \quad \lambda_1 = c_1 e^t + c_2$$

横截条件

$$\lambda_1(1) = \frac{\partial \varphi}{\partial x_1(1)} = 2$$

$$\lambda_2(1) = \frac{\partial \varphi}{\partial x_2(1)} = 1$$

求出 $c_1 = e^{-1}$，$c_2 = 1$，则有

$$\lambda_1(t) = e^{t-1} + 1, \quad \lambda_2(t) = 1$$

极值条件

$$u^*(t) = -\mathrm{sgn}(\lambda_1) = \begin{cases} -1, & \lambda_1 > 0 \\ 1, & \lambda_1 < 0 \end{cases}$$

因为 $\lambda_1(t) = e^{t-1} + 1 > 0, t \in [0,1]$，故可确定

$$u^*(t) = -1, \quad 0 \leqslant t < 1$$

代入状态方程

$$\dot{x}_1 = -x_1 + u = -x_1 - 1, \quad x_1(t) = c_3 e^{-t} - 1$$

$$\dot{x}_2 = x_1, \quad x_2(t) = -c_3 e^{-t} - t + c_4$$

根据初始条件 $x_1(0) = 1, x_2(0) = 0$，求出

$$c_3 = 2, \quad c_4 = 2$$

故最优轨线为

$$x_1^*(t) = 2e^{-t} - 1, \quad x_2^*(t) = -2e^{-t} - t + 2$$

10.4.19 已知二阶系统

$$\dot{x}_1(t) = x_2(t), \quad \dot{x}_2(t) = u(t)$$

控制约束 $|u(t)| \leqslant 1$，试确定最小时间控制 $u^*(t)$，使系统由任意初态最快地转移到末端状态 $x_1(t_f) = 2$，$x_2(t_f) = 1$，要求写出开关曲线方程 γ 并画出 γ 曲线的图形。

解 本题为定常系统，积分型指标，末端固定，t_f 自由的时间最优控制问题。

由题意，可以验证状态可控，因而系统正常，故时间最优控制为 Bang-Bang 控制，可用极小值原理求解。

构造哈密顿函数

$$H = 1 + \lambda_1 x_2 + \lambda_2 u$$

协态方程

$$\dot{\lambda}_1 = -\frac{\partial H}{\partial x_1} = 0, \quad \lambda_1(t) = c_1$$

$$\dot{\lambda}_2 = -\frac{\partial H}{\partial x_2} = -\lambda_1, \quad \lambda_2(t) = -c_1 t + c_2$$

若令 $u^*(t) = 1$，则状态方程为

$$\dot{x}_2(t) = 1, \quad x_2(t) = t + x_{20}$$

$$\dot{x}_1(t) = x_2 = t + x_{20}, \quad x_1(t) = \frac{1}{2}t^2 + x_{20}t + x_{10}$$

在解 $\{x_1(t), x_2(t)\}$ 中，消去 t，求解相应的最优轨线方程

$$x_1 = \frac{1}{2}x_2^2 + \left(x_{10} - \frac{1}{2}x_{20}\right)$$

上式表示一簇抛物线。由于 $x_2(t) = t + x_{20}$，故 $x_2(t)$ 随 t 的增加而增大。显然，满足末态要求的最优轨线可表示为

$$\gamma_+ = \left\{(x_1, x_2) \middle| x_1 = \frac{1}{2}x_2^2 + \frac{3}{2}, x_2 \leqslant 1\right\}$$

若令 $u^*(t) = -1$，则状态方程为

$$\dot{x}_2(t) = -1, \quad x_2(t) = -t + x_{20}$$

$$\dot{x}_1(t) = -t + x_{20}, \quad x_1(t) = -\frac{1}{2}t^2 + x_{20}t + x_{10}$$

相应的最优轨线方程为

$$x_1 = -\frac{1}{2}x_2^2 + \left(x_{10} + \frac{1}{2}x_{20}^2\right)$$

同样表示一簇抛物线，满足末态要求的最优轨线可表示为

$$\gamma_- = \left\{(x_1, x_2) \middle| x_1 = -\frac{1}{2}x_2^2 + \frac{5}{2}, x_2 \geqslant 1\right\}$$

综上所述，开关曲线方程为 $\gamma = \gamma_+ \cup \gamma_-$。最小时间控制

$$u^*(t) = \begin{cases} +1, & (x_1, x_2) \in \gamma_+ \cup R_+ \\ -1, & (x_1, x_2) \in \gamma_- \cup R_- \end{cases}$$

开关曲线 γ 如图解 10.4.19 所示。

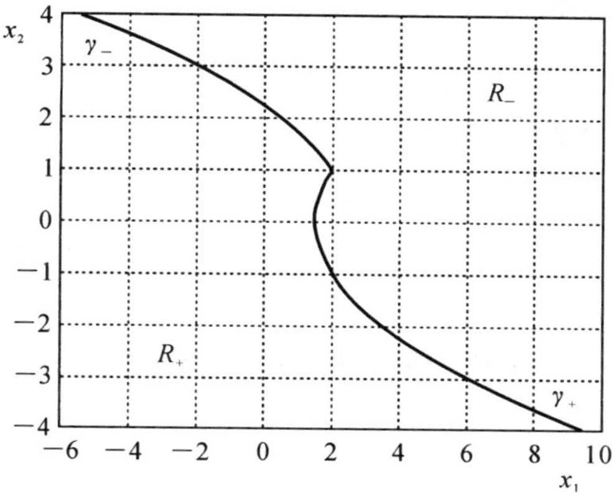

图解 10.4.19　开关曲线图(MATLAB)

10.4.20　已知一阶系统

$$\dot{x}(t) = -\frac{1}{2}x(t) + u(t)$$

性能指标

$$J = \frac{1}{2}[10x^2(1)] + \frac{1}{2}\int_0^1 (2x^2 + u^2)\mathrm{d}t$$

求最优控制 $u^*(t)$。

解　根据性能指标的形式,可知本题是线性二次型问题,且是有限时间状态调节器问题。

由题意知

$$\boldsymbol{A} = -\frac{1}{2},\quad \boldsymbol{B} = 1,\quad \boldsymbol{F} = 10,\quad \boldsymbol{Q} = 2,\quad \boldsymbol{R} = 1$$

根据 Riccati 方程:

$$-\dot{\boldsymbol{P}} = \boldsymbol{A}^{\mathrm{T}}\boldsymbol{P} + \boldsymbol{PA} - \boldsymbol{PBR}^{-1}\boldsymbol{B}^{\mathrm{T}}\boldsymbol{P} + \boldsymbol{Q},\quad \boldsymbol{P}(t_f) = \boldsymbol{F}$$

代入相应的 $\boldsymbol{A},\boldsymbol{B},\boldsymbol{Q},\boldsymbol{R},\boldsymbol{F}$,有

$$\dot{\boldsymbol{P}} = \boldsymbol{P}^2 + \boldsymbol{P} - 2 = (\boldsymbol{P}-1)(\boldsymbol{P}+2),\quad \boldsymbol{P}(t_f) = 10$$

求解可得

$$\frac{\mathrm{d}\boldsymbol{P}}{(\boldsymbol{P}-1)(\boldsymbol{P}+2)} = \mathrm{d}t$$

$$\left(\frac{1}{\boldsymbol{P}-1} - \frac{1}{\boldsymbol{P}+2}\right) = 3\mathrm{d}t$$

$$\ln\frac{\boldsymbol{P}-1}{\boldsymbol{P}+2} = 3t + c_1$$

$$\frac{\boldsymbol{P}-1}{\boldsymbol{P}+2} = c_2\mathrm{e}^{3t}$$

因 $P(1) = 10$,求出 $c_2 = 0.037$。于是

$$\boldsymbol{P}(t) = \frac{1+0.074\mathrm{e}^{3t}}{1-0.037\mathrm{e}^{3t}}$$

故最优控制为

$$u^*(t) = -\boldsymbol{R}^{-1}\boldsymbol{B}^{\mathrm{T}}\boldsymbol{P}x = -\frac{1+0.074\mathrm{e}^{3t}}{1-0.037\mathrm{e}^{3t}}x(t)$$

10.4.21　已知二阶系统

$$\dot{x}_1(t) = x_2(t),\quad \dot{x}_2(t) = u(t)$$

试确定最优控制 $u^*(t)$，使下列性能指标取极小值：

$$J=\frac{1}{2}[x_1^2(3)+2x_2^2(3)]+\frac{1}{2}\int_0^3[2x_1^2(t)+4x_2^2(t)+2x_1(t)x_2(t)+\frac{1}{2}u^2(t)]\mathrm{d}t$$

解 本题是有限时间定常状态调节器问题。

由题意知

$$\boldsymbol{A}=\begin{bmatrix}0&1\\0&0\end{bmatrix},\quad \boldsymbol{b}=\begin{bmatrix}0\\1\end{bmatrix},\quad \boldsymbol{F}=\begin{bmatrix}1&0\\0&2\end{bmatrix},\quad r=\frac{1}{2},\quad \boldsymbol{Q}=\begin{bmatrix}2&1\\1&4\end{bmatrix}$$

Riccati 方程

$$-\dot{\boldsymbol{P}}=\boldsymbol{A}^{\mathrm{T}}\boldsymbol{P}+\boldsymbol{P}\boldsymbol{A}-\boldsymbol{P}\boldsymbol{b}r^{-1}\boldsymbol{b}^{\mathrm{T}}\boldsymbol{P}+\boldsymbol{Q},\quad \boldsymbol{P}(t_f)=\boldsymbol{F}$$

令 $\boldsymbol{P}=\begin{bmatrix}p_{11}&p_{12}\\p_{21}&p_{22}\end{bmatrix}$，可得如下方程：

$$\begin{aligned}\dot{p}_{11}&=2(p_{12}^2-1),\quad p_{11}(3)=1\\ \dot{p}_{12}&=-p_{11}+2p_{12}p_{22}-1,\quad p_{12}(3)=0\\ \dot{p}_{22}&=-2p_{12}+2p_{22}^2-4,\quad p_{22}(3)=2\end{aligned}$$

故

$$u^*(t)=-r^{-1}\boldsymbol{b}^{\mathrm{T}}\boldsymbol{P}\boldsymbol{x}=-2p_{12}x_1-2p_{22}x_2$$

其中 p_{12}，p_{22} 为 Riccati 方程的解

稳态条件下，求得

$$\bar{\boldsymbol{P}}=\begin{bmatrix}2\sqrt{3}-1&1\\1&\sqrt{3}\end{bmatrix}$$

则近似最优解为

$$u^*(t)=-2x_1(t)-2\sqrt{3}x_2(t)$$

10.4.22 设控制系统如图 10.4.13 所示，其中被控对象

$$G_0(s)=\frac{60}{(s+2)(s+3)}$$

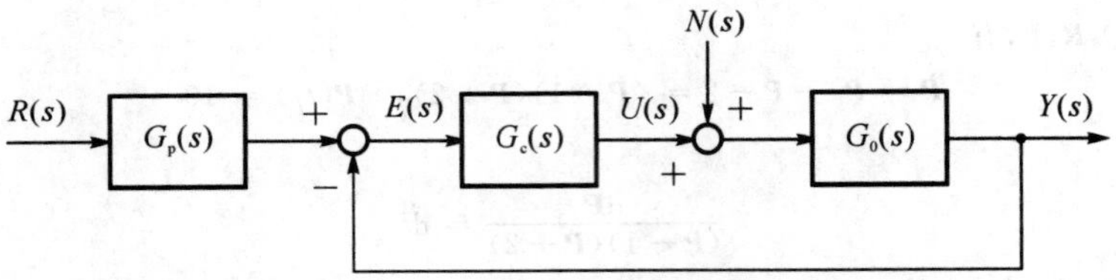

图 10.4.13 题 10.4.22 带有期望输入 $R(s)$ 和扰动输入 $N(s)$ 的反馈控制系统

试设计最优 PID 控制器 $G_c(s)$ 及前置滤波器 $G_p(s)$，使系统具有最优的 ITAE 性能，且调节时间小于 0.8 s($\Delta=2\%$)。

解 本题为最优 ITAE 指标系统设计。设计关键在于 $G_c(s)$ 及 $G_p(s)$ 的选取，应使闭环传递函数满足教材中表 10.4.4 的要求。在系统自然频率 ω_n 的选取中，除满足对系统 t_s 的要求外，其取值不宜过大，否则造成系统控制量要求过大，以至于无法实现。

(1) 当 $G_c(s)=1$ 及 $G_p(s)=1$ 时的系统性能分析

由于系统开环传递函数

$$G_0(s)=\frac{60}{(s+2)(s+3)}=\frac{10}{(0.5s+1)(0.33s+1)}$$

系统为 0 型系统，静态位置误差系数

$$K_p=K=10$$

在单位阶跃输入作用下，系统的稳态误差

$$e_{ss}(\infty) = \frac{1}{1+K_p} = 9.1\%$$

闭环传递函数

$$\Phi_1(s) = \frac{60}{s^2+5s+66} = \frac{60}{s^2+2\zeta\omega_n s+\omega_n^2}$$

可得

$$\omega_n = \sqrt{66} = 8.124,\quad \zeta = \frac{5}{2\omega_n} = 0.308$$

故系统动态性能可估算为

$$\sigma\% = 100e^{-\pi\zeta/\sqrt{1-\zeta^2}}\% = 36.2\%$$

$$t_s = \frac{4.4}{\zeta\omega_n} = 1.76\ \text{s}\quad (\Delta = 2\%)$$

(2) 最优 PID 控制器设计

令 $G_p(s) = 1$，由于

$$G_c(s) = \frac{K_3 s^2 + K_1 s + K_2}{s}$$

故闭环传递函数为

$$\Phi_2(s) = \frac{G_c(s)G_0(s)}{1+G_c(s)G_0(s)} = \frac{60(K_3 s^2 + K_1 s + K_2)}{s^3+(5+60K_3)s^2+(6+60K_1)s+60K_2}$$

由教材中表 10.4.4 知，使 ITAE 性能最优的闭环特征方程为

$$s^3 + 1.75\omega_n s^2 + 2.15\omega_n^2 s + \omega_n^3 = 0$$

由于要求

$$t_s = \frac{4.4}{\zeta\omega_n} \leqslant 0.8$$

故可初选

$$\omega_n = 10$$

则最优闭环特征方程为

$$s^3 + 17.5s^2 + 215s + 1\,000 = 0$$

令

$$5 + 60K_3 = 17.5$$

$$6 + 60K_1 = 215$$

$$60K_2 = 1\,000$$

解出 $K_1 = 3.48, K_2 = 16.67, K_3 = 0.21$。相应得

$$\Phi_2(s) = \frac{12.6(s^2+16.57s+79.38)}{s^3+17.5s^2+215s+1\,000}$$

PID 控制器为

$$G_c(s) = 3.48 + \frac{16.67}{s} + 0.21s$$

(3) 前置滤波器设计

令

$$G_p(s) = \frac{79.38}{s^2+16.57s+79.38}$$

则最优闭环传递函数

$$\Phi(s) = G_p(s)\Phi_2(s) = \frac{1\,000}{s^3+17.5s^2+215s+1\,000}$$

10.4.23 设被控对象为

$$G_0(s) = \frac{10}{s^2}$$

试设计一个带有 PID 控制器和前置滤波器的单位负反馈控制系统，使系统的阶跃响应具有最优的 ITAE 指标，峰值时间为 0.8 s 左右，并给出系统的单位阶跃响应曲线。

解 取 PID 控制器

$$G_c(s) = \frac{K_3 s^2 + K_1 s + K_2}{s}$$

则系统开环传递函数为

$$G_c(s)G_0(s) = \frac{10(K_3 s^2 + K_1 s + K_2)}{s^3}$$

相应的闭环传递函数

$$\Phi_1(s) = \frac{10(K_3 s^2 + K_1 s + K_2)}{s^3 + 10K_3 s^2 + 10K_1 s + 10K_2}$$

应用 ITAE 方法，希望闭环特征多项式为

$$D^*(s) = s^3 + 1.75\omega_n s^2 + 2.15\omega_n^2 s + \omega_n^3$$

由设计要求：$t_p = 0.8$，根据教材上图 10-12 所示的 ITAE 阶跃响应曲线可知，当 $n = 3$ 时，$\omega_n t_p = 4.3$。于是

$$\omega_n = \frac{4.3}{t_p} = 5.38$$

因而希望多项式为

$$D^*(s) = s^3 + 9.42s^2 + 62.23s + 155.72$$

令实际特征多项式与希望特征多项式的对应项系数相等，解出

$$K_1 = 6.22,\quad K_2 = 15.57,\quad K_3 = 0.94$$

选择前置滤波器

$$G_p(s) = \frac{15.57}{0.94s^2 + 6.22s + 15.57}$$

则具有 ITAE 最优指标的闭环系统为

$$\Phi(s) = G_p(s)\Phi_1(s) = \frac{155.7}{s^3 + 9.425s^2 + 62.23s + 155.72}$$

系统的单位阶跃响应如图解 10.4.23 所示，测得

$$\sigma\% = 2\%,\quad t_p = 0.855\ \text{s},\quad t_s = 0.668\ \text{s}\quad (\Delta = 2\%)$$

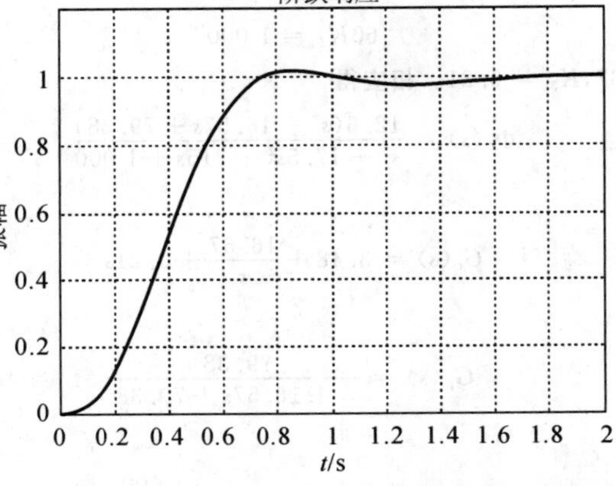

图解 10.4.23 ITAE 最优系统的单位阶跃响应(MATLAB)

10.4.24 在太阳黑子活动的高峰期，NASA 会把 γ 射线图像设备(GRID) 系于高空飞行的气球上，以从事长时间的观测实验。GRID 设备能拍摄更准确的 X 射线的强度图，也可以拍摄 γ 射线强度图。这些信息有利于在下一次太阳活动高峰期，对太阳中的高能现象进行研究。装配在气球上的 GRID 如图 10.4.22(a) 所示，其主要组成部分：直径为 5.2 m 的吊舱，GRID 有效载荷，高空气球和连接气球与吊舱的缆绳。GRID 设备指向控制系统如图 10.4.22(b) 所示。其中，扭矩电机负责驱动圆桶式吊舱装置。要求设计 PID 控制器 $G_c(s)$ 及前置滤波器 $G_p(s)$，使系统在阶跃输入作用下的稳态跟踪误差为零，并具有 ITAE 优化性能。

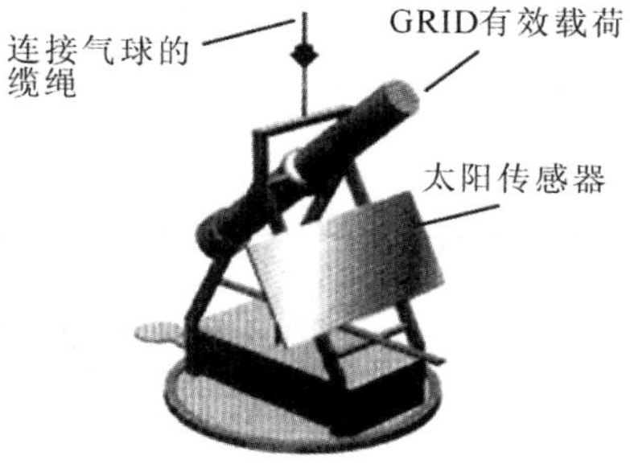

(a)

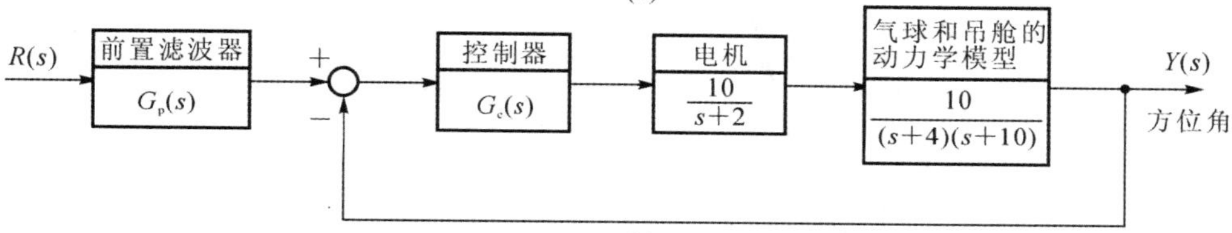

(b)

图 10.4.22 题 10.4.24γ 射线图像设备的指向控制系统

解 令前置滤波器 $G_p(s)=1$，取 PID 控制器

$$G_c(s)=\frac{K_3s^2+K_1s+K_2}{s}$$

则开环传递函数

$$G_c(s)G_0(s)=\frac{100(K_3s^2+K_1s+K_2)}{s(s+2)(s+4)(s+10)}$$

相应的闭环传递函数

$$\Phi_1(s)=\frac{G_c(s)G_0(s)}{1+G_c(s)G_0(s)}=\frac{100(K_3s^2+K_1s+K_2)}{s^4+16s^3+(68+100K_3)s^2+(80+100K_1)s+100K_2}$$

闭环特征多项式

$$D(s)=s^4+16s^3+(68+100K_3)s^2+(80+100K_1)s+100K_2$$

应用 ITAE 方法，由教材中表 10.4.4 知，希望闭环特征多项式为

$$D^*(s)=s^4+2.1\omega_n s^3+3.4\omega_n^2s^2+2.7\omega_n^3s+\omega_n^4$$

对比闭环特征多项式与希望特征多项式知，应有

$$2.1\omega_n=16$$

求出 $\omega_n=7.62$。于是，希望特征多项式为

$$D^*(s)=s^4+16s^3+197.4s^2+1\,194.6s+3\,371$$

令实际多项式与希望多项式的对应项系数相等，解出

$$K_1=11.15,\quad K_2=33.71,\quad K_3=1.29$$

得 PID 控制器

$$G_c(s) = \frac{1.29(s^2 + 8.64s + 26.13)}{s}$$

取前置滤波器

$$G_p(s) = \frac{26.13}{s^2 + 8.64s + 26.13}$$

于是，具有 ITAE 性能的闭环系统传递函数

$$\Phi(s) = G_p(s)\Phi_1(s) = \frac{3\,370.8}{s^4 + 16s^3 + 197.4s^2 + 1\,194.6s + 3\,371}$$

系统的单位阶跃响应曲线如图解 10.4.24 所示。测得系统的性能为：

$$e_{ss}(\infty) = 0, \quad \sigma\% = 5\%, \quad t_s = 2\ \text{s}$$

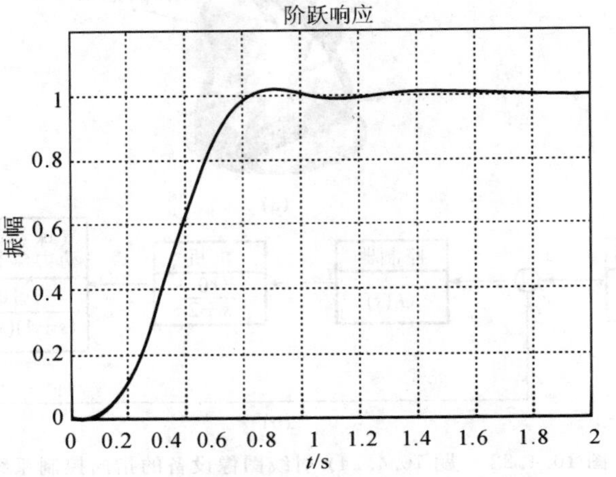

图解 10.4.24　GRID 指向控制系统时间响应(MATLAB)

10.4.25　将控制原理应用于神经系统的研究已经有很长的历史，许多研究者描述了肌肉调节现象，指出这种现象源于肌腱的反馈活动。用来分析肌肉调节运动的理论基础是单输入单输出系统的控制理论。有人建议把肌肉的强度调节(力和长度的综合表现)现象等效为电机控制的试验结果。

图 10.4.23 的模型描述了人类站立时的平衡调节机制。对于丧失自主站立能力的下身残疾的伤残人士，需要安装图 10.4.23 所示的站立和腿关节人工控制系统。设计要求：

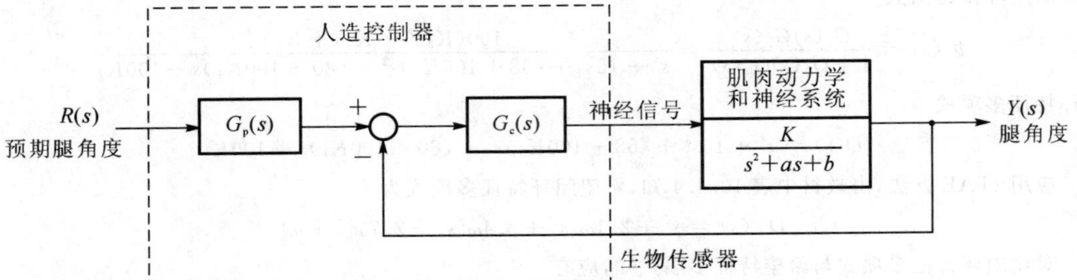

图 10.4.23　题 10.4.25 站立和腿关节的人工控制系统

(1) 若肌肉-神经系统的参数标称值为 $K = 10, a = 12, b = 100$，试用 ITAE 优化法设计 PI 控制器 $G_c(s)$ 和前置滤波器 $G_p(s)$，使人工控制系统阶跃响应的 $\sigma\% < 10\%, e_{ss}(\infty) < 5\%, t_s < 2\ \text{s}(\Delta = 2\%)$；

(2) 当人疲乏时，肌肉-神经系统的参数变化为 $K = 15, a = 8, b = 144$，试沿用在(1)中得到的 PI 控制器和前置滤波器，检验系统的鲁棒性能，绘出系统参数变化前后的单位阶跃响应曲线。

解　本题按如下步骤求解：

(1)ITAE 优化设计

已知被控对象标称传递函数

$$G_0(s)=\frac{K}{s^2+as+b}=\frac{10}{s^2+12s+100}$$

选用 PI 控制器

$$G_c(s)=\frac{K_1s+K_2}{s}$$

因而开环传递函数

$$G_c(s)G_0(s)=\frac{10(K_1s+K_2)}{s(s^2+12s+100)}$$

相应闭环传递函数

$$\Phi_1(s)=\frac{10(K_1s+K_2)}{s^3+12s^2+(100+10K_1)s+10K_2}$$

实际特征多项式为

$$D(s)=s^3+12s^2+(100+10K_1)s+10K_2$$

而希望特征多项式为 ITAE 的最优系数

$$D^*(s)=s^3+1.75\omega_n s^2+2.15\omega_n^2 s+\omega_n^3$$

比较两特征多项式系数，可得

$$1.75\omega_n=12$$

$$2.15\omega_n^2=100+10K_1$$

$$\omega_n^3=10K_2$$

解出

$$\omega_n=6.86,\quad K_1=0.12,\quad K_2=32.28$$

因而

$$G_c(s)=\frac{0.12(s+269)}{s}$$

$$\Phi_1(s)=\frac{1.2(s+269)}{s^3+12s^2+101.2s+322.8}$$

选前置滤波器

$$G_p(s)=\frac{269}{s+269}$$

得具有 ITAE 性能的闭环系统

$$\Phi(s)=G_p(s)\Phi_1(s)=\frac{322.8}{s^3+12s^2+101.2s+322.8}$$

由图 10.4.25(1) 知，系统性能为 $e_{ss}(\infty)=0$，$\sigma\%=2\%$，$t_p=0.634\ \text{s}$，$t_s=0.523\ \text{s}(\Delta=2\%)$，全部满足设计指标要求。

(2) 系统鲁棒性检验

当肌肉-神经系统发生参数摄动，其传递函数变为

$$G_1(s)=\frac{15}{s^2+8s+144}$$

时，仍采用原有的控制器

$$G_c(s)=\frac{0.12(s+269)}{s}$$

和原前置滤波器

$$G_p(s) = \frac{269}{s+269}$$

则系统开环传递函数

$$G_c(s)G_1(s) = \frac{1.8(s+269)}{s(s^2+8s+144)}$$

闭环传递函数

$$\Phi_1(s) = \frac{1.8(s+269)}{s^3+8s^2+145.8s+484.2}$$

$$\Phi(s) = G_p(s)\Phi_1(s) = \frac{484.2}{s^3+8s^2+145.8s+484.2}$$

显然，此时系统已不再是 ITAE 优化系统。

当 $R(s) = \frac{1}{s}$ 时，摄动系统输出

$$Y(s) = \Phi(s)R(s) = \frac{484.2}{s(s+3.73)(s+2.14 \pm j11.19)} = \frac{1}{s} - \frac{1.016}{s+3.73} + \frac{0.016(s-232.5)}{(s+2.14)^2+11.19^2}$$

系统的单位阶跃响应

$$y(t) = 1 - 1.016e^{-3.73t} + 0.336e^{-2.14t}\sin(11.19t + 177.27^\circ)$$

标称系统和非标称系统的单位阶跃响应曲线分别如图解 10.4.25(1)、图解 10.4.25(2) 所示。仿真表明，参数摄动后，系统的性能仍然满足设计指标要求，系统具有较好的鲁棒性，并可测得 $\sigma\% = 1\%$，$t_p = 0.935$ s，$t_s = 0.837$ s（$\Delta = 2\%$）。

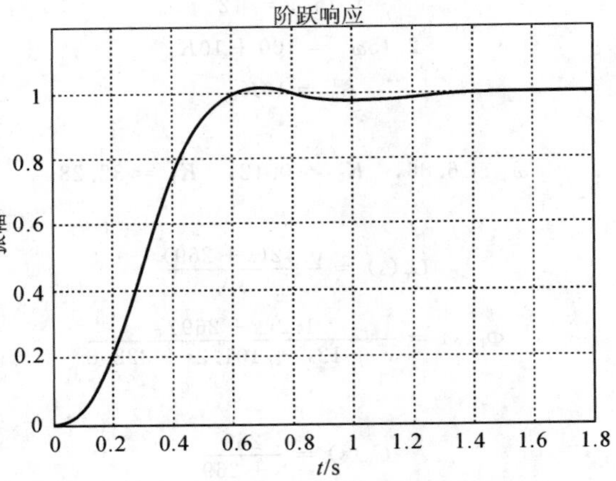

图解 10.4.25(1)　关节控制额定系统的单位阶跃响应(MATLAB)

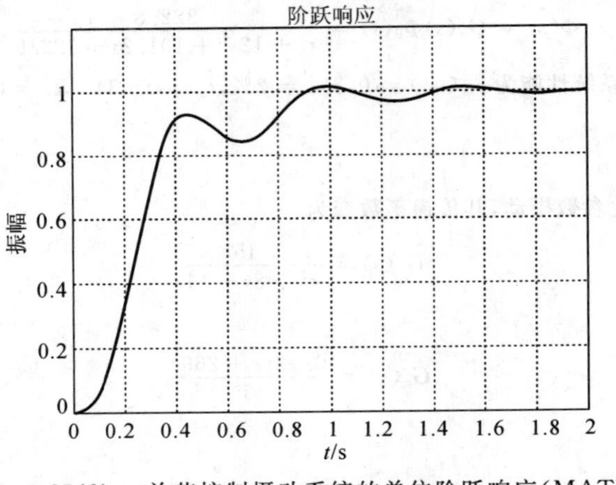

图解 10.4.25(2)　关节控制摄动系统的单位阶跃响应(MATLAB)

10.4.26 空间机器人的机械臂及其控制框图如图 10.4.24 所示。已知电机与机械臂构成的手臂传递函数为

$$G_0(s)=\frac{10}{s(s+10)}$$

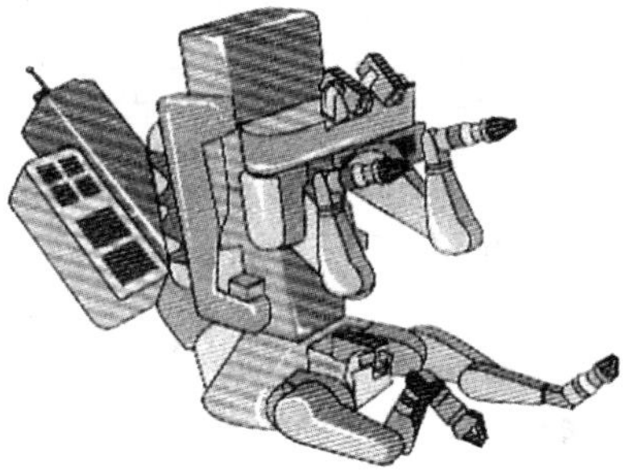

(a)

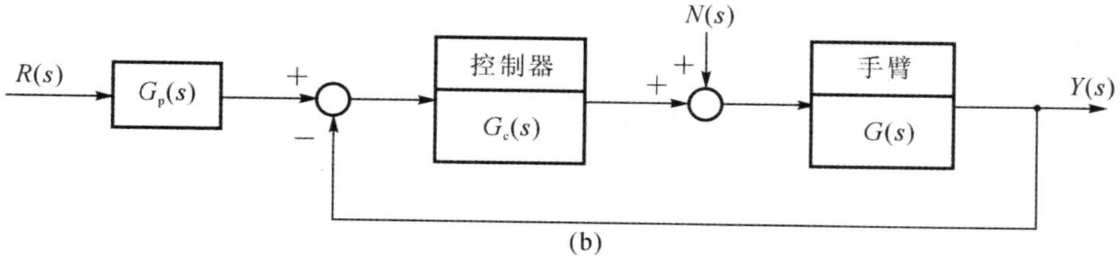

(b)

图 10.4.24 题 10.4.26 空间机器人的机械臂控制系统

设计要求：

(1) 当 $G_c(s)=K$ 时，确定 K 的合适取值，使系统阶跃响应的超调量 $\sigma\%=4.5\%$；

(2) 采用 ITAE 优化方法，并选取 $\omega_n=10$，设计合适的 PD 控制器 $G_c(s)$，确定对应的前置滤波器 $G_p(s)$；

(3) 采用 ITAE 优化方法，设计合适的 PI 控制器 $G_c(s)$ 和相应的前置滤波器 $G_p(s)$；

(4) 采用 ITAE 优化方法和 $\omega_n=10$，设计合适的 PID 控制器 $G_c(s)$ 和前置滤波器 $G_p(s)$；

(5) 对比上述每种设计效果，列表比较系统对单位阶跃输入响应的 $\sigma\%$，t_p，$t_s(\Delta=2\%)$ 以及由单位阶跃扰动引起的输出 $y(t)$ 的最大值和稳态值。

解 本题按如下步骤设计：

(1) 增益控制

控制器

$$G_c(s)=K$$

开环传递函数

$$G_c(s)G_0(s)=\frac{10K}{s(s+10)}$$

闭环传递函数

$$\Phi(s)=\frac{10K}{s^2+10s+10K}=\frac{\omega_n^2}{s^2+2\zeta\omega_n s+\omega_n^2}$$

可得

$$\omega_n=\sqrt{10K},\quad \zeta=\frac{10}{2\sqrt{10K}}$$

由于

$$\sigma\%=100\mathrm{e}^{-\pi\zeta/\sqrt{1-\zeta^2}}\%$$

所以有

$$\zeta = \frac{1}{\sqrt{1+\left(\frac{\pi}{\ln\sigma}\right)^2}}$$

根据对超调量要求 $\sigma\% = 4.5\%$,即 $\sigma = 0.045$,可以算得 $\zeta = 0.7$,从而得

$$\omega_n = \frac{10}{2\zeta} = 7.14, \quad K = \frac{\omega_n^2}{10} = 5.1$$

估算出

$$t_p = \frac{\pi}{\omega_n\sqrt{1-\zeta^2}} = 0.62\ \text{s}$$

$$t_s = \frac{4.4}{\zeta\omega_n} = 0.88\ \text{s}$$

系统在扰动作用下的闭环传递函数

$$\Phi_n(s) = \frac{Y(s)}{N(s)} = \frac{G_0(s)}{1+KG_0(s)} = \frac{10}{s^2+10s+51}$$

(2)PD 优化控制

控制器

$$G_c(s) = K_1 + K_3 s$$

开环传递函数

$$G_c(s)G_0(s) = \frac{10(K_1+K_3 s)}{s(s+10)}$$

闭环传递函数

$$\Phi_1(s) = \frac{G_c(s)G_0(s)}{1+G_c(s)G_0(s)} = \frac{10(K_1+K_3 s)}{s^2+10(1+K_3)s+10K_1}$$

系统特征多项式为

$$D(s) = s^2+10(1+K_3)s+10K_1$$

令其与 ITAE 的优化系数多项式

$$D^*(s) = s^2+1.4\omega_n s+\omega_n^2$$

相等,其中 $\omega_n = 10$ 为要求值,解出 $K_1 = 10, K_3 = 0.4$。于是

$$G_c(s) = 10+0.4s$$

$$\Phi_1(s) = \frac{4(s+25)}{s^2+14s+100}$$

为了使闭环系统成为 ITAE 优化系统,选择前置滤波器

$$G_p(s) = \frac{25}{s+25}$$

则闭环传递函数为

$$\Phi(s) = G_p(s)\Phi_1(s) = \frac{100}{s^2+14s+100}$$

系统在扰动作用下的闭环传递函数

$$\Phi_n(s) = \frac{G_0(s)}{1+G_c(s)G_0(s)} = \frac{10}{s^2+14s+100}$$

(3)PI 优化控制

控制器

$$G_c(s) = K_1 + \frac{K_2}{s}$$

开环传递函数

$$G_c(s)G_0(s)=\frac{10(K_1s+K_2)}{s^2(s+10)}$$

闭环传递函数

$$\Phi_1(s)=\frac{10(K_1s+K_2)}{s^3+10s^2+10K_1s+10K_2}$$

系统特征多项式为

$$D(s)=s^3+10s^2+10K_1s+10K_2$$

而希望特征多项式为 ITAE 的优化系数多项式

$$D^*(s)=s^3+1.75\omega_n s^2+2.15\omega_n^2 s+\omega_n^3$$

比较两个特征多项式,可得

$$1.75\omega_n=10$$

$$2.15\omega_n^2=10K_1$$

$$\omega_n^3=10K_2$$

解出

$$\omega_n=5.71,\quad K_1=7.01,\quad K_2=18.62$$

于是

$$G_c(s)=7.01+\frac{18.62}{s}$$

$$\Phi_1(s)=\frac{70.1(s+2.656)}{s^3+10s^2+70.1s+186.2}$$

选择前置滤波器

$$G_p(s)=\frac{2.656}{s+2.656}$$

得具有 ITAE 优化性能的闭环系统

$$\Phi(s)=G_p(s)\Phi_1(s)=\frac{186.2}{s^3+10s^2+70.1s+186.2}$$

系统在扰动作用下的闭环传递函数

$$\Phi_n(s)=\frac{G_0(s)}{1+G_c(s)G_0(s)}=\frac{10s}{s^3+10s^2+70.1s+186.2}$$

(4)PID 优化控制

控制器

$$G_c(s)=\frac{K_3s^2+K_1s+K_2}{s}$$

开环传递函数

$$G_c(s)G_0(s)=\frac{10(K_3s^2+K_1s+K_2)}{s^2(s+10)}$$

闭环传递函数

$$\Phi_1(s)=\frac{10(K_3s^2+K_1s+K_2)}{s^3+10(1+K_3)s^2+10K_1s+10K_2}$$

系统特征多项式为

$$D(s)=s^3+10(1+K_3)s^2+10K_1s+10K_2$$

而希望特征多项式为 ITAE 的优化系数多项式

$$D^*(s)=s^3+1.75\omega_n s^2+2.15\omega_n^2 s+\omega_n^3$$

因要求 $\omega_n=10$,故希望特征多项式为

$$D^*(s)=s^3+17.5s^2+215s+1\,000$$

令系统特征多项式与希望特征多项式对应项系数相等，有

$$10(1+K_3)=17.5$$
$$10K_1=215$$
$$10K_2=1\,000$$

解出

$$K_1=21.5,\quad K_2=100,\quad K_3=0.75$$

于是

$$G_c(s)=21.5+\frac{100}{s}+0.75s$$

$$\Phi_1(s)=\frac{7.5(s^2+28.67s+133.33)}{s^3+17.5s^2+215s+1\,000}$$

选择前置滤波器

$$G_p(s)=\frac{133.33}{s^2+28.67s+133.33}$$

得到具有 ITAE 优化性能的闭环系统

$$\Phi(s)=G_p(s)\Phi_1(s)=\frac{1\,000}{s^3+17.5s^2+215s+1\,000}$$

系统在扰动作用下的闭环传递函数

$$\Phi_n(s)=\frac{G_0(s)}{1+G_c(s)G_0(s)}=\frac{10s}{s^3+17.5s^2+215s+1\,000}$$

(5) 设计效果比较

对于上述各设计方案，系统在单位阶跃输入或单位阶跃扰动作用下的输出分别为

$$Y(s)=\Phi(s)R(s)$$

或

$$Y(s)=\Phi_n(s)N(s)$$

其中，$R(s)=\frac{1}{s}$，$N(s)=\frac{1}{s}$。然后对 $Y(s)$ 进行拉氏变换，得到相应的 $y(t)$。

1) 增益控制

当 $r(t)=1(t)$ 作用时

$$y(t)=1-\frac{1}{\sqrt{1-\zeta^2}}e^{-\zeta\omega_n t}\sin(\omega_n\sqrt{1-\zeta^2}\,t+\arccos\zeta)=1-1.4e^{-5t}\sin(5.1t+45.6^\circ)$$

当 $n(t)=1(t)$ 作用时

$$Y(s)=\Phi_n(s)N(s)=\frac{10}{s(s^2+10s+51)}=\frac{0.196}{s}-\frac{0.196(s+10)}{(s+5)^2+5.1^2}$$

$$y(t)=0.196-0.274e^{-5t}\sin(5.1t+45.6^\circ)$$

2) PD 控制

闭环特征方程

$$D(s)=s^2+14s+100=s^2+2\zeta\omega_n s+\omega_n^2=0$$

可知：$\omega_n=10$，$\zeta=0.7$。

当 $r(t)=1(t)$ 作用时

$$y(t)=1-\frac{1}{\sqrt{1-\zeta^2}}e^{-\zeta\omega_n t}\sin(\omega_n\sqrt{1-\zeta^2}\,t+\arccos\zeta)=1-1.4e^{-7t}\sin(7.14t+45.6^\circ)$$

当 $n(t)=1(t)$ 作用时

$$Y(s)=\Phi_n(s)N(s)=\frac{10}{s(s^2+14s+100)}=\frac{0.1}{s}-\frac{0.1(s+14)}{(s+7)^2+7.14^2}$$

$$y(t)=0.1-0.14e^{-7t}\sin(7.14t+45.7°)$$

3)PI 控制

当 $r(t)=1(t)$ 作用时

$$Y(s)=\frac{186.2}{s(s^3+10s^2+70.1s+186.2)}=\frac{186.2}{s(s+4.04)(s^2+5.96s+46.09)}=$$
$$\frac{1}{s}-\frac{1.2}{s+4.04}+\frac{0.2(s-18.35)}{(s+2.98)^2+6.1^2}$$

可得

$$y(t)=1-1.2e^{-4.04t}+0.727e^{-2.98t}\sin(6.1t+164°)$$

当 $n(t)=1(t)$ 作用时

$$Y(s)=\frac{10}{s^3+10s^2+70.1s+186.2}=\frac{10}{(s+4.04)(s^2+5.96s+46.09)}=$$
$$\frac{0.26}{s+4.04}+\frac{0.26(s+1.88)}{(s+2.98)^2+6.1^2}$$

可得

$$y(t)=0.26e^{-4.04t}-0.264e^{-2.98t}\sin(6.1t+100.2°)$$

4)PID 控制

当 $r(t)=1(t)$ 作用时

$$Y(s)=\frac{1\,000}{s(s^3+17.5s^2+215s+1\,000)}=\frac{1\,000}{s(s+7.08)(s^2+10.42s+141.24)}=$$
$$\frac{1}{s}-\frac{1.2}{s+7.08}+\frac{0.2(s-32.15)}{(s+5.21)^2+10.68^2}$$

可得

$$y(t)=1-1.2e^{-7.08t}+0.728e^{-5.21t}\sin(10.68t+164°)$$

当 $n(t)=1(t)$ 作用时

$$Y(s)=\Phi_n(s)N(s)=\frac{10}{(s+7.08)(s^2+10.42s+141.24)}=\frac{0.085}{s+7.08}-\frac{0.085(s+3.329)}{(s+5.21)^2+10.68^2}$$

可得

$$y(t)=0.085e^{-7.08t}-0.086e^{-5.21t}\sin(10.68t+100°)$$

应用 MATLAB 软件包，可得各种情况下的时间响应曲线以及相应的性能指标，如表解 10.4.26 所示。

表解　10.4.26

控制器	单位阶跃输入时的系统的性能				单位阶跃扰动影响	
$G_c(s)$	e_{ss}	$\sigma\%$	t_p	t_s　($\Delta=2\%$)	max $\lvert y(t)\rvert$	y_{ss}
K	0	4.59%	0.618 s	0.837 s	0.205	0.196
PD	0	4.6%	0.442 s	0.598 s	0.105	0.10
PI	0	1.99%	0.819 s	1.32 s	0.126	0.00
PID	0	1.97%	0.468 s	0.754 s	0.041	0.00

附录Ⅰ 考研真题

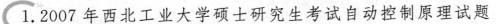

1. 2007年西北工业大学硕士研究生考试自动控制原理试题

1. (25分)

已知一单位反馈的三阶系统(无开环零点),要求:

$$\begin{cases}\text{当单位斜坡输入时,系统的稳态误差 } e_{ss}=\dfrac{3}{5};\\ \text{将系统的闭环主导极点配置在 } \lambda_{1,2}=-2\pm j2。\end{cases}$$

(1) 试确定同时满足上述条件的系统开环传递函数 $G(s)$;

(2) 按闭环主导极点计算系统的动态性能指标(超调量 $\sigma\%$,调节时间 t_s);

(3) 确定使系统稳定的开环增益的取值范围。

2. (25分)

某单位负反馈系统的开环传递函数 $G(s)=\dfrac{4K(1-s)}{s[(K+1)s+4]}$。

(1) 绘制 $K=0\rightarrow\infty$ 变化时系统的根轨迹(求出分离点、与虚轴交点);

(2) 欲使系统阶跃响应中含有 $e^{-at}\sin(\omega t+\beta)(a>0)$ 形式的分量,试确定相应 K 的取值范围;

(3) 求使系统存在闭环极点 $\lambda_1=-2$ 时的闭环传递函数 $\Phi(s)$。

3. (25分)

单位反馈的最小相角系统,其开环对数幅频特性曲线如图1所示。

(1) 确定系统的开环传递函数 $G(s)$;

(2) 求系统的截止频率 ω_c 和相角裕度 γ。

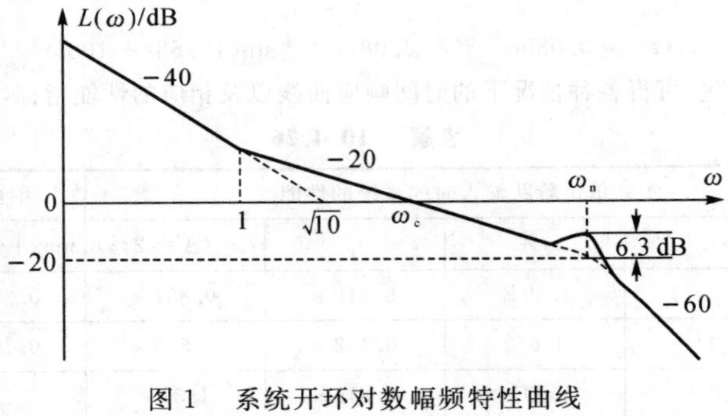

图1　系统开环对数幅频特性曲线

注:二阶振荡环节谐振频率 $\omega_r=\omega_n\sqrt{1-2\zeta^2}$,谐振峰值 $M_r=\dfrac{1}{2\zeta\sqrt{1-\zeta^2}}$。

4. (25分)

某单位反馈的典型二阶系统,阻尼比 $\zeta=0.25$,单位速度误差为0.1。为满足性能要求,对系统进行校正,校正后系统的开环对数幅频特性如图2所示。

(1) 写出校正后系统的开环传递函数 $G(s)$;

(2) 写出校正装置的传递函数 $G_c(s)$;

(3) 分别计算校正前、后系统的相角裕度 γ_0，γ。

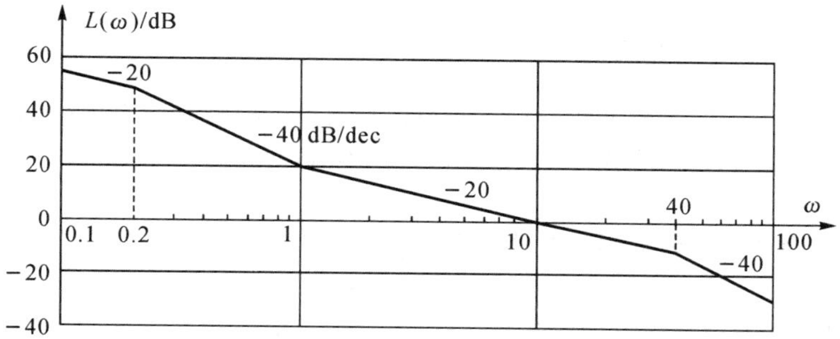

图 2　校正后系统开环对数幅频特性

5. (25 分)

采样系统结构图如图 3 所示，采样周期 $T = 0.2$ s。

要求 $r(t) = t$ 作用下系统的稳态误差 $e(\infty) \leqslant 0.5$，确定满足条件的 K 值范围。

注：有关的 z 变换　　$\mathscr{Z}\left[\frac{1}{s}\right] = \frac{z}{z-1}$，　$\mathscr{Z}\left[\frac{1}{s^2}\right] = \frac{Tz}{(z-1)^2}$

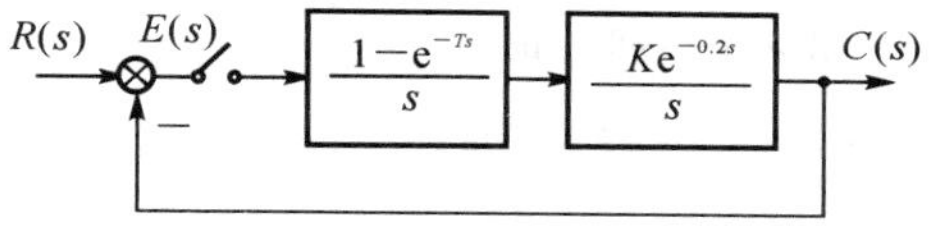

图 3　采样系统结构图

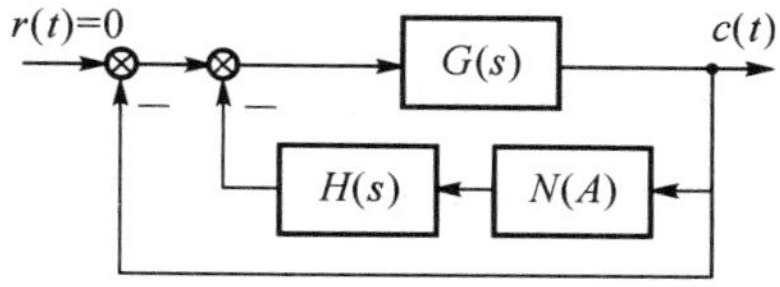

图 4　非线性系统结构图

6. (25 分)

某非线性系统结构图如图 4 所示。

其中 $N(A) = \frac{1}{A}e^{-j\frac{\pi}{4}}$，$G(s) = \frac{5}{s}$，$H(s) = \frac{1}{s+5}$。

(1) 确定系统是否存在自振；

(2) 若存在自振，求出系统输出信号的自振振幅 A 和自振频率 ω。

2. 2008 年西北工业大学硕士研究生考试自动控制原理试题

1. (25 分)

系统结构图如图 1－a 所示，其单位阶跃响应如图 1－b 所示。

(1) 试求闭环传递函数 $\frac{C(s)}{R(s)}$，$\frac{E(s)}{R(s)}$，$\frac{C(s)}{N(s)}$ 的表达式；

(2) 确定系统参数 K_1 和 K_2 的值；

(3) 确定 $G_c(s)$，使系统的输出完全不受干扰影响。

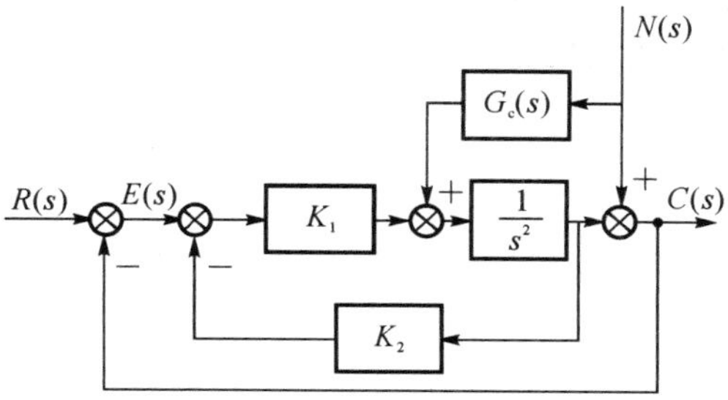

图 1－a

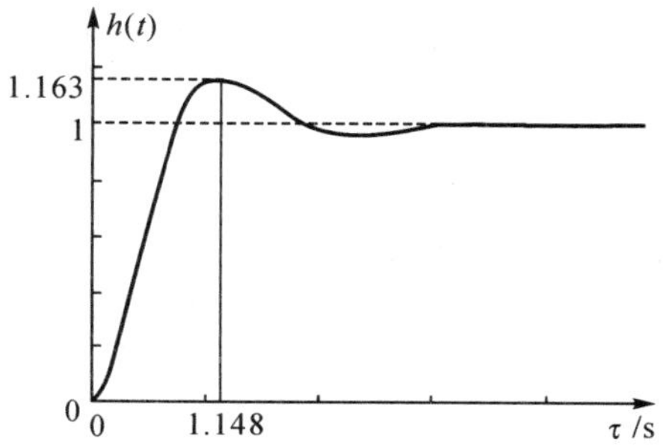

图 1－b

2.（25 分）

已知负反馈控制系统闭环特征式为

$$D(s) = s^4 + 3s^3 + 3s^2 + s + K^* s + 2K^*$$

(1) 绘制 K^* 从 $-\infty \to +\infty$ 变化时闭环系统的根轨迹（要求计算：渐近线、分离点、与虚轴的交点）；

(2) 求使系统稳定且为欠阻尼状态时等效开环增益 K 的取值范围。

3.（25 分）

某单位负反馈的最小相角系统，其开环对数幅频特性如图 2 所示。

(1) 写出系统的开环传递函数 $G(s)$ 表达式；

(2) 求系统的截止频率 ω_c 和相角裕度 γ；

(3) 若在系统前向通道中串联一个纯延时环节 $G_c(s) = e^{-\tau s}$，试确定使系统稳定的 τ 值范围（$\tau > 0$）。

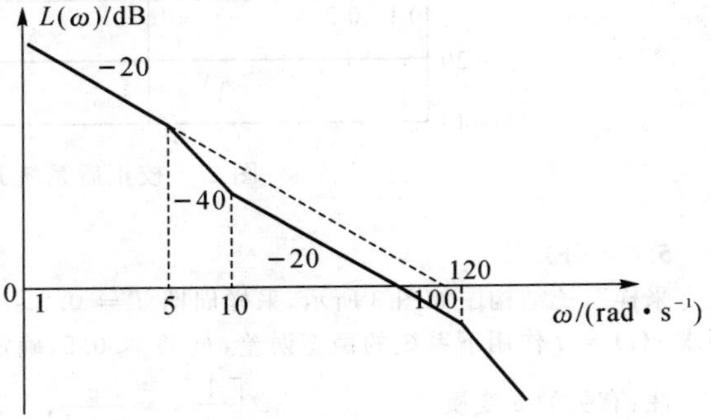

图 2

4.（25 分）

某单位负反馈系统的开环传递函数为

$$G_0(s) = \frac{K_0}{s(s+3)(s+9)}$$

(1) 若系统的谐振峰值 $M_r = 1.7$，试求 K_0、超调量 $\sigma\%$ 和调节时间 t_s 的值；

(2) 试设计一串校正装置 $G_c(s) = \dfrac{K_c(aTs+1)}{(Ts+1)}$，使校正后系统的稳态性能不变、截止频率 $\omega_c^* = 1$、相角裕度 $\gamma^* \geqslant 60°$。

注：高阶系统动态性能估算公式为

$$\sigma\% = [0.16 + 0.4(M_r - 1)] \times 100\%$$

$$t_s = \frac{\pi}{\omega_c}[2 + 1.5(M_r - 1) + 2.5(M_r - 1)^2]$$

$$M_r = \frac{1}{\sin\gamma}$$

5.（25 分）

某离散系统结构如图 3 所示，采样周期 $T = 0.2$ s，系统中的参数 $K = 5$，$\tau = 0.2$，控制器 $G_c(z)$ 的差分方程为 $e_2(k) = e_2(k-1) + e_1(k)$

(1) 判断系统的稳定性；

(2) 求系统在 $r(t) = t$ 作用下的稳态误差 e_{ss}。

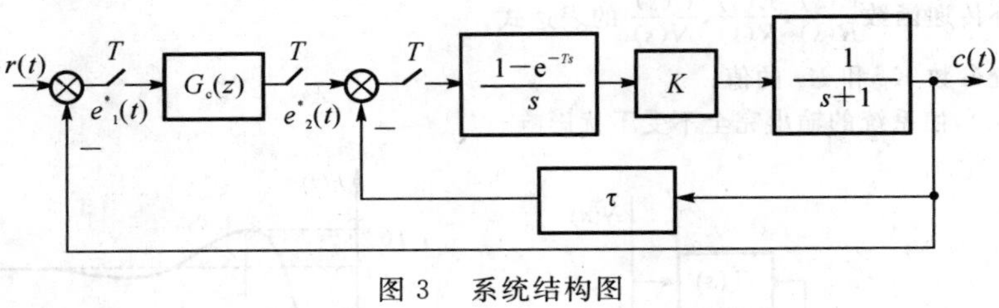

图 3　系统结构图

注：常见 z 变换公式有

$$\mathscr{Z}\left(\frac{1}{s}\right) = \frac{z}{z-1},\quad \mathscr{Z}\left(\frac{1}{s+a}\right) = \frac{z}{z-e^{-aT}},\quad \mathscr{Z}\left(\frac{1}{s(s+a)}\right) = \frac{(1-e^{-aT})z}{(z-1)(z-e^{-aT})}$$

6.(25分)

某非线性系统结构如图4所示。已知非线性特性的描述函数为 $N(A)=\dfrac{4M}{\pi A}$。

(1)试用描述函数法分析系统的稳定性及自振的问题;

(2)若存在自振,求出自振的振幅 A 和频率 ω。

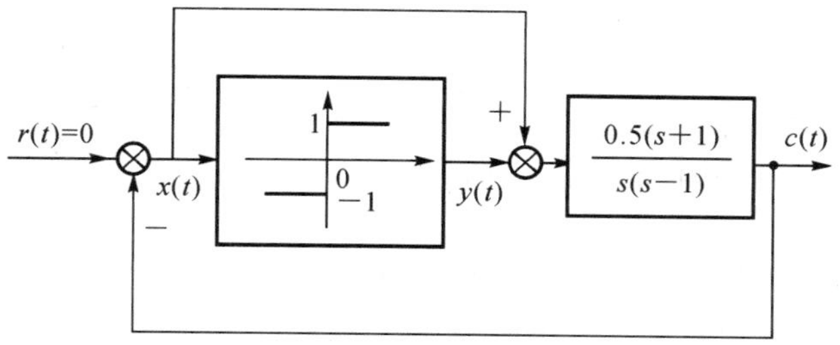

图4 系统结构图

3. 2009年西北工业大学硕士研究生考试自动控制原理试题

1.(25分)

系统结构图如图1所示,已知系统的超调量 $\sigma\% = 16.3\%$,调节时间 $t_s = 3.5$ s。

(1)根据已知的 $\sigma\%$ 和 t_s 确定参数 K,τ 及峰值时间 t_p;

(2)求系统的闭环传递函数 $\Phi(s)$;

(3)$r(t) = 2t$ 时,计算系统的稳态误差 e_{ss}。

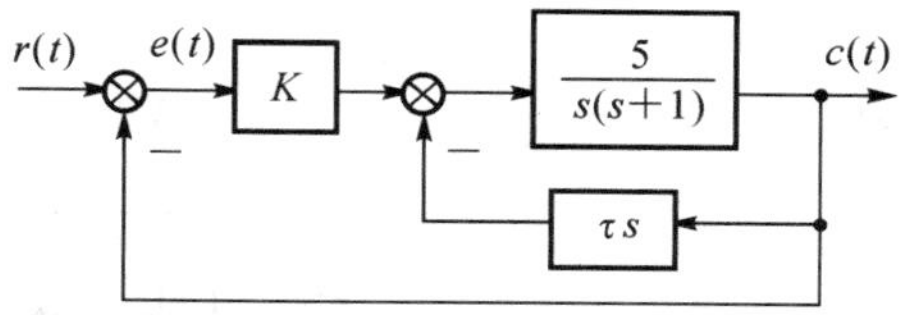

图1 系统结构图

2.(25分)

系统结构图如图2所示,其中PID控制器的参数设计为

$$K_P = 1,\quad K_D = 0.1,\quad K_I = 5$$

(1)试绘制 $K_0 = 0 \to \infty$ 变化时的根轨迹(计算出射角、入射角、与虚轴交点);

(2)确定使系统稳定的开环增益 K 的取值范围。

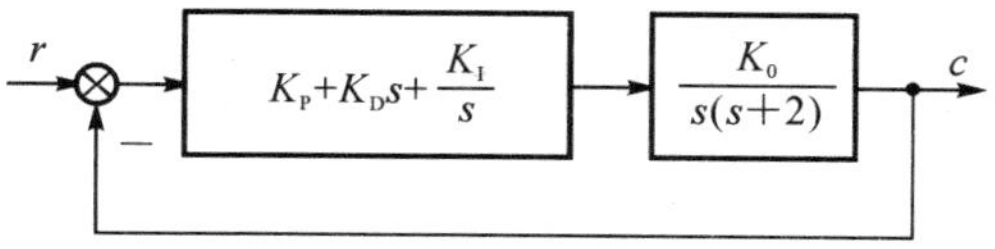

图2 控制系统结构图

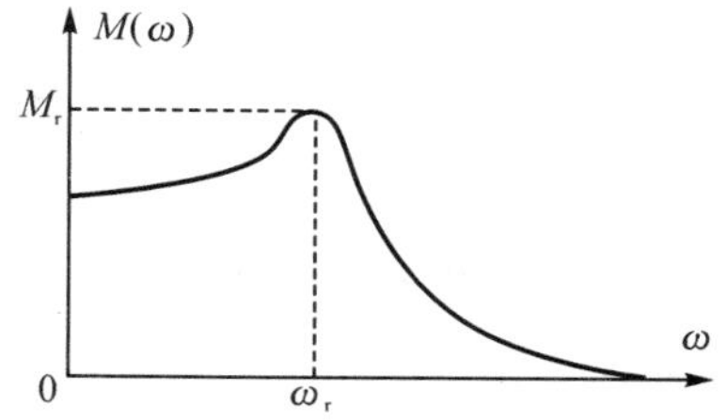

图3 闭环幅频特性

3.(25分)

某具有主导极点的单位反馈系统开环传递函数为 $G_0(s) = \dfrac{K}{s(s^2+as+b)}$,其中 $a = 22$,实验测得系统的闭环幅频特性如图3所示,其中 $M_r = 1.154\,7$,$\omega_r = 2$ rad/s,试求:

(1)系统的闭环传递函数 $\Phi(s)$;

(2)系统的超调量 $\sigma\%$ 和调节时间 t_s。

注:典型二阶系统的谐振峰值 $M_r = 1/(2\zeta\sqrt{1-\zeta^2})$,谐振频率 $\omega_r = \omega_n\sqrt{1-2\zeta^2}$。

4.(25分)

某典型二阶系统,截止频率 $\omega_{c0} = 1$,相角裕度 $\gamma_0 = 45°$。希望通过串联校正后成为超调量 $\sigma\% = 4.3\%$、

调节时间 $t_s=0.7\ \mathrm{s}$ 的典型二阶系统。

(1) 试确定满足条件的校正装置传递函数 $G_c(s)$，绘制其对数幅频特性曲线(示意图即可)，指出所采用的校正方式(超前 / 滞后 / 滞后-超前)；

(2) 依照三频段理论简要说明校正对系统性能产生的影响。

5. (25 分)

采样系统结构如图 4 所示，采样周期 $T=0.2\ \mathrm{s}$。

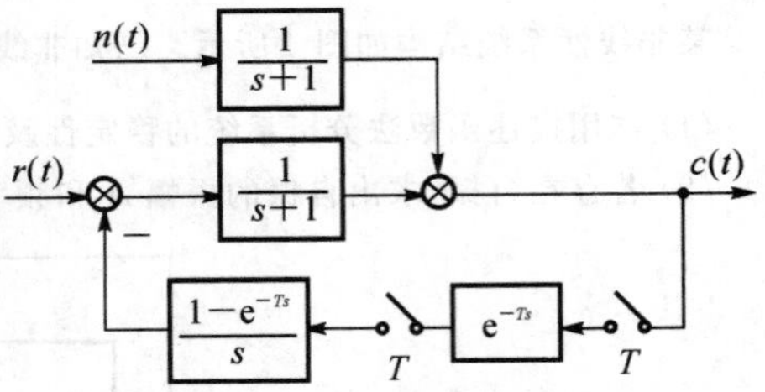

图 4　采样系统结构图

(1) 当 $r(t)=0,n(t)=1(t)$ 时，求系统输出的 z 变换表达式 $C(z)$；

(2) 求上述条件下系统响应的初值 $c^*(0)$ 和终值 $c^*(\infty)$。

注：有关的 z 变换公式：$\mathscr{Z}\left[\dfrac{1}{s}\right]=\dfrac{z}{z-1}$，$\mathscr{Z}\left[\dfrac{1}{s+a}\right]=\dfrac{z}{z-\mathrm{e}^{-aT}}$。

6. (25 分)

非线性系统结构图如图 5 所示。

(1) 试用描述函数法分析系统的稳定性，确定系统是否存在自振；

(2) 若存在自振时，确定自振的幅值 A 和频率 ω。

注：饱和特性的描述函数为 $N(A)=\dfrac{2K}{\pi}\left[\arcsin\dfrac{a}{A}+\dfrac{a}{A}\sqrt{1-\left(\dfrac{a}{A}\right)^2}\right]\ (A\geqslant a)$，死区继电特性的描述函数为：$N(A)=\dfrac{4M}{\pi A}\sqrt{1-\left(\dfrac{h}{A}\right)^2}\ (A\geqslant h)$。

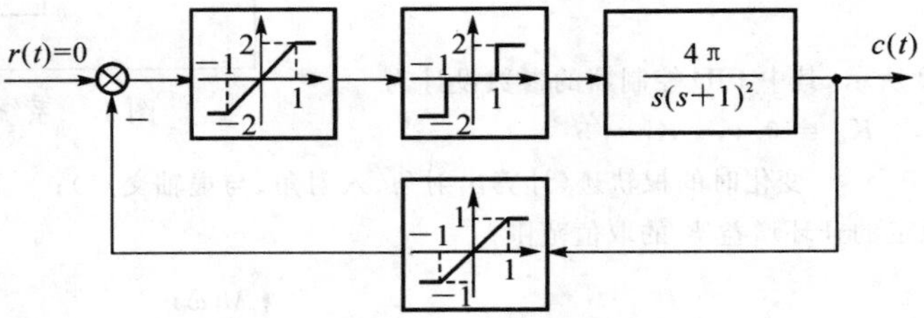

图 5　非线性系统结构图

4. 2010 年西北工业大学硕士研究生考试自动控制原理试题

1. (25 分)

某单位反馈的 Ⅰ 型三阶系统(无开环零点)，调节开环增益 K 时，系统会出现二重极 $\lambda_{1,2}=-1$；当调节 K 使系统单位阶跃响应出现等幅正弦波动时，波动的频率 $\omega=3\ \mathrm{rad/s}$。

(1) 确定系统的开环传递函数 $G(s)$；

(2) 确定使系统主导极点位于最佳阻尼比位置($\beta=45^\circ$)时的开环增益 K，以及系统相应的超调量 $\sigma\%$ 和调节时间 t_s；

(3) 在条件(2)下，求 $r(t)=t$ 时系统的稳态误差 e_{ss}。

2. (25 分)

系统结构图如图 1 所示。

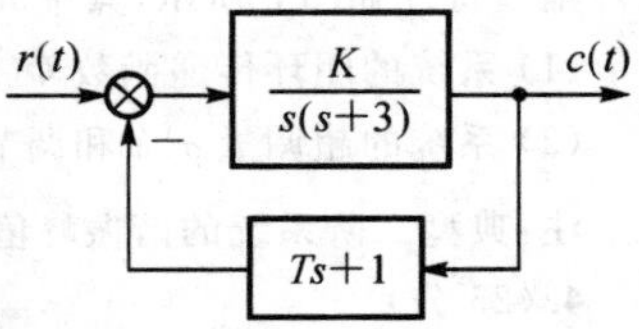

图 1　系统结构图

(1) 当系统闭环极点为 $\lambda_{1,2}=+2\pm\mathrm{j}\sqrt{10}$ 时，确定参数 K,T 的值；

(2) 以(1)中的计算结果为基础，分别绘制 $K,T=0\rightarrow+\infty$ 变化时系统的根轨迹；

(3) 确定使系统稳定的 K,T 值范围，并绘制相应的稳定参数区域。

3. (25 分)

某典型二阶系统，输入正弦信号 $r(t)=\sin\omega t$，调节频率 ω 时，系统稳态输出的最大振幅为 3.2。若采用测速反馈，当调节反馈系数 $K_t=0.216$ 时，系统的超调量 $\sigma\%=16.3\%$。

[注：典型二阶系统的谐振峰值 $M_r=1/(2\zeta\sqrt{1-\zeta^2})$]

(1) 确定系统的开环传递函数；

(2) 求系统(不加测速反馈时) 的相角裕度 γ 和幅值裕度 h。

4. (25 分)

系统结构图和 $G_0(s)$ 的幅相特性曲线分别如图 2(a)、图 2(b) 所示。设计串联校正装置 $G_c(s)=\dfrac{10s+1}{100s+1}$，要使校正后系统在 $r(t)=t$ 作用下的稳态误差 $e_{ss}=0.1$。

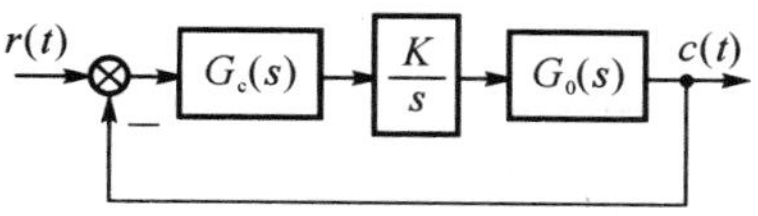

图 2(a) 系统结构图

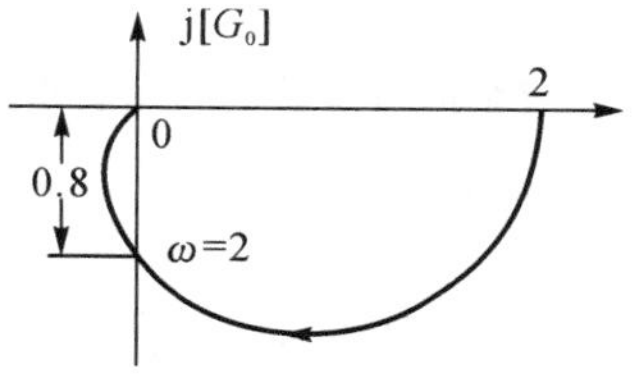

图 2(b) $G_0(s)$ 的幅相特性

(1) 确定相应的 K 值；

(2) 求校正后系统的截止频率 ω_c 和相角裕度 γ。

5. (25 分)

采样系统结构图如图 3 所示，采样调期 $T=1$ s。

(1) 写出系统的脉冲传递函数 $G(z)/R(z)$；

(2) 判断系统的稳定性；

(3) 求 $r(t)=t$ 时系统的稳态误差。

(注：$\mathscr{Z}\left[\dfrac{1}{s}\right]=\dfrac{z}{z-1}$，$\mathscr{Z}\left[\dfrac{1}{s+a}\right]=\dfrac{z}{z-\mathrm{e}^{-aT}}$)

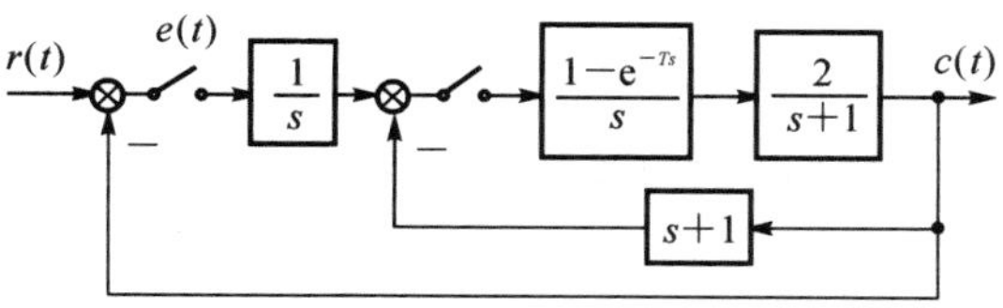

图 3 采样系统结构图

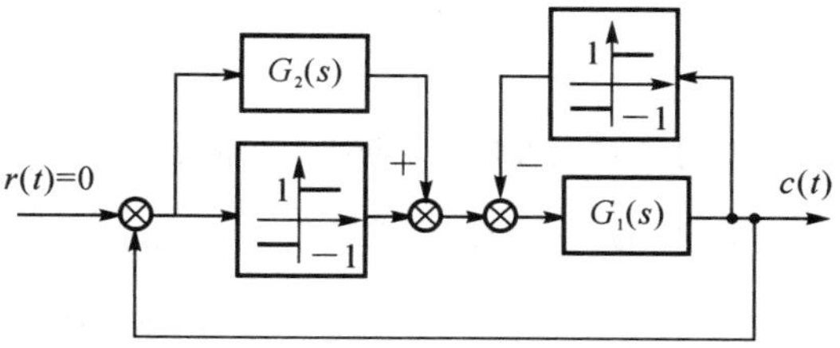

图 4 非线性系统结构图

6. (25 分)

非线性系统结构图如图 4 所示，图中 $G_1(s)=\dfrac{1}{s(s+1)(s+2)}$，$G_2(s)=4$，非线性特性的描述函数为 $N(A)=\dfrac{4M}{\pi A}$。

(1) 用描述函数法分析系统的稳定性，确定系统是否存在自振；

(2) 若存在自振，求系统输出 $c(t)$ 的振幅和频率。

5. 2011 年西北工业大学硕士研究生考试自动控制原理试题

1.（20 分）系统结构图如图 1 所示，试分别用结构图简化和梅逊公式求传递函数 $\dfrac{C(s)}{R(s)}$。

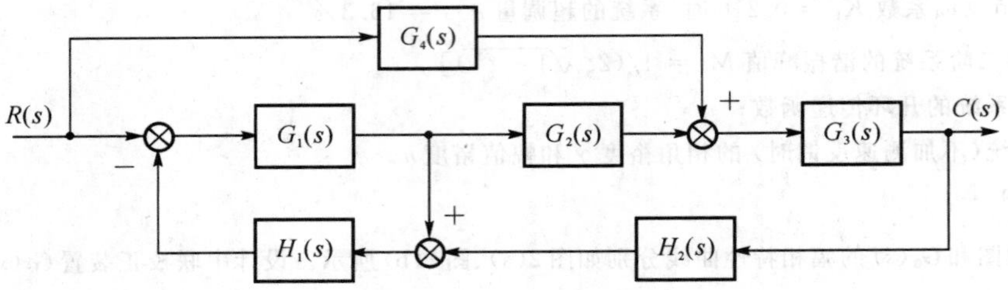

图 1

2.（20 分）系统结构图如图 2 所示，要求其动态响应的阻尼比 $\zeta=\dfrac{\sqrt{2}}{2}$，且单位斜坡输入时的稳态误差 $e_{ss}=0.25$，试确定参数 K 及 τ 的取值。

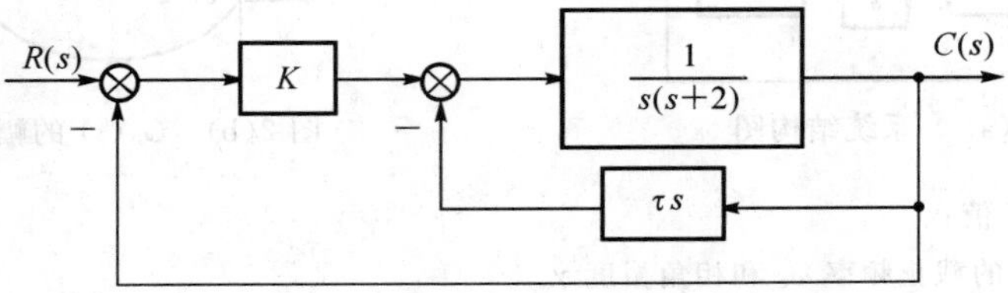

图 2

3.（20 分）单位负反馈系统的开环传递函数为

$$G(s)=\frac{K}{s(s+4)(s+10)}$$

(1) 求使闭环系统稳定的 K 值范围；

(2) 若要求闭环特征根的实部均小于 -1，K 值应取在什么范围？

4.（20 分）单位负反馈系统的开环传递函数为

$$G(s)=\frac{10}{s(0.4s+1)}$$

(1) 求系统的开环截止频率和相位裕量；

(2) 若采用串联校正装置 $G(s)=\dfrac{0.4s+1}{0.025s+1}$，求校正后系统的开环截止频率和相位裕量。

5.（20 分）单位负反馈系统的开环传递函数为

$$G(s)=\frac{K(T_1s+1)}{s^2(T_2s+1)},\quad K>0,\quad T_1>0,\quad T_2>0$$

(1) $T_1=2, T_2=1$ 时，求使系统相位裕量最大的 K 值；

(2) $T_1=1, T_2=2$ 时，试用奈氏稳定判据判定闭环系统的稳定性。

6.（20 分）单位负反馈系统的开环传递函数为

$$G(s)=\frac{K(s+1)}{s(s-3)}$$

(1) 绘制系统的根轨迹；

(2) 求出使闭环系统的阶跃响应衰减振荡时的 K 值范围；

(3) 求出 $K=10$ 时闭环系统的阶跃响应并计算超调量。

7. (15 分) 已知非线性系统结构如图 3 所示，试用描述函数法说明系统必然存在自持振荡，并确定 $e(t)$ 的自振振幅和频率，画出稳定振荡时 $e(t)$，$m(t)$ 和 $c(t)$ 处的波形。(提示：非线性特性的描述函数 $N(A)=\frac{4M}{\pi A}$，图中 $M=1$)

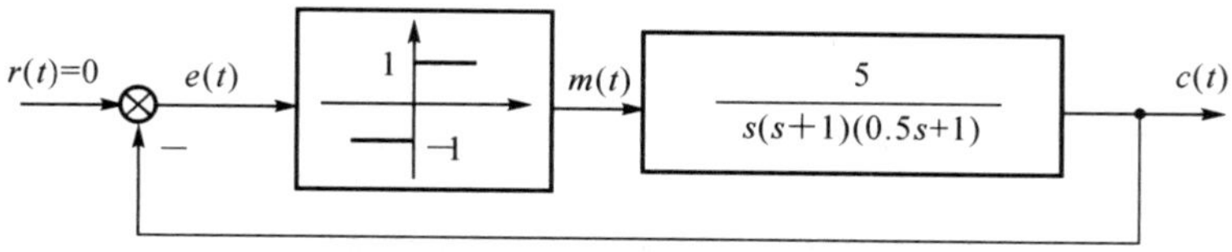

图 3

8. (15 分) 离散系统结构图如图 4 所示，图中采样周期 $T=1$ s。

(1) 求系统的闭环脉冲传递函数 $\Phi(z)=\frac{C(z)}{R(z)}$；

(2) 计算在幅值为 2 的阶跃给定输入信号作用下系统的稳态误差。

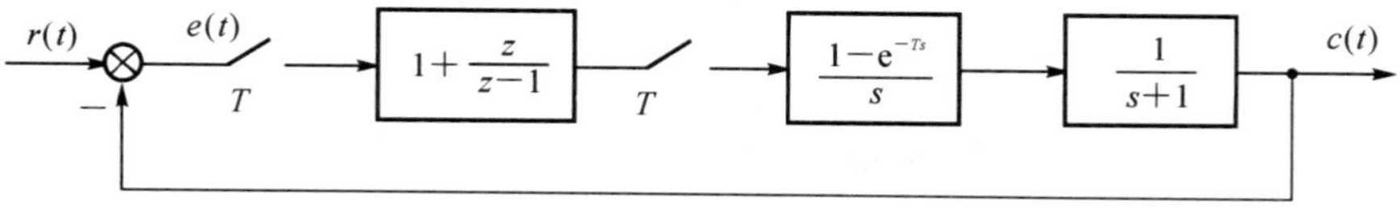

图 4

(附变换表：$\frac{1}{s}\leftrightarrow I(t)\leftrightarrow\frac{z}{z-1}$，$\frac{1}{s+a}\leftrightarrow e^{-}\quad\leftrightarrow\frac{z}{z-e^{-aT}}$，$\frac{1}{s^2}\leftrightarrow t\leftrightarrow\frac{Tz}{(z-1)^2}$。)

6. 2012 年西北工业大学硕士研究生考试自动控制原理试题

1. (25 分) 系统如图 1 所示。

(1) 试确定使系统产生等幅振荡的 $K=$?

(2) 使系统为一阶无差系统，求 λ 与 K 的取值关系。

(3) 当 $\lambda_0=-2.5$ 时，按系统闭环主导极点计算系统的超调量和调节时间。

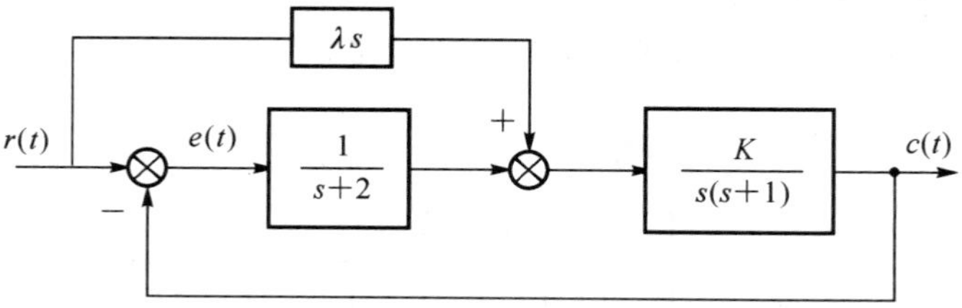

图 1

2. (25 分) 设某闭环系统的特征方程为 $s^2(s+a)+K^*(s+1)=0$，求：

(1) 当 a 取何值时，闭环系统在负实轴上有三重特征根；

(2) 绘制 K^* 从 $0\to\infty$ 变化时，在条件(1) 下的闭环系统的根轨迹(要求：计算渐近线、分离点)。

3. (25 分) 某单位反馈最小相角系统开环传递函数 $G(s)$，其对数幅频特性曲线共有两个转折频率 $\omega_1=2$ 和 $\omega_2=18$，中频段斜率为 -20 dB/dec，高频段反向延长线与 0 dB 线交点 $\omega_A=12$，其对数相频特性曲线的起点和终点均为 $-180°$。

(1) 概略绘制其开环对数幅频特性曲线(标出转折频率及斜率);

(2) 写出开环传递函数 $G(s)$ 的表达式;

(3) 求系统的截止频率 ω_c 和相角裕度 γ;

(4) 求通过改变开环增益所能得到的最大相角裕度 γ_m,及其相应的开环增益 K_m 和截止频率 ω_{cm}。

4. (15 分) 控制系统结构如图 2 所示,其固有部分传递函数 $G_0(s)=\dfrac{1}{s+1}$,设计串联校正装置 $G_c(s)$ 使校正后系统满足:

(1) 在干扰 $n(t)=1(t)$ 作用下,系统稳态误差为零;

(2) 系统的速度误差系数 $k_v=12/s$;

(3) 在满足以上条件并保持截止频率不变的情况下,使系统的相角裕度 $\gamma\geqslant 40°$。

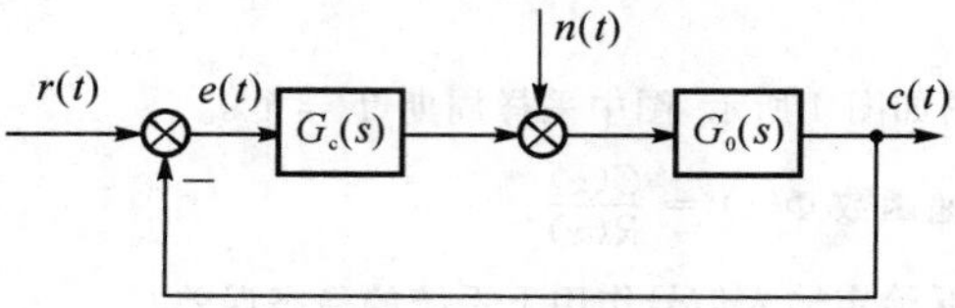

图 2

5. (25 分) 离散系统结构如图 3 所示($T=0.25$),求当输入 $r(t)=2t$ 时,$e_1(k)=e_2(k-1)-e_2(k-2)$,使系统稳态误差小于等于 1 的 k 值范围. 常用 z 变换:

$$\mathscr{Z}[1(t)]=\frac{z}{z-1},\quad \mathscr{Z}(t)=\frac{Tz}{(z-1)^3},\quad \mathscr{Z}[e^{-aT}]=\frac{z}{z-e^{-aT}}$$

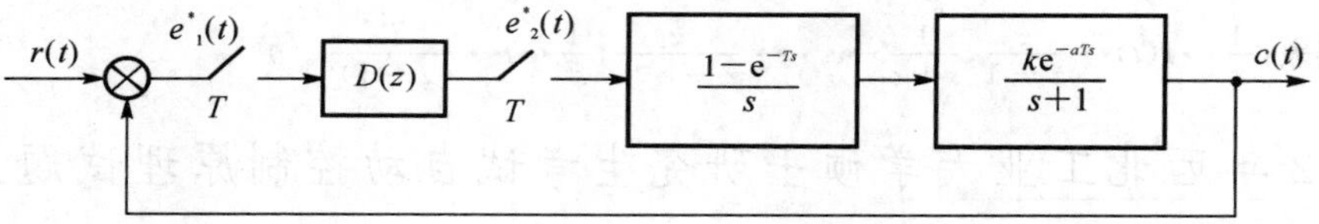

图 3

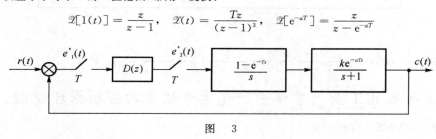

6. (25 分) 非线性控制系统,如图 4 所示,$M=1,h=1,k=1$。

(1) 用描述函数法分析系统的稳定性及是否存在自振;

(2) 若存自振,求自振频率和振幅;

(3) 若存在自振,分析调节 k 的取值对自振频率和振幅的影响。

$$N(A)=\frac{4M}{\pi A}\sqrt{1-\left(\frac{h}{A}\right)^2}-j\frac{4Mh}{\pi A^2}\quad (A\geqslant h)$$

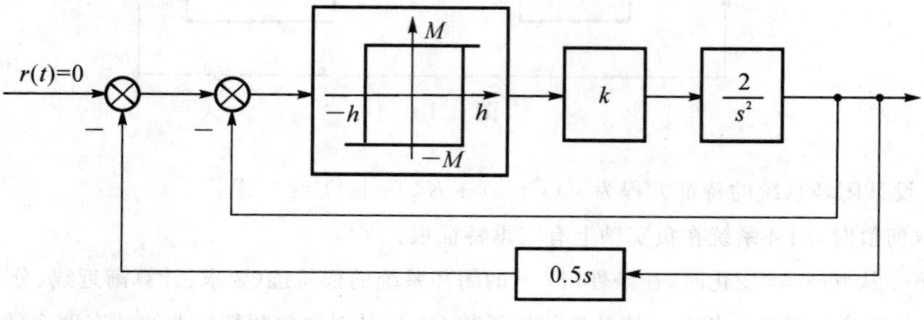

图 4

7. 2013 年西北工业大学硕士研究生考试自动控制原理试题

1. (25 分) 控制系统结构图如图 1 所示。当 $r(t)=1(t)$ 作用时，系统的超调量 $\sigma\%=16.3\%$，调节时间 $t_s=0.7\ \text{s}$；当干扰 $n(t)=1(t)$ 单独作用时，系统的稳态误差 $|e_{ss}|=0.1$。试确定系统参数 K_1，K_2，T 的值。

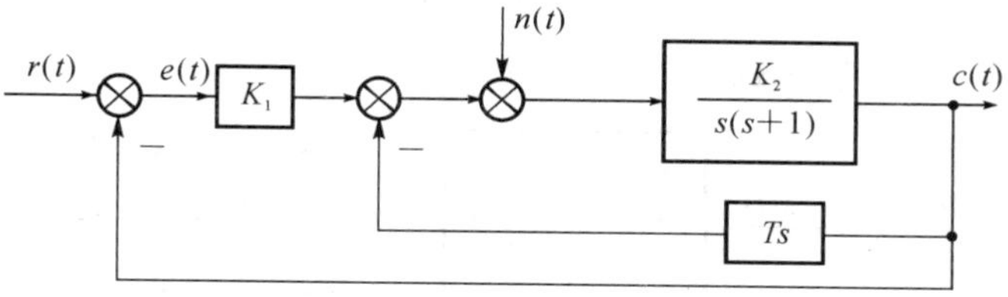

图 1

2. (25 分) 校正前某单位反馈系统的开环零极点图如图 2 所示，采用 PI 校正，校正装置的传递函数 $G_c(s)=\dfrac{Ts+1}{s}$。

(1) 确定 T 值使 $\lambda_{1,2}=-3\pm \text{j}5$ 落在根轨迹上(如图 2 虚线所示)；

(2) 在(1) 的条件下，绘制开环增益变化时的系统根轨迹(求渐近线，不必求分离点)。

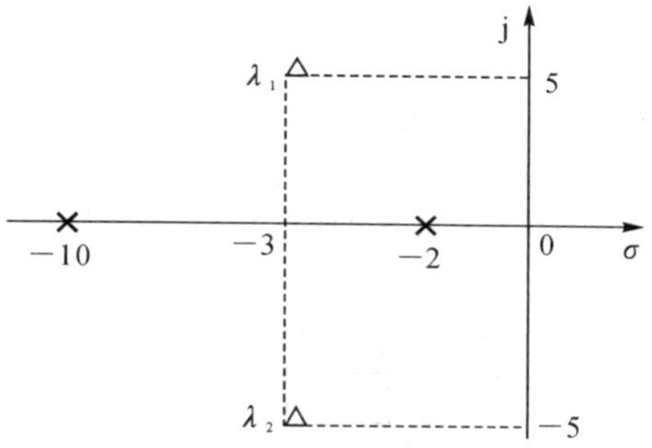

图 2

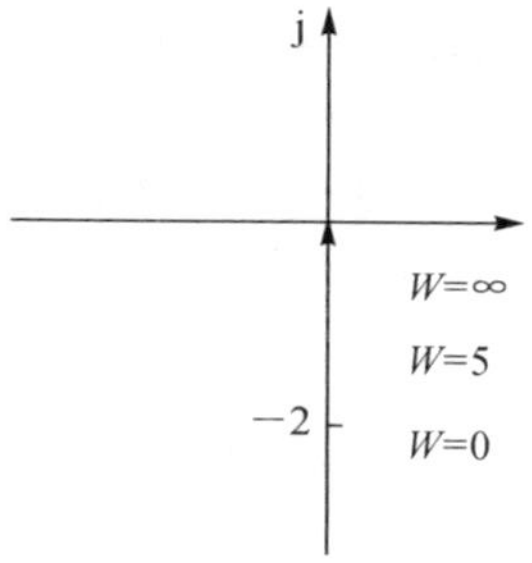

图 3

3. (20 分) 某单位反馈系统的开环幅相特性曲线如图 3 所示，求当输入 $r(t)=\sin 10t$ 时，系统的稳态响应 $c_s(t)$。

4. (30 分) 某单位反馈系统的开环对数幅频特性曲线 $L_c(\omega)$ 如图 4 所示，采用 PID 控制，控制器传递函数 $G_c(s)=\dfrac{s}{2}+\dfrac{5}{4}+\dfrac{1}{2s}$。

(1) 求采用 PID 控制前、后系统的截止频率和相角裕度；

(2) 用三频段理论简要说明采用 PID 控制后，系统性能所发生的变化。

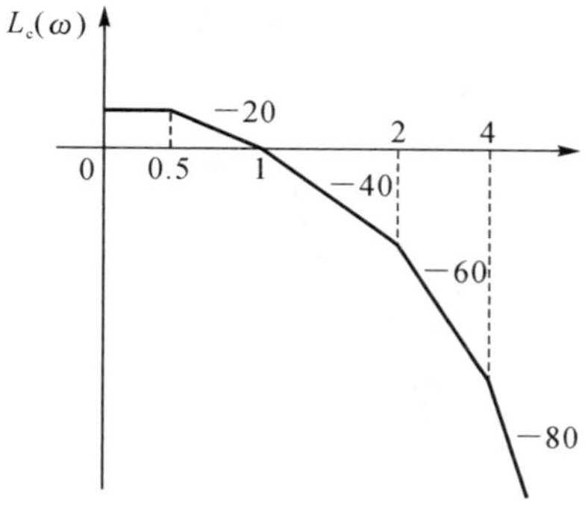

图 4

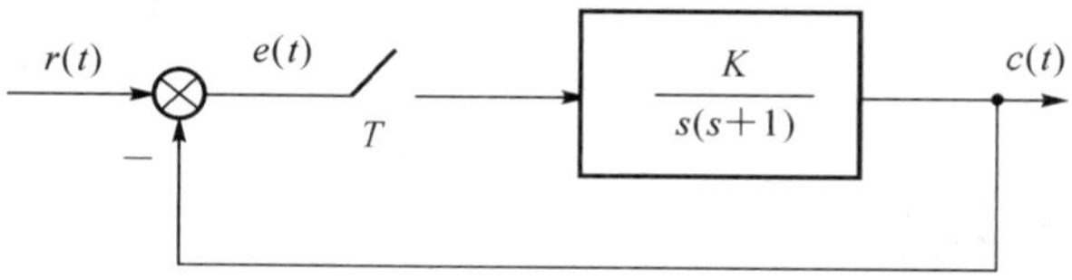

图 5

5.（25 分）离散系统结构如图 5 所示，采样周期为 T。

（1）当 $K=10$ 时，确定使系统稳定时的采样周期 T 的取值范围；

（2）单位斜坡输入时，要求系统的稳态误差 $e_{ss}=0.2T$，求相应的 K 值。

6.（25 分）非线性系统结构图如图 6 所示，非线性环节的描述函数 $N(A)=\frac{4M}{\pi A}$，要在系统输出端产生一个幅值 $A=1$，频率 $\omega=1$ 的周期信号，试确定 K,T 的值。

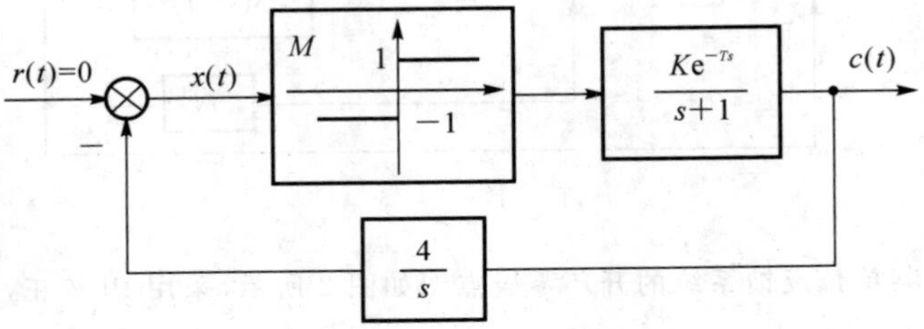

图 6

8. 2014 年西北工业大学硕士研究生考试自动控制原理试题

1.（25 分）

控制系统的结构图如图 1 所示，

（1）当没有前馈校正时，求使系统临界稳定的 K 及相应的振荡频率；

（2）当没有前馈校正时，确定主导极点使系统动态指标超调量为 4.3%，求此时系统的 K 及调节时间。

（3）在上述（2）条件下，设计前馈校正装置 $G_c(s)$ 消除系统在斜坡信号的作用下的稳态误差。

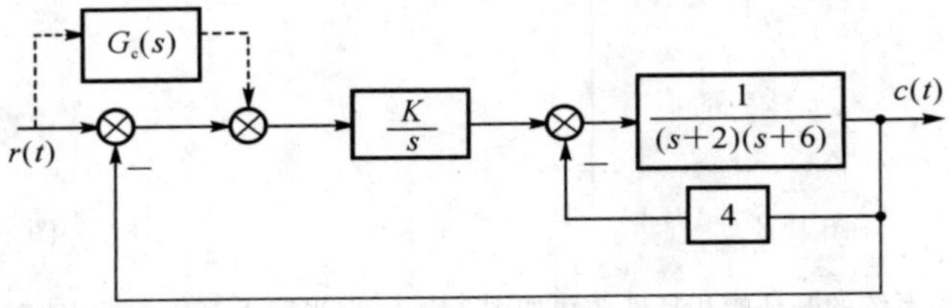

图 1　控制系统结构图

2.（25 分）

控制系统的结构图如图 2(a) 所示，其中 $G_0(s)$ 的幅相特性曲线如图 2(b) 所示。

（1）调节 K_0 使闭环系统在 $K=0.5$ 时产生三重根；

（2）在上述 K_0 条件下，绘制系统当 $K=0\to\infty$ 的根轨迹。计算渐近线、分离点、与虚轴交点，初始角等。

（3）欲将系统的主导极点的实部配置在 -0.5，求系统的闭环传递函数和系统的动态性能（$\sigma\%$，t_s）。

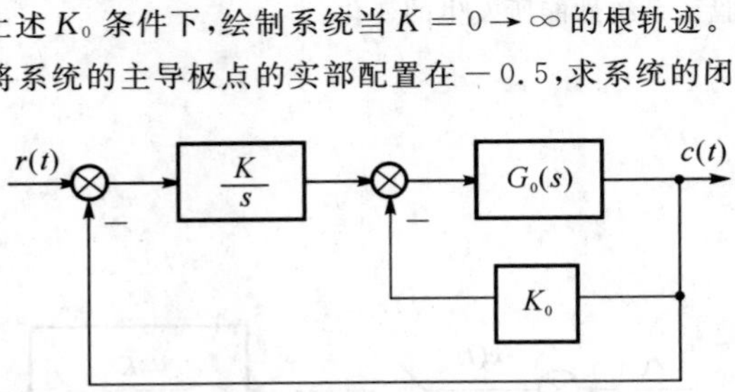

图　2(a)

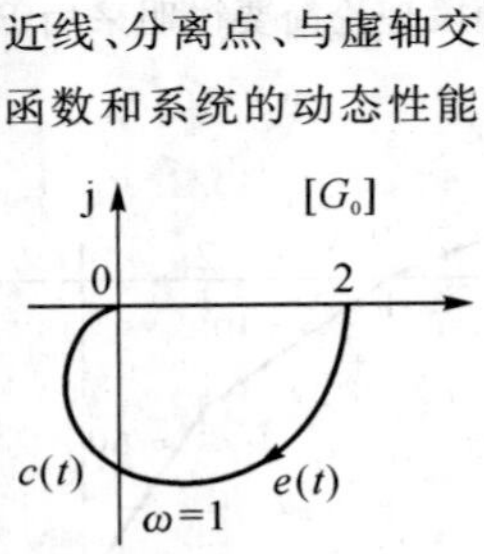

图　2(b)

3.（25 分）

单位负反馈控制系统开环对数频率特性曲线如图 3 所示。

(1) 求系统的开环传递函数 $G(s)$；

(2) 求使系统稳定的开环增益范围；

(3) 当 $k=2$ 时，系统输入周期信号 $r(t)=3\sin 2t$ 的稳态输出。

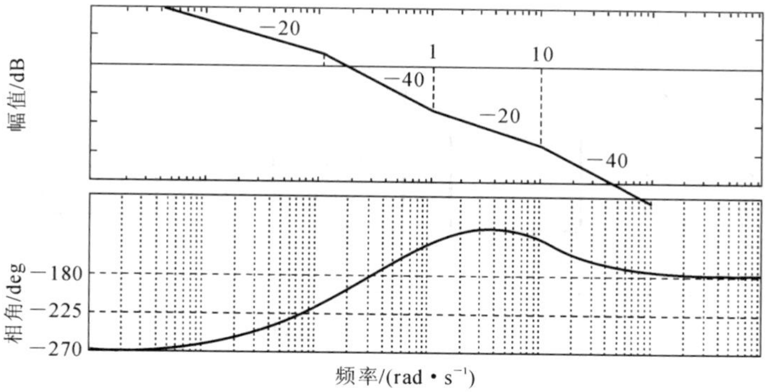

图 3

4. (25 分)

已知控制系统结构如图 4(a) 所示，$G_c(s)$ 结构如图 4(b) 所示，其中

$$G_0(s)=\frac{30}{s(s+3)(s+5)}$$

(1) 画出校正前系统的开环对数幅频特性，并求相角裕度 $\gamma(\omega_0)$ 和 $r(t)=2t$ 作用下的稳态误差；

(2) 若将稳态精度提高 10 倍且保持原系统的相角裕度 $\gamma(\omega_0)$ 不变，设计校正装置参数 K、及校正网络(如图 4(b) 所示) 的 R_1 和 R_2 值，指出是何种校正；

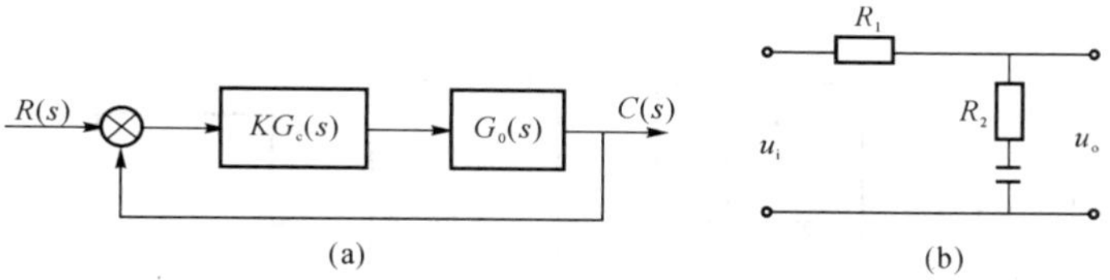

图 4

(3) 在半对数坐标图 5 上绘出校正网络和校正后系统的对数幅频特性。

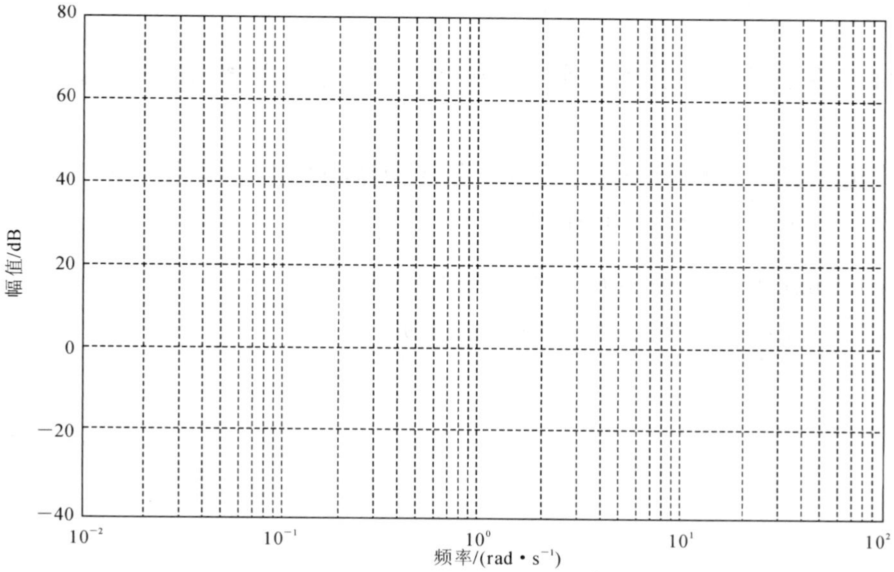

图 5

5.（25 分）

离散系统的结构图如图 6 所示。采样周期 $T=1$。其中 $G_0(z)$ 的递推方程为

$$c(k)=1.5c(k-1)-0.5c(k-2)+u(k-1)$$

(1) 求系统的闭环脉冲传递函数；

(2) 求使系统稳定的 K 值范围；

(3) 求 $K=1$ 时，系统在信号 $r(t)=0.5t$ 作用下的稳态误差。

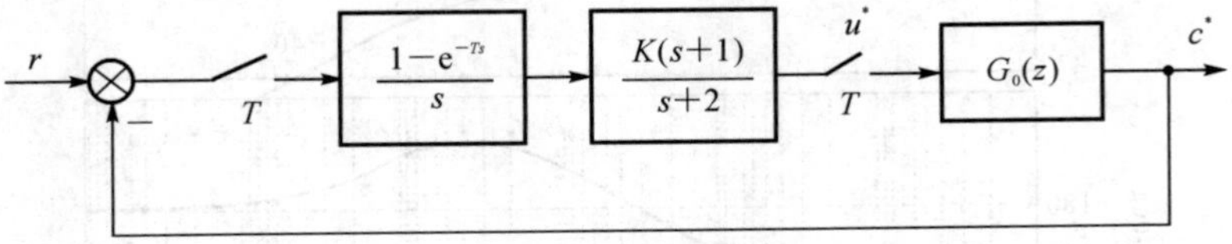

图 6　离散系统结构图

（常见函数 z 变换：$\mathscr{Z}\left(\frac{1}{s}\right)=\frac{z}{z-1}$，$\mathscr{Z}\left(\frac{1}{s+a}\right)=\frac{z}{z-e^{-aT}}$）

6.（25 分）

非线性系统结构如图 7 所示，

(1) 用描述函数法作图分析 K 变化对系统稳定性的影响；

(2) 当 $K=1$ 时分析并说明系统存在自振，计算自振的振幅及频率。

（非线性环节的描述函数：$N_1(A)=\frac{2K}{\pi}\left[\frac{\pi}{2}-\arcsin\frac{\Delta}{A}-\frac{\Delta}{A}\sqrt{1-\left(\frac{\Delta}{A}\right)^2}\right]$，$A\geqslant\Delta$；$N_2(A)=\frac{4M}{\pi A}\sqrt{1-\left(\frac{h}{A}\right)^2}$，$A\geqslant h$）

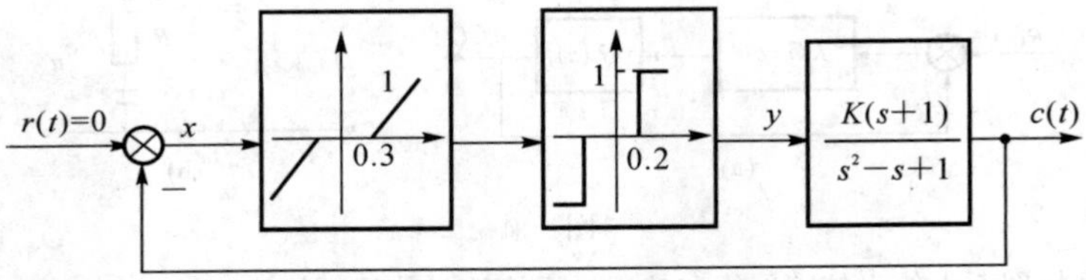

图 7　非线性系统结构图

9. 2015 年西北工业大学硕士研究生考试自动控制原理试题

1.（25 分）

控制系统结构如图 1(a) 所示。$G_1(s)$ 为惯性环节，其正弦输入信号和稳态输出如图 1(b) 所示（实线为 $G_1(s)$ 环节的输入信号，虚线为 $G_1(s)$ 环节的稳态输出，$t_1=\frac{\pi}{16}$）。

(1) 当无前馈校正（$G_c(s)=0$）且 $K_0=\frac{21}{8}$ 时，计算系统的动态性能 $\sigma\%$ 和 t_s；

(2) 设计 $G_c(s)$ 使系统在阶跃信号作用下的稳态误差为 0。

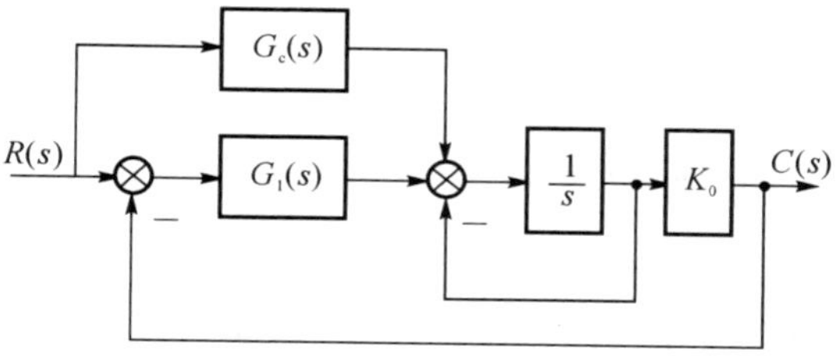

图 1(a)

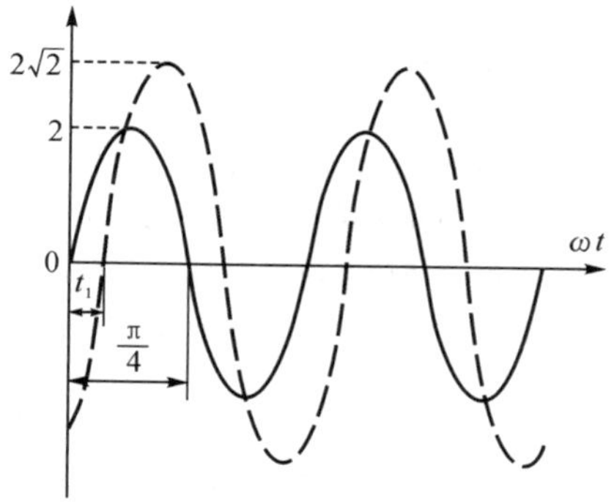

图 1(b)

2.（25 分）

控制系统结构如图 2(a) 所示。其中 $G_1(s)$ 的对数幅频特性如图 2(b) 所示。

(1) 确定 $G_1(s)$ 的传递函数；

(2) 确定使系统临界稳定的 K 值及其对应的振荡频率；

(3) 调节参数 K 使系统稳定，求干扰 $n(t)=t^2$ 作用下的稳态误差。

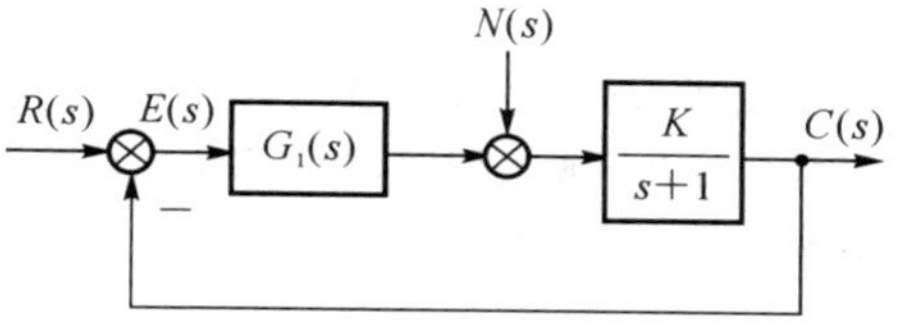

图 2(a)

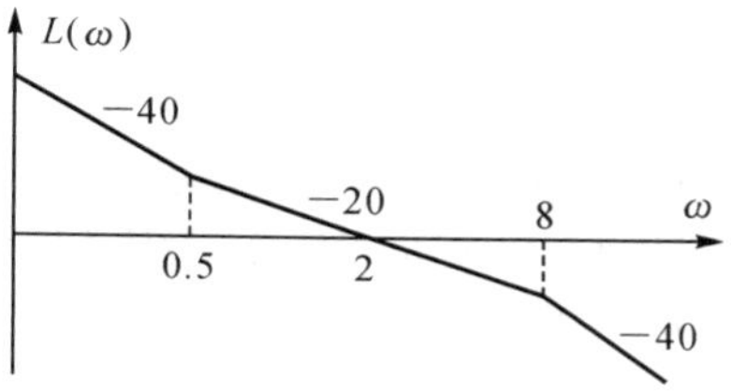

图 2(b)

3.（25 分）

系统开环传递函数为
$$G_0(s)=\frac{K^*}{(s^2+2s+2)^2}$$

(1) 绘制 $K^*=0\to\infty$ 的根轨迹，计算主要参数值，求使系统稳定的 K^* 值；

(2) 若给系统增加一个开环零点 $G_1(s)=s+1$ 后，试绘制 $K^*=-\infty\to 0$ 部分的根轨迹图，并计算主要参数值，求使系统稳定的 K^* 值。

4.（25 分）

已知单位反馈系统的开环传递函数
$$G_0(s)=\frac{30}{(s+1)(s+3)(s+10)}$$

(1) 设计一个 PID 控制器 $G_c(s)=K_P+\frac{K_I}{s}+K_Ds$，其对数幅频特性如图 3 所示，试确定参数 K_P，K_I，K_D 使系统的单位速度误差等于 0.1；

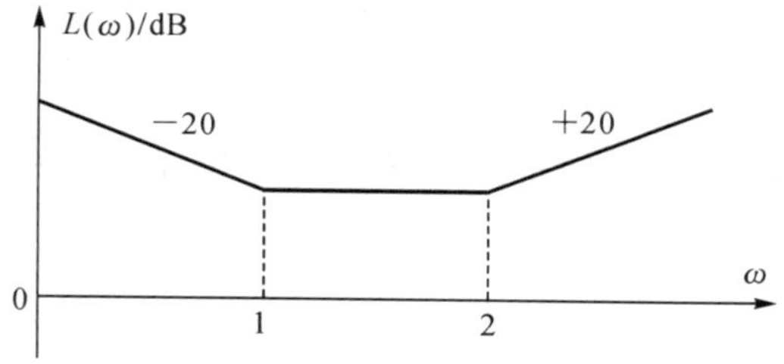

图 3 对数幅频特性图

(2) 求校正后系统的开环传递函数、计算系统的相角裕度；

(3) 简略分析 PID 控制器的参数 K_P, K_I, K_D 在改善系统性能中所起的作用。

5. (25 分)

离散系统结构如图 4 所示，采样周期 $T=1$，试求：

(1) 系统的开环传递函数 $G(z)$ 和闭环传递函数 $\Phi(z)$；

(2) 画图说明使系统稳定时 $\tau \sim K$ 的取值范围；

(3) $K=5, \tau=1$ 时，计算系统在单位斜坡信号作用下的稳态误差。

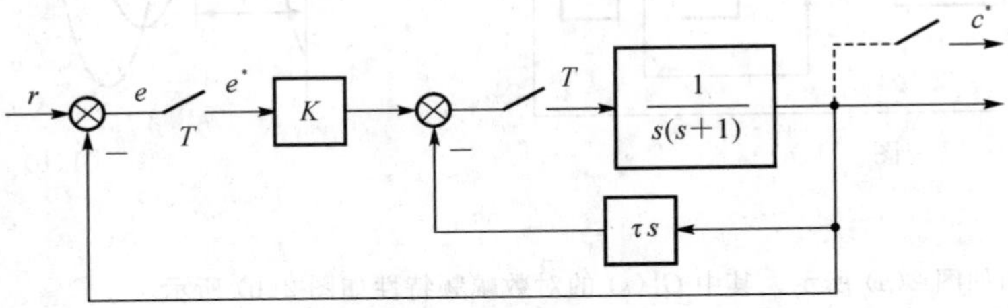

图 4　离散系统结构图

注：常见函数 z 变换：$\mathscr{Z}\left(\frac{1}{s}\right)=\frac{z}{z-1}, \mathscr{Z}\left(\frac{1}{s^2}\right)=\frac{Tz}{(z-1)^2}, \mathscr{Z}\left(\frac{1}{s+a}\right)=\frac{z}{z-e^{-aT}}$。

6. (25 分)

非线性系统结构如图 5 所示。

(1) 将非线性系统简化成典型结构形式，求等效线性部分和非线性部分的传递函数 $G(s)$ 和 $N(s)$；

(2) 当 $H(s)=1$ 时，应用描述函数法作图分析系统的稳定性及自振的问题，求使系统稳定的 K 值；

(3) 若在系统中增加一个微分环节 $H(s)=K_D s$，试分析对系统性能的影响。

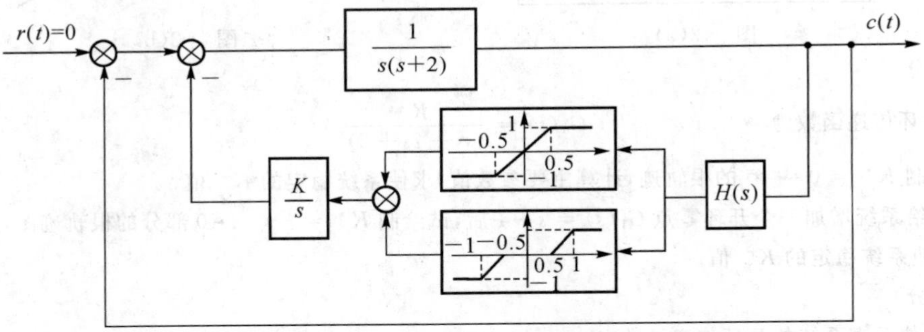

图 5　非线性系统结构图

注：非线性环节的描述函数为

$$N_1(A)=\frac{2k}{\pi}\left[\arcsin\frac{a}{A}+\frac{a}{A}\sqrt{1-\left(\frac{a}{A}\right)^2}\right] \quad (A \geqslant a)$$

$$N_2(A)=\frac{2k}{\pi}\left[\arcsin\frac{a}{A}-\arcsin\frac{\Delta}{A}+\frac{a}{A}\sqrt{1-\left(\frac{a}{A}\right)^2}-\frac{\Delta}{A}\sqrt{1-\left(\frac{\Delta}{A}\right)^2}\right] \quad (A \geqslant a)$$

10. 2016 年西北工业大学硕士研究生考试自动控制原理试题

1. (25 分)

已知系统结构如图 1 所示，其中 $G(s)=\frac{K_2}{s(s+1)}$，

(1) 当 $K_1=1, G_c(s)=0$ 时，求 K_2，使系统处于最佳阻尼比。

(2) 在(1)条件下当 $r(t)=t$ 时，求系统稳态误差。

(3) 设 $G_c(s)=\dfrac{as^2+bs}{s+1}$。求当 $r(t)=\dfrac{t^2}{2}$ 时，使稳态误差为零的 a,b 的值。

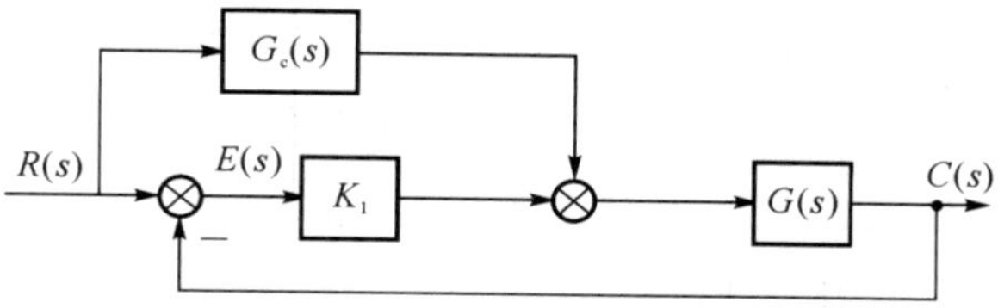

图 1　系统结构图

2. (25 分)

系统结构如图 2 所示，

(1) 求使系统处于临界稳定的 K^* 的最小值；

(2) 绘制此时 T 从 $0\to\infty$ 变化时系统的根轨迹。

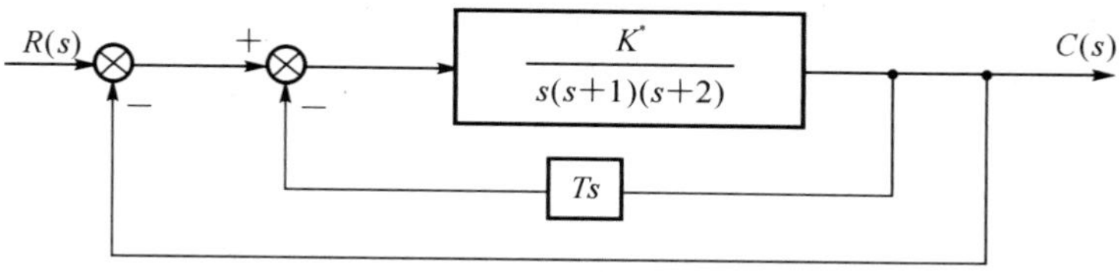

图 2　系统结构图

3. (25 分)

已知系统开环传递函数为 $G(s)e^{-\tau s}$，二阶环节 $G(s)$ 的 Nyquist 曲线如图 3 所示，求使系统稳定的 τ 值范围。

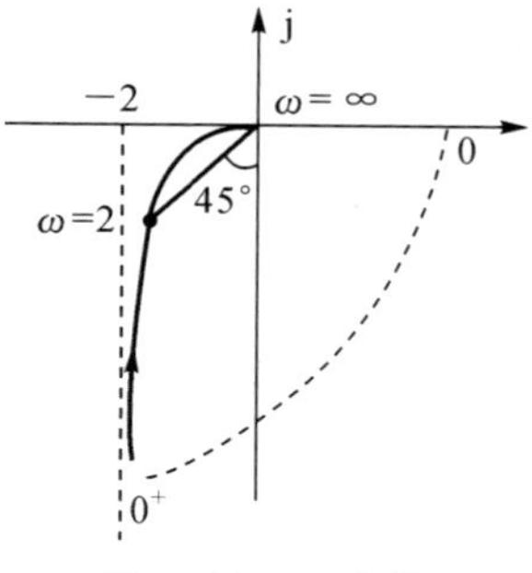

图 3　Nyquist 曲线

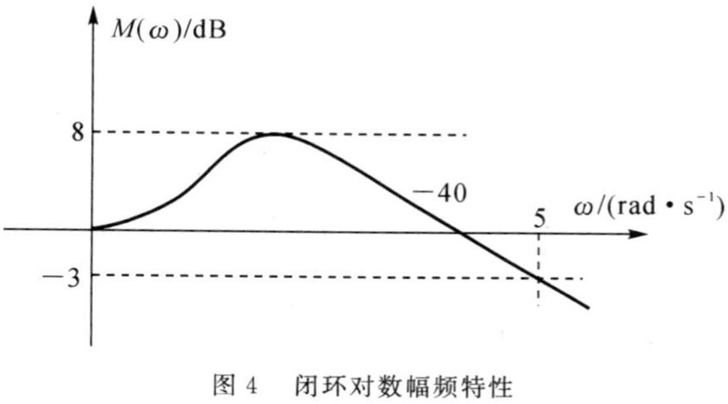

图 4　闭环对数幅频特性

4. (25 分)

已知典型单位反馈系统闭环对数幅频特性如图 4 所示，

(1) 求系统的超调量与调节时间；

(2) 设计串联校正装置，使校正后系统 $\gamma\geqslant 50°$，$\omega_c\geqslant 5.5$ rad/s。

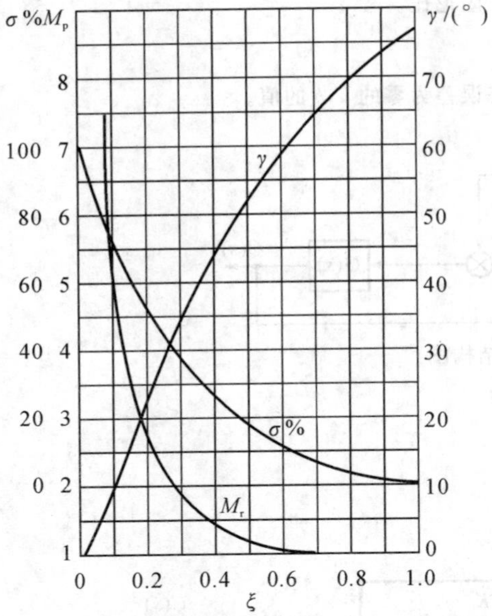

图 5 二阶系统 $\sigma\%, M_r, \gamma$ 与 ζ 的关系曲线

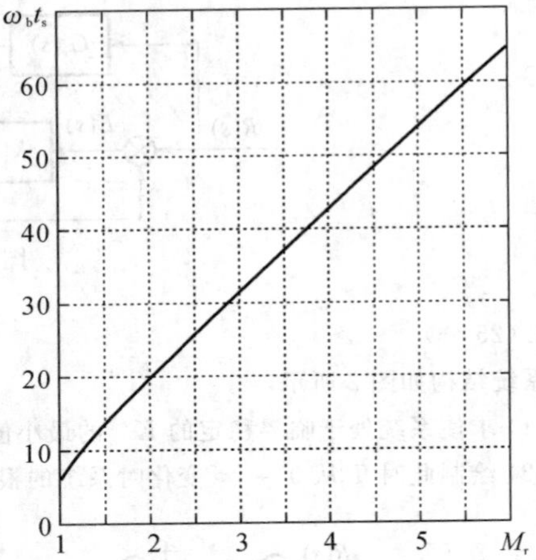

图 6 二阶系统 $\omega_b t_s$ 与 M_r 的关系曲线

5.(25 分)

已知采样系统结构图如图 7 所示，采样周期 $T = 0.25$ s。

(1) 求系统开环脉冲传递函数 $G(z)$ 和闭环脉冲传递函数 $\Phi(z)$；

(2) 当 $r(t) = 2 + t$ 时，求使系统稳态误差小于 2 的 K 值范围。

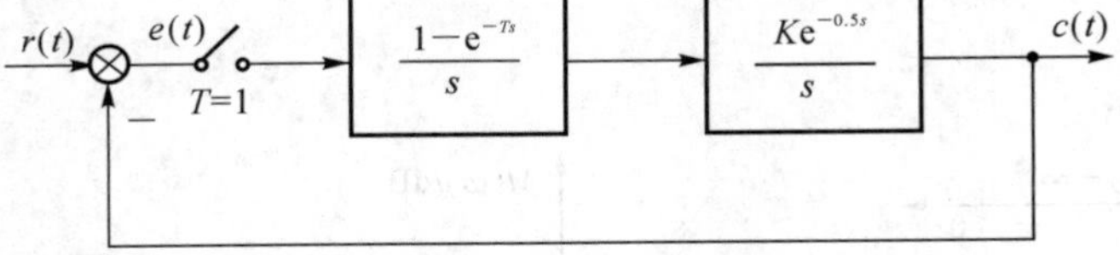

图 7 采样系统结构图

(注：常见 z 变换：$\mathscr{Z}\left(\frac{1}{s}\right) = \frac{z}{z-1}, \mathscr{Z}\left(\frac{1}{s^2}\right) = \frac{Tz}{(z-1)^2}, \mathscr{Z}\left(\frac{1}{s+a}\right) = \frac{z}{z-e^{-aT}}$)

6.(25 分)

非线性系统如图 8 所示。

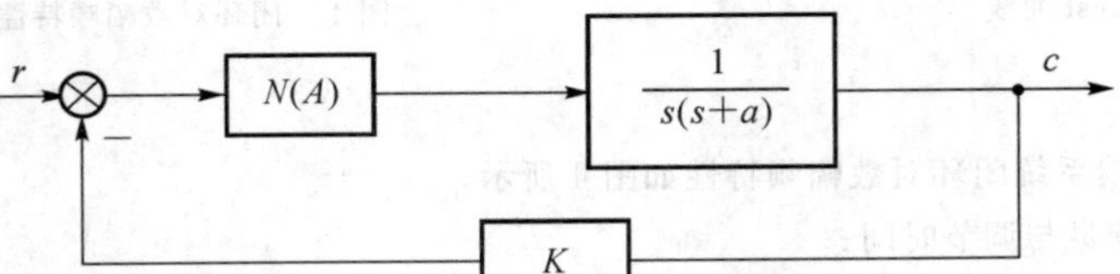

图 8 非线性系统结构图

已知 $N(A) = \frac{1}{A}e^{-j\frac{\pi}{3}}, K = 30, a = 2$，判断系统是否存在自振，若存在求系统输出的振幅和频率。

附录Ⅱ　考研真题简要解答

1.2007年西北工业大学硕士研究生考试自动控制原理试题简要解答

1.(1)$G(s)=\frac{80}{s(s+6)(s+8)}$；　(2)$t_s=1.75\ \text{s},\sigma\%=4.32\%$；　(3)$0<K<14$。

2.(1) 略；　(2)$\frac{1}{3}<K<1$；　(3)$\Phi(s)=\frac{1-s}{\frac{5}{4}s^2+3s+1}$。

3.(1)$G(s)=\frac{100\ 000(s+1)}{s^2(s^2+50s+10\ 000)}$；　(2)$\omega_c=10,\gamma=81^\circ$。

4.　(1)$G(s)=\frac{50(s+1)}{s\left(\frac{s}{0.2}+1\right)\left(\frac{s}{40}+1\right)}$；　(2)$G_c(s)=\frac{5(s+1)\left(\frac{s}{2.5}+1\right)}{\left(\frac{s}{0.2}+1\right)\left(\frac{s}{40}+1\right)}$；　(3)$\gamma_o=26.56^\circ,\gamma=71.4^\circ$。

5.$2\leqslant K<5$。

6.(1) 自振；　(2)$A=0.029,\omega=12$。

2.2008年西北工业大学硕士研究生考试自动控制原理试题简要解答

1.(1)$\frac{C(s)}{R(s)}=\frac{K_1}{s^2+K_1K_2s+K_1}$，　$\frac{E(s)}{R(s)}=\frac{s^2+K_1K_2s}{s^2+K_1K_2s+K_1}$，　$\frac{C(s)}{R(s)}=\frac{s^2+K_1K_2s+G_c(s)}{s^2+K_1K_2s+K_1}$；
(2)$K_1=10,K_2=0.316$；　(3)$G_c(s)=-s^2-3.16s$。

2.(1) 略；　(2)$0.1215<K<1.375$ 。

3.(1)$G(s)=\frac{100\left(\frac{s}{10}+1\right)}{s\left(\frac{s}{5}+1\right)\left(\frac{s}{120}+1\right)}$；　(2)$\omega_c=50,\gamma=61.78^\circ$；　(3)$0<\tau<0.021\ 5$。

4.(1)$K_o=65.34,\sigma\%=44\%,t_s=5.55\ \text{s}$；　(2)$G_c(s)=\frac{10s+1}{24.4s+1}$。

5.(1) 系统稳定；　(2)0.08。

6.(1)$G(j\omega)$ 与 $-\frac{1}{N(A)}$ 有交点，且为稳定的自振点；　(2)$A=1.274,\omega=1$。

3.2009年西北工业大学硕士研究生考试自动控制原理试题简要解答

1.(1)$K=0.8,\tau=0.2,t_p=1.814\ \text{s}$；　(2)$\Phi(s)=\frac{4}{s^2+2s+4}$；　(3)1。

2.(1) 略；　(2)$K>75$。

3.(1)$\Phi(s)=\frac{153.36}{(s+19.17)(s^2+2.83s+8)}$；　(2)$t_s=2.47s,\sigma\%=16.3\%$。

4.(1)$G_c(s)=\frac{5(s+1)}{\frac{s}{10}+1}$，　超前校正；　(2) 低频段抬高，稳态误差减小。中频段抬高，以 -20 dB/dec 的斜率穿越 0 dB 线，动态性能变好，$\omega_c\uparrow,t_s\downarrow,\gamma\uparrow,\sigma\%\downarrow$。高频段抬高，抗高频干扰能力下降。

5.(1)$C(z)=\dfrac{0.18z^2}{z^3-1.82z^2+z-0.18}$； (2) 0,0.5。

6.(1) 自振； (2)$A=16,\omega=1$。

4.2010年西北工业大学硕士研究生考试自动控制原理试题简要解答

1.(1)$G(s)=\dfrac{9K}{s(s+3)^2}$； (2)$K=0.73,t_s=4\text{ s},\sigma\%=4.3\%$； (3)$e_{ss}=1.37$。

2.(1)$K=14,T=\dfrac{1}{14}$； (2) 略； (3)$K>0,3+KT>0$。

3.(1)$G(s)=\dfrac{2.38}{s(0.32s+1)}$； (2)$\gamma=52.7°,h=60$。

4.(1)$K=5$； (2)$\omega_c=1,\gamma=25.8°$。

5.(1) $\dfrac{C(z)}{R(z)}=\dfrac{0.421z}{z^2-0.947z+0.368}$； (2) 系统稳定； (3)1.5。

6.(1) 自振； (2)$A=\dfrac{4}{\pi},\omega=\sqrt{2}$。

5.2011年西北工业大学硕士研究生考试自动控制原理试题简要解答

1.$\dfrac{C(s)}{R(s)}=\dfrac{G_3G_4(1+G_1H_1)+G_1G_2G_3}{1+G_1H_1+G_1G_2G_3H_1H_2}$。

2.$K=32,\tau=6$。

3.(1)$0<K<560$； (2)$27<K<192$。

4.(1)$\omega_c=5,\gamma=27°$； (2)$\omega_c^*=10,\gamma^*=76°$。

5.(1)$K=\dfrac{1}{2\sqrt{2}}$； (2) 不稳定。

6.(1) 略； (2)$3<K<9$； (3)$c(t)=1-\dfrac{8}{3}e^{-5t}+\dfrac{5}{3}e^{-2t},\sigma\%=39.7\%$。

7.(1)$A=2.122,\omega=\sqrt{2}$； (2) 略。

8.(1)$\Phi(s)=\dfrac{0.632(2z-1)}{z^2-0.104z-0.264}$； (2)0。

6.2012年西北工业大学硕士研究生考试自动控制原理试题简要解答

1.(1)$K=6$； (2)$0<K<6$； (3)$\sigma\%=38.6\%,t_s=14\text{ s}$。

2.(2)$a=9$； (2) 略。

3.(1)$-40;2,-20;18,-40$； (2)$G(s)=\dfrac{K\left(\dfrac{s}{2}+1\right)}{s^2\left(\dfrac{s}{18}+1\right)}(K=16)$； (3)$\omega_c=8,\gamma=52°$；

(4)$\gamma_m=53.2°,K_m=12,\omega_{cm}=6$。

4.$G_c(s)=\dfrac{12\left(\dfrac{s}{1.85}+1\right)}{s(s+1)\left(\dfrac{s}{6.5}+1\right)}$。

5.$0.5\leqslant K<1$。

6.(1) 自振； (2)$A=1.87,\omega=1.27$； (3)$K\uparrow,\omega\uparrow,A\downarrow$。

7. 2013 年西北工业大学硕士研究生考试自动控制原理试题简要解答

1. $K_1 = 10, K_2 = 10, T = 0.9$。

2. (1) $T = 0.245$；(2) 略。

3. $c(t) = \dfrac{1}{\sqrt{2}}\sin(10t - 45^\circ)$。

4. (1) $\omega_{co} = 1, \gamma_{co} = 31^\circ, \omega_c = 1, \gamma_c = 31^\circ$；

(2) 低频段增加积分环节，系统稳态精度提高。中频段与未加入 PID 控制基本一致动态性能不变。高频段抬高，抗高频干扰能力下降。

5. (1) $0 < T < 0.405$；(2) $K = 5$。

6. $K = 1.11, T = 0.785$。

8. 2014 年西北工业大学硕士研究生考试自动控制原理试题简要解答

1. (1) $K = 128, \omega = 4$；(2) $K = 15.6, t_s = 2.98$ s；(3) $G_c = \dfrac{16s}{K}$。

2. (1) $K_o = 1$；(2) 略；(3) $\Phi(s) = \dfrac{2}{(s+2)(s^2+s+1)}$ $\sigma\% = 16.3\%, t_s = 7$ s。

3. (1) $G(s) = \dfrac{K(s+1)}{\left(\dfrac{s}{0.1} - 1\right)\left(\dfrac{s}{10} + 1\right)}$；(2) $K > 1.11$；(3) $C_{ss} = 0.34\sin(2t - 125.4^\circ)$。

4. (1) $\gamma(2) = 35^\circ$，$e_{ss} = 1$；(2) $R_1 = 5.85, R_2 = 0.575$ 滞后校正；(3) 略。

5. (1) $\Phi(z) = \dfrac{Kz(2z - 1.135)}{2(z-1)(z-0.5)(z-0.135) + Kz(2z-1.135)}$；(2) $0 < K < 2.17$；(3) $e_{ss} = 0.5$。

6. (1) 当 $K < 0.785$ 系统不稳定，当 $K > 0.785$ 时可以产生稳定的周期运动；(2) $A = 0.56, \omega = \sqrt{2}$。

9. 2015 年西北工业大学硕士研究生考试自动控制原理试题简要解答

1. (1) $\sigma\% = 16.3\%$，$t_s = 1.4$ s；(2) $G_c = \dfrac{s+1}{K_o}$。

2. (1) $G_1(s) = \dfrac{8(2s+1)}{s^2(s+8)}$；(2) $K = 1.97, \omega = 1.87$；(3) $0 < K < 1.97, e_{ss} = 2$。

3. (1) $0 < K^* < 8$；(2) $0 < K^* < 4$。

4. (1) $K_P = 15, K_I = 10, K_D = 5$；(2) $G(s) = \dfrac{10\left(\dfrac{s}{2}+1\right)}{s\left(\dfrac{s}{3}+1\right)\left(\dfrac{s}{10}+1\right)}$，$\gamma = 43.72^\circ$；(3) 略。

5. (1) $G(z) = \dfrac{0.631Kz}{(z-1)((1+\tau)z - 0.369)}$，$\Phi(z) = \dfrac{0.631Kz}{(1+\tau)z^2 - (1.369+\tau)z + 0.369 + 0.631Kz}$；

(2) $0 < K < \dfrac{2\tau + 2.738}{0.631}$；(3) $e_{ss} = 0.517$。

6. (1) $G(s) = \dfrac{KH(s)}{s(s+1)^2}, N(A) = \dfrac{2k}{\pi}\left[\arcsin\dfrac{1}{A} + \dfrac{1}{A}\sqrt{1 - \left(\dfrac{1}{A}\right)^2}\right]$，且 $k = 2$。

(2) $K < 1$ 系统稳定，$K > 1$ 自振。

(3) 当 $H = K_D s$ 则 $G(s) = \dfrac{KH}{(s+1)^2}$ 系统始终稳定。

10. 2016 年西北工业大学硕士研究生考试自动控制原理试题简要解答

1. (1) $k_2 = 0.5$；(2) $e_{ss} = 2$；(3) $a = \dfrac{2}{k_2}$，$b = \dfrac{1}{k_2}$。

2.(1)$K^* = 6$；（2）略。

3.$\tau < 0.27$ 或者 0.22。

4.(1)$\sigma\% = 45\%, t_s = 5\ \text{s}$；　(2)$G_c(s) = \dfrac{\dfrac{s}{2.75}}{\dfrac{s}{11}+1}$。

5.(1)$G(z) = \dfrac{KTz^{-2}}{z-1}, \Phi(z) = \dfrac{KT}{z^3 - z^2 + KT}$；　(2)$0.5 < K < 2.472$。

6.自振，$\omega = 1.154\ 8, A_c = \dfrac{A}{K} = 0.374\ 96$。

参 考 文 献

[1] 胡寿松. 自动控制原理. 6版. 北京:科学出版社,2013.
[2] 刘慧英. 自动控制原理导教·导学·导考.西安:西北工业大学出版社,2003.
[3] 卢京潮,刘慧英. 自动控制原理典型题解析及自测题. 西安:西北工业大学出版社,2001.
[4] 胡寿松. 自动控制原理习题解析. 2版. 北京:科学出版社,2013.
[5] 袁冬莉,贾秋玲. 自动控制原理解题题典. 西安:西北工业大学出版社,2000.
[6] 刘慧英. 自动控制原理考研教案. 西安:西北工业大学出版社,2006.
[7] 胡寿松,等. 自动控制原理题海与考研指导. 北京:科学出版社,2013.
[8] 李友善.自动控制原理480题. 哈尔滨:哈尔滨工业大学出版社,2015.
[9] 王敏,等. 自动控制原理试题精选题解. 武汉:华中科技大学出版社,2002.
[10] 杜继宏,王诗宓,窦曰轩. 控制工程基础. 3版. 北京:清华大学出版社,2014.
[11] 孟浩,王芳.自动控制原理(第四版)全程辅导. 大连:辽宁师范大学出版社,2004.
[12] 刘豹,唐万生.现代控制理论. 3版. 北京:机械工程出版社,2011.
[13] 郑大钟.线性系统理论. 2版.北京:清华大学出版社,2002.
[14] 胡寿松,王执铨,胡维礼. 最优控制与系统. 2版. 北京:科学出版社,2013.
[15] 徐湘元. 最优控制——理论、方法与应用. 北京:高等教育出版社,2011.
[16] 吴受章. 最优控制理论与应用. 北京:机械工程出版社,2008.